普通高等教育"十四五"规划教材

# 传 热 学

# HEAT TRANSFER

（中英双语版）

郭 煜 主编

张宇宁 韩仁志 副主编



中国石化出版社

·北京·

## 内 容 提 要

本书共九章，围绕“热量传递的三种方式以及控制和优化传热过程”这一主线进行编写，包括热传导、对流换热、辐射换热、换热器等内容。每章都编有典型例题、思考题和习题，在习题的编写和选取上，注重基础性、经典性、实用性、创新性，以及在石油石化行业的应用。本书采用双语编写，可满足双语教学的需要。此外，本书通过富媒体方式，按章节提供了丰富详细的学习资料，可供读者参考使用。

本书可作为高等院校能源与动力工程、航空航天、油气储运、石油工程、机械、过程、环境等专业的教材和教学参考书，也可供相关工程技术人员参阅。

**图书在版编目（CIP）数据**

传热学=HEAT TRANSFER：汉英对照 / 郭煜主编；张宇宁，韩仁志副主编 .—北京：中国石化出版社，2024. 9. —ISBN 978-7-5114-7491-9

Ⅰ. TK124

中国国家版本馆 CIP 数据核字第 2024Y0K898 号



**中国石化出版社出版发行**

地址：北京市东城区安定门外大街 58 号
邮编：100011　电话：(010)57512500
发行部电话：(010)57512575
http://www.sinopec-press.com
E-mail：press@sinopec.com
北京富泰印刷有限责任公司印刷
全国各地新华书店经销

*

787 毫米×1092 毫米 16 开本 25 印张 658 千字
2024 年 9 月第 1 版　2024 年 9 月第 1 次印刷
定价：68.00 元

# 前言

传热学是研究在温差作用下所进行的热量传递规律的科学。传热学课程是能源与动力专业的必修课程。本书是在总结中国石油大学(北京)多年来传热学课程教学内容和教学改革经验的基础上编写而成的。编写过程中参考了国内外已有的传热学经典教材。

本书共九章。第一章为热量传递的基本方式，第二章、第三章为热传导，第四章、第五章、第六章为对流换热，第七章、第八章为辐射换热，第九章为换热器。传热学在内容上具有基本概念多、部分概念较抽象，基本规律的适用性明确，基本应用涉及的问题实用、专业广泛等特点。为帮助读者更好地掌握传热学的知识内容，本书在编写上有以下特点：

(1) 在结构上，保持了传统传热学教材的层次和结构，分别介绍了热传导、对流换热、辐射换热三种热量传递方式；在内容上，紧紧围绕传热过程的分析和优化控制这一课程主线，展开热传导、对流换热、辐射换热三种热量传递方式各层次知识点的介绍和分析；在语言阐述上，力求严谨、精练、易懂；在版面上，注重图文并茂，以有助于读者的理解和掌握。

(2) 本书的例题丰富，全部由编者精心选编。例题涵盖了所有的重要知识点，通过示范性的分析求解，侧重基本概念、基本规律的掌握和应用、典型求解方法的运用。在典型问题的分析和求解方法上，通过多年教学，总结了相应口诀，对传热学问题的分析和求解具有显著的帮助。

(3) 各章节后附有丰富的思考题和习题。思考题和习题涵盖本章全部知识点，并注重选择与工程实际相关的问题，由简到难，侧重考查学生对基本规律和求解方法的运用，以培养和提高其分析问题与解决问题的能力。习题的选用高度体现基础性、经典性、实用性和创新性。

(4) 在中国石油大学(北京)，传热学课程自2013年开始采用双语教学，本书也是在积累和总结该课程10多年来双语教学的基础上编写而成的。

(5) 本书采用富媒体教材的形式，配备雨课堂教学课件、课堂练习及答案、书后思考题与习题答案、章节模拟题，可供读者进一步学习和使用。

本书可作为能源与动力工程、油气储运、石油工程、安全、机械等专业40~56学时传热学的教材和教学参考书，也可供有关工程技术人员参考。

本书由中国石油大学(北京)郭煜副教授主编，中国石油大学(北京)张宇宁副教授、辽宁科技大学韩仁志副教授参与合编。其中，第一章至第五章、第七章、第八章由郭煜编写，第六章、第九章由郭煜、韩仁志编写，第二章第七节，第三章第四节、第五节由张宇宁编写，全书由郭煜统稿。中国石油大学(北京)校本部陈晓林、陈怡如、邢开源、刘宇轩、马英杰、董勇、龚志鹏、李嘉莹，克拉玛依校区刘京京、赵雨晴、李谊森、刘成、吴海林等13名同学参加了书后习题解答的编写。此外，在编写过程中参考了国内外的传热学教材、习题集等参考文献，在此向被引用的文献作者表示衷心感谢！

同时向中国石化出版社以及李芳芳编辑为本书出版给予的大力支持和帮助表示诚挚的谢意。

由于编者水平有限，书中难免有疏漏、谬误之处，恳请读者不吝指正。

编者<br>2024年6月

# 目 录

# 主要符号表

**英文字母**

| | |
|---|---|
| $a$ 热扩散率，$m^2/s$ | Thermal diffusivity |
| $A$ 面积，$m^2$ | Area |
| $c$ 比热容(质量热容)，$J/(kg \cdot K)$ | Specific heat capacity |
| 光速，m/s | Speed of light |
| $c_f$ 速度，m/s | Velocity |
| 摩擦系数 | Friction coefficient |
| $c_p$ 定压比热容，$J/(kg \cdot K)$ | Specific heat at constant pressure |
| $c_V$ 定容比热容，$J/(kg \cdot K)$ | Specific heat at constant volume |
| $C_1$ 第一辐射常数，$W \cdot m^2$ | The first radiation constant |
| $C_1 = 3.742 \times 10^{-16} W \cdot m^2$ | |
| $C_2$ 第二辐射常数，$m \cdot K$ | The second radiation constant |
| $C_2 = 1.439 \times 10^{-2} m \cdot K$ | |
| $C_0$ 斯忒藩-玻耳兹曼系数 | Stefan-Boltzmann coefficient |
| $C_0 = 5.67 W/(m^2 \cdot K^4)$ | |
| $d$ 直径，m | Diameter |
| $d_e$ 当量直径，m | Equivalent diameter |
| $e$ 比总储存能，J/kg | Stored energy per unit mass |
| $e_k$ 比宏观动能，J/kg | Kinetic energy per unit mass |
| $e_p$ 比宏观位能，J/kg | Potential energy per unit mass |
| $E$ 总储存能，J | Stored energy, or total energy |
| 辐射力，$W/m^2$ | Emissive power |
| $E_k$ 宏观动能，J | Kinetic energy |
| $E_p$ 宏观位能，J | Potential energy |
| $f$ 摩擦因子(摩擦系数) | Friction factor |
| 频率，$s^{-1}$ | Frequency |
| $F$ 作用力，N | Force |
| $g$ 重力加速度，$m/s^2$ | Acceleration of gravity |
| $G$ 投入辐射，$W/m^2$ | Incident radiation |
| $G_\alpha$ 吸收辐射，$W/m^2$ | Absorbed radiation |
| $G_\rho$ 反射辐射，$W/m^2$ | Reflected radiation |
| $G_\tau$ 投射辐射，$W/m^2$ | Transmitted radiation |
| $h$ 比焓，J/kg | Specific enthalpy |
| 对流换热的表面传热系数，$W/(m^2 \cdot K)$ | Convection heat transfer coefficient |
| $H$ 焓，J | Enthalpy |
| 高度，m | Height |

| | |
|---|---|
| $I$ 电流，A | Electric current |
| $J$ 有效辐射，$W/m^2$ | Radiosity |
| $k$ 传热系数，$W/(m^2 \cdot K)$ | Overall heat transfer coefficient |
| $l$ 长度，m | Length |
| 特征长度，m | Characteristic length |
| $L$ 定向辐射强度(辐射强度)，$W/(m^2 \cdot sr)$ | Radiation intensity |
| $m$ 质量，kg | Mass |
| $M$ 摩尔质量，kg/mol | Molar mass |
| $n$ 物质的量，mol | Molar |
| 法向 | Normal direction |
| 管束的排数 | Rows of tube bank |
| $p$ 绝对压力，Pa | Absolute pressure |
| $p_b$ 大气压力，Pa | Atmosphere pressure |
| $P$ 功率，W | Power |
| 湿周，m | Wetted perimeter |
| $q$ 热流密度，$W/m^2$ | Heat flux |
| $q_m$ 质量流量，kg/s | Mass rate of flow |
| $q_V$ 体积流量，$m^3/s$ | Volume rate of flow |
| $Q$ 热量，J | Heat |
| 热流量，W | Heat-transfer rate |
| $r$ 半径，m | Radius |
| $R$ 半径，m | Radius |
| 热阻，K/W | Thermal resistance |
| $s$ 管间距，m | Tube pitch |
| $S$ 形状因子，m | Shape factor |
| $t$ 摄氏温度，℃ | Degree Celsius |
| $T$ 热力学温度，K | Thermodynamic temperature |
| $u$ 比热力学能，J/kg | Internal energy per unit mass |
| 速度，m/s | Velocity |
| $U$ 热力学能，J | Internal energy |
| 周长，m | Perimeter |
| $v$ 比体积，$m^3/kg$ | Specific volume |
| 速度，m/s | Velocity |
| $V$ 体积，$m^3$ | Volume |
| $W$ 功，J | Work |
| $x$ 笛卡儿坐标 | Space coordinates in Cartesian system |
| $X_{i,j}$ 角系数 | Shape factor，or view factor |
| $y$ 笛卡儿坐标 | Space coordinates in Cartesian system |
| $z$ 高度 | Height |

笛卡儿坐标 Space coordinates in Cartesian system

**希腊字母**

$\alpha$ 吸收比 Absorptivity

$\alpha_{\lambda}$ 光谱吸收比 Spectral absorptivity

$\beta$ 肋化系数 Rib change coefficient

$\sigma$ 斯忒藩-玻耳兹曼常数 Stefan-Boltzmann constant

$\sigma = 5.67 \times 10^{-8} W/(m^2 \cdot K^4)$

$\delta$ 厚度，m Thickness

流动边界层厚度，m Velocity-boundary-layer thickness

$\delta_t$ 热边界层厚度，m Thermal-boundary-layer thickness

$\varepsilon$ 发射率(黑度) Emissivity

换热器效能 Heat transfer effectiveness

$\varepsilon_{\lambda}$ 光谱发射率 Spectral emissivity

$\varepsilon_{\theta}$ 定向发射率 Directional emissivity

$\eta$ 动力黏度，Pa·s Dynamic viscosity

$\eta_f$ 肋效率 Fin efficiency

$\eta_o$ 肋面总效率 Overall fin surface efficiency

$\eta_t$ 热效率 Thermal efficiency

$\varphi$ 冲击角，(°) Impact angle

水平角度，(°) Level angle

$\psi$ 几何因素 Geometrical factor

$\lambda$ 导热系数，W/(m·K) Thermal conductivity

波长，m Wavelength

$\nu$ 运动黏度，$m^2/s$ Kinematic viscosity

$\theta$ 法向角度，(°) Normal angle

过余温度，℃或 K Excess temperature

$\rho$ 密度，$kg/m^3$ Density

反射比 Reflectivity

$\rho_{\lambda}$ 光谱反射比 Spectral reflectivity

$\tau$ 时间，s Time

透射比 Transmissivity

$\tau_c$ 时间常数，s Time constant

$\tau_{\lambda}$ 光谱透射比 Spectral transmissivity

$\Phi$ 热流量，W Heat-transfer rate

$\dot{\Phi}$ 内热源强度，$W/m^3$ Heat generated per unit volume

$\Omega$ 立体角，sr Solid angle

**相似特征数**

$Bi = \frac{hl}{\lambda}$ 毕渥数 Biot number

$Fo=\dfrac{a\tau}{l^2}$傅里叶数 Fourier number

$Ga=\dfrac{gH^3}{\nu^2}$伽利略数 Galileo number

$Gr=\dfrac{\alpha_V g\Delta t l^3}{\nu^2}$格拉晓夫数 Grashof number

$Gz=RePr\,\dfrac{d}{L}$格雷兹数 Graetz number

$Ja=\dfrac{c_p(t_s-t_w)}{r}$雅各布数 Jakob number

$Nu=\dfrac{hl}{\lambda}$努塞尔数 Nusselt number

$Pe=\dfrac{ul}{a}$贝克莱数 Peclet number

$Pr=\dfrac{\nu}{a}$普朗特数 Prandtl number

$Ra=GrPr$ 瑞利数 Rayleigh number

$Re=\dfrac{ul}{\nu}$雷诺数 Reynolds number

# 第一章 热量传递的基本方式

热量是物质运动的一种体现形式。按照热力学第一定律，凡是有温度差的地方，就有热量自发地从高温物体传向低温物体，或者从同一物体的高温部分传向低温部分。由于在自然界和生产过程中温度差是到处存在的，因此热量传递就成为自然界和生产技术中一种非常普遍的现象。

传热是物质在温度差的作用下所发生的热量传递过程。传热学就是研究热量传递过程中的基本规律及其应用的科学。

传热学的理论和技术在生产、生活，以及科学研究等领域得到广泛的应用。不仅传统的工业领域，像能源动力、冶金、化工、交通、建筑材料、机械以及食品、轻工、纺织、医疗等领域要用到许多传热学的有关知识，而且诸如航空航天、核能、微电子、材料、生物医学工程、环境工程、新能源以及农业工程等许多高新技术领域也都不同程度地依赖于传热学研究的最新成果，而且随着传热学应用领域的不断拓展，也促进了本学科理论的发展，如计算传热理论、微尺度传热理论、(超)低温传热理论、微重力传热理论等。

石油及化工、冶金、建材一向是工业领域中的耗能大户，其主要工艺过程都涉及加热或者冷却。我国在这些行业里单位产量或单位产值的能耗是发达国家的数倍，设备陈旧、工艺落后、管理水平低是造成这种状况的基本原因。其中，很多问题都与传热有直接关系。

在化学和石油化学工业领域，使用着大量的各种各样的传热和传质设备。许多化工工艺流程中都包含各种加热器和冷却塔，还有一些化学反应本身就是生热和吸热过程，在稠油的热采、原油的炼制和油品的远距离输送以及化纤、化肥的生产工艺中，传热都是非常关键的因素。

热量传递有三种基本方式：热传导(简称导热)、热对流和热辐射。实际的热量传递过程都是以这三种方式进行的，而且大多数情况下都是两种或三种热量传递方式同时进行。

在开始学习传热学具体内容之前，很有必要明确它在研究领域及研究目标上与热力学的关系和根本区别。我们举一个例子，考虑水桶中灼热钢棒的冷却。热力学研究平衡体系，应用热力学可以预计体系由一种平衡状态变为另一种平衡状态需要多少能量，可以预算出钢棒-水这一体系最终的平衡温度。但不能告诉我们要用多长时间才能达到平衡状态，也就是热传播的速率，或者在达到平衡状态前某一时刻钢棒的温度是多少，即钢棒和水的温度随时间的变化关系，而应用传热学可以预计出以上问题。

需要指出的是，传热学一般仅限于在宏观范畴内研究各类不同传热方式所遵循的基本规律。但若对某些问题，比如对材料导热和表面辐射的微观机制做深入探讨，就必须考虑物质微观结构以及粒子运动的作用和影响。本书只从宏观角度讨论各种传热现象。

另外还需指出，本书始终把研究对象看作连续介质。

# 第一节　热传导

**1. 热传导**

物体的各部分之间不发生宏观的相对位移时，依靠分子、原子及自由电子等微观粒子的热运动而进行的热量传递现象称为热传导，简称导热。例如，当固体内部温度不均匀时，热量从温度较高的部分传递到温度较低的部分，或者当温度不同的两物体相互接触时，热量从高温物体传递到低温物体，这些热量传递现象就是由导热引起的。再比如，把钢棒的一端放在火中，由于钢棒具有良好的导热性能，另一端就会很快地被加热。又如，用手摸冷的东西感到凉，这就是手的热量传递给冷的物体的结果。以上这些例子说明，当物体内部或相互接触的物体表面之间存在温度差时，热量就会通过微观粒子的热运动（振动、位移）或碰撞从高温物体传递到低温物体。

导热是物质的一种固有属性。无论是气体、液体或者固体，只要有温度差存在，在接触时就会发生导热现象，只不过它们的导热机理不尽相同。然而，单纯的导热只能发生在密实的固体中。因为在地球引力场的作用下，当有温度差存在时，液体和气体就会发生对流现象，难以保持单纯的导热。

**2. 一维稳态导热的傅里叶定律**

在日常生活和工业生产中，穿过固体大平壁的导热是最常见也是最简单的一类导热问题，例如通过炉墙和房屋墙壁的导热等。如图 1-1 所示，考虑一个大平壁，假设大平壁的两个表面分别维持均匀恒定温度，此时可以认为平壁内的温度只沿着垂直于壁面的方向发生变化，并且不随时间而变，热量也只沿着垂直于壁面的方向传递，这样的导热叫作一维稳态导热。设热量传递方向为 $x$ 方向，单位时间内传递的热量可以利用一维稳态导热的傅里叶定律来描述。

$$\Phi = -\lambda A \frac{\mathrm{d}t}{\mathrm{d}x} = \lambda A \frac{t_{w1} - t_{w2}}{\delta} \tag{1-1}$$

或

$$q = \frac{\Phi}{A} = -\lambda \frac{\mathrm{d}t}{\mathrm{d}x} = \lambda \frac{t_{w1} - t_{w2}}{\delta} \tag{1-2}$$

式(1-1)、式(1-2)中，$\Phi$ 为热流量，表示单位时间内通过某一给定面积的热量，W；$q$ 为热流密度，表示单位时间内通过单位面积的热量，$\mathrm{W/m^2}$；$A$ 为与热流方向垂直的导热面积，$\mathrm{m^2}$；$\mathrm{d}t/\mathrm{d}x$ 表示热流方向上的温度梯度；$\lambda$ 为材料的导热系数，$\mathrm{W/(m \cdot K)}$；式中负号说明热量传递的方向和温度升高的方向相反。

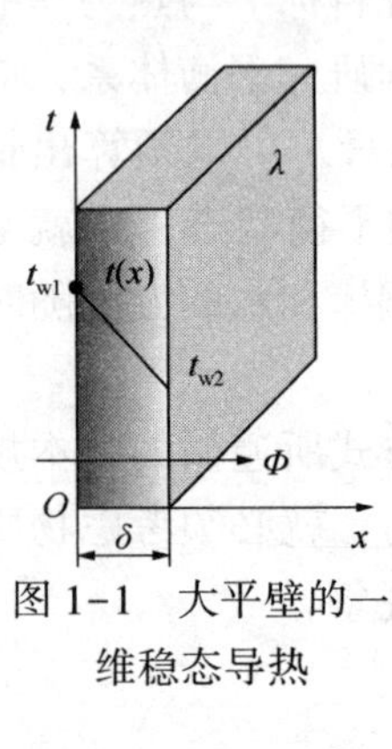

图 1-1　大平壁的一维稳态导热

傅里叶定律是导热的基本定律。式(1-1)显示，大平壁一维稳态导热的热流量与平壁的导热面积 $A$ 及两侧表面的温度差 $t_{w1}-t_{w2}$ 成正比，与平壁的厚度 $\delta$ 成反比，并与平壁材料的导热性能有关。式(1-1)、式(1-2)是法国数学家、物理学家约瑟夫·傅里叶（Joseph Fourier）在大量实验基础上得出的，故称为傅里叶定律。傅里叶对热传导的分析研究有很大贡献。傅里叶定律更完备的向量表达式将在下一章做进一步讨论。

导热系数又称材料的热导率，是一种热物性参数，其数值大小反映了材料的导热能力。$\lambda$ 越大，材料的导热能力越强。不同材料的 $\lambda$ 值不同。即使是同一种材料，λ 值还与温度有关。一般来说，金属材料的导热系数最高，液体次之，气体最小。材料的导热系数一般由实验确定。有关导热系数的进一步内容也将在下一章讨论。

**例题 1-1** 通过玻璃窗的一维稳态导热

建筑物玻璃窗的尺寸为 1m×1.2m，厚度 $\delta=4\text{mm}$。如果其内、外表面温度分别为 $t_{w1}=20℃$ 和 $t_{w2}=5℃$，玻璃的导热系数为 0.76W/(m·℃)。试求通过玻璃窗的导热损失(不考虑穿过玻璃的辐射热)。

**解**：通过玻璃窗的导热可以看作一维稳态导热，可以利用一维稳态导热的傅里叶定律求解。

$$\Phi=\lambda A\frac{t_{w1}-t_{w2}}{\delta}$$

$$=0.76\text{W}/(\text{m}\cdot℃)\times1.2\text{m}^2\times\frac{20℃-5℃}{0.004\text{m}}=3420\text{W}$$

## 第二节 热对流

**1. 热对流和对流换热**

热对流是指由于流体的宏观运动而引起的流体各部分之间发生相对位移时，冷、热流体相互掺混所引起的热量传递现象，简称对流。显然，对流只能发生在流体中，是流体内部相互间的热量传递方式，而且必然伴随有导热的作用。

在日常生活和生产实践中，经常遇到流体和它所接触的固体表面之间的热量交换，比如锅炉水管中的水和管壁之间的热量交换、室内空气和暖气片表面及墙壁之间的热量交换等。如图 1-2 所示，当流体流过与之温度不同的物体表面时，由于黏滞作用，紧贴物体表面的流体是静止的，热量传递只能以导热的方式进行。离开物体表面，流体有宏观运动，热对流将发挥作用，这种流体流过与之温度不同的物体表面时对流和导热两种基本传热方式联合起作用的热量传递现象称为对流换热。

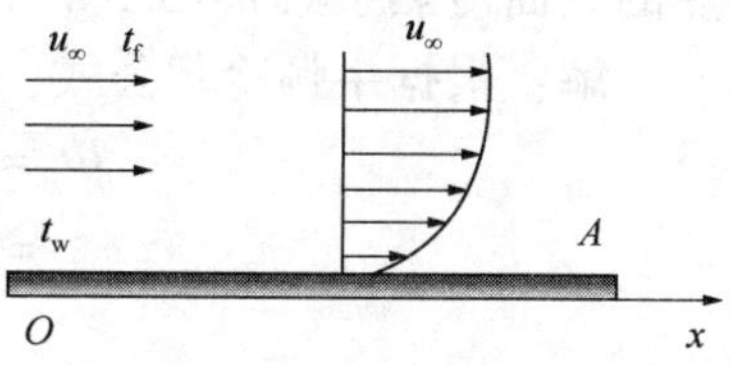

图 1-2 对流换热示意图

**2. 牛顿冷却公式**

1701 年，牛顿(Isaac Newton)提出了对流换热的基本计算公式，称为牛顿冷却公式，用以表示对流换热的全部效果。

流体被加热时

$$\Phi=hA(t_w-t_f) \tag{1-3}$$

流体被冷却时

$$\Phi=hA(t_f-t_w) \tag{1-4}$$

或表示成

$$\Phi=hA\Delta t \tag{1-5}$$

$$q=h\Delta t \tag{1-6}$$

式中，$t_w$为固体壁面温度，℃；$t_f$为流体温度，℃；$\Delta t$ 为流体和壁面之间的总温差，℃，规定温差永远取正值，以保证对流换热量也总是正值；$A$ 为固体壁面对流换热的表面积，$\text{m}^2$；$h$

为对流换热的表面传热系数，习惯上称为对流换热系数，W/($m^2$·K)。牛顿冷却公式表明对流换热时，通过某一换热面积$A$的热流量与平壁和流体之间的总温差成正比。

表面传热系数$h$的大小反映了对流换热的强弱，它与换热过程中的很多因素有关，如流体的物性(导热系数、黏度、密度、比热容等)、流体的流态(层流、湍流)、流动的成因(自然对流、强迫对流)、换热表面的形状及尺寸、换热时流体有无相变(沸腾换热、凝结换热)等。研究对流换热的主要目的之一就是，确定不同换热条件下表面传热系数的具体表达式。需要指出的是，表面传热系数不同于导热系数，导热系数是物性参数，而表面传热系数不是。

为了在开始学习时对对流换热的表面传热系数建立一个清晰的数量级概念，表1-1中列举了一些对流换热过程中$h$的数值范围。

**表1-1　一些对流换热过程中表面传热系数的数值范围**

| 对流换热问题的类型 | | 表面传热系数/[W/($m^2$·K)] |
|---|---|---|
| 空气 | 自然对流换热 | 1~10 |
| | 强迫对流换热 | 10~100 |
| 水 | 自然对流换热 | 200~1000 |
| | 强迫对流换热 | 100~15000 |
| 相变换热 | 水沸腾换热 | 2500~35000 |
| | 水蒸气凝结换热 | 5000~25000 |

**例题1-2**　自然对流换热的计算

一根水平放置的蒸汽管道通过厂房车间，管道长15m，其保温层外径$d$=580mm。外表面实测平均温度$t_w$=48℃，车间内空气温度$t_f$=30℃，此时保温层外表面与空气自然对流换热的表面传热系数$h$=3.5W/($m^2$·℃)。求蒸汽管道在车间内的对流散热量。

**解**：根据牛顿冷却公式，可求蒸汽管道的对流散热量为：

$$\Phi_c = \pi dl \cdot h\Delta t = \pi dl \cdot h(t_w - t_f)$$
$$= 3.14\times0.580\text{m}\times15\text{m}\times3.5\text{W}/(\text{m}^2\cdot℃)\times(48℃-30℃) = 1721\text{W}$$

# 第三节　热辐射

**1. 热辐射的基本概念**

辐射是指物体受某种因素的激发而向外发射辐射能的现象。物体由于某种作用，例如受热、电子碰撞、光照以及化学反应等都会造成物体内部分子、原子及电子的振动，并产生各种能级的跃迁，因而向外发射辐射能。物体由于受热而向外发射辐射能的现象称为热辐射。

目前，对辐射现象的解释有两种理论：经典的电磁理论和量子理论。经典的电磁理论认为，辐射能是由电磁波传输的能量；量子理论认为，辐射能量是不连续的微观粒子(光子)所携带的能量。光子和电磁波一样以光速进行传播。

电磁波的波谱，按波长范围不同，可分为：

短波段：γ射线，$\lambda<5\times10^{-5}\mu m$

X射线，$5\times10^{-7}\mu m<\lambda<5\times10^{-2}\mu m$

中波段：紫外线，$4\times10^{-3}\mu m<\lambda<0.38\mu m$

可见光：$0.38\mu m<\lambda<0.76\mu m$

红外线：$0.76\mu m<\lambda<1\times10^3\mu m$

无线电波：$\lambda>1\times10^3\mu m$

理论上，热辐射的波长范围从零到无穷大，但在日常生产和工业上常见的温度范围内，热辐射的波长主要在 0.1μm 和 100μm 之间，包括部分紫外线、可见光和部分红外线三个波段。

任何温度大于 0K 的实际物体，都在不断地向外发射热辐射，并且温度越高，发射热辐射的能力越强；同时，又在不断地吸收周围物体投射过来的热辐射。这种物体发射和吸收热辐射的综合结果，就造成了物体之间以热辐射方式进行的热量传递现象，称为辐射换热。自然界中所有物体的温度均在 0K 以上，所以发射和吸收热辐射的过程时时刻刻都在进行。当物体之间存在温度差时，辐射换热的结果是使高温物体失去热量、低温物体得到热量。即使两个物体的温度相同，它们之间的辐射换热也没有停止，只不过发射出去的能量和吸收进来的能量一样多，即净辐射换热量等于零，处于辐射平衡状态。

热辐射具有以下特点：

① 热辐射可以不依靠媒介，在真空中传递。这是热辐射区别于导热、对流换热的基本特点。当两个物体被真空隔开时，例如地球与太阳之间，导热与对流都不会发生，但能进行辐射换热。

② 热辐射过程中不仅有能量的传递，而且有能量形式的转化。物体发射热辐射时，其热力学能转换为辐射能。而吸收热辐射时，辐射能又转换为热力学能。这是热辐射区别于导热、对流换热的另一个特点。

**2. 热辐射的基本定律**

热辐射和辐射换热过程中涉及的计算公式很多，这里先介绍三个辐射换热中最基本的公式。

（1）斯忒藩-玻耳兹曼定律

实践表明，物体发射热辐射的能力与温度有关。在同一温度下，不同物体发射热辐射的能力也不一样。在研究辐射换热问题时，一种被称为黑体的理想化模型具有非常重要的意义。所谓黑体，是指能将投射到其表面的所有热辐射全部吸收的物体。黑体吸收热辐射和发射热辐射的能力在同温度物体中是最大的。

黑体在单位时间内发射的热辐射能量可由斯忒藩-玻耳兹曼（Stefan-Boltzmann）定律表示：

$$\Phi=A\sigma T^4 \tag{1-7}$$

式中，$T$ 为黑体的热力学温度，K；$\sigma$ 为斯忒藩-玻耳兹曼常数，也称黑体辐射常数，其值为 $5.67\times10^{-8}W/(m^2\cdot K^4)$；$A$ 为辐射表面积，$m^2$。

所有实际物体的辐射能力都小于同温度下黑体的辐射能力。实际物体的热辐射能量可用下式计算：

$$\Phi=\varepsilon A\sigma T^4 \tag{1-8}$$

式中，$\varepsilon$ 为物体的发射率，习惯上称为黑度，其值介于 0 和 1 之间，与物体的种类及表面状态有关。

（2）两物体之间的辐射换热

式(1-7)、式(1-8)中的 $\Phi$ 是物体自身向外辐射的热流量，而不是辐射换热量。计算辐射换热量时，一方面需要考虑物体自身向外辐射的热流量，另一方面需要考虑投射到物体上

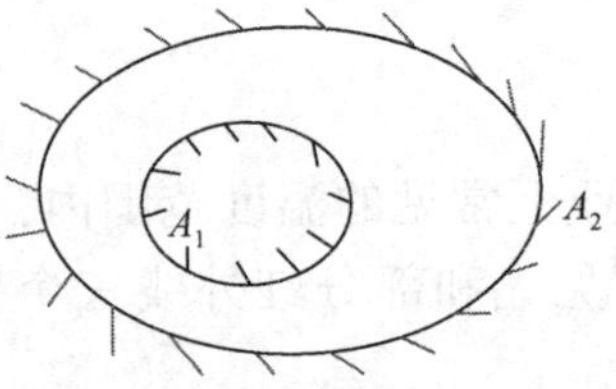

图 1-3　两物体之间的辐射换热

的辐射热量的吸收过程。物体之间辐射换热的情况有很多，一种比较典型的情况是，一个表面积很小的物体和一个表面积很大的物体组成封闭空腔，二者之间进行辐射换热，如图 1-3 所示。

辐射换热量可用下式表示：

$$\Phi=\varepsilon_1 A_1 \sigma(T_1^4-T_2^4) \tag{1-9}$$

式中，$\varepsilon_1$、$A_1$、$T_1$分别为小表面积物体的发射率、表面积和表面温度；$T_2$为大表面积物体的表面温度。

物体之间的辐射换热量既与物体本身的温度、辐射特性有关，也与物体的大小、几何形状及相对位置有关。关于热辐射的基本规律和辐射换热的计算方法将是本书讨论的主要内容。

**例题 1-3**　辐射换热的计算

例题 1-2 中，蒸汽管道的散热必须考虑哪些热量传递方式？如果保温层外表面的发射率 $\varepsilon=0.9$，试求：①蒸汽管道的辐射散热量是多少？②管道的总散热量是多少？

**解**：此蒸汽管道的散热有自然对流换热和辐射换热两种方式。管道的辐射散热量可按式(1-9)计算：

$$\begin{aligned}\Phi_r&=\pi dl\cdot\sigma\varepsilon(T_w^4-T_f^4)\\&=3.14\times0.580\text{m}\times15\text{m}\times5.67\times10^{-8}\text{W}/(\text{m}^2\cdot\text{K}^4)\times0.9\times[(48+273)\text{K}^4-(30+273)\text{K}^4]\\&=3051\text{W}\end{aligned}$$

管道的总散热量为对流散热量和辐射散热量之和，即：

$$\Phi=\Phi_c+\Phi_r=1721\text{W}+3051\text{W}=4772\text{W}$$

以上分别介绍了热传导、热对流和热辐射三种热量传递的基本方式。在实际问题中，这三种方式往往不是单独出现的。例如，汽轮机装置中冷凝器的冷却过程，流经冷凝器的蒸汽以凝结换热的方式将热量传至管子外壁，热量再以导热的方式从管子外壁传至管子内壁，最后以对流换热方式传给冷却水。再如，暖气片的散热过程，三种热量传递的基本方式同时存在：暖气片内蒸汽或热水与内壁面的对流换热、暖气片的导热、外壁面与周围空气的对流换热，以及与房间墙壁、物体之间的辐射换热。这样的例子很多，在分析传热问题时，首先应该弄清楚有哪些传热方式在起作用，然后再按照每一种传热方式的规律进行计算。有时，某一种传热方式虽然存在，但与其他传热方式相比，所起的作用非常小时，往往可以忽略。

## 第四节　传热过程

工业上经常遇到固体壁面两侧流体之间的热量交换，例如：冬季供暖时热量从暖气片中的热水(或蒸汽)传给室内空气的过程；蒸汽动力装置的冷凝器中热量从冷凝器管间的乏汽通过冷凝管传给管内冷却水的过程；电冰箱的冷凝器中热量从管内的制冷剂传给室内空气的过程；等等。在传热学中，这种热量从固体壁面一侧的流体通过固体壁面传递到另一侧流体的过程称为传热过程。

这里的“传热过程”并不是泛指的热量传递过程，它有着明确的含义。一般来说，传热过程由三个相互串联的热量传递环节组成，如图 1-4 所示：

① 热量以对流换热的方式从高温流体传递给高温流体侧壁面，有时还存在高温流体与壁面之间的辐射换热。

② 热量以导热的方式从高温流体侧壁面传递到低温流体侧壁面。

③ 热量以对流换热的方式从低温流体侧壁面传递给低温流体，有时还需要考虑壁面与低温流体以及周围环境之间的辐射换热。

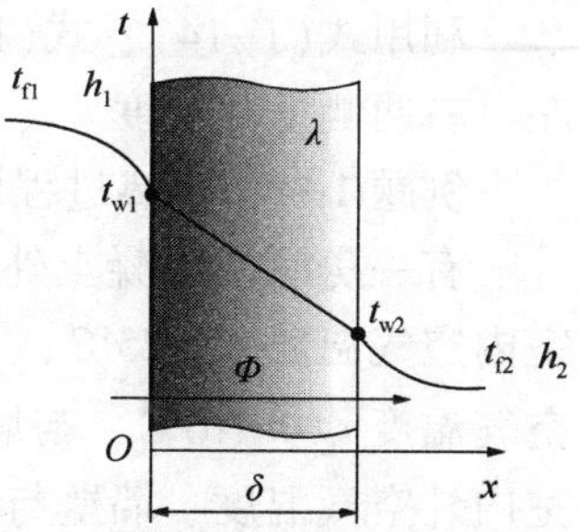

图 1-4　通过平壁的传热过程

传热过程存在于各种类型的换热设备中，下面以最简单的通过大平壁的一维稳态传热过程为例，对传热过程进行分析。

如图 1-4 所示的大平壁，已知平壁的厚度为 $\delta$，导热系数为 $\lambda$，且为常数，平壁左侧远离壁面处的流体温度为 $t_{f1}$，表面传热系数为 $h_1$；平壁右侧远离壁面处的流体温度为 $t_{f2}$，表面传热系数为 $h_2$，且有 $t_{f1}>t_{f2}$。假设平壁两侧的流体温度及表面传热系数都不随时间变化。显然，这是一个一维稳态传热过程，整个传热过程由三个传热环节串联而成：平壁左侧流体与左侧壁面之间的对流换热，平壁内的导热，平壁右侧壁面与右侧流体之间的对流换热。

对于平壁左侧流体与左侧壁面之间的对流换热，根据牛顿冷却公式(1-4)：

$$\Phi_1 = h_1 A(t_{f1} - t_{w1}) = \frac{t_{f1} - t_{w1}}{\dfrac{1}{h_1 A}} \tag{1-10}$$

对于平壁内的导热，根据傅里叶定律式(1-1)：

$$\Phi_2 = \lambda A \frac{t_{w1} - t_{w2}}{\delta} = \frac{t_{w1} - t_{w2}}{\dfrac{\delta}{\lambda A}} \tag{1-11}$$

对于平壁右侧流体与右侧壁面之间的对流换热，根据牛顿冷却公式(1-3)：

$$\Phi_3 = h_2 A(t_{w2} - t_{f2}) = \frac{t_{w2} - t_{f2}}{\dfrac{1}{h_2 A}} \tag{1-12}$$

在稳态情况下，通过三个传热环节所传递的热量是相同的，即由式(1-10)、式(1-11)、式(1-12)计算得到的热流量是相同的，$\Phi_1 = \Phi_2 = \Phi_3 = \Phi$。联立以上三式，可得通过大平壁的热流量为：

$$\Phi = \frac{t_{f1} - t_{f2}}{\dfrac{1}{h_1 A} + \dfrac{\delta}{\lambda A} + \dfrac{1}{h_2 A}} \tag{1-13}$$

上式也可以表示为：

$$\Phi = Ak(t_{f1} - t_{f2}) \tag{1-14}$$

式中，$k$ 为传热系数，$k=1/\left(\dfrac{1}{h_1}+\dfrac{\delta}{\lambda}+\dfrac{1}{h_2}\right)$，W/(m² · K)。传热系数是表征传热过程强烈程度的标尺，传热过程越强烈，传热系数越大，反之则越小。式(1-14)称为传热方程式，是换热器热工计算的基本公式。

通过单位面积大平壁的热流密度为：

$$q = \frac{t_{f1} - t_{f2}}{\dfrac{1}{h_1} + \dfrac{\delta}{\lambda} + \dfrac{1}{h_2}} \tag{1-15}$$

利用式(1-14)、式(1-15)，可以很容易求出通过平壁的热流量 $\Phi$，热流密度 $q$，平壁左、右两侧壁面温度 $t_{w1}$、$t_{w2}$。

**例题1-4** 传热过程计算

有一房屋的混凝土外墙厚度 $\delta=150\text{mm}$，混凝土的导热系数 $\lambda=1.5\text{W/(m}\cdot℃)$。冬季，室内空气温度 $t_{f1}=25℃$，与墙内壁面之间对流换热的表面传热系数 $h_1=5\text{W/(m}^2\cdot℃)$，室外空气温度 $t_{f2}=-10℃$，与墙外壁面之间对流换热的表面传热系数 $h_2=20\text{W/(m}^2\cdot℃)$。假设室内外空气温度、墙壁与两侧空气换热的表面传热系数都不随时间发生变化，求单位面积墙壁的散热损失，以及房屋墙壁内、外壁面的温度 $t_{w1}$、$t_{w2}$。

**解**：根据给定条件可知，这是一个一维稳态的传热过程，根据式(1-15)，通过墙壁的热流密度，即单位面积墙壁的散热损失为：

$$q=\frac{t_{f1}-t_{f2}}{\frac{1}{h_1}+\frac{\delta}{\lambda}+\frac{1}{h_2}}=\frac{25℃-(-10)℃}{\frac{1}{5\text{ W/(m}^2\cdot℃)}+\frac{0.15\text{m}}{1.5\text{W/(m}\cdot℃)}+\frac{1}{20\text{W/(m}^2\cdot℃)}}=100\text{W/m}^2$$

根据牛顿冷却公式，对于房屋墙壁内、外壁面与空气之间的对流换热：

$$q=h_1(t_{f1}-t_{w1})$$
$$q=h_2(t_{w2}-t_{f2})$$

由此可得墙壁内、外壁面的温度分别为：

$$t_{w1}=t_{f1}-q\frac{1}{h_1}=25℃-100\text{W/m}^2\times\frac{1}{5\text{W/(m}^2\cdot℃)}=5℃$$

$$t_{w2}=t_{f2}+q\frac{1}{h_2}=-10℃+100\text{W/m}^2\times\frac{1}{20\text{W/(m}^2\cdot℃)}=-5℃$$

# 思考题

1. 试说明热传导、热对流和热辐射三种热量传递基本方式的联系与区别。

2. 试说明热对流与对流换热之间的联系与区别。

3. 导热系数、表面传热系数及传热系数的单位各是什么？哪些是物性参数？哪些与过程有关？

4. 由附表2，查取空气在30℃和120℃时的导热系数、比热容、运动黏性系数值。

5. 由附表3，查取水在30℃和120℃时的导热系数、比热容、运动黏性系数值。

6. 由附表6，查取A级硅藻土制品在50℃和500℃的导热系数值。

7. 试列举生活或生产实践中的传热现象，说明热传导、热对流以及热辐射的作用。

8. 冬季将被褥在阳光下晒过之后，晚上盖时会感觉比未晒时暖和很多，试用传热的原理解释这一现象。

9. 在同样的气温下，为何大风天气比无风天气会感到寒冷？

10. 在有空调的房间内，夏天和冬天室内温度均控制在20℃，夏天只需要穿衬衫，但冬天穿衬衫会感觉冷，这是为什么？

11. 把热水倒入一个玻璃杯后，立即用手抚摸玻璃杯的外表面时不感到杯子烫手，但如果用筷子快速搅拌热水，那么很快就会觉得杯子烫手。试解释这一现象。

12. 为什么保温瓶胆的夹层要抽成真空，并且要镀银？

13. 当铸件在型砂中冷却凝固时，由于铸件收缩，在铸件表面与型砂间产生气隙，气隙中的空气是停滞的。试问通过气隙有哪几种热量传递方式？

14. 如果水冷壁管内结了一层水垢，而蒸汽参数和热流密度均不变，试问管壁温度与无水垢时相比，是高还是低，为什么？

# 习 题

## 热传导

1-1 有一大平板，尺寸为高 3m、宽 2m、厚 0.02m，平板的导热系数为 45W/(m·K)，两侧表面温度分别为 $t_{w1}=100℃$、$t_{w2}=50℃$。试计算通过平板的热流量、热流密度。

1-2 一炉子的外墙厚 13cm，总面积为 $20m^2$，平均导热系数为 1.04W/(m·K)，内、外壁面温度分别为 520℃和 50℃。试计算通过炉墙的热损失。如果所燃用的煤的发热值为 $2.09\times10^4$kJ/kg，问每天因热损失要用掉多少千克煤？

1-3 厚度为 25mm 的聚氨酯泡沫塑料，其两侧表面的温度差为 5℃。已知该材料的导热系数为 0.032W/(m·K)，试计算通过该材料的热流密度。

## 热对流

1-4 30℃的空气吹过温度为 150℃的热物体表面。如果空气与热物体表面之间对流换热的表面传热系数为 $205W/(m^2·K)$，试计算这个热物体表面的对流换热量。

1-5 空气在一根内径为 50mm、长 2.5m 的管子内流动并被加热，已知空气的平均温度为 80℃，管内对流换热的表面传热系数 $h=70W/(m^2·K)$，热流密度 $q=5000W/m^2$。试计算管壁温度和热流量。

1-6 表面积等于 $1cm^2$的集成电路芯片，如果用常规的 20℃空气来冷却，表面传热系数最多达到 $200W/(m^2·K)$。芯片最高允许工作温度是 85℃。问：(1)该芯片的耗散功率最高不能超过多少？(2)若改用绝缘的液体并采用喷射冷却方式，那么表面传热系数至少可以升高到 $3000W/(m^2·K)$，这时芯片的耗散功率可以允许增加到多少？

## 热辐射

1-7 一块发射率 $\varepsilon=0.8$ 的钢板，温度为 27℃。试计算单位时间内钢板单位面积上发射出的辐射能。

1-8 表面积为 $0.6m^2$的焊接板式换热器放置在一台大型真空钎焊炉内。如果换热器的温度为 20℃，表面发射率为 0.6，钎焊炉的壁面温度为 650℃。换热器的辐射换热量是多少？

1-9 一块金属板的表面发射率为 0.35，温度为 273℃，该物体表面的辐射力是多少？如果该金属板表面发生氧化，发射率变为 0.86，该物体表面的辐射力是多少？现再将该物体表面镀铬抛光，其发射率变为 0.04，则其辐射力又变为多少？

## 传热过程

1-10 有一单层玻璃窗，高 1.2m，宽 1m，厚 0.3mm，玻璃的导热系数 $\lambda=1.05W/(m·K)$。

室内、外的空气温度分别为20℃和5℃，室内、外空气与玻璃窗壁面之间对流换热的表面传热系数分别为 $h_1=5\text{W}/(\text{m}^2\cdot\text{K})$ 和 $h_2=20\text{W}/(\text{m}^2\cdot\text{K})$。试计算通过玻璃窗的散热损失。

1-11　接习题1-10，如果采用双层玻璃窗，玻璃窗的大小、厚度以及室内、外的对流换热条件与习题1-10相同，双层玻璃窗间的空气夹层厚度为5mm，夹层中的空气静止，空气的导热系数 $\lambda=0.025\text{W}/(\text{m}\cdot\text{K})$。试求这种情况下通过玻璃窗的散热损失。

1-12　对一台氟利昂冷凝器的传热过程做初步测算得到以下数据：管内水的对流换热的表面传热系数 $h_1=8700\text{W}/(\text{m}^2\cdot\text{K})$，管外氟利昂蒸气凝结换热的表面传热系数 $h_2=1800\text{W}/(\text{m}^2\cdot\text{K})$，换热管子壁厚 $\delta=1.5\text{mm}$。管子材料是导热系数 $\lambda=383\text{W}/(\text{m}\cdot\text{K})$ 的铜。试计算冷凝器的总传热系数。如欲强化换热，应从哪个环节入手？

# Chapter 1 Basic Modes of Heat Transfer

Heat transfer is the science that seeks to predict the energy transfer that may take place between material bodies as a result of a temperature difference. Thermodynamics teaches that this energy transfer is defined as heat. Whenever there is a temperature difference in a medium or between media, heat transfer must occur. Heat transfer is always from the higher temperature medium to the lower one.

Thermodynamics deals with equilibrium states and changes from one equilibrium state to another of a system; it may be used to predict the amount of energy required to change the system from one equilibrium state to another. Heat transfer, on the other hand, requires the presence of a temperature difference, and thus it is a non-equilibrium phenomenon. Heat transfer may be used to predict the rates of heat transfer to or from a system and the time of cooling or heating, as well as the variation of the temperature.

Heat can be transferred in three different modes: conduction, convection, and radiation. In this chapter, we give a brief description of each mode. A detail study of these modes is given in later chapters of this text.

## 1.1 Conduction Heat Transfer

### 1. Conduction

Conduction is the transfer of energy from the more energetic particles of a substance to the adjacent less energetic ones as a result of interactions between the particles.

Conduction can take place in solids, liquids, or gases. However, convection can also take place in liquids or gases due to the effective of gravity field, so pure conduction occurs only in opaque solids.

### 2. Fourier's Law of One-Dimensional Steady-State Heat Conduction

Consider a big plate system whose two surface's temperatures don't change with time, as shown in Figure 1-1. It is a one-dimensional steady-state system. The heat transfer is

$$\Phi=-\lambda A\frac{\mathrm{d}t}{\mathrm{d}x}=\lambda A\frac{t_{w1}-t_{w2}}{\delta} \tag{1-1}$$

or

$$q=\frac{\Phi}{A}=-\lambda\frac{\mathrm{d}t}{\mathrm{d}x}=\lambda\frac{t_{w1}-t_{w2}}{\delta} \tag{1-2}$$

where $\Phi$ is the heat-transfer rate, $q$ is the heat flux, that is the heat-transfer rate per unit area, and $dt/dx$ is the temperature gradient in the direction of the heat flow. $\lambda$ is called the thermal conductivity of the material, which is a measure of the ability of a material to conduct heat. The heat transfer area $A$ is always normal to the direction of heat transfer, and the minus sign inserted indicates that heat must flow downhill on the temperature scale.

Equations (1-1) and (1-2) are called Fourier's law of heat conduction after the French mathematical physicist Joseph Fourier.

## 1.2 Convection Heat Transfer

### 1. Heat Convection and Convection Heat Transfer

Heat convection is the energy transfer caused by the fluid overall movement. It can be happened only in the fluid with the heat transfer of conduction.

Convection heat transfer is the mode of energy transfer between a solid surface and the adjacent liquid or gas that is in motion, and it involves the combined effects of conduction and fluid motion. Consider a heated plate shown in Figure 1-2. Since the velocity of the fluid layer at the wall is zero, the heat must be transferred only by conduction at that point, and the fluid around the wall is heated with an increasing of the temperature. There is an energy transfer by convection between the cold fluid and hot fluid in the flow field as a result of the temperature difference. We call the whole process convection heat transfer.

### 2. Newton's Law of Cooling

To express the overall effect of convection heat transfer, we use Newton's law of cooling, which is first presented by Newton in 1701.

If the fluid is heated

$$\Phi = hA(t_w - t_f) \qquad (1-3)$$

If the fluid is cooled

$$\Phi = hA(t_f - t_w) \qquad (1-4)$$

or expressed by

$$\Phi = hA\Delta t \qquad (1-5)$$

$$q = h\Delta t \qquad (1-6)$$

where $\Delta t$ is the overall temperature difference between the wall and fluid, and $A$ is the surface area of the plate. The quantity $h$ is called the convection heat-transfer coefficient.

The convection heat transfer coefficient $h$ is not a property of the fluid. It is an experimentally determined parameter whose value depends on all the variables influencing convection such as the thermal properties of the fluid (thermal conductivity, specific heat capacity, density, viscosity, and so on), flow types of the fluid (laminar, or turbulent flow), causes of flow (natural, or forced convection), the surface geometry, boiling and condensation phenomena are also grouped under the general subject of convection heat transfer. The approximate ranges of convection heat-transfer coefficient are indicated in Table 1-1.

# 1.3 Radiation Heat Transfer

### 1. Thermal Radiation and Radiation Heat Transfer

Thermal radiation is the electromagnetic radiation that is propagated by a body as a result of its temperature.

The difference between the rates of radiation emitted by the surface and the radiation absorbed is the net radiation heat transfer.

The transfer of energy by radiation does not require the presence of an intervening medium, and thermal radiation may be transferred through regions where a perfect vacuum exists. All bodies at a temperature above absolute zero emit thermal radiation.

### 2. The Basic Formula for Thermal Radiation

(1) Stefan–Boltzmann Law of Thermal Radiation

An ideal thermal radiator, or blackbody, will emit energy at a rate proportional to the fourth power of the absolute temperature of the body and directly proportional to its surface area. Thus

$$\Phi = A\sigma T^4 \tag{1-7}$$

where $\sigma$ is the proportionality constant and is called Stefan–Boltzmann constant with the value of $5.669\times10^{-8}\ \mathrm{W/(m^2\cdot K^4)}$. The equation above is called the Stefan–Boltzmann law of thermal radiation, and it applies only to blackbodies.

The radiation emitted by all real surfaces is less than the radiation emitted by a blackbody at the same temperature, and is expressed as

$$\Phi = \varepsilon A\sigma T^4 \tag{1-8}$$

where $\varepsilon$ is the emissivity of the surface, and its value is in the range of $0\leqslant\varepsilon\leqslant1$. The property emissivity is a measure of how closely a surface approximates a blackbody for which $\varepsilon=1$.

(2) Radiation Heat Transfer between Two Surfaces

When a surface of emissivity $\varepsilon_1$ and surface area $A_1$ at an absolute temperature $T_1$ is completely enclosed by a much larger surface maintained at absolute temperature $T_2$ as shown in Figure 1–3. The net rate of radiation heat transfer between these two surfaces is given by

$$\Phi = \varepsilon_1 A_1 \sigma (T_1^4 - T_2^4) \tag{1-9}$$

# 1.4 Overall Heat-Transfer Processes

An overall heat transfer process is the process that the energy is transferred from the fluid on one side of the wall to the fluid on another side. There are three necessary sections in the overall heat transfer process: heat is transferred from the hot fluid to the adjacent wall by convection, sometimes involves radiation, then heat is further transferred from the heated wall to the low temperature wall in the solid by conduction, then heat is eventually transferred from the low temperature wall to the fluid around it by convection, and to the environment solid by radiation, as shown in Figure 1–4.

In order to analysis the overall heat transfer process, we consider a big plate with constant thermal conductivity $\lambda$ and thickness $\delta$. The left side of the plate is the hot fluid with temperature $t_{f1}$

and the convection heat transfer coefficient $h_1$, and the right side of the plate is the cold fluid with temperature $t_{f2}$ and the convection heat transfer coefficient $h_2$. Assume the temperatures of the left and right sides fluids don't change with time, and so the convection heat-transfer coefficients do. Now let's find out the heat transferred from the hot fluid to the cold fluid through the wall.

In the left side of the plate, the mode of heat transferred from the hot fluid to the adjacent wall is convection, and the heat in this section can be expressed by Newton's law of cooling as

$$\Phi_1 = h_1 A(t_{f1} - t_{w1}) = \frac{t_{f1} - t_{w1}}{\dfrac{1}{h_1 A}} \tag{1-10}$$

The mode of heat transferred from the left side wall to the right side wall is conduction, and the heat in this section can be expressed by Fourier's law as

$$\Phi_2 = \lambda A \frac{dt}{dx} = \frac{t_{w1} - t_{w2}}{\dfrac{\delta}{\lambda A}} \tag{1-11}$$

The mode of heat transferred from the right side wall to the cold fluid is convection, and the heat in this section can be expressed by Newton's law of cooling as

$$\Phi_3 = h_2 A(t_{w2} - t_{f2}) = \frac{t_{w2} - t_{f2}}{\dfrac{1}{h_2 A}} \tag{1-12}$$

For steady-state heat transfer process, the heat flow must be the same through all sections, that is $\Phi_1 = \Phi_2 = \Phi_3 = \Phi$. So the heat transfer rate for this steady-state heat transfer process is

$$\Phi = \frac{t_{f1} - t_{f2}}{\dfrac{1}{h_1 A} + \dfrac{\delta}{\lambda A} + \dfrac{1}{h_2 A}} \tag{1-13}$$

The Equation (1-13) can also be expressed as

$$\Phi = Ak(t_{f1} - t_{f2}) \tag{1-14}$$

where $k$ is called overall heat transfer coefficient, and the Equation (1-14) is called heat-transfer equation. The heat-transfer equation is the fundamental equation in the study and design of heat exchangers.

For per unit area of the plate, the heat flux can be expressed as

$$q = \frac{t_{f1} - t_{f2}}{\dfrac{1}{h_1} + \dfrac{\delta}{\lambda} + \dfrac{1}{h_2}} \tag{1-15}$$

It is easy to find the heat transfer rate $\Phi$ and heat flux $q$ through the plate wall using Equations (1-14) and (1-15), and as well as the temperatures on the left and right sides of the wall $t_{w1}$, $t_{w2}$.

# 第二章 稳态热传导

导热是物体的各部分之间不发生宏观的相对位移时，依靠物体内部微观粒子的热运动而进行的热量传递现象。导热是物质的一种固有属性，无论固体、液体或者气体，只要有温度差存在，在接触时就会发生导热现象，但是单纯的导热只能发生在密实的固体中。虽然导热的物理机理涉及物体的微观结构和微观粒子的热运动规律，但导热理论主要是在连续介质的假设下，从宏观的角度出发研究导热的基本规律及计算方法。在一般情况下，绝大多数的固体、液体以及气体都可以看作连续介质，但是当分子的平均自由行程与物体的宏观尺寸相比不能忽略时，例如压力降低到一定程度的稀薄气体，就不能看作连续介质。

## 第一节 导热基本定律

**1. 温度场和温度梯度**

(1) 温度场

温度差是热量传递的动力，每一种传热方式都和物体的温度密切相关。在某一时刻 $\tau$，物体内各点的温度分布称为该物体在 $\tau$ 时刻的温度场，它是各个时刻物体中各点的温度组成的集合，又称为温度分布。温度场可以表示为空间坐标和时间的函数，在直角坐标系中，温度场可表示为：

$$t=f(x, y, z, \tau) \tag{2-1}$$

式中，$t$ 为温度；$x$、$y$、$z$ 为空间直角坐标；$\tau$ 为时间。

按照物体内各点的温度是否随时间变化，温度场可分为稳态温度场和非稳态温度场。

如果物体内各点的温度均不随时间变化，则该温度场称为稳态温度场，即 $\partial t/\partial\tau=0$，可表示为：

$$t=f(x, y, z) \tag{2-2}$$

如果物体内各点的温度不仅随空间坐标变化，还随时间变化，即 $\partial t/\partial\tau\neq0$，则该温度场称为非稳态温度场。

工程上的热工设备，除启动、停止、加减负荷时温度场可视为非稳态温度场外，大部分时间是在外界影响不变的条件下稳定运行的，此时的温度场可视为稳态温度场。例如，热机(如内燃机、蒸汽轮机、航空发动机等)的部件在启动、停机或者变工况时出现的温度场即为非稳态温度场，又称为瞬态温度场。而在稳定工作条件下运行时的温度场，即为稳态温度场。

按照温度在空间三个坐标方向的变化情况，温度场又可分为一维温度场、二维温度场和三维温度场。在一维温度场中，物体的温度仅在一个空间坐标方向发生变化。

在所有的温度场中，一维稳态温度场是最简单的一种情况。例如，两个表面各自保持均匀温度的大平壁内的温度场就是一维稳态温度场，如图 1-1 所示，其温度分布可表示为 $t=f(x)$。

温度场是标量场。在同一时刻，温度场中温度相同的点连接而成的线(或面)称为等温线(或等温面)。等温面上的任何一条线都是等温线。

等温线(或等温面)的特点有：

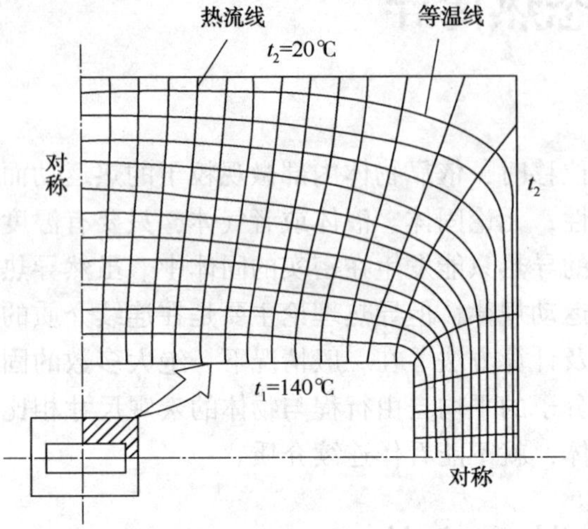


图 2-1　用等温线图表示温度场

① 在同一时刻，物体中温度不同的等温线(或等温面)不能相交。这是因为，任何一点在同一时刻不可能具有两个或两个以上的温度值。

② 在连续介质的假设条件下，等温线(或等温面)或者在物体中构成封闭的曲线(或曲面)，或者终止于物体的边界，不可能在物体内部中断。

③ 当等温线图上所有两条相邻等温线的温度间隔相同时，等温线的疏密可以直观地反映出不同区域温度变化的快慢，以及导热热流密度的相对大小。

由于等温线(或等温面)可以很好地表示物体内的温度分布状况，所以常常用等温线图(或等温面图)的形式表示物体的温度场。图 2-1 是用等温线图表示温度场的实例。

(2) 温度梯度

在温度场中，沿等温面法线方向的温度变化最剧烈，即温度变化率最大。如图 2-2(a)所示，两等温面之间的温度差 $\Delta t$ 与其法线方向的距离 $\Delta n$ 的比值的极限，称为温度梯度，即：

$$\mathrm{grad}t=\lim_{\Delta n\to 0}\frac{\Delta t}{\Delta n}=\frac{\partial t}{\partial n}\vec{n} \tag{2-3}$$

式中，$\frac{\partial t}{\partial n}$为等温面法线方向的温度变化率；$\vec{n}$ 为等温面法线方向的单位矢量。温度梯度是矢量，其方向沿等温面的法线并指向温度升高的方向。

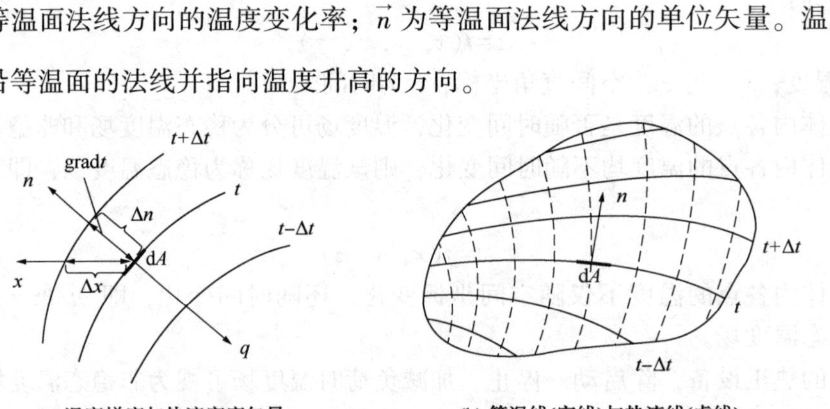


(a) 温度梯度与热流密度矢量　(b) 等温线(实线)与热流线(虚线)

图 2-2　等温线与热流线

在直角坐标系中，温度梯度可表示为：

$$\mathrm{grad}t=\frac{\partial t}{\partial x}\vec{i}+\frac{\partial t}{\partial y}\vec{j}+\frac{\partial t}{\partial z}\vec{k} \tag{2-4}$$

式中，$\frac{\partial t}{\partial x}$、$\frac{\partial t}{\partial y}$、$\frac{\partial t}{\partial z}$分别为温度在 $x$、$y$、$z$ 坐标方向的偏导数；$\vec{i}$、$\vec{j}$、$\vec{k}$ 分别为 $x$、$y$、$z$ 坐标

方向的单位矢量。

注意：$\frac{\Delta t}{\Delta x}$，$\frac{\partial t}{\partial x}$，$\frac{\partial t}{\partial n}\vec{n}$ 这三种形式应加以区别。

① $\frac{\Delta t}{\Delta x}$，表示温度差 $\Delta t$ 与距离 $\Delta x$ 的比值。

② $\frac{\partial t}{\partial x}=\lim\limits_{\Delta n \to 0}\frac{\Delta t}{\Delta x}$，表示在温度场中，温度沿方向 $x$ 的变化，称为该方向上的温度变化率。温度变化率是标量。很明显，沿等温面法线方向上的温度变化率最大。

③ $\frac{\partial t}{\partial n}\vec{n}=\mathrm{grad}t$，表示温度梯度。

**2. 导热基本定律**

在导热现象中，单位时间内通过给定截面的热流量与哪些因素有关？如何确定呢？法国数学家、物理学家约瑟夫·傅里叶在对导热过程进行大量实验研究的基础上，于 1822 年提出了著名的导热基本定律，即傅里叶定律，其数学表达式为：

$$\vec{\Phi}=-\lambda A\mathrm{grad}t=-\lambda A\frac{\partial t}{\partial n}\vec{n} \tag{2-5}$$

式中，$\mathrm{grad}t$ 为空间某点的温度梯度；$\vec{n}$ 为通过该点等温线上法向单位向量，负号表示热量传递的方向指向温度降低的方向，即与温度梯度的方向相反。

或用热流密度表示为：

$$\vec{q}=-\lambda\mathrm{grad}t=-\lambda\frac{\partial t}{\partial n}\vec{n} \tag{2-6}$$

傅里叶定律表明，在导热过程中，单位时间内通过给定截面的热流量，其大小与温度梯度和截面面积成正比；其方向与温度梯度的方向相反。傅里叶定律又被称为导热热流速率方程，它揭示了导热热流量和温度梯度之间的内在联系。温度的变化是有方向的物理量，温度梯度是沿法线方向的向量，并指向温度升高的方向。在傅里叶定律中，所传递的热量也是有方向性的，导热的方向指向温度降低的方向，与温度梯度的方向共线反向。因此，只有采用矢量形式才能把傅里叶定律完整地表达出来。

热流密度的大小为：

$$q=-\lambda\frac{\partial t}{\partial n} \tag{2-7}$$

在直角坐标系中，由式(2-4)可得热流量为：

$$\vec{\Phi}=-\lambda A_x\frac{\partial t}{\partial x}\vec{i}-\lambda A_y\frac{\partial t}{\partial y}\vec{j}-\lambda A_z\frac{\partial t}{\partial z}\vec{k}$$

$$\vec{q}=-\lambda\frac{\partial t}{\partial x}\vec{i}-\lambda\frac{\partial t}{\partial y}\vec{j}-\lambda\frac{\partial t}{\partial z}\vec{k} \tag{2-8}$$

其中：

$$q_x=-\lambda\frac{\partial t}{\partial x},\ q_y=-\lambda\frac{\partial t}{\partial y},\ q_z=-\lambda\frac{\partial t}{\partial z}$$

在物体中，热流密度矢量的方向可以用热流线来表示。热流线是一组与等温线处处垂直的曲线，如图 2-2(a)所示。通过平面上任一点的热流线与该点的热流密度矢量相切，如图 2-2(b)所示。

需要指出的是，傅里叶定律只适用于各向同性物体。有许多天然和人造材料，其导热系数随方向而变化，存在导热系数具有最大值和最小值的方向，这类物体称为各向异性物体，例如木材、石墨、晶体、沉积岩、云母以及动物的肌肉、植物的纤维组织，经过冷冲压处理的金属、层压板、强化纤维板、一些工程塑料等。在各向异性物体中，热流量矢量的方向不仅与温度梯度的方向有关，还与导热系数的方向性有关。因此，热流量与温度梯度不一定在同一条直线上。对各向异性物体中导热的一般性分析比较复杂，本书不做讨论。

还需要指出的是，对于工程技术中的一般稳态和非稳态问题，当热流密度的数值不是很高、导热过程的发生时间足够长、导热物体的尺度范围也足够大时，傅里叶定律的表达式[式(2-5)、式(2-6)]均完全适用。但是对于以下三种情形，傅里叶定律是不适用的：

① 导热物体的温度接近 0K 的导热问题(温度效应)。

② 导热过程的发生时间极短，与材料本身固有的时间尺度相接近的导热问题(时间效应)。例如大功率、短脉冲(脉冲宽度可达 $10^{-15} \sim 10^{-12}$s)激光瞬态加热。

③ 导热物体的空间尺度极小，与微观粒子的平均自由行程相接近的导热问题(尺度效应)。例如，对于通过大气层的导热，当大气层所在空间尺度与气体分子的平均自由行程接近时，以及厚度为纳米级别的薄膜导热。

凡是傅里叶定律不适用的导热问题统称为非傅里叶导热，对这类导热问题的研究是近代微米纳米传热学的重要内容。

**3. 导热系数**

(1) 导热系数的定义

导热系数是物质的重要热物性参数，表示该物质导热能力的大小。在很多涉及导热和对流的工程计算问题及传热测试中，导热系数都是不可缺少的重要参数。导热系数的定义可直接由傅里叶定律给出：

$$\lambda = \frac{-\vec{q}}{\mathrm{grad}t} \tag{2-9}$$

或

$$\lambda = \frac{q}{|\mathrm{grad}t|} \tag{2-10}$$

可见，导热系数在数值上等于温度梯度的绝对值为 1K/m 时的热流密度值。

工程计算中，各种物质的导热系数都是通过专门实验测量出来的，测定导热系数的方法有稳态法和非稳态法两大类，傅里叶定律是采用稳态法测量导热系数的理论依据。书后附表4、附表5、附表6中摘录了工程上一些常用物质在特定温度下的导热系数值，可供一般工程计算时参考。各种物质的导热系数差别很大。影响导热系数的因素也较多，包括物质的种类、物质的结构以及物理状态(温度、压力、密度、湿度)等。由于导热是在非均匀的温度场中进行的，因此温度对导热系数的影响尤为重要。一般来说，所有物质的导热系数都是温度的函数。图2-3中给出了固体、液体以及气体等导热系数对温度的函数关系。在工业上和日常生活中常见的温度范围内，绝大多数物质的导热系数都可以近似地表示为温度的线性函数形式，即：

$$\lambda = \lambda_0(1+bt) \tag{2-11}$$

式中，$\lambda_0$为按此公式计算时物质在0℃下的导热系数值，即该直线的延长线在纵坐标上的截距；$b$为由实验确定的常量，其数值与物质的种类有关。

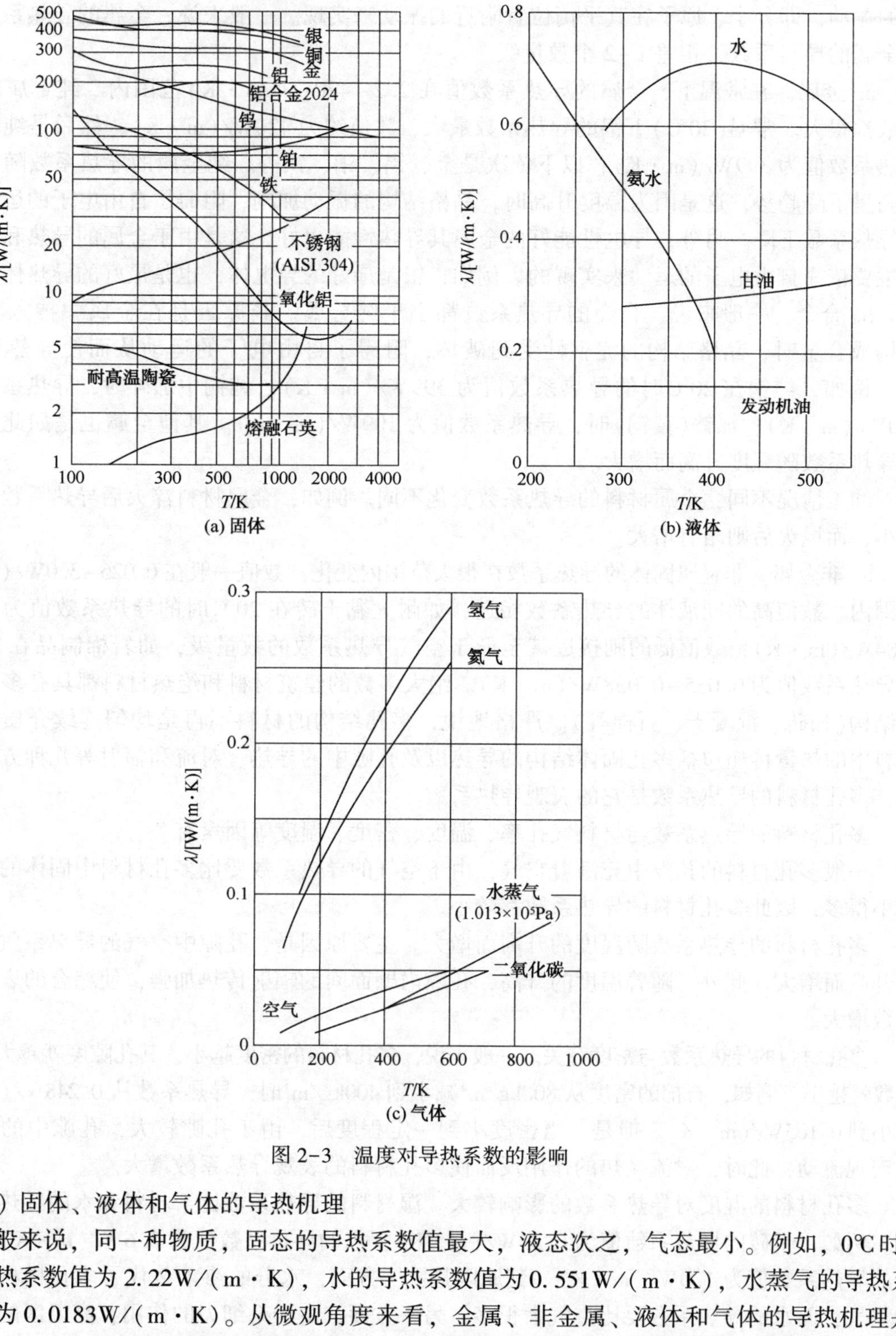


图 2-3 温度对导热系数的影响

（2）固体、液体和气体的导热机理

一般来说，同一种物质，固态的导热系数值最大，液态次之，气态最小。例如，0℃时，冰的导热系数值为 2.22W/(m·K)，水的导热系数值为 0.551W/(m·K)，水蒸气的导热系数值仅为 0.0183W/(m·K)。从微观角度来看，金属、非金属、液体和气体的导热机理是不同的，且各种物质的导热系数随温度的变化规律也大不相同。下面分别说明固体、气体、液体的导热特点。

① 固体的导热系数。固体的分子运动主要表现为晶格振动。金属的导热机理与非金属有很大区别。金属的导热主要依靠自由电子的运动来实现；而非金属的导热主要依靠晶格结

构的振动，即分子、原子在其平衡位置附近的振动来实现。一般来说，金属的导热系数大于非金属的导热系数，相差1~2个数量级。

a. 金属。在常温下，金属的导热系数值在2.2~420W/(m·K)范围内。纯金属的导热系数都很大。常温(20℃)下银的导热系数最大，数值约为420W/(m·K)；然后是纯铜，其导热系数值为399W/(m·K)；以下依次是金、铝、铂、铁等。纯金属的导热系数随温度的升高呈下降趋势，这是因为温度升高时，晶格结构的振动加剧，阻碍了自由电子的运动，因而导热系数下降。另外，导电性能好的金属其导热性能也好，这是由于金属的导热和导电都是主要依靠自由电子的运动来实现的。例如，银是最好的导电体，也是最好的导热体。

b. 合金。一般来说，合金的导热系数都小于纯金属。其原因是在金属中掺入其他成分构成合金时，晶格结构的完整性受到破坏，阻碍了自由电子的运动从而使导热系数减小。例如，纯铜在20℃时的导热系数值为399W/(m·K)；纯铜中加砷时，导热系数值为140W/(m·K)；加锌(黄铜)时，导热系数值为109W/(m·K)。其他金属也是如此。合金的导热系数随温度升高而增大。

加工情况不同，金属材料的导热系数变化不同。例如，金属材料淬火后导热系数通常会减小，而退火后则略有增大。

c. 非金属。非金属固体的导热系数在很大范围内变化，数值一般在0.025~3.0W/(m·K)范围内。数值高的同液体的导热系数相近，如耐火黏土砖在20℃时的导热系数值为0.71~0.84W/(m·K)；数值低的则接近甚至低于空气导热系数的数量级，如岩棉制品在20℃时的导热系数值为0.035~0.038W/(m·K)。绝大多数的建筑材料和绝热材料都具有多孔和纤维结构(如砖、混凝土、石棉等)。严格地说，多孔结构的材料不再是均匀连续介质。这些材料中的热量传递包括多孔固体结构的导热以及孔隙中的导热、对流和辐射等几种方式。因此，多孔材料的导热系数是它的表观导热系数。

多孔材料的导热系数与材料气孔率、温度、密度、湿度等因素有关。

一般多孔材料的孔隙中充满着空气，由于空气的导热系数要比多孔材料中固体的导热系数小得多，因此多孔材料的导热系数都较小。

多孔材料的导热系数随温度的升高而增大。主要原因是，孔隙中空气的导热系数随温度的升高而增大。此外，随着温度的升高，孔隙内壁面间的辐射传热加强，使综合的表观导热系数增大。

多孔材料的导热系数与密度有关。一般来说，多孔材料的密度越小，其孔隙度就越大，导热系数就越小。例如，石棉的密度从800kg/m$^3$减小到400kg/m$^3$时，导热系数从0.248W/(m·K)减小到0.105W/(m·K)。但是，当密度小到一定程度后，由于孔隙较大，孔隙中的空气出现宏观流动，此时，对流换热的作用反而使多孔材料的表观导热系数增大。

多孔材料的湿度对导热系数的影响较大。湿材料的导热系数比干材料和水的导热系数都大。例如，干砖的导热系数值为0.35W/(m·K)，水的导热系数值为0.6W/(m·K)，而湿砖的导热系数值为1.0W/(m·K)。其原因是：一方面，水分的渗入替代了多孔材料孔隙中的空气，而水的导热系数要比空气大很多；另一方面，由于毛细力的作用，高温区的水分向低温区迁移，由此而产生热量传递，使湿材料的表观导热系数增大。因此，对于建筑物的围护结构，特别是热工设备的保温层，都应采取适当的防潮措施。

d. 绝热材料。绝热材料是一类特别重要且令人感兴趣的材料。国家标准GB/T 4272—2008《设备及管道绝热技术通则》中规定，在平均温度为298K(25℃)时导热系数不大于

0.08W/(m·K)的材料称为绝热材料，又称为保温材料，例如聚氨酯泡沫塑料、聚乙烯泡沫塑料、玻璃纤维、石棉、矿渣棉、膨胀珍珠岩、微孔硅酸钙等。

e. 各向异性材料。各向异性材料各向的结构不同，各向的导热系数值也有很大差别。以木材为例，在沿木纹方向、垂直木纹方向、与木纹相切这三个方向上的导热系数都不相同。松木沿木纹方向的导热系数值为0.35W/(m·K)，垂直木纹方向的导热系数值为0.15W/(m·K)，相差达到一倍多。对于各向异性材料，导热系数值必须指明方向才有意义。

② 气体的导热系数。气体的导热可以认为是气体分子不规则热运动及相互碰撞而产生的热量传递。气体的导热系数值很小，在0.006~0.6W/(m·K)范围内。所有气体的导热系数均随温度升高而增大。此外，气体的导热系数还与气体的分子质量有关。在气体中，氢和氦的导热系数要比其他气体高出4~9倍，这是由于氢和氦的分子质量很小，其分子热运动的平均速率较高。

理想气体的导热系数随压力的变化很小，在压力为$2.66\times10^3\sim2\times10^9$Pa范围内，导热系数值几乎不变。但实际气体如水蒸气的导热系数值受压力影响较大，与理想气体有很大的区别。

③ 液体的导热系数。与固体以及气体相比，迄今为止，对液体的导热机理仍不十分清楚。一种观点认为，液体的导热机理类似于气体，主要依靠分子不规则热运动及相互碰撞传递热量，只是情况更复杂。因为液体分子间的距离比较近，分子间的作用力对碰撞过程的影响远比气体的大。另一种观点则认为，类似于非金属固体，主要依靠晶格结构的振动来传递弹性声波的作用。各种液体的导热系数值在0.07~0.7W/(m·K)范围内。大多数液体的导热系数随温度升高而减小，而水、甘油等强缔合液体的导热系数则随温度升高而增大。

需要指出的是，工业上大量使用着各种成分复杂的气体混合物或液体混合物。对混合物的导热系数不能用简单的加法来计算，一般需要通过实验方法来测定。

**例题 2-1** 傅里叶定律的应用

有一厚度为50mm的无限大平壁，其稳态温度分布为$t=a+bx^2$，式中，$a=200$℃、$b=-2000$℃/m²。若平壁材料的导热系数为45W/(m·℃)，则平壁两侧表面的热流密度分别是多少？

**解：** 本问题为通过大平壁的一维稳态导热问题，根据傅里叶定律：

$$q=-\lambda\frac{\mathrm{d}t}{\mathrm{d}x}=4000\lambda x$$

平壁左侧$x=0$处，$q=0$。

平壁右侧$x=0.05$m处，$q=4000℃/\mathrm{m}^2\times45\mathrm{W}/(\mathrm{m}\cdot℃)\times0.05\mathrm{m}=9000\mathrm{W}/\mathrm{m}^2$。

## 第二节 导热微分方程

导热现象是一种物理现象，在对导热这一物理现象进行分析和求解时，往往首先需要通过对导热问题的分析，建立与之对应的数学描述，再利用数学方法求解数学描述，进而求出导热问题的解。一个导热问题的数学描述包括两个方面：导热微分方程和单值性条件。

对傅里叶定律进一步分析可知，要计算通过导热物体的热流量，除了需要知道物体的导热系数$\lambda$、截面面积$A$之外，最重要的是需要知道物体内的温度场，进而得到温度梯度$\frac{\partial t}{\partial n}\vec{n}$，

再求出热流量 $\Phi$。因此，求解物体内的温度场是导热问题分析和求解的主要任务之一。导热微分方程就是描述导热物体内温度分布规律的微分方程式。它是根据傅里叶定律和能量守恒定律建立起来的。下面以推导的方式给出导热微分方程。

**1. 导热微分方程**

(1) 直角坐标系中的导热微分方程

为了简化分析，做下列假设：

① 物体是各向同性的连续介质，物性量 $\lambda$、$\rho$、$c$ 为常数。

② 物体内部具有内热源。一个物体导热时，如果其本身又是核反应体，或者是电阻元件，或者是发生化学反应的体系，在导热的同时，该物体能够吸收或者放出热量，这种现象称为物体有内热源。内热源强度记作 $\dot{\Phi}$，它表示单位时间内单位体积内的内热源生成的热量，W/m$^3$。注意：内热源产生热量(吸热)，数值为正；消耗热量(放热)，数值为负。

如图 2-4 所示，在直角坐标系中，选取一个微元平行六面体作为研究对象，其边长分别为 d$x$、d$y$、d$z$。根据能量守恒定律，在导热过程中，微元体的热平衡表达式为：单位时间内，导入微元体的总热流量 d$\Phi_{in}$+微元体内热源的生成热 d$\Phi_V$-导出微元体的总热流量 d$\Phi_{out}$=微元体热力学能的增加量 d$U$。

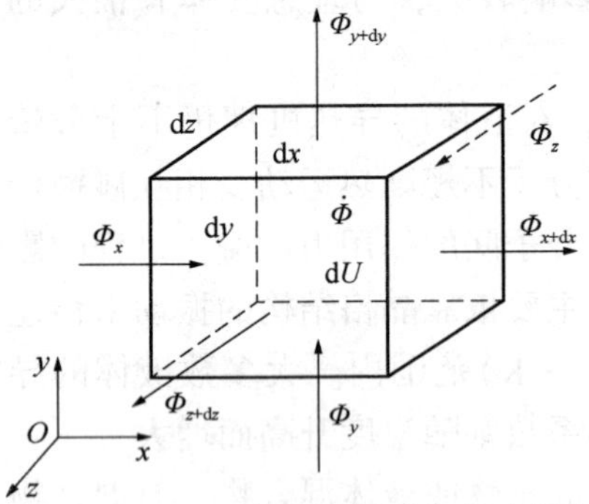


图 2-4 直角坐标系中微元体的热平衡分析

根据傅里叶定律，可以得出导入、导出微元体的总热流量。如图 2-4 所示，设 $\Phi_x$、$\Phi_y$、$\Phi_z$ 分别为单位时间内在 $x$、$y$、$z$ 三个坐标方向上，通过 $x=x$、$y=y$、$z=z$ 三个表面导入微元体的热流量；$\Phi_{x+dx}$、$\Phi_{y+dy}$、$\Phi_{z+dz}$ 分别为单位时间内在 $x$、$y$、$z$ 三个坐标方向上，通过 $x=x+dx$、$y=y+dy$、$z=z+dz$ 三个表面导出微元体的热流量。因此，单位时间内导入微元体的总热流量 d$\Phi_{in}$ 可表示为 $\Phi_x$、$\Phi_y$、$\Phi_z$ 之和，即：

$$d\Phi_{in}=\Phi_x+\Phi_y+\Phi_z \tag{2-12}$$

根据傅里叶定律，导入微元体的热流量为：

$x$ 方向：
$$\Phi_x=-\lambda\frac{\partial t}{\partial x}dydz \tag{2-13}$$

$y$ 方向：
$$\Phi_y=-\lambda\frac{\partial t}{\partial y}dxdz \tag{2-14}$$

$z$ 方向：
$$\Phi_z=-\lambda\frac{\partial t}{\partial z}dxdy \tag{2-15}$$

同理，单位时间内导出微元体的总热流量 d$\Phi_{out}$ 可表示为 $\Phi_{x+dx}$、$\Phi_{y+dy}$、$\Phi_{z+dz}$ 之和，即：

$$d\Phi_{out}=\Phi_{x+dx}+\Phi_{y+dy}+\Phi_{z+dz} \tag{2-16}$$

因为在所研究的范围内，热流密度是连续的，所以导出微元体的热流量可以展开成泰勒级数的形式，并忽略二阶以上无穷小量，则导出微元体的热流量为：

$x$ 方向：
$$\Phi_{x+dx}=\Phi_x+\frac{\partial \Phi_x}{\partial x}dx=\Phi_x+\frac{\partial}{\partial x}\left(-\lambda\frac{\partial t}{\partial x}dydz\right)dx \tag{2-17}$$

$y$ 方向：
$$\Phi_{y+dy}=\Phi_y+\frac{\partial \Phi_y}{\partial y}dy=\Phi_y+\frac{\partial}{\partial y}\left(-\lambda\frac{\partial t}{\partial y}dxdz\right)dy \tag{2-18}$$

$z$ 方向：
$$\Phi_{z+dz}=\Phi_z+\frac{\partial \Phi_z}{\partial z}dz=\Phi_z+\frac{\partial}{\partial z}\left(-\lambda\frac{\partial t}{\partial z}dxdy\right)dz \tag{2-19}$$

单位时间内，微元体内热源的生成热为：
$$d\Phi_V=\dot{\Phi}dxdydz \tag{2-20}$$

单位时间内，微元体热力学能的增加量为：
$$dU=mc\frac{\partial t}{\partial \tau}=\rho c dxdydz\frac{\partial t}{\partial \tau} \tag{2-21}$$

将式(2-13)~式(2-15)、式(2-17)~式(2-19)、式(2-20)、式(2-21)代入热平衡表达式中，并消去 $dxdydz$，整理后可得：
$$\rho c\frac{\partial t}{\partial \tau}=\frac{\partial}{\partial x}\left(\lambda\frac{\partial t}{\partial x}\right)+\frac{\partial}{\partial y}\left(\lambda\frac{\partial t}{\partial y}\right)+\frac{\partial}{\partial z}\left(\lambda\frac{\partial t}{\partial z}\right)+\dot{\Phi} \tag{2-22}$$

式(2-22)称为直角坐标系中导热微分方程的一般形式。当导热系数 $\lambda$ 为常数时，式(2-22)可简化为：
$$\frac{\partial t}{\partial \tau}=a\left(\frac{\partial^2 t}{\partial x^2}+\frac{\partial^2 t}{\partial y^2}+\frac{\partial^2 t}{\partial z^2}\right)+\frac{\dot{\Phi}}{\rho c} \tag{2-23}$$

式(2-23)称为直角坐标系中非稳态、有内热源、常物性物体的导热微分方程。

对导热微分方程进行几点说明：

① 导热微分方程揭示了导热过程中物体内的温度随时间和空间坐标变化的函数关系。

② 式(2-23)中 $a=\frac{\lambda}{\rho c}$，称为物体的热扩散率，也称导温系数，$m^2/s$。由热扩散率的定义可以看到，它是 $\lambda$ 和 $\rho c$ 三个物性量的结合，它也是物体的物性量，其数值范围从油的 $1\times10^{-7}m^2/s$变化到银的 $2\times10^4 m^2/s$。以物体受热温升为例进行分析，分子 $\lambda$ 越大，在相同的温度梯度下可以传导的热量越多。分母 $\rho c$ 表示单位体积的物体温度升高 1℃所需的热量，$\rho c$ 越小，温度上升 1℃所需的热量越少，即可以将更多的热量向物体内部继续传递，从而使物体内各点的温度更快地随边界面温度的升高而升高。所以热扩散率 $a$ 越大，表示物体内温度扯平的能力越大。从另一个角度来说，热扩散率的大小反映了物体被瞬态加热或冷却时物体内温度变化的快慢。由式(2-23)可以看出，热扩散率 $a$ 越大，温度随时间的变化率 $\partial t/\partial \tau$ 越大，即温度传播得越迅速。例如，一般木材的热扩散率约为 $a=1.5\times10^{-7}m^2/s$，紫铜的热扩散率约为 $a=5.38\times10^{-5}m^2/s$，其热扩散率约为木材的 359 倍。分析同样长短、同样粗细的木棒和紫铜棒，如果将二者的一端同时放置到温度较高的热水浴中，用手分别握住二者的另一端，显然握住紫铜棒的手会很快感觉到热，而握住木棒的手感觉到热会慢些。这说明，在紫铜棒中温度的变化要比在木棒中快很多。可见，热扩散率也是物体传播温度变化能力大小的指标。热扩散率 $a$ 对稳态导热过程没有影响，但在非稳态导热过程中，它是一个非常重要的参数。

③ 对于特殊的导热情况，导热微分方程可以有不同的简化形式，常见的有以下几种。

物体非稳态导热、常物性、无内热源时：
$$\frac{\partial t}{\partial \tau}=a\left(\frac{\partial^2 t}{\partial x^2}+\frac{\partial^2 t}{\partial y^2}+\frac{\partial^2 t}{\partial z^2}\right) \tag{2-24}$$

物体稳态导热、常物性、有内热源时：

$$\left(\frac{\partial^2 t}{\partial x^2}+\frac{\partial^2 t}{\partial y^2}+\frac{\partial^2 t}{\partial z^2}\right)+\frac{\dot{\Phi}}{\lambda}=0 \tag{2-25}$$

数学上，该方程称为泊松方程，它是常物性、稳态、有内热源、三维导热问题的温度场控制方程式。

物体稳态导热、常物性、无内热源时：

$$\frac{\partial^2 t}{\partial x^2}+\frac{\partial^2 t}{\partial y^2}+\frac{\partial^2 t}{\partial z^2}=0 \tag{2-26}$$

数学上，该方程称为拉普拉斯方程，$\nabla^2=\frac{\partial^2 t}{\partial x^2}+\frac{\partial^2 t}{\partial y^2}+\frac{\partial^2 t}{\partial z^2}$称为拉普拉斯算子。

物体一维稳态导热、常物性、无内热源时：

$$\frac{\mathrm{d}^2 t}{\mathrm{d}x^2}=0 \tag{2-27}$$

（2）圆柱坐标系中的导热微分方程

当所研究的对象是圆柱状(圆柱、圆筒壁等)物体时，采用圆柱坐标系($r$，$\varphi$，$z$)比较方便，如图2-5(a)所示。圆柱坐标系中的导热微分方程可以采用和直角坐标系相同的方法推导得出。还可以采用圆柱坐标和直角坐标的数学转换，在直角坐标系中导热微分方程式(2-22)的基础上转换得到。下面只给出推导结果。

圆柱坐标系($r$，$\varphi$，$z$)中，$x=r\cos\varphi$、$y=r\sin\varphi$、$z=z$，圆柱坐标系中的导热微分方程为：

$$\rho c\frac{\partial t}{\partial \tau}=\frac{1}{r}\frac{\partial}{\partial r}\left(\lambda r\frac{\partial t}{\partial r}\right)+\frac{1}{r^2}\frac{\partial}{\partial \varphi}\left(\lambda\frac{\partial t}{\partial \varphi}\right)+\frac{\partial}{\partial z}\left(\lambda\frac{\partial t}{\partial z}\right)+\dot{\Phi} \tag{2-28}$$

物体一维稳态导热、常物性、无内热源时，式(2-28)简化为：

$$\frac{\mathrm{d}}{\mathrm{d}r}\left(r\frac{\mathrm{d}t}{\mathrm{d}r}\right)=0 \tag{2-29}$$

（3）球坐标系中的导热微分方程

当所研究的对象是球状物体时，采用球坐标系($r$，$\theta$，$\varphi$)比较方便，如图2-5(b)所示。球坐标系中的导热微分方程可以采用和直角坐标系相同的方法推导得出。还可以采用球坐标和直角坐标的数学转换，在直角坐标系中导热微分方程式(2-22)的基础上转换得到。下面只给出推导结果。

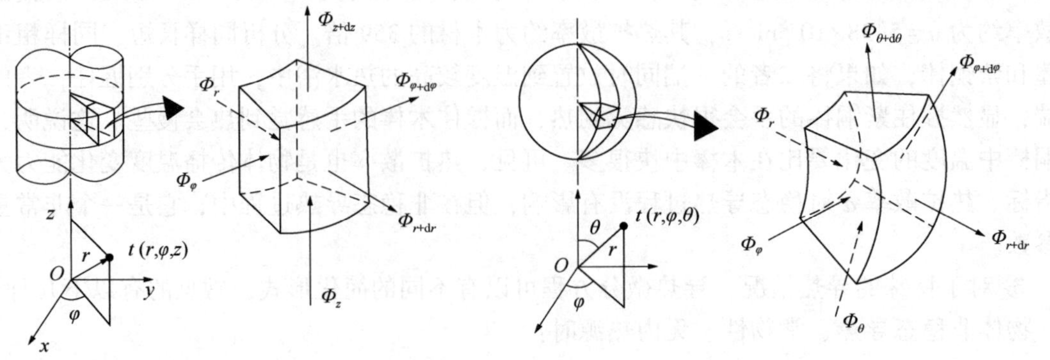


(a) 圆柱坐标系　　(b) 球坐标系

图2-5　圆柱坐标系和球坐标系中的微元体热平衡分析

球坐标系($r$, $\theta$, $\varphi$)中，$x=r\sin\theta\cos\theta$、$y=r\sin\theta\sin\varphi$、$z=r\cos\theta$，球坐标系中的导热微分方程为：

$$\rho c\frac{\partial t}{\partial \tau}=\frac{1}{r^2}\frac{\partial}{\partial r}\left(\lambda r^2\frac{\partial t}{\partial r}\right)+\frac{1}{r^2\sin\theta}\frac{\partial}{\partial \theta}\left(\lambda\sin\theta\frac{\partial t}{\partial \theta}\right)+\frac{1}{r^2\sin^2\theta}\frac{\partial}{\partial \varphi}\left(\lambda\frac{\partial t}{\partial \varphi}\right)+\dot{\Phi} \tag{2-30}$$

物体一维稳态导热、常物性、无内热源时，式(2-30)简化为：

$$\frac{\mathrm{d}}{\mathrm{d}r}\left(r^2\frac{\mathrm{d}t}{\mathrm{d}r}\right)=0 \tag{2-31}$$

**2. 单值性条件**

导热微分方程揭示了物体内温度分布的空间不均匀性和随时间变化的非稳态性之间的内在联系。任何导热问题，无论是稳态的或是非稳态的、一维的或是多维的，都可以用相应坐标系中的导热微分方程来描述。因此，导热微分方程反映了一切导热过程的共性，是求解一切导热问题的依据和出发点。对导热微分方程直接求解，所得到的是导热物体内温度分布的通解。

然而，每一个具体的导热问题总有其个性，总是在特定的条件(物质、空间、时间)下进行的。导热微分方程本身没有也不可能指明在各种特定条件下所发生的具体导热现象，并提供相应的温度分布。也就是说，虽然一切导热物体的温度场都必须满足导热微分方程，但是一个具体的温度场，不仅依靠导热微分方程本身，还取决于导热过程进行的具体条件。单值性条件(或称定解条件)就是使导热微分方程获得特解即唯一解的附加条件。导热微分方程和单值性条件一起构成了一个具体导热问题的完整的数学描述，可以得到确定的温度场。

单值性条件一般包括四个方面：几何条件、物理条件、时间条件和边界条件。

(1) 几何条件

几何条件用于说明参与导热过程的物体的几何形状及尺寸大小。例如，物体的形状是平壁或是圆筒壁，以及它们的厚度、直径等几何尺寸。几何条件决定了温度场的空间分布特点和进行分析时所采用的坐标系。

(2) 物理条件

物理条件用于说明导热物体的物理性质。例如，给出物体热物性参数($\lambda$、$\rho$、$c$等)的数值及其特点，是常物性(物性参数为常数)还是变物性(一般指物性参数随温度而变化)，等等。此外，物体有无内热源以及内热源的分布规律也属于物理条件。

热物性参数对物体中的温度分布具有显著的影响，尤其是稳态导热过程中的导热系数$\lambda$、非稳态导热过程中的热扩散率$a$。几乎所有工程材料的热物性参数都不同程度地随温度而变化。本来求解温度场时是以已知物性参数为条件的，如果物性参数又随温度发生变化，则物性量场与温度场的相互耦合会给问题的分析求解带来很大困难。因此，如何处理变物性的问题是求解导热以及对流换热问题的一个难点。

(3) 时间条件

时间条件用于说明导热过程进行的时间上的特点，例如，是稳态导热还是非稳态导热。对于非稳态导热过程，还应给出过程初始时刻物体内部和边界上各点的温度分布规律，称为非稳态导热过程的初始条件，即：

$$t|_{\tau=0}=f(x,\ y,\ z) \tag{2-32}$$

如果过程初始时刻物体内部和边界上各点的温度分布均匀，则初始条件简化为：

$$t|_{\tau=0}=t_0=\text{常数} \tag{2-33}$$

对于稳态导热过程，没有初始条件。

(4) 边界条件

边界条件用于说明导热物体边界上的热状态以及与周围环境之间的相互作用。例如，边界上的温度分布、热流密度分布以及物体通过边界与周围环境之间的热量传递情况等。常见的边界条件有三类：第一类边界条件、第二类边界条件以及第三类边界条件。

① 第一类边界条件。第一类边界条件给出了物体边界上的温度分布及其随时间的变化规律，即：

$$\tau>0\text{ 时}，\ t_w=f(x,\ y,\ z,\ \tau) \tag{2-34}$$

最简单的第一类边界条件是物体边界上的温度保持不变，即 $t_w$ = 常数，称为恒壁温边界条件。

② 第二类边界条件。第二类边界条件给出了物体边界上的热流密度分布及其随时间的变化规律，即：

$$\tau>0\text{ 时}，\ q_w=f(x,\ y,\ z,\ \tau) \tag{2-35}$$

根据傅里叶定律，物体边界上的热流密度可表示为：

$$q_w=-\lambda\left(\frac{\partial t}{\partial n}\right)_w \tag{2-36}$$

可见，第二类边界条件给出了导热物体边界面上法向方向的温度变化率，但边界面的温度 $t_w$ 是未知的。用电热片加热物体，在物体表面缠绕电阻丝并通电都可以实现第二类边界条件。

一种最典型的第二类边界条件是，规定物体边界上的热流密度保持常数，即 $q_w$ = 常数。如果在导热过程中，物体的某一个边界面是绝热的，即 $q_w=0$，或 $\left(\frac{\partial t}{\partial n}\right)_w=0$，称为绝热边界条件。

③ 第三类边界条件。第三类边界条件给出了物体边界上的对流换热状态，即给出了与物体表面进行对流换热的周围流体温度 $t_f$ 以及对流换热的表面传热系数 $h$。以物体被冷却为例，根据边界面的热平衡，由物体内部导向边界面的热流密度应该等于从边界面传给周围流体的热流密度，于是由傅里叶定律和牛顿冷却公式可得第三类边界条件的表达式为：

$$-\lambda\left(\frac{\partial t}{\partial n}\right)_w=h(t_w-t_f) \tag{2-37}$$

第三类边界条件也称为对流换热边界条件，$t_w$ 与 $\left(\frac{\partial t}{\partial n}\right)_w$ 都是未知的。无论物体被加热还是被冷却都适用式(2-37)。对于稳态导热，$t_f$ 与 $h$ 为常数；对于非稳态导热，还需给出 $t_f$、$h$ 与时间的函数关系。

在一定情况下，第三类边界条件可以转化为第一类或第二类边界条件。例如，当表面传热系数 $h$ 非常大时，$h\to\infty$，可以认为边界面的温度随时都与流体温度保持相等，即 $t_w\approx t_f$，第三类边界条件转化为第一类边界条件；当表面传热系数 $h$ 非常小时，$h\approx0$，$q_w=0$，相当于第二类边界条件的绝热边界条件。

以上三类边界条件概括了导热问题中的大部分情况，并且都是线性边界条件。

如果导热物体表面与温度为 $T_{surr}$ 的周围环境之间只发生辐射换热，这种边界条件称为辐射边界条件，数学表达式为：

$$-\lambda\left(\frac{\partial t}{\partial n}\right)_w=\varepsilon\sigma(T_w^4-T_{surr}^4) \tag{2-38}$$

当航天器在太空中飞行时，航天器上的发热元件向天空中散热，这种边界条件可看作辐射边界条件。

如果导热物体的边界上除了对流换热，还存在辐射换热，则物体边界面的热平衡表达式为：

$$-\lambda\left(\frac{\partial t}{\partial n}\right)_{w}=h(t_{w}-t_{f})+\varepsilon\sigma(T_{w}^{4}-T_{surr}^{4}) \tag{2-39}$$

式(2-39)是温度的复杂函数，这种由对流换热与辐射换热叠加的复合换热边界条件是非线性的边界条件。本书只限于讨论具有线性边界条件的导热问题。

综上所述，一个具体导热问题完整的数学描述(导热数学模型)包括导热微分方程和单值性条件两个方面，缺一不可。在建立数学模型的过程中，应该根据导热过程的特点，进行合理简化，力求能够比较真实地描述所研究的导热问题。建立合理的数学模型，是求解导热问题的第一步，也是最重要的一步。对数学模型进行求解，就可以得到导热物体的温度场，进而根据傅里叶定律确定相应的热流密度。

导热问题的求解方法有很多种，目前应用最广泛的方法有三种：分析解法、数值解法和实验方法。这也是求解所有传热学问题的三种基本方法。本章主要介绍导热问题的分析解法。

综上所述，求解导热问题的一般思路和方法可用下面口诀描述为："辨导热，建数模；微方程，单值性；理实数，得温度；傅里叶，热量解。"

**例题 2-2** 导热数学模型的建立

有一无限大平板，其厚度为$\delta$，导热系数为$\lambda$，平板内无内热源。平板$x=0$的一侧是绝热的，$x=\delta$的一侧与温度为$t_f$的流体直接接触进行对流换热，换热时的表面传热系数为$h$。试对大平板发生稳态导热过程建立其完整的数学描述。

**解**：无限大平板的导热为常物性、无内热源、一维稳态导热，其边界$x=0$处为绝热边界条件，$x=\delta$处为对流换热边界条件。其完整的数学描述由导热微分方程和边界条件构成。

导热微分方程为：

$$\frac{d^2t}{dx^2}=0$$

边界条件：

$$x=0,\ \frac{dt}{dx}=0$$

$$x=\delta,\ -\lambda\frac{dt}{dx}=h(t_w-t_f)$$

**例题 2-3** 导热微分方程的应用

由某种材料组成的大平壁，厚度为0.5m，具有强度等于$10^3$ W/m$^3$的内热源，它在某一瞬间的温度场可以表示为$t=450-320x-160x^2$。已知平壁材料的密度$\rho=18070$kg/m$^3$，比热容$c=116$J/(kg·℃)，导热系数$\lambda=24.38$W/(m·℃)。试求：①平壁$x=0$和$x=0.5$m两处的热流密度；②该平壁热力学能的变化速率；③平壁$x=0$和$x=0.5$m两处温度随时间的变化速率。

**解**：①已知平壁某一瞬时的温度分布，根据傅里叶定律$q=-\lambda\dfrac{\partial t}{\partial x}=(320+320x)\lambda$，有：

$x=0$处，$q=(320+320\times0)\times24.38=7801.6$ W/m$^2$。

$x=0.5$m处，$q=(320+320\times0.5)\times24.38=11702.4$ W/m$^2$。

② 平壁热力学能的变化速率，可以选取大平壁作为控制体，根据能量平衡关系式求解：

$$\Phi_{in}+\Phi_V-\Phi_{out}=\Phi_{inter}$$

代入已知数据，可得单位导热面积平壁热力学能的变化速率为：

$$\Phi_{inter}=7801.6\ \mathrm{W/m^2}+10\ \mathrm{W/m^3}\times0.5\mathrm{m}-11702.4\ \mathrm{W/m^2}=-3400.8\ \mathrm{W/m^2}$$

③ 平壁两侧温度随时间的变化率，可以利用导热微分方程求解：

$$\frac{\partial t}{\partial \tau}=a\frac{\partial^2 t}{\partial x^2}+\frac{\dot{\Phi}}{\rho c}$$

已知$\frac{\partial^2 t}{\partial x^2}=-320℃/\mathrm{m}^2$，$\rho c=2096.12\ \mathrm{J/(m^3\cdot ℃)}$，$a=1.163\times10^{-5}\mathrm{m^2/s}$，则代入数据：

$$\frac{\partial t}{\partial \tau}=1.163\times10^{-5}\mathrm{m^2/s}\times(-320)℃/\mathrm{m}^2+\frac{10^3\mathrm{W/m^3}}{2096.12\ \mathrm{J/(m^3\cdot ℃)}}=-0.00325℃/\mathrm{s}$$

该温度变化速率不是坐标的函数，而是一个常数，所以平壁两侧的温度变化速率相同。

## 第三节　一维稳态导热问题

稳态导热是指温度场不随时间变化的导热过程。例如，当热工设备长时间处于稳定运行状态时，其部件内发生的导热过程就是稳态导热。稳态导热包括一维、二维或三维稳态导热。其中，一维稳态导热是各种导热问题中最简单的形式，这时温度只沿一个坐标方向发生变化，热量传递也仅沿这个方向进行。

本节重点讨论日常生活和工程上常见的几种典型的无内热源一维稳态导热问题，主要包括通过平壁、圆筒壁、球壁的稳态导热。

### 1. 平壁的一维稳态导热

平壁的导热是工程上经常遇到的导热问题。例如，锅炉炉墙和保温隔热层、冷库的墙壁和保温隔热层、房屋的墙壁等的导热都可以看作通过平壁的导热。理想的一维稳态导热平壁是其长度、宽度远大于厚度，平壁两侧表面温度分别保持均匀恒定数值，或者两侧流体温度及表面传热系数分别保持均匀恒定数值。这时可以认为，温度沿长度和宽度方向没有变化，只沿厚度方向变化，平壁内的温度场为一维稳态温度场。实践经验证明，当平壁的长度和宽度比厚度大 8~10 倍时，该平壁的导热就可以近似作为一维问题处理，误差不大于 1%。

（1）第一类边界条件下单层平壁的稳态导热

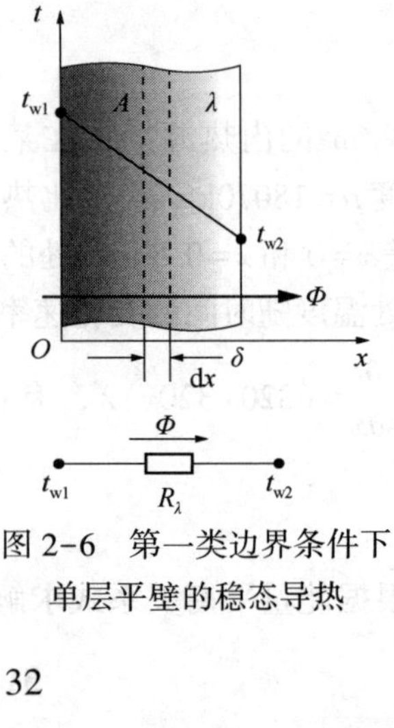


图 2-6　第一类边界条件下单层平壁的稳态导热

假设：平壁的表面积为 $A$，厚度为 $\delta$，导热系数 $\lambda$ 为常数，无内热源，平壁两侧表面分别保持均匀恒定温度 $t_{w1}$、$t_{w2}$，且$t_{w1}>t_{w2}$。选取坐标轴 $x$ 与壁面垂直，如图 2-6 所示。

分析确定：平壁内的温度分布和通过平壁的热流密度。

根据给定条件可知，平壁内的导热为一维稳态导热，根据平壁的形状采用直角坐标系。平壁的导热微分方程为：

$$\frac{d^2t}{dx^2}=0$$

边界条件：

$$x=0,\ t=t_{w1}$$

$$x=\delta,\ t=t_{w2}$$

平壁的导热微分方程和边界条件构成了平壁稳态导热的完整的数学模型。求解导热微分方程，得通解为：

$$t=C_1x+C_2$$

其中，$C_1$、$C_2$为积分常数，可由两个边界条件确定：

$$C_2=t_{w1}$$

$$C_1=-\frac{t_{w1}-t_{w2}}{\delta}$$

将积分常数 $C_1$、$C_2$代入通解，可得平壁内的温度分布为：

$$t=t_{w1}-\frac{t_{w1}-t_{w2}}{\delta}x \tag{2-40}$$

式(2-40)说明，当导热系数 $\lambda$ 为常数时，平壁内的温度呈线性分布，且与导热系数的大小无关。平壁内的等温面是一系列平行于两侧表面的平面。由式(2-40)可得温度梯度为：

$$\frac{dt}{dx}=-\frac{t_{w1}-t_{w2}}{\delta} \tag{2-41}$$

利用傅里叶定律，求解通过平壁的热流密度为：

$$q=-\lambda\frac{dt}{dx}=\lambda\frac{t_{w1}-t_{w2}}{\delta} \tag{2-42}$$

式(2-42)说明，通过平壁的热流密度是常数，与坐标 $x$ 无关。

通过整个平壁的热流量为：

$$\Phi=qA=\lambda A\frac{t_{w1}-t_{w2}}{\delta} \tag{2-43}$$

借鉴电学中欧姆定律表达式的形式，电流＝电位差/电阻。式(2-43)可改写成热流＝温度差/热阻的形式，即：

$$\Phi=\frac{t_{w1}-t_{w2}}{\dfrac{\delta}{\lambda A}}=\frac{t_{w1}-t_{w2}}{R_\lambda} \tag{2-44}$$

式中，$R_\lambda=\dfrac{\delta}{\lambda A}$称为平壁的导热热阻，K/W。热阻是传热学中的一个重要概念，它表示物体对热量传递的阻力，热阻越小，传热越强。平壁的导热可用图 2-6 下方的热阻网络来表示。热阻网络的绘制和组成可用如下口诀描述为："热阻热路，三个要素。节点温度，中间热阻；传递热流，构成通路。"热阻概念的建立给复杂热量传递过程的分析带来了很大便利，例如，可以借助比较熟悉的串、并联电路电阻的计算公式计算热量传递过程的总热阻。

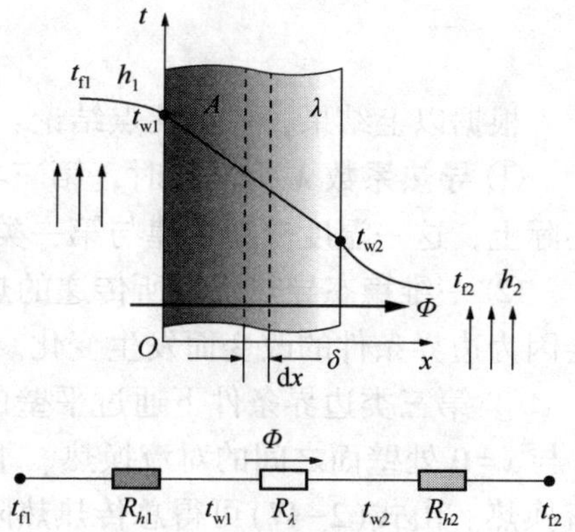

图 2-7　第三类边界条件下单层平壁的稳态导热

(2) 第三类边界条件下单层平壁的稳态导热

假设：平壁的表面积为 $A$，厚度为 $\delta$，导热系数 $\lambda$ 为常数，无内热源，平壁两侧流体分别保持均匀恒定温度 $t_{f1}$、$t_{f2}$，且 $t_{f1}>t_{f2}$，两侧流体与壁面间对流换热的表面传热系数分别保持恒定值 $h_1$、$h_2$。选取平壁厚度方向为 $x$ 方向，如图 2-7 所示。

分析确定：平壁内的温度分布和通过平壁的热流密度。

根据给定条件可知，平壁内的导热为一维稳态导热，平壁的导热微分方程为：

$$\frac{d^2t}{dx^2}=0$$

边界条件：

$$x=0,\ -\lambda\frac{dt}{dx}=h_1(t_{f1}-t_{w1})$$

$$x=\delta,\ -\lambda\frac{dt}{dx}=h_2(t_{w2}-t_{f2})$$

求解导热微分方程，得通解为：

$$t=C_1x+C_2$$

由两个边界条件确定积分常数 $C_1$、$C_2$ 分别为：

$$C_1=\frac{t_{f2}-t_{f1}}{\lambda\left(\frac{1}{h_1}+\frac{\delta}{\lambda}+\frac{1}{h_2}\right)}$$

$$C_2=t_{f1}-\frac{t_{f1}-t_{f2}}{h_1\left(\frac{1}{h_1}+\frac{\delta}{\lambda}+\frac{1}{h_2}\right)}$$

将积分常数 $C_1$、$C_2$ 代入通解，可得平壁内的温度分布为：

$$t=t_{f1}-\left(\frac{1}{h_1}+\frac{x}{\lambda}\right)\frac{t_{f1}-t_{f2}}{\frac{1}{h_1}+\frac{\delta}{\lambda}+\frac{1}{h_2}} \tag{2-45}$$

通过平壁的热流密度为：

$$q=-\lambda\frac{dt}{dx}=\frac{t_{f1}-t_{f2}}{\frac{1}{h_1}+\frac{\delta}{\lambda}+\frac{1}{h_2}} \tag{2-46}$$

通过整个平壁的热流量为：

$$\Phi=qA=\frac{t_{f1}-t_{f2}}{\frac{1}{h_1A}+\frac{\delta}{\lambda A}+\frac{1}{h_2A}} \tag{2-47}$$

根据以上结果，可得几点结论：

① 导热系数 $\lambda$ 为常数时，第三类边界条件下单层平壁内的温度分布是 $x$ 的线性函数。实际上，这一温度分布规律与第一类边界条件下单层平壁内的温度分布规律是一致的。

② 一维稳态导热过程所传递的热流量 $\Phi$ 及热流密度 $q$ 是常数，与 $x$ 无关。这个结论不会因为边界条件的改变而发生变化。

③ 第三类边界条件下通过平壁的传热过程由三个热量传递环节串联而成，即高温流体 $t_{f1}$ 与 $x=0$ 处壁面之间的对流换热、平壁内部的导热以及 $x=\delta$ 处壁面与低温流体 $t_{f2}$ 之间的对流换热。由式(2-47)可得总传热热阻为：

$$R_t=\frac{1}{h_1A}+\frac{\delta}{\lambda A}+\frac{1}{h_2A} \tag{2-48}$$

式中，$\dfrac{\delta}{\lambda A}$为平壁的导热热阻；$\dfrac{1}{h_1 A}$和$\dfrac{1}{h_2 A}$分别为平壁两侧表面与高温流体和低温流体的对流换热热阻。热阻网络如图 2-7 所示。

(3) 第三类边界条件下多层平壁的稳态导热

多层平壁是指由几层不同材料叠加在一起组成的平壁。在日常生活和工程问题中，经常会遇到这样的平壁。例如，多数工业炉的炉墙就是由耐火砖层、普通砖层和绝热砖层等几层不同材料组成的；又如，房屋的墙壁一般由白灰内层、水泥砂浆层和红砖(或青砖)主体层构成。当这种多层平壁的两侧表面分别维持均匀恒定温度(第一类边界条件)时，或者两侧表面分别与两种温度均匀恒定、表面传热系数等于常数的流体对流换热(第三类边界条件)时，其导热也是一维稳态导热。

下面以两侧表面处于第三类边界条件下的三层平壁为例，运用热阻的概念求解热流密度和热流量的表达式。如图 2-8 所示，假设三层平壁材料的厚度分别为$\delta_1$、$\delta_2$、$\delta_3$；导热系数分别为$\lambda_1$、$\lambda_2$、$\lambda_3$，且为常数；无内热源；各层之间的接触非常紧密，因此，相互接触的表面具有相同的温度。平壁两侧流体分别保持均匀恒定温度$t_{f1}$、$t_{f2}$，且$t_{f1}>t_{f2}$，两侧流体与壁面间对流换热的表面传热系数分别保持恒定值$h_1$、$h_2$。

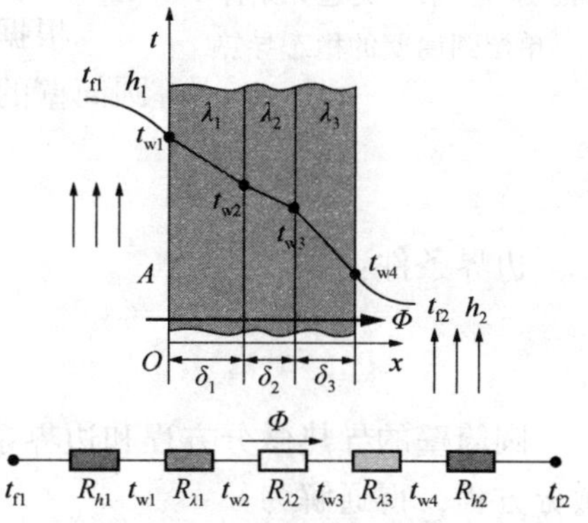


图 2-8 第三类边界条件下多层平壁的稳态导热

显然，通过此三层平壁的导热为一维稳态导热。根据前述分析，第三类边界条件下通过平壁的传热过程包括三个热量传递环节，通过各个环节的热流量相等，同时通过各层材料的热流量也相等，热阻网络如图 2-8 所示。按照热阻串联相加的原则，传热过程的总热阻等于各环节分热阻之和，直接写出热流密度的表达式为：

$$q=\frac{\Delta t}{R_t}=\frac{t_{f1}-t_{f2}}{\dfrac{1}{h_1}+\dfrac{\delta_1}{\lambda_1}+\dfrac{\delta_2}{\lambda_2}+\dfrac{\delta_3}{\lambda_3}+\dfrac{1}{h_2}}=\frac{t_{f1}-t_{f2}}{R_{h1}+R_{\lambda1}+R_{\lambda2}+R_{\lambda3}+R_{h2}} \tag{2-49}$$

由此可以推广到多层平壁，热流密度的表达式为：

$$q=\frac{t_{f1}-t_{f2}}{\dfrac{1}{h_1}+\sum\limits_{i=1}^{n}\dfrac{\delta_i}{\lambda_i}+\dfrac{1}{h_2}} \tag{2-50}$$

热流量的表达式为：

$$\Phi=\frac{t_{f1}-t_{f2}}{\dfrac{1}{h_1 A}+\sum\limits_{i=1}^{n}\dfrac{\delta_i}{\lambda_i A}+\dfrac{1}{h_2 A}} \tag{2-51}$$

可见，运用热阻的概念，可以很容易地求出通过多层平壁一维稳态导热的热流密度和热流量，进而可以求出各层接触面的温度。利用热阻热路，一维稳态导热的求解可用如下口诀描述为："一稳导热，热路来解。分子温差，分母热阻；串并联连，热流得解。"因为在每一层中，温度都按直线分布，所以在整个多层平壁中，温度分布是一条折线。

**2. 圆筒壁的一维稳态导热**

圆筒壁的导热同样也是工程中经常遇到的导热问题。例如，通过圆筒形炉壁(高炉)、

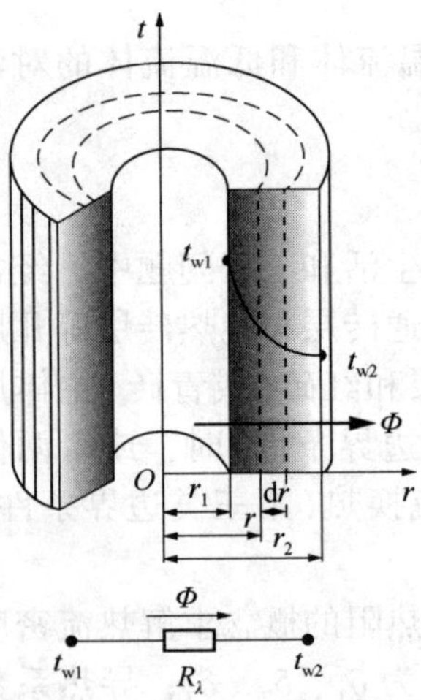

图 2-9　第一类边界条件下单层圆筒壁的稳态导热

发电厂的蒸汽管道、化工厂的各种液气输送管道以及供暖热水管道的导热等均属于这种情况。理想的一维稳态导热圆筒壁是其长度远大于直径，圆筒壁内、外壁面温度分别保持均匀恒定数值，或者两侧流体温度及表面传热系数分别保持均匀恒定数值。这时可以认为，温度仅沿半径方向变化，圆筒壁内的温度场为一维稳态温度场。

(1) 第一类边界条件下单层圆筒壁的稳态导热

假设：圆筒壁长度为 $l$，内、外半径分别为 $r_1$、$r_2$，且 $l>>r_2$，导热系数 $\lambda$ 为常数，无内热源，内、外壁面维持均匀恒定温度 $t_{w1}$、$t_{w2}$，且 $t_{w1}>t_{w2}$，如图 2-9 所示。

分析确定：圆筒壁内的温度分布和通过圆筒壁径向的热流量。

根据给定条件可知，圆筒壁内的导热为一维稳态导热。根据圆筒壁的形状采用圆柱坐标系，圆筒壁的导热微分方程为：

$$\frac{\mathrm{d}}{\mathrm{d}r}\left(r\frac{\mathrm{d}t}{\mathrm{d}r}\right)=0$$

边界条件：

$$r=r_1,\ t=t_{w1}$$
$$r=r_2,\ t=t_{w2}$$

圆筒壁的导热微分方程和边界条件构成了圆筒壁稳态导热的完整的数学模型。求解导热微分方程，得通解为：

$$t=C_1\ln r+C_2$$

其中，$C_1$、$C_2$为积分常数，可由两个边界条件来确定：

$$C_1=-\frac{t_{w1}-t_{w2}}{\ln(r_2/r_1)}$$

$$C_2=t_{w1}+(t_{w1}-t_{w2})\frac{\ln r_1}{\ln(r_2/r_1)}$$

将积分常数 $C_1$、$C_2$代入通解，可得圆筒壁内的温度分布为：

$$t=t_{w1}-(t_{w1}-t_{w2})\frac{\ln(r/r_1)}{\ln(r_2/r_1)} \tag{2-52}$$

式(2-52)说明，圆筒壁内的温度分布为对数曲线。各等温面是一系列彼此同心的圆柱面。对式(2-52)求导，可得：

$$\frac{\mathrm{d}t}{\mathrm{d}r}=-\frac{1}{r}\ \frac{t_{w1}-t_{w2}}{\ln(r_2/r_1)} \tag{2-53}$$

利用傅里叶定律，求解圆筒壁沿径向 $r$ 的热流密度为：

$$q=-\lambda\ \frac{\mathrm{d}t}{\mathrm{d}r}=\lambda\ \frac{t_{w1}-t_{w2}}{\ln(r_2/r_1)}\ \frac{1}{r} \tag{2-54}$$

由此可见，沿半径 $r$ 方向热流密度不等于常数，而是 $r$ 的函数，并且随着 $r$ 的增加，热流密度逐渐减小，内壁面处热流密度最大，外壁面处热流密度最小。

对于稳态导热，通过整个圆筒壁的热流量是不变的，热流量为：

$$\Phi = 2\pi rlq = \frac{t_{w1} - t_{w2}}{\frac{1}{2\pi\lambda l}\ln\frac{r_2}{r_1}} = \frac{t_{w1} - t_{w2}}{\frac{1}{2\pi\lambda l}\ln\frac{d_2}{d_1}} = \frac{t_{w1} - t_{w2}}{R_\lambda} \tag{2-55}$$

式中，$R_\lambda$为整个圆筒壁的导热热阻，$R_\lambda = \frac{1}{2\pi\lambda l}\ln\frac{d_2}{d_1}$，K/W。单层圆筒壁的稳态导热可用图2-9下方的热阻网络来表示。

在工程计算中，常用单位长度来计算圆筒壁的热流量。对于无内热源、一维稳态圆筒壁的导热问题，单位长度圆筒壁的热流量 $\Phi_l$可表示为：

$$\Phi_l = \frac{\Phi}{l} = \frac{t_{w1} - t_{w2}}{\frac{1}{2\pi\lambda}\ln\frac{d_2}{d_1}} = \frac{t_{w1} - t_{w2}}{R_{\lambda l}} \tag{2-56}$$

式中，$R_{\lambda l}$为单位长度圆筒壁的导热热阻，$R_{\lambda l} = \frac{1}{2\pi\lambda}\ln\frac{d_2}{d_1}$，m·K/W。由式(2-56)可见，单位长度圆筒壁的热流量 $\Phi_l$与半径 $r$ 无关，在圆筒壁内任意位置都相等。

(2) 第一类边界条件下多层圆筒壁的稳态导热

在单层圆筒壁稳态导热分析的基础上，运用热阻的概念，可以很容易分析多层圆筒壁的稳态导热问题。

图 2-10 所示为一个三层圆筒壁，各层的导热系数分别为 $\lambda_1$、$\lambda_2$、$\lambda_3$，且为常数，无内热源，内、外壁面保持均匀恒定温度 $t_{w1}$、$t_{w4}$，且 $t_{w1} > t_{w4}$。圆筒壁层与层之间是紧密接触的。显然，这也是一维稳态导热问题，通过各层圆筒壁的热流量相等，总导热热阻等于各层导热热阻之和。圆筒壁的热流量为：

$$\Phi = \frac{t_{w1} - t_{w4}}{R_{\lambda 1} + R_{\lambda 2} + R_{\lambda 3}} = \frac{t_{w1} - t_{w4}}{\frac{1}{2\pi\lambda_1 l}\ln\frac{d_2}{d_1} + \frac{1}{2\pi\lambda_2 l}\ln\frac{d_3}{d_2} + \frac{1}{2\pi\lambda_3 l}\ln\frac{d_4}{d_3}} \tag{2-57}$$

以此类推，对于 $n$ 层不同材料组成的多层圆筒壁的稳态导热，圆筒壁的热流量为：

$$\Phi = \frac{t_{w1} - t_{w(n+1)}}{\sum_{i=1}^{n} R_{\lambda i}} = \frac{t_{w1} - t_{w(n+1)}}{\sum_{i=1}^{n} \frac{1}{2\pi\lambda_i l}\ln\frac{d_{i+1}}{d_i}} \tag{2-58}$$

单位长度圆筒壁的热流量为：

$$\Phi_l = \frac{t_{w1} - t_{w(n+1)}}{\sum_{i=1}^{n} R_{\lambda li}} = \frac{t_{w1} - t_{w(n+1)}}{\sum_{i=1}^{n} \frac{1}{2\pi\lambda_i}\ln\frac{d_{i+1}}{d_i}} \tag{2-59}$$

(3) 第三类边界条件下多层圆筒壁的稳态导热

如图 2-11 所示，若假设圆筒壁内、外壁面两侧流体分别保持均匀恒定温度 $t_{f1}$、$t_{f2}$，且 $t_{f1} > t_{f2}$，两侧流体与壁面间对流换热的表面传热系数分别保持恒定值 $h_1$、$h_2$，热阻网络如图 2-11下方所示。相应地，通过多层圆筒壁的热流量为：

$$\Phi = \frac{t_{f1} - t_{f2}}{\frac{1}{2\pi r_1 l h_1} + \sum_{i=1}^{n} R_{\lambda i} + \frac{1}{2\pi r_{n+1} l h_2}} = \frac{t_{f1} - t_{f2}}{\frac{1}{2\pi r_1 l h_1} + \sum_{i=1}^{n} \frac{1}{2\pi\lambda_i l}\ln\frac{d_{i+1}}{d_i} + \frac{1}{2\pi r_{n+1} l h_2}} \tag{2-60}$$

单位长度圆筒壁的热流量为：

$$\Phi_l=\frac{t_{f1}-t_{f2}}{\dfrac{1}{2\pi r_1h_1}+\sum\limits_{i=1}^{n}R_{\lambda li}+\dfrac{1}{2\pi r_{n+1}h_2}}=\frac{t_{f1}-t_{f2}}{\dfrac{1}{2\pi r_1h_1}+\sum\limits_{i=1}^{n}\dfrac{1}{2\pi\lambda_i}\ln\dfrac{d_{i+1}}{d_i}+\dfrac{1}{2\pi r_{n+1}h_2}}\qquad(2-61)$$

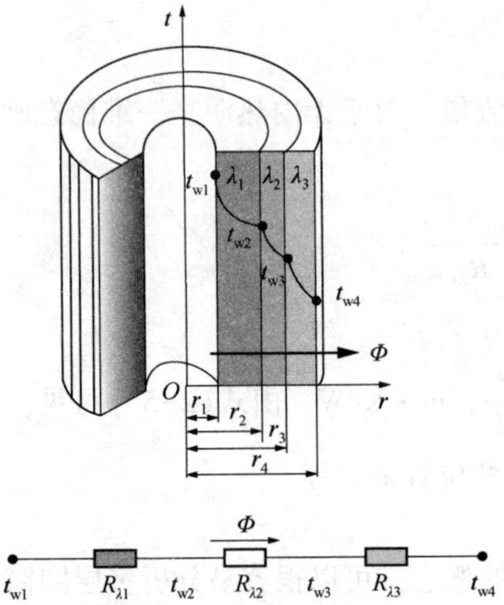


图 2-10　第一类边界条件下多层圆筒壁的稳态导热

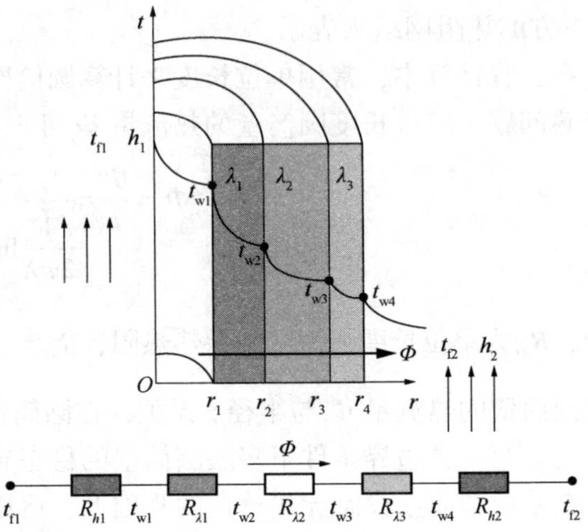


图 2-11　第三类边界条件下多层圆筒壁的稳态导热

**3. 球壁的一维稳态导热**

在工业上和日常生活中，常常遇到球形容器，如球形储气罐、储液罐等，因此，研究通过球壁的导热具有实际意义。内、外壁面维持均匀恒定温度的球壁导热为一维稳态导热。下面只介绍第一类边界条件下单层球壁的稳态导热。

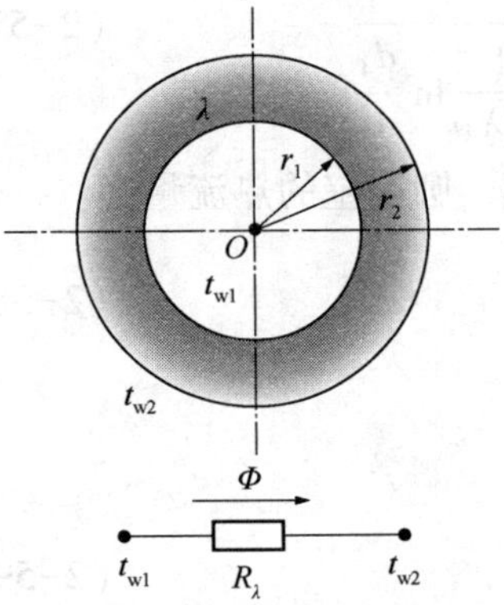


图 2-12　第一类边界条件下单层球壁的稳态导热

假设：有一单层空心球壁，内、外半径分别为 $r_1$、$r_2$，导热系数 $\lambda$ 为常数，无内热源，球壁内、外壁面分别维持均匀恒定温度 $t_{w1}$、$t_{w2}$，且 $t_{w1}>t_{w2}$，如图 2-12 所示。

分析确定：球壁内的温度分布和通过球壁径向的热流量。

根据给定条件可知，球壁内的温度只沿径向 $r$ 发生变化，球壁的导热为一维稳态导热。根据球壁的形状采用球坐标系，球壁的导热微分方程为：

$$\frac{\mathrm{d}}{\mathrm{d}r}\left(r^2\frac{\mathrm{d}t}{\mathrm{d}r}\right)=0$$

边界条件：

$$r=r_1,\ t=t_{w1}$$

$$r=r_2,\ t=t_{w2}$$

球壁的导热微分方程和边界条件构成了球壁稳态导热的完整的数学模型。求解导热微分方程，得通解为：

$$t=C_1+\frac{C_2}{r}$$

其中，$C_1$、$C_2$ 为积分常数，可由两个边界条件来确定：

$$C_1=\frac{r_1t_{w1}-r_2t_{w2}}{r_1-r_2}$$

$$C_2=\frac{t_{w1}-t_{w2}}{1/r_1-1/r_2}$$

将积分常数 $C_1$、$C_2$ 代入通解，可得球壁内的温度分布为：

$$t=t_{w1}-\frac{t_{w1}-t_{w2}}{1/r_1-1/r_2}\left(\frac{1}{r_1}-\frac{1}{r}\right) \tag{2-62}$$

式(2-62)说明，球壁内的温度分布为双曲线，各等温面是一系列彼此同心的球面。

利用傅里叶定律，求解通过球壁的热流密度为：

$$q=-\lambda\frac{\mathrm{d}t}{\mathrm{d}r}=\lambda\frac{t_{w1}-t_{w2}}{1/r_1-1/r_2}\frac{1}{r^2} \tag{2-63}$$

式(2-63)说明，通过球壁的热流密度是变化的，沿半径 $r$ 方向逐渐减小。

通过整个球壁的热流量为：

$$\Phi=4\pi r^2q=\frac{t_{w1}-t_{w2}}{\frac{1}{4\pi\lambda}\left(\frac{1}{r_1}-\frac{1}{r_2}\right)}=\frac{t_{w1}-t_{w2}}{\frac{1}{2\pi\lambda}\left(\frac{1}{d_1}-\frac{1}{d_2}\right)}=\frac{t_{w1}-t_{w2}}{R_\lambda} \tag{2-64}$$

式中，$R_\lambda$ 为球壁的导热热阻，$R_\lambda=\frac{1}{2\pi\lambda}\left(\frac{1}{d_1}-\frac{1}{d_2}\right)$，K/W。

**4. 变截面变导热系数的一维稳态导热**

(1) 变导热系数的大平壁导热

若假设平壁的导热系数是温度的函数，其他条件与本小节"1. (1)第一类边界条件下单层平壁的稳态导热"中的相同，分析确定：变导热系数大平壁内的温度分布和通过平壁的热流密度。

此时，大平壁的导热微分方程为：

$$\frac{\mathrm{d}}{\mathrm{d}x}\left(\lambda\frac{\mathrm{d}t}{\mathrm{d}x}\right)=0 \tag{2-65}$$

当温度变化范围不大时，物体的导热系数和温度之间的关系可近似表示为线性函数关系，即 $\lambda=\lambda_0(1+bt)$。则导热微分方程可表示为：

$$\frac{\mathrm{d}}{\mathrm{d}x}\left[\lambda_0(1+bt)\frac{\mathrm{d}t}{\mathrm{d}x}\right]=0 \tag{2-66}$$

边界条件：

$$x=0,\ t=t_{w1}$$
$$x=\delta,\ t=t_{w2}$$

求解数学模型，可得平壁内的温度分布为：

$$t+\frac{1}{2}bt^2=-\frac{1}{\delta}(t_{w1}-t_{w2})\left[1+\frac{1}{2}b(t_{w1}+t_{w2})\right]x+t_{w1}+\frac{1}{2}bt_{w1}^2 \tag{2-67}$$

可见，当平壁的导热系数随温度线性变化时，平壁内的温度分布为二次曲线。进一步分析曲线的凹凸方向，可见：

① 当 $b>0$ 时，导热系数 $\lambda$ 随温度 $t$ 的升高而增大，由于 $t_{w1}>t_{w2}$，因此两侧表面处的导热系数 $\lambda_1>\lambda_2$。由傅里叶定律 $q=-\lambda\frac{\mathrm{d}t}{\mathrm{d}x}$ 可知，两侧热流密度相同，因此两侧表面的温度变化率

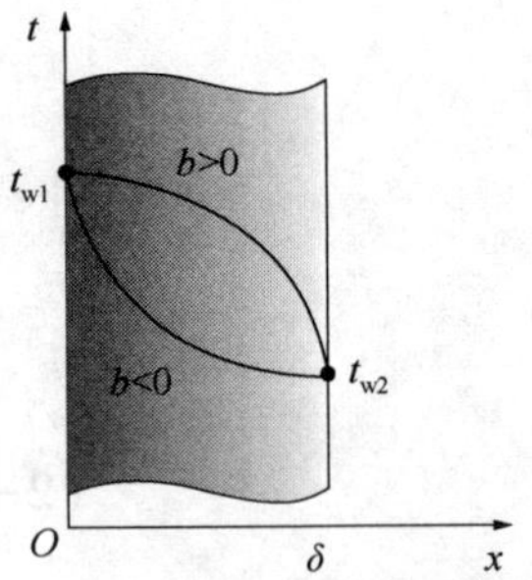


图 2-13　导热系数随温度线性变化时平壁内的温度分布

为$\left.\frac{dt}{dx}\right|_1<\left.\frac{dt}{dx}\right|_2$，即$\frac{dt}{dx}$的绝对值随温度的降低而增加，温度曲线向上弯曲，如图 2-13 所示。

② 当 $b<0$ 时，导热系数 $\lambda$ 随温度 $t$ 的升高而减小，由于 $t_{w1}>t_{w2}$，因此两侧表面处的导热系数 $\lambda_1<\lambda_2$。由傅里叶定律 $q=-\lambda\frac{dt}{dx}$可知，两侧热流密度相同，因此两侧表面的温度变化率为$\left.\frac{dt}{dx}\right|_1>\left.\frac{dt}{dx}\right|_2$，即$\frac{dt}{dx}$的绝对值随温度的降低而降低，温度曲线向下弯曲，如图 2-13 所示。

根据傅里叶定律，可求得通过平壁的热流密度为：

$$q=-\lambda\frac{dt}{dx}=-\lambda_0(1+bt)\frac{dt}{dx}=\lambda_0\left[1+\frac{b}{2}(t_{w1}+t_{w2})\right]\frac{t_{w1}-t_{w2}}{\delta}$$

$$=\lambda_0(1+bt_m)\frac{t_{w1}-t_{w2}}{\delta}=\lambda_m\frac{t_{w1}-t_{w2}}{\delta} \tag{2-68}$$

式中，$t_m=\frac{1}{2}(t_{w1}+t_{w2})$为平壁的算术平均温度，该温度下的导热系数为 $\lambda_m=\lambda_0(1+bt_m)$。

式(2-68)说明，当导热系数随温度线性变化时，通过平壁的热流量可用导热系数为常数时的计算公式，只需要将公式中的导热系数 $\lambda$ 改为平壁算术平均温度下的导热系数 $\lambda_m$ 即可。

(2) 变截面变导热系数的一维稳态导热

对于一维稳态导热问题，当导热系数为变量，同时沿热量传递方向截面面积发生变化时，根据傅里叶定律，传递的热流量可表示为：

$$\Phi=-\lambda(t)A(x)\frac{dt}{dx} \tag{2-69}$$

分离变量，上式变为：

$$\Phi\frac{dx}{A(x)}=-\lambda(t)\,dt \tag{2-70}$$

左右两侧积分，同时注意到热流量 $\Phi$ 为定值，与 $x$ 无关，则有：

$$\Phi\int_{x_1}^{x_2}\frac{dx}{A(x)}=\int_{t_1}^{t_2}-\lambda(t)\,dt \tag{2-71}$$

因此，热流量可表示为：

$$\Phi=\frac{\int_{t_1}^{t_2}-\lambda(t)\,dt}{\int_{x_1}^{x_2}\frac{dx}{A(x)}} \tag{2-72}$$

可见，通过上式求解热流量时：

① 需要确定具体问题中截面面积 $A$ 与 $x$ 的关系，代入上式求解。

② 还需要确定导热系数 $\lambda$ 与温度 $t$ 的关系。在工程计算中，导热系数通常选取为算术平均温度 $t_m=\frac{1}{2}(t_{w1}+t_{w2})$下的平均导热系数 $\lambda_m=\lambda_0(1+bt_m)$进行计算。

前面讨论中，通过圆筒壁、球壁导热等都属于变截面的导热问题。

**5. 临界热绝缘直径**

工程上，为了减少热流体输送管道的散热损失，通常在管道外表面敷设保温材料。同时，为了劳动保护的需要，管道外表面的温度通常需要低于 50℃。如何选择保温材料和保温层的厚度，是需要解决的主要问题。

假设管道内热流体温度 $t_{f1}$ 和周围环境温度 $t_{f2}$ 不变，在管道外敷设一层保温材料，管壁材料的导热系数为 $\lambda_1$，保温材料的导热系数为 $\lambda_2$，管道壁的导热为一维稳态导热，则通过管道壁的热流量为：

$$\Phi=\frac{t_{f1}-t_{f2}}{\frac{1}{\pi d_1 l h_1}+\frac{1}{2\pi\lambda_1 l}\ln\frac{d_2}{d_1}+\frac{1}{2\pi\lambda_2 l}\ln\frac{d_0}{d_2}+\frac{1}{\pi d_0 l h_2}} \tag{2-73}$$

传热过程的总热阻有四个，包括管道内、外两侧对流换热热阻，管道壁的导热热阻，以及保温层的导热热阻，即：

$$\begin{aligned} R_k &= R_{h1}+R_{\lambda1}+R_{\lambda2}+R_{h2} \\ &= \frac{1}{\pi d_1 l h_1}+\frac{1}{2\pi\lambda_1 l}\ln\frac{d_2}{d_1}+\frac{1}{2\pi\lambda_2 l}\ln\frac{d_0}{d_2}+\frac{1}{\pi d_0 l h_2} \end{aligned} \tag{2-74}$$

由式(2-74)可见，当保温层厚度 $d_0$ 增加时，管道内对流换热热阻 $R_{h1}$ 和管道壁的导热热阻 $R_{\lambda1}$ 不变，但保温层的导热热阻 $R_{\lambda2}$ 增加，而外侧对流换热热阻 $R_{h2}$ 减小。为使热流量取得最大值，即总热阻取得最小值，将式(2-74)对 $d_0$ 求导，并令其等于零，则有：

$$\frac{dR_k}{dd_0}=0 \tag{2-75}$$

由此可得热流量为最大值的条件为：

$$d_0=\frac{2\lambda_2}{h_2} \tag{2-76}$$

式中，$d_0$ 称为临界热绝缘直径，记为 $d_{cr}$。由图 2-14 可见，当管道外径 $d_2$ 大于 $d_{cr}$ 时，散热量随 $d_{cr}$ 的增加而减小，敷设保温层会起到隔热保温作用；但当管道外径 $d_2$ 小于 $d_{cr}$ 时，散热量随 $d_{cr}$ 的增加而增大。对于保温管道来说，必须考虑临界绝缘直径问题。

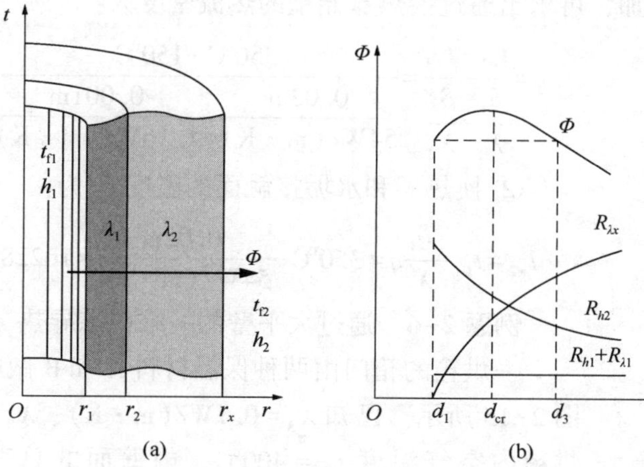


图 2-14 临界热绝缘直径分析示意图

对一般动力保温管道来说，是否需要考虑临界热绝缘直径呢？工程上，绝大多数动力保温管道的外径都大于临界热绝缘直径。假设保温材料的导热系数 $\lambda_2=0.1\text{W/(m}\cdot\text{K)}$，管道外侧表面传热系数 $h_2=9\ \text{W/(m}^2\cdot\text{K)}$，计算得到临界热绝缘直径 $d_{cr}=22\text{mm}$。一般动力保温管道的外径都大于此值，所以工程中很少有必要考虑临界热绝缘直径问题。只有当管道直径很小，而保温材料的导热系数又较大时，才需要考虑临界热绝缘直径问题。

**例题 2-4** 通过大平壁的一维稳态导热

一锅炉炉墙，由耐热水泥珍珠岩板构成，壁厚为 150mm。已知炉墙内壁温度 $t_{w1}=600℃$，外壁温度 $t_{w2}=50℃$。试计算通过炉墙散热的热流密度是多少？炉墙材料的导热系数选取：①导热系数为常数，$\lambda=0.006\text{W/(m}\cdot\text{K)}$；②导热系数与温度有关，$\lambda=0.066+0.00012t\text{W/(m}\cdot\text{K)}$。

**解：**①当导热系数为常数时，根据傅里叶定律，通过炉墙散热的热流密度为：

$$q=\frac{t_{w1}-t_{w2}}{\dfrac{\delta}{\lambda}}=\frac{600℃-50℃}{\dfrac{0.15\text{m}}{0.006\text{W/(m}\cdot\text{K)}}}=242\text{W/m}^2$$

② 若导热系数随温度发生变化，此时导热系数为：

$$\lambda=0.066+0.00012t=0.066+0.00012\times\frac{600+50}{2}=0.105\text{W/(m}\cdot\text{K)}$$

则通过炉墙散热的热流密度为：

$$q=\frac{t_{w1}-t_{w2}}{\dfrac{\delta}{\lambda}}=\frac{600℃-50℃}{\dfrac{0.15\text{m}}{0.105\text{W/(m}\cdot\text{K)}}}=385\ \text{W/m}^2$$

**例题 2-5** 通过大平壁的一维稳态导热

一换热器的器壁厚度 $\delta_1=20\text{mm}$，材料的导热系数 $\lambda_1=54\text{W/(m}\cdot\text{K)}$。换热器器壁内侧结有水垢，水垢层厚度 $\delta_2=1\text{mm}$，导热系数 $\lambda_2=1.16\text{W/(m}\cdot\text{K)}$。若已知换热器外表面的温度 $t_{w1}=350℃$，水垢层内表面温度 $t_{w3}=150℃$，试求：①通过换热器器壁的热流密度；②换热器和水垢接触面的温度 $t_{w2}$。

**解：**该问题可以看作通过双层平壁的一维稳态导热问题。

① 利用热阻串联相加，可求出通过换热器器壁的热流密度为：

$$q=\frac{t_{w1}-t_{w3}}{\dfrac{\delta_1}{\lambda_1}+\dfrac{\delta_2}{\lambda_2}}=\frac{350℃-150℃}{\dfrac{0.02\text{m}}{54\text{W/(m}\cdot\text{K)}}+\dfrac{0.001\text{m}}{1.16\text{W/(m}\cdot\text{K)}}}=162280\ \text{W/m}^2$$

② 换热器和水垢接触面的温度 $t_{w2}$ 为：

$$t_{w2}=t_{w1}-\frac{\delta_1}{\lambda_1}q=350℃-\frac{0.02\text{m}}{54\text{W/(m}\cdot\text{K)}}\times162280\ \text{W/m}^2=290℃$$

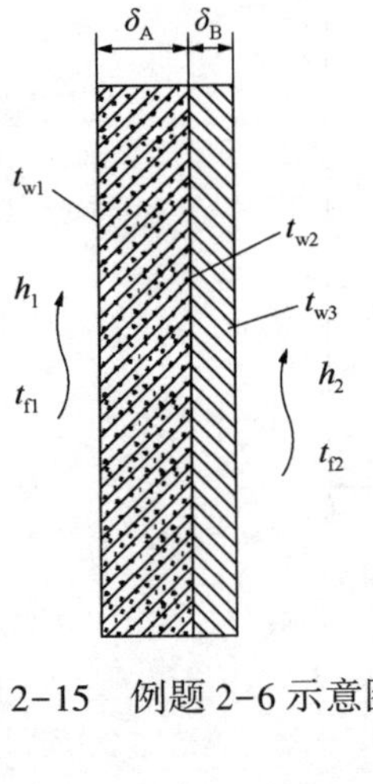

图 2-15 例题 2-6 示意图

**例题 2-6** 通过大平壁的一维稳态导热

一烘箱的箱门由两种保温材料 A 和 B 做成，且 $\delta_A=2\delta_B$，如图 2-15 所示。已知 $\lambda_A=0.1\text{W/(m}\cdot\text{K)}$、$\lambda_B=0.06\text{W/(m}\cdot\text{K)}$，烘箱内空气温度 $t_{f1}=400℃$，内壁面的总表面传热系数 $h_1=50\text{W/(m}^2\cdot\text{K)}$，环境温度 $t_{f2}=25℃$，外表面的总表面传热系数 $h_2=9.5\text{W/(m}^2\cdot\text{K)}$。为安全起见，希望烘箱门的外表面温度不

得高于 50℃。可把烘箱门导热作为一维问题处理，试确定所需保温材料的厚度。

**解**：由于通过烘箱门的导热可以看作一维稳态导热，则传热量为：

$$q=\frac{t_{f1}-t_{f2}}{\frac{1}{h_1}+\frac{\delta_A}{\lambda_A}+\frac{\delta_B}{\lambda_B}+\frac{1}{h_2}}$$

在热量传递过程中，各传热环节串联连接，则传热量又可表示为：

$$q=\frac{t_{w3}-t_{f2}}{\frac{1}{h_2}}$$

即有：

$$\frac{t_{f1}-t_{f2}}{\frac{1}{h_1}+\frac{\delta_A}{\lambda_A}+\frac{\delta_B}{\lambda_B}+\frac{1}{h_2}}=\frac{t_{w3}-t_{f2}}{\frac{1}{h_2}}$$

代入数据，有：

$$\frac{400℃-25℃}{\frac{1}{50\ \mathrm{W/(m^2\cdot K)}}+\frac{2\delta_B}{0.1\mathrm{W/(m\cdot K)}}+\frac{\delta_B}{0.06\mathrm{W/(m\cdot K)}}+\frac{1}{9.5\ \mathrm{W/(m^2\cdot K)}}}=\frac{50℃-25℃}{\frac{1}{9.5\ \mathrm{W/(m^2\cdot K)}}}$$

解得：$\delta_B=0.039\mathrm{m}$，$\delta_A=2\delta_B=0.078\mathrm{m}$。

**例题 2-7** 复合平壁的热阻

有一混凝土制的空心砌砖，其结构尺寸如图 2-16 所示(单位为 mm)。已知混凝土的导热系数 $\lambda_1=0.79\mathrm{W/(m\cdot K)}$，空心部分的当量导热系数 $\lambda_2=0.29\mathrm{W/(m\cdot K)}$，试计算该砌砖的导热热阻。

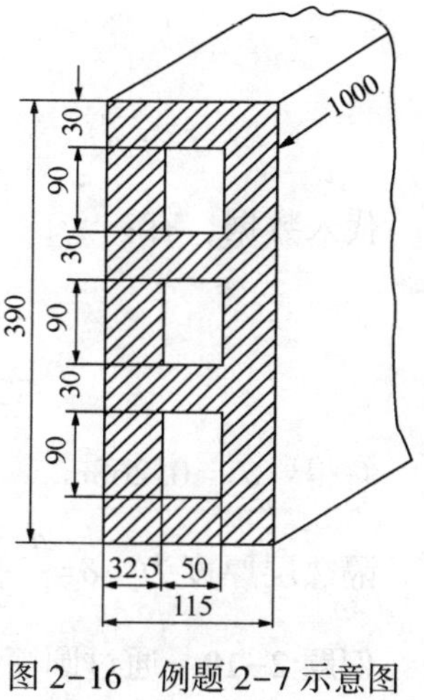

图 2-16 例题 2-7 示意图

**解**：该砌砖沿高度方向可划分为并联的七层，其中四层为材料和尺寸相同的整体混凝土层，三层为含有空心部分的混凝土-空气-混凝土层。每层整体混凝土层的热阻为：

$$R_1=\frac{\delta}{\lambda_1 A_1}=\frac{0.115\mathrm{m}}{0.79\mathrm{W/(m\cdot K)}\times0.03\mathrm{m}\times1\mathrm{m}}=4.85\mathrm{K/W}$$

含有空心部分的混凝土-空气-混凝土层的热阻为：

$$R_2=\frac{\delta_1}{\lambda_1A_2}+\frac{\delta_2}{\lambda_2A_2}+\frac{\delta_3}{\lambda_1A_2}=2\times\frac{\delta_1}{\lambda_1A_2}+\frac{\delta_2}{\lambda_2A_2}$$

$$=2\times\frac{0.0325\mathrm{m}}{0.79\mathrm{W/(m\cdot K)}\times0.09\mathrm{m}\times1\mathrm{m}}+\frac{0.05\mathrm{m}}{0.29\mathrm{W/(m\cdot K)}\times0.09\mathrm{m}\times1\mathrm{m}}=2.834\mathrm{K/W}$$

因此，整个砌砖的总热阻为：

$$\frac{1}{R_t}=4\times\frac{1}{R_1}+3\times\frac{1}{R_2}=\frac{4}{4.85\mathrm{K/W}}+\frac{3}{2.834\mathrm{K/W}}=1.882\mathrm{W/K}$$

所以总热阻为：$R_t=\frac{1}{1.882\mathrm{W/K}}=0.531\mathrm{K/W}$。

**例题 2-8** 通过圆筒壁的一维稳态导热(1)

热电厂有一直径为 0.2m 的过热蒸汽管道，钢管壁厚度为 0.8mm，钢材的导热系数

$\lambda_1=45\text{W/(m·℃)}$。管外包有厚度 $\delta=0.12\text{m}$ 的保温层，保温材料的导热系数 $\lambda_2=0.1\text{W/(m·℃)}$。管内壁面温度 $t_{w1}=300℃$，保温层外表面温度 $t_{w3}=50℃$。试计算单位管长的散热损失(不考虑辐射换热)。

**解**：这是一个通过两层圆筒壁的稳态导热问题。单位管长的散热损失为：

$$\Phi_l=\frac{t_{w1}-t_{w3}}{R_{\lambda1}+R_{\lambda2}}=\frac{t_{w1}-t_{w3}}{\dfrac{1}{2\pi\lambda_1}\ln\dfrac{d_2}{d_1}+\dfrac{1}{2\pi\lambda_2}\ln\dfrac{d_3}{d_2}}$$

$$=\frac{300℃-50℃}{\dfrac{1}{2\pi\times45\text{W/(m·℃)}}\times\ln\dfrac{0.216\text{m}}{0.2\text{m}}+\dfrac{1}{2\pi\times0.1\text{W/(m·℃)}}\ln\dfrac{0.456\text{m}}{0.216\text{m}}}=210.3\text{W/m}$$

**总结**：从以上计算过程可以看出，钢管壁的导热热阻远远小于保温层的导热热阻，可以忽略。

**例题 2-9** 通过圆筒壁的一维稳态导热(2)

为了减少热损失和保证安全工作条件，在外径为 133mm 的蒸汽管道外覆盖隔热层。蒸汽管道外表面温度为 400℃。按工厂安全操作规定，隔热层外表面温度不得超过 50℃。如果用水泥蛭石制品作隔热材料，并把每米长管道的热损失控制在 465W/m 以内，试确定隔热层厚度。水泥蛭石制品的导热系数取 $\lambda=0.148\text{W/(m·℃)}$。

**解**：本问题可以看作是通过圆筒壁的一维稳态导热问题，则通过隔热层的热流量为：

$$\Phi_l=\frac{t_{w1}-t_{w2}}{\dfrac{1}{2\pi\lambda}\ln\dfrac{d_2}{d_1}}<465\text{W/m}$$

代入数据，有：

$$\frac{400℃-50℃}{\dfrac{1}{2\pi\times0.148\text{W/(m·℃)}}\times\ln\dfrac{d_2}{0.133\text{m}}}<465\text{W/m}$$

解得：$d_2=0.268\text{m}$。

隔热层厚度为 $\delta=\dfrac{d_2-d_1}{2}=\dfrac{0.268\text{m}-0.133\text{m}}{2}=0.0675\text{m}=67.5\text{mm}$。

**例题 2-10** 通过圆筒壁的一维稳态导热(3)

为了减少蒸汽管道的热损失，在管外覆盖保温材料。蒸汽管道的外径为 150mm，壁厚为 4.5mm，蒸汽温度 $t_{f1}=400℃$，环境空气温度 $t_{f2}=10℃$。管内蒸汽与管壁内表面之间对流换热的表面传热系数 $h_1=6000\text{W/(m}^2\text{·℃)}$，蒸汽管道保温层外表面与环境空气之间对流换热的表面传热系数 $h_2=15\text{W/(m}^2\text{·℃)}$。保温材料的导热系数与温度的关系可表示为 $\lambda=0.12+0.00018t\text{W/(m·℃)}$。今欲将通过管壁的热损失控制在 557W/m，问保温层厚度是多少？这时保温层外表面的温度是多少？

**解**：首先假设保温层外表面温度 $t_{w3}$ 为 50℃。在管道保温很好的情况下，管壁金属材料的温度非常接近管内蒸汽温度，故保温层内表面的温度可以近似取为 400℃，计算保温材料的平均导热系数：

$$\lambda_2=0.12+0.00018\left(\frac{t_{w2}+t_{w3}}{2}\right)=0.12+0.00018\left(\frac{400+50}{2}\right)=0.1605\text{W/(m}\cdot{}^\circ\text{C)}$$

则通过蒸汽管道单位管长的散热损失为：

$$\Phi_l=\frac{t_{f1}-t_{f2}}{R_{h1}+R_{\lambda1}+R_{\lambda2}+R_{h2}}=\frac{t_{f1}-t_{f2}}{\dfrac{1}{h_1\pi d_1}+\dfrac{1}{2\pi\lambda_1}\ln\dfrac{d_2}{d_1}+\dfrac{1}{2\pi\lambda_2}\ln\dfrac{d_3}{d_2}+\dfrac{1}{h_2\pi d_3}}$$

上式中，由于分母的第 1、2 项数值很小，可以忽略不计，则上式变为：

$$\Phi_l=\frac{t_{f1}-t_{f2}}{R_{\lambda2}+R_{h2}}=\frac{t_{f1}-t_{f2}}{\dfrac{1}{2\pi\lambda_2}\ln\dfrac{d_3}{d_2}+\dfrac{1}{h_2\pi d_3}}$$

代入数据，有：

$$557\text{W/m}=\frac{400^\circ\text{C}-10^\circ\text{C}}{\dfrac{1}{2\pi\times0.1605\text{W/(m}\cdot{}^\circ\text{C)}}\ln\dfrac{d_3}{0.159}+\dfrac{1}{15\text{W/(m}^2\cdot{}^\circ\text{C)}\pi d_3}}$$

这个表达式是一个超越方程，可以采用逐步接近法求解，计算后，可得 $d_3=0.3\text{m}$。

校核保温层外表面温度：

$$t_{w3}=t_{f1}+\frac{1}{h_2\pi d_3}\Phi_1=10^\circ\text{C}+\frac{1}{15\text{W/(m}^2\cdot{}^\circ\text{C)}\times3.14\times0.3\text{m}}\times557\text{W/m}=49.4^\circ\text{C}$$

可见，该校核温度与假设温度 50℃非常接近，故此计算成立。

**例题 2-11**　通过球壁的一维稳态导热

有一种利用球壁导热原理制成的松散材料导热系数测量仪。内球直径 $d_1=60\text{mm}$，外球直径 $d_2=200\text{mm}$，它们均用薄紫铜材料制成。在内球和外球之间填充珍珠岩散状绝热材料，内球中心植入电加热器。如果电加热器加热功率为 3.7W，这时测得内球表面温度为 137℃，外球表面温度为 17℃。如果忽略内、外球壁的导热热阻，试计算珍珠岩散装材料的导热系数是多少？

**解：** 该问题为通过球壁的稳态导热，由于忽略内、外球壁的导热热阻，因此由式（2-64）可得通过珍珠岩散装材料的导热量为：

$$\Phi=\frac{t_{w1}-t_{w2}}{\dfrac{1}{2\pi\lambda}\left(\dfrac{1}{d_1}-\dfrac{1}{d_2}\right)}$$

整理上式，可得材料的导热系数为：

$$\lambda=\frac{\Phi}{2\pi(t_{w1}-t_{w2})}\left(\frac{1}{d_1}-\frac{1}{d_2}\right)$$

代入数据，有：

$$\lambda=\frac{3.7\text{W}}{2\times3.14\times(137^\circ\text{C}-17^\circ\text{C})}\left(\frac{1}{0.06\text{m}}-\frac{1}{0.2\text{m}}\right)=0.0572\text{W/(m}\cdot{}^\circ\text{C)}$$

## 第四节　肋　　片

由第一章传热方程式(1-13)$\Phi=\dfrac{t_{f1}-t_{f2}}{\dfrac{1}{h_1A}+\dfrac{\delta}{\lambda A}+\dfrac{1}{h_2A}}$可以看出，为了改变传热效果(增加或削弱传热)，可以通过改变冷、热流体的温差，以及改变传热过程的热阻来实现。增加温差是以增加过程的不可逆损失为代价的，同时也受到具体的工艺技术的制约，因此很少采用。显然，在冷、热流体温差一定的条件下，要想有效地改变传热效果，必须着眼于热流途径中起支配作用的那部分热阻。对于一个传热过程，如果固体壁面两侧的表面传热系数相差比较悬殊，要增加传热，就必须着眼于表面传热系数较小一侧的热阻 $1/hA$。增大该侧流体的流速以提高表面传热系数 $h$ 固然可以达到目的，但受到增加外部驱动功率的限制。而增大该侧传热面积 $A$ 可以弥补表面传热系数小的缺陷，有效降低该侧的热阻。

工程上常采用在换热面上外加肋片或其他延伸物的表面结构，以扩展换热面的面积，这种换热面常称为肋片或扩展面。肋片的形状多种多样，图 2-17 中给出了几种典型的肋片形状，例如矩形肋、圆柱形肋、三角形肋、圆锥形肋、圆环形肋等。根据传热面积是否沿热流途径改变，肋片又分为等截面肋和变截面肋。工业上和日常生活中，肋片常应用于各种不同的热交换器和需要加强冷却散热的设备中，例如暖气片、汽车水箱散热器、家用空调的冷凝器、大型电站和化工装置的空气冷却器等，结构如图 2-18 所示。

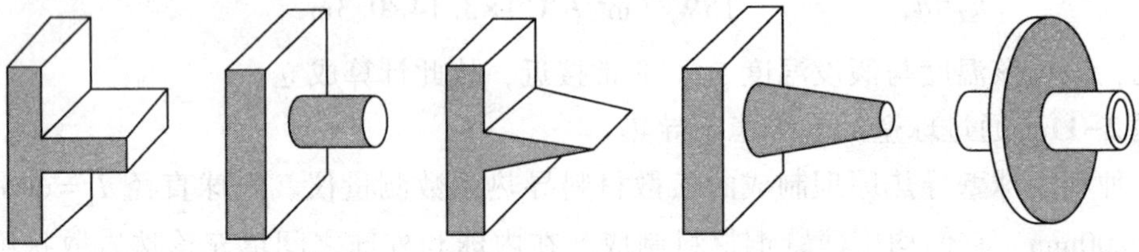

(a) 矩形　(b) 圆柱形　(c) 三角形　(d) 圆锥形　(e) 圆环形

图 2-17　几种典型的肋片形状

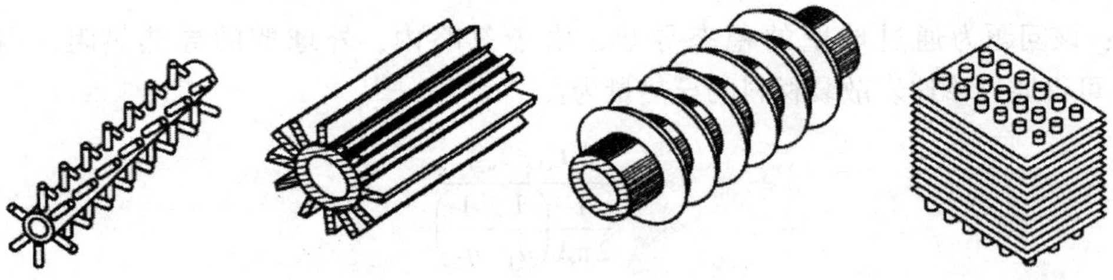

(a) 针肋　(b) 直肋　(c) 环肋　(d) 大套片

图 2-18　肋片的典型结构

通过肋片导热的特点是，热量沿肋片伸展方向传导的同时，通过肋片表面，存在肋片表面与周围流体和环境的对流，或者对流加辐射的散热作用，肋片中沿导热热流传递的方向热流量是不断变化的。这属于在导热过程中同时伴随向周围环境换热的一类典型问题。温度计套管、太阳能集热器的吸热器等都属于这类问题。

研究肋片导热需要求解两个问题：①沿肋片伸展方向肋片内部的温度分布；②通过肋片的散热热流量(简称散热量)。本节以等截面直肋为例，说明通过肋片稳态导热的基本规律。

**1. 等截面直肋的稳态导热**

等截面直肋是指从平直基础面伸出而本身又具有不变截面的肋，如图 2-17 中的矩形肋和圆柱形肋。下面以矩形肋为例进行分析，如图 2-19 所示，肋片的高度为 $H$，厚度为 $\delta$，宽度为 $l$，与肋片高度方向垂直的横截面面积为 $A$，周长为 $U$。

为简化分析，作如下假设：

① 肋片高度 $H$ 远大于肋片厚度 $\delta$，则可认为与高度方向垂直的任意截面的温度分布几乎是均匀的，肋片的温度只沿高度方向发生变化。肋片的导热可以近似认为是一维导热。

② 肋片材料均匀，材料的导热系数 $\lambda$ 为常数。

③ 肋片根部与肋基接触良好，不存在接触热阻。肋基温度为 $t_0$。

④ 忽略肋片端部的散热量，即认为肋片端面是绝热的。

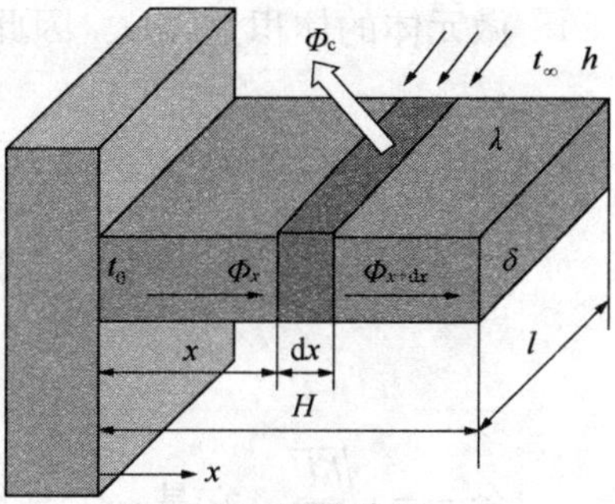

图 2-19 矩形肋的稳态导热分析

⑤ 肋片充分暴露在温度为 $t_\infty$ 的流体中，肋片表面与周围流体之间对流换热的表面传热系数在肋片的整个高度上都是常数。为不失一般性，假设肋基温度 $t_0$ 大于周围流体温度 $t_\infty$。

分析确定：肋片内部的温度分布和通过肋片的散热热流量。

由于肋片温度高于周围流体温度，热量从肋基导入肋片，然后从肋根导向肋端，沿途不断有热量从肋片表面以对流换热的方式散失给周围流体。这种情况可以将肋片看作具有负的内热源来处理。于是肋片的导热过程就是具有负的内热源的一维稳态导热过程。

解题思路：首先建立肋片温度场的数学描述，即建立肋片导热的导热微分方程和边界条件。求解数学模型，从而得到肋片内部的温度分布，再利用傅里叶定律求出通过肋片的散热热流量。

(1) 肋片的温度分布

可以通过两种不同方法建立肋片温度场的数学描述。一种方法是，把肋片表面散热视为虚拟的负内热源，利用一维常物性有内热源的导热微分方程，建立此问题的数学描述。另一种方法是，选取微元体为研究对象，分析其热平衡，推导出肋片的导热微分方程，建立相应的数学描述。下面的分析中采用第一种方法。

导热微分方程为：

$$\frac{d^2t}{dx^2}-\frac{\dot{\Phi}}{\lambda}=0 \tag{2-77}$$

边界条件：

$$x=0,\ t=t_0$$

$$x=H,\ \frac{dt}{dx}=0$$

这里需要注意，图 2-19 中，肋片的上下两个侧面以及前后两个侧面都不是计算区域的边界。由于热量从肋根 $x=0$ 处传递到肋端 $x=H$ 处，计算区域的边界是 $x=0$ 和 $x=H$。

引入过余温度 $\theta=t-t_\infty$，则温度分布用过余温度表示为 $\theta=\theta(x)$。肋片根部 $x=0$ 处，过余温度 $\theta_0=t_0-t_\infty$，肋片端部 $x=H$ 处，过余温度 $\theta_H=t_H-t_\infty$。

式(2-77)中 $\dot{\Phi}$ 为负内热源强度，即肋片单位体积的散热量，可以通过分析肋片高度方向 $x$ 处长度为 d$x$ 的一段微元体的散热来确定。微元体的散热为通过其表面的对流换热，根据牛顿冷却公式，微元体的散热热流量：

$$\Phi_c=h\cdot U\mathrm{d}x\cdot(t-t_\infty)=hU\theta\mathrm{d}x$$

微元体的体积为 $A\mathrm{d}x$，因此单位体积的散热量为：

$$\dot{\Phi}=\frac{\Phi_c}{A\mathrm{d}x}=\frac{hU\theta\mathrm{d}x}{A\mathrm{d}x}=\frac{hU\theta}{A} \tag{2-78}$$

将过余温度 $\theta$ 和 $\dot{\Phi}$ 代入导热微分方程式(2-77)中，则有：

$$\frac{\mathrm{d}^2\theta}{\mathrm{d}x^2}=\frac{hU}{\lambda A}\theta \tag{2-79}$$

令 $m=\sqrt{\frac{hU}{\lambda A}}$，它是一个常量，于是肋片的导热微分方程为：

$$\frac{\mathrm{d}^2\theta}{\mathrm{d}x^2}=m^2\theta \tag{2-80}$$

边界条件：

$$x=0,\ \theta=\theta_0$$

$$x=H,\ \frac{\mathrm{d}\theta}{\mathrm{d}x}=0$$

导热微分方程式(2-80)和边界条件构成了肋片温度场的完整的数学描述。式(2-80)是一个二阶线性齐次常微分方程，求其通解为：

$$\theta=C_1\mathrm{e}^{mx}+C_2\mathrm{e}^{-mx}$$

其中，$C_1$、$C_2$为积分常数，可由两个边界条件来确定：

$$C_1=\theta_0\frac{\mathrm{e}^{-mH}}{\mathrm{e}^{mH}+\mathrm{e}^{-mH}}$$

$$C_2=\theta_0\frac{\mathrm{e}^{mH}}{\mathrm{e}^{mH}+\mathrm{e}^{-mH}}$$

将积分常数 $C_1$、$C_2$代入通解，可得用过余温度表示的肋片内部的温度分布为：

$$\theta=\theta_0\frac{\mathrm{e}^{m(H-x)}+\mathrm{e}^{-m(H-x)}}{\mathrm{e}^{mH}+\mathrm{e}^{-mH}}=\theta_0\frac{\mathrm{ch}[m(H-x)]}{\mathrm{ch}(mH)} \tag{2-81}$$

可见，肋片的过余温度从肋根开始沿高度方向按双曲余弦函数的规律变化，如图 2-20 所示。令 $x=H$，由式(2-81)可得肋端的过余温度为：

$$\theta_H=\theta_0\frac{1}{\mathrm{ch}(mH)} \tag{2-82}$$

图 2-21 给出了矩形肋的过余温度 $\theta/\theta_0$ 随无量纲横坐标 $x/H$ 的变化曲线，参变量为 $mH=\sqrt{\frac{2h}{\lambda\delta}}H$。可以看出，肋片的过余温度 $\theta/\theta_0$ 从肋根开始沿高度方向逐渐降低。$mH$ 较小时，温度降低缓慢；$mH$ 较大时，温度降低较快。在实际应用中，一般取 $0.7<mH<2$。当 $mH>2$ 时，

肋片温度下降非常迅速，靠近肋片端部的面积由于过余温度太低而散热效果较差。

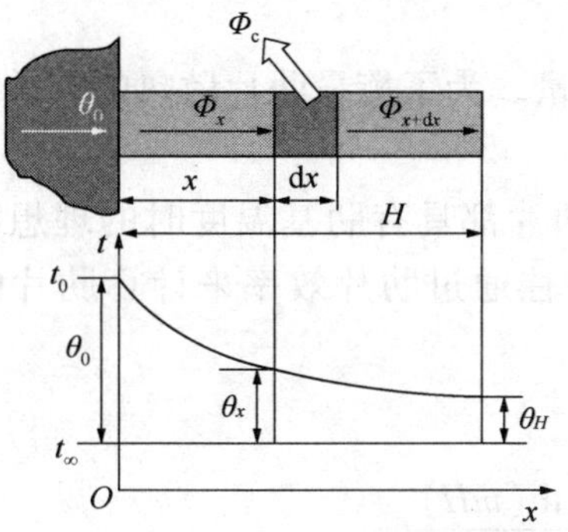


图 2-20　矩形肋过余温度分布

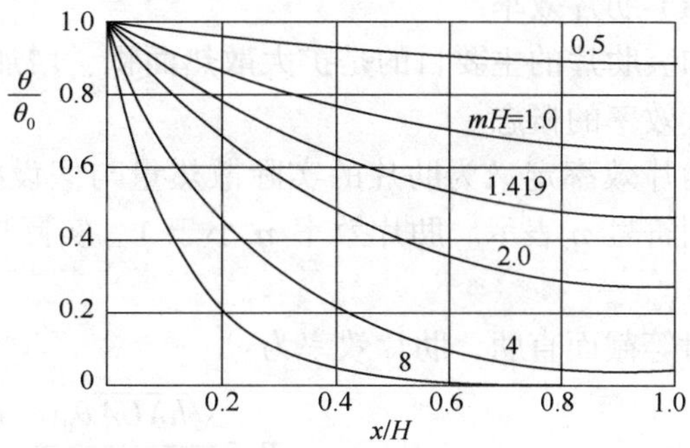


图 2-21　矩形肋的温度分布

（2）通过肋片的散热热流量

在稳态导热情况下，整个肋片向周围流体的散热量应等于从肋根导入肋片的热量。因此，肋片的散热热流量为：

$$\Phi=-\lambda A\left.\frac{\mathrm{d}\theta}{\mathrm{d}x}\right|_{x=0}=-\lambda A\theta_0(-m)\frac{\mathrm{sh}(mH)}{\mathrm{ch}(mH)}=\lambda Am\theta_0\mathrm{th}(mH)=\sqrt{h\lambda UA}\,\theta_0\mathrm{th}(mH) \tag{2-83}$$

图 2-22 给出了双曲正切函数 th($mH$)随 $mH$ 的变化曲线。可以看出，随着 $mH$ 的增大，th($mH$)增大，由式(2-83)可知，肋片的散热量也随之增加，且开始时增加很迅速，后来越来越缓慢，逐渐趋于一个渐进值。这说明，增大 $mH$ 虽然可以增加肋片的散热量，但增加到一定程度后，所产生的散热效果已不显著，因此在设计肋片时应考虑经济性问题。

下面对肋片导热的几个问题做进一步说明。

① 关于肋片端面的边界条件。实际肋片端面的边界条件可有四种不同情况：肋端通过对流散热、肋端绝热、肋端温度为 $t_H$ 以及肋端温度等于周围流体温度。前文的推导中假设肋片端面的散热量为零（肋端绝热），这对实际采用的大多数薄而高的肋片来说，用上述公式进行计算已足够精确。如果必须考虑肋片端面散热的影响，还可以采用一种简便而较为精确的方法，即以假想肋高 $H+\delta/2$ 代替实际肋高。这相当于把肋片端面的面积展开到侧面上，而把肋片端面视为绝热面，然后仍按式(2-83)计算肋片的散热热流量。对于肋端温度等于周围流体温度的边界情况，可将肋片看作无限长肋。

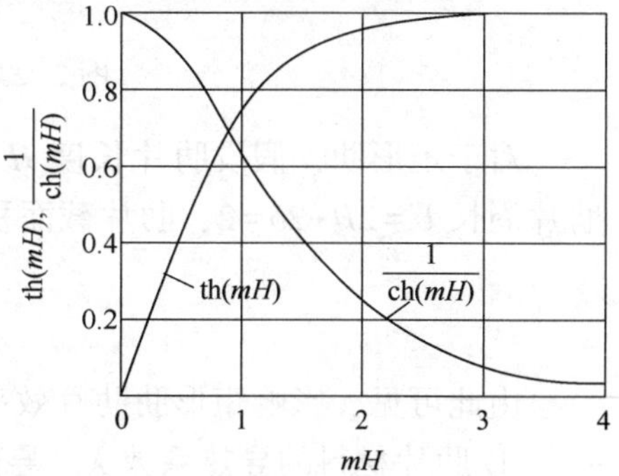


图 2-22　双曲函数随 $mH$ 的变化曲线

② 关于肋片导热近似为一维导热的假设。对工程上绝大多数薄而高的矩形肋或细而长的圆柱形金属肋片来说，将肋片的温度场近似作为一维温度场，这种简化所引起的误差大多不超过 1%，计算结果已足够精确。但对肋片厚度方向上的导热热阻 $\delta/\lambda$ 与肋表面的对流换热热阻 $1/h$ 相比不可忽略的情况来说，肋片的导热不能认为是一维的，上述公式不再适用。

③ 关于表面传热系数。工程实际应用中，由于肋片排列相当密集，很难保证沿肋片高度方向表面传热系数 $h$ 等于常数，因此，上述解析结果与实际情况相比会有一些差别。另外，在流体是气态介质的情况下，表面传热系数不仅包含对流换热，还应加上辐射换热的部分，即 $h$ 应理解为复合换热的表面传热系数。

**2. 肋片效率与肋面总效率**

(1) 肋片效率

加装肋片的主要目的是扩大散热面积、增加换热量。为了衡量肋片散热的有效程度，引进肋片效率的概念。

肋片效率定义为肋片的实际散热量与假设整个肋片都具有肋基温度时的理想散热量之比，用符号 $\eta_f$ 表示。肋片效率 $\eta_f$ 小于 1。实际中，往往通过肋片效率来计算肋片的实际散热量。

对等截面直肋，肋片效率为：

$$\eta_f=\frac{\sqrt{h\lambda UA}\,\theta_0\operatorname{th}(mH)}{hUH\theta_0}=\frac{\operatorname{th}(mH)}{mH} \tag{2-84}$$

图 2-23 表示了矩形肋的肋片效率 $\eta_f$ 随 $mH$ 的变化规律。可以看出，$mH$ 越大，肋片效率越低。

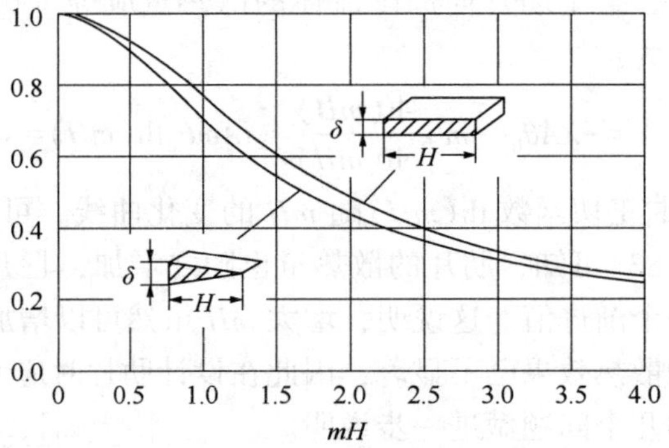


图 2-23　矩形肋和三角形肋的肋片效率

对于矩形肋，假设肋片长度 $H$ 比其厚度 $\delta$ 要大得多，可取出单位长度来研究。其中，肋片周长 $U=2H+2\delta=2$，肋片截面积 $A=\delta\times1=\delta$，因此：

$$mH=\sqrt{\frac{hU}{\lambda A}}H=\sqrt{\frac{2h}{\lambda\delta}}H \tag{2-85}$$

由此可见，影响矩形肋肋片效率的主要因素有：

① 肋片材料的导热系数 $\lambda$。导热系数越大，肋片效率越高。

② 肋片高度 $H$。肋片越高，肋片效率越低。

③ 肋片厚度 $\delta$。肋片越厚，肋片效率越高。

④ 表面传热系数 $h$。$h$ 越大，即对流换热越强，肋片效率越低。

对于工程上经常采用的三角形肋和圆环形肋，其温度场的分析求解比矩形肋要复杂很多。理论分析表明，其肋片效率也是 $mH$ 的单值函数，可表示为：

$$\eta_f=\frac{\operatorname{th}(\varphi mH)}{\varphi mH} \tag{2-86}$$

式中，$\varphi$ 为修正系数。

对于三角形肋，$\varphi$ 可近似表示为：

$$\varphi=0.99101+0.31484\,\frac{\operatorname{th}(0.74485mH)}{mH} \tag{2-87}$$

式中，$mH=\sqrt{\frac{2h}{\lambda\delta}}H$，$\delta$ 为肋根的厚度。当 $mH<5$ 时，上式的误差小于 0.05%。图 2-23 中也给出了三角形肋的肋片效率曲线，可查取求解。

对于等厚度环形肋，$\varphi$ 可近似表示为：

$$\varphi=1+0.35\ln\left(1+\frac{H}{r_1}\right) \tag{2-88}$$

式中，$r_1$ 为环形肋的内半径。当 $\eta_f>0.5$ 时，上式的计算结果与精确值的偏差小于 1%。假设环形肋的内半径远大于其厚度，则有：

$$mH=\sqrt{\frac{hU}{\lambda A}}H=\sqrt{\frac{2h}{\lambda\delta}}H=\sqrt{\frac{2h}{\lambda\delta H}}H^{3/2}=\sqrt{\frac{2h}{\lambda A_L}}H^{3/2} \tag{2-89}$$

式中，$A_L=\delta H$，为环形肋片的纵剖面积。图 2-24 中给出了圆环形肋片的效率曲线，图中横坐标为 $(H')^{3/2}\left(\frac{h}{\lambda A_L}\right)^{1/2}$。

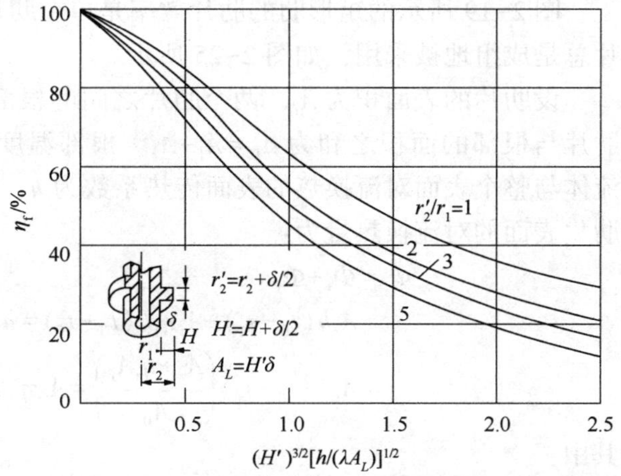


图 2-24　圆环形肋片的效率曲线

对于圆柱形肋，也是一种等截面直肋，上述对矩形肋的肋片效率分析完全适用于圆柱形肋。此外，表 2-1 中也列出了这四种肋片效率的计算式。

**表 2-1　常见肋片的肋片效率计算式**

| 序号 | 肋片名称 | 几何形状 | 肋片效率计算式 |
|---|---|---|---|
| 1 | 矩形截面直肋 | 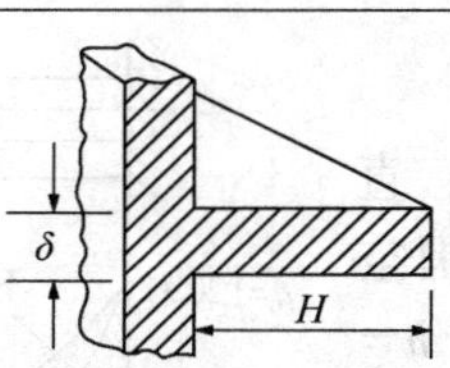 | $\eta_f=\frac{\mathrm{th}(mH')}{mH'}$，$m=\sqrt{\frac{2h}{\lambda\delta}}$<br>$H'=H+\delta/2$ |
| 2 | 三角形直肋 | 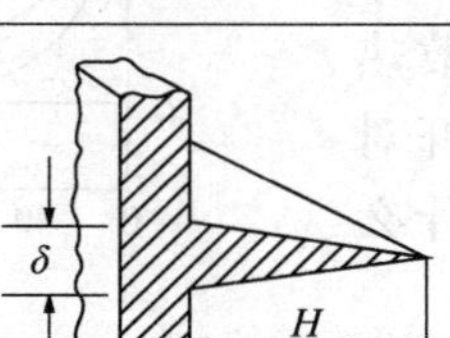 | $\eta_f=\frac{1}{mH}\frac{I_1(2mH)}{I_0(2mH)}$<br>$I_0$、$I_1$ 为第一类修正零阶与一阶贝塞尔函数 |

续表

| 序号 | 肋片名称 | 几何形状 | 肋片效率计算式 |
|---|---|---|---|
| 3 | 环肋 | 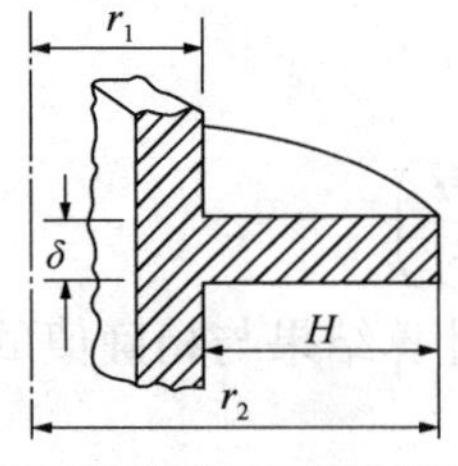 | $\eta_f=C_2\dfrac{K_1(mr_1)I_1(mr'_2)-I_1(mr_1)K_1(mr'_2)}{I_0(mr_1)K_1(mr'_2)+K_0(mr_1)I_1(mr'_2)}$<br>$C_2=\dfrac{2r_1/m}{(r_2^2-r_1^2)}$<br>$K_0$，$K_1$ 为第二类修正零阶与一阶贝塞尔函数，$r'_2=r_1+\delta/2$ |
| 4 | 针肋 | 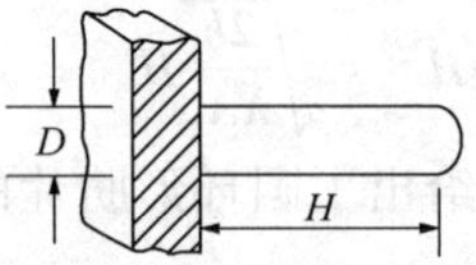 | $\eta_f=\dfrac{\text{th}(mH')}{mH'}$，$m=\sqrt{\dfrac{4h}{\lambda d}}$，$H'=H+D/4$ |

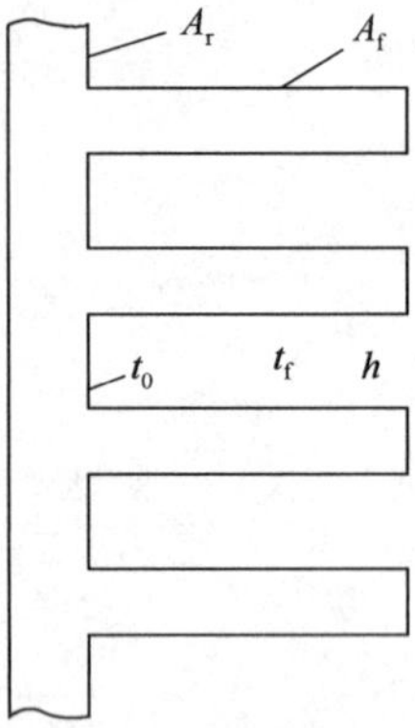


图 2-25　肋化表面示意图

(2) 肋面总效率

图 2-19 所示的矩形肋的肋片效率是单个肋片的效率。实际上，肋片总是成组地被采用，如图 2-25 所示。

设肋片的表面积为 $A_f$，两个肋片之间的根部表面积为 $A_r$，则所有肋片与根部的面积之和为 $A_0=A_f+A_r$。根部温度为 $t_0$，流体温度为 $t_f$，流体与整个表面对流换热的表面传热系数为 $h$，对于整个肋化表面侧，肋化表面的对流换热量为：

$$\begin{aligned}\Phi&=\Phi_r+\Phi_f\\&=A_rh(t_0-t_f)+A_f\eta_fh(t_0-t_f)=h(t_0-t_f)(A_r+\eta_fA_f)\\&=A_0h(t_0-t_f)\left(\frac{A_r+\eta_fA_f}{A_0}\right)=A_0\eta_0h(t_0-t_f)\end{aligned}\tag{2-90}$$

其中：

$$\eta_0=\frac{A_r+\eta_fA_f}{A_0}=\frac{A_r+\eta_fA_f}{A_r+A_f}\tag{2-91}$$

$\eta_0$称为肋面总效率。显然，肋面总效率高于肋片效率。肋面总效率在换热器设计中有所应用。

由式(2-90)可得，在肋化表面侧，对流换热热阻可表示为：

$$R_{fw}=\frac{1}{\eta_0A_0h}$$

**例题 2-12**　等截面直肋的一维稳态导热

图 2-26 所示为一不锈钢(18Cr/12Ni)实心圆杆，直径为 10mm，长为 0.2m，基面温度 $t_0=120℃$。周围空气温度 $t_f=20℃$，杆表面与空气间的表面传热系数 $h=25W/(m^2\cdot K)$。试求：(1)杆的远端温度，杆的散热量，并分析这根杆是否能被近似当作“无限长”的杆对待？(2)如果杆的材料换成铜材，上述情况会发生什么变化？

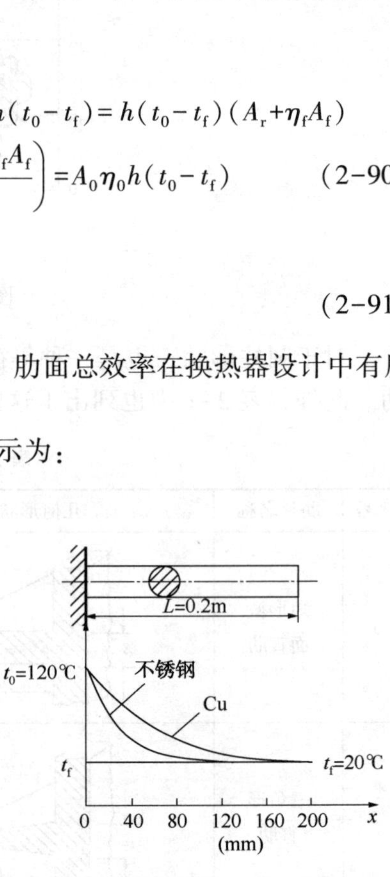


图 2-26　例题 2-12 示意图

**解**：本问题可假设为等截面直肋的一维稳态导热

问题。

查附表4，不锈钢和铜的导热系数分别为16. 88W/(m·K)和398W/(m·K)。

(1) 不锈钢杆时：

$$m=\sqrt{\frac{hU}{\lambda A}}=\sqrt{\frac{25\ \text{W}/(\text{m}^2\cdot\text{K})\times\pi\times0.01\text{m}}{16.88\text{W}/(\text{m}\cdot\text{K})\times\pi/4\times0.01^2\text{m}^2}}=24.34\text{m}^{-1}$$

$$mL=24.34\text{m}^{-1}\times0.2\text{m}=4.87$$

因此：$\theta_L=\theta_0\frac{1}{\text{ch}(mL)}=(120℃-20℃)\times\frac{1}{\text{ch}(4.87)}=1.54℃$

于是肋端温度为：

$$t_L=t_f+\theta_L=20℃+1.54℃=21.54℃$$

杆的散热量：

$\Phi=\lambda A\theta_0 m\text{th}(mL)$

$=16.88\text{W}/(\text{m}\cdot\text{K})\times\frac{\pi}{4}\times(0.01\text{m})^2\times(120℃-20℃)\times24.34\text{m}^{-1}\times\text{th}(4.87)=3.2249\text{W}$

分析这根杆是否能被当作“无限长”杆，可以从过余温度和传热量两个角度来判断。

① 从过余温度角度来判断：肋端过余温度为1. 54℃，仅为肋基过余温度的1. 54%，可以作为“无限长”杆。

② 从散热量角度来判断，“无限长”杆的散热量为：

$\Phi_\infty=\lambda A\theta_0 m\text{th}(\infty)$

$=16.88\text{W}/(\text{m}\cdot\text{K})\times\frac{\pi}{4}\times(0.01\text{m})^2\times(120℃-20℃)\times24.34\text{m}^{-1}\times1=3.2252\text{W}$

可见，两个散热量的差别已经小到难以察觉，因此从散热量来看，这根不锈钢杆完全可以当作实际意义上的“无限长”杆。

(2) 若换成铜材，相应的结果是：

肋端温度：$t_L=t_f+\theta_L=20℃+64.68℃=84.68℃$。

散热量：$\Phi=11.95\text{W}$。

相应“无限长”铜杆的散热量 $\Phi_\infty=15.67\text{W}$，显然不能当作“无限长”杆。

**例题 2-13** 通过环形肋片的一维稳态导热

图2-27所示为一环形肋壁，已知该环形肋高 $H=12.7\text{mm}$，厚度 $\delta=1.6\text{mm}$的铝制肋片附着在半径 $r_1=12.7\text{mm}$ 的基础管壁上。管壁表面温度 $t_0=171.1℃$，周围流体温度 $t_f=21.1℃$，对流换热的表面传热系数 $h=141.5\text{W}/(\text{m}^2\cdot\text{K})$。铝的导热系数 $\lambda=214\text{W}/(\text{m}\cdot\text{K})$。计算每一片肋片的散热量。

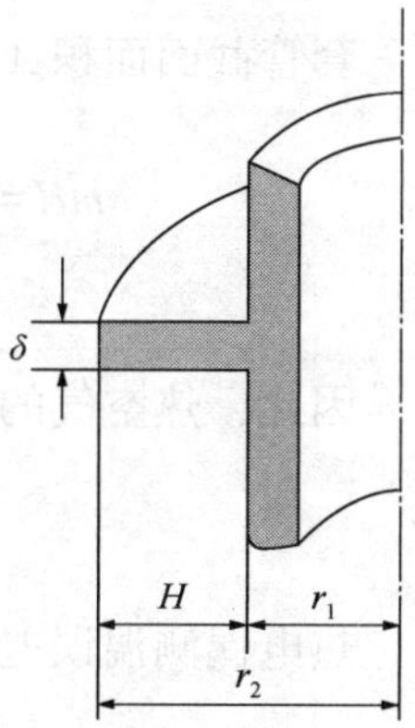

图2-27 例题2-13示意图

**解**：本问题是环形肋片的稳态导热问题。利用图2-24，查取环形肋片的肋片效率。

计算：$r_2=r_1+H=12.7\text{mm}+12.7\text{mm}=25.4\text{mm}$，$r_2'=r_2+\frac{\delta}{2}=25.4\text{mm}+\frac{1.6\text{mm}}{2}=26.2\text{mm}$，

$H'=H+\frac{\delta}{2}=12.7\text{mm}+\frac{1.6\text{mm}}{2}=13.5\text{mm}$，$A_L=H'\delta=13.5\text{mm}\times1.6\text{mm}=21.6\text{mm}^2$，$\frac{r_2'}{r_1}=\frac{26.2\text{mm}}{12.7\text{mm}}=$

$$2.06，(H')^{3/2}\left(\frac{h}{\lambda A_L}\right)^{1/2}=(13.5\times10^{-3}\text{m})^{3/2}\left(\frac{141.5\ \text{W}/(\text{m}^2\cdot\text{K})}{214\text{W}/(\text{m}\cdot\text{K})\times21.6\times10^{-6}\text{m}^2}\right)^{1/2}=0.274$$

根据$\frac{r'_2}{r_1}=2.06$和$(H')^{3/2}\left(\frac{h}{\lambda A_L}\right)^{1/2}=0.274$，查图 2-24，可得 $\eta_f=0.87$。

计算一个肋片的面积为：

$$A=2\pi(r'^2_2-r_1^2)=2\times3.14\times[(0.0262\text{m})^2-(0.0127\text{m})^2]=3.3\times10^{-3}\text{m}^2$$

因此，肋片的实际散热量为：

$$\begin{aligned}\Phi &=\eta_f\Phi_0=\eta_f hA(t_0-t_f)\\ &=0.87\times141.5\text{W}/(\text{m}^2\cdot\text{K})\times3.3\times10^{-3}\text{m}^2\times(171.1℃-21.1℃)=60.9\text{W}\end{aligned}$$

**例题 2-14　套管温度计**

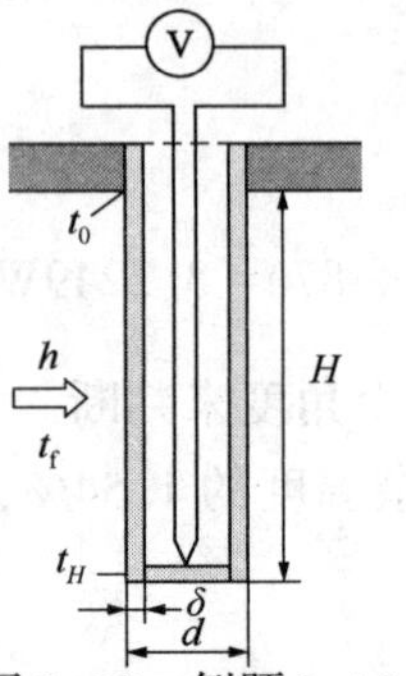


图 2-28　例题 2-14 温度计套管示意图

为了测量管道内的热空气温度和保护测温元件——热电偶，采用金属测温套管，热电偶端点镶嵌在套管的端部，如图 2-28 所示。套管长 $H=100$mm，外径 $d=15$mm，壁厚 $\delta=1$mm，套管材料的导热系数 $\lambda=45\text{W}/(\text{m}\cdot\text{K})$。已知热电偶的指示温度为 200℃，套管根部的温度 $t_0=50℃$，套管外表面与空气之间对流换热的表面传热系数 $h=40\text{W}/(\text{m}^2\cdot\text{K})$。试确定管道内热空气的真实温度、热电偶测温误差，并分析误差产生的原因。

**解：**测温套管可以看作从管道壁面上伸出的空心等截面肋壁。由于热电偶镶嵌在套管的端部，所以热电偶指示的温度是测温套管端部的温度，即 $t_H=200℃$。根据肋端温度的计算公式(2-82)，有：

$$t_H-t_f=(t_0-t_f)\frac{1}{\text{ch}(mH)}$$

套管截面面积 $A=\pi d\delta$，换热周长 $A=\pi d$，则：

$$mH=\sqrt{\frac{hU}{\lambda A}}H=\sqrt{\frac{h}{\lambda\delta}}H=\sqrt{\frac{40\ \text{W}/(\text{m}^2\cdot\text{K})}{45\text{W}/(\text{m}\cdot\text{K})\times0.001\text{m}}}\times0.1\text{m}=2.98$$

$$\text{ch}(mH)=\text{ch}(2.98)=9.87$$

因此，热空气的真实温度为：

$$t_f=\frac{t_H\text{ch}(mH)-t_0}{\text{ch}(mH)-1}=\frac{200℃\times9.87-50℃}{9.87-1}=216.9℃$$

热电偶测温误差为：

$$t_f-t_H=216.9℃-200℃=16.9℃$$

**分析：**产生误差的主要因素有套管的长度、厚度以及套管材料的导热系数。为了降低误差，必须使 ch($mH$)提高，即增大 $mH$ 值。具体可采取以下措施：

① 选用导热系数更小的材料作套管；

② 尽量增加套管的长度并减少壁厚；

③ 强化套管与热空气间的换热；

④ 在装套管处的热空气管道外壁包以保温层，以提高 $t_0$。

## 第五节　接触热阻

前文在分析多层平壁、多层圆筒壁以及肋片的导热时，都假设层与层之间、肋根与肋基之间接触非常紧密，相互接触的表面不但通过相同的热流，而且还具有相同的温度。实际上，无论固体表面看起来多么光滑，都不是一个理想的平整表面，总存在一定的粗糙度。一般来说，两固体表面之间多为点接触，或者是部分不平整的小面积接触，如图 2-29 所示。显然，通过这种接触面的热传导实际上是接触点的导热、缝隙中空气的导热和弱自然对流换热，以及由缝隙形成的空腔壁热辐射的综合作用结果。

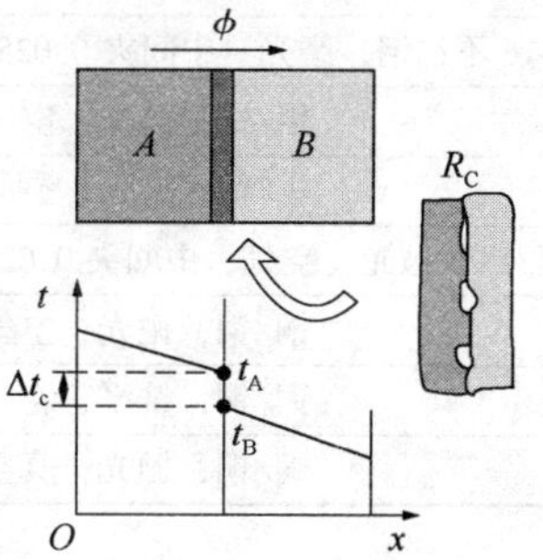

图 2-29　接触热阻示意图

由于气体的导热系数远小于固体，故相对于固体表面良好接触而言，导热过程有了额外的热阻，称为接触热阻。接触热阻等于接触面两侧的温度降落与所通过的热流量之比，用 $R_c$ 表示，即：

$$R_c = \frac{\Delta t_c}{\Phi} \tag{9-92}$$

在总温差 $\Delta t$ 相同的条件下，接触热阻的存在总会使导热热流量下降，即：

$$\frac{\Delta t}{R_A + R_c + R_B} < \frac{\Delta t}{R_A + R_B} \tag{2-93}$$

影响接触热阻的因素主要有：

① 相互接触的物体表面的粗糙度。粗糙度越高，接触热阻越大。

② 相互接触的物体表面硬度。在其他条件相同的情况下，两个都比较坚硬的表面之间接触面积较小，因此接触热阻较大；而两个硬度较小，或者一个硬、一个软的表面之间接触面积较大，因此接触热阻较小。

③ 相互接触的物体表面之间的压力。显然，加大压力会使两个物体直接接触的面积加大，中间空隙变小，接触热阻也随之减小。

由式(2-92)可见，热流量 $\Phi$ 越大，接触热阻产生的温差越大。对于高热流密度的场合，接触热阻的影响不容忽视。例如大功率可控硅元件，热流密度高于 $10^6 W/m^2$。元件与散热器之间的接触热阻产生较大的温差，影响可控硅元件的散热，必须设法减小接触热阻。

在希望增强传热的场合以及传热的实验和测量中，设法尽量减小接触热阻是一个不容忽视的关键环节。前者有利于提高表面热流密度，后者则着眼于最大限度地消除接触热阻这个未知因素。

工程上，为了减小接触热阻，常采用以下方法：

① 接触材料选用软硬适当的一对材料，并施以一定的压力，使得硬度较低的一方变形，加大接触面积，消除缝隙，赶走其中气体。

② 在接触表面之间加一层导热系数大、硬度又很小的纯铜箔或银箔。

③ 在接触面上涂一薄层导热油(亦称萨姆油)，在一定的压力下可将接触空隙中的空气排挤掉，从而显著减小导热热阻。

由于影响接触热阻的因素非常复杂，虽然已经进行了大量的研究，但还无法总结出通用的计算规律。对于不同的情况，必须通过实验加以确定。表 2-2 列出了几种情况下的接触热阻数据。

**表 2-2 几种不同情况下的接触热阻**

| 接触表面材料及状况 | 表面粗糙尺度/μm | 温度/℃ | 压力/MPa | 接触热阻/[(m²·K)/W] |
|---|---|---|---|---|
| 416 不锈钢，磨光，空气 | 2.54 | 90~200 | 0.3~2.5 | $2.64\times10^{-4}$ |
| 416 不锈钢，磨光，中间夹 0.025mm 厚的黄铜片 | 2.54 | 30~200 | 7 | $3.52\times10^{-4}$ |
| 铝/铝，抛光，空气 | 2.54 | 150 | 1.2~2.5 | $0.88\times10^{-4}$ |
| 铝/铝，抛光，空气 | 0.25 | 150 | 1.2~2.5 | $0.18\times10^{-4}$ |
| 铝/铝，抛光，空气，中间夹 0.025mm 厚的黄铜片 | 2.54 | 150 | 1.2~2.0 | $1.23\times10^{-4}$ |
| 铜/铜，抛光，空气 | 1.27 | 20 | 1.2~2.0 | $0.07\times10^{-4}$ |
| 铜/铜，铣平，空气 | 3.81 | 20 | 1.0~5.0 | $0.18\times10^{-4}$ |
| 铜/铜，抛光，真空 | 0.25 | 30 | 0.7~7.0 | $0.88\times10^{-4}$ |

# 第六节 具有内热源的一维导热问题

本章第二节中讨论了无内热源的一维稳态导热问题。实际上，在工程技术领域中常常遇到有内热源的导热问题，即在导热的同时物体内部发生吸热或放热的过程。例如，电器及线圈中有电流通过时的发热、化工中的吸热、放热反应，以及核能装置中燃料元件的放射反应等。本节主要讨论有内热源时，大平壁和圆柱体导热问题的分析解。

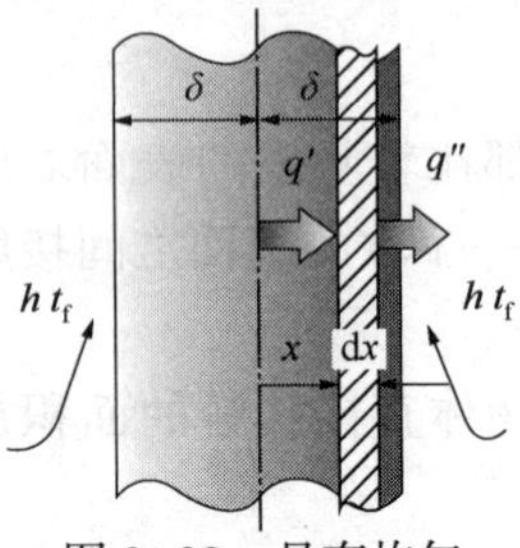

图 2-30 具有均匀内热源的平壁

**1. 具有内热源的平壁导热**

如图 2-30 所示为一大平壁，厚度为 $2\delta$，导热系数 $\lambda$ 为常数，具有均匀的内热源 $\dot{\Phi}$。其两侧同时与温度为 $t_f$ 的流体发生对流换热，对流换热的表面传热系数为 $h$。试确定平壁内的温度分布以及通过平壁的热流密度。

由已知条件可知，大平壁的导热为有内热源的一维稳态导热。由于平壁两侧边界条件是对称的，平壁内的温度分布也是对称的，因此只需分析平壁的一半即可，且平壁中心面既是对称面又是绝热面。该平壁导热的数学描述为：

$$\frac{d^2t}{dx^2}+\frac{\dot{\Phi}}{\lambda}=0 \tag{2-94}$$

边界条件：

$$x=0,\ \frac{dt}{dx}=0$$

$$x=\delta,\ -\lambda\frac{dt}{dx}=h(t_w-t_f)$$

求解导热微分方程，得通解为：

$$t=-\frac{\dot{\Phi}}{2\lambda}x^2+C_1x+C_2 \tag{2-95}$$

由两个边界条件确定积分常数 $C_1$、$C_2$ 分别为：

$$C_1=0$$

$$C_2=t_f+\frac{\dot{\Phi}\delta}{h}+\frac{\dot{\Phi}\delta^2}{2\lambda}$$

将积分常数 $C_1$、$C_2$代入通解，可得平壁内的温度分布为：

$$t=t_f+\frac{\dot{\Phi}\delta}{h}+\frac{\dot{\Phi}}{2\lambda}(\delta^2-x^2) \tag{2-96}$$

由傅里叶定律，可得任一位置 $x$ 处的热流密度为：

$$q=-\lambda\frac{\mathrm{d}t}{\mathrm{d}x}=\dot{\Phi}x \tag{2-97}$$

对式(2-96)和式(2-97)进行几点说明：

① 由式(2-96)可见，与无内热源的平壁内温度分布相比，有内热源时，平壁内的温度呈抛物线分布。平壁中心 $x=0$ 处，$t_0=t_f+\dfrac{\dot{\Phi}\delta}{h}+\dfrac{\dot{\Phi}\delta^2}{2\lambda}$。

② 由式(2-97)可见，平壁的热流密度不再是常数。平壁中心 $x=0$ 处，$q=0$；平壁表面 $x=\delta$ 处，$q=\dot{\Phi}\delta$。从平壁两侧表面导出的总热流量为 $\Phi=2\delta A\dot{\Phi}$。

③ 如果表面传热系数 $h\to\infty$，此时第三类边界条件转化为第一类边界条件，$t_w=t_f$，由式(2-96)可得平壁内的温度分布为：

$$t=t_w+\frac{\dot{\Phi}}{2\lambda}(\delta^2-x^2) \tag{2-98}$$

可见，温度分布仍然是抛物线分布。

④ 如果考虑变导热系数的情况，导热系数随温度的变化按线性规律变化，即 $\lambda=\lambda_0(1+bt)$，在第一类边界条件下，平壁内的温度分布为：

$$t=-\frac{1}{b}+\sqrt{\left(t_0+\frac{1}{b}\right)^2-\frac{\dot{\Phi}x^2}{\lambda_0 b}} \tag{2-99}$$

**2. 具有内热源的圆柱体导热**

下面讨论具有内热源的圆柱体的导热。假设圆柱体的半径与其长度相比很小，因此可以认为温度只沿半径方向变化，则圆柱体的导热可认为是一维导热。

图 2-31 所示为一长圆柱体，半径为 $r_0$，导热系数 $\lambda$ 为常数，具有均匀内热源 $\dot{\Phi}$。其周围流体温度为 $t_f$，对流换热的表面传热系数为 $h$。假设圆柱体被冷却，试确定圆柱体内的温度分布以及导出的热流量。

由已知条件可知，圆柱体的导热为有内热源的一维稳态导热。该圆柱体导热的数学描述为：

$$\frac{1}{r}\frac{\mathrm{d}}{\mathrm{d}r}\left(r\frac{\mathrm{d}t}{\mathrm{d}r}\right)+\frac{\dot{\Phi}}{\lambda}=0 \tag{2-100}$$

边界条件：

$$r=0,\ \frac{\mathrm{d}t}{\mathrm{d}r}=0$$

$$r=r_0,\ -\lambda\frac{\mathrm{d}t}{\mathrm{d}r}=h(t_w-t_f)$$

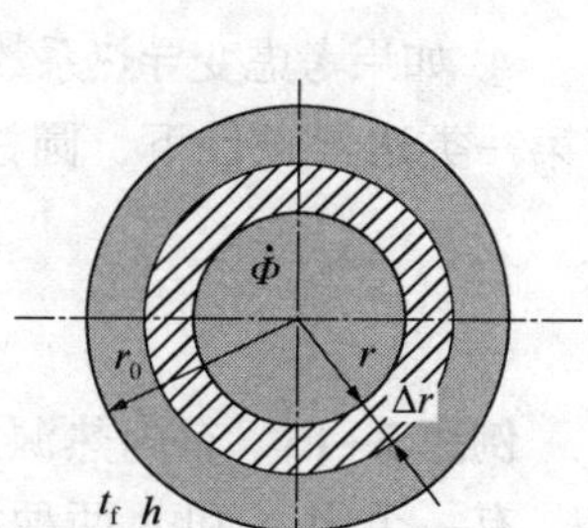


图 2-31 具有内热源的圆柱体导热

求解导热微分方程，得通解为：

$$t=-\frac{\dot{\Phi}}{4\lambda}r^2+C_1\ln r+C_2 \tag{2-101}$$

由两个边界条件确定积分常数 $C_1$、$C_2$ 分别为：

$$C_1=0$$

$$C_2=t_f+\frac{\dot{\Phi}r_0}{2h}+\frac{\dot{\Phi}r_0^2}{4\lambda}$$

将积分常数 $C_1$、$C_2$ 代入通解，得圆柱体内的温度分布为：

$$t=t_f+\frac{\dot{\Phi}r_0}{2h}+\frac{\dot{\Phi}}{4\lambda}(r_0^2-r^2) \tag{2-102}$$

由傅里叶定律可得，任一半径方向 $r$ 位置处的热流量为：

$$\Phi=-\lambda A\frac{\mathrm{d}t}{\mathrm{d}r}=-\lambda\times2\pi rl\times(-2r)\frac{\dot{\Phi}}{4\lambda}=\pi r^2l\dot{\Phi} \tag{2-103}$$

由圆柱体表面导出的热流量为：

$$\Phi=\pi r_0^2l\dot{\Phi} \tag{2-104}$$

对式(2-102)和式(2-103)进行几点说明：

① 由式(2-102)可见，与无内热源的圆筒壁内温度分布相比，有内热源时，圆柱体内的温度呈抛物线分布。圆柱中心 $r=0$ 处，温度最高，$t_0=t_f+\frac{\dot{\Phi}r_0}{2h}+\frac{\dot{\Phi}r_0^2}{4\lambda}$。

② 由式(2-103)可见，圆柱体内不同 $r$ 位置处的热流量不再是常数。圆柱中心 $r=0$ 处，$\Phi=0$；圆柱表面 $r=r_0$ 处，导出的热流量为 $\Phi=\pi r_0^2l\dot{\Phi}$。

③ 如果表面传热系数 $h\to\infty$，此时第三类边界条件转化为第一类边界条件，$t_w=t_f$，由式(2-102)可得圆柱体内的温度分布为：

$$t=t_w+\frac{\dot{\Phi}}{4\lambda}(r_0^2-r^2) \tag{2-105}$$

可见，温度分布仍然是抛物线分布，且圆柱中心位置处最高温度为 $t=t_w+\frac{\dot{\Phi}}{4\lambda}r_0^2$。

④ 如果考虑变导热系数的情况，导热系数随温度的变化按线性规律变化，即 $\lambda=\lambda_0(1+bt)$，在第一类边界条件下，圆柱体内的温度分布为：

$$t=-\frac{1}{b}+\sqrt{\left(t_0+\frac{1}{b}\right)^2-\frac{\dot{\Phi}r^2}{2\lambda_0 b}} \tag{2-106}$$

**例题 2-15**　有内热源的大平壁导热

有一个由 A 和 B 两种材料组成的复合平壁，如图 2-32 所示。材料 A 的壁中有内热源，内热源强度 $\dot{\Phi}=1.5\times10^6\ \mathrm{W/m^3}$，其导热系数 $\lambda_A=75\mathrm{W/(m\cdot K)}$，厚度 $L_A=50\mathrm{mm}$。材料 B 内没有内热源，其导热系数 $\lambda_B=150\mathrm{W/(m\cdot K)}$，厚度 $L_B=20\mathrm{mm}$。A 材料的非接触表面绝热良

好，而 B 材料的非接触表面被温度为 $t_\infty=30℃$ 的水冷却，对流换热的表面传热系数 $h=1000W/(m^2\cdot K)$。试分析：

（1）画出复合平壁内在稳态条件下的温度分布示意图；

（2）计算 A 材料绝热表面与 B 材料被冷却表面的温度 $t_0$ 与 $t_2$。

**解**：(1)根据所给定的物理条件，可知复合平壁内的温度分布具有以下特点：①材料 A 内温度分布曲线为抛物线，其绝热边界上曲线斜率为零；②B 材料内温度分布为线性分布；③两种材料的交界面上，两条曲线的斜率变化为 $\lambda_B/\lambda_A=2$；④冷却水侧靠近壁面处有很大的温度梯度。根据以上特征，绘制符合平壁内温度分布曲线，如图 2-33 所示。

（2）由于 B 材料内没有内热源，且其导热为稳态导热，因此 B 材料的能量守恒可表示为：在 $x=L_A$ 处流入的热流密度等于在 $x=L_A+L_B$ 处通过对流换热流出的热流密度。也就是：

$$q_{x=L_A}=h(t_2-t_\infty) \tag{1}$$

对于 A 材料，由于在 $x=0$ 处表面是绝热的，此处没有热量流入，因此 A 材料的能量守恒可表示为：材料 A 内热源生成的热量等于在 $x=L_A$ 处流出的热量。基于单位面积，即：

$$\dot{\Phi}L_A=q_{x=L_A} \tag{2}$$

联立式(1)和式(2)，可得 B 材料被冷却表面的温度为：

$$t_2=t_\infty+\frac{\dot{\Phi}L_A}{h}=30℃+\frac{1.5\times10^6\ W/m^3\times0.05m}{1000\ W/(m^2\cdot K)}=105℃$$

由式(2-98)可知，绝热表面的温度可表示为：

$$t_0=t_1+\frac{\dot{\Phi}}{2\lambda_A}(L_A^2-x^2)$$

上式中，$t_1$ 是 A、B 材料接触面温度，可根据 B 材料稳态导热的模拟热路求得：

$$\begin{aligned}t_1&=t_\infty+\dot{\Phi}L_A\left(\frac{L_B}{\lambda_B}+\frac{1}{h}\right)\\&=30℃+1.5\times10^6W/m^3\times0.05m\times\left[\frac{0.02m}{150W/(m\cdot K)}+\frac{1}{1000W/(m^2\cdot K)}\right]=115℃\end{aligned}$$

因此，绝热表面的温度为：

$$t_0=t_1+\frac{\dot{\Phi}}{2\lambda_A}(L_A^2-x^2)=115℃+\frac{1.5\times10^6W/m^3}{2\times75W/(m\cdot K)}(0.05m)^2=140℃$$

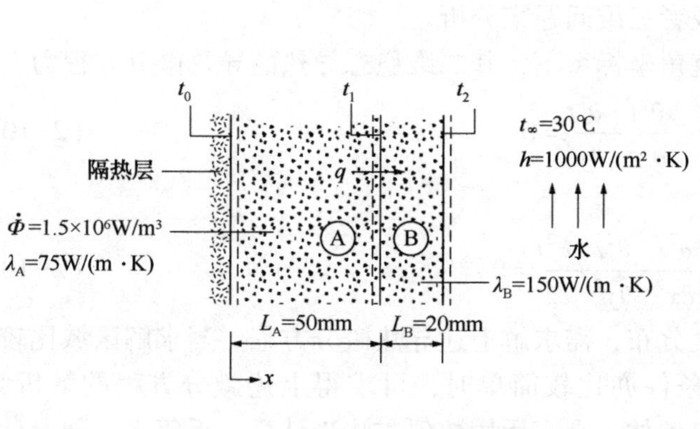


图 2-32 例题 2-15 示意图

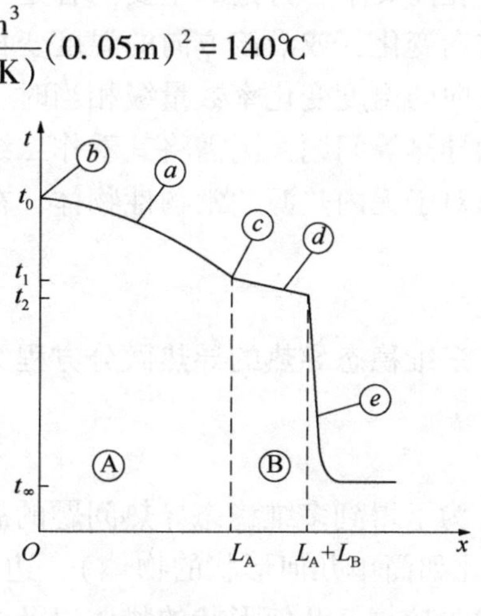


图 2-33 例题 2-15 温度分布示意图

**例题 2-16** 有内热源的圆柱体导热

为了测量大气压下水的传热系数，将一根长为150mm、直径为12mm的不锈钢棒放入水中并通电加热。该不锈钢棒的电阻率为$82\times10^{-6}\Omega\cdot\text{cm}$，导热系数为15W/(m·K)。当不锈钢棒通过775A的电流时，用热电偶测得不锈钢棒体内的中心温度为136.2℃。如果不计不锈钢棒两端部的热损失，试计算水沸腾时的表面传热系数。

**解**：不锈钢棒的表面积$A=2\pi rl=2\pi\times0.006\text{m}\times0.15\text{m}=0.005655\text{m}^2$，截面积$U=\pi r^2=\pi\times(0.006\text{m})^2=0.1131\times10^{-3}\text{m}^2$。

不锈钢棒的电阻值为：$R=\dfrac{\rho l}{U}=\dfrac{82\times10^{-8}\Omega\cdot\text{m}\times0.15\text{m}}{0.1131\times10^{-3}\text{m}^2}=1.088\times10^{-3}\Omega$。

不锈钢棒通入775A电流时的发热量为：$\Phi=RI^2=1.088\times10^{-3}\Omega\times(775\text{A})^2=653.4\text{W}$。

不锈钢棒表面的热流密度为：

$$q=\frac{\Phi}{A}=\frac{653.4\text{W}}{0.005655\text{m}^2}=115.5\times10^3\text{W/m}^2$$

不锈钢棒单位体积内热源的生成热为：

$$\dot{\Phi}=\frac{\Phi}{Ul}=\frac{653.4\text{W}}{0.1131\times10^{-3}\text{m}^2\times0.15\text{m}}=38.51\times10^6\ \text{W/m}^3$$

由式(2-102)，已知不锈钢棒的中心温度$t_0$、内热源强度$\dot{\Phi}$，可得不锈钢棒表面温度$t_w$为：

$$t_w=t_0-\frac{\dot{\Phi}}{4\lambda}r^2=136.2℃-\frac{38.51\times10^6\ \text{W/m}^3}{4\times15\text{W/(m}\cdot\text{K)}}\times(0.006\text{m})^2=113.1℃$$

因此在大气压下，水沸腾时，对流换热的表面传热系数为：

$$h=\frac{q}{t_w-t_f}=\frac{115.5\times10^3\ \text{W/m}^2}{113.1℃-100℃}=8817\text{W/(m}^2\cdot℃)$$

# 第七节　多维稳态导热的形状因子法

在前文中，讨论的主要内容是一维导热问题。在上述问题中，物体中温度只沿某一个特定方向变化，或沿该方向的温度变化率远大于其他方向的变化率。而当物体中两个方向或三个方向的温度变化率数量级相当时，例如地下埋设的供热管道的散热、加热炉的散热、短肋片的导热等问题，则需将其看作二维或者三维问题来分析。

对于无内热源的常物性物体，在直角坐标系下，其二维稳态导热的导热微分方程为：

$$\frac{\partial^2 t}{\partial x^2}+\frac{\partial^2 t}{\partial y^2}=0 \tag{2-107}$$

三维稳态导热的导热微分方程为：

$$\frac{\partial^2 t}{\partial x^2}+\frac{\partial^2 t}{\partial y^2}+\frac{\partial^2 t}{\partial z^2}=0 \tag{2-108}$$

为了得到多维稳态导热问题的温度分布，需求解上述导热微分方程。当求解区域比较简单(比如简单几何形状的物体)，边界条件亦比较简单时，可求得上述微分方程的解析解。但对于较复杂几何形状的物体以及边界条件，则需运用数值方法来计算。近年来，随着计算机技术的发展，数值方法得到了广泛应用。

在工程计算中，若只需求解两个等温表面之间稳态导热的热流量，可采用形状因子法求解。假设一个任意形状的物体，材料的导热系数 $\lambda$ 为常数，无内热源，具有两个温度均匀、恒定的表面，温度分别为 $t_1$、$t_2$，且 $t_1>t_2$，其他表面绝热。两个等温表面之间的热流量可按下式计算：

$$\Phi=\lambda S(t_1-t_2) \tag{2-109}$$

式中，$S$ 称为形状因子，其大小取决于导热物体的几何形状和尺寸，m。

利用式(2-109)可以计算无内热源常物性的导热物体，当两个等温表面之间发生稳态导热时传递的热流量。公式的形式虽然简单，但难点在于如何确定物体的形状因子 $S$。

以第一类边界条件下，无内热源、常物性、一维稳态导热过程中的几个典型问题，如大平壁、圆筒壁、球壁等为例，对比其热流量的表达式与式(2-109)，可得其形状因子，分别如表 2-3 所示。

**表 2-3　一维稳态导热过程的形状因子**

| 几何形状 | 热流量表达式 | 形状因子 |
|---|---|---|
| 大平壁 | $\Phi=\lambda A\dfrac{t_{w1}-t_{w2}}{\delta}$ | $S=\dfrac{A}{\delta}$ |
| 圆筒壁 | $\Phi=\dfrac{t_{w1}-t_{w2}}{\dfrac{1}{2\pi\lambda l}\ln\left(\dfrac{d_2}{d_1}\right)}$ | $S=\dfrac{1}{2\pi l}\ln\left(\dfrac{d_2}{d_1}\right)$ |
| 球壁 | $\Phi=\dfrac{4\pi\lambda(t_{w1}-t_{w2})}{\dfrac{1}{r_1}-\dfrac{1}{r_2}}$ | $S=\dfrac{4\pi r_1r_2}{r_2-r_1}$ |

对于工程中许多常见的复杂结构，其形状因子的表达式已经利用数学分析或数值方法求出，并收集在有关手册中。表 2-4 中摘录了几种工程上常见几何条件下的形状因子。

**表 2-4　几种工程上常见几何条件下的形状因子**

| 序号 | 导热过程 | 示意图 | 形状因子及其应用条件 |
|---|---|---|---|
| 1 | 半径为 $r$ 的等温圆柱埋入含等温表面的半无限大介质中(如地下水平埋管) | 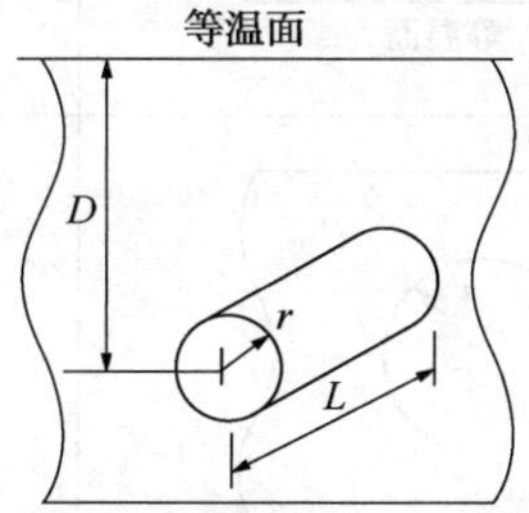 | $S=\dfrac{2\pi L}{\cosh^{-1}(D/r)}$，$L\gg r$<br>或<br>$S=\dfrac{2\pi L}{\ln(D/r)}$，$L\gg r$，$D>3r$ |
| 2 | 埋入含等温表面的半无限大介质的管长为 $L$ 的水平管排(如地下水平埋管表面与地面之间的导热) | 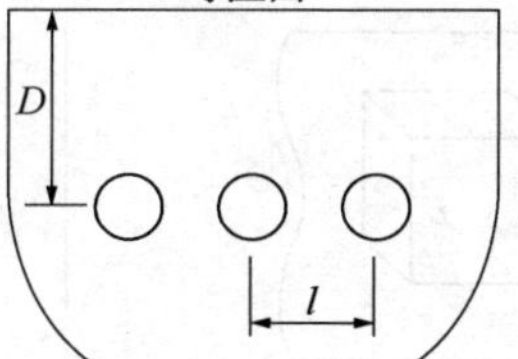 | $S=\dfrac{2\pi L}{\ln\left[\left(\dfrac{1}{\pi r}\right)\sin(2\pi D/l)\right]}$，$D>2r$ |

续表

| 序号 | 导热过程 | 示意图 | 形状因子及其应用条件 |
| --- | --- | --- | --- |
| 3 | 半径为 $r$ 的等温圆柱竖直置入含等温表面的半无限大介质中(如竖直地下埋管) | 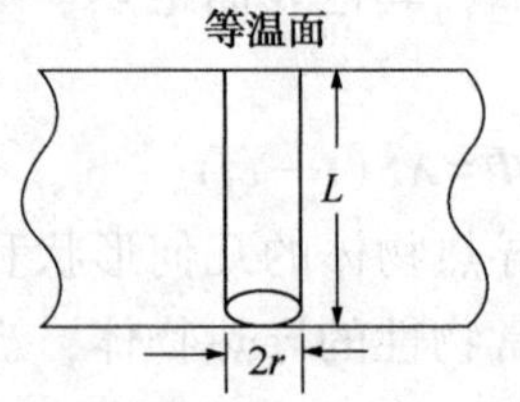 | $S=\frac{2\pi L}{\ln(2L/r)}$，$L\gg 2r$ |
| 4 | 埋入无限大介质中的长度为 $L$ 的两个等温圆柱之间的导热(地下深埋双管之间的导热) | 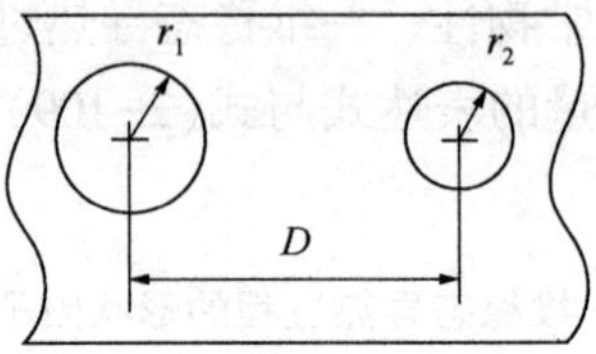 | $S=\frac{2\pi L}{\cosh^{-1}\left(\frac{D^2-r_1^2-r_2^2}{2r_1r_2}\right)}$，$L\gg r$，$L\gg D$ |
| 5 | 长度为 $L$ 的圆管偏心置入圆柱形绝热层中 | 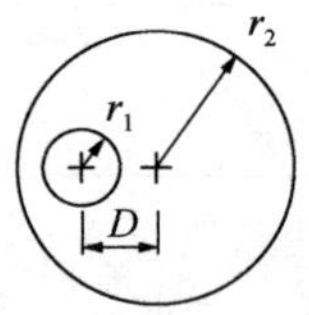 | $S=\frac{2\pi L}{\cosh^{-1}\left(\frac{r_1^2+r_2^2-D^2}{2r_1r_2}\right)}$，$L\gg r_2$ |
| 6 | 长度为 $L$ 的圆管外包方柱形绝热层 | 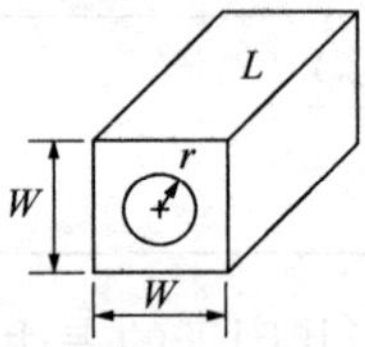 | $S=\frac{2\pi L}{\ln(0.54W/r)}$，$L\gg W$ |
| 7 | 长度为 $L$ 的水平圆柱置于厚度为 $2D$ 的无限大平板的中心 | 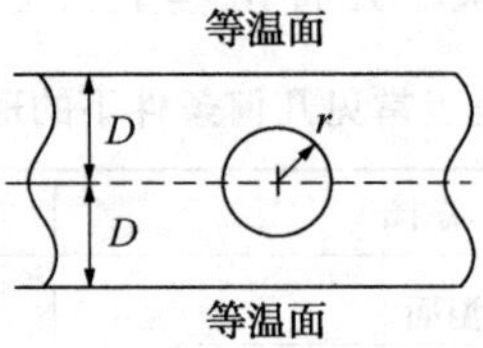 | $S=\frac{2\pi L}{\ln(4D/r)}$ |
| 8 | 半径为 $r$ 的等温球体埋入无限大介质中 | 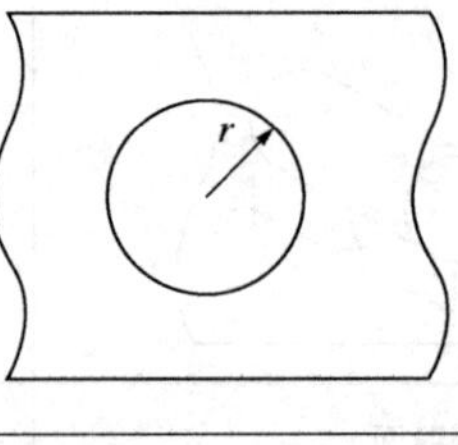 | $S=4\pi r$ |
| 9 | 边长为 $L$ 的立方体埋入无限大介质中 | 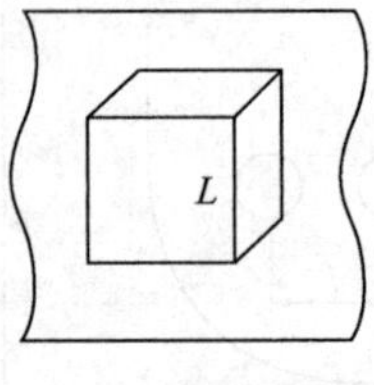 | $S=8.24L$ |

| 序号 | 导热过程 | 示意图 | 形状因子及其应用条件 |
|---|---|---|---|
| 10 | 薄水平圆盘埋入含等温表面的半无限大介质中 | 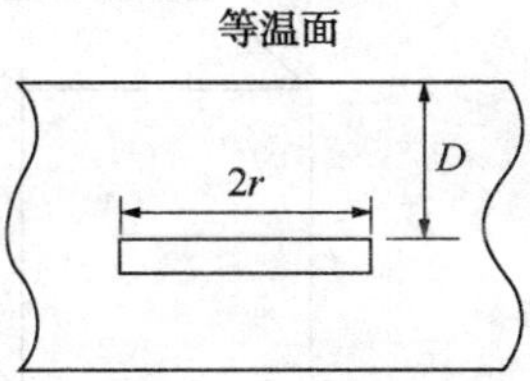  | $S=4r$，$D=0$<br>$S=8r$，$D\gg 2r$<br>$S=\dfrac{4\pi r}{\pi/2-\tan^{-1}(r/2D)}$，$D/2r>1$ |
| 11 | 埋入无限大介质两平行圆盘间的导热 | 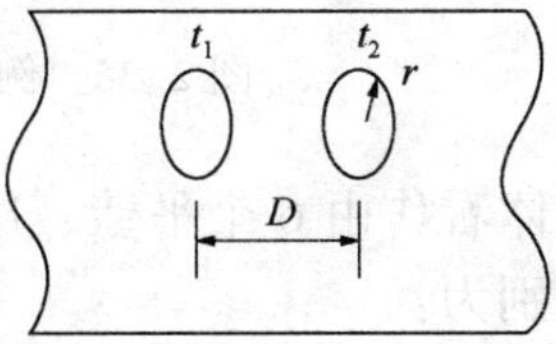  | $S=\dfrac{4\pi r}{\left[\dfrac{\pi}{2}-\tan^{-1}(r/D)\right]}$，$D>5r$ |
| 12 | 炉墙交边 | 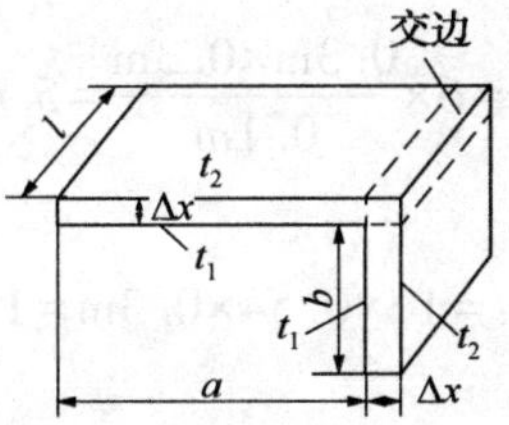  | $S=0.54l$，$l>\dfrac{1}{5}\Delta x$ |
| 13 | 炉墙交角 | 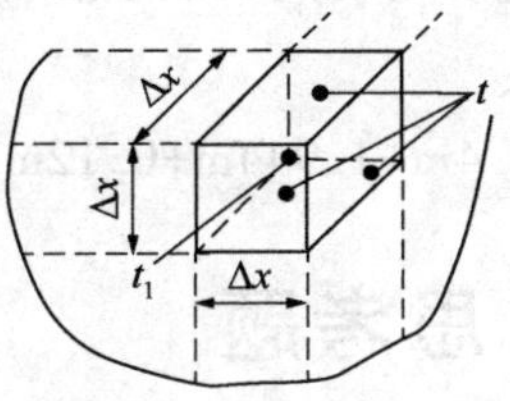  | $S=0.15\Delta x$，$l>\dfrac{1}{5}\Delta x$ |

**例题 2-17**　形状因子法

有一个长方形的固体块，如图 2-34 所示，其长度 $L=2\text{m}$，方形断面的边长 $W=1\text{m}$，在固体块的中心钻有一个直径 $d=0.25\text{m}$ 的圆孔，这个圆孔把固体块钻通。有一股热流体通过这个圆孔，并使圆孔内表面的温度维持为 $t_1=75℃$，而固体块外表面的温度保持为 $t_2=25℃$。已知固体块的导热系数 $\lambda=150\text{W/(m·K)}$。试计算：(1)该系统的形状因子是多少？(2)通过这个固体块的传热量是多少？

**解**：根据表 2-4 序号 6，该系统相当于长度为 $L$ 的圆管外包有方柱形绝热层，因此形状因子为：

$$S=\frac{2\pi L}{\ln(1.08W/d)}=\frac{2\times\pi\times 2\text{m}}{\ln(1.08\times 1\text{m}/0.25\text{m})}=8.59\text{m}$$

根据式(2-109)，通过固体块的传热量为：

$$\Phi=\lambda S(t_1-t_2)=150\text{W/(m·K)}\times 8.59\text{m}\times(75℃-25℃)=64.4\text{kW}$$

**例题 2-18**　三维稳态导热问题的计算

一个正立方体型的小型加热炉，如图 2-35 所示，长宽高均为 50cm。炉壁用耐火砖砌成，其导热系数 $\lambda=1.04\text{W/(m·K)}$，厚度为 10cm。加热炉内壁面温度保持 500℃，外壁面温度保持 50℃。试计算通过加热炉炉壁的热损失。

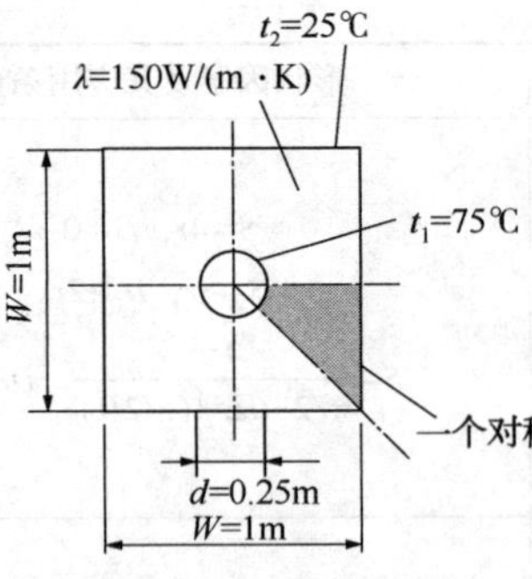


图 2-34　例题 2-17 示意图

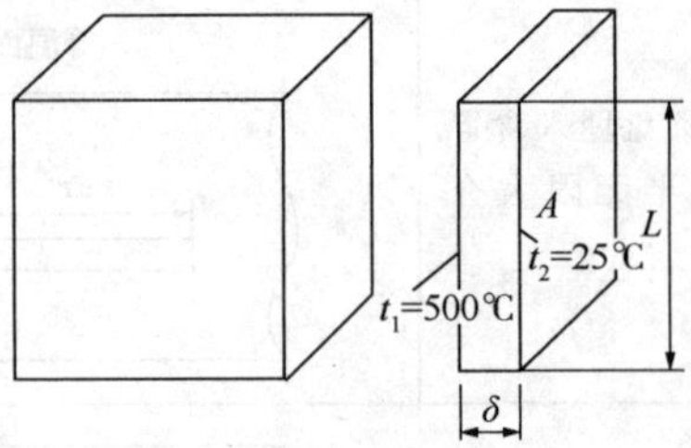


图 2-35　例题 2-18 示意图

**解**：根据表 2-4，可将此加热炉炉体看作由 6 个平壁、12 条交边、8 个顶角组合而成。则上述三类几何要素对应的形状因子分别为：

炉墙的总形状因子：

$$S_{\text{wall}}=6\times\frac{A}{\delta}=6\times\frac{0.3\text{m}\times0.3\text{m}}{0.1\text{m}}=5.4\text{m}$$

炉边的总形状因子：

$$S_{\text{edge}}=12\times0.54l=12\times0.54\times0.3\text{m}=1.944\text{m}$$

炉顶角的总形状因子：

$$S_{\text{conner}}=8\times0.15\delta=8\times0.15\times0.1\text{m}=0.12\text{m}$$

因此，通过加热炉炉壁的热损失为：

$$\Phi=\lambda S_{\text{total}}(t_1-t_2)=1.04\text{W}/(\text{m}\cdot\text{K})\times(5.4\text{m}+1.944\text{m}+0.12\text{m})\times(500℃-50℃)=3493.152\text{W}$$

# 思考题

1. 写出傅里叶定律表达式的一般形式，说明其适用条件。
2. 写出导热系数的定义式、说明影响导热系数的因素。
3. 说明各种不同材料的导热机理。为什么导电性能好的金属其导热性能也好？
4. 为什么我国东北地区的玻璃窗采用双层结构？
5. 为什么很多高效能的保温材料都是蜂窝状多孔材料？
6. 从节能考虑，为什么采用特制空心砖比采用普通实心砖好？
7. 图 2-36 所示为一无内热源大平壁稳态导热时的温度分布。试说明它的导热系数是随温度升高而增加，还是随温度升高而减小。

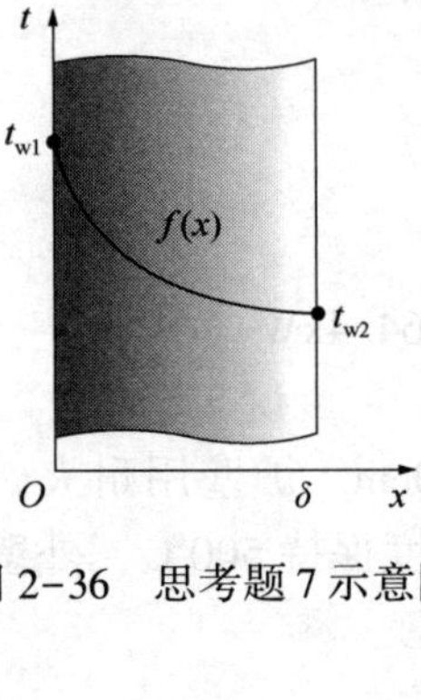


图 2-36　思考题 7 示意图

8. 一个具体导热问题的完整数学描述包括哪些方面？
9. 何谓导热问题的单值性条件？它包括哪些方面？
10. 什么是导温系数？导温系数的物理意义是什么？
11. 已知 20℃ 时钢的导热系数为 43W/(m·K)，比热容为 473J/(kg·K)，密度为 7801kg/m³，试计算该材料的导温系数。
12. 试说明在什么条件下平壁和圆筒壁的导热可以按一维稳态导热处理？

13. 为什么多层常物性平壁一维稳态导热时，平壁中温度分布曲线不是连续的直线而是一条折线？

14. 埋设在地下的输油管线，如果包上保温材料，可大大减小管壁的散热损失和延长输送距离，试分析如何为输油管道选择一种较为理想的保温材料。

15. 开采高黏度石油时，往往需要采用向油层注入高压蒸汽的工艺。试分析如何为井筒中的蒸汽管道设计一个保温方案。

16. 从热阻角度来分析，为什么在表面传热系数小的一侧加装肋片效果较好？为什么用导热系数大的材料做肋片？

17. 什么是肋片效率，影响肋片效率的因素有哪些？它对计算肋壁的传热有什么意义？

18. 什么是肋面总效率？肋面总效率与肋片效率有哪些不同？

19. 什么是接触热阻？影响接触热阻的主要因素有哪些？如何减小接触热阻？

20. 冬天用手摸室外放置的铁块和木头会有不同的凉热感觉，用手摸铁块感觉更凉一些，而用手摸木头感觉不太凉，如何解释这种现象？

21. 什么是形状因子？大平壁、圆筒壁以及球壁的形状因子分别是多少？

# 习　题

## 傅里叶定律和导热微分方程的应用

2-1　如图2-37所示，大平壁的导热系数为50W/(m·K)，厚度为50mm，在稳态情况下平壁内一维温度分布 $t=200-2000x^2$，式中 $x$ 的单位为m。试求：(1)大平壁两侧表面的热流密度；(2)平壁内单位体积的内热源生成热。

2-2　有一块大平壁，厚度为0.5m，平壁左侧表面温度 $t_{w1}=100℃$，右侧表面温度 $t_{w2}=20℃$，平壁内含有内热源，内热源强度 $\dot{\Phi}=500\text{W/m}^3$。已知平壁的导热系数 $\lambda=0.6\text{W/(m·K)}$。试求：(1)平壁内温度分布的表达式；(2)若平壁左、右两侧表面的温度保持不变，厚度和导热系数也不变，为使平壁内出现绝热面，内热源强度 $\dot{\Phi}$ 应是多少？

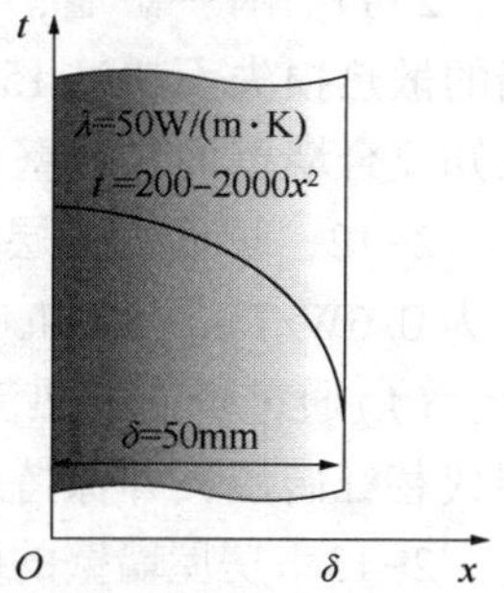

图2-37　习题2-1示意图

2-3　有一半径为0.1m的无内热源、常物性长圆柱体。已知某时刻圆柱体的温度分布 $t=500+200r^2+50r^3$（$r$ 为径向坐标，单位为m）。导热系数 $\lambda=40\text{W/(m·K)}$，导温系数 $a=0.0001\text{m}^2/\text{s}$。试求：(1)该时刻圆柱表面上的热流密度及热流方向；(2)该时刻圆柱中心温度随时间的变化率。

## 通过大平壁的一维稳态导热

2-4　已知某三层平壁，各层材料的导热系数均为常数。已测得各层壁面温度分别为：$t_{w1}=600℃$、$t_{w2}=500℃$、$t_{w3}=250℃$、$t_{w4}=50℃$。试比较各层平壁导热热阻的大小，并绘出平壁内温度分布示意图。

2-5　计算通过均热炉炉盖的散热损失。已知炉盖用254mm厚的异型黏土砖砌成，内表

面温度 $t_1=1300℃$，外表面温度 $t_2=25℃$，炉盖面积为 $2.5m^2$。

2-6　连续加热炉炉墙由两层耐火材料砌成，内层黏土砖厚 $\delta_1=348mm$，外层轻质黏土砖厚 $\delta_2=116mm$. 已知炉墙内表面温度 $t_1=1200℃$，外表面温度 $t_2=80℃$，计算：(1)每平方米炉墙表面每小时散热损失是多少？(2)如果用导热系数为 0.116W/(m·K)的耐火纤维板代替轻质黏土层作为隔热层，为达到相同的隔热效果，耐火纤维板的厚度应取多少？

2-7　有一冷库的墙壁由内向外由钢板、矿渣棉和石棉板三层材料构成。各层材料的厚度分别为 0.8mm、150mm 和 10mm，导热系数分别为 45W/(m·K)、0.07W/(m·K)和 0.1W/(m·K)。冷库内、外气体温度分别为-2℃和30℃，内、外壁面对热换热的表面传热系数分别为 $2W/(m^2·K)$和 $3W/(m^2·K)$。为了维持冷库内温度恒定，试确定制冷设备每小时需要从冷库内取走的热量。

2-8　用平底铝锅烧水，铝锅厚1mm。如果锅底上结了厚度为0.1mm的水垢，且锅底内外两侧的温度差不变，通过锅底的导热量改变了多少？已知铝的导热系数为240W/(m·K)，水垢的导热系数为2W/(m·K)。

2-9　有一辆汽车，其后窗是用向它内表面吹温度为40℃的暖空气来消除雾气的。相应的对流换热的表面传热系数为 $30W/(m^2·K)$。如果外界大气温度为-10℃，相应的对流换热的表面传热系数为 $65W/(m^2·K)$，此时玻璃内、外表面的温度分别是多少？已知窗玻璃的厚度为4mm。

2-10　有一辆汽车，其后窗是用贴在它内表面上的一个透明薄膜形加热元件来消除雾气的。用电加热这一元件时，内表面就会有均匀的热流密度。当车内空气温度为25℃，相应的对流换热的表面传热系数为 $10W/(m^2·K)$，外界大气温度为-10℃，相应的对流换热的表面传热系数为 $65W/(m^2·K)$时。为维持窗的内表面温度为15℃，单位面积窗玻璃上必须供给多大的热流密度？已知窗玻璃的厚度为4mm。

2-11　有一炉墙，厚度为20cm，墙体材料的导热系数为1.3W/(m·K)。为使通过炉墙的散热损失不超过 $1500W/m^2$，紧贴墙外壁面加一层导热系数为0.1W/(m·K)的保温层。已知复合墙壁内、外壁面温度分别为800℃和50℃，试确定保温层的厚度。

2-12　炉墙由一层耐火砖和一层红砖构成，两层材料的厚度均为250mm，导热系数分别为0.6W/(m·K)和0.4W/(m·K)，炉墙内、外壁面温度分别维持为700℃和80℃。试求：(1)通过炉墙的热流密度；(2)如果用导热系数为0.076W/(m·K)的珍珠岩混凝土保温层代替红砖层，并保持通过炉墙的热流密度及其他条件不变，确定该种保温层的厚度。

2-13　房屋墙壁的砖层厚 $\delta_1=48cm$，导热系数 $\lambda_1=0.69W/(m·K)$。为提高墙壁的保温性能，在墙壁外侧增加一层保温材料，厚 $\delta_2=5cm$，导热系数 $\lambda_2=0.06W/(m·K)$；以及一层胶合板，厚 $\delta_3=0.5cm$，导热系数 $\lambda_3=0.17W/(m·K)$。试确定墙壁的保温性能将会提高多少？

2-14　一台蒸汽锅炉，在正常工作时，热流密度为 $30000W/m^2$，受热面为碳素钢板，钢板壁厚为20mm，内表面温度为250℃，试求钢板的外表面温度。已知钢板的导热系数为48W/(m·K)。假设锅炉的受热面钢板上结了一层厚度为6mm的水垢，水垢的导热系数为1.0W/(m·K)，若仍维持钢板内、外表面温度不变，此时热流密度是多少？如果欲维持热流密度不变，内表面温度不变，则钢板外表面的温度将升高至多少？

2-15　有一个复合平壁，由四种不同材料组成，四种材料的排列方式与垂直于壁面的截面形状如图 2-38 所示。已知复合平壁高 $H=3m$，$H_B=H_C=1.5m$，$L_1=L_3=0.05m$，$L_2=0.1m$，$\lambda_A=\lambda_D=50W/(m·K)$，$\lambda_B=10W/(m·K)$，$\lambda_C=1W/(m·K)$。复合平壁左

侧流体的温度 $t_{f1}=200℃$，对流换热的表面传热系数 $h_1=50W/(m^2\cdot K)$，右侧流体的温度 $t_{f2}=25℃$，对流换热的表面传热系数 $h_2=10W/(m^2\cdot K)$。试分析：(1)画出该系统的模拟热路图；(2)通过复合平壁热流量是多少？(3)复合平壁的两个交界面处的温度 $t_2$、$t_3$分别是多少？

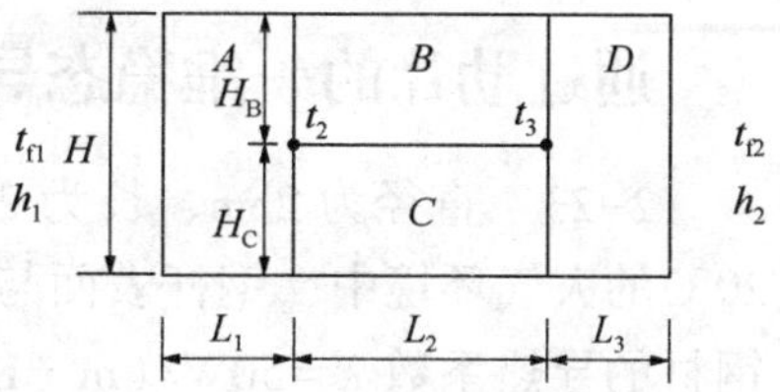

图 2-38　习题 2-15 示意图

2-16　有一个复合平壁，把 2600℃的燃气和 150℃的液体冷却剂隔开。燃气侧和液体侧对流换热的表面传热系数分别为 $h_1=50W/(m^2\cdot K)$和 $h_2=1000W/(m^2\cdot K)$。复合壁燃气侧为 10mm 厚的氧化铍层，而液体冷却剂侧为 20mm 厚的不锈钢板(AISI304)。氧化铍和不锈钢之间的接触热阻为 0.05m·K/W。试分析：(1)绘制从燃气侧到液体侧的温度分布示意图；(2)单位面积复合壁的热损失是多少？

## 通过长圆筒壁的一维稳态导热

2-17　圆形井式炉的内径为 4m，高为 1.4m，炉墙内层为黏土砖，厚度为 230mm，外层为硅藻土砖，厚度为 230mm，炉墙内表面温度 $t_1=900℃$，外表面温度 $t_2=80℃$。若不考虑圆筒壁两端导热的影响，并假设两层材料接触处无接触热阻，试计算通过炉墙传递的热量。

2-18　热电厂有一根外径为 100mm 的过热蒸汽管道(钢管)，用导热系数为 0.04W/(m·K)的玻璃棉保温，已知钢管外壁面温度为 400℃，要求保温层外壁面温度不超过 50℃，并且管道的散热损失小于 160W/m。试确定保温层的厚度。

2-19　某过热蒸汽管道的内、外直径分别为 150mm 和 160mm，管壁材料的导热系数为 45W/(m·K)。管道外表面包裹两层保温材料：第一层厚度为 40mm，导热系数为 0.1W/(m·K)；第二层厚度为 50mm，导热系数为 0.16W/(m·K)。蒸汽管道内壁面温度为 400℃，保温层外壁面温度为 50℃。试求：(1)各层材料的导热热阻；(2)每米长蒸汽管道的散热损失；(3)各层间的接触面温度。

2-20　某蒸汽锅炉炉膛中的蒸发受热面管壁受到温度为 1000℃的烟气加热，管内沸水温度为 200℃，烟气与受热面管子外壁面之间复合换热的表面传热系数为 $100W/(m^2\cdot K)$，沸水与内壁面之间的表面传热系数为 $5000W/(m^2\cdot K)$。管子壁厚 $\delta=6mm$，外径 $D=52mm$，导热系数 $\lambda=42W/(m\cdot K)$。试计算下列三种情况下受热面单位长度的热负荷：

(1) 换热表面是干净的；

(2) 外表面结了一层厚为 1mm 的烟灰，其导热系数 $\lambda=0.08W/(m\cdot K)$；

(3) 内表面有一层厚为 2mm 的水垢，其导热系数 $\lambda=1W/(m\cdot K)$。

2-21　在一根外径为 100mm 的热力管道外拟包覆两层绝热材料，一种材料的导热系数为 0.06W/(m·K)，另一种材料的导热系数为 0.12W/(m·K)。两种材料的厚度都为 75mm。试比较把导热系数小的材料紧贴管壁或把导热系数大的材料紧贴管壁，这两种方法对保温效果的影响。这种影响在平壁条件下是否存在？假设两种情况下绝热层内、外表面的总温差保持不变。

2-22　外径为 5cm 的不锈钢管，外面包扎着厚度为 6.4mm 的石棉隔热层，导热系数为 0.166W/(m·K)，再外面包扎着厚度为 2.5mm 的玻璃纤维隔热层，导热系数为 0.0485W/(m·K)。不锈钢管外壁温度为 315℃，隔热层外表面温度为 38℃。试计算石棉-玻璃纤维交界面的温度。

## 通过肋片的一维稳态导热

2-23 直径为2cm、长为20cm的钢杆从温度为200℃的壁面伸出。钢杆暴露在温度为20℃的大气环境中，钢杆表面与环境之间对流换热的表面传热系数为15W/(m$^2$·K)。已知钢材的导热系数$\lambda$=50W/(m·K)，试计算钢杆的热损失。

2-24 测量储气罐内空气温度的温度计套管用钢材制成，导热系数$\lambda$=45W/(m·K)，套管壁厚$\delta$=1.5mm，长$H$=120mm。温度计指示套管的端部温度为80℃，套管另一端与储气罐连接处的温度为40℃。已知套管与储气罐内空气之间对流换热的表面传热系数为5W/(m$^2$·K)，试确定由套管导热引起的测温误差。

2-25 一矩形直肋，厚为6mm，高为50mm，宽为800mm。材料的导热系数$\lambda$=120W/(m·K)，肋基温度$t_0$=95℃，肋片周围流体温度$t_f$=20℃，表面传热系数$h$=12W/(m$^2$·K)。如果需计及肋端散热，试计算肋片的散热量。

2-26 有一铝合金直肋，肋片厚度$\delta$=3mm，高$H$=30mm，宽$L$=100mm，若肋基温度$t_0$=60℃，周围空气温度$t_f$=30℃，肋片表面与周围空气之间对流换热的表面换热系数$h$=110W/(m$^2$·K)，试计算通过肋片表面的散热量以及肋端处的温度。

2-27 为加速散热，将长度为15mm、厚度为1.0mm的铝制环形肋装在外径为25mm的管壁上。管壁表面温度为170℃，周围流体温度为25℃，肋片表面与周围流体之间对流换热的表面传热系数$h$=130W/(m$^2$·K)，若选取铝制环形肋的导热系数$\lambda$=83.7W/(m·K)，试计算每片肋片的散热损失。

2-28 试比较下面两种尺寸相同的等截面直肋的肋片效率。已知肋片高$H$=15.3mm，厚度$\delta$=2.54mm。

(1) 铝肋，其导热系数$\lambda$=210W/(m·K)，表面传热系数$h$=283 W/(m$^2$·K)；

(2) 钢肋，其导热系数$\lambda$=41.5W/(m·K)，表面传热系数$h$=510W/(m$^2$·K)。

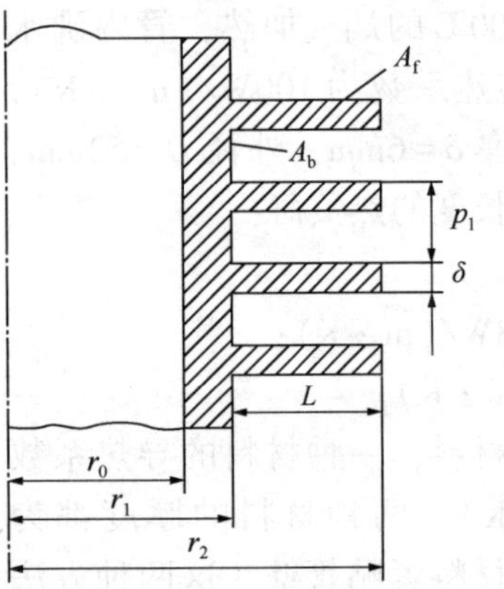

图2-39 习题2-29示意图

2-29 图2-39所示为纯铜材料制作的环形肋，肋基直径$d_1$=19mm，肋端直径$d_2$=48mm，肋片厚$\delta$=0.2mm，节距$p_t$=2mm。若肋基温度$t_0$=100℃，周围介质温度$t_f$=40℃，肋基及肋片的表面传热系数$h$=100W/(m$^2$·K)，试求：(1)单位长度肋片管的散热量；(2)肋面总效率。

2-30 长度为30cm的铜杆，一端牢固地连接在温度保持200℃的壁面上，另一端则牢固地连接在温度保持100℃的壁面上。温度为25℃的空气掠过铜杆表面，对流换热的表面传热系数$h$=20W/(m$^2$·K)。杆的直径为10mm，试求杆内的温度分布，以及杆表面对空气的散热损失，并分析杆的散热量中有多少来自200℃的壁面，有多少来自100℃的壁面。

2-31 外径为25mm的管道，外面装有厚度为0.5mm、高度为15mm的铝制环形肋片，材料的导热系数为240W/(m·K)。肋根温度为150℃，周围流体温度为20℃，流体与肋表面对流换热的表面传热系数为60W/(m$^2$·K)，试计算每片肋片的散热量。如果将肋片的高度增加至45mm，其他条件不变，每片肋片的散热量增加了多少？材料消耗量又增加了多少？

2-32　一辆摩托车的发动机头部是用2024-T6铝合金制成的。它的形状是一个圆柱体，其高度为0.15m，外径为50mm。在典型的工作条件下，发动机头部外表面的温度为500K，并暴露在温度为300K的大气环境中，对流换热的表面传热系数为50W/($m^2$·K)。在发动机头部常常加上环形肋以加强向环境散热。假设均匀布置了5个肋片，每个肋片的高度为20mm，厚度为6mm，如图2-40所示。试计算增加了这些肋片后发动机头部的散热量增加了多少。

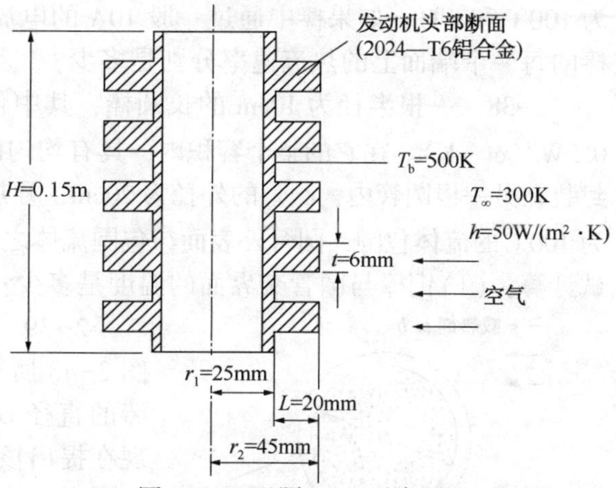

图2-40　习题2-32示意图

## 变截面的一维稳态导热问题

2-33　图2-41所示为一铝制圆锥台，其高度为30cm，顶面直径为8.2cm，底面直径为13cm；底面和顶面温度各自均匀且恒定，分别为520℃和120℃，侧面(曲面)绝热。试确定通过此圆锥台的导热量。铝的导热系数取为100W/(m·K)。

2-34　图2-42所示为纯铝制作的圆锥形截面。其圆形截面直径为$D=ax^{\frac{1}{2}}$，其中$a=0.5m^{\frac{1}{2}}$，小端位于$x_1=25mm$处，大端位于$x_2=125mm$处。端部温度分别为$T_1=600K$和$T_2=400K$，圆锥侧面隔热良好。试确定：(1)做一维假设，推导用符号形式表示的圆锥内温度分布$T(x)$的表达式，并画出温度分布的示意图；(2)计算传热热流量$\Phi$。

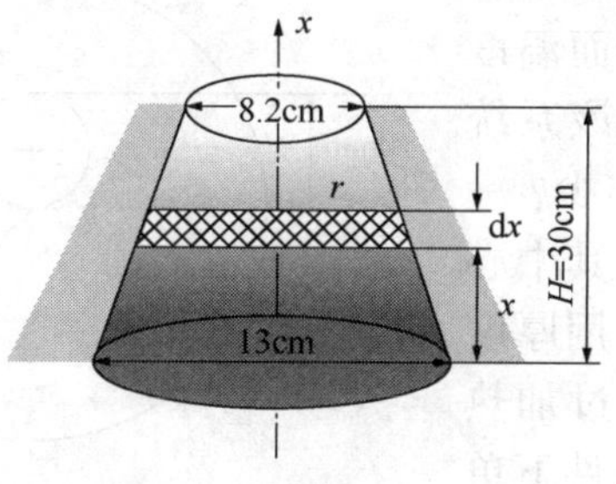

图2-41　习题2-33示意图

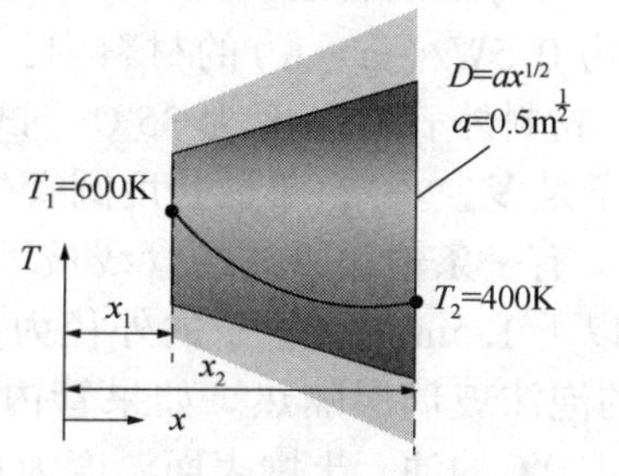

图2-42　习题2-34示意图

## 有内热源的导热问题

2-35　有一个厚度为0.1m的平壁，导热系数为25W/(m·K)，并具有均匀的体积内热源$Q_V=3\times10^6W/m^3$。壁的一侧是绝热的，另一侧暴露在温度为20℃的流体中，壁面与流体之间对流换热的表面传热系数为500W/($m^2$·K)，试计算壁中的最高温度。

2-36　有一个直径为30mm的铜电缆，其电阻为$5\times10^{-3}\Omega/m$，用来传送250A的电流。电缆暴露在温度为20℃的大气中，相应的对流换热的表面传热系数为25W/($m^2$·K)，试计算铜电缆的表面温度和中心温度。

2-37　有一个直径为10mm、长为40mm的圆柱形棒是用一种导热系数$\lambda=2W/(m·K)$、电阻率$\rho=2\times10^{-3}\Omega·m$的半导体材料制成的。棒的侧表面绝热良好，而两端温度分别维持为 100℃和 0℃。如果棒中通过一股 10A 的电流，试计算：(1)棒中心点的温度是多少？(2)棒的每一个端面上的热流速率分别是多少？

2-38　一根半径为 10cm 的长圆棒，其中包含核反应材料，核反应材料的导热系数 $\lambda_1$ = 0.5W/(m · K)。在它的整个容积内，具有均匀的能量产生率 $Q_V$ = 24000W/m$^3$。这根长圆棒被封装在另一根圆管内，圆管的外径为 20cm，导热系数 $\lambda_2$ = 4W/(m · K)。圆管的外表面被温度为 100℃的流体包围，圆管外表面与包围流体之间对流换热的表面传热系数为 20W/(m$^2$ · K)。试计算：(1)钢棒与圆管交界面的温度是多少？(2)圆管外表面的温度是多少？

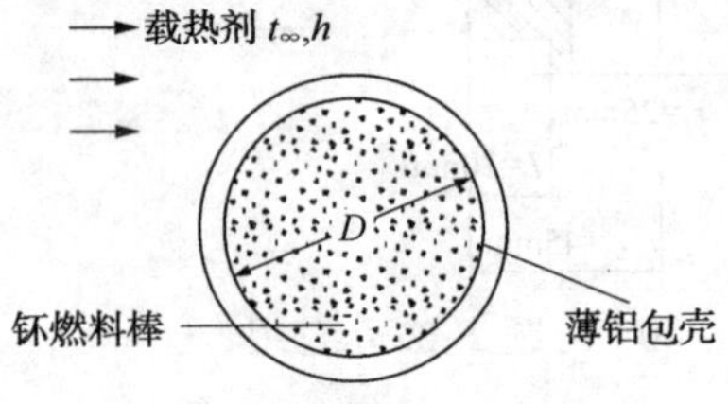

图 2-43　习题 2-39 示意图

2-39　核反应堆的一根长圆柱形燃料元件的截面如图 2-43 所示，在钚燃料棒内能量是均匀地发生的，燃料棒的直径 $D$ = 25mm，并被一层薄的铝质包壳包住。如果现在提出核反应系统的运行条件为：系统在稳态条件下，核反应系统以强度 $Q_V$ = 7×10$^8$ W/m$^3$ 的发热速率运行。此外，冷却系统的参数为：冷却液体的温度 $t_\infty$ = 95℃，冷却液体与燃料棒表面对流换热的表面传热系数 $h$ = 7000W/(m$^2$ · K)。试分析这种方案是否可行。

## 形状因子法

2-40　有一输油管道，用 $\Phi$108×4mm 的钢管敷设。管道水平放置，埋设在地表面之下 1m 的深处。土壤均质，土壤的导热系数 $\lambda$ = 1.7W/(m · K)。钢管表面温度为 70℃，土壤表面温度为 10℃。试计算：(1)每米管长的热损失是多少？(2)如果在管道外表面包裹泡沫塑料保温材料，保温层的厚度为 50mm，保温材料的导热系数 $\lambda$ = 0.06W/(m · K)，则每米管长的热损失是多少？

2-41　有一根热管道如图 2-44 所示，被偏心地埋在导热系数为 0.5W/(m · K)的材料内，若管道内表面温度为 150℃，材料外表面温度为 35℃，试计算；(1)该系统的形状因子是多少？(2)单位长度圆管的热损失是多少？

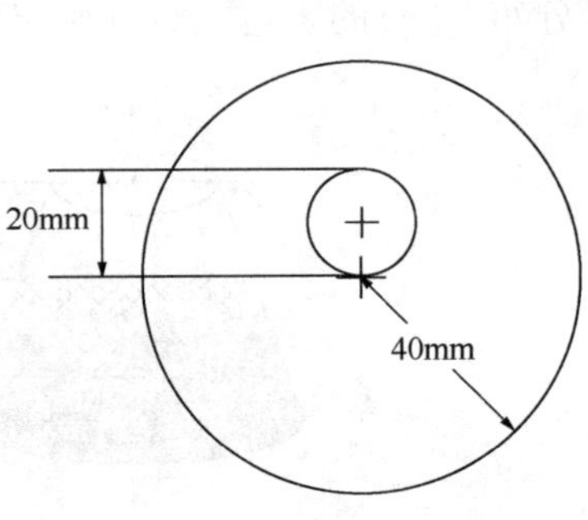

图 2-44　习题 2-41 示意图

2-42　有一条输送原油的管线被埋在土壤中，其中心线在地面以下 1.5m 处，管子的外径为 0.5m，管外用厚度为 10cm 的泡沫玻璃层隔热。如果管内流过的是经过加热的温度为 120℃的油，土壤表面温度为 0℃，该种条件下单位管长的热损失是多少？

2-43　两根相距为 0.5m 的平行管道被埋在导热系数为 0.5W/(m · K)的土壤中，两根管道的外径分别为 100mm 和 75mm，表面温度分别为 175℃和 5℃。试计算两个管道之间单位长度的传热速率。

2-44　一根直径为 50mm、表面温度为 85℃的管子，被埋在厚度为 0.1m 的混凝土块的中心。混凝土块上、下表面的温度都是 20℃。试计算：(1)该布置系统的形状因子是多少？(2)单位长度管子的传热速率是多少？

# Chapter 2 Steady–State Conduction

Conduction is the transfer of energy from the more energetic particles of a substance to the adjacent less energetic ones as a result of interactions between the particles. Conduction can take place in solids, liquids, or gases. However, pure conduction occurs only in opaque solids.

## 2.1 Fourier's Law of Heat Conduction

### 1. Temperature Field and Temperature Gradient

(1) Temperature Field

The driving force for any form heat transfer is the temperature difference. All modes of heat transfer require the existence of a temperature difference. Temperature field is the temperature distribution in a medium at the moment $\tau$. The temperature in the medium varies with position as well as time. The temperature at a point $(x, y, z)$ at time $\tau$ in rectangular coordinates is expressed as

$$t=f(x, y, z, \tau) \tag{2-1}$$

Heat transfer problems are often classified as being steady–state or unsteady–state.

Heat conduction in a medium is said to be steady when the temperature does not vary with time at any location within the medium, that is $\partial t/\partial\tau=0$, although the temperature may vary from one location to another. The temperature at steady–state temperature field can be expressed as

$$t=f(x, y, z) \tag{2-2}$$

During unsteady heat conduction, the temperature normally varies with time as well as position, thus $\partial t/\partial\tau\neq0$.

Heat transfer problems are also classified as being one–dimensional, two–dimensional, or three–dimensional. Heat conduction in a medium is said to be one–dimensional when the temperature varies in one dimension only and thus the heat is transferred in one dimension, and negligible in the other two dimensions. Two–dimensional when the temperature varies in two dimensions and thus the heat is transferred in these two dimensions, and negligible in the third dimension, and three–dimensional when the temperature and conduction in all dimensions are significant.

(2) Temperature Gradient

The temperature gradient is defined as the ratio limiting that temperature difference $\Delta t$ between two isothermal surfaces to the normal distance $\Delta n$ of these two isothermal surfaces, as shown in Figure 2–2 . That is

$$\text{grad}t=\lim_{\Delta n\to0}\frac{\Delta t}{\Delta n}=\frac{\partial t}{\partial n}\vec{n} \tag{2-3}$$

where $\vec{n}$ is the unit vector in the normal of the isothermal surface. The temperature gradient is a vector quantity, and it is a positive in the direction of increasing temperature.

In the rectangular coordinates, the temperature gradient can be expressed as

$$\text{grad}t=\frac{\partial t}{\partial x}\vec{i}+\frac{\partial t}{\partial y}\vec{j}+\frac{\partial t}{\partial z}\vec{k} \tag{2-4}$$

**2. Fourier's Law of Heat Conduction**

In the heat conduction problems, the rate of heat conduction through a medium can be expressed as

$$\vec{\Phi}=-\lambda A\text{grad}t=-\lambda A\frac{\partial t}{\partial n}\vec{n} \tag{2-5}$$

or

$$\vec{q}=-\lambda\text{grad}t=-\lambda\frac{\partial t}{\partial n}\vec{n} \tag{2-6}$$

which is called Fourier's law of heat conduction after Josoph Fourier, who expressed it first in 1822.

Heat transfer has direction as well as magnitude, and thus it is a vector quantity. Fourier's law of heat conduction indicates that the magnitude of the heat-transfer rate through a medium is proportional to the temperature gradient and the heat transfer area, and the direction of the heat-transfer rate is in the opposite direction of the temperature gradient.

The magnitude of heat-transfer rate can be expressed as

$$q=-\lambda\frac{\partial t}{\partial n} \tag{2-7}$$

In rectangular coordinates, the rate of heat conduction can be expressed in term of its components as

$$\vec{\Phi}=-\lambda A_x\frac{\partial t}{\partial x}\vec{i}-\lambda A_y\frac{\partial t}{\partial y}\vec{j}-\lambda A_z\frac{\partial t}{\partial z}\vec{k}$$

$$\vec{q}=-\lambda\frac{\partial t}{\partial x}\vec{i}-\lambda\frac{\partial t}{\partial y}\vec{j}-\lambda\frac{\partial t}{\partial z}\vec{k} \tag{2-8}$$

and

$$q_x=-\lambda\frac{\partial t}{\partial x},\quad q_y=-\lambda\frac{\partial t}{\partial y},\quad q_z=-\lambda\frac{\partial t}{\partial z}$$

Here $A_x$, $A_y$ and $A_z$ are heat conduction areas normal to the $x$, $y$ and $z$ directions, respectively, and $q_x$, $q_y$ and $q_z$ are the magnitudes of the heat transfer rates in the $x$, $y$ and $z$ directions.

It notes that the Fourier's law of heat conduction is applied only in isotropic materials. Isotropic materials have the same properties in all directions. But in anisotropic materials such as the fibrous or composite materials, the properties may change with direction.

**3. Thermal Conductivity**

(1) Thermal Conductivity

The thermal conductivity $\lambda$ is a measure of a material's ability to conduct heat. Fourier's law of heat conduction can be viewed as the defining equation for the thermal conductivity.

$$\lambda = \frac{-\vec{q}}{\text{grad}t} \tag{2-9}$$

or

$$\lambda = \frac{q}{|\text{grad}t|} \tag{2-10}$$

The numerical value of the thermal conductivity indicates how fast heat will flow in a given material. On the basis of this definition, experimental measurements may be made to determine the thermal conductivity of different materials. In general, the thermal conductivities of materials vary with temperature. In the temperature range common in industry and daily life, the thermal conductivity of most substances can be approximated as a linear function of temperature

$$\lambda = \lambda_0(1+bt) \tag{2-11}$$

where $\lambda_0$ is the thermal conductivity of material at temperature 0℃. The constant $b$ depends on the material and is determined by experiment.

(2) Mechanism of Thermal Conduction in Solids, Liquids, and Gases

The thermal conductivity of a substance is normally highest in the solid phase and lowest in the gas phase. The mechanism of thermal conduction are quite different in solids, liquids, and gases, and the thermal conductivity of various substances varies greatly with temperature. The thermal conductivity characteristics of metals, nonmetals, liquids and gases are described below.

① Solids

In solids, conduction is due to the combination of vibrations of the molecules in the lattice and the energy transport by free electrons.

Pure metals have high thermal conductivities due to the electronic component, and metals are good electrical and heat conductors in that the mechanisms of metals for heat transfer and electrical transfer are the same.

The thermal conductivity of an alloy of two metals is usually much lower than that of either metal.

Most of construction and insulating materials are porous solid materials. The energy transfer through these materials may involves several modes: conduction through the fibrous of porous solids material; conduction and convection through the air trapped in the void spaces; and radiation at sufficiently high temperatures. The thermal conductivity of porous material is called the apparent thermal conductivity. Materials with values of $\lambda$ less than about 0.08W/(m · K) at the average temperature below 298K(25℃) are classified as insulating materials, such as styrofoam, fiberglass, and asbestos and so on.

② Gases

In gases, conduction is due to the collisions and diffusion of the molecules during their random motion. Thermal conductivity of a gas depends on temperature and molar mass of the gas, and increases with increasing temperature and decreasing molar mass of the gas. In all gases, helium has the highest value of thermal conductivity than any other gases at the same temperature.

③ Liquids

The thermal conductivities of liquids usually lie between those of solids and gases. Unlike gases, the thermal conductivities of most liquids decrease with increasing temperature, with water being a notable exception.

## 2.2 Heat Conduction Equation

To solve the temperature field of a medium is the main work of heat conduction problem. Heat conduction equation is the equation which describes the temperature field in the medium, and it is built on the Fourier's law of heat conduction and the energy balance.

### 1. Heat Conduction Equation

(1) Heat Conduction Differential Equation in Rectangular Coordinates

Consider an isotropic medium as shown in Figure 2-4. Assume the density of the body is $\rho$, the specific heat is $c$, and the thermal conductivity is $\lambda$. The medium through which heat is conducted may involve the conversion of electrical, nuclear, or chemical energy into work (or thermal energy). In heat conduction analysis, such conversion processes are characterized as heat generation. The rate of heat generation in the medium is usually specified per unit volume and is denoted by $\dot{\Phi}$, W/m$^3$. Choose a volume element from this body with length $dx$, width $dy$, and height $dz$. The energy balance on this element per unit time $\tau$ can be expressed as: the rate of heat flow into the element by conduction $d\Phi_{in}$ +the rate of heat generation in the volume element $d\Phi_V$ − the rate of heat flow out of the element by conduction $d\Phi_{out}$ = the increase of internal energy in the volume element $dU$.

The rates of heat flow into the element by conduction $d\Phi_{in}$ is the sum of the heat flows in the directions of $x$, $y$ and $z$ at the surfaces of $x=x$, $y=y$, and $z=z$. That is

$$d\Phi_{in} = \Phi_x + \Phi_y + \Phi_z \tag{2-12}$$

From Fourier's law of heat conduction, the rates of heat flow into the element by conduction are

in $x$ direction
$$\Phi_x = -\lambda \frac{\partial t}{\partial x} dydz \tag{2-13}$$

in $y$ direction
$$\Phi_y = -\lambda \frac{\partial t}{\partial y} dxdz \tag{2-14}$$

in $z$ direction
$$\Phi_z = -\lambda \frac{\partial t}{\partial z} dxdy \tag{2-15}$$

Similarly, the rates of heat flow out of the element by conduction $d\Phi_{out}$ are the sum of the heat flows in the directions of $x$, $y$ and $z$ at the surfaces of $x=x+dx$, $y=y+dy$, and $z=z+dz$. That is

$$d\Phi_{out} = \Phi_{x+dx} + \Phi_{y+dy} + \Phi_{z+dz} \tag{2-16}$$

The rates of heat flow out of the element by conduction are

in $x$ direction
$$\Phi_{x+dx} = \Phi_x + \frac{\partial \Phi_x}{\partial x} dx = \Phi_x + \frac{\partial}{\partial x}\left(-\lambda \frac{\partial t}{\partial x} dydz\right) dx \tag{2-17}$$

in $y$ direction
$$\Phi_{y+dy} = \Phi_y + \frac{\partial \Phi_y}{\partial y} dy = \Phi_y + \frac{\partial}{\partial y}\left(-\lambda \frac{\partial t}{\partial y} dxdz\right) dy \tag{2-18}$$

in $z$ direction
$$\Phi_{z+dz} = \Phi_z + \frac{\partial \Phi_z}{\partial z} dz = \Phi_z + \frac{\partial}{\partial z}\left(-\lambda \frac{\partial t}{\partial z} dxdy\right) dz \tag{2-19}$$

The rate of heat generation in the volume element is

$$d\Phi_V = \dot{\Phi} dxdydz \tag{2-20}$$

The increase of internal energy in the volume element is

$$dU = mc\frac{\partial t}{\partial \tau} = \rho c dxdydz\frac{\partial t}{\partial \tau} \tag{2-21}$$

Substituting Equations(2-13) to(2-15), (2-17) to(2-19), (2-20) and(2-21) into the expression of energy balance, and deleting $dxdydz$, we obtain

$$\rho c\frac{\partial t}{\partial \tau} = \frac{\partial}{\partial x}\left(\lambda\frac{\partial t}{\partial x}\right) + \frac{\partial}{\partial y}\left(\lambda\frac{\partial t}{\partial y}\right) + \frac{\partial}{\partial z}\left(\lambda\frac{\partial t}{\partial z}\right) + \dot{\Phi} \tag{2-22}$$

The equation above is called heat conduction equation. The thermal conductivity in most practical applications can be assumed to remain constant at some average value. The equation above in that case reduces to

$$\frac{\partial t}{\partial \tau} = a\left(\frac{\partial^2 t}{\partial x^2} + \frac{\partial^2 t}{\partial y^2} + \frac{\partial^2 t}{\partial z^2}\right) + \frac{\dot{\Phi}}{\rho c} \tag{2-23}$$

Equation (2-23) is the three-dimensional unsteady-state heat conduction differential equation with heat source in rectangular coordinates, where the property $a = \frac{\lambda}{\rho c}$ is the thermal diffusivity of the material and represents how fast heat propagates through a material.

(2) Heat Conduction Differential Equation in Cylindrical Coordinates

In cylindrical coordinates ($r$, $\varphi$, $z$), $x = r\cos\varphi$, $y = r\sin\varphi$, and $z = z$. The heat conduction differential equation in cylindrical coordinates becomes

$$\rho c\frac{\partial t}{\partial \tau} = \frac{1}{r}\frac{\partial}{\partial r}\left(\lambda r\frac{\partial t}{\partial r}\right) + \frac{1}{r^2}\frac{\partial}{\partial \varphi}\left(\lambda\frac{\partial t}{\partial \varphi}\right) + \frac{\partial}{\partial z}\left(\lambda\frac{\partial t}{\partial z}\right) + \dot{\Phi} \tag{2-28}$$

For steady - state, no heat generation, constant properties, and one - dimensional heat conduction, Equation (2-28) reduces to

$$\frac{d}{dr}\left(r\frac{dt}{dr}\right) = 0 \tag{2-29}$$

(3) Heat Conduction Differential Equation in Spherical Coordinates

In spherical coordinates ($r$, $\theta$, $\varphi$), $x = r\sin\theta\cos\theta$, $y = r\sin\theta\sin\varphi$, and $z = r\cos\theta$. The heat conduction differential equation in spherical coordinates becomes

$$\rho c\frac{\partial t}{\partial \tau} = \frac{1}{r^2}\frac{\partial}{\partial r}\left(\lambda r^2\frac{\partial t}{\partial r}\right) + \frac{1}{r^2\sin\theta\partial\theta}\left(\lambda\sin\theta\frac{\partial t}{\partial \theta}\right) + \frac{1}{r^2\sin^2\theta}\frac{\partial}{\partial \varphi}\left(\lambda\frac{\partial t}{\partial \varphi}\right) + \dot{\Phi} \tag{2-30}$$

For steady - state, no heat generation, constant properties, and one - dimensional heat conduction, Equation (2-30) reduces to

$$\frac{d}{dr}\left(r^2\frac{dt}{dr}\right) = 0 \tag{2-31}$$

**2. Conditions of Single Valuedness**

The conditions that to obtain a unique solution for heat conduction problem are called single valuedness conditions.

The single valuedness conditions for a heat conduction problem include four aspects, geometric conditions, conditions in physical property, condition in time, and boundary conditions.

(1) Geometric Conditions

The geometric conditions involve the geometry shape and the dimension size of heat conduction materials.

(2) Conditions in Physical Property

The conditions in physical property involve the physical properties of heat conduction materials, such as $\lambda$, $\rho$, $c$, and the heat resource within the bodies.

(3) Condition in Time

Condition in time describes the characteristics in time of the heat conduction process. Such as the heat conduction is steady - state or unsteady - state. For unsteady - state conduction, the temperature at any point in the medium at a specified time depends on the condition of the medium at the beginning of the heat conduction process. Such a condition, which is usually specified at time $\tau = 0$, is called the initial condition. In rectangular coordinates, the initial condition can be specified in the general form as

$$t\big|_{\tau=0} = f(x,\ y,\ z) \tag{2-32}$$

When the medium is initially at a uniform temperature of $t_0$, the initial condition can be expressed as

$$t\big|_{\tau=0} = t_0 = \text{constant} \tag{2-33}$$

(4) Boundary Conditions

The mathematical expressions of the thermal conditions at the boundaries are called the boundary conditions. Boundary conditions most commonly encountered in practice are the specified temperature, specified heat flux, and convection boundary conditions.

① Specified Temperature Boundary Condition

The specified temperature boundary condition is also called the first boundary condition. It gives the temperature distribution at the surface of the medium, and be expressed as

$$\tau>0,\ t_w = f(x,\ y,\ z,\ \tau) \tag{2-34}$$

The specified temperatures on the surfaces can be constant, that is $t_w$ = constant, which are called the isothermal boundary conditions.

② Specified Heat Flux Boundary Condition

The specified heat flux boundary condition is also called the second boundary condition. It gives the heat flux at the surface of the medium, and be expressed as

$$\tau>0,\ q_w = f(x,\ y,\ z,\ \tau) \tag{2-35}$$

The heat flux on the surface can be expressed by Fourier's law of heat conduction as

$$q_w = -\lambda\left(\frac{\partial t}{\partial n}\right)_w \tag{2-36}$$

The specified heat fluxes on the surfaces can be constant, that is $q_w$ = constant, which are called the constant heat flux boundary conditions. A well-insulated surface can be modeled as a surface with a specified heat flux of zero, that is $q_w = 0$, or $\left(\frac{\partial t}{\partial n}\right)_w = 0$, which is called the insulation boundary condition.

③ Convection Boundary Condition

The convection boundary condition is also called the third boundary condition, and can be expressed as based on an energy balance on the surface

$$-\lambda\left(\frac{\partial t}{\partial n}\right)_{\mathrm{w}}=h(t_{\mathrm{w}}-t_{\mathrm{f}}) \tag{2-37}$$

The radiation boundary condition on a surface can be expressed as

$$-\lambda\left(\frac{\partial t}{\partial n}\right)_{\mathrm{w}}=\varepsilon\sigma(T_{\mathrm{w}}^4-T_{\mathrm{surr}}^4) \tag{2-38}$$

In general, however, a surface may involve convection, radiation, and specified heat flux simultaneously. The boundary condition in such cases is obtained from an energy balance on the surface, which can be expressed as

$$-\lambda\left(\frac{\partial t}{\partial n}\right)_{\mathrm{w}}=h(t_{\mathrm{w}}-t_{\mathrm{f}})+\varepsilon\sigma(T_{\mathrm{w}}^4-T_{\mathrm{surr}}^4) \tag{2-39}$$

A heat conduction problem can be formulated by specifying the applicable differential equation and a set of proper initial and boundary conditions. The solution procedure for solving heat conduction problems can be summarized as: formulate the problem by obtaining the applicable differential equation in its simplest and specifying the initial and boundary conditions of the differential equation, apply the initial and boundary conditions and determine the arbitrary constants in the general solution, and calculate the heat flow of heat conduction by Fourier's law of heat conduction.

## 2.3 One-Dimensional Steady-State Conduction

The processes of conduction that the temperature field of the body does not change with time are called steady-state conduction. There are three types steady-state conduction: one-, two-, and three dimensional systems. Several different physical shapes may fall in the category of one-dimensional systems: plane wall, cylinder, sphere, and fins are one-dimensional when the temperature in the body is a function only of one-space coordinate and is independent of another two-space coordinates. One-dimensional steady-state conduction is the simplest heat-flow problems.

In this section we will solve a wide range of heat conduction problems in rectangular, cylindrical, and spherical geometries. We will limit our attention to problems that result in ordinary differential equations such as the steady one-dimensional heat conduction problems.

**1. The Plane Wall**

(1) Single Layer Plane Wall in the First Kind Boundary Condition

Consider a large plane wall of surface area $A$ and thickness $\delta$, as shown in Figure 2-6. The thermal conductivity $\lambda$ is considered constant, no heat generation, two wall-face temperatures $t_{\mathrm{w1}}$ and $t_{\mathrm{w2}}$ don't change with time, and $t_{\mathrm{w1}}>t_{\mathrm{w2}}$. Determine the temperature distribution in the plane wall and the heat flow through the plane wall.

The heat conduction of the plane wall is one-dimensional steady-state conduction. Taking the direction normal to the surface of the plane wall to be the $x$-direction, and the heat conduction equation is

$$\frac{d^2t}{dx^2}=0$$

with boundary conditions

$$x=0,\quad t=t_{w1}$$
$$x=\delta,\quad t=t_{w2}$$

The temperature distribution is therefore

$$t=t_{w1}-\frac{t_{w1}-t_{w2}}{\delta}x \tag{2-40}$$

The heat flux in the plane wall is determined from Fourier's law to be

$$q=-\lambda\frac{dt}{dx}=\lambda\frac{t_{w1}-t_{w2}}{\delta} \tag{2-42}$$

The total rate of heat conduction anywhere in the wall may be written as

$$\Phi=qA=\lambda A\frac{t_{w1}-t_{w2}}{\delta} \tag{2-43}$$

Analogous to the relation of Ohm's law in electricity, the electric current flow = voltage/electrical resistance, Equation (2-43) can be rearranged as heat flow = temperature difference/thermal resistance. That is

$$\Phi=\frac{t_{w1}-t_{w2}}{\frac{\delta}{\lambda A}}=\frac{t_{w1}-t_{w2}}{R_\lambda} \tag{2-44}$$

where $R_\lambda=\dfrac{\delta}{\lambda A}$ is the thermal resistance of the plane wall against heat conduction. The thermal resistance network for this problem is shown in Figure 2-6.

(2) Single Layer Plane Wall in the Third Kind Boundary Condition

Consider a large plane wall of surface area $A$ and thickness $\delta$, as shown in Figure 2-7. The thermal conductivity $\lambda$ is considered constant, no heat generation. The fluid temperatures in the left and right sides of the plane wall $t_{f1}$ and $t_{f2}$ don't change with time, and $t_{f1}>t_{f2}$. So the convection heat transfer coefficients $h_1$ and $h_2$ do. Determine the temperature distribution in the plane wall and the heat flow through the plane wall.

The heat conduction differential equation for this problem is

$$\frac{d^2t}{dx^2}=0$$

with boundary conditions

$$x=0,\quad -\lambda\frac{dt}{dx}=h_1(t_{f1}-t_{w1})$$

$$x=\delta,\quad -\lambda\frac{dt}{dx}=h_2(t_{w2}-t_{f2})$$

The temperature distribution of the plane wall is therefore

$$t=t_{f1}-\left(\frac{1}{h_1}+\frac{x}{\lambda}\right)\frac{t_{f1}-t_{f2}}{\frac{1}{h_1}+\frac{\delta}{\lambda}+\frac{1}{h_2}} \tag{2-45}$$

The heat flux through the plane wall is determined from Fourier's law to be

$$q=-\lambda\frac{\mathrm{d}t}{\mathrm{d}x}=\frac{t_{f1}-t_{f2}}{\dfrac{1}{h_1}+\dfrac{\delta}{\lambda}+\dfrac{1}{h_2}} \tag{2-46}$$

The total heat-transfer rate through the plane wall may be written as

$$\Phi=qA=\frac{t_{f1}-t_{f2}}{\dfrac{1}{h_1A}+\dfrac{\delta}{\lambda A}+\dfrac{1}{h_2A}} \tag{2-47}$$

The overall heat transfer processes under the third boundary conditions consist of three sections: convection heat transfer between the high temperature fluid $t_{f1}$ and the wall surface of $x=0$, conduction through the plane wall, and convection between the wall surface of $x=\delta$ and the low temperature fluid $t_{f2}$. The total thermal resistance of the overall heat transfer process is

$$R_t=\frac{1}{h_1A}+\frac{\delta}{\lambda A}+\frac{1}{h_2A} \tag{2-48}$$

where $\dfrac{\delta}{\lambda A}$ is the conduction thermal resistance of the plane wall, $\dfrac{1}{h_1A}$ and $\dfrac{1}{h_2A}$ are the convection thermal resistances of the surface against heat convection at the high and low temperature surfaces, respectively.

(3) Multilayer Plane Walls in the Third Kind Boundary Condition

In practice we often encounter plane walls that consist of several layers of different materials. Consider a three-layer plane wall shown in Figure 2-8. Based on the thermal resistance in series, the total thermal resistance of this heat transfer process is the sum of the three terms, and the heat flow may be written as

$$q=\frac{\Delta t}{R_t}=\frac{t_{f1}-t_{f2}}{\dfrac{1}{h_1}+\dfrac{\delta_1}{\lambda_1}+\dfrac{\delta_2}{\lambda_2}+\dfrac{\delta_3}{\lambda_3}+\dfrac{1}{h_2}}=\frac{t_{f1}-t_{f2}}{R_{h_1}+R_{\lambda_1}+R_{\lambda_2}+R_{\lambda_3}+R_{h_2}} \tag{2-49}$$

The heat flux through multilayer plane walls may be written as

$$q=\frac{t_{f1}-t_{f2}}{\dfrac{1}{h_1}+\sum_{i=1}^{n}\dfrac{\delta_i}{\lambda_i}+\dfrac{1}{h_2}} \tag{2-50}$$

The total heat transfer rate may be written as

$$\Phi=\frac{t_{f1}-t_{f2}}{\dfrac{1}{h_1A}+\sum_{i=1}^{n}\dfrac{\delta_i}{\lambda_iA}+\dfrac{1}{h_2A}} \tag{2-51}$$

**2. Cylinders**

(1) Single Layer Cylinder in the First Kind Boundary Condition

Consider a long hollow cylinder of inner radius $r_1$, outer radius $r_2$, and length $l$, as shown in Figure 2-9. The thermal conductivity $\lambda$ is considered constant, no heat generation. The inner and outer surfaces are kept at uniform temperatures $t_{w1}$ and $t_{w2}$, and $t_{w1}>t_{w2}$. Determine the temperature distribution in the cylinder and the heat flow through the cylinder.

The heat conduction differential equation for this problem is

$$\frac{d}{dr}\left(r\frac{dt}{dr}\right)=0$$

with boundary conditions

$$r=r_1,\ t=t_{w1}$$
$$r=r_2,\ t=t_{w2}$$

The temperature distribution within the cylinder is therefore

$$t=t_{w1}-(t_{w1}-t_{w2})\frac{\ln(r/r_1)}{\ln(r_2/r_1)} \tag{2-52}$$

The heat flux through the cylinder system is determined from Fourier's law to be

$$q=-\lambda\frac{dt}{dr}=\lambda\frac{t_{w1}-t_{w2}}{\ln(r_2/r_1)}\frac{1}{r} \tag{2-54}$$

The total heat-transfer rate through the cylinder layer may be written as

$$\Phi=2\pi rlq=\frac{t_{w1}-t_{w2}}{\frac{1}{2\pi\lambda l}\ln\frac{r_2}{r_1}}=\frac{t_{w1}-t_{w2}}{\frac{1}{2\pi\lambda l}\ln\frac{d_2}{d_1}}=\frac{t_{w1}-t_{w2}}{R_\lambda} \tag{2-55}$$

where $R_\lambda$ is the thermal resistance of the cylinder layer against heat conduction, $R_\lambda=\frac{1}{2\pi\lambda l}\ln\frac{d_2}{d_1}$. The thermal resistance network for this problem is also shown in Figure 2-9.

The heat transfer rate through a unit length of cylinder may be written as

$$\Phi_l=\frac{\Phi}{l}=\frac{t_{w1}-t_{w2}}{\frac{1}{2\pi\lambda}\ln\frac{d_2}{d_1}}=\frac{t_{w1}-t_{w2}}{R_{\lambda l}} \tag{2-56}$$

where $R_{\lambda l}$ is the thermal resistance of the cylinder layer per unit length against heat conduction, $R_{\lambda l}=\frac{1}{2\pi\lambda}\ln\frac{d_2}{d_1}$.

(2) Multilayer Cylinders in the First Kind Boundary Condition

Based on the thermal resistance analysis of steady state conduction through the single layer cylinder, the thermal resistance concept can still be used to determine the rate of steady heat transfer through the multilayer cylinder.

Consider a multilayer cylinder that consists of three concentric layers, as shown in Figure 2-10, whose inner and outer surfaces are kept at uniform temperatures $t_{w1}$ and $t_{w2}$, and $t_{w1}>t_{w2}$. The total heat transfer rate through this three-layer cylinder may be written as

$$\Phi=\frac{t_{w1}-t_{w4}}{R_{\lambda1}+R_{\lambda2}+R_{\lambda3}}=\frac{t_{w1}-t_{w4}}{\frac{1}{2\pi\lambda_1 l}\ln\frac{d_2}{d_1}+\frac{1}{2\pi\lambda_2 l}\ln\frac{d_3}{d_2}+\frac{1}{2\pi\lambda_3 l}\ln\frac{d_4}{d_3}} \tag{2-57}$$

Similarly, the total heat transfer rate through the n-layer cylinder may be written as

$$\Phi=\frac{t_{w1}-t_{w(n+1)}}{\sum_{i=1}^{n}R_{\lambda i}}=\frac{t_{w1}-t_{w(n+1)}}{\sum_{i=1}^{n}\frac{1}{2\pi\lambda_i l}\ln\frac{d_{i+1}}{d_i}} \tag{2-58}$$

The heat transfer rate through a unit length cylinder may be written as

$$\Phi_l = \frac{t_{w1} - t_{w(n+1)}}{\sum_{i=1}^{n} R_{\lambda li}} = \frac{t_{w1} - t_{w(n+1)}}{\sum_{i=1}^{n} \frac{1}{2\pi\lambda_i}\ln\frac{d_{i+1}}{d_i}} \tag{2-59}$$

(3) Multilayer Cylinders in the Third Kind Boundary Condition

Consider a multilayer cylinder exposed to a hot fluid $t_{f1}$ on its inner surface and a cooler fluid $t_{f2}$ on the outer surface. The heat-transfer process may be represented by the thermal resistance network in Figure 2-11, and the overall heat transfer rate is calculated as the ratio of the overall temperature difference to the sum of the thermal resistance

$$\Phi = \frac{t_{f1} - t_{f2}}{\frac{1}{2\pi r_1 l h_1} + \sum_{i=1}^{n} R_{\lambda i} + \frac{1}{2\pi r_{n+1} l h_2}} = \frac{t_{f1} - t_{f2}}{\frac{1}{2\pi r_1 l h_1} + \sum_{i=1}^{n} \frac{1}{2\pi\lambda_i l}\ln\frac{d_{i+1}}{d_i} + \frac{1}{2\pi r_{n+1} l h_2}} \tag{2-60}$$

The heat transfer rate through a unit length of cylinder may be written as

$$\Phi_l = \frac{t_{f1} - t_{f2}}{\frac{1}{2\pi r_1 h_1} + \sum_{i=1}^{n} R_{\lambda li} + \frac{1}{2\pi r_{n+1} h_2}} = \frac{t_{f1} - t_{f2}}{\frac{1}{2\pi r_1 h_1} + \sum_{i=1}^{n} \frac{1}{2\pi\lambda_i}\ln\frac{d_{i+1}}{d_i} + \frac{1}{2\pi r_{n+1} h_2}} \tag{2-61}$$

### 3. Spheres

Consider a hollow sphere of inner radius $r_1$ and outer radius $r_2$, as shown in Figure 2-12. The thermal conductivity $\lambda$ is considered constant, no heat generation. The inner and outer surfaces are kept at uniform temperatures $t_{w1}$ and $t_{w2}$, and $t_{w1} > t_{w2}$. Determine the temperature distribution in the sphere and the heat flow through the sphere.

In the spherical coordinates, the heat conduction equation is

$$\frac{d}{dr}\left(r^2\frac{dt}{dr}\right) = 0$$

with boundary conditions

$$r = r_1,\quad t = t_{w1}$$

$$r = r_2,\quad t = t_{w2}$$

The temperature distribution within the sphere is therefore

$$t = t_{w1} - \frac{t_{w1} - t_{w2}}{1/r_1 - 1/r_2}\left(\frac{1}{r_1} - \frac{1}{r}\right) \tag{2-62}$$

The heat flux through the spherical shell determined from Fourier's law to be

$$q = -\lambda\frac{dt}{dr} = \lambda\frac{t_{w1} - t_{w2}}{1/r_1 - 1/r_2}\frac{1}{r^2} \tag{2-63}$$

The total heat-transfer rate is written by

$$\Phi = 4\pi r^2 q = \frac{t_{w1} - t_{w2}}{\frac{1}{4\pi\lambda}\left(\frac{1}{r_1} - \frac{1}{r_2}\right)} = \frac{t_{w1} - t_{w2}}{\frac{1}{2\pi\lambda}\left(\frac{1}{d_1} - \frac{1}{d_2}\right)} = \frac{t_{w1} - t_{w2}}{R_\lambda} \tag{2-64}$$

where $R_\lambda$ is the thermal resistance of the sphere against heat conduction, $R_\lambda = \frac{1}{2\pi\lambda}\left(\frac{1}{d_1} - \frac{1}{d_2}\right)$. The thermal resistance network is also shown in Figure 2-12.

**4. Steady State One-Dimensional Heat Conduction with Variable Thermal Conductivity and Variable Cross-Section**

(1) Large Plane Wall with Variable Thermal Conductivity

When the variation of thermal conductivity with temperature in a specified temperature interval is large, and the variable of thermal conductivity with temperature is known, in general, $\lambda=\lambda_0(1+bt)$, the heat conduction equation is

$$\frac{d}{dx}\left[\lambda_0(1+bt)\frac{dt}{dx}\right]=0 \tag{2-66}$$

with boundary conditions

$$x=0,\ t=t_{w1}$$
$$x=\delta,\ t=t_{w2}$$

Solving the mathematical formulation and the temperature distribution of the plane wall with variable thermal conductivity is

$$t+\frac{1}{2}bt^2=-\frac{1}{\delta}(t_{w1}-t_{w2})\left[1+\frac{1}{2}b(t_{w1}+t_{w2})\right]x+t_{w1}+\frac{1}{2}bt_{w1}^2 \tag{2-67}$$

We have mentioned earlier that in a plane wall the temperature varies linearly during steady one-dimensional heat conduction when the thermal conductivity is constant. But this is no longer the case when the thermal conductivity changes with temperature. It can be seen that when the thermal conductivity of the material changes linearly with temperature, the temperature distribution in the plane wall is a quadric curve, as shown in Figure 2-13.

The rate of steady heat transfer through the plane wall for the case of variable thermal conductivity can be determined from Fourier's law as

$$q=-\lambda\frac{dt}{dx}=-\lambda_0(1+bt)\frac{dt}{dx}=\lambda_0\left[1+\frac{b}{2}(t_{w1}+t_{w2})\right]\frac{t_{w1}-t_{w2}}{\delta}$$
$$=\lambda_0(1+bt_m)\frac{t_{w1}-t_{w2}}{\delta}=\lambda_m\frac{t_{w1}-t_{w2}}{\delta} \tag{2-68}$$

where $t_m=\frac{1}{2}(t_{w1}+t_{w2})$ is the arithmetic mean temperature of the plane wall, and the $\lambda_m=\lambda_0(1+bt_m)$ is the average value of the thermal conductivity in the temperature range between $t_{w1}$ and $t_{w2}$.

(2) Variable Thermal Conductivity and Variable Cross-Section

Consider a steady heat conduction of a plane wall with variable thermal conductivity and variable cross-section, the rate of heat conduction through the plane wall from Fourier's law can be expressed as

$$\Phi=-\lambda(t)A(x)\frac{dt}{dx} \tag{2-69}$$

Separating the variables, and integrating from $x=x_1$ where $t=t_1$ to $x=x_2$ where $t=t_2$, we get

$$\Phi=\frac{\int_{t_1}^{t_2}-\lambda(t)\,dt}{\int_{x_1}^{x_2}\frac{dx}{A(x)}} \tag{2-72}$$

In the previous discussion, heat conduction through the cylinder wall, ball wall, etc. are all heat conduction problems of variable cross-section.

**5. Critical Radius of Insulation**

For a cylindrical pipe or a spherical shell, the additional insulation increases the conduction resistance of the insulation layer but decreases the convection resistance of the surface because of the increase in the outer surface area for convection. The heat transfer from the pipe may increase or decrease, depending on which effect dominates.

Consider a cylindrical pipe of the thermal conductivity $\lambda_1$. The pipe is now insulated with a material whose thermal conductivity is $\lambda_2$ and outer radius is $d_0$. The rate of heat transfer from the hot fluid to the cold fluid can be expressed as

$$\Phi=\frac{t_{f1}-t_{f2}}{\frac{1}{\pi d_1 l h_1}+\frac{1}{2\pi\lambda_1 l}\ln\frac{d_2}{d_1}+\frac{1}{2\pi\lambda_2 l}\ln\frac{d_0}{d_2}+\frac{1}{\pi d_0 l h_2}} \tag{2-73}$$

The total thermal resistance of the overall heat transfer process is

$$R_k=R_{h1}+R_{\lambda1}+R_{\lambda2}+R_{h2}$$

$$=\frac{1}{\pi d_1 l h_1}+\frac{1}{2\pi\lambda_1 l}\ln\frac{d_2}{d_1}+\frac{1}{2\pi\lambda_2 l}\ln\frac{d_0}{d_2}+\frac{1}{\pi d_0 l h_2} \tag{2-74}$$

Equation (2-74) shows that when the diameter $d_0$ of the insulation increases, the convection thermal resistance $R_{h1}$ of the hot fluid inside the pipe and conduction thermal resistance $R_{\lambda1}$ through the pipe maintain constant, however, the conduction thermal resistance $R_{\lambda2}$ through the insulation increases, and the convection thermal resistance $R_{h2}$ of the surrounding medium outside the insulation decreases. The value of $d_0$ at which $\Phi$ reaches a maximum is determined from the requirement that

$$\frac{\mathrm{d}R_k}{\mathrm{d}d_0}=0 \tag{2-75}$$

Performing the differentiation and solving for $d_0$ yields

$$d_0=\frac{2\lambda_2}{h_2} \tag{2-76}$$

where $d_0$ is called the critical diameter of insulation for a cylindrical body, and expressed as $d_{cr}$. The rate of heat transfer from the cylinder increases with the addition of insulation for $d_0<d_{cr}$, reaches a maximum when $d_0=d_{cr}$, and starts to decreases for $d_0>d_{cr}$. Thus, insulating the pipe may actually increase the rate of heat transfer from the pipe instead of decreasing it when $d_0<d_{cr}$, as shown in Figure 2-14.

In engineering practice, we can insulate hot water or steam piped freely without worrying about the possibility of increasing the heat transfer by insulating the pipes. Only when the diameter of the pipe is small and the thermal conductivity of the insulation material is large, the critical thermal insulation diameter needs to be considered.

## 2.4 Fins

Finned surfaces are commonly used in practice to enhance heat transfer by exposing a larger surface area to convection and radiation. There are a variety of finned types in practice as shown in Figure 2 – 17. The common finned structures are shown in Figure 2 – 18. The heat is conducted through the fin and finally dissipated to the surroundings by convection and radiation.

In the analysis of the fin, we need to solve two problems: (1) the temperature distribution in the fin; (2) the heat loss from the fin surface to the surrounding by convection.

**1. Fins of Uniform Cross Section**

Consider a long fin of depth $H$, thickness $\delta$, width $l$, the cross-section area $A$ and perimeter $U$, as shown in Figure 2–19. Determine the temperature distribution in the fin and the heat flow through the finned surface.

To simplify the analysis, we make the following assumptions:

① The depth $H$ of the fin is much greater than the thickness $\delta$ of the fin, it can be considered that the temperature distribution at any cross section of the fin perpendicular to the height direction is almost uniform, and the temperature of the fin only changes in the height direction. The heat conduction in the fin can be approximated as one-dimensional heat conduction.

② The thermal conductivity $\lambda$ of the fin is considered constant.

③ The fin root is in close contact with the fin base, and there is no contact thermal resistance between the fin root and the fin base. The temperature of the fin base is $t_0$.

④ The heat transfer from the fin tip is negligible since the heat transfer from the fin is proportional to its surface area, and the surface area of the fin tip is usually a negligible fraction of the total fin area. Then the fin tip can be assumed to be insulated.

⑤ The fin is exposed to a surrounding fluid at a temperature of $t_\infty$. The convection heat transfer coefficient $h$ is constant and uniform over the entire surface of the fin for convenience in the analysis. In general, the temperature of fin base $t_0$ is usually much higher than the temperature of the surroundings $t_\infty$.

Now we determine the temperature distribution in the fin and the heat flow from the finned surface.

(1) The Temperature Distribution of the Fin

The heat conduction equation of the fin is

$$\frac{d^2t}{dx^2}-\frac{\dot{\Phi}}{\lambda}=0 \tag{2-77}$$

with boundary conditions

$$x=0,\ t=t_0$$

$$x=H,\ \frac{dt}{dx}=0$$

Define the temperature excess $\theta$, and $\theta=t-t_\infty$. Then the temperature distribution of the fin can be expressed in excess temperature $\theta=\theta(x)$. At the base of the fin $x=0$, $\theta_0=t_0-t_\infty$, and at the tip of the fin $x=H$, $\theta_H=t_H-t_\infty$.

The energy loss of the volume element per unit volume is

$$\dot{\Phi}=\frac{\Phi_c}{A dx}=\frac{hU\theta dx}{A dx}=\frac{hU\theta}{A} \tag{2-78}$$

Substituting the temperature excess $\theta$ and heat source power $\dot{\Phi}$ into the Equation (2-77), the heat conduction equation becomes

$$\frac{d^2\theta}{dx^2}=m^2\theta \tag{2-80}$$

with boundary conditions

$$x=0,\ \theta=\theta_0$$

$$x=H,\ \frac{d\theta}{dx}=0$$

where $m=\sqrt{\frac{hU}{\lambda A}}$. Equation (2-80) and the boundary conditions constitute the mathematical formulation of the heat conduction of the fin.

The solution of the temperature distribution of the fin is

$$\theta=\theta_0\frac{e^{m(H-x)}+e^{-m(H-x)}}{e^{mH}+e^{-mH}}=\theta_0\frac{\mathrm{ch}[m(H-x)]}{\mathrm{ch}(mH)} \tag{2-81}$$

Equation (2-81) shows that the temperature distribution of the fin is a hyperbolic cosine function of $x$, and the temperature distribution of the fin is shown in Figure 2-20. At the tip $x=H$ of the fin, the temperature excess of the fin tip is

$$\theta_H=\theta_0\frac{1}{\mathrm{ch}(mH)} \tag{2-82}$$

(2) The Rate of Heat Transfer from the Finned Surface

Under steady conditions, the heat transfer from the exposed surfaces of the fin is equal to the heat conducted into the fin at the base $x=0$. The steady rate of heat transfer from the entire fin can be determined from the Fourier' law of heat conduction

$$\Phi=-\lambda A\left.\frac{d\theta}{dx}\right|_{x=0}=-\lambda A\theta_0(-m)\frac{\mathrm{sh}(mH)}{\mathrm{ch}(mH)}=\lambda Am\theta_0\mathrm{th}(mH)=\sqrt{h\lambda UA}\,\theta_0\mathrm{th}(mH) \tag{2-83}$$

Figure 2-22 shows the curve of the hyperbolic tangent function $\mathrm{th}(mH)$ with $mH$.

**2. Fin Efficiency and Overall Fin Surface Efficiency**

(1) Fin Efficiency

To indicate the effectiveness of a fin in transferring a given quantity of heat, a new parameter called fin efficiency is defined by the ratio of actual heat transferred to the heat that would be transferred if entire fin area were at base temperature, denoted by $\eta_f$. The value of fin efficiency is always less than 1. In practical, using the definition expression of fin efficiency enables us to determine the heat transfer from the fin when its efficiency is known.

For fins with constant cross-section and insulated tips, the fin efficiency becomes

$$\eta_f=\frac{\sqrt{h\lambda UA}\,\theta_0\mathrm{th}(mH)}{hUH\theta_0}=\frac{\mathrm{th}(mH)}{mH} \tag{2-84}$$

Fin efficiency relations are developed for fins of various profiles and are plotted in Figure 2-23 for rectangular and triangular fins on a plain surface. For rectangular fin, the more the $mH$, the lower the fin efficiency $\eta_f$, as shown in Figure 2-23. The fin efficiencies of circular fins are plotted in Figure 2-24.

(2) Overall Fin Surface Efficiency

Consider a fin-wall combination surface having a total surface area $A_f$ for the fins and wall area $A_r$ for the open sections of the wall exposed directly to the convection environment, as shown in Figure 2-25. The overall heat transfer through the fin-wall combination is

$$\begin{aligned}\Phi &= \Phi_r + \Phi_f \\ &= A_r h(t_0 - t_f) + A_f \eta_f h(t_0 - t_f) = h(t_0 - t_f)(A_r + \eta_f A_f) \\ &= A_0 h(t_0 - t_f)\left(\frac{A_r + \eta_f A_f}{A_0}\right) = A_0 \eta_0 h(t_0 - t_f)\end{aligned} \tag{2-90}$$

where $\eta_0$ is called the overall fin surface efficiency.

$$\eta_0 = \frac{A_r + \eta_f A_f}{A_0} = \frac{A_r + \eta_f A_f}{A_r + A_f} \tag{2-91}$$

The thermal resistance for fin-wall combination is

$$R_{fw} = \frac{1}{\eta_0 A_0 h}$$

The overall fin surface effectiveness is a better measure of the performance of a finned surface than the effectiveness of the individual fins.

## 2.5 Thermal Contact Resistance

In the analysis of heat conduction through multilayer materials, or fins, we assumed "perfect contact" at the interface of two layers, and thus no temperature drop at the interface. In reality, however, no real surface is perfectly smooth. That is, a surface is microscopically rough no matter how smooth it appears to be. There are two principal contributions to the heat transfer at the joint, the solid-to-solid conduction at the contact, and the conduction through entrapped gases in the void spaces created by the contact.

Consider two plane walls brought into contact as indicated in Figure 2-29. The temperature drop at the contact plane between the two materials is said to be the result of a thermal contact resistance, and the thermal contact resistance may be expressed as

$$R_c = \frac{\Delta t_c}{\Phi} \tag{2-92}$$

The thermal contact resistance will reduce the heat flow through the materials under the condition that the total temperature difference is the same. That is

$$\frac{\Delta t}{R_A + R_c + R_B} < \frac{\Delta t}{R_A + R_B} \tag{2-93}$$

The value of thermal contact resistance depends on the surface roughness and the material properties as well as the temperature and pressure at the interface and the type of fluid trapped at the interface. Thermal contact resistance is observed to decrease with decreasing surface roughness and increasing interface pressure. The thermal contact resistance can be minimized by applying thermally conducting liquid called thermal grease such as silicon oil on the surfaces before they are pressed against each other. Another way to minimize the contact resistance is to insert a soft metallic foil such as silver, copper, nickel, or aluminum between two surfaces.

## 2.6 One-Dimensional Heat Conduction with Heat Generation

We have discussed the steady one-dimensional heat conduction without heat generation. A number of practical heat transfer applications are concerned with the systems in which heat may be generated internally. Some examples of heat generation are resistance heating in wires, exothermic chemical reactions in a solid, and nuclear reactions in nuclear fuel rods where electrical, chemical, and nuclear energies are converted to heat, respectively. In this section, we shall confine our discussion to the heat conductions with heat generation in a large plane wall and a long cylinder, where the temperature is a function of only one space coordinate.

**1. Plane Wall with Heat Generation**

Consider a large plane wall of thickness $2\delta$ and constant thermal conductivity $\lambda$, where heat is generated at a constant rate of $\dot{\Phi}$ per unit volume, as shown in Figure 2-30. Heat is transferred from the plane wall to the surroundings at $t_f$ with a constant heat transfer coefficient of $h$. Determine the temperature distribution and the rate of heat flow in the plane wall.

The heat conduction of the plane wall may be considered as steady one-dimensinonal from the known conditions. The temperature distribution in the plane wall is symmetrical since the boundary conditions on both sides of the plane wall are symmetrical. Therefore, only half of the plane wall needs to be analyzed, and the midplane is both symmetrical and adiabatic. The heat conduction differential equation that governs the heat flow is

$$\frac{d^2 t}{dx^2}+\frac{\dot{\Phi}}{\lambda}=0 \tag{2-94}$$

with boundary conditions

$$x=0, \quad \frac{dt}{dx}=0$$

$$x=\delta, \quad -\lambda\frac{dt}{dx}=h(t_w-t_f)$$

The temperature distribution in the plane wall is therefore

$$t=t_f+\frac{\dot{\Phi}\delta}{h}+\frac{\dot{\Phi}}{2\lambda}(\delta^2-x^2) \tag{2-96}$$

The heat flux at any location $x$ of the plane wall can be determined from Fourier' s law

$$q=-\lambda\frac{dt}{dx}=\dot{\Phi}x \tag{2-97}$$

The temperature distribution of the plane wall with heat generation is a parabolic distribution, which is quite different from the linearly distribution without heat generation. At the centerline of the plane wall $x=0$, the temperature is $t_0=t_f+\frac{\dot{\Phi}\delta}{h}+\frac{\dot{\Phi}\delta^2}{2\lambda}$.

In the case of convection heat transfer coefficient $h\to\infty$, the third kind boundary conditions will reduce to the first kind boundary conditions, and the temperature distribution in this case is

$$t=t_w+\frac{\dot{\Phi}}{2\lambda}(\delta^2-x^2) \tag{2-98}$$

Equation (2-98) shows that the temperature distribution in the plane wall at the first boundary conditions is also parabolic distribution.

**2. Cylinder with Heat Generation**

Consider a long cylinder of radius $r_0$ and constant thermal conductivity $\lambda$, where heat is generated at a constant rate of $\dot{\Phi}$ per unit volume, as shown in Figure 2-31. Heat is transferred from the cylinder to the surroundings at $t_f$ with a constant heat transfer coefficient of $h$. Determine the temperature distribution and the rate of heat flow in the cylinder.

If the cylinder is sufficiently long that the temperature may be considered a function of radius only. Under steady conditions, the heat conduction differential equation that governs the heat flow is

$$\frac{1}{r}\frac{\mathrm{d}}{\mathrm{d}r}\left(r\frac{\mathrm{d}t}{\mathrm{d}r}\right)+\frac{\dot{\Phi}}{\lambda}=0 \tag{2-100}$$

with boundary conditions

$$r=0,\ \frac{\mathrm{d}t}{\mathrm{d}r}=0$$

$$r=r_0,\ -\lambda\frac{\mathrm{d}t}{\mathrm{d}r}=h(t_w-t_f)$$

The temperature distribution in the cylinder is therefore

$$t=t_f+\frac{\dot{\Phi}r_0}{2h}+\frac{\dot{\Phi}}{4\lambda}(r_0^2-r^2) \tag{2-102}$$

The rate of heat flow at any location $r$ of the cylinder can be determined from Fourier's law

$$\Phi=-\lambda A\frac{\mathrm{d}t}{\mathrm{d}r}=-\lambda\times2\pi rl\times(-2r)\frac{\dot{\Phi}}{4\lambda}=\pi r^2l\dot{\Phi} \tag{2-103}$$

The rate of heat flow at the surface of the cylinder from Equation (2-103) is

$$\Phi=\pi r_0^2l\dot{\Phi} \tag{2-104}$$

The temperature distribution of the cylinder with heat generation is parabolic distribution, which is quite different from the logarithmic distribution without heat generation. At the centerline of the cylinder $r=0$, the temperature is $t_0=t_f+\frac{\dot{\Phi}r_0}{2h}+\frac{\dot{\Phi}r_0^2}{4\lambda}$, which is the maximum temperature in the cylinder.

In the case of convection heat transfer coefficient $h\to\infty$, the third kind boundary conditions will reduce to the first kind boundary conditions, and the temperature distribution in this case is

$$t = t_w + \frac{\dot{\Phi}}{4\lambda}(r_0^2 - r^2) \quad (2-105)$$

The temperature at the centerline of the cylinder is $t = t_w + \frac{\dot{\Phi}}{4\lambda} r_0^2$, which is the maximum temperature in the cylinder.

## 2.7 The Shape Factor of Steady Multiple Dimensional Conduction

In the above sections, the one dimensional steady-state conduction problems were solved, in which the temperature is a function only of one space coordinate. When the temperature varies along two or three directions in the rate of the same order of magnitude, it should be considered as two- or three-dimensional system.

In practice, the heat transfer rate between two isothermal boundaries can be calculated by an analog method, named as "shape factor method". When the thermal conductivity is constant, the heat transfer rate could be calculated by the equation below.

$$\Phi = \lambda S(t_1 - t_2) \quad (2-109)$$

where $t_1$ and $t_2$ are the temperatures of two isothermal boundaries, respectively. The valur of $S$ is determined by the shape and the size of the body, which is named as "shape factor".

According to Equation(2-109), the expressions of the shape factors for the plane wall, the cylinder, and the sphere can be written as shown in Table 2-3.

Shape factors have been determined for a number of configurations encountered in practice and are given in Table 2-4 for some common cases.

# 第三章 非稳态导热

## 第一节 非稳态导热的基本概念

**1. 非稳态导热的特点**

非稳态导热是指物体的温度场随时间变化的导热过程。在自然界和工程实践中存在着大量的非稳态导热问题，例如，由于一年四季或一天二十四小时大气温度的变化引起的地表层、房屋建筑墙壁的温度变化与导热过程；物体在被加热或被冷却过程中，由于其内部温度分布随时间不断变化，物体内部的导热过程；动力机械(如蒸汽轮机、内燃机及喷气发动机等)在启动、停机或改变工况时引起的零部件内部的温度变化与导热过程；油井的开井和关井、输油管道的启动和停输过程中的导热过程；等等。

物体内发生非稳态导热过程的原因，可以归纳为以下几个方面：

① 边界条件发生周期性变化，或瞬间(阶跃)变化，或不规则变化；

② 初始温度分布处于非平衡状态；

③ 内热源瞬间开始或停止发热，或发热率随时间变化等。

在非稳态导热过程中，物体内每一点的温度和热流密度都随时间变化，因而有热量的蓄聚或释放，从而引起热力学能和焓的变化。

根据物体内温度场随时间的变化规律不同，非稳态导热过程可以分为两大类：周期性非稳态导热和瞬态非稳态导热。

周期性非稳态导热是在周期性变化的边界条件下发生的导热过程，例如，内燃机汽缸内的气体温度随热力循环周期性变化而引起的汽缸壁的导热，就是周期性非稳态导热。周期性非稳态导热时，物体内部各点的温度随时间做周期性变化，热流量也呈周期性变化。

瞬态非稳态导热通常是在瞬间变化的边界条件下发生的导热过程，例如，热处理工件的加热或冷却等。瞬态非稳态导热时，物体内部任意位置的温度随时间连续升高(加热过程)或连续下降(冷却过程)，直至逐渐趋近于某个新的平衡温度。一般来说，冶金、热加工范围内的非稳态导热以瞬态非稳态导热为主。本节内容只限于瞬态非稳态导热。

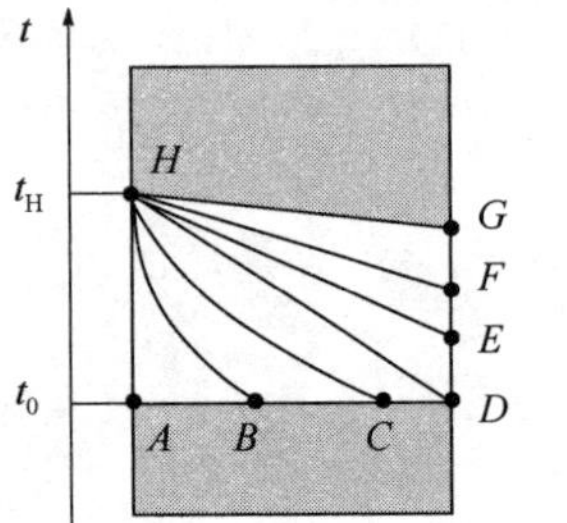

图 3-1 瞬态非稳态导热过程中温度的变化

下面以无限大平壁一侧表面温度突然跃升为例，定性分析瞬态非稳态导热过程的特点。如图 3-1 所示，设有一大平壁，厚度为 $\delta$，无内热源，初始温度均匀为 $t_0$。现突然对其左侧表面加热，使左侧表面温度由 $t_0$ 突然升高到 $t_H$ 并保持不变，而其右侧仍与温度为 $t_0$ 的空气相接触。

从初始时刻 $\tau=0$ 开始，平壁内的温度场要经历以下的变化过程：

初始时刻 $\tau=0$ 时，平壁左侧表面温度突然升高到 $t_H$，而其内部温度仍然保持初始温度 $t_0$，温度分布曲线为 $HAD$，如图 3-1 所示；经过一段时间至 $\tau=\tau_1$ 时，由于热量的传导，平壁内部紧靠左侧高温表面部分的温度很快上升，而其余部分温度仍保持初始温度 $t_0$，如曲线 $HBD$；随着时间的推移，温度变化波及的范围不断扩大，平壁内部各部分温度依次升高，如曲线 $HCD$；当到达某一时刻 $\tau=\tau_2$ 时，温度变化刚刚传到平壁右侧，这一时间间隔称为穿透时间，如曲线 $HD$；又经过一段时间至 $\tau=\tau_3$ 时，右侧表面的温度逐渐升高，如曲线 $HE$、$HF$；最后将达到稳态，温度分布达到恒定，如曲线 $HG$，若 $\lambda=$ 常数，则 $HG$ 为直线，理论上这需要经过无限长时间才能达到。

由上述平壁内部温度场的变化过程，归纳出瞬态非稳态导热的基本特点有：

① 存在着右侧面换热不参与过程和参与过程两个不同的阶段。在右侧面换热不参与过程的阶段，平壁内一部分区域的温度分布受初始条件的影响，另一部分区域的温度分布受边界条件的影响，这一阶段称为初始阶段，也称为非正规状况阶段。在右侧面换热参与过程的阶段，平壁内的温度分布主要受边界条件的影响，这一阶段称为正规状况阶段。存在着有区别的两个阶段——初始阶段和正规状况阶段，是非稳态导热过程的一个特点。

② 在整个瞬态加热过程中，同一时刻不同位置传递的热流量处处不等。热流量沿途逐渐减少，所减少的部分用于该位置处的温度升高，即随着热量自左向右传递，平壁内各处的温度逐渐依次升高。另外，同一位置不同时刻传递的热流量时时不等。整个非稳态导热过程就是在这种一边导热、一边蓄热的过程中进行的。同一位置热流量时时不等、同一时刻热流量处处不等是非稳态导热过程的又一个特点。

如图 3-2 所示，给出了大平壁左侧面传入的热流量 $\Phi_1$ 和右侧面传出的热流量 $\Phi_2$ 随时间变化的曲线示意图。可以看出，由左侧面传入的热流量 $\Phi_1$ 在初始时刻最大，以后逐渐降低。而右侧面传出的热流量 $\Phi_2$ 先有一段滞后时间，随后逐渐增加，直至与传入的热流量线汇合，平壁的导热进入稳态导热。显然，两条曲线所夹的面积代表大平壁在整个瞬态非稳态导热过程中积蓄的总热量。

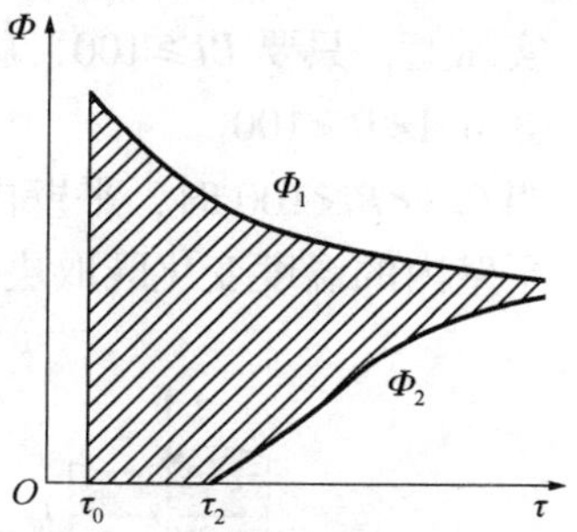

图 3-2　大平壁非稳态导热过程中左右两侧面传热量随时间的变化

**2. 第三类边界条件下毕渥数 *Bi* 对温度分布的影响**

为了说明非稳态导热物体在第三类边界条件下物体内的温度变化特性与边界条件之间的关系，定义一个在导热问题中重要的特征数，称为毕渥数，用 $Bi$ 表示。下面以大平壁的非稳态导热为例进行说明。分析一块厚度为 $2\delta$ 的大平壁，导热系数为 $\lambda$，初始温度均匀为 $t_0$，突然将其放置于温度为 $t_\infty$（$t_\infty$ 保持不变）的流体中，且有 $t_\infty<t_0$，大平壁表面与流体进行对流换热，表面传热系数 $h$ 为常数。显然，这是一个一维非稳态导热问题。

(1) 毕渥数 $Bi$

毕渥数 $Bi$ 定义为：

$$Bi=\frac{hl}{\lambda} \tag{3-1}$$

式中，$l$ 为特征长度。注意，出现在特征数（习惯上又称为准数）定义中的几何长度称为特征长度。这里，对厚度为 $2\delta$ 的大平壁，选取平壁厚度的一半作为特征长度，即 $l=\delta$。

(2) 毕渥数 $Bi$ 的物理意义

对大平壁，毕渥数 $Bi$ 为平壁内部的导热热阻 $\delta/\lambda$ 与表面的对流换热热阻 $1/h$ 之比。

(3) 毕渥数 $Bi$ 对温度分布的影响

$Bi$ 的数值变化范围为 $0\rightarrow\infty$，$Bi$ 的大小对平壁内的温度分布有很大影响。

① $Bi\rightarrow 0$。

当 $Bi\rightarrow 0$ 时，平壁内部的导热热阻远远小于表面的对流换热热阻，可以认为内部的导热热阻趋于零。因此当物体吸热时，总的吸热量在物体内部瞬间被均匀分配，各点温度同步变化，就好像物体原来连续分布的质量、热容量汇总到一点，因而只有一个温度一样。此时，平壁内部各点的温度在任一时刻都趋于均匀一致，平壁内的温度分布仅是时间 $\tau$ 的函数，与坐标无关，如图 3-3(a)所示。另外，物体几何形状的不同对导热过程的影响也会消失，这样的物体称为集总热容系统。

$Bi\rightarrow 0$ 是一种极限情况，工程上只要 $Bi\leqslant 0.1$，物体就可以近似按集总热容系统处理。

② $Bi\rightarrow\infty$。

当 $Bi\rightarrow\infty$ 时，平壁内部的导热热阻远远大于表面的对流换热热阻，可以认为表面的对流换热热阻趋于零。这意味着，非稳态导热过程一开始的瞬间，平壁的表面温度就立刻等于流体温度，即 $t_w=t_\infty$，平壁内的温度变化完全取决于内部的导热热阻。由于在第三类边界条件下 $t_\infty$ 已知，这相当于给定了平壁的表面温度 $t_w$，因此第三类边界条件转化为第一类边界条件，如图 3-3(b)所示。

实际上，只要 $Bi\geqslant 100$，就可以近似按这种情况处理。

③ $0.1<Bi<100$。

当 $0.1<Bi<100$ 时，平壁内的温度分布满足 $t=f(x,\ \tau)$，如图 3-3(c)所示。在这种情况下，平壁内的温度变化既取决于内部的导热热阻，也取决于表面的对流换热热阻。

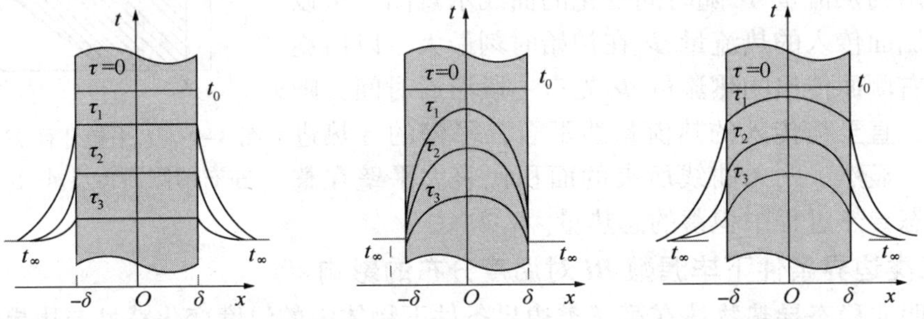


(a) $Bi\rightarrow 0$　(b) $Bi\rightarrow\infty$　(c) $0.1<Bi<100$

图 3-3　毕渥数 $Bi$ 对大平壁内温度分布的影响

**3. 瞬态非稳态导热的数学描述**

非稳态导热的数学描述包括导热微分方程，以及初始条件和边界条件。

在直角坐标系下，常物性、有内热源、三维非稳态导热的导热微分方程为：

$$\frac{\partial t}{\partial\tau}=a\left(\frac{\partial^2 t}{\partial x^2}+\frac{\partial^2 t}{\partial y^2}+\frac{\partial^2 t}{\partial z^2}\right)+\frac{\dot{\Phi}}{\rho c}\tag{3-2}$$

初始条件的一般形式为 $\tau=0$ 时，$t(x,\ y,\ z,\ 0)=f(x,\ y,\ z)$。最简单的特例是初始温度均匀，即 $t(x,\ y,\ z,\ 0)=t_0$。

边界条件根据给定的问题不同，可以处于第一类边界条件、第二类边界条件或第三类边界条件下。

举例说明，如图 3-4 所示，分析一厚度为 $2\delta$ 的大平壁，导热系数为 $\lambda$，导温系数为 $a$，无内热源。初始温度均匀为 $t_0$，突然将其放置于温度为 $t_\infty$（$t_\infty$保持不变）的流体中，且有 $t_\infty<t_0$，大平壁表面与流体进行对流换热，表面传热系数 $h$ 为常数。给出该大平壁导热的数学描述。

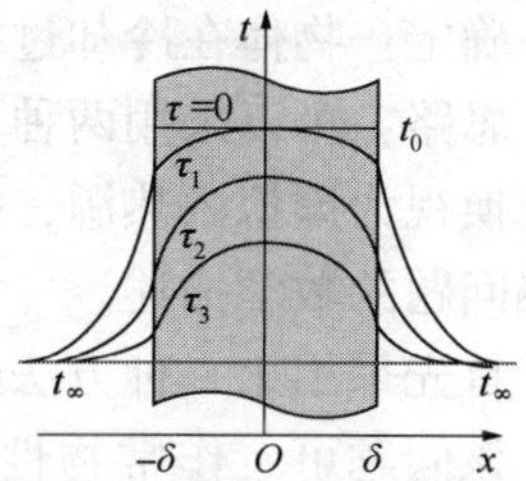

图 3-4 厚度为 $2\delta$ 大平壁的非稳态导热

显然，大平壁的导热为一维非稳态导热，由于平壁两侧表面对称冷却，因此只需考虑一半平壁即可。该大平壁导热的数学描述为：

$$\frac{\partial t}{\partial \tau}=a\frac{\partial^2 t}{\partial x^2} \tag{3-3}$$

初始条件：$\tau=0$，$t=t_0$

边界条件：$x=0$，$\dfrac{\partial t}{\partial x}=0$

$$x=\delta,\ -\lambda\frac{\partial t}{\partial x}=h(t-t_\infty)$$

求解瞬态非稳态导热问题的实质，就是在给定的初始条件和边界条件下，确定被加热或被冷却物体内部温度场的变化规律、其内部温度达到某一限定值所需的时间，以及在一定时间间隔内物体吸收或放出的热量。

根据物体内的温度分布是否与空间坐标有关，非稳态导热有四种类型：零维、一维、二维以及三维非稳态导热。零维非稳态导热即集总热容系统的非稳态导热，下面主要讨论瞬态非稳态导热问题的集总参数法、一维非稳态导热的分析解以及多维非稳态导热的简易求解法。

## 第二节 集总参数法

当 $Bi\leqslant0.1$ 时，物体内部的导热热阻可看作远远小于其表面的对流换热热阻，因此可以忽略其内部的导热热阻。当物体被加热或被冷却时，物体内部各点的温度在任意时刻都趋于均匀一致，物体的温度只是时间的函数，与空间坐标无关，这样的物体称为集总热容系统。这种忽略物体内部导热热阻的简化分析方法称为集总参数法。对于集总热容系统的非稳态导热问题，只需求出温度随时间的变化规律，以及在温度变化过程中物体放出或吸收的热量。

由 $Bi=hl/\lambda$ 可知，当物体的导热系数很大或几何尺寸很小或表面传热系数很小时，物体内部的导热热阻一般都远远小于其表面的对流换热热阻，都可以采用集总参数法分析。例如，小金属球在加热炉中的加热过程或在空气中的冷却过程，以及热电偶在测温时测量端的升温或降温过程，等等。

### 1. 集总热容系统的温度分布

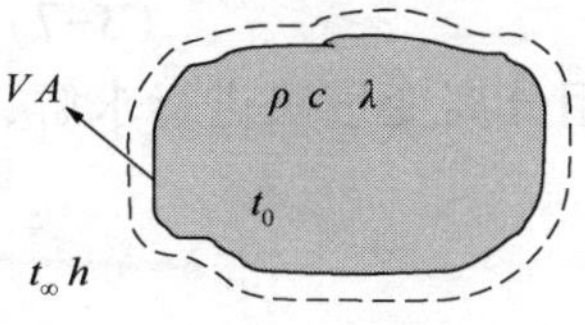

图 3-5 集总参数法分析示意图

问题：分析一个任意形状的物体，如图 3-5 所示，其体积为 $V$、表面积为 $A$，密度 $\rho$、比热容 $c$ 以及导热系数 $\lambda$ 为常数，无内热源，具有均匀的初始温度 $t_0$。在初始时刻，突然将该物体放置于温度为 $t_\infty$（设 $t_0>t_\infty$）的恒温流体中，物体表面和流体之间对流换热的表面传热系数 $h$ 为常数。

假设：该物体的导热满足 $Bi\leqslant0.1$ 的条件。

确定：物体在冷却过程中温度随时间的变化规律，以及物体放出的热量。

思路：可以采用两种不同的分析思路：①从导热微分方程入手，把物体与流体之间的热量交换视为虚拟内热源，并注意这是一个零维导热问题；②从能量平衡出发，建立该非稳态导热问题的数学描述。

首先采用第一种方法建立数学描述。

该问题可看作常物性、有内热源的非稳态导热问题，同时，$Bi \leqslant 0.1$，其导热微分方程为：

$$\frac{\mathrm{d}t}{\mathrm{d}\tau}=\frac{\dot{\Phi}}{\rho c} \tag{3-4}$$

这里，$\dot{\Phi}$ 应看成广义内热源。由于集总热容系统的导热是零维非稳态导热，无计算边界，与分析肋片导热问题类似，内热源相当于通过物体表面与周围流体的对流换热。因此有：

$$-\dot{\Phi}V=hA(t-t_\infty)$$

由于 $t_0>t_\infty$，物体被冷却，放出热量，因此内热源强度 $\dot{\Phi}$ 为：

$$\dot{\Phi}=-\frac{hA(t-t_\infty)}{V}$$

将 $\dot{\Phi}$ 代入式(3-4)中，导热微分方程为：

$$\frac{\mathrm{d}t}{\mathrm{d}\tau}=-\frac{hA(t-t_\infty)}{\rho cV}$$

下面根据能量守恒定律建立数学描述。

根据能量守恒定律，物体在冷却过程中单位时间内热力学能的变化量等于物体表面与流体之间的对流换热量，即：

$$\rho cV\frac{\mathrm{d}t}{\mathrm{d}\tau}=-hA(t-t_\infty) \tag{3-5}$$

整理得：

$$\frac{\mathrm{d}t}{\mathrm{d}\tau}=-\frac{hA(t-t_\infty)}{\rho cV}$$

式中，负号必不可少，表示物体温度降低释放热量。引入过余温度 $\theta=t-t_\infty$，上式可改写为：

$$\frac{\mathrm{d}\theta}{\mathrm{d}\tau}=-\frac{hA\theta}{\rho cV} \tag{3-6}$$

初始条件：

$$\tau=0,\ \theta=\theta_0=t_0-t_\infty \tag{3-7}$$

式(3-6)和式(3-7)构成了集总热容系统的完整数学描述。利用分离变量法进行求解，式(3-6)可改写为：

$$\frac{\mathrm{d}\theta}{\theta}=-\frac{hA}{\rho cV}\mathrm{d}\tau$$

将上式积分，注意时间 $\tau$ 从 0 到 $\tau$ 积分，对应地，过余温度 $\theta$ 从 $\theta_0$ 到 $\theta$ 积分，则有：

$$\int_{\theta_0}^{\theta}\frac{\mathrm{d}\theta}{\theta}=-\int_0^{\tau}\frac{hA}{\rho cV}\mathrm{d}\tau$$

可得：

$$\ln\frac{\theta}{\theta_0}=-\frac{hA}{\rho cV}\tau$$

即：

$$\frac{\theta}{\theta_0}=\frac{t-t_\infty}{t_0-t_\infty}=\mathrm{e}^{-\frac{hA}{\rho cV}\tau} \tag{3-8}$$

式(3-8)即为采用集总参数法分析时物体的温度随时间的变化规律。进一步分析式(3-8)中的指数，有：

$$\frac{hA}{\rho cV}\tau=\frac{hV}{\lambda A}\cdot\frac{\lambda A^2}{\rho cV^2}\tau=\frac{h(V/A)}{\lambda}\cdot\frac{a\tau}{(V/A)^2}=Bi_VFo_V$$

式中，$V/A$ 具有长度的量纲，记作 $l$，称为物体的特征长度。相应地，物体温度随时间的变化规律又可表示为：

$$\frac{\theta}{\theta_0}=\mathrm{e}^{-Bi_VFo_V} \tag{3-9}$$

式中，$Fo$ 称为傅里叶数，其定义为 $Fo=\frac{a\tau}{l^2}$。由 $Fo=\frac{a\tau}{l^2}=\frac{\tau}{l^2/a}$ 可见，$Fo$ 为两个时间之比，其中，分子为从非稳态导热过程开始到 $\tau$ 时刻的时间，分母为温度变化波及 $l^2$ 面积区域所需要的时间。$Fo$ 数是表征非稳态导热过程进行深度的无量纲时间。在非稳态导热过程中，这一无量纲时间越大，热扰动就越深入地传播到物体内部，因而物体内各点的温度越接近周围流体温度。

对以上分析结果的几点说明：

① 采用集总参数法时，物体的过余温度 $\theta$ 随时间按指数函数规律下降，如图 3-6 所示。过程开始阶段，物体与流体的温差大，过余温度 $\theta$ 下降迅速；随着过程的进行，物体与流体的温差逐渐减小，过余温度 $\theta$ 下降速度逐渐减慢；直至无限长时间后，过余温度 $\theta$ 趋于零。

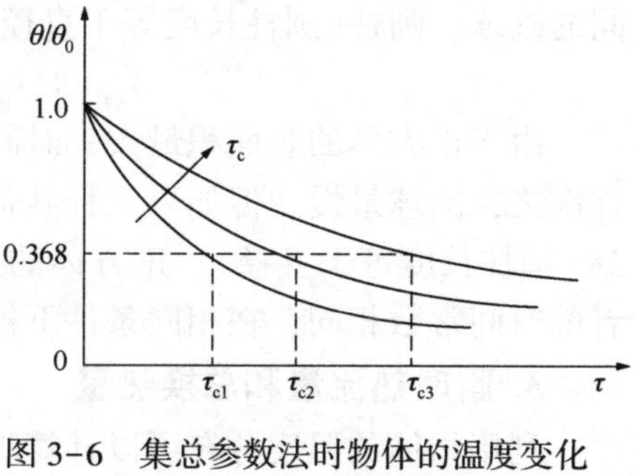


图 3-6 集总参数法时物体的温度变化（不同时间常数下）

② 式(3-8)和式(3-9)的温度分布规律，是在物体被冷却的情况下导出的，也同样适用于物体被加热的情况。

③ 式(3-9)中，毕渥数 $Bi_V$、傅里叶数 $Fo_V$ 的下角标 $V$ 表示特征数中的特征长度按 $l=V/A$ 选取。

④ 关于特征长度 $l$ 的选取。

对于任意形状物体，$l=V/A$；对于厚度为 $2\delta$ 的大平壁，$l=\delta$；对于半径为 $R$ 的圆柱，$l=R/2$；对于半径为 $R$ 的球体，$l=R/3$；对于边长为 $b$ 的正方体，$l=b/6$。

⑤ 集总参数法的适用条件：$Bi_V\leqslant 0.1M$。分析结果表明，对于形状如大平壁、圆柱、球体这样的物体，只要满足 $Bi_V\leqslant 0.1M$，物体内部各点过余温度之间的偏差小于 5%，可以采用集总参数法计算。其中，$M$ 是与物体形状有关的无量纲量，对于大平壁，$M=1$；对于圆

柱，$M=1/2$；对于球体，$M=1/3$；对于任意形状的物体，$M=1$。

**2. 时间常数 $\tau_c$**

当 $\tau=\rho cV/hA$ 时，式(3-8)中的指数等于-1，相应的过余温度比 $\theta/\theta_0=e^{-1}=36.8\%$。这个特定的时间称为时间常数 $\tau_c$，即：

$$\tau_c=\frac{\rho cV}{hA} \tag{3-10}$$

对时间常数 $\tau_c$ 的几点说明：

① 当物体被冷却(或被加热)的时间等于时间常数时，即 $\tau=\tau_c$ 时，$\theta=36.8\%\theta_0$，说明物体的过余温度达到初始过余温度的36.8%。这个指标可以用来反映导热物体对外界温度瞬间变化响应的快慢程度。时间常数越小，物体的温度变化越快，越能迅速地接近周围流体的温度。

② 由 $\tau_c=\rho cV/hA$ 可见，影响时间常数大小的主要因素有：物体的热容量 $\rho cV$ 和物体表面的对流换热条件 $hA$。物体的热容量越小，表面的对流换热越强，物体的时间常数越小。

③ 在用热电偶测量物体温度时，热电偶的时间常数说明了热电偶对流体温度变化响应的快慢程度。利用热电偶测量流体温度时，总是希望热电偶的时间常数越小越好。因为时间常数越小，热电偶越能迅速地反映被测流体的温度变化。因此，热电偶端部的接点总是做得很小，用其测量流体温度时，也总是设法强化热电偶端部的对流换热，例如采用抽气式热电偶。

如果几种不同形状的物体都用同一种材料制作，并且和周围流体之间的表面传热系数 $h$ 是相同的，且都满足 $Bi_V\leqslant 0.1M$ 的条件，则由时间常数的定义式 $\tau_c=\rho cV/hA$ 可见，物体单位体积的表面积 $A/V$ 越大，时间常数越小。在初始温度相同的条件下，将物体放在温度相同的流体中被冷却或被加热的速度越快，时间越短。例如，对于用同一种材料制成的体积相同的圆球、圆柱(圆柱长度等于直径)以及正方体，计算可得，三者的表面积之比为：

$$A_{圆球}:A_{圆柱}:A_{正方体}=1:1.146:1.242$$

由于正方体的表面积最大、时间常数最小，相同条件下被冷却或被加热的速度最快，圆柱次之，圆球最慢。但如果三种几何体的尺寸分别是，圆球的直径为 $2R$，圆柱的直径也为 $2R$(圆柱长度等于直径)、正方体的边长也为 $2R$，则三种几何体的 $A/V=3/R$ 相同，因此三者的时间常数相同，在相同条件下被冷却或被加热的速度相同。

**3. 瞬时热流量和总换热量**

利用物体的温度分布可以计算瞬时热流量和总换热量。

(1) 瞬时热流量 $\Phi_\tau$

任意时刻 $\tau$，物体与周围流体所交换的瞬时热流量为：

$$\Phi_\tau=hA(t-t_\infty)=hA\theta=hA\theta_0 e^{-\frac{hA}{\rho cV}\tau} \tag{3-11}$$

可见，瞬时热流量 $\Phi_\tau$ 随时间按指数函数关系变化，并随时间 $\tau$ 的增加，瞬时热流量 $\Phi_\tau$ 不断减少，直至达到新的热平衡时降低为零。

(2) 总换热量

从初始时刻 $\tau=0$ 到某一指定时刻 $\tau$ 这一时间间隔内，物体和周围流体所交换的总热量为：

$$Q=\int_0^\tau \Phi_\tau d\tau=\int_0^\tau hA\theta_0 e^{-\frac{hA}{\rho cV}\tau}d\tau=\rho cV\theta_0\left(1-e^{-\frac{hA}{\rho cV}\tau}\right)=\rho cV\theta_0\left(1-e^{-Bi_V Fo_V}\right) \tag{3-12}$$

式中，$Q_0=\rho cV\theta_0$，表示物体的温度从初始温度 $t_0$ 变化到与流体温度 $t_\infty$ 相同时所放出(或吸收)的总换热量。式(3-12)表明，总换热量随时间的增加而增加，直至达到新的热平衡。

**例题 3-1** 集总参数法的应用(1)

将一个初始温度为20℃、直径为100mm的钢球投入温度为1000℃的加热炉中加热，表面传热系数 $h=50\text{W}/(\text{m}^2\cdot\text{K})$。已知钢球的密度 $\rho=7790\text{kg/m}^3$，定压比热容 $c_p=470\text{J}/(\text{kg}\cdot\text{K})$，导热系数 $\lambda=43.2\text{W}/(\text{m}\cdot\text{K})$。试求钢球中心温度达到800℃时需要的时间。

**解**：首先判断能否采用集总参数法计算。毕渥数为：

$$Bi_V=\frac{h(R/3)}{\lambda}=\frac{50\ \text{W}/(\text{m}^2\cdot\text{K})\times(0.05\text{m}/3)}{43.2\text{W}/(\text{m}\cdot\text{K})}=0.019<0.0333$$

可以用集总参数法求解，根据集总热容系统温度分布表达式：

$$\frac{\theta}{\theta_0}=\frac{t-t_\infty}{t_0-t_\infty}=\mathrm{e}^{-Bi_V Fo_V}$$

将已知条件代入上式，可得：

$$\frac{800℃-1000℃}{20℃-1000℃}=\mathrm{e}^{-0.019\times Fo_V}$$

解得，$Fo_V=83.6$，即：

$$Fo_V=\frac{a\tau}{(R/3)^2}=83.6$$

由此可得：

$$\tau=\frac{Fo_V(R/3)^2}{a}=\frac{Fo_V(R/3)^2}{\dfrac{\lambda}{\rho c_p}}=\frac{83.6\times(0.05\text{m}/3)^2}{\dfrac{43.2\text{W}/(\text{m}\cdot\text{K})}{7790\ \text{kg/m}^3\times470\text{J}/(\text{kg}\cdot\text{K})}}=1968\text{s}=32.8\text{min}$$

即钢球中心温度达到800℃时需要的时间为32.8min。

**例题 3-2** 集总参数法的应用(2)

某温度计的水银泡呈圆柱形，长为20mm，内径为4mm，初始温度为 $t_0$，今将其插入温度较高的储气罐中测量罐内气体温度。设水银泡同气体间对流换热的表面传热系数 $h=11.63\text{W}/(\text{m}^2\cdot\text{K})$，水银泡一层薄玻璃的作用可以忽略不计，试计算此条件下温度计的时间常数，并计算插入5min后温度计读数的过余温度是初始过余温度的百分之几。已知水银的物性参数如下：密度 $\rho=13110\text{kg/m}^3$，比热容 $c=138\text{J}/(\text{kg}\cdot\text{K})$，导热系数 $\lambda=10.36\text{W}/(\text{m}\cdot\text{K})$。

**解**：首先检验是否可用集总参数法。考虑到水银泡圆柱体的上端面不直接受热，则特征长度为：

$$\frac{V}{A}=\frac{\pi R^2 l}{2\pi Rl+\pi R^2}=\frac{Rl}{2l+R}=\frac{0.002\text{m}\times0.02\text{m}}{2\times0.02\text{m}+0.002\text{m}}=0.952\times10^{-3}\text{m}$$

毕渥数为：

$$Bi_V=\frac{h(V/A)}{\lambda}=\frac{11.63\ \text{W}/(\text{m}^2\cdot\text{K})\times0.952\times10^{-3}\text{m}}{10.36\text{W}/(\text{m}\cdot\text{K})}=1.07\times10^{-3}<0.05$$

故可以采用集总参数法。

时间常数为：

$$\tau_c=\frac{\rho cV}{hA}=\frac{13110\ \text{kg/m}^3\times138\text{J}/(\text{kg}\cdot\text{K})\times0.952\times10^{-3}\text{m}}{11.63\ \text{W}/(\text{m}^2\cdot\text{K})}=148\text{s}$$

傅里叶数为：

$$Fo_V=\frac{a\tau}{(V/A)^2}=\frac{\lambda}{\rho c}\times\frac{\tau}{(V/A)^2}=\frac{10.36\text{W/(m·K)}}{13110\ \text{kg/m}^3\times138\text{J/(kg·K)}}\times\frac{5\times60\text{s}}{(0.952\times10^{-3}\text{m})^2}$$

$$=1.9\times10^3$$

插入 5min 后的过余温度之比为：

$$\frac{\theta}{\theta_0}=e^{-Bi_VFo_V}=e^{-1.07\times10^{-3}\times1.9\times10^3}=e^{-2.03}=0.131$$

即 5min 后温度计读数的过余温度是初始过余温度的 13.1%。

**例题 3-3** 集总参数法的应用(3)

用一支热电偶测量气流温度。热电偶的结点可近似看作一个圆球。已知热电偶节点表面与气流之间对流换热的表面传热系数 $h=400\ \text{W/(m}^2\cdot\text{K)}$，热电偶结点的物性参数为：密度 $\rho=8500\text{kg/m}^3$，比热容 $c=400\text{J/(kg·K)}$，导热系数 $\lambda=20\text{W/(m·K)}$。试计算：

(1) 若时间常数为 1s，热电偶的结点直径应该是多少？

(2) 如果把结点温度为 25℃ 的热电偶放置在温度为 200℃ 的气流中，当节点温度达到 199℃时，需要多长时间？

**解**：(1) 首先判断能否采用集总参数法计算。由于热电偶的结点直径未知，无法先计算出毕渥数 $Bi$ 值。先假设满足集总热容系统，则热电偶结点的时间常数为：

$$\tau_c=\frac{\rho cV}{hA}=\frac{\rho c}{h}\times\frac{D}{6}$$

因此结点直径为：

$$D=6\times\frac{h}{\rho c}\times\tau_c=6\times\frac{400\ \text{W/(m}^2\cdot\text{K)}}{8500\ \text{kg/m}^3\times400\text{J/(kg·K)}}\times1\text{s}=7.06\times10^{-4}\text{m}=0.706\text{mm}$$

(2) 再验证毕渥数 $Bi$ 值：

$$Bi_V=\frac{h(D/6)}{\lambda}=\frac{400\ \text{W/(m}^2\cdot\text{K)}\times(7.06\times10^{-4}\text{m}/6)}{20\text{W/(m·K)}}=23.5\times10^{-4}<0.0333$$

故满足集总热容系统假设成立。

(2) 根据集总热容系统温度分布表达式：

$$\frac{\theta}{\theta_0}=\frac{t-t_\infty}{t_0-t_\infty}=e^{-Bi_VFo_V}=e^{-\frac{\tau}{\tau_c}}$$

代入已知条件，则有：

$$\frac{199℃-200℃}{25℃-200℃}=e^{-\frac{\tau}{1\text{s}}}$$

可求得需要时间为：

$$\tau=-1\text{s}\times\ln\left(\frac{199℃-200℃}{25℃-200℃}\right)=5.2\text{s}$$

## 第三节 一维非稳态导热

若导热物体内的温度分布只是一个空间坐标与时间的函数，即 $t=f(x,\ \tau)$，则该导热问题为一维非稳态导热。工程上采用的大平壁、长圆柱和球体等简单几何形状物体的加热或冷却过程，都是常见的一维非稳态导热问题。一维非稳态导热问题可以通过建立相应的数学描述，采用分离变量法求得相应的分析解，而且这些分析解已被绘制成各种形式的无量纲通用图或表，可供工程使用。本节将讨论大平壁、圆筒壁以及球体的一维非稳态导热温度场的分析解。

**1. 一维非稳态导热问题温度分布的分析解**

（1）第三类边界条件下无限大平壁加热(或冷却)问题

问题：如图 3-7 所示，设有一厚度为 2$\delta$ 的无限大平壁，材料的导热系数 $\lambda$、导温系数 $a$ 为常数，无内热源，初始温度均匀为 $t_0$。初始时刻突然将其放置于温度为 $t_\infty$(恒定)的流体中，且有 $t_\infty<t_0$，大平壁两侧表面对称地与周围流体进行对流换热，表面传热系数 $h$ 为常数。

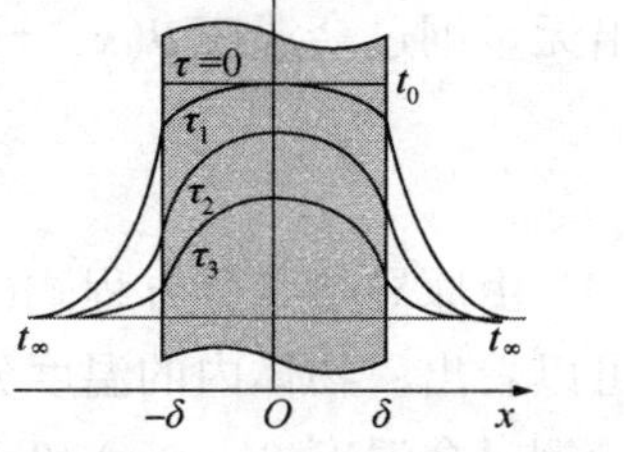

图 3-7　第三类边界条件下无限大平壁的一维非稳态导热

确定平壁内的温度分布。显然，这是一个一维非稳态导热问题。由于大平壁两侧表面对称冷却，平壁内的温度分布必定以其中心面对称分布，因此，只要分析厚度为 $\delta$ 的半个平壁的导热即可。

选取坐标系如图 3-7 所示，$x$ 轴坐标原点位于平壁中心面，对于 $x\geqslant0$ 的半个平壁，导热微分方程为：

$$\frac{\partial t}{\partial \tau}=a\frac{\partial^2 t}{\partial x^2}\quad(0\leqslant x\leqslant\delta,\ \tau>0) \tag{3-13}$$

初始条件：

$$\tau=0,\ t=t_0\quad(0\leqslant x\leqslant\delta) \tag{3-14}$$

边界条件：

$$x=0,\ \frac{\partial t}{\partial x}=0 \tag{3-15}$$

$$x=\delta,\ -\lambda\frac{\partial t}{\partial x}=h(t-t_\infty) \tag{3-16}$$

以上导热微分方程以及初始条件和边界条件构成了无限大平壁一维非稳态导热的数学描述。引入过余温度 $\theta=t-t_\infty$，则该数学描述可以改写为：

$$\frac{\partial \theta}{\partial \tau}=a\frac{\partial^2 \theta}{\partial x^2}\quad(0\leqslant x\leqslant\delta,\ \tau>0) \tag{3-17}$$

初始条件：

$$\tau=0,\ \theta=\theta_0=t_0-t_\infty\quad(0\leqslant x\leqslant\delta) \tag{3-18}$$

边界条件：

$$x=0,\ \frac{\partial \theta}{\partial x}=0 \tag{3-19}$$

$$x=\delta,\ -\lambda\frac{\partial \theta}{\partial x}=h\theta \tag{3-20}$$

该问题可以用分离变量法求解。分离变量法是求解偏微分方程的一种重要方法，这里对求解过程不做描述，直接给出求解结果：

$$\frac{\theta(x,\ \tau)}{\theta_0}=\sum_{n=1}^{\infty}\frac{2\sin\beta_n}{\beta_n+\sin\beta_n\cos\beta_n}\mathrm{e}^{-\beta_n^2 Fo}\cos\left(\beta_n\frac{x}{\delta}\right) \tag{3-21}$$

可见，解的函数形式是一个无穷级数，其中$\beta_n$为特征值，它是超越方程

$$\beta_n \tan\beta_n = Bi, \ n=1, \ 2, \ 3, \ \cdots \tag{3-22}$$

的根，式中$Bi=\dfrac{h\delta}{\lambda}$。该方程有无数个根，这些根均是毕渥数$Bi$的单值函数。

该问题温度分布分析解的形式看上去很复杂，但只要对式(3-21)稍做分析，就可以看出无量纲过余温度$\theta(x, \tau)/\theta_0$实际上是三个无量纲参数$Bi$、$Fo$、$x/\delta$的函数，即：

$$\frac{\theta(x, \tau)}{\theta_0}=\frac{t-t_\infty}{t_0-t_\infty}=f\left(Bi, Fo, \frac{x}{\delta}\right) \tag{3-23}$$

由原导热微分方程式(3-13)以及初始条件式(3-14)与边界条件式(3-15)和式(3-16)可以看出，物体内的温度分布取决于6个变量，即$t(x, \tau)=f(a, \tau, \lambda, \delta, h, x)$。而用无量纲过余温度$\theta(x, \tau)/\theta_0$表示温度分布可使变量数目大幅度减少，这样不仅有利于表达求解的结果，也有利于通过对影响解的因素进行分析来简化解的形式。

(2) 第三类边界条件下长圆柱体加热(或冷却)问题

问题：如图3-8所示，分析一半径为$R$的长圆柱体，材料的导热系数$\lambda$、导温系数$a$为常数，无内热源，初始温度均匀为$t_0$。初始时刻突然将其放置于温度为$t_\infty$(恒定)的流体中，且有$t_\infty<t_0$，长圆柱体与流体进行对流换热，表面传热系数$h$为常数。

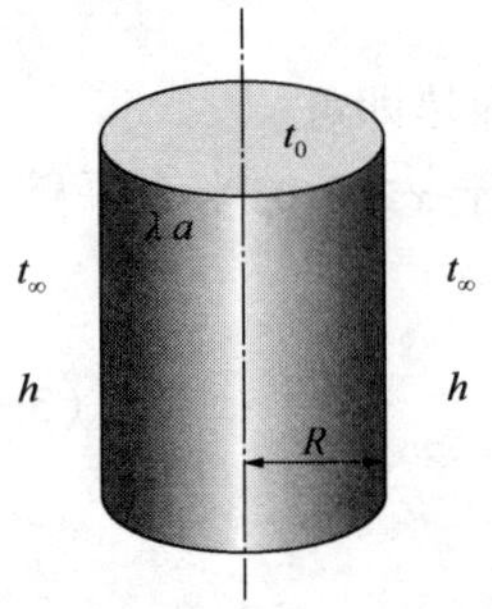

图3-8 第三类边界条件下长圆柱体的非稳态导热

确定长圆柱体内的温度分布。与前面大平壁的非稳态导热温度场的求解类似。长圆柱体非稳态导热时无因次过余温度场的分析解为：

$$\frac{\theta(r, \tau)}{\theta_0}=\sum_{n=1}^{\infty}\frac{2}{\beta_n}\frac{J_1(\beta_n)}{J_0^2(\beta_n)+J_1^2(\beta_n)}e^{-\beta_n^2 Fo}J_0\left(\beta_n\frac{r}{R}\right) \tag{3-24}$$

可见，解的函数形式与大平壁相同，也是一个无穷级数，其中$\beta_n$为特征值，它是超越方程

$$\beta_n\frac{J_1(\beta_n)}{J_0(\beta_n)}=Bi, \ n=1, \ 2, \ 3, \ \cdots \tag{3-25}$$

的根，式中$Bi=\dfrac{hR}{\lambda}$。该方程有无数个根，这些根均是毕渥数$Bi$的单值函数。

由式(3-24)和式(3-25)可以看出，长圆柱体的无量纲过余温度$\theta(r, \tau)/\theta_0$也是三个无量纲参数$Bi$、$Fo$、$r/R$的函数，即：

$$\frac{\theta(r, \tau)}{\theta_0}=\frac{t-t_\infty}{t_0-t_\infty}=f\left(Bi, Fo, \frac{r}{R}\right) \tag{3-26}$$

(3) 第三类边界条件下球体加热(或冷却)问题

问题：如图3-9所示，分析一半径为$R$的实心圆球，材料的导热系数$\lambda$、导温系数$a$为常数，无内热源，初始温度均匀为$t_0$。初始时刻突然将其放置于温度为$t_\infty$(恒定)的流体中，且有$t_\infty<t_0$，球体与流体进行对流换热，表面传热系数$h$为常数。

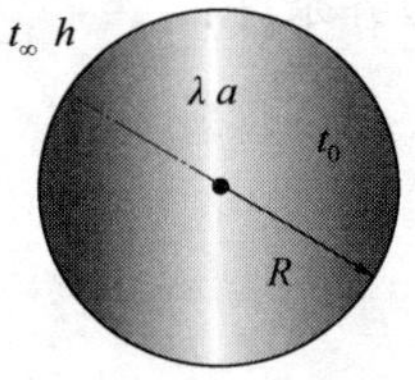

图3-9 第三类边界条件下球体的非稳态导热

确定球体内的温度分布。与前面大平壁的非稳态导热温度场的求解类似。球体非稳态导热时，无因次过余温度场的分析解为：

$$\frac{\theta(r,\tau)}{\theta_0}=\sum_{n=1}^{\infty}2\frac{\sin\beta_n-\beta_n\cos\beta_n}{\beta_n-\sin\beta_n\cos\beta_n}e^{-\beta_n^2 Fo}\frac{\sin\left(\beta_n\frac{r}{R}\right)}{\beta_n\frac{r}{R}} \tag{3-27}$$

可见，解的函数形式与大平壁相同，也是一个无穷级数，其中 $\beta_n$ 为特征值，它是超越方程

$$1-\beta_n\cos\beta_n=Bi,\ n=1,\ 2,\ 3,\ \cdots \tag{3-28}$$

的根，式中 $Bi=\dfrac{hR}{\lambda}$。该方程有无数个根，这些根均是毕渥数 $Bi$ 的单值函数。

由式(3-27)和式(3-28)可以看出，球体的无量纲过余温度 $\theta(r,\tau)/\theta_0$ 也是三个无量纲参数 $Bi$、$Fo$、$r/R$ 的函数，即：

$$\frac{\theta(r,\tau)}{\theta_0}=\frac{t-t_\infty}{t_0-t_\infty}=f\left(Bi,\ Fo,\ \frac{r}{R}\right) \tag{3-29}$$

**2. 一维非稳态导热正规状况阶段温度分布的分析解**

（1）正规状况阶段的物理概念和数学含义

前文指出，瞬态非稳态导热过程存在两个阶段：初始阶段和正规状况阶段。其中，正规状况阶段的物理概念可表示为：在该阶段，初始条件对物体内温度分布的影响完全消失，温度分布主要取决于边界条件。

下面来分析正规状况阶段的数学含义。由式(3-21)可知，物体内各点的过余温度 $\theta$ 随 $Fo$ 的增加而减小，即 $Fo$ 增加时，$\theta/\theta_0$ 逐渐减小，$t$ 逐渐接近于 $t_\infty$。计算结果表明，当傅里叶数 $Fo\geqslant 0.2$ 时，非稳态导热过程处于正规状况阶段，对式(3-21)、式(3-24)、式(3-27)三个温度分布的分析解，可以选取无穷级数解的第一项来近似代替整个级数，产生的误差很小，对工程计算已足够精确。

（2）正规状况阶段温度分布分析解的简化表达式

$Fo\geqslant 0.2$ 时，式(3-21)、式(3-24)、式(3-27)可简化为：

大平壁：

$$\frac{\theta(x,\tau)}{\theta_0}=\frac{2\sin\beta_1}{\beta_1+\sin\beta_1\cos\beta_1}e^{-\beta_1^2 Fo}\cos\left(\beta_1\frac{x}{\delta}\right) \tag{3-30}$$

长圆柱体：

$$\frac{\theta(r,\tau)}{\theta_0}=\frac{2}{\beta_1}\frac{J_1(\beta_1)}{J_0^2(\beta_1)+J_1^2(\beta_1)}e^{-\beta_1^2 Fo}J_0\left(\beta_1\frac{r}{R}\right) \tag{3-31}$$

球体：

$$\frac{\theta(r,\tau)}{\theta_0}=2\frac{\sin\beta_1-\beta_1\cos\beta_1}{\beta_1-\sin\beta_1\cos\beta_1}e^{-\beta_1^2 Fo}\frac{\sin\left(\beta_1\frac{r}{R}\right)}{\beta_1\frac{r}{R}} \tag{3-32}$$

对式(3-30)做进一步分析。如果用 $\theta_m$ 表示平壁中心($x/\delta=0$)的过余温度，则由式(3-30)可得：

$$\frac{\theta_m}{\theta_0}=\frac{2\sin\beta_1}{\beta_1+\sin\beta_1\cos\beta_1}e^{-\beta_1^2 Fo}=f(Bi,\ Fo) \tag{3-33}$$

将式(3-30)和式(3-33)相比，可得：

$$\frac{\theta(x,\ \tau)}{\theta_m}=\frac{\theta(x,\ \tau)}{\theta_0}\times\frac{\theta_0}{\theta_m}=\cos\left(\beta_1\frac{x}{\delta}\right)=f\left(Bi,\ \frac{x}{\delta}\right) \tag{3-34}$$

这说明，当 $Fo\geqslant0.2$ 时，一维非稳态导热进入正规状况阶段以后，虽然 $\theta$、$\theta_m$ 都随时间变化，但它们的比值 $\theta/\theta_m$ 与时间无关，只取决于毕渥数 $Bi$ 与几何位置 $x/\delta$。

综合式(3-30)、式(3-33)以及式(3-34)，可得：

$$\frac{\theta(x,\ \tau)}{\theta_0}=\frac{\theta(x,\ \tau)}{\theta_m}\times\frac{\theta_m}{\theta_0} \tag{3-35}$$

认识正规状况阶段的温度变化规律对于工程计算具有重要的实际意义，因为工程技术中的非稳态导热过程绝大部分时间都处于正规状况阶段。已经证明，当 $Fo\geqslant0.2$ 时，其他形状物体的非稳态导热也处于正规状况阶段，具有式(3-33)、式(3-34)所表示的温度变化规律。

(3) 一段时间间隔内物体的传热量

任意时刻 $\tau$ 的温度分布确定之后，无限大平壁在 $0\sim\tau$ 时间内与流体交换的热量即可求得。在平壁内 $x$ 处平行于壁面选取厚度为 $dx$ 的微元薄层，在 $0\sim\tau$ 时间内，单位面积微元薄层放出的热量等于其热力学能的变化，即：

$$\delta Q=\rho c(t_0-t)dx=\rho c(\theta_0-\theta)dx \tag{3-36}$$

于是，在 $0\sim\tau$ 时间内，单位面积平壁所放出的热量为：

$$Q=\rho c\int_{-\delta}^{\delta}(\theta_0-\theta)dx=2\rho c\theta_0\int_0^{\delta}\left(1-\frac{\theta}{\theta_0}\right)dx \tag{3-37}$$

将温度分布式(3-21)代入式(3-37)，可得：

$$\begin{aligned}Q&=2\rho c\theta_0\int_0^{\delta}\left[1-\sum_{n=1}^{\infty}\frac{2\sin\beta_n}{\beta_n+\sin\beta_n\cos\beta_n}e^{-\beta_n^2 Fo}\cos\left(\beta_n\frac{x}{\delta}\right)\right]dx\\&=2\rho c\theta_0\delta\left(1-\sum_{n=1}^{\infty}\frac{2\sin^2\beta_n}{\beta_n^2+\beta_n\sin\beta_n\cos\beta_n}e^{-\beta_n^2 Fo}\right)\end{aligned} \tag{3-38}$$

从初始时刻到平壁与流体处于热平衡这一过程中，单位面积平壁所放出的热量为 $Q_0=2\rho c\theta_0\delta$，这是非稳态导热过程中所能传递的最大热量。于是无量纲放热量为：

$$\frac{Q}{Q_0}=1-\sum_{n=1}^{\infty}\frac{2\sin^2\beta_n}{\beta_n^2+\beta_n\sin\beta_n\cos\beta_n}e^{-\beta_n^2 Fo}=f(Bi,\ Fo) \tag{3-39}$$

当 $Fo\geqslant0.2$ 时，选取级数解的第一项，对大平壁有：

$$\frac{Q}{Q_0}=1-\frac{2\sin^2\beta_1}{\beta_1^2+\beta_1\sin\beta_1\cos\beta_1}e^{-\beta_1^2 Fo} \tag{3-40}$$

同理，对圆柱体有：

$$\frac{Q}{Q_0}=1-\frac{4J_1^2(\beta_1)}{\beta_1^2J_0^2(\beta_1)+\beta_1^2J_1^2(\beta_1)}e^{-\beta_1^2 Fo} \tag{3-41}$$

对球体有：

$$\frac{Q}{Q_0}=\frac{6(\sin\beta_1-\beta_1\cos\beta_1)^2}{\beta_1^3(\beta_1-\sin\beta_1\cos\beta_1)}\mathrm{e}^{-\beta_1^2 Fo} \tag{3-42}$$

由式(3-40)~式(3-42)可见，正规状况阶段，大平壁、圆柱体以及球体无量纲传热量$\frac{Q}{Q_0}$只与 $Bi$ 和 $Fo$ 有关，与无因次坐标无关。

**3. 一维非稳态导热正规状况阶段的工程计算方法**

利用式(3-30)~式(3-32)计算温度分布，以及利用式(3-40)~式(3-42)计算一段时间内的传热量时，由于涉及正弦函数、余弦函数以及贝塞尔函数等函数计算，因此计算很不方便。在工程计算中通常采用两种简化方法，分别是由海斯勒提出的诺模图，以及由 Campo 提出的近似拟合公式法进行计算。

(1) 海斯勒图

1) 海斯勒图的原理

以大平壁为例进行说明。当 $Fo\geqslant 0.2$ 时，可以利用式(3-30)或式(3-33)、式(3-34)近似计算平壁的过余温度分布，利用式(3-40)计算平壁的传热量。为了工程计算方便，式(3-33)、式(3-34)以及式(3-40)已被绘制成线算图，称为诺模图(Nomogram)。诺模图有几种不同的画法，其中使用最广泛的一种是由海斯勒(M. P. Heisler)和格罗伯(H. Grober)等人绘制的海斯勒图。

2) 海斯勒图的组成

针对大平壁、长圆柱体以及球体这三种一维非稳态导热物体，对于其中任何一种几何形状物体，其海斯勒图都包括三种线算图，以大平壁为例说明。

① 第一种线算图绘制的是某一时刻平壁中心面的无因次过余温度 $\theta_m/\theta_0$ 与毕渥数 $Bi$ 和傅里叶数 $Fo$ 之间的关系 $\theta_m/\theta_0=f(Fo,\ 1/Bi)$，如图 3-10 所示。

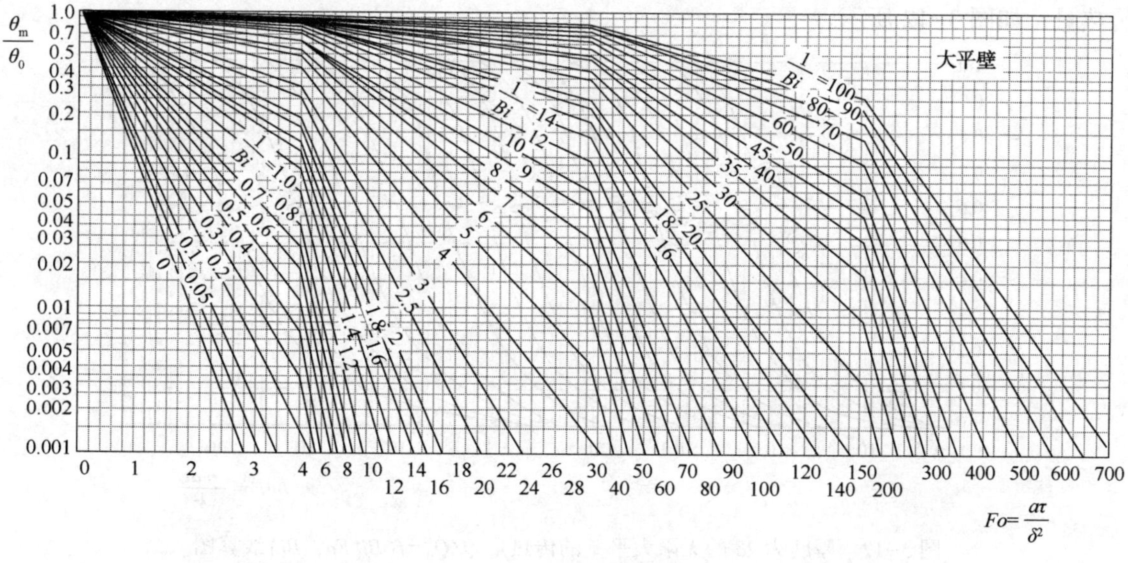


图 3-10　厚度为 2$\delta$ 的无限大平壁中心面温度 $\theta_m/\theta_0=f(Fo,\ 1/Bi)$线算图

② 第二种线算图绘制的是当中心面的温度为 $\theta_m$ 时，同一时刻，平壁内任意位置的过余

温度与中心面的过余温度之比 $\theta/\theta_m$ 与毕渥数 $Bi$ 和无因次位置 $x/\delta$ 之间的关系 $\theta/\theta_m = f(1/Bi, x/\delta)$，如图 3-11 所示。

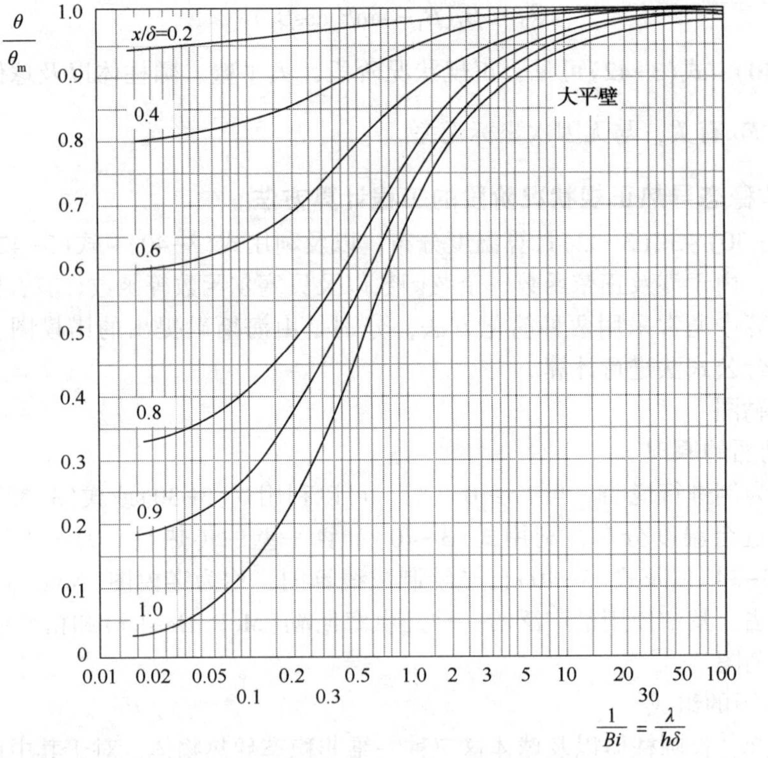


图 3-11　厚度为 2δ 的无限大平壁任意位置的温度 $\theta/\theta_m = f(1/Bi, x/\delta)$ 线算图

③ 第三种线算图绘制的是在一段时间内，大平壁无因次传热量 $Q/Q_0$ 与毕渥数 $Bi$ 和傅里叶数 $Fo$ 之间的关系 $Q/Q_0 = f(Bi^2Fo, Bi)$。其中，$Q_0$ 表示非稳态导热过程中大平壁的最大传热量，如图 3-12 所示。

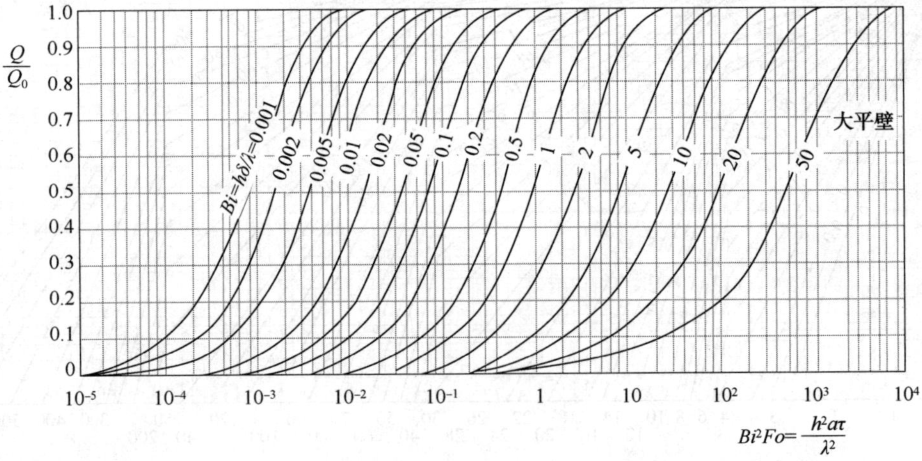


图 3-12　厚度为 2δ 的无限大平壁的传热量 $Q/Q_0 = f(Bi^2Fo, Bi)$ 线算图

3）海斯勒图的使用方法

① 先根据已知条件，计算出 $1/Bi$ 和 $Fo$ 的数值。

② 由线算图 $\theta_m/\theta_0=f(Fo, 1/Bi)$，如图 3-10 所示，确定平壁中心面的无因次过余温度 $\theta_m/\theta_0$，并由已知初始过余温度 $\theta_0=t_0-t_\infty$，计算出中心面的过余温度 $\theta_m$。

③ 再由线算图 $\theta/\theta_m=f(1/Bi, x/\delta)$，如图 3-11 所示，确定平壁任意位置 $x$ 处的无因次过余温度 $\theta/\theta_m$，进而可以计算出在 $\tau$ 时刻任意位置 $x$ 处的过余温度 $\theta=t-t_\infty$，从而确定任意位置 $x$ 处的温度 $t$。

④ 根据线算图 $Q/Q_0=f(Bi^2Fo, Bi)$，如图 3-12 所示，确定无因次传热量 $Q/Q_0$，再由 $Q_0=\rho cV\theta_0$，确定从初始时刻到某一时刻 $\tau$ 这一时间间隔内所传递的热量 $Q$。

对以上内容的几点说明：

① 上述分析虽然是针对平壁被冷却的情况进行的，但容易证明，其结果以及线算图对平壁被加热的情况仍然适用。

② 上述分析是基于平壁具有对称的第三类边界条件，温度场也必须对称。对一侧(中心面)绝热，另一侧具有第三类边界条件(加热或冷却)的情况仍然适用。

③ 线算图只适用于 $Fo\geqslant0.2$ 的情况。对于 $Fo<0.2$ 的情况，温度分布必须用式(3-21)进行计算，传热量必须用式(3-39)进行计算。

④ 对于无限长圆柱体和球体的一维非稳态导热，前文已经分析，其解的形式和无限大平壁的分析解类似，也是快速收敛的无穷级数。可以表示为：

$$\frac{\theta}{\theta_0}=f\left(Bi, Fo, \frac{r}{R}\right) \tag{3-43}$$

⑤ 当 $Fo\geqslant0.2$ 时，无限长圆柱体和球体的非稳态导热过程也都处于正规状况阶段，分析解可以近似地取无穷级数的第一项，近似结果也绘制成了线算图。无限长圆柱体一维非稳态导热的海斯勒图如图 3-13～图 3-15 所示。球体一维非稳态导热的海斯勒图如图 3-16～图 3-18所示。

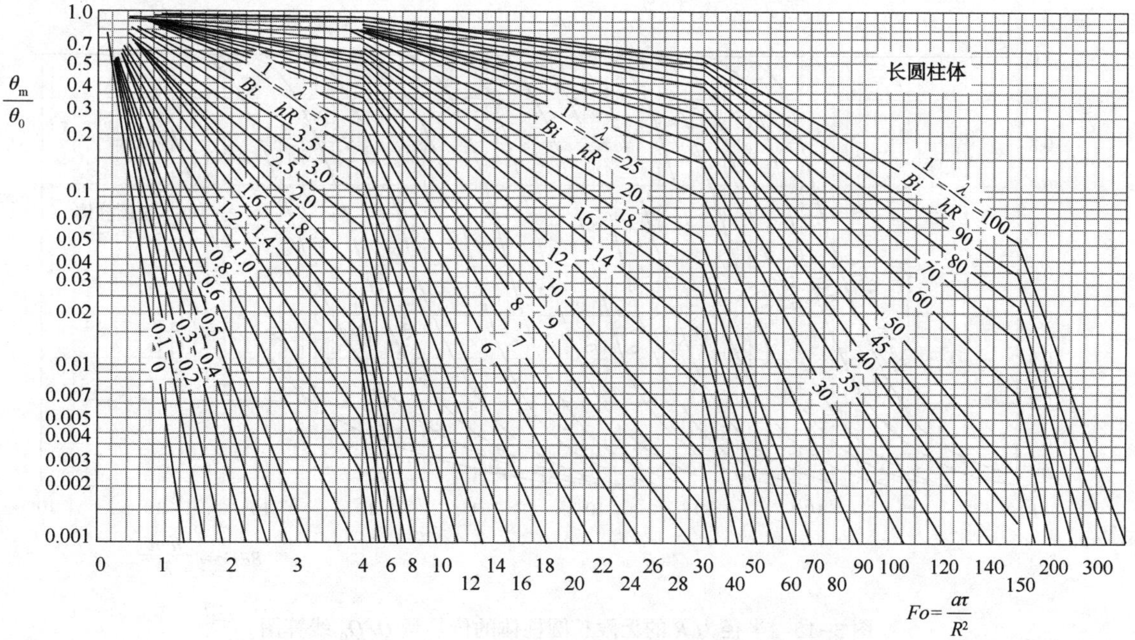


图 3-13　半径为 $R$ 的无限长圆柱体中心线温度 $\theta_m/\theta_0$ 线算图

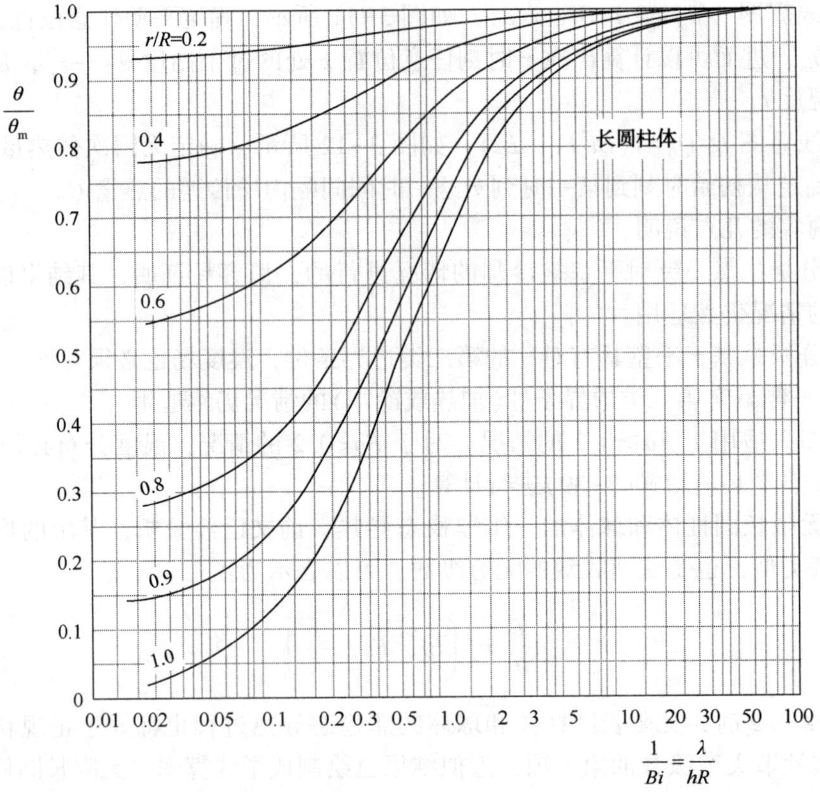


图 3-14　半径为 $R$ 的无限长圆柱体任意位置的温度 $\theta/\theta_m$ 线算图

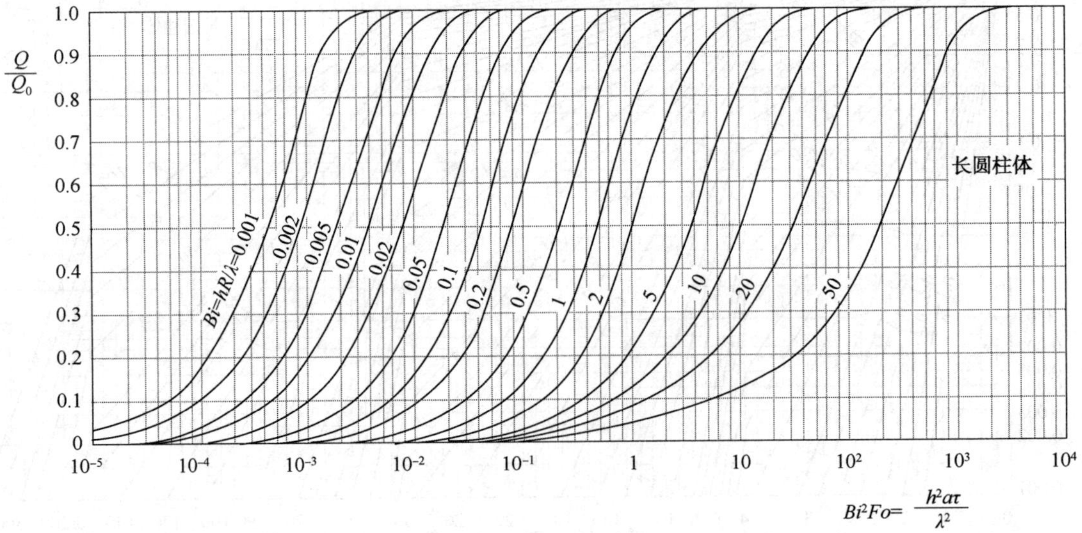


图 3-15　半径为 $R$ 的无限长圆柱体的传热量 $Q/Q_0$ 线算图

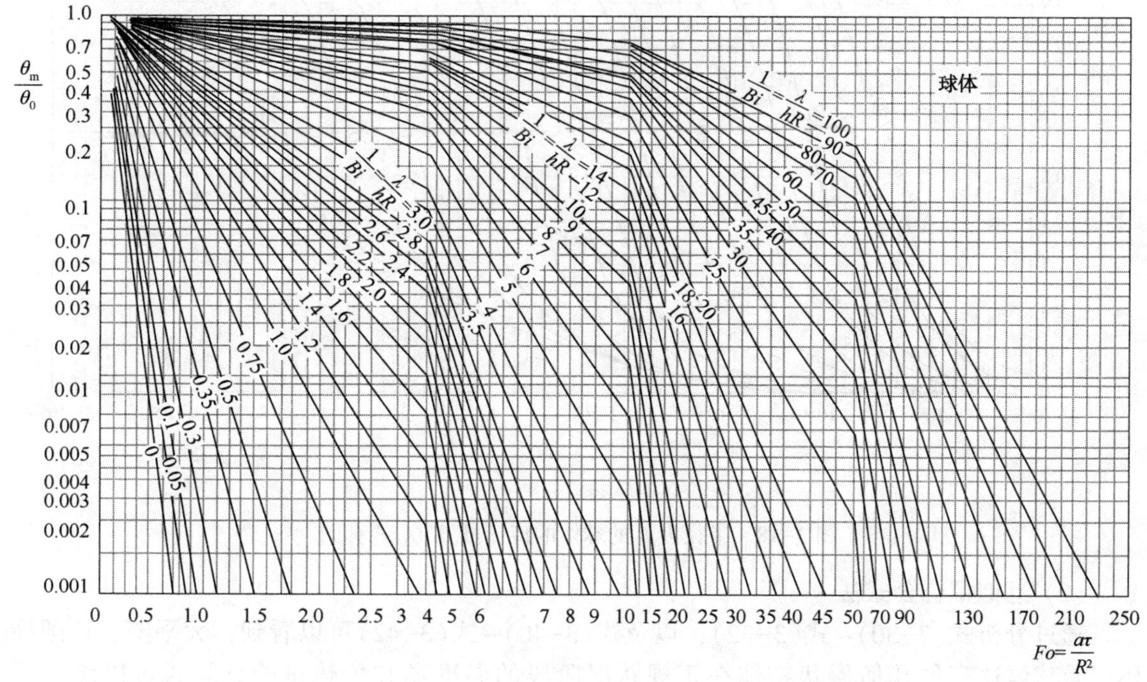


图 3-16 半径为 $R$ 的球体中心温度 $\theta_m/\theta_0$ 线算图

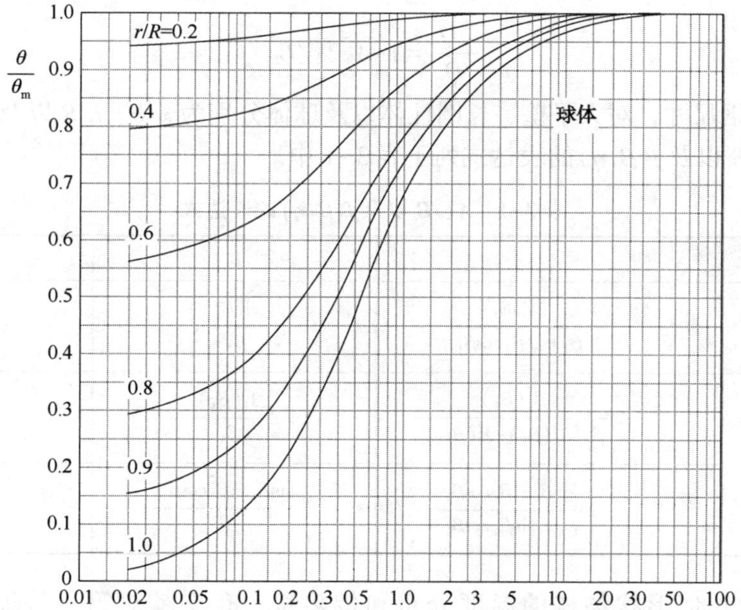


图 3-17 半径为 $R$ 的球体任意位置的温度 $\theta/\theta_m$ 线算图

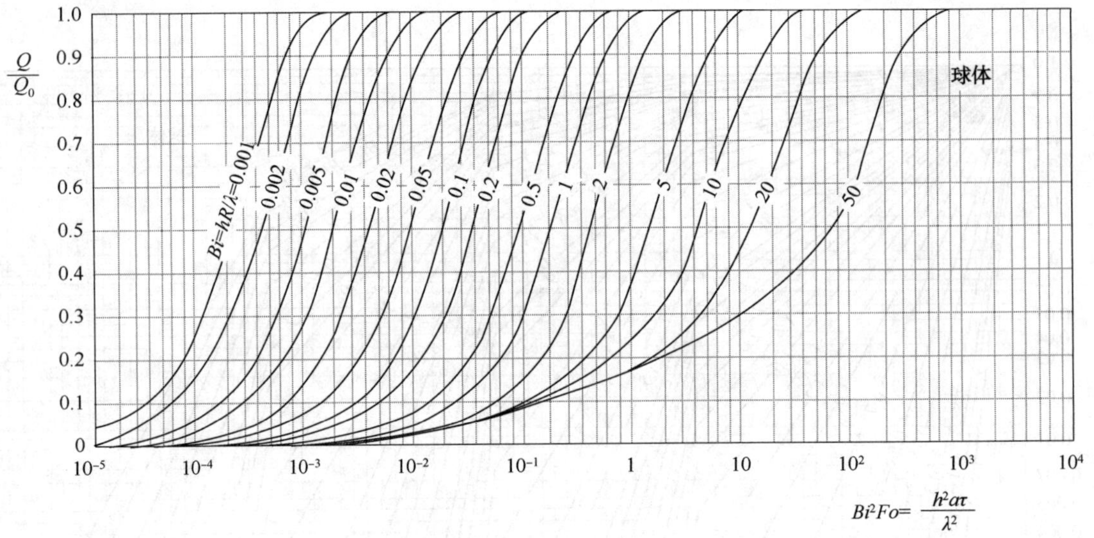


图 3-18　半径为 $R$ 的球体的传热量 $Q/Q_0$ 线算图

（2）近似拟合公式法

通过分析式(3-30)～式(3-32)，以及式(3-40)～式(3-42)可以看到，大平壁、长圆柱体以及球体这三种几何形状物体在正规状况阶段的温度场和传热量的计算式可以统一表示为：

$$\frac{\theta(\eta,\ \tau)}{\theta_0}=A\mathrm{e}^{-\beta_1^2 Fo}f(\beta_1\eta) \tag{3-44}$$

$$\frac{Q}{Q_0}=1-A\mathrm{e}^{-\beta_1^2 Fo}B \tag{3-45}$$

式中，$\eta$ 为无量纲尺寸，对大平壁、长圆柱体以及球体分别为 $x/\delta$、$r/R$ 以及 $r/R$。三种几何形状物体的 $A$、$B$ 以及 $f(\beta_1\eta)$ 的表达式列于表 3-1 中。

**表 3-1　$A$、$B$ 以及 $f(\beta_1\eta)$ 的表达式**

| 几何形状 | $A$ | $B$ | $f(\beta_1\eta)$ |
|---|---|---|---|
| 大平壁 | $\frac{2\sin\beta_1}{\beta_1+\sin\beta_1\cos\beta_1}$ | $\frac{\sin\beta_1}{\beta_1}$ | $\cos(\beta_1\eta)$ |
| 长圆柱体 | $2\frac{\mathrm{J}_1(\beta_1)}{\beta_1[\mathrm{J}_0^2(\beta_1)+\mathrm{J}_1^2(\beta_1)]}$ | $2\frac{\mathrm{J}_1(\beta_1)}{\beta_1}$ | $\mathrm{J}_0(\beta_1\eta)$ |
| 球体 | $2\frac{\sin\beta_1-\beta_1\cos\beta_1}{\beta_1-\sin\beta_1\cos\beta_1}$ | $3\frac{\sin\beta_1-\beta_1\cos\beta_1}{\beta_1^3}$ | $\frac{\sin(\beta_1\eta)}{\beta_1\eta}$ |

为求解三种几何形状物体的温度分布和传热量，有文献对第一特征值 $\beta_1$，以及式(3-44)、式(3-45)中的 $A$、$B$ 和零阶贝塞尔函数 $\mathrm{J}_0(x)$ 提出了以下拟合公式。

$$\beta_1^2=\left(a+\frac{b}{Bi}\right)^{-1} \tag{3-46}$$

$$A=a+b(1-\mathrm{e}^{-cBi}) \tag{3-47}$$

$$B=\frac{a+cBi}{1+bBi} \tag{3-48}$$

$$J_0(x)=a+bx+cx^2+dx^3 \tag{3-49}$$

式(3-46)~式(3-49)中的常数列于表3-2、表3-3中。

**表3-2　式(3-46)~式(3-48)中的常数**

| 计算的量 | | 几何形状 | | |
|---|---|---|---|---|
| | | 无限大平壁 | 无限长圆柱体 | 球体 |
| 特征值 $\beta_1$ | $a$ | 0.4022 | 0.1700 | 0.0988 |
| | $b$ | 0.9188 | 0.4349 | 0.2779 |
| 系数 $A$ | $a$ | 1.0101 | 1.0042 | 1.0003 |
| | $b$ | 0.2575 | 0.5877 | 0.9858 |
| | $c$ | 0.4271 | 0.4038 | 0.3191 |
| 系数 $B$ | $a$ | 1.0063 | 1.0173 | 1.0295 |
| | $b$ | 0.5475 | 0.5983 | 0.6481 |
| | $c$ | 0.3483 | 0.2574 | 0.1953 |

**表3-3　式(3-49)中计算 $J_0(x)$ 的常数**

| $a$ | $b$ | $c$ | $d$ |
|---|---|---|---|
| 0.9967 | 0.0354 | -0.3259 | 0.0577 |

**例题3-4**　一维非稳态导热——正规状况阶段的求解(1)

一块厚 $2\delta=200$mm 的大钢板，钢材的密度 $\rho=7790\text{kg/m}^3$，比热容 $c=470\text{J/(kg}\cdot\text{K)}$，导热系数 $\lambda=43.2\text{W/(m}\cdot\text{K)}$，钢板的初始温度为20℃，放入温度为800℃的加热炉中加热，表面传热系数 $h=300\text{W/(m}^2\cdot\text{K)}$。试求加热40min时钢板的中心温度。

**解**：本题可以近似看作一个第三类边界条件下的一维非稳态导热问题。钢材的导温系数为：

$$a=\frac{\lambda}{\rho c}=\frac{43.2\text{W/(m}\cdot\text{K)}}{7790\text{ kg/m}^3\times 470\text{J/(kg}\cdot\text{K)}}=1.18\times 10^{-5}\text{m}^2\text{/s}$$

计算毕渥数 $Bi$：

$$Bi=\frac{h\delta}{\lambda}=\frac{300\text{ W/(m}^2\cdot\text{K)}\times 0.1\text{m}}{43.2\text{W/(m}\cdot\text{K)}}=0.463$$

即 $Bi^{-1}=3.22$。

再计算傅里叶数 $Fo$：

$$Fo=\frac{a\tau}{\delta^2}=\frac{1.18\times 10^{-5}\text{m}^2\text{/s}\times(40\times 60)\text{s}}{(0.1\text{m})^2}=2.83$$

由 $Bi$、$Fo$，查线算图(图3-10) $\frac{\theta_m}{\theta_0}=f(Bi,\ Fo)$，查得 $\frac{\theta_m}{\theta_0}=\frac{t_m-t_\infty}{t_0-t_\infty}=0.32$。

因此，中心温度 $t_m=t_\infty+0.32(t_0-t_\infty)=800℃+0.32(20℃-800℃)=486.4℃$。

**例题3-5**　一维非稳态导热——正规状况阶段的求解(2)

一块厚度为200mm、初始温度为20℃的钢板，被放入炉温为1000℃的加热炉内，两面受热。已知钢板的导热系数 $\lambda=34.8\text{W}/(\text{m}\cdot\text{K})$，导温系数 $a=0.555\times10^{-5}\text{m}^2/\text{s}$，加热过程中复合换热的表面传热系数 $h=174\text{W}/(\text{m}^2\cdot\text{K})$。试求：(1)钢板表面温度达到500℃时所需的时间；(2)这段时间内单位面积传入钢板的热量。

**解**：本题可以看作大平壁的一维非稳态导热问题。计算毕渥数：

$$Bi=\frac{h\delta}{\lambda}=\frac{174\ \text{W}/(\text{m}^2\cdot\text{K})\times0.1\text{m}}{34.8\text{W}/(\text{m}\cdot\text{K})}=0.5$$

(1) 假设该加热过程处于正规状况阶段，利用海斯勒图求解。

由 $Bi=0.5$，$x/\delta=1$，查线算图(图3-11) $\frac{\theta}{\theta_m}=f(Bi,\ \frac{x}{\delta})$，查得 $\frac{\theta_w}{\theta_m}=0.8$。

由 $\frac{\theta_w}{\theta_0}=\frac{\theta_m}{\theta_0}\times\frac{\theta_w}{\theta_m}$，计算得 $\frac{\theta_m}{\theta_0}=\frac{\theta_w}{\theta_0}/\frac{\theta_w}{\theta_m}=\left(\frac{500℃-1000℃}{20℃-1000℃}\right)/0.8=0.637$。

由 $Bi=0.5$，$\frac{\theta_m}{\theta_0}=0.637$，查线算图(图3-10) $\frac{\theta_m}{\theta_0}=f(Bi,\ Fo)$，查得 $Fo=1.2$。

根据 $Fo=\frac{a\tau}{\delta^2}$，可得 $\tau=\frac{Fo\,\delta^2}{a}=\frac{1.2\times(0.1\text{m})^2}{0.555\times10^{-5}\text{m}^2/\text{s}}=2160\text{s}=0.6\text{h}$

即钢板表面温度达到500℃所需的时间为0.6h。

(2) 由 $Bi=0.5$，$Fo=1.2$，查线算图(图3-12) $\frac{Q}{Q_0}=f(Bi,\ Fo)$，查得 $\frac{Q}{Q_0}=0.39$。

又因为 $Q_0=\rho cV\theta_0=\frac{\lambda}{a}V\theta_0=\frac{34.8\text{W}/(\text{m}\cdot\text{K})}{0.555\times10^{-5}\text{m}^2/\text{s}}\times0.2\text{m}\times1\text{m}^2\times(20℃-1000℃)=-24.82\times10^8\text{J}$。

则 $Q=0.39Q_0=0.39\times(-24.82\times10^8)\text{J}=-9.68\times10^8\text{J}$。

负号表示热量从炉子传入钢板。

**例题3-6** 一维非稳态导热——正规状况阶段的求解(3)

有一直径为400mm的钢锭，初始温度 $t_0=20℃$。将其放置于炉温为900℃的加热炉中加热，试计算钢锭表面加热到750℃时所需的加热时间，加热过程中复合换热的表面传热系数 $h=174\text{W}/(\text{m}^2\cdot\text{K})$。假设钢锭可看作无限长圆柱体，导热系数 $\lambda=34.8\text{W}/(\text{m}\cdot\text{K})$，导温系数 $a=0.695\times10^{-5}\text{m}^2/\text{s}$。

**解**：本题可以看作长圆柱体的一维非稳态导热问题。采用两种方法来计算，一种是海斯勒图法，第二种是拟合公式法。

方法一：海斯勒图法。

计算毕渥数，$Bi=\frac{hR}{\lambda}=\frac{174\ \text{W}/(\text{m}^2\cdot\text{K})\times0.2\text{m}}{34.8\text{W}/(\text{m}\cdot\text{K})}=1.0$。

由 $Bi=1.0$，$r/R=1$，查长圆柱体线算图 $\frac{\theta}{\theta_m}=f(Bi,\ \frac{r}{R})$，查得 $\frac{\theta_w}{\theta_m}=0.65$。

由已知条件，钢锭表面的无量纲过余温度为 $\frac{\theta_w}{\theta_0}=\frac{t_w-t_\infty}{t_0-t_\infty}=\frac{750℃-900℃}{20℃-900℃}=0.17$。

因此，$\frac{\theta_m}{\theta_0}=\frac{\theta_w}{\theta_0}/\frac{\theta_w}{\theta_m}=0.17/0.65=0.262$。

由 $Bi=1.0$，$\frac{\theta_m}{\theta_0}=0.262$，查长圆柱体线算图$\frac{\theta_m}{\theta_0}=f(Bi, Fo)$，查得 $Fo=0.96$。

根据 $Fo=\frac{a\tau}{R^2}$，可得加热时间 $\tau=Fo\frac{R^2}{a}=0.96\times\frac{(0.2\text{m})^2}{0.695\times10^{-5}\text{m}^2/\text{s}}=5525\text{s}=1.535\text{h}$。

方法二：拟合公式法。

对于长圆柱体，有：

$$\beta_1^2=\left(0.1700+\frac{0.4349}{1.0}\right)^{-1},\ \beta_1=1.2858$$

$$A=1.0042+0.5877\times[1-e^{(-0.4038\times1.0)}]=1.1994$$

$$J_0\left(\beta_1\frac{r}{R}\right)=0.9967+0.0354\times1.2858-0.3259\times1.2858^2+0.0577\times1.2858^3=0.6261$$

由

$$\frac{\theta}{\theta_0}=Ae^{-\beta_1^2 Fo}J_0\left(\beta_1\frac{r}{R}\right)$$

代入数据，有：

$$0.17=1.1994\times e^{-1.2858^2 Fo}\times0.6261$$

求解得 $Fo=0.899$。

根据 $Fo=\frac{a\tau}{R^2}$，可得加热时间 $\tau=Fo\frac{R^2}{a}=0.899\times\frac{(0.2\text{m})^2}{0.695\times10^{-5}\text{m/s}}=5174\text{s}=1.437\text{h}$。

这一结果与查海斯勒图的结果基本一致。本问题中将钢锭的导热看作一维非稳态导热，实际中，钢锭的直径常常可以与其长度相比较，因此更合理的计算是将钢锭的导热作为二维导热处理。

## 第四节　半无限大物体的非稳态导热

受热面在 $x=0$ 处、厚度沿 $x$ 正方向且 $x\to+\infty$ 的物体，称为半无限大物体，如图 3-19 所示。现实世界中并不存在半无限大物体，它可以看作一维平壁的一种特殊情况。从几何角度来看，半无限大物体从 $x=0$ 的界面开始，在 $x$ 轴的正方向以及上、下方向均无限延伸，且在与 $x$ 轴垂直的每个截面上温度都相等。例如，大地即可看作半无限大物体。从物理概念来看，举例来说，假设有限尺寸大平壁的一侧表面受到热扰动，这个热扰动可以是该侧表面的温度升高到某一定值，或者是该侧表面受到恒定热流的加热，或者是该侧表面与周围流体之间进行对流换热。若该有限尺寸大平壁的一维非稳态导热处于初始阶段，平壁内总有一些点的温度受到边界条件的影响，温度发生变化；还有一些点的温度仍受初始条件的影响，温度不发生变化。由于这些热扰动还局限在表面附近而未深入传递至平壁内部各点，此时，该有限尺寸大平壁在初始阶段的导热就可以看作半无限大物体的导热。工程中，有不少导热问题可按半无限大物体来处理。

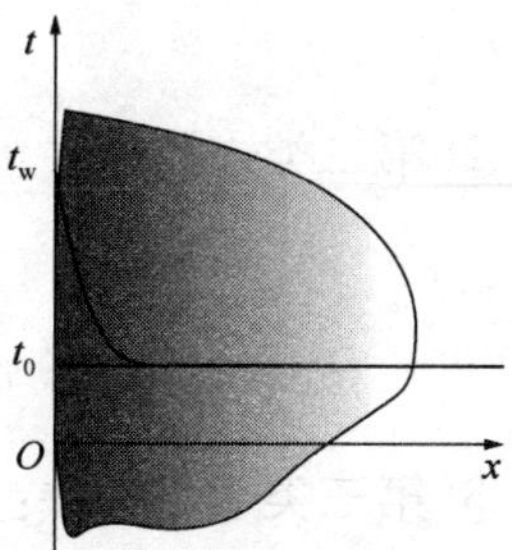


图 3-19　半无限大物体示意图

**1. 半无限大物体温度场的分析解**

如图 3-19 所示，考察一半无限大物体，热物性为常数，无内热源。其初始温度均匀为 $t_0$，在 $\tau=0$ 的初始时刻，$x=0$ 处的表面突然受到热扰动。热扰动可以分为以下三类边界条件。①第一类边界条件：表面温度升至 $t_w$，并维持不变。②第二类边界条件：表面受到恒定热流密度 $q_0$ 的加热。③第三类边界条件：表面与温度为 $t_\infty$ 的流体进行热交换。在这三类边界条件下，物体内的温度分布随时间的变化趋势如图 3-20 所示。

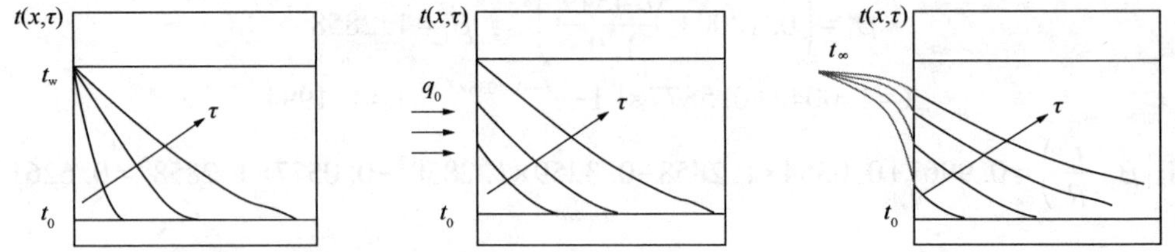


图 3-20　三类边界条件下，半无限大物体内部的温度变化

建立半无限大物体导热的数学描述，导热微分方程式为：

$$\frac{\partial t}{\partial \tau}=a\frac{\partial^2 t}{\partial x^2}\quad(0\leqslant x<\infty)\tag{3-50}$$

初始条件：

$$\tau=0,\ t(x,\ 0)=t_0\tag{3-51}$$

边界条件：

$$x=0,\ \text{图 3-20 所示的三类边界条件之一}\tag{3-52}$$

上述三类边界条件下，温度场的分析解分别为：

① 第一类边界条件：

$$\frac{t(x,\ \tau)-t_w}{t_0-t_w}=\mathrm{erf}\left(\frac{x}{2\sqrt{a\tau}}\right)\tag{3-53}$$

② 第二类边界条件：

$$t(x,\ \tau)-t_0=\frac{2q_0\sqrt{\frac{a\tau}{\pi}}}{\lambda}\exp\left(-\frac{x^2}{4a\tau}\right)-\frac{q_0x}{\lambda}\mathrm{erfc}\left(\frac{x}{2\sqrt{a\tau}}\right)\tag{3-54}$$

③ 第三类边界条件：

$$\frac{t(x,\ \tau)-t_0}{t_\infty-t_0}=\mathrm{erf}\left(\frac{x}{2\sqrt{a\tau}}\right)-\exp\left(\frac{hx}{\lambda}+\frac{h^2a\tau}{\lambda^2}\right)\mathrm{erfc}\left(\frac{x}{2\sqrt{a\tau}}+\frac{h\sqrt{a\tau}}{\lambda}\right)\tag{3-55}$$

式中，$\mathrm{erf}\left(\frac{x}{2\sqrt{a\tau}}\right)$ 称为误差函数（又称为高斯误差函数），其定义式为：

$$\mathrm{erf}(x)=\frac{1}{\sqrt{\pi}}\int_{-x}^{x}\mathrm{e}^{-u^2}\mathrm{d}u\tag{3-56}$$

$\mathrm{erfc}\left(\frac{x}{2\sqrt{a\tau}}\right)=1-\mathrm{erf}\left(\frac{x}{2\sqrt{a\tau}}\right)$，称为余误差函数。误差函数的部分数值可见附表 16。

### 2. 导热量计算

以第一类边界条件为例求解导热量。在第一类边界条件下，某一瞬时，通过半无限大物体内任意截面 $x$ 处的热流密度为：

$$q_x = -\lambda \frac{\partial t}{\partial x} = \lambda \frac{t_w - t_0}{\sqrt{\pi a\tau}} \exp\left(-\frac{x^2}{4a\tau}\right) \tag{3-57}$$

由此可得某一时刻，表面 $x=0$ 处的热流密度为：

$$q_w = \lambda \frac{t_w - t_0}{\sqrt{\pi a\tau}} \tag{3-58}$$

在一段时间间隔[0, $\tau$]内，即从初始时刻到某一指定时刻 $\tau$，通过半无限大物体表面处的总导热量为：

$$Q = A\int_0^{\tau} q_w \mathrm{d}\tau = A\int_0^{\tau} \lambda \frac{t_w - t_0}{\sqrt{\pi a\tau}} \mathrm{d}\tau = 2A\sqrt{\frac{\tau}{\pi}}\sqrt{\rho c\lambda}\,(t_w - t_0) \tag{3-59}$$

对导热量公式(3-58)、式(3-59)进行几点说明：

① 对比式(3-58)和式(3-59)可以看到，表面处的瞬时热流密度 $q_w$ 与时间 $\tau$ 的平方根成反比，而总导热量 $Q$ 与时间 $\tau$ 的平方根成正比。

② 表面处的总导热量 $Q$ 除了与时间 $\tau$ 的平方根成正比外，还与 $\sqrt{\rho c\lambda}$ 成正比。

③ 在材料成型工业中，$\sqrt{\rho c\lambda}$ 称为材料的吸热系数，是材料的一个热物性参数。它的大小表示了物体向与其接触的高温物体吸热的能力，材料的吸热系数越大，其吸收热量的能力越强。与导温系数不同，导温系数反映了物体向与其接触的低温物体放热的能力。例如，冬季在室外放置一个铁块和一个木块，二者的温度相同，但用手摸铁块时感觉更凉一些，而用手摸木块时感觉并不太凉。这是由于铁块和木块的吸热系数不同，铁块的吸热系数大于木块。再例如，将一根铁棒和一根木棒同时放置于温度相同的热水中，用手分别摸铁棒和木棒的另一端，摸铁棒时会很快感觉到热，而摸木棒时感觉到热并不明显。这是由于铁棒和木棒的导温系数不同，铁棒的导温系数大于木棒。

### 3. 半无限大物体温度分布分析解的讨论

由前面分析可以看到，三类边界条件下温度场的分析解有一个共同特点：都包含无量纲参数 $\eta = \frac{x}{2\sqrt{a\tau}}$，以及误差函数 $\mathrm{erf}\eta = \mathrm{erf}\left(\frac{x}{2\sqrt{a\tau}}\right)$。下面以第一类边界条件为例，对分析解做进一步分析。

首先来看误差函数的性质。如图 3-21 所示，当 $\eta=0$ 时，误差函数值 $\mathrm{erf}\eta=0$；随着 $\eta$ 的增大，误差函数值 $\mathrm{erf}\eta$ 也增大；当 $\eta$ 值接近 2 时，其对应的误差函数值将接近 1。由误差函数表(附表 16)可知，当 $\eta=2$ 时，$[t(x, \tau) - t_w]/(t_0 - t_w) = 0.9953 \approx 1$。当 $\eta \geqslant 2\left(\frac{x}{2\sqrt{a\tau}} \geqslant 2\right)$ 时，对应 $x$ 处的无量纲过余温度的变化小于 0.5%，可以认为该处温度仍等于初始温度 $t_0$。由此可以得出如下结论：

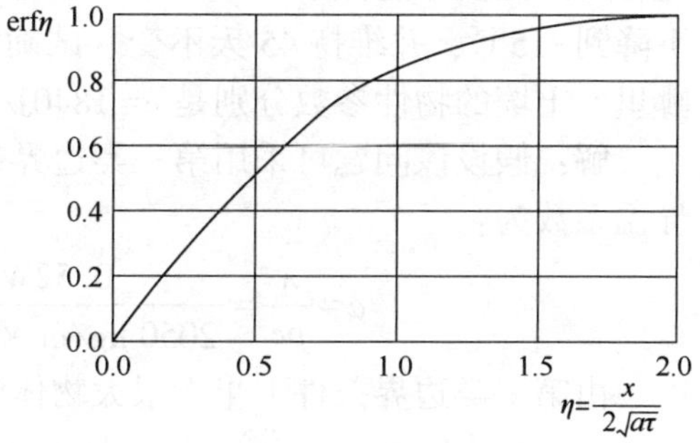


图 3-21　误差函数曲线

① 从几何位置上看：对初始温度均匀、厚度为 $2\delta$ 的平板，如果其一半厚度 $\delta \geqslant 4\sqrt{a\tau}$，其一侧温度突然升高并保持恒定时，则在 $\tau$ 时刻之前，该平板另一侧表面温度仍保持初始温度 $t_0$。因此，该平板中瞬时温度场的计算可采用半无限大物体模型。

② 从时间上看：对初始温度均匀、厚度为 $2\delta$ 的平板，当非稳态导热过程进行的时间 $\tau \leqslant \frac{x^2}{16a}$ 时，此时 $x$ 处的温度仍等于初始温度 $t_0$，物体的非稳态导热可以作为半无限大物体处理。

③ 从傅里叶数 $Fo$ 数值上看：对初始温度均匀、厚度为 $2\delta$ 的平板，当物体的局部傅里叶数 $Fo_{x,\tau} = \frac{a\tau}{x^2} < \frac{1}{16} \approx 0.06$ 时，物体所发生的非稳态导热可以作为半无限大物体处理。

**例题 3-7** 半无限大物体温度场求解

一块大钢板，$\lambda = 40\text{W/(m·℃)}$，$a = 1.4\times10^{-6}\text{m}^2/\text{s}$，初始温度均匀 $t_0 = 35℃$。若钢板：(1)表面温度突然提高到 250℃；(2)表面热流密度变化为 $3.2\times10^5\text{W/m}^2$。试计算这两种情况下，0.5min 时，距离表面 2.5cm 位置处的温度。

**解**：将 0.5min 之内大平板的非稳态导热按半无限大物体处理。

$\tau = 0.5\text{min} = 30\text{s}$ 时，在 $x = 2.5\text{cm}$ 处：

$$\eta = \frac{x}{2\sqrt{a\tau}} = \frac{0.025\text{m}}{2\times\sqrt{1.4\times10^{-6}\text{m}^2/\text{s}\times30\text{s}}} = 1.93$$

(1) 表面温度突然提高到 250℃，为第一类边界条件，由式(3-53)可得：

$$t(x,\ \tau) = \text{erf}(1.93)(t_0 - t_w) + t_w = 0.994\times(35℃ - 250℃) + 250℃ = 36.36℃$$

(2) 表面热流密度变化为 $3.2\times10^5\text{W/m}^2$，为第二类边界条件，由式(3-54)可得：

$$t(x,\ \tau) = \frac{2q_0\sqrt{a\tau/\pi}}{\lambda}\exp\left(-\frac{x^2}{4a\tau}\right) - \frac{q_0 x}{\lambda}\text{erfc}\left(\frac{x}{2\sqrt{a\tau}}\right) + t_0$$

$$= \frac{2\times3.2\times10^5\text{W/m}^2\times\sqrt{1.4\times10^{-6}\text{m}^2/\text{s}\times30\text{s}\div3.14}}{40\text{W/(m·℃)}}\exp(-1.93^2) -$$

$$\frac{3.2\times10^5\text{W/m}^2\times0.025\text{m}}{40\text{W/(m·℃)}}\text{erfc}(1.93) + 35℃$$

$$= 35.14℃$$

**例题 3-8** 半无限大物体表面导热量计算(1)

地面下的埋管是常见的工程与生活设施，考虑埋管深度的一个重要因素是，在当地的气候条件下，埋管处的温度不会导致管内流体冻结或凝固。以输送工业及民用水的埋管为例，埋管处的温度不能低于 0℃。设某地冬天地表温度为 10℃，后突然受冷空气侵袭，地表温度下降到-15℃，并维持 45 天不变。试确定此种条件下 45 天后地面下温度为 0℃ 处的位置在哪里？土壤的物性参数分别是 $c = 1840\text{J/(kg·K)}$，$\rho = 2050\text{kg/m}^3$，$\lambda = 0.52\text{W/(m·K)}$。

**解**：假设该问题可采用第一类边界条件下半无限大物体非稳态导热模型，先确定土壤的导温系数为：

$$a = \frac{\lambda}{\rho c} = \frac{0.52\text{W/(m·K)}}{2050\ \text{kg/m}^3\times1840\text{J/(kg·K)}} = 0.138\times10^{-6}\text{m}^2/\text{s}$$

由第一类边界条件下半无限大物体温度分布表达式，有：

$$\frac{t(x,\ \tau) - t_w}{t_0 - t_w} = \text{erf}\left(\frac{x}{2\sqrt{a\tau}}\right)$$

代入已知数据，可得：

$$\frac{0℃-(-15℃)}{10℃-(-15℃)}=\text{erf}\left(\frac{x}{2\sqrt{a\tau}}\right)=0.6$$

由附表 16 查得$\frac{x}{2\sqrt{a\tau}}=0.6$，因此：

$$x=1.2\sqrt{a\tau}=1.2\times\sqrt{0.138\times10^{-6}\text{m}^2/\text{s}\times45\times24\times3600\text{s}}=0.88\text{m}$$

**例题 3-9**　半无限大物体表面导热量计算(2)

某加热炉炉底为 0.75m 厚的黏土砖，下面为混凝土基础，基础底下面为干土壤。设黏土砖、混凝土及干土壤的平均导热系数 $\lambda=1.16\text{W}/(\text{m}\cdot℃)$，平均比热容 $c=1.09\text{kJ}/(\text{kg}\cdot℃)$，平均密度 $\rho=1800\text{kg/m}^3$。在开炉时，炉底表面温度很快由初温 $t_0=20℃$ 上升至 $t_b=800℃$。试求：(1)混凝土表面开始升温所需的时间；(2)开炉一个月后，混凝土表面温度是多少？(3)开炉一个月后，通过炉底表面的热流密度是多少？(4)开炉后一个月内，通过每平方米炉底散失的热流量是多少？

**解**：假设升温过程中，黏土砖、混凝土及干土壤的物性参数不随温度变化，均取其平均值，则对应的平均导温系数为：

$$a=\frac{\lambda}{\rho c}=\frac{1.16\text{W}/(\text{m}\cdot℃)}{1800\text{ kg/m}^3\times1.09\times10^3\text{J}/(\text{kg}\cdot℃)}=0.591\times10^{-6}\text{m}^2/\text{s}$$

(1) 混凝土表面，即 $x=0.75\text{m}$ 处开始升温的时间，可由该点处的 $Fo\leqslant\frac{1}{16}$确定，即是 $Fo=\frac{a\tau}{x^2}\leqslant\frac{1}{16}$，因此：

$$\tau\leqslant\frac{1}{16}\frac{x^2}{a}=\frac{1}{16}\times\frac{(0.75\text{m})^2}{0.591\times10^{-6}\text{m}^2/\text{s}}=59486\text{s}=16.5\text{h}$$

即开炉 16.5h 后，混凝土表面开始升温。

(2) 开炉一个月后，混凝土表面温度。

根据半无限大物体第一类边界条件下温度场的分析解$\frac{t(x,\ \tau)-t_w}{t_0-t_w}=\text{erf}\left(\frac{x}{2\sqrt{a\tau}}\right)$，先计算：

$$\eta=\frac{x}{2\sqrt{a\tau}}=\frac{0.75\text{m}}{2\sqrt{0.591\times10^{-6}\text{m}^2/\text{s}\times30\times24\times3600\text{s}}}=0.303$$

由附表 16 查得误差函数 erf(0.303) = 0.329，因此：

$$t(x,\ \tau)=t_w+0.329(t_0-t_w)=800℃+0.329(20℃-800℃)=543.4℃$$

(3) 开炉一个月后，通过炉底表面的热流密度。

由式(3-58)，有：

$$q_w=\lambda\frac{t_w-t_0}{\sqrt{\pi a\tau}}=1.16\text{W}/(\text{m}\cdot℃)\times\frac{800℃-20℃}{\sqrt{\pi\times0.591\times10^{-6}\text{m}^2/\text{s}\times30\times24\times3600\text{s}}}=412\text{W/m}^2$$

(4) 开炉后一个月内，每平方米炉底散失的热流量。

由式(3-59)，有：

$$Q=2A\sqrt{\frac{\tau}{\pi}}\sqrt{\rho c\lambda}\,(t_w-t_0)$$

$$=2\times1\text{m}^2\times\sqrt{\frac{30\times24\times3600\text{s}}{\pi}}\times\sqrt{1800\ \text{kg/m}^3\times1.09\times10^3\text{J/(kg}\cdot\text{℃)}\times1.16\text{W/(m}\cdot\text{℃)}}\times(800\text{℃}-20\text{℃})$$

$$=2136.9\times10^3\text{kJ}$$

## 第五节　多维非稳态导热的简易求解法

对于多维非稳态导热，其导热微分方程为：

$$\rho c\frac{\partial t}{\partial\tau}=\left[\frac{\partial}{\partial x}\left(\lambda\frac{\partial t}{\partial x}\right)+\frac{\partial}{\partial y}\left(\lambda\frac{\partial t}{\partial y}\right)+\frac{\partial}{\partial z}\left(\lambda\frac{\partial t}{\partial z}\right)\right]+\dot{\Phi}\tag{3-60}$$

由于该方程是多元偏微分方程，其分析解的求解较为复杂，多采用数值方法来求解此方程。而对于一些几何形状比较简单的物体，例如无限长方柱、短圆柱或者长方体等，其多维非稳态导热的分析解，可用几个相应的一维非稳态导热的分析解相乘得出。这种方法称为“乘积解法”，又称为“简易求解法”。

考察如图 3-22、图 3-23、图 3-24 所示的三种几何形状物体。其中，图 3-22(a)为一无限长方柱，其温度只在截面 $x$、$y$ 方向发生变化，而沿长度 $z$ 方向不发生变化，是二维导热问题。从几何角度来看，该无限长方柱可以看作由两块无限大平板垂直相交而成的，如图 3-22(b)所示。图 3-23(a)为一短圆柱，其温度沿半径 $r$ 及轴向 $x$ 方向均发生变化，也是二维导热问题。从几何角度来看，该短圆柱可以看作由一块无限大平板与一个无限长圆柱垂直相交而成的，如图 3-23(b)所示。图 3-24(a)为一长方体，其温度在 $x$、$y$、$z$ 三个坐标方向均发生变化，是三维导热问题。该物体可以看作由三块大平板两两垂直相交而成的，如图 3-24(b)所示。

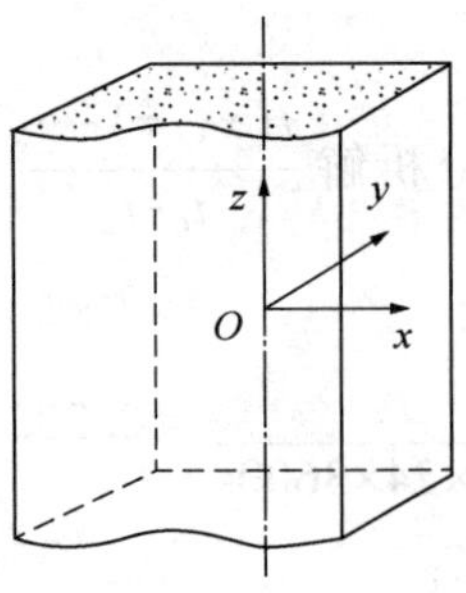


(a)

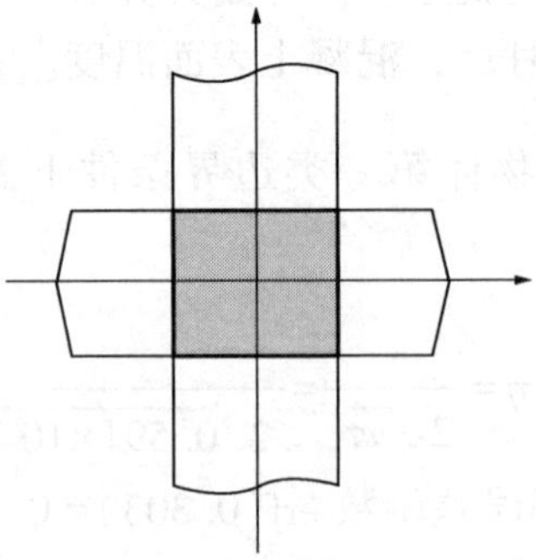

(b)

图 3-22　无限长方柱示意图

假设三个物体的初始温度都是均匀的，均为 $t_0$，初始时刻与温度为 $t_\infty$ 的流体发生对流换热，表面传热系数为 $h$。在数学上已经证明，这三个物体的无量纲过余温度的解等于构成这些物体的两个或三个物体在相同边界条件下一维非稳态导热的无量纲过余温度解的连乘，即：

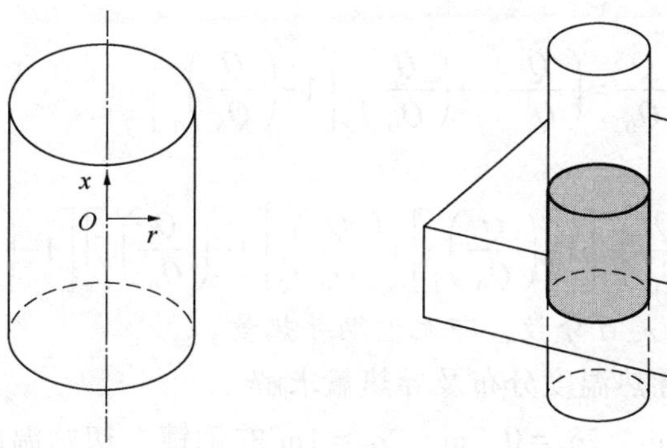


(a) (b)

图 3-23 短圆柱示意图

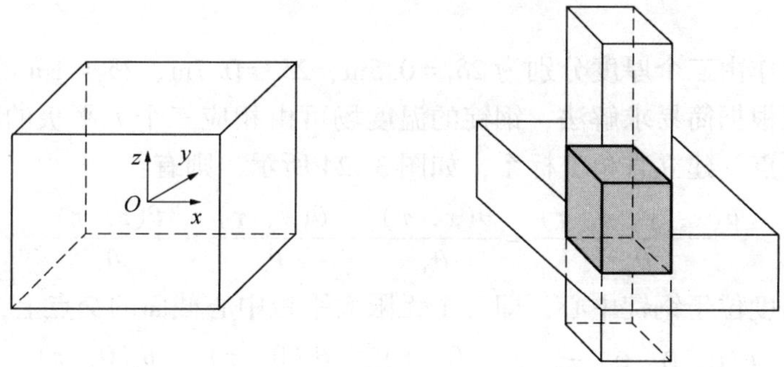


(a) (b)

图 3-24 长方体示意图

对于无限长方柱：

$$\frac{\theta(x,\ y,\ \tau)}{\theta_0}=\frac{\theta(x,\ \tau)}{\theta_0}\cdot\frac{\theta(y,\ \tau)}{\theta_0} \tag{3-61}$$

对于短圆柱：

$$\frac{\theta(x,\ r,\ \tau)}{\theta_0}=\frac{\theta(x,\ \tau)}{\theta_0}\cdot\frac{\theta(r,\ \tau)}{\theta_0} \tag{3-62}$$

对于垂直六面体：

$$\frac{\theta(x,\ y,\ z,\ \tau)}{\theta_0}=\frac{\theta(x,\ \tau)}{\theta_0}\cdot\frac{\theta(y,\ \tau)}{\theta_0}\cdot\frac{\theta(z,\ \tau)}{\theta_0} \tag{3-63}$$

这样，就可以简单地利用一维非稳态导热问题的解来求解这些特殊几何体的多维非稳态导热问题。

乘积解法适用的条件为：①物体内部的初始温度分布是均匀的；②物体的导热系数为常数，且其无内热源；③与物体表面发生对流换热的流体的温度和表面传热系数为定值；④边界条件为第一类或第三类。

对于多维非稳态导热，导热量的百分比也可以通过类似乘积解法的形式得出。令 $\left(\frac{Q}{Q_0}\right)_1$、$\left(\frac{Q}{Q_0}\right)_2$、$\left(\frac{Q}{Q_0}\right)_3$ 分别是构成一个二维或三维非稳态导热物体的一维几何体非稳态导热量的百分数，则有：

对于二维问题：

$$\frac{Q}{Q_0}=\left(\frac{Q}{Q_0}\right)_1+\left(\frac{Q}{Q_0}\right)_2\left[1-\left(\frac{Q}{Q_0}\right)_1\right] \tag{3-64}$$

对于三维问题：

$$\frac{Q}{Q_0}=\left(\frac{Q}{Q_0}\right)_1+\left(\frac{Q}{Q_0}\right)_2\left[1-\left(\frac{Q}{Q_0}\right)_1\right]+\left(\frac{Q}{Q_0}\right)_3\left[1-\left(\frac{Q}{Q_0}\right)_1\right]\left[1-\left(\frac{Q}{Q_0}\right)_2\right] \tag{3-65}$$

注意，导热量的解给出的是百分数，即无量纲导热量。

**例题 3-10** 钢锭非稳态导热温度分布及导热量求解

三边尺寸分别为 $2\delta_1=0.5\text{m}$、$2\delta_2=0.7\text{m}$、$2\delta_3=1\text{m}$ 的钢锭，初始温度 $t_0=20℃$，推入炉温为 1200℃的加热炉内加热，钢锭表面的复合传热系数 $h=348\text{W/(m}^2\cdot\text{K)}$。求经过 4h 后，钢锭的最低温度和最高温度。已知钢锭的导热系数 $\lambda=40.5\text{W/(m}\cdot\text{K)}$，导温系数 $a=0.772\times10^{-5}\text{m}^2/\text{s}$。

**解**：钢锭可看作由三个厚度分别为 $2\delta_1=0.5\text{m}$、$2\delta_2=0.7\text{m}$、$2\delta_3=1\text{m}$ 的大平板两两垂直相交得到的，因此根据简易求解法，钢锭的温度场可由相应三个大平板的温度场连乘得到。选取钢锭中心为原点，建立直角坐标系，如图 3-24 所示，则有：

$$\frac{\theta(x,\ y,\ z,\ \tau)}{\theta_0}=\frac{\theta(x,\ \tau)}{\theta_0}\cdot\frac{\theta(y,\ \tau)}{\theta_0}\cdot\frac{\theta(z,\ \tau)}{\theta_0}$$

其中，最低温度位于钢锭中心，即三个无限大平板中心截面的交点上，可表示为：

$$\frac{\theta(0,\ 0,\ 0,\ \tau)}{\theta_0}=\frac{\theta_x(0,\ \tau)}{\theta_0}\cdot\frac{\theta_y(0,\ \tau)}{\theta_0}\cdot\frac{\theta_z(0,\ \tau)}{\theta_0}$$

最高温度位于钢锭的顶角处，可表示为：

$$\frac{\theta(1,\ 1,\ 1,\ \tau)}{\theta_0}=\frac{\theta_x(1,\ \tau)}{\theta_0}\cdot\frac{\theta_y(1,\ \tau)}{\theta_0}\cdot\frac{\theta_z(1,\ \tau)}{\theta_0}$$

（1）确定钢锭的最低温度，即钢锭中心温度。

分别计算三个大平板的毕渥数 $Bi$、傅里叶数 $Fo$：

$$Bi_x=\frac{h\delta_1}{\lambda}=\frac{348\ \text{W/(m}^2\cdot\text{K)}\times0.25\text{m}}{40.5\text{W/(m}\cdot\text{K)}}=2.14$$

$$Fo_x=\frac{a\tau}{\delta_1^2}=\frac{0.722\times10^{-5}\text{m}^2/\text{s}\times4\times3600\text{s}}{(0.25\text{m})^2}=1.66$$

$$Bi_y=\frac{h\delta_2}{\lambda}=\frac{348\ \text{W/(m}^2\cdot\text{K)}\times0.35\text{m}}{40.5\text{W/(m}\cdot\text{K)}}=3.00$$

$$Fo_y=\frac{a\tau}{\delta_2^2}=\frac{0.722\times10^{-5}\text{m}^2/\text{s}\times4\times3600\text{s}}{(0.35\text{m})^2}=0.85$$

$$Bi_z=\frac{h\delta_3}{\lambda}=\frac{348\ \text{W/(m}^2\cdot\text{K)}\times0.5\text{m}}{40.5\text{W/(m}\cdot\text{K)}}=4.29$$

$$Fo_z=\frac{a\tau}{\delta_3^2}=\frac{0.722\times10^{-5}\text{m}^2/\text{s}\times4\times3600\text{s}}{(0.5\text{m})^2}=0.416$$

由 $Bi_x=2.14$，$Fo_x=1.66$，查线算图(3-10) $\frac{\theta_m}{\theta_0}=f(Bi,\ Fo)$，可得 $\left(\frac{\theta_m}{\theta_0}\right)_x=0.17$。

同理，由 $Bi_y=3.00$，$Fo_y=0.85$，查线算图(3-10) $\dfrac{\theta_m}{\theta_0}=f(Bi,\ Fo)$，可得 $\left(\dfrac{\theta_m}{\theta_0}\right)_y=0.38$。

由 $Bi_z=4.29$，$Fo_z=0.416$，查线算图(3-10) $\dfrac{\theta_m}{\theta_0}=f(Bi,\ Fo)$，可得 $\left(\dfrac{\theta_m}{\theta_0}\right)_z=0.63$。

因此，钢锭中心处的过余温度为：

$$\frac{\theta(0,\ 0,\ 0,\ \tau)}{\theta_0}=\frac{\theta_x(0,\ \tau)}{\theta_0}\cdot\frac{\theta_y(0,\ \tau)}{\theta_0}\cdot\frac{\theta_z(0,\ \tau)}{\theta_0}=\left(\frac{\theta_m}{\theta_0}\right)_x\cdot\left(\frac{\theta_m}{\theta_0}\right)_y\cdot\left(\frac{\theta_m}{\theta_0}\right)_z$$

$$=0.17\times0.38\times0.63=0.0406$$

即钢锭的最低温度为：

$$t_m=t_f+0.0406\times(t_0-t_f)=1200℃+0.0406\times(20℃-1200℃)=1152.1℃$$

(2) 确定钢锭的最高温度，即钢锭的顶角温度。

由 $Bi_x=2.14$，$\dfrac{x}{\delta_1}=1$，查线算图(3-11) $\dfrac{\theta}{\theta_m}=f\left(Bi_x,\ \dfrac{x}{\delta_1}\right)$，可得 $\left(\dfrac{\theta_w}{\theta_m}\right)_x=0.45$。

$$\left(\frac{\theta_w}{\theta_0}\right)_x=\left(\frac{\theta_m}{\theta_0}\right)_x\cdot\left(\frac{\theta_w}{\theta_m}\right)_x=0.17\times0.45=0.0765$$

同理，由 $Bi_y=3.00$，$\dfrac{y}{\delta_2}=1$，查线算图(3-11) $\dfrac{\theta}{\theta_m}=f\left(Bi_y,\ \dfrac{y}{\delta_2}\right)$，可得 $\left(\dfrac{\theta_w}{\theta_m}\right)_y=0.36$。

$$\left(\frac{\theta_w}{\theta_0}\right)_y=\left(\frac{\theta_m}{\theta_0}\right)_y\cdot\left(\frac{\theta_w}{\theta_m}\right)_y=0.38\times0.36=0.137$$

由 $Bi_z=4.29$，$\dfrac{z}{\delta_3}=1$，查线算图(3-11) $\dfrac{\theta}{\theta_m}=f\left(Bi_z,\ \dfrac{z}{\delta_3}\right)$，可得 $\left(\dfrac{\theta_w}{\theta_m}\right)_z=0.275$。

$$\left(\frac{\theta_w}{\theta_0}\right)_z=\left(\frac{\theta_m}{\theta_0}\right)_z\cdot\left(\frac{\theta_w}{\theta_m}\right)_z=0.63\times0.275=0.173$$

因此，钢锭顶角的过余温度为：

$$\frac{\theta(1,\ 1,\ 1,\ \tau)}{\theta_0}=\frac{\theta_x(1,\ \tau)}{\theta_0}\cdot\frac{\theta_y(1,\ \tau)}{\theta_0}\cdot\frac{\theta_z(1,\ \tau)}{\theta_0}=\left(\frac{\theta_w}{\theta_0}\right)_x\cdot\left(\frac{\theta_w}{\theta_0}\right)_y\cdot\left(\frac{\theta_w}{\theta_0}\right)_z$$

$$=0.0765\times0.137\times0.173=0.00181$$

钢锭的最高温度为：

$$t=t_f+0.00181(t_0-t_f)=1200℃+0.00181\times(20℃-1200℃)=1197.9℃$$

## 思考题

1. 非稳态导热主要有哪些类型？试举出相应例子。

2. 瞬态非稳态导热有哪些特点？

3. 什么是瞬态非稳态导热的正规状况阶段？这一阶段在物理过程及数学处理上都有什么特点？

4. 写出毕渥数 $Bi$ 的定义式及物理意义。$Bi\to0$ 及 $Bi\to\infty$ 各代表什么样的换热条件？

5. 写出傅里叶数 $Fo$ 的定义式及物理意义。

6. 什么是非稳态导热的集总参数法？其适用条件是什么？

7. 在用热电偶测量气流的非稳态温度场时，怎样才能提高热电偶的温度响应特性？

8. 试以第三类边界条件下无限大平壁的非稳态导热为例，说明傅里叶数 $Fo$ 和毕渥数 $Bi$ 对平壁内温度分布有什么影响。

9. 什么是半无限大物体？半无限大物体的非稳态导热存在正规状况阶段吗？

10. 冬天，用手摸温度为 72℃ 的铁块和温度为 72℃ 的木材时，感觉铁块会更凉一些；而用手摸温度为 72℃ 的铁块和温度为 600℃ 的木材时，感觉二者凉热几乎相同。试解释这种现象的原因。

11. 有两大块不同材料，例如铜和混凝土，已在温度为 23℃ 的室内放置了很长时间。如果用手去摸，会感到有一块材料更冷一些，试分析是哪一块？分析时可假定它们是半无限大物体，手的温度为 37℃。

12. 什么是非稳态导热的简易求解法？它的适用条件是什么？

# 习　题

## 非稳态导热温度分布

3-1　考察 5 块厚度为 30mm 的无限大平板，分别用银、铜、钢、玻璃及软木制成。材料的初始温度均匀，均为 20℃。初始时刻大平板两侧表面温度突然上升至 60℃。试计算使大平板中心温度上升至 56℃ 时需要的时间分别是多少。通过计算结果，你可以得出什么结论？已知 5 种材料的导温系数分别为：$170\times10^{-6}\,m^2/s$、$103\times10^{-6}\,m^2/s$、$12.9\times10^{-6}\,m^2/s$、$0.59\times10^{-6}\,m^2/s$、$0.155\times10^{-6}\,m^2/s$。

3-2　设有一根长度为 $l$ 的圆棒，具有均匀的初始温度 $t_0$。现使其两端各自维持恒定温度：$x=0$ 处，$t=t_1$；$x=l$ 处，$t=t_2$。棒的四周保持绝热。试画出棒中温度分布随时间变化的曲线示意图，以及最终的温度分布曲线。

3-3　考察汽轮机的汽缸。假设把汽轮机的汽缸壁及其外部绝热层近似看作两块紧密接触的无限大平壁，其中绝热层厚度大于汽缸壁厚度。试定性地画出汽轮机从冷态启动后汽缸壁与绝热层中温度分布随时间变化的示意图。

3-4　在一管内流动的对流换热实验中，如图 3-25 所示，用电阻加热器产生热量加热管道内流体。电阻加热器的加热功率为常数，管道可近似看作平壁。试画出在非稳态加热过程中系统中的温度分布随时间变化的示意图（系统包括电阻加热器、管壁及管内流体）。需画出四个典型时刻：初始状态（未开始加热状态），两个中间状态以及稳定状态。

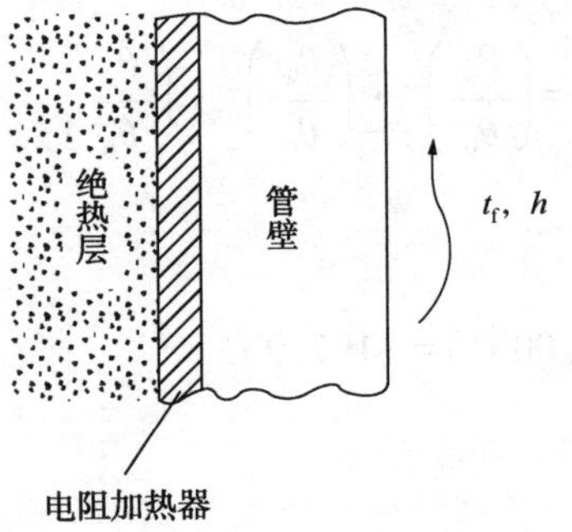


图 3-25　习题 3-4 示意图

## 集总参数法的应用

3-5　一热电偶的 $\rho cV/A=2.094\,kJ/(m^2\cdot K)$，初始温度为 20℃。后将其放置于温度为 320℃ 的气流中。试计算在气流与热电偶的表面传热系数为 $58\,W/(m^2\cdot K)$ 及 $116\,W/(m^2\cdot K)$ 两种情形下，热电偶的时间常数，并画出两种情形下热电偶的过余温度随时间变化的曲线示意图。

3-6　一直径为5cm、长为30cm的钢圆柱体，初始温度为30℃，将其放入炉温为1200℃的加热炉中加热，升温至800℃时取出。设钢圆柱体与烟气之间复合换热的表面传热系数为140W/(m$^2$·K)，钢圆柱体的密度$\rho$=7753kg/m$^3$，比热容$c$=480J/(kg·K)，导热系数$\lambda$=33W/(m·K)。试确定需要多长时间才能达到要求。

3-7　一块厚为20mm的钢板，被加热到500℃后置于20℃的空气中冷却。设冷却过程中钢板两侧表面换热的平均表面传热系数为35W/(m$^2$·K)，钢板的导热系数为45W/(m·K)，导温系数为1.37×10$^{-5}$m$^2$/s。试确定使钢板冷却到与空气温度相差10℃时所需的时间。

3-8　热电偶的热接点可以近似看作球形。已知其直径$d$=0.5mm，材料的密度$\rho$=8500kg/m$^3$，比热容$c$=400J/(kg·K)，热电偶的初始温度为25℃。突然将其放入温度为120℃的气流中，热电偶表面与气流之间换热的表面传热系数为90W/(m$^2$·K)。试求：(1)热电偶的时间常数；(2)热电偶的过余温度达到初始过余温度的1%时需要的时间。

3-9　将初始温度为25℃的热电偶插入温度为200℃的某种流体中。10min后，测得热电偶的温度读数为80℃。已知热电偶材料的导热系数$\lambda$=30W/(m·K)，其体积与表面积之比$V/A$=0.005。热电偶表面与流体之间对流换热的表面传热系数$h$=58W/(m$^2$·K)。试计算：当热电偶的温度读数为180℃时，需要多长时间？温度读数为199℃时，又需要多长时间？

3-10　一含碳量约为0.5%的曲轴，加热到600℃后放置于温度为20℃的空气中回火。曲轴的质量为7.84kg，表面积为870m$^2$，比热容为418.7J/(kg·K)，密度为7840kg/m$^3$，导热系数可按300℃查取。曲轴冷却过程中的平均表面传热系数为29.1W/(m$^2$·K)。试计算经过多长时间后曲轴冷却到与空气的温度差为10℃。

3-11　将初始温度为80℃、直径为20mm的紫铜棒突然横置于温度为20℃、流速为12m/s的风道中冷却，5min后紫铜棒的表面温度降低为34℃。已知紫铜棒的密度$\rho$=8950kg/m$^3$，比热容$c$=380J/(kg·K)，导热系数$\lambda$=390W/(m·K)。试求紫铜棒表面与气体之间对流换热的表面传热系数。

3-12　在热处理工艺中，用银球试样来测定淬火介质在不同条件下的冷却能力。今有两个直径为20mm的银球，加热到650℃后被分别放置于：(1)温度为20℃的盛有静止水的大容器中；(2)温度为20℃的循环水中。在这两种情况下，使用热电偶测得，当银球中心温度从650℃变化到450℃时，银球的降温速率分别为180℃/s及360℃/s。试确定两种情况下银球表面与水之间换热的表面传热系数分别是多少？假设银球的物性为常数，密度$\rho$=10500kg/m$^3$，比热容$c$=262J/(kg·K)，导热系数$\lambda$=360W/(m·K)。

3-13　一直径为1mm的金属丝放置于温度为25℃的恒温油槽中，其电阻值为0.01Ω/m。设电流强度为120A的电流突然流经此导线并保持不变，导线表面与油之间换热的表面传热系数为550W/(m$^2$·K)。试回答：(1)当导线温度稳定后，其温度是多少？(2)当导线温度从初始时刻温度到与稳定时相差1℃时所需的时间是多少？假设导线物性为常数，其密度$\rho$=8000kg/m$^3$，比热容$c$=500J/(kg·K)，导热系数$\lambda$=25W/(m·K)。

3-14　一种火焰报警器采用低熔点的金属丝作为传感元件。当该导线受火焰或高温烟气的作用而熔断时，报警系统即被触发。该报警系统导线的熔点为500℃，导热系数$\lambda$=210W/(m·K)，比热容$c$=420J/(kg·K)，密度$\rho$=7200kg/m$^3$。导线的初始温度为25℃。当它突然受到650℃烟气加热后，若需要在1min内发出报警信号，导线的直径应限制在多大以下？假设导线与烟气之间换热的表面传热系数为12W/(m$^2$·K)。

## 一维非稳态导热的计算

3-15 在一块无限大平板的非稳态导热过程中，测得某一瞬间在板的厚度方向上的三个点 A、B、C 处的温度分别为：$t_A=180℃$、$t_B=130℃$、$t_C=90℃$，A 与 B 以及 B 与 C 各相隔 1cm，材料的导温系数 $a=1.1\times10^{-5}m^2/s$。试估计在该瞬间 B 点温度对时间的瞬间变化率。假设该平板的厚度远大于 A 与 C 之间的距离。

3-16 有两块相同材料的平板 A 与 B，已知平板 A 的厚度为平板 B 的 2 倍。现将两块平板放在同一个高温炉中加热后取出，并放置于冷流体中淬火处理。冷流体与两平板表面换热的表面传热系数为无限大。如果平板 B 中心点的过余温度下降到初始值的一半需要 21min，问平板 A 达到同样温度需要多长时间？

3-17 有一块无内热源的无限大平板，在某一瞬间，平板的温度分布可表示为 $t=c_1x^2+c_2$ 的形式，其中，$c_1$、$c_2$ 为已知的常数。试确定：(1)此时刻在平板表面 $x=0$ 处的热流密度；(2)此时刻平板平均温度随时间的变化率。平板的物性参数为常数。

3-18 一块厚度为 0.15m、初始温度均匀且为 300K 的铝板(2024 铝)被放在炉子中，炉内气流温度为 800K，对流换热的表面传热系数为 $500W/(m^2\cdot K)$。试计算：(1)铝板中心面温度达到 700K 时需要的时间是多少？(2)该条件下铝板的表面温度是多少？(3)如果板子的材料换为不锈钢(304 号钢)，重复上述计算。

3-19 将一块厚度为 5cm、初始温度为 250℃ 的大钢板突然放置于温度为 20℃ 的气流中，钢板壁面与气流之间对流换热的表面传热系数为 $100W/(m^2\cdot K)$。已知钢板的导热系数 $\lambda=47W/(m\cdot K)$，导温系数 $a=1.47\times10^{-5}m^2/s$。试求：(1)5min 后钢板的中心温度和距离壁面 1.5cm 处的温度；(2)钢板表面温度达到 150℃ 时所需的时间。

3-20 有一块很大的铝板，厚度为 6cm。初始时具有均匀的温度，初始温度 $t_0=130℃$。初始时刻突然将铝板放置于温度保持 30℃ 的对流环境中。铝板的物性参数为：密度 $\rho=2707kg/m^3$，比热容 $c=0.896kJ/(kg\cdot K)$，导热系数 $\lambda=204W/(m\cdot K)$。铝板与周围流体对流换热的表面传热系数为 $520W/(m^2\cdot K)$。试计算：1min 后，距离铝板表面 1.5cm 深处的温度是多少？这段时间内，通过单位面积铝板表面的传热量是多少？

3-21 一块厚度为 100mm 的钢板放入温度为 1000℃ 的炉中加热，钢板一面受热，另一面可以近似地认为绝热。钢板初始温度 $t_0=20℃$。求：(1)钢板受热表面的温度达到 500℃ 时需要的时间；(2)计算此时剖面上的最大温差。取加热过程中的平均表面传热系数 $h=174W/(m^2\cdot K)$，钢板的导热系数 $\lambda=34.8W/(m\cdot K)$，导温系数 $a=0.555\times10^{-5}m^2/s$。

3-22 直径为 50mm 的圆柱形钢棒(AISI 1010)被牵引通过炉气温度为 750℃、长度为 5m 的长烘炉进行热处理。钢棒进入烘炉的温度为 50℃，在离开烘炉前中心线温度达到 600℃。炉气与钢棒之间对流换热的表面传热系数为 $125W/(m^2\cdot K)$。试利用海斯勒图计算钢棒通过烘炉时的移动速度。

3-23 有一航天器，重返大气层时壳体表面温度为 1000℃，随即落入温度为 5℃ 的海洋中。设海水与壳体表面间的表面传热系数为 $1135W/(m^2\cdot K)$。试问：此航天器落入海洋 5min 后的表面温度是多少？壳体表面的最高温度是多少？已知壳体的厚度 $\delta=50mm$，导热系数 $\lambda=56.8W/(m\cdot K)$，导温系数 $a=4.13\times10^{-6}m^2/s$，其内侧面可认为是绝热的。

3-24 有一火箭发动机喷管，壁厚为 9mm，初始温度为 30℃。在进行静推力试验时，温度为 1750℃ 的高温燃气送入该喷管，燃气与壁面间换热的表面传热系数为 $1950W/(m^2\cdot K)$。

喷管材料的密度 $\rho=8400\text{kg/m}^3$，比热容 $c=560\text{J/(kg·K)}$，导热系数 $\lambda=24.6\text{W/(m·K)}$。假设考虑到喷管的直径与厚度之比较大，而将喷管壁面近似看作大平壁，且外侧可做绝热处理，试确定：(1)为使喷管的最高温度不超过材料允许温度1000℃，火箭发动机能允许的运行时间是多少？(2)在所允许时间的终了时刻，壁面中的最大温差是多少？(3)在上述时刻，壁面中的平均温度梯度、最大温度梯度、最小温度梯度分别是多少？

3-25　分析一无内热源长圆柱体的非稳态导热问题。在某一瞬时测得 $r=2\text{cm}$ 处温度的瞬间变化率为 $-0.5\text{K/s}$。试计算此时此处圆柱体单位长度上的热流量沿半径方向的变化率，并指出热流密度矢量方向。已知长圆柱体的导热系数 $\lambda=43\text{W/(m·K)}$，导温系数 $a=1.2\times10^{-5}\text{m}^2/\text{s}$。

3-26　一截面尺寸为10cm×5cm的长圆棒(18~20Cr/8~12Ni)，初始温度为20℃。突然将钢棒长边的一侧放置于温度为200℃的气流中，表面传热系数 $h=125\text{W/(m}^2\text{·K)}$，而另外三个侧面绝热。试确定6min后长边的另一个侧面中点的温度。钢棒的物性参数 $\rho$、$c$、$\lambda$ 可取20℃时之值。

3-27　有一根材料为黄铜的长圆柱体。直径为20cm，初始温度为20℃，后被放置于温度为100℃的流体中加热。若使长圆柱体的中心温度在10min内上升至80℃，需要的表面传热系数值是多少？黄铜的物性参数 $\rho$、$c$、$\lambda$ 可取20℃时之值。

3-28　有一直径 $d=200\text{mm}$ 的圆钢，加热到800℃后其断面温度均匀分布。然后将其浸入温度为60℃的循环水中淬火。设淬火过程中圆钢的表面温度与水温相同，并保持不变，其导温系数 $a=0.04\text{m}^2/\text{h}$。经过6min后圆钢的中心温度是多少？

3-29　有一直径为50mm的细长钢棒，在加热炉中均匀加热到温度为400℃后突然取出放入温度为30℃的油浴中，钢棒表面与油浴之间对流换热的表面传热系数为 $500\text{W/(m}^2\text{·K)}$。已知钢棒材料的密度 $\rho=8000\text{kg/m}^3$，比热容 $c=450\text{J/(kg·K)}$，导热系数 $\lambda=45\text{W/(m·K)}$。试求：(1)10min后钢棒的中心温度和表面温度；(2)钢棒中心温度达到180℃时需要的时间。

3-30　某高度 $H=0.4\text{m}$ 的圆柱体，初始温度均匀，然后将其四周曲面完全绝热，而上、下底面暴露于气流中冷却。气流与两底面之间对流换热的表面传热系数为 $50\text{W/(m}^2\text{·K)}$。圆柱体的导热系数 $\lambda=20\text{W/(m·K)}$，导温系数 $a=5.6\times10^{-6}\text{m}^2/\text{s}$。试确定圆柱体中心过余温度下降到初始值一半时需要的时间。

3-31　有一直径为500mm、高为800mm的钢锭。初始温度为30℃，被送入温度为1200℃的炉子中加热。设钢锭各表面同时受热，且表面传热系数 $h=180\text{W/(m}^2\text{·K)}$，钢锭的导热系数 $\lambda=40\text{W/(m·K)}$，导温系数 $a=8\times10^{-6}\text{m}^2/\text{s}$。试确定3h后在钢锭高为400mm的截面上半径为0.13m处的温度。

## 球体

3-32　有一钢球，直径为10cm，初始温度为250℃。后将其放置于温度为10℃的油槽中冷却。设冷却过程中对流换热的表面传热系数为 $200\text{W/(m}^2\text{·K)}$。试计算：(1)若使钢球中心温度降低到150℃需要多长时间？(2)此时钢球表面温度是多少？已知钢球的导热系数 $\lambda=44.8\text{W/(m·K)}$，导温系数 $a=1.229\times10^{-5}\text{m}^2/\text{s}$。

3-33　在滚珠轴承表面的硬化处理中，希望把滚珠表面温度在很短时间内升高到1000K左右，而其内部温度没有明显上升。这可以通过把滚珠突然浸入温度达1300K的盐浴炉来实现。在盐浴中，滚珠的表面传热系数高达5000W/(m$^2$·K)。为使直径等于20mm、初温为300K的滚珠在离开表面1mm深的范围内均能得到硬化，试估计需要浸入盐浴多长时间。滚珠的物性参数如下：密度$\rho=7800kg/m^3$，比热容$c=500J/(kg·K)$，导热系数$\lambda=50W/(m·K)$。

3-34　均匀加热到850℃的不锈钢(AISI 304)球形轴承在温度保持为40℃的油浴中淬火使之硬化。已知球形轴承的直径为20mm。在油浴中对流换热的表面传热系数为1000W/(m$^2$·K)。试确定：

(1) 如果淬火到球的表面温度达到100℃，球应放在油浴中多长时间？在冷却过程终了时，它的中心温度是多少？

(2) 如果每小时要淬火10000个球，为了保持油浴温度为40℃，油浴冷却系统应以多大的速率把热量带走？

3-35　在温度为-30℃的高空云层中形成了直径为5mm的球状冰雹，然后开始落下并穿过温度为5℃的热空气层。冰雹与热空气层换热的表面传热系数$h=240W/(m^2·K)$。冰雹落下多长时间其表面才能开始融化，并确定此时冰雹的中心温度是多少？冰雹的物性可取冰的物性值，比热容$c=2040J/(kg·K)$，密度$\rho=900kg/m^3$，导热系数$\lambda=2.22W/(m·K)$。

3-36　将28℃的苹果放置于冷藏库中冷藏。冷库的温度维持4℃不变，苹果与冷库环境之间换热的表面传热系数$h=8.6W/(m^2·K)$。假设苹果可看作直径为80mm的球体，苹果的密度$\rho=730kg/m^3$，比热容$c=700J/(kg·K)$，导热系数$\lambda=0.68W/(m·K)$。当苹果放置在冷库中10h后，苹果中心的温度是多少？

## 半无限大物体

3-37　一种测量导热系数的瞬态法是基于半无限大物体的导热过程而设计的。设有一块厚金属板，初始温度为30℃，然后其一侧表面突然与温度为100℃的沸水相接触。在距离此表面10mm处采用热电偶测得2min后该处的温度为65℃。已知材料的密度$\rho=2200kg/m^3$，比热容$c=700J/(kg·K)$。试计算该材料的导热系数。

3-38　有一块厚的橡树板，初始温度为25℃，突然受到800℃的燃气加热。假设橡树板壁和燃气之间换热的表面传热系数为20W/(m$^2$·K)。试计算橡树板壁达到着火温度400℃时需要的时间。

3-39　设一座加热炉的炉底由0.75m厚的黏土砖砌成，下面是混凝土地基，地基下面是干燥的土壤。假设炉基各层材料的平均热物理性质为：密度$\rho=1800kg/m^3$，比热容$c=1.09kJ/(kg·K)$，导温系数$a=6.7\times10^{-7}m^2/s$。炉底的初始温度为20℃，开炉时炉底表面温度突然上升至850℃，然后维持不变。经过24h后，距离炉底0.75m深处的温度是多少？每平方米炉底的热损失是多少？

3-40　加油站的储油罐埋于地下，土壤的导热系数$\lambda=0.43W/(m·K)$，导温系数$a=0.0028m^2/h$。在通常情况下，土壤和储油罐的温度为15℃，如果在储油罐上面的土壤表面有汽油着火，并把它看作土壤表面温度突然升高至2200℃，为使储油罐的温度在2h内不超过65℃，储油罐埋入土壤的深度必须是多少？

3-41　夏天高速公路的路面在日光的长时间暴晒下可达到50℃高温。假设突然一阵雷阵雨把路面冷却到20℃并保持不变，雷雨持续了10min。在此降雨期间，公路路面单位时间放出的热量是多少？高速公路混凝土的物性参数如下：密度$\rho=2300kg/m^3$，比热容$c=880J/(kg·K)$，

导热系数 $\lambda=1.4W/(m \cdot K)$。作为一种估算，若假设雷雨前路面以下相当厚的一层混凝土均处于 50℃，试分析这一假设对放热量的计算有何影响。

3-42 柏油路面在炎热夏天的温度可高达 50℃。假设路面上各处都是这个温度，突然一阵暴雨使路面温度降低到 20℃。如果路面温度维持 20℃不变，30min 内柏油路面传出的热量是多少？

3-43 在寒冷地区埋设地下水管时需要考虑冬天地层下结冰的可能性。为使水管安全工作，水管应埋在结冰层以下。作为一种估算，可以采用这样的简化模型，即把地球表面层看作半无限大平板，在冬天地球表面层长时间处于较低的平均温度下。假设某处地层的导温系数 $a=1.65\times10^{-7}m^2/s$，地球表面温度由原来均匀的 15℃突然降低到-20℃，并长达 50 天之久。试估算为使埋管上不出现霜冻而必需的最浅埋设深度是多少？

3-44 将一个片状电加热器和一块厚胶木板放在一起，二者的接触面接触良好。厚胶木板具有均匀的初始温度为 300K。在电加热器通电时，胶木板表面得到一个 $2500W/m^2$ 的恒定热流密度。试计算：通电 10min 后，胶木板表面及 25mm 深处的温度是多少？

## 多维非稳态导热

3-45 有一个正方形木块，其边长为 0.1m，初始温度为 25℃，被放置于温度为 425℃的环境中。设木块的 6 个表面均可受到加热，表面传热系数 $h=6.5W/(m^2 \cdot K)$。经过 4 小时 50 分 24 秒后，木块局部位置开始着火。试推算木块材料的着火温度。假设木块可看作各向同性材料，其物性参数如下：密度 $\rho=810kg/m^3$，比热容 $c=2550J/(kg \cdot K)$，导热系数 $\lambda=0.65W/(m \cdot K)$。

3-46 有一直角钢锭，尺寸为 0.7m×1m×2.2m。钢锭的热物理性质为导热系数 $\lambda=35W/(m \cdot K)$，导温系数 $a=7.14\times10^{-6}m^2/s$。钢锭的初始温度为 0℃，被放置于温度为 1300℃的加热炉中，加热过程中的平均表面传热系数为 $465W/(m^2 \cdot K)$。钢锭在加热炉内各表面均匀受热。经过 4h 后钢锭的中心温度(最低温度)和钢锭角部温度(最高温度)分别是多少？

3-47 将尺寸为 0.06m×0.09m×0.20m 的耐火砖从温度为 1600K 的炉窑中取出，并在 40℃的空气中冷却。对流换热的表面传热系数 $h=50W/(m^2 \cdot K)$。冷却 50min 后耐火砖的中心与角上的温度各是多少？

3-48 有一直径为 0.15m、高为 0.05m 的平板玻璃圆盘，被送入退火炉中消除应力。其初始温度为 30℃，退火炉温度为 450℃。设该玻璃圆盘在退火炉内各表面均可受到加热，表面传热系数为 $9.5W/(m^2 \cdot K)$。按工艺要求，圆盘各处温度需要加热到 400℃以上。试估算需要的加热时间是多少？已知圆盘的物性参数如下：密度 $\rho=2700kg/m^3$，比热容 $c=835J/(kg \cdot K)$，导热系数 $\lambda=0.78W/(m \cdot K)$。

3-49 有一直径为 10cm、高度为 10cm 的短钢圆柱体，初始温度为 260℃，后将其放置于温度为 30℃的大油槽中，短钢圆柱体的全部表面均可受到油的冷却，冷却过程中的表面传热系数为 $250W/(m^2 \cdot K)$。3min 后短钢圆柱体内的最大温差是多少？已知短钢圆柱体的导热系数 $\lambda=47.5W/(m \cdot K)$，导温系数 $a=9.55\times10^{-6}m^2/s$。

# Chapter 3 Unsteady-State Conduction

## 3.1 Concepts of Unsteady-State Conduction

### 1. Characteristics of Unsteady-State Conduction

During unsteady-state heat conduction, the temperature normally varies with time as well as position. Unsteady-state heat conduction analysis is of significant practical interest because of the large number of heating and cooling processes that must be calculated in industrial applications. In the transient heating and cooling processes, the analysis must be modified to take into account the change in internal energy of the body in time, and the boundary conditions must be adjusted to match the physical situation.

### 2. The Biot Number

Consider an infinite plate of thickness $2\delta$, the thermal conductivity $\lambda$, the thermal diffusivity $a$, no heat generation. Initially the plate is at a uniform temperature $t_0$, and at time zero the surfaces are immersed into a cold-temperature environment $t_\infty$, with a heat transfer coefficient $h$ is constant, as shown in Figure 3-3. The Biot number is defined as

$$Bi = \frac{hl}{\lambda} \tag{3-1}$$

where $l$ is called characteristic length, and $l=\delta$ for an infinite plate of thickness $2\delta$.

The significant of the Biot number is the ratio of the thermal resistance of conduction inside the substance to the thermal resistance of convection on the surface of the substance.

The values of Biot number is from 0 to $\infty$. Different values of Biot number have different influence on the temperature distributions of the body. When $Bi$ is close to zero, the thermal resistance of conduction inside the substance is far less than the thermal resistance of convection on the surface of the substance, the temperature distribution in the body is uniform at the same moment of $\tau$, and the body is called lumped heat capacity system, as shown in Figure 3-3(a). When $Bi$ is close to infinitely, the thermal resistance of convection on the surface of the substance is far less than the thermal resistance of conduction inside the substance, and it can be neglected. At this condition, the third boundary condition is converted into the first boundary condition, as shown in Figure 3-3 (b). When $0.1<Bi<100$, the temperature distuibution in the body is shown in Figure 3-3(c).

### 3. Mathematical Formulation of Unsteady-State Conduction

The mathematical formulation of heat conduction for unsteady-state conduction is

$$\frac{\partial t}{\partial \tau}=a\left(\frac{\partial^2 t}{\partial x^2}+\frac{\partial^2 t}{\partial y^2}+\frac{\partial^2 t}{\partial z^2}\right)+\frac{\dot{\Phi}}{\rho c} \tag{3-2}$$

The initial condition of unsteady-state conduction can be expressed as $t(x,y,z,0)=f(x,y,z)$ when $z=0$, and the simplest initial condition is $t(x,y,z,0)=t_0$.

The boundary condition can be the first, second, and third boundary condition.

## 3.2 Lumped-Heat-Capacity System

When $Bi \leqslant 0.1$, the internal-conduction resistance of the solid body were small compared with the surface-convection resistance. The temperature of such bodies can be taken to be a function of time only. The lumped-heat-capacity analysis is one that assumes that the internal resistance of the body is negligible in comparison with the external resistance.

Note that the Biot number is the ratio of the conduction resistance within the body to the convection resistance at the surface, and this number should be as small as possible for lumped system analysis to be applicable. Therefore, small bodies with high thermal conductivity are good candidates for lumped system analysis.

### 1.The Temperature Distribution of the Lump-Heat-Capacity System

Consider a hot solid of arbitrary shape of volume $V$ and surface area $A$, as shown in Figure 3-5. The properties of $\rho$, $\lambda$, and $c$ keep constants. Initially at a uniform temperature $t_0$. At time $\tau=0$, the solid is immersed into a cold-temperature environment $t_\infty$ ($t_0>t_\infty$), with a heat transfer coefficient $h$ maintained constant. We assume lumped system analysis to be applicable Determine the variation of the temperature within the solid with time and the total heat flow from the solid into the fluid.

The energy balance of the solid for the time $d\tau$ can be expressed as: the convection heat loss from the body is evidenced as a decrease in the internal energy of the body. Thus

$$\rho c V\frac{\mathrm{d}t}{\mathrm{d}\tau}=-hA(t-t_\infty) \tag{3-5}$$

Define the excess temperature $\theta$, $\theta=t-t_\infty$, then the Equation (3-5) becomes

$$\frac{\mathrm{d}\theta}{\mathrm{d}\tau}=-\frac{hA\theta}{\rho c V} \tag{3-6}$$

with the initial condition

$$\tau=0,\ \theta=\theta_0=t_0-t_\infty \tag{3-7}$$

Solving equation, the temperature distribution of the body is therefore

$$\frac{\theta}{\theta_0}=\frac{t-t_\infty}{t_0-t_\infty}=\mathrm{e}^{-\frac{hA}{\rho c V}\tau} \tag{3-8}$$

Equation (3-8) shows that the temperature of a body approaches the ambient temperature $t_\infty$ exponentially. Further analysis to the exponent in Equation (3-8), there is

$$\frac{hA}{\rho c V}\tau=\frac{hV}{\lambda A}\cdot\frac{\lambda A^2}{\rho c V^2}\tau=\frac{h(V/A)}{\lambda}\cdot\frac{a\tau}{(V/A)^2}=Bi_V Fo_V$$

where, $V/A$ has a dimension with a length, denoted by $l$, which is called the characteristic length of the solid, and the temperature distribution of the body can also be written

$$\frac{\theta}{\theta_0}=e^{-Bi_V Fo_V} \tag{3-9}$$

where $Fo$ is called Fourier number, $Fo=\frac{a\tau}{l^2}$. The Fourier number is a measure of heat through a body relative to heat stored. The significant of Fourier number is the ratio of the time interval $\tau$ from $\tau=0$ to $\tau=\tau$ to the time with an approximate temperature-wave penetration section $l^2$. Thus, a large value of the Fourier number indicates faster propagation of heat through a body.

There are five observations that can be made from relations above:

① The excess temperature of the body approaches the ambient temperature exponentially, as shown in Figure 3-6.

② For the sake of discussion, we assume that $t > t_\infty$ in Equations (3-8) and (3-9), but the analysis is equally valid for the opposite case of $t < t_\infty$.

③ In Equation (3-9), the lower corner label $V$ in Biot number $Bi_V$ and Fourier number $Fo_V$ indicates that the characteristic length of the solid $l=V/A$.

④ In the lumped-heat-capacity system, for different shape body, the quantity of characteristic length is different. For example, for a large plate at thickness $2\delta$, $l=\delta$; for a long cylinder of radius $R$, $l=\frac{R}{2}$; for a sphere of radius $R$, $l=\frac{R}{3}$; and for a cube of side $b$, $l=\frac{b}{6}$.

⑤ Applicability of lumped-heat-capacity analysis. The lumped-heat-capacity analysis may be expected to yield reasonable estimates when the following condition is met $Bi\leqslant 0.1M$, where $M=1$ for a large plate, $M=1/2$ for a long cylinder, $M=1/3$ for a sphere.

**2. Time Constant $\tau_c$**

When $\tau=\rho cV/hA$, the exponent in Equation (3-8) is $-1$. The temperature difference $(t-t_\infty)$ has a value of 36.8% of the initial difference $(t_0-t_\infty)$. This specified time is called the time constant of the body. That is

$$\tau_c=\frac{\rho cV}{hA} \tag{3-10}$$

**3. Transient Heat Flow and Total Heat Flow**

The transient heat flow from the solid into the fluid at the moment $\tau$ is written

$$\Phi_\tau=hA(t-t_\infty)=hA\theta=hA\theta_0 e^{-\frac{hA}{\rho cV}\tau} \tag{3-11}$$

The total heat flow from the solid body into its surroundings over the time interval $\tau=0$ to $\tau=\tau$ is written

$$Q=\int_0^\tau \Phi_\tau d\tau=\int_0^\tau hA\theta_0 e^{-\frac{hA}{\rho cV}\tau}d\tau=\rho cV\theta_0\left(1-e^{-\frac{hA}{\rho cV}\tau}\right)=\rho cV\theta_0\left(1-e^{-Bi_V Fo_V}\right) \tag{3-12}$$

where $Q_0=\rho cV\theta_0$, is the maximum heat transfer between the body and its surroundings from $\tau=0$ to $\tau\to\infty$.

## 3.3 One-Dimensional Unsteady-State Conduction

In general, the temperature within a body will change from point to point as well as with time. In this section, we consider the variation of temperature with time and position in one-dimensional problems such as those associated with a large plate wall, a long cylinder, and a sphere.

### 1.Transient Heat Conduction in Large Plates, Long Cylinders, and Spheres

(1)The Analytical Solution in Large Plates

Consider an infinite plate wall of thickness $2\delta$, shown in Figure 3-7. The properties of $\lambda$, $a$ are kept constants, and no heat generation. Initially the plate is at a uniform temperature $t_0$. At time zero it is suddenly placed in a fluid that is at a constant temperature $t_\infty$, and assume $t_\infty > t_0$. Heat transfer takes place between the plate and its environments by convection with a uniform and constant heat transfer coefficient $h$. Determine the temperature distribution of the plate.

Note that the plate possesses geometric and thermal symmetry: the plate is symmetric about its center plane.Therefore, focus on a half of plate, the heat conduction differential equation is

$$\frac{\partial t}{\partial \tau}=a\frac{\partial^2 t}{\partial x^2} \quad (0\leqslant x\leqslant\delta,\ \tau>0) \tag{3-13}$$

with initial condition

$$\tau=0,\ t=t_0 \quad (0\leqslant x\leqslant\delta) \tag{3-14}$$

and boundary conditions

$$x=0,\ \frac{\partial t}{\partial x}=0 \tag{3-15}$$

$$x=\delta,\ -\lambda\frac{\partial t}{\partial x}=h(t-t_\infty) \tag{3-16}$$

Define the temperature excess $\theta$, and $\theta = t - t_\infty$, then the heat-conduction differential equation becomes

$$\frac{\partial \theta}{\partial \tau}=a\frac{\partial^2 \theta}{\partial x^2} \quad (0\leqslant x\leqslant\delta,\ \tau>0) \tag{3-17}$$

with initial condifion

$$\tau=0,\ \theta=\theta_0=t_0-t_\infty \quad (0\leqslant x\leqslant\delta) \tag{3-18}$$

and boundary conditions

$$x=0,\ \frac{\partial \theta}{\partial x}=0 \tag{3-19}$$

$$x=\delta,\ -\lambda\frac{\partial \theta}{\partial x}=h\theta \tag{3-20}$$

Solving the heat-conduction differential equation by the separation-of-variables method, the final series form of the solution is therefore

$$\frac{\theta(x,\tau)}{\theta_0}=\sum_{n=1}^{\infty}\frac{2\sin\beta_n}{\beta_n+\sin\beta_n\cos\beta_n}e^{-\beta_n^2 Fo}\cos\left(\beta_n\frac{x}{\delta}\right) \tag{3-21}$$

where $\beta_n$ is called characteristic value, and it is obtained from transcendental equation

$$\beta_n\tan\beta_n=Bi,\ n=1,2,3,\cdots \tag{3-22}$$

The solution Equation (3-21) involves infinite series, which are inconvenient and time-consuming to evaluate. However, the nondimensionalization enables us to present the temperature in terms of three parameters only $Bi$, $Fo$, $x/\delta$, that is

$$\frac{\theta(x,\tau)}{\theta_0}=\frac{t-t_\infty}{t_0-t_\infty}=f\left(Bi,Fo,\frac{x}{\delta}\right) \tag{3-23}$$

(2) The Analytical Solution in Long Cylinders

Similarity to the solution of the unsteady-state temperature field of the large plate earlier, the analytical solution of the nondimensionalization temperature field of the cylinder be given as

$$\frac{\theta(r,\tau)}{\theta_0}=\sum_{n=1}^{\infty}\frac{2}{\beta_n}\frac{J_1(\beta_n)}{J_0^2(\beta_n)+J_1^2(\beta_n)}e^{-\beta_n^2 Fo}J_0\left(\beta_n\frac{r}{R}\right) \tag{3-24}$$

Equation (3-24) shows that the solution of the temperature field of the cylinder involves the infinite series similarity as the large plate. $\beta_n$ is characteristic value, and it is obtained from transcendental equation

$$\beta_n\frac{J_1(\beta_n)}{J_0(\beta_n)}=Bi,\ n=1,\ 2,\ 3,\cdots \tag{3-25}$$

Equations (3-24) and (3-25) show that the nondimensionalization excess temperature of the cylinder is also the function of these three parameters $Bi$, $Fo$, $r/R$, that is

$$\frac{\theta(r,\tau)}{\theta_0}=\frac{t-t_\infty}{t_0-t_\infty}=f\left(Bi,Fo,\frac{r}{R}\right) \tag{3-26}$$

(3) The Analytical Solution in Spheres

Similarity to the solution of the unsteady-state temperature field of the large plate earlier, the analytical solution of the nondimensionalization temperature field of the sphere be given as

$$\frac{\theta(r,\tau)}{\theta_0}=\sum_{n=1}^{\infty}2\frac{\sin\beta_n-\beta_n\cos\beta_n}{\beta_n-\sin\beta_n\cos\beta_n}e^{-\beta_n^2 Fo}\frac{\sin\left(\beta_n\frac{r}{R}\right)}{\beta_n\frac{r}{R}} \tag{3-27}$$

Equation (3-27) shows that the solution of the temperature field of the sphere also involves the infinite series similarity as the large plate. $\beta_n$ is characteristic value, and it is obtained from transcendental equation

$$1-\beta_n\cos\beta_n=Bi,\quad n=1,\ 2,\ 3,\ \cdots \tag{3-28}$$

Equations (3-27) and (3-28) show that the nondimensionalization excess temperature of the sphere is also the function of these three parameters $Bi$, $Fo$, $r/R$, that is

$$\frac{\theta(r,\tau)}{\theta_0}=\frac{t-t_\infty}{t_0-t_\infty}=f\left(Bi,Fo,\frac{r}{R}\right) \tag{3-29}$$

## 2. The Analytical Solution in Regular Regime

(1) What is Regular Regime

We have mentioned earlier that there are two stages for transient conduction: nonregular regime and regular regime. The physical meaning of regular regime is that the temperature distribution depends on the boundary condition only. The one-dimensional transient heat conduction problem described above can be solved exactly for any of the three geometries, but the solution involves infinite series, which are difficult to deal with. However, the terms in the solutions converge rapidly with increasing time, and for Fourier number $Fo \geqslant 0.2$, keeping the first term and neglecting all the remaining terms in the series results in an error under 2 percent. So it is very convenient to express the solution using one-term approximation of the infinite series solution.

(2) Simplified Expressions for Three Analytical Solutions in Regular Regime

Equations (3-21), (3-24), and (3-27) can be simplified for $Fo \geqslant 0.2$ as

Large plate

$$\frac{\theta(x,\tau)}{\theta_0}=\frac{2\sin\beta_1}{\beta_1+\sin\beta_1\cos\beta_1}e^{-\beta_1^2 Fo}\cos\left(\beta_1\frac{x}{\delta}\right) \tag{3-30}$$

Long cylinder

$$\frac{\theta(r,\tau)}{\theta_0}=\frac{2}{\beta_1}\frac{J_1(\beta_1)}{J_0^2(\beta_1)+J_1^2(\beta_1)}e^{-\beta_1^2 Fo}J_0\left(\beta_1\frac{r}{R}\right) \tag{3-31}$$

Sphere

$$\frac{\theta(r,\tau)}{\theta_0}=2\frac{\sin\beta_1-\beta_1\cos\beta_1}{\beta_1-\sin\beta_1\cos\beta_1}e^{-\beta_1^2 Fo}\frac{\sin\left(\beta_1\frac{r}{R}\right)}{\beta_1\frac{r}{R}} \tag{3-32}$$

Further analysis the Equation (3-30). If a centerline temperature $\theta_m$ is desired, the temperature excess at the center of the large plate can be simplified as

$$\frac{\theta_m}{\theta_0}=\frac{2\sin\beta_1}{\beta_1+\sin\beta_1\cos\beta_1}e^{-\beta_1^2 Fo}=f(Bi,Fo) \tag{3-33}$$

Combined to Equations (3-30) and (3-33), given as

$$\frac{\theta(x,\tau)}{\theta_m}=\frac{\theta(x,\tau)}{\theta_0}\times\frac{\theta_0}{\theta_m}=\cos\left(\beta_1\frac{x}{\delta}\right)=f\left(Bi,\frac{x}{\delta}\right) \tag{3-34}$$

So an off-center temperature $\theta$ can also be written by

$$\frac{\theta(x,\tau)}{\theta_0}=\frac{\theta(x,\tau)}{\theta_m}\times\frac{\theta_m}{\theta_0} \tag{3-35}$$

We are usually interested in the solution for regular regime with $Fo \geqslant 0.2$.

(3) The Amount of Heat Transfer in Regular Regime

Consider a thin layer of elements with a thickness of d$x$ in the large plate. The heat loss of the element thin layer at a finite time is equal to the change of internal energy of the element volume. That is

$$\delta Q=\rho c(t_0-t)\,dx=\rho c(\theta_0-\theta)\,dx \tag{3-36}$$

So the heat loss by the large plate in time interval from 0 to $\tau$ is

$$Q=\rho c\int_{-\delta}^{\delta}(\theta_0-\theta)\,dx=2\rho c\theta_0\int_0^{\delta}\left(1-\frac{\theta}{\theta_0}\right)dx \tag{3-37}$$

The nondimensional excess temperature $\theta/\theta_0$ be given from the Equation (3-21), and the heat loss by the large plate can be written as

$$\begin{aligned}Q&=2\rho c\theta_0\int_0^{\delta}\left[1-\sum_{n=1}^{\infty}\frac{2\sin\beta_n}{\beta_n+\sin\beta_n\cos\beta_n}e^{-\beta_n^2 Fo}\cos\left(\beta_n\frac{x}{\delta}\right)\right]dx\\&=2\rho c\theta_0\delta\left(1-\sum_{n=1}^{\infty}\frac{2\sin^2\beta_n}{\beta_n^2+\beta_n\sin\beta_n\cos\beta_n}e^{-\beta_n^2 Fo}\right)\end{aligned} \tag{3-38}$$

The amount of heat loss by the plate from $\tau=0$ to $\tau\to\infty$ is $Q_0=2\rho c\theta_0\delta$, which is the maximum amount of heat that the plate can loss. The fraction of heat transfer $Q/Q_0$ can be determined from the following relation

$$\frac{Q}{Q_0} = 1 - \sum_{n=1}^{\infty} \frac{2\sin^2\beta_n}{\beta_n^2 + \beta_n \sin\beta_n \cos\beta_n} e^{-\beta_n^2 Fo} = f(Bi, Fo) \tag{3-39}$$

For $Fo \geqslant 0.2$, the fraction of heat transfer can also be determined from the following relation, which is based on the one-term approximates discussed above.

$$\frac{Q}{Q_0} = 1 - \frac{2\sin^2\beta_1}{\beta_1^2 + \beta_1 \sin\beta_1 \cos\beta_1} e^{-\beta_1^2 Fo} \tag{3-40}$$

Similarly, the fraction of heat transfer for a long cylinder is

$$\frac{Q}{Q_0} = 1 - \frac{4J_1^2(\beta_1)}{\beta_1^2 J_0^2(\beta_1) + \beta_1^2 J_1^2(\beta_1)} e^{-\beta_1^2 Fo} \tag{3-41}$$

and for a sphere is

$$\frac{Q}{Q_0} = \frac{6(\sin\beta_1 - \beta_1 \cos\beta_1)^2}{\beta_1^3(\beta_1 - \sin\beta_1 \cos\beta_1)} e^{-\beta_1^2 Fo} \tag{3-42}$$

**3. Engineering Calculation Methods for the Regular Regime**

There are two simplified methods for the regular regime in the engineering calculation: Heisler charts and approximate fitting formula method.

(1) Heisler Charts

1) Principle of Heisler Charts

The Equations (3-33), (3-34), and (3-40) are plotted and the one-term approximate solutions are presented in graphical form by Heisler in 1947 and is called Heisler charts.

2) Composition of Heisler Charts

There are three charts associated with each geometry. Take the large plate, for example:

① The first chart is to determine the temperature $\theta_{\mathrm{m}}$ at the center of the plate at a given time $\tau$, as shown in Figure 3-10.

② The second chart is to determine the temperature $\theta$ at other locations at the same time in terms of $\theta_{\mathrm{m}}$, as shown in Figure 3-11.

③ The third chart is to determine the total amount of heat transfer up to the time $\tau$, as shown in Figure 3-12.

3) Methods to Use Heisler Charts

① First determine the values of $1/Bi$ and $Fo$ numbers.

② Then determine $\theta_{\mathrm{m}}/\theta_0$ from chart $\theta_{\mathrm{m}}/\theta_0 = f(Fo,\ 1/Bi)$, and $\theta_{\mathrm{m}}$ at the center of the geometry.

③ Further determine $\theta/\theta_{\mathrm{m}}$ from chart $\theta/\theta_{\mathrm{m}} = f(1/Bi, x/\delta)$, and $\theta = t - t_\infty$ at other locations at the same time in terms of $\theta_{\mathrm{m}}$.

④ Finally determine the fraction of heat transfer $Q/Q_0$ from chart $Q/Q_0 = f(Bi^2 Fo,\ Bi)$, and $Q$ up to the time $\tau$.

Note that the Heisler charts can be applied in both the heating and cooling problems of the plate, and are valid for $Fo \geqslant 0.2$. The Heisler charts can be applied to solving the unsteady-state heat-conduction of a long cylinder and a sphere when the values of Fourier number is greater than 0.2. The Heisler charts for the long cylinder are shown in Figures 3-13, 3-14, and 3-15. The Heisler charts for the sphere are shown in Figures 3-16, 3-17, and 3-18.

(2) Approximate Fitting Formula Method

The solutions of transient temperatures and heat transfers in regular regime for a large plate, a long cylinder, and a sphere can be unified expressed as

$$\frac{\theta(\eta,\tau)}{\theta_0}=Ae^{-\beta_1^2 Fo}f(\beta_1\eta) \tag{3-44}$$

$$\frac{Q}{Q_0}=1-Ae^{-\beta_1^2 Fo}B \tag{3-45}$$

where $\eta$ are dimensionless sizes, whose value are $x/\delta$, $r/R$, and $r/R$ for the large plate, long cylinder, and sphere, respectively. The expressions of $A$, $B$, and $f(\beta_1\eta)$ for each geometry are shown in Table 3-1.

The first characteristic value $\beta_1$, the expressions of $A$ and $B$ in Equations (3-44) and (3-45), and the zeroth-order Bassel function of the first kind $J_0(x)$ can be determined from the following fit formulas

$$\beta_1^2=\left(a+\frac{b}{Bi}\right)^{-1} \tag{3-46}$$

$$A=a+b(1-e^{-cBi}) \tag{3-47}$$

$$B=\frac{a+cBi}{1+bBi} \tag{3-48}$$

$$J_0(x)=a+bx+cx^2+dx^3 \tag{3-49}$$

The constants in Equations(3-46) to (3-49) are listed in Tables 3-2 and 3-3.

## 3.4 Transient Heat Flow in the Semi-Infinite Solid

A semi-infinite solid is an idealized body that has a single plane surface and extends to infinity in all directions except one, as shown in Figure 3-19. In a semi-infinite solid, the temperature of all the sections perpendicular to the $x$-axis is uniform. In practice, in non-regular regime of unsteady-state conduction, an actual object may also be considered as a semi-infinite solid.

### 1. Temperature Field of the Semi-Infinite Solid

Consider a semi-infinite solid of thermal conductivity $\lambda$, no heat source, as shown in Figure 3-19. The initial temperature $t_0$ inside the solid is uniform. When $\tau=0$, at the surface where $x=0$, perturbation occurs. There are three different kinds of perturbation which corresponding to the three boundary conditions respectively. (1) The first kind boundary condition: the temperature of the surface changes to $t_w$. (2) The second kind boundary condition: the surface is heated by a heat flux $q_0$. (3) The third kind boundary condition: the surface exchanges heat with a fluid which temperature is $t_\infty$. Under these three kinds of boundary conditions, the variations of distributions of the temperature of the solid with time are shown in Figure 3-20.

Thus, the heat conduction differential equation for the temperature distribution is

$$\frac{\partial t}{\partial \tau}=a\frac{\partial^2 t}{\partial x^2} \quad (0 \leqslant x < \infty) \tag{3-50}$$

with the initial condition

$$\tau=0,\ t(x,0)=t_0 \tag{3-51}$$

and the boundary conditions

$$x=0,\ \text{one of the conditions shown in Figure 3-20} \tag{3-52}$$

The analysis solutions are as below.

① The first kind boundary condition

$$\frac{t(x,\tau)-t_w}{t_0-t_w}=\operatorname{erf}\left(\frac{x}{2\sqrt{a\tau}}\right) \tag{3-53}$$

② The second kind boundary condition

$$t(x,\tau)-t_0=\frac{2q_0\sqrt{\frac{a\tau}{\pi}}}{\lambda}\exp\left(-\frac{x^2}{4a\tau}\right)-\frac{q_0 x}{\lambda}\operatorname{erfc}\left(\frac{x}{2\sqrt{a\tau}}\right) \tag{3-54}$$

③ The third kind boundary condition

$$\frac{t(x,\tau)-t_0}{t_\infty-t_0}=\operatorname{erf}\left(\frac{x}{2\sqrt{a\tau}}\right)-\exp\left(\frac{hx}{\lambda}+\frac{h^2 a\tau}{\lambda^2}\right)\operatorname{erfc}\left(\frac{x}{2\sqrt{a\tau}}+\frac{h\sqrt{a\tau}}{\lambda}\right) \tag{3-55}$$

where $\operatorname{erf}\left(\frac{x}{2\sqrt{a\tau}}\right)$ is the Gauss error function, while $\operatorname{erfc}\left(\frac{x}{2\sqrt{a\tau}}\right)=1-\operatorname{erf}\left(\frac{x}{2\sqrt{a\tau}}\right)$. The Gauss error function is defined as below. The values of the function are listed in Appendix 16.

$$\operatorname{erf}(x)=\frac{1}{\sqrt{\pi}}\int_{-x}^{x} e^{-u^2}du \tag{3-56}$$

## 2. The Heat Flow

Under the first kind boundary condition, the heat flux at any position $x$ is

$$q_x=-\lambda\frac{\partial t}{\partial x}=\lambda\frac{t_w-t_0}{\sqrt{\pi a\tau}}\exp\left(-\frac{x^2}{4a\tau}\right) \tag{3-57}$$

At the surface $(x=0)$, the heat flux is

$$q_w=\lambda\frac{t_w-t_0}{\sqrt{\pi a\tau}} \tag{3-58}$$

From the initial moment to $\tau$, the total amount of heat through the surface is

$$Q=A\int_0^\tau q_w d\tau=A\int_0^\tau \lambda\frac{t_w-t_0}{\sqrt{\pi a\tau}}d\tau=2A\sqrt{\frac{\tau}{\pi}}\sqrt{\rho c\lambda}\,(t_w-t_0) \tag{3-59}$$

## 3. Discussion

The analysis solutions of the temperature distribution under three kinds of boundary conditions all contain a dimensionless parameter $\eta=\frac{x}{2\sqrt{a\tau}}$, as well as the Gauss error function $\operatorname{erf}\eta=\operatorname{erf}\left(\frac{x}{2\sqrt{a\tau}}\right)$. The variation of the value of $\operatorname{erf}\eta$ with $\eta$ is shown in Figure 3-21. When the value of $\eta$ is close to 2, the value of erf$\eta$ is close to 1.

Under the first kind boundary condition, when $\eta = 2$, $[t(x,\tau) - t_w]/(t_0 - t_w) = 0.9953 \approx 1$. Therefore, when $\eta \geqslant 2$ $\left(\text{that is } \frac{x}{2\sqrt{a\tau}} \geqslant 2\right)$, the variation of the dimensionless excess temperature at $x$ is less than 0.5%, which means the temperature at $x$ approximately equal to $t_0$. Then conclusions below are obtained.

① For a plate with thickness of $2\delta$ ($\delta \geqslant 4\sqrt{a\tau}$) and uniform initial temperature $t_0$, if the temperature of one side rose and kept as constant suddenly, the temperature of the other surface will still kept as initial. Thus, this plate could be considered as a semi-infinite solid.

② When the time of the unsteady-state conduction $\tau \leqslant \frac{x^2}{16a}$, the temperature of the other surface will still be the initial temperature $t_0$. The body could be considered as a semi-infinite solid.

③ When the local Fourier number $Fo_{x,\tau} = \frac{a\tau}{x^2} < \frac{1}{16} \approx 0.06$, the body could be considered as a semi-infinite solid.

## 3.5 Unsteady-State Conduction in Multidimensional Systems

For multidimensional conduction, the heat conduction differential equation below should be solved.

$$\rho c \frac{\partial t}{\partial \tau} = \left[\frac{\partial}{\partial x}\left(\lambda \frac{\partial t}{\partial x}\right) + \frac{\partial}{\partial y}\left(\lambda \frac{\partial t}{\partial y}\right) + \frac{\partial}{\partial z}\left(\lambda \frac{\partial t}{\partial z}\right)\right] + \dot{\Phi} \tag{3-60}$$

For this kind of multivariate partial differential equation, it is difficult to obtain its analysis solution, so the numerical methods are employed. Fortunately, it is possible to combine the solutions for the one-dimensional systems in a very straightforward way to obtain solutions for some specific geometric shape.

Consider three kinds of shapes of solid bodies, an infinite rectangular bar, a short cylinder, and a rectangular parallelepiped, as shown in Figures 3-22, 3-23, and 3-24. The initial temperature of the solids are is $t_0$. The solids transfer heat with fluid at temperature $t_\infty$ with the convection heat transfer coefficient $h$. There are no heat generation in the bodies. The solution in such multidimensional geometries can be expressed as the product of the solutions for the one-dimensional geometries whose intersection is the multidimensional geometry.

Infinite rectangular bar

$$\frac{\theta(x,y,\tau)}{\theta_0} = \frac{\theta(x,\tau)}{\theta_0} \cdot \frac{\theta(y,\tau)}{\theta_0} \tag{3-61}$$

Short cylinder

$$\frac{\theta(x,r,\tau)}{\theta_0} = \frac{\theta(x,\tau)}{\theta_0} \cdot \frac{\theta(r,\tau)}{\theta_0} \tag{3-62}$$

Rectangular parallelepiped

$$\frac{\theta(x,y,z,\tau)}{\theta_0}=\frac{\theta(x,\tau)}{\theta_0}\cdot\frac{\theta(y,\tau)}{\theta_0}\cdot\frac{\theta(z,\tau)}{\theta_0} \tag{3-63}$$

The applicable conditions of this straightforward way are listed below.

① The initial temperature of the solid is uniform.

② The physical properties of the solid are constant and there is no heat source inside.

③ The temperature and the heat transfer coefficient of the fluid transferring heat with the solid are both constant.

④ The boundary condition is the first kind or the third kind.

The proportion of the heat-loss of the multidimensional body at moment $\tau$ to the total heat-loss at the state of thermal equilibrium can also be calculated by superimposing the heat-loss solution for one-dimensional bodies.

The results of the analysis for intersection of two bodies is

$$\frac{Q}{Q_0}=\left(\frac{Q}{Q_0}\right)_1+\left(\frac{Q}{Q_0}\right)_2\left[1-\left(\frac{Q}{Q_0}\right)_1\right] \tag{3-64}$$

The results of the analysis for intersection of three bodies is

$$\frac{Q}{Q_0}=\left(\frac{Q}{Q_0}\right)_1+\left(\frac{Q}{Q_0}\right)_2\left[1-\left(\frac{Q}{Q_0}\right)_1\right]+\left(\frac{Q}{Q_0}\right)_3\left[1-\left(\frac{Q}{Q_0}\right)_1\right]\left[1-\left(\frac{Q}{Q_0}\right)_2\right] \tag{3-65}$$

# 第四章 对流换热的理论基础

当流体流经固体表面时，流体与固体表面之间的热量传递现象称为对流换热。例如，锅炉中的省煤器、空气预热器、采暖工程中的蒸汽（或热水）散热器、空调中的空气加热器或冷却器等的热量交换均主要是对流换热。对流换热的换热量可用牛顿冷却公式计算。牛顿冷却公式是对流换热表面传热系数的一个定义式，它没有揭示出表面传热系数与影响它的有关物理量之间的内在联系。揭示这种内在的联系正是研究对流换热的主要任务。

## 第一节 对流换热概述

**1. 牛顿冷却公式**

对流换热是指流动的流体与固体表面相接触时，由于二者温度不同，流体与固体表面之间所发生的热量传递现象。对流换热的实质是导热和对流联合起作用的热量传递过程，其条件为流体与固体表面之间存在温度差。

流体流过固体表面时的对流换热量可以用牛顿冷却公式来计算，形式如下：

$$\Phi = Ah\Delta t \tag{4-1}$$

或：

$$q = h\Delta t \tag{4-2}$$

若流体被加热：

$$\Delta t = t_w - t_f$$

若流体被冷却：

$$\Delta t = t_f - t_w$$

式中，$h$ 为整个固体表面的平均表面传热系数，W/(m$^2$ · K)；$t_w$ 为固体表面的平均温度，℃；$t_f$ 为流体温度，℃，$A$ 为对流换热的固体表面积，m$^2$。

对于局部对流换热，如图 4-1 所示，根据牛顿冷却公式，局部热流密度可表示为：

$$q_x = h_x (t_w - t_f)_x \tag{4-3}$$

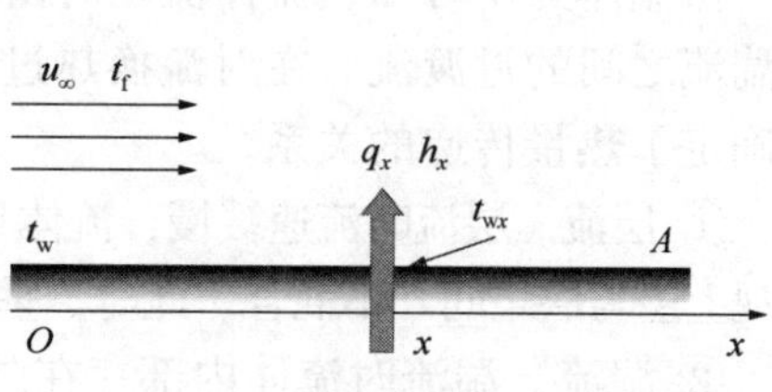

图 4-1 对流换热示意图

因为沿固体表面的流动情况是变化的，例如固体表面的几何条件、表面温度以及流体的流动状态等会发生变化，所以流体与固体表面换热时各处的局部表面传热系数并不相同。因此，整个固体表面面积 $A$ 上的总对流换热量可表示为：

$$\Phi = \int_A q_x \mathrm{d}A = \int_A h_x (t_w - t_f)_x \mathrm{d}A \tag{4-4}$$

如果固体表面与流体之间的温差处处相等，例如等壁温边界，则平均表面传热系数 $h$ 与局部表面传热系数 $h_x$ 之间的关系式为：

$$h=\frac{\Phi}{(t_{\mathrm{w}}-t_{\mathrm{f}})A}=\frac{1}{A}\int_A h_x \mathrm{d}A \tag{4-5}$$

需要指出的是，牛顿冷却公式描述了对流换热量与表面传热系数及流体与固体表面温度差之间的关系，是表面传热系数的定义式。但牛顿冷却公式本身并没有揭示出表面传热系数与影响它的物理量之间的内在联系，而如何确定表面传热系数的大小是对流换热的核心问题，也是本章讨论的主要内容。

**2. 对流换热的影响因素**

在对对流换热问题进行定量分析之前，首先对影响对流换热的因素进行定性分析。前文已经指出，对流换热是流体的导热和热对流两种基本传热方式共同作用的结果。因此，凡是影响流体导热和热对流的因素都将对对流换热产生影响。归纳起来，主要有以下五个方面。

（1）流动的起因

根据流动的起因不同，对流换热主要分为强迫对流换热和自然对流换热两大类。

① 强迫对流。强迫对流是指流体在水泵、风机或其他外部动力作用下产生的流动。例如，通过水泵或风机对流体做机械功，使流体的动能或静压力提高，从而获得宏观速度，这种流动就是强迫对流。

② 自然对流。自然对流是指流体在不均匀的体积力(重力、离心力或电磁力等)的作用下产生的流动。本书只涉及在重力场作用下产生的自然对流。若流体内部存在温度差，由于流体的密度是温度的函数，流体内部温度场的不均匀会导致密度场的不均匀，在重力作用下，就会产生浮升力而促使流体发生流动，这种流动就是自然对流。例如，室内暖气片周围空气的流动就是最典型的自然对流。

流体的流速越高，掺混就越激烈，对流换热就越强。一般来说，强迫对流流速较高，自然对流流速较低。因此，自然对流换热通常比强迫对流换热要弱，表面传热系数要小。例如，空气的自然对流换热表面传热系数在 5~25W/($\mathrm{m}^2$ · K)范围内，而它的强迫对流换热表面传热系数在 10~100W/($\mathrm{m}^2$ · K)范围内。

在强迫对流和自然对流两种流动情况下，流体内的速度分布、温度分布不同，对流换热的规律也不相同。

（2）流体的流态

由流体力学可知，流体流动时由于 *Re* 不同，流动状态分为层流和湍流，以及介于层流和湍流之间的过渡流。在对流换热过程中，流体的流态具有决定性意义，这是因为流体的流态确定了热量传递的关系。

① 层流。层流时流速缓慢，流体只沿轴线或沿平行于壁面方向做有规则的缓慢的分层流动，宏观上层与层之间互不混合。此时，垂直于流动方向上的热量传递主要依靠分子扩散(导热)。

② 湍流。湍流时流体内部存在强烈的脉动和漩涡运动，流体各部分之间处于充分混合状态，这时流体的热量传递除了分子扩散(导热)之外，主要依靠流体宏观的湍流脉动，即热对流。例如湍流边界层内流体的对流换热，层流底层中具有很大的速度梯度，也具有很大的温度梯度，热量传递主要依靠导热；而湍流核心区由于强烈的扰动和混合使速度和温度都趋于均匀，热量传递主要依靠热对流。层流边界层内，热量传递主要依靠导热。

就同种流体而言，湍流对流换热比层流对流换热要强烈，表面传热系数要大。

(3) 流体有无相变

有时，在对流换热过程中流体会发生相变，如果液体在对流换热过程中被加热而沸腾，由液态变为气态，此时的换热称为沸腾换热。如果蒸汽在对流换热过程中被冷却而凝结，由气态变为液态，此时的换热称为凝结换热。

对流换热无相变时流体仅有显热变化，而有相变时流体在沸腾换热和凝结换热过程中吸收或者放出潜热(相变热)，沸腾时流体还受到气泡的强烈扰动。因此，流体发生相变的对流换热规律与单相流体不同，换热强度比无相变时要大。

(4) 流体的热物理性质

流体的热物理性质对对流换热的强弱有非常大的影响。由于对流换热是导热和热对流两种基本传热方式共同作用的结果，因此，对导热和热对流产生影响的物性都将影响对流换热。下面对涉及的主要物性参数做简要分析。

① 密度$\rho$和比热容$c_p$。密度和比热容的乘积$\rho c_p$称为流体的体积热容，其大小反映了单位体积的流体携带并转移热量的能力。$\rho c_p$值越大，通过对流所转移的热量越多，对流换热越强烈。例如，常温下水的体积热容$\rho c_p = 4186\text{kJ/(m}^3\cdot\text{K)}$，而空气的体积热容$\rho c_p = 121\text{kJ/(m}^3\cdot\text{K)}$，两者相差悬殊。因此，水的换热能力要远远高于空气的换热能力。

② 导热系数$\lambda$。流体导热系数$\lambda$的大小会直接影响流体内部的热量传递和温度分布。对于紧贴固体壁面的那部分流体来说，导热系数起着关键的作用。流体的导热系数$\lambda$越大，导热热阻越小，对流换热越强。仍以水和空气为例，常温下水的导热系数比空气的导热系数高出二十几倍，所以仅从$\rho c_p$和$\lambda$两项物性来看，在相同流动状态下，水的冷却能力必定大大强于空气。内冷发电机的冷却介质从空气改成水可以提高发电机的出力，就是利用了水的热物理性质有利于强化对流换热这一特点。

③ 黏度$\eta$。流体的黏度影响速度分布与流态(层流或湍流)，从而影响对流换热的强弱。黏度大的流体与壁面摩擦阻力大，黏性力增大，故边界层厚，表面传热系数小。此外，黏度越大的流体，分子间的约束越强，相同流速下不容易发展成湍流状态。因此，高黏度的油类较多地处于层流状态，表面传热系数一般比较小。

④ 体积膨胀系数$\alpha_V$。体积膨胀系数$\alpha_V$对自然对流换热有很大的影响，它将影响重力场中流体因密度差而产生的浮升力。对于理想气体，$\alpha_V = 1/T$。

流体的物性参数随流体的种类、温度和压力而变化。对于同种不可压缩牛顿流体，其物性参数的数值主要随温度变化。这一特点给对流换热计算带来了不小的困难。在流体与固体表面存在换热的条件下，流体中各点温度不同，物性参数便不同。为了不使问题复杂化，在求解实际对流换热问题时，一般选取某个有代表性的温度值作为计算物性参数的依据，这个参考温度称为定性温度。定性温度的选取取决于对流换热的类型，常用的定性温度有流体的平均温度$t_f$、壁面温度$t_w$以及流体与壁面的算术平均温度$(t_w+t_f)/2$等。

(5) 换热表面的几何因素

换热表面的几何形状、尺寸、相对位置以及表面粗糙度等几何因素将影响流体的流动状态，从而影响流体的速度分布和温度分布，对对流换热产生显著影响。

分析换热表面的几何因素对换热强度的影响，一个首要问题是：必须先区分对流换热问题在几何特征方面的类型，即区分是内部流动还是外部流动的换热问题。这两者在速度场、温度场以及换热的特征方面均有显著的差异。如图 4-2(a)所示，流体在管内强迫流动和流体横向绕流圆管强迫流动两种情况，前一种是管内流动，属于内部流动的范围；后一种是外掠物体流动，属于外部流动的范围。这两种不同流动情况下的换热规律必定不同。而在同一几何类型的问题中，还必须进一步辨别换热表面的形状、粗糙度、尺寸大小和空间方位(指竖立、水平还是倾斜)等因素。如图 4-2(b)所示，水平壁面空气自然对流换热的两种情况：热面朝上和热面朝下的流动，前者气流受热上升容易展开流动，后者由于热面朝下抑制流动，它们的换热规律也是完全不同的。

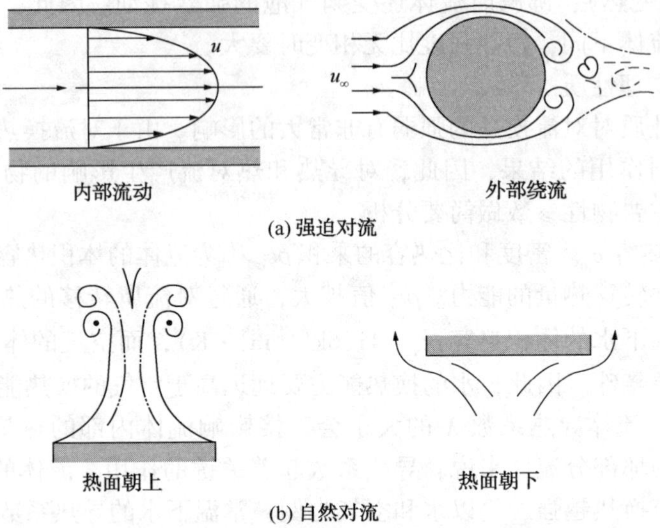


图 4-2　影响对流换热的几何因素示意图

在处理实际对流换热问题时，经常用特征长度来代表几何因素对换热强度的影响，例如，管内流动换热以管内径为特征长度，横向外掠圆管时以圆管外径为特征长度，沿平板的流动则以流动方向的尺寸为特征尺寸。这种处理方法有一定的依据，但也带有经验的性质，使用时有它的局限性。

综上所述，影响对流换热的因素有很多，由于流体流动驱动力的不同、流动状态的不同、换热过程中是否存在相变、流体物性参数的不同以及换热表面几何形状的差别等，构成了多种不同类型的对流换热现象。因此，表征对流换热强弱的表面传热系数是取决于多种变量的函数。一般来说，表面传热系数可表示为：

$$h=f(u,\ t_w,\ t_f,\ \lambda,\ \rho,\ c_p,\ \eta,\ \alpha_V,\ l,\ \varphi) \tag{4-6}$$

对于强迫对流换热，有：

$$h=f(u,\ \lambda,\ \rho,\ c_p,\ \eta,\ l,\ \varphi) \tag{4-7}$$

对于自然对流换热，有：

$$h=f(\lambda,\ \rho,\ c_p,\ \eta,\ \alpha_V\Delta t,\ l,\ \varphi) \tag{4-8}$$

式中，$\varphi$ 为换热表面的几何因素，如形状、相对位置等，$\alpha_V\Delta t$ 为浮升力项所包含的因子。

**3. 换热微分方程**

当黏性流体流过固体壁面时，由于流体黏性的作用，以及固体壁面对流体流动的阻碍作用，在靠近壁面的区域流体流速减小；而对紧贴固体壁面处的流体层，根据无滑移边界条件，该流体层相对于固体壁面是静止的。当流体的温度与固体壁面温度不同时，二者之间将进行热量交换，假设固体壁面温度大于流体温度，紧贴壁面处的流体层与壁面之间的热量传递只能依靠导热。如图 4-3 所示，根据傅里叶定律，固体壁面 $x$ 处的局部热流密度 $q_x$ 为：

$$q_x=-\lambda\left.\frac{\partial t}{\partial y}\right|_{y=0,x} \tag{4-9}$$

式中，$\left.\frac{\partial t}{\partial y}\right|_{y=0,x}$ 为贴壁处固体壁面局部 $x$ 处壁面法线方向的流体温度变化率。还需注意，式中 $\lambda$ 为流体的导热系数，而不是固体壁面的导热系数。从另一个角度来看，仍然可以用牛顿冷却公式描述该对流换热现象，即：

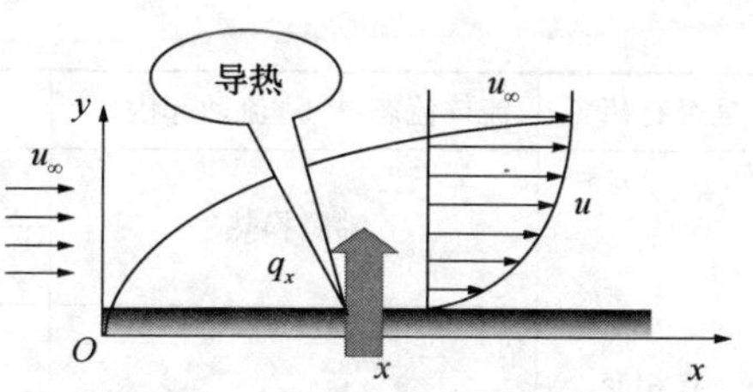

图 4-3 流体与固体壁面的局部对流换热

$$q_x=h_x(t_w-t_f)_x \tag{4-10}$$

联立式(4-9)和式(4-10)，可求得局部表面传热系数 $h_x$ 为：

$$h_x=-\frac{\lambda}{(t_w-t_f)_x}\left.\frac{\partial t}{\partial y}\right|_{y=0,x} \tag{4-11}$$

如果热流密度、表面传热系数、温度梯度以及温度差都取整个固体壁面的平均值，则式(4-11)可写成：

$$h=-\frac{\lambda}{t_w-t_f}\left.\frac{\partial t}{\partial y}\right|_{y=0} \tag{4-12}$$

式(4-11)、式(4-12)称为对流换热的换热微分方程。它建立了表面传热系数与温度场之间的关系。由式(4-12)可知，对流换热问题的表面传热系数归根结底是通过壁面上的温度梯度求得的，即要想求得表面传热系数，首先必须求出流体的温度场。

**4. 对流换热问题的分类**

研究对流换热的主要目的之一就是确定不同换热条件下表面传热系数的具体表达式。由以上分析可知，影响对流换热的因素有很多，为了获得适用于工程计算的对流换热表面传热系数的计算公式，有必要按其主要的影响因素分类研究。

目前，常见的对流换热问题的分类方法见表 4-1。

**表 4-1 对流换热问题的分类**

| 是否有相变 | 流体流态 | 流动起因 | 几何特征 | 基本类型 |
|---|---|---|---|---|
| 无相变 | 层流<br>过渡流<br>湍流 | 强迫对流换热 | 内部流动 | 圆管内的对流换热 |
| | | | | 其他形状截面管道内的对流换热 |
| | | | 外部流动 | 外掠平板的对流换热 |
| | | | | 外掠单根圆管的对流换热 |
| | | | | 外掠其他形状截面柱体的对流换热 |
| | | | | 外掠圆管管束的对流换热 |
| | | | | 射流冲击换热 |
| | | 自然对流换热 | 大空间 | 沿竖板/竖管外部的对流换热 |
| | | | | 水平圆管/非圆管外部的对流换热 |
| | | | | 水平板(热面朝上/热面朝下)的对流换热 |
| | | | 有限空间 | 平板夹层空间(竖立/水平/倾斜)的对流换热 |
| | | | | 环形夹层空间的对流换热 |
| | | 混合对流换热 | 有限空间 | 垂直圆管和水平圆管 |

续表

| 是否有相变 | 流体流态 | 流动起因 | 几何特征 | 基本类型 |
| --- | --- | --- | --- | --- |
| 有相变 | 沸腾换热 | | 大容器沸腾换热 | — |
| | | | 管内沸腾换热 | — |
| | 凝结换热 | | 膜状凝结 | 竖直壁面膜状凝结换热 |
| | | | | 水平圆管外壁面层流膜状凝结换热 |
| | | | | 水平管束层流膜状凝结换热 |
| | | | 珠状凝结 | 水平及竖直表面上的珠状凝结换热 |

**5. 对流换热的研究方法**

对流换热的主要研究方法有四种：分析法、数值法、实验法和比拟法。下面分别做简单介绍。

(1) 分析法

所谓分析法，就是用数学分析的方法求解描写对流换热的微分方程或积分方程及其单值性条件，包括精确解法和近似解法。因此，根据对流换热的物理模型建立描写对流换热的数学模型是分析法的必要条件。分析法因其求解过程所依据的数学分析基础比较严谨、物理概念和逻辑推理比较清晰、求解结果以函数形式表示，故能比较透彻地揭示各主要影响因素与表面传热系数之间的内在联系以及影响程度的大小，有助于提高对对流换热现象物理本质的理解，是对流换热的基础内容。但由于数学上求解的困难，目前分析法只能求解简单的对流换热问题。

(2) 数值法

与导热问题的数值法相比，由于对流换热微分方程组的复杂性，其数值求解方法的难度和复杂度也随之加大。当前，对流换热的数值法已经能够在定性上充分把握流场的特点，但在定量的准确性上还有待改进。尽管如此，数值法能够对对流换热过程的特点和主要参数的变化趋势做出预测，对指导工程设计仍有重大意义。

(3) 实验法

由于分析法的局限性及数值法的可靠性所限，实验法仍然是目前解决对流换热问题的主要方法。另外，即使是其他方法可以求解的对流换热问题，也往往需要通过实验予以验证。对流换热的实验法是在相似原理或量纲分析理论的指导下进行的，是本书第五章重点讨论的内容。

(4) 比拟法

所谓比拟法，就是利用流体中动量传递和热量传递在机理上具有十分相似的特点，建立表面传热系数与摩擦系数之间的比拟关系式，通过比较容易进行的流体流动实验获得摩擦系数的数据，再由比拟关系式求出表面传热系数。在传热学发展的早期，比拟法曾广泛用于求解湍流对流换热问题，但近年来由于实验法和数值法的发展，这一方法已很少被应用。

目前，理论分析、数值计算和实验研究相结合，是科技工作者广泛采用的解决复杂对流换热问题的主要研究方法。

**例题 4-1** 换热微分方程的计算

温度为 $t_f$ 的流体沿壁面温度为 $t_w$ 的平板表面流动。在距离平板前缘点 $x$ 处，热边界层中流体的温度分布可用下式表示：$t=a-by+cy^2$，其中，$a$、$b$、$c$ 均为常数。已知流体的导热系数为 $\lambda$。试求 $x$ 处的局部表面传热系数 $h_x$ 和热流密度 $q_x$。

**解**：由换热微分方程（4－11），$h_x=-\dfrac{\lambda}{(t_w-t_f)_x}\left.\dfrac{\partial t}{\partial y}\right|_{y=0,x}$，将温度梯度 $\dfrac{\partial t}{\partial y}$ 代入该式中，有：

$$h_x=-\frac{\lambda}{(t_w-t_f)_x}(-b+2cy)_{y=0}=\frac{\lambda b}{(t_w-t_f)_x}$$

由牛顿冷却公式(4－3)，$q_x=h_x(t_w-t_f)_x$，局部热流密度 $q_x$ 为：

$$q_x=h_x(t_w-t_f)_x=\frac{\lambda b}{(t_w-t_f)_x}(t_w-t_f)_x=\lambda b$$

## 第二节　对流换热问题的数学描述

对流换热问题的完整数学描述包括对流换热微分方程组及其单值性条件，它是求解对流换热问题的基础。

**1. 对流换热微分方程组**

对流换热是在流动的流体中发生的热量传递现象。因此，它的综合物理过程需要用一组微分方程来描述，包括连续性微分方程、动量微分方程以及能量微分方程。

在建立对流换热的数学描述时，为简化分析，作如下假设：

① 流体为连续性介质。

② 流体的物性参数为常数，不随温度变化。

③ 流体为不可压缩流体。

④ 流体为牛顿流体，即切应力与应变之间的关系为线性，遵循牛顿黏性定律 $\tau=\eta\dfrac{\partial u}{\partial y}$。空气、水以及许多工业用油类等流体都属于牛顿流体。少数高分子溶液，例如油漆、泥浆等为非牛顿流体，不遵循牛顿黏性定律。

⑤ 流体内无内热源，忽略黏性耗散产生的耗散热。

⑥ 二维对流换热。

除高速的气体流动以及一部分化工用流体等的对流换热外，工程中常见的对流换热问题大都满足上述假设。此外，由二维推广到三维也是很方便的。

（1）连续性微分方程

连续性微分方程是根据微元体的质量守恒定律导出的。二维流动时，其形式为：

$$\frac{\partial u}{\partial x}+\frac{\partial v}{\partial y}=0 \tag{4-13}$$

式中，$u$、$v$ 分别为 $x$、$y$ 方向的速度。式(4－13)称为二维常物性不可压缩流体的连续性微分方程。

（2）动量微分方程

动量微分方程是根据微元体的动量守恒定律导出的，其形式为：

$$\rho\frac{\mathrm{D}\vec{V}}{\mathrm{D}\tau}=\vec{F}-\mathrm{grad}p+\eta\nabla^2V \tag{4-14}$$

$x$ 方向表示为：

$$\rho\left(\frac{\partial u}{\partial \tau}+u\,\frac{\partial u}{\partial x}+v\,\frac{\partial u}{\partial y}\right)=F_x-\frac{\partial p}{\partial x}+\eta\left(\frac{\partial^2 u}{\partial x^2}+\frac{\partial^2 u}{\partial y^2}\right) \tag{4-15}$$

$y$ 方向表示为：

$$\rho\left(\frac{\partial v}{\partial \tau}+u\,\frac{\partial v}{\partial x}+v\,\frac{\partial v}{\partial y}\right)=F_y-\frac{\partial p}{\partial y}+\eta\left(\frac{\partial^2 v}{\partial x^2}+\frac{\partial^2 v}{\partial y^2}\right) \tag{4-16}$$

动量微分方程又称为纳维尔（N. Navier）-斯托克斯（G. G. Stokes）方程。它是描述黏性流体流动的经典方程。动量微分方程表示微元体动量的变化等于作用在微元体上的外力之和。方程式等号左侧表示动量的变化，也称为流体的惯性力项；等号右侧各项依次为体积力项、压力梯度项、黏性力项。方程式适用于不可压缩黏性流体，对层流或湍流均适用。当体积力只受重力场作用时，自然对流换热中的浮升力起重要作用，而在强迫对流换热中可忽略重力项。

（3）能量微分方程

能量微分方程是根据微元体的能量守恒定律和傅里叶导热定律导出的。描述了流体的温度与有关物理量的关系。

以直角坐标系中的微元体为分析对象，在上述假设条件下，如果不考虑位能和动能的变化，微元体的能量守恒可表述为：单位时间内，由导热进入微元体的净热量 $\Phi_\lambda$ 和由对流进入微元体的净热量 $\Phi_h$ 之和等于微元体热力学能的增加 $dU/d\tau$，即：

$$\Phi_\lambda+\Phi_h=\frac{dU}{d\tau} \tag{4-17}$$

单位时间内，以导热方式从 $x$、$y$ 两个方向进入微元体的净热量可表示为：

$$\Phi_\lambda=\lambda\left(\frac{\partial^2 t}{\partial x^2}+\frac{\partial^2 t}{\partial y^2}\right)dx\,dy \tag{4-18}$$

单位时间内，以对流方式进入微元体的净热量 $\Phi_h$ 等于从 $x$ 方向净进入微元体的流体所携带的能量 $\Phi_{h,x}$ 与从 $y$ 方向净进入微元体的流体所携带的能量 $\Phi_{h,y}$ 之和。这个净热量 $\Phi_h$ 是流体流入微元体所带入的焓值，即：

$$\Phi_h=\Phi_{h,x}+\Phi_{h,y} \tag{4-19}$$

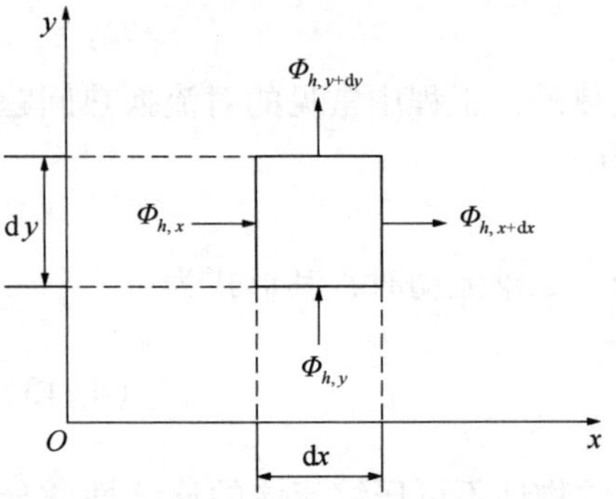

图 4-4　由对流进出微元体的能量

如图 4-4 所示，以 $x$ 方向为例，单位时间内，从 $x$ 处的截面流入微元体的流体所带入的能量为：

$$\Phi_{h,x}=\rho c_p u t\,dy \tag{4-20}$$

单位时间内，从 $x+dx$ 处的截面流出微元体的流体所带出的能量为：

$$\Phi_{h,x+dx}=\rho c_p\left(u+\frac{\partial u}{\partial x}dx\right)\left(t+\frac{\partial t}{\partial x}dx\right)dy \tag{4-21}$$

因此，单位时间内从 $x$ 方向净进入微元体的流体所携带的能量，略去高阶无穷小量后为：

$$\begin{aligned}\Phi_{h,x}&=\Phi_{h,x}-\Phi_{h,x+dx}=-\frac{\partial \Phi_{h,x}}{\partial x}dx\\&=\rho c_p u t\,dy-\rho c_p\left(u+\frac{\partial u}{\partial x}dx\right)\left(t+\frac{\partial t}{\partial x}dx\right)dy=-\rho c_p\frac{\partial (ut)}{\partial x}dx\,dy\end{aligned} \tag{4-22}$$

同理，单位时间从 $y$ 方向净进入微元体的流体所携带的能量为：

$$\Phi_{h,y}=\Phi_{h,y}-\Phi_{h,y+\mathrm{d}y}=-\frac{\partial\Phi_{h,y}}{\partial y}\mathrm{d}y=-\rho c_p\frac{\partial(vt)}{\partial y}\mathrm{d}x\mathrm{d}y \tag{4-23}$$

将式(4-22)、式(4-23)代入式(4-19)中，可得单位时间内，由对流进入微元体的净热量为：

$$\Phi_h=-\rho c_p\left[\frac{\partial(ut)}{\partial x}+\frac{\partial(vt)}{\partial y}\right]\mathrm{d}x\mathrm{d}y \tag{4-24}$$

单位时间内，微元体热力学能的增加为：

$$\frac{\mathrm{d}U}{\mathrm{d}\tau}=\rho c_p\frac{\partial t}{\partial\tau}\mathrm{d}x\mathrm{d}y \tag{4-25}$$

将式(4-18)、式(4-24)、式(4-25)代入能量守恒表达式(4-17)中，得：

$$\lambda\left(\frac{\partial^2 t}{\partial x^2}+\frac{\partial^2 t}{\partial y^2}\right)\mathrm{d}x\mathrm{d}y-\rho c_p\left[\frac{\partial(ut)}{\partial x}+\frac{\partial(vt)}{\partial y}\right]\mathrm{d}x\mathrm{d}y=\rho c_p\frac{\partial t}{\partial\tau}\mathrm{d}x\mathrm{d}y \tag{4-26}$$

消去 $\mathrm{d}x\mathrm{d}y$，上式可整理为：

$$\rho c_p\left[\frac{\partial t}{\partial\tau}+u\frac{\partial t}{\partial x}+v\frac{\partial t}{\partial y}+t\left(\frac{\partial u}{\partial x}+\frac{\partial v}{\partial y}\right)\right]=\lambda\left(\frac{\partial^2 t}{\partial x^2}+\frac{\partial^2 t}{\partial y^2}\right) \tag{4-27}$$

根据连续性微分方程，$\frac{\partial u}{\partial x}+\frac{\partial v}{\partial y}=0$，上式可简化为：

$$\frac{\partial t}{\partial\tau}+u\frac{\partial t}{\partial x}+v\frac{\partial t}{\partial y}=a\left(\frac{\partial^2 t}{\partial x^2}+\frac{\partial^2 t}{\partial y^2}\right) \tag{4-28}$$

或表示为：

$$\frac{\mathrm{D}t}{\mathrm{D}\tau}=a\left(\frac{\partial^2 t}{\partial x^2}+\frac{\partial^2 t}{\partial y^2}\right) \tag{4-29}$$

式(4-28)、式(4-29)称为常物性、无内热源、不可压缩牛顿流体二维对流换热的能量微分方程。式(4-28)中，等号左侧第一项表示在所研究的控制容积内，流体温度随时间的变化，称为非稳态项；左侧后两项表示由于流体流入与流出该控制容积而净流入的能量，称为对流项，反映了流体的运动和掺混对换热所起的作用。等号右侧为扩散项，它表示由于流体的热传导而净导入微元体的热量，也称为导热项，形式上它与导热微分方程没有什么差别。式(4-28)表明，在流体的流动过程中，能量的传递除了依靠流体的流动外(对流项体现)，还有导热引起的扩散作用(导热项体现)。若流动速度等于零，该方程将自动转化为导热微分方程。

对能量微分方程(4-28)的几点说明：

① 若考虑稳态对流换热，$\frac{\partial t}{\partial\tau}=0$，能量微分方程可表示为：

$$\vec{V}\cdot\mathrm{grad}t=u\frac{\partial t}{\partial x}+v\frac{\partial t}{\partial y}=a\left(\frac{\partial^2 t}{\partial x^2}+\frac{\partial^2 t}{\partial y^2}\right) \tag{4-30}$$

② 若流体静止，则 $u=v=0$，能量微分方程转化为常物性、无内热源、连续性介质的导热微分方程：

$$\frac{\partial t}{\partial\tau}=a\left(\frac{\partial^2 t}{\partial x^2}+\frac{\partial^2 t}{\partial y^2}\right)$$

③ 若流体内有内热源，只需在式(4-28)的右端加上内热源强度，相应的项称为源项，能量微分方程可表示为：

$$\frac{\partial t}{\partial \tau}+u\frac{\partial t}{\partial x}+v\frac{\partial t}{\partial y}=a\left(\frac{\partial^2 t}{\partial x^2}+\frac{\partial^2 t}{\partial y^2}\right)+\frac{\dot{\Phi}}{\rho c_p} \tag{4-31}$$

以上连续性微分方程[式(4-13)]、动量微分方程[式(4-15)、式(4-16)]和能量微分方程[式(4-28)]这四个方程组成了对流换热微分方程组。该方程组中含有 $u$、$v$、$p$、$t$ 四个未知量，所以方程组是封闭的。原则上，该方程组适用于所有满足上述假设条件的对流换热，既适用于强迫对流换热，也适用于自然对流换热；既适用于层流换热，也适用于湍流换热。对流换热的换热微分方程式(4-11)、式(4-12)建立了表面传热系数与温度场之间的关系，即要想求得表面传热系数，首先必须求出流体的温度场。而流体的温度场和速度场密切相关，流体的速度场是由连续性微分方程和动量微分方程来描述的，而温度场和速度场之间的关系将由能量微分方程来描述。

**2. 对流换热的单值性条件**

对流换热的微分方程组是对各种对流换热过程中速度场和温度场的一般描述。对于一个具体的对流换热过程，除了给出微分方程组外，还必须给出单值性条件，才能构成其完整的数学描述。对流换热过程的单值性条件就是使对流换热微分方程组具有唯一解的条件。与导热过程类似，对流换热过程的单值性条件包含以下四个方面。

(1) 几何条件

几何条件用于说明对流换热表面的几何形状、尺寸、表面与流体之间的相对位置、表面的粗糙度等。

(2) 物理条件

物理条件用于说明流体的热物理性质，例如给出热物性参数($\lambda$、$\rho$、$c_p$、$\alpha_V$ 等)的数值及其变化规律等。此外，物体有无内热源以及内热源的分布规律等也属于物理条件。

(3) 时间条件

时间条件用于说明对流换热过程进行的时间上的特点，例如是稳态还是非稳态。对于非稳态对流换热过程，还应给出初始条件，即过程开始时刻的速度场和温度场。即：

$$\vec{V}\big|_{\tau=0}=f(x,\ y,\ z),\quad t\big|_{\tau=0}=f(x,\ y,\ z)$$

(4) 边界条件

边界条件用于说明所研究的对流换热在边界上的状态(如边界上流体的速度分布和温度分布)以及与周围环境之间的相互作用。常遇到的对流换热边界条件主要有两类：第一类边界条件和第二类边界条件。

① 第一类边界条件。第一类边界条件给出了边界上的温度分布及其随时间的变化规律，即：

$$\tau>0 \text{ 时}，t_w=f(x,\ y,\ z,\ \tau) \tag{4-32}$$

若在对流换热过程中固体壁面上的温度为定值，即 $t_w$ = 常数，则式(4-32)称为等壁温边界条件。

② 第二类边界条件。第二类边界条件给出边界上的热流密度分布及其随时间的变化规律，即：

$$\tau>0 \text{ 时}，q_w=f(x,\ y,\ z,\ \tau) \tag{4-33}$$

根据傅里叶定律，边界上的热流密度又可表示为：

$$q_w = -\lambda \left. \frac{\partial t}{\partial n} \right|_w \tag{4-34}$$

若在对流换热过程中固体壁面上的热流密度为定值，即 $q_w$ = 常数，则称为常热流边界条件。

对流换热无第三类边界条件，因为求解对流换热问题的主要目的之一就是求解表面传热系数。

上述对流换热微分方程组和单值性条件构成了一个具体对流换热问题的完整的数学描述。求解数学描述，就可以得到流体的速度分布和温度分布。

## 第三节　边界层的概念

由于对流换热微分方程组的复杂性，尤其是动量微分方程的复杂性和非线性的特点，要针对实际问题在整个流场内求解对流换热微分方程组是非常困难的。

1904 年，德国科学家普朗特(L. Prandtl)提出了著名的边界层概念，并用它对动量微分方程进行了实质简化。普朗特在对黏性流体的流动进行大量的、仔细的实验观察基础上提出了突破性的新见解，他认为，流体流过固体壁面时，黏性力起作用的区域仅仅局限于紧贴壁面的薄层内。在这个薄层以外，黏性力不起作用而可以使用理想流体的已知解。在这个薄层以内，运用数量级分析法可以使动量微分方程做实质简化，使其分析求解成为可能。后来，波尔豪森(E. Pohlhausen)提出了热边界层的概念，把边界层的概念推广应用于对流换热问题，使对流换热问题的分析求解也得到了发展。本节主要介绍流动边界层和热边界层的特征，以及边界层的对流换热微分方程组。

**1. 流动边界层**

(1) 流动边界层的概念

以流体平行外掠平板的强迫对流换热为例，说明流动边界层的概念和特征。设黏性流体以均匀速度 $u_\infty$ 流过平板上方(设垂直纸面方向平板无限长)，由于黏性力的作用，壁面附近的流体速度下降，而与平板接触的流体黏附在平板表面上，即黏性流体与固体壁面之间不存在相对移动(无滑移条件)，$u|_{y=0}=0$。从壁面处 $y=0$，速度 $u=0$ 开始，速度 $u$ 随着离壁面距离 $y$ 的增加而急剧增大，直至接近主流速度 $u_\infty$，如图 4-5 所示。精确测试结果已经证明，速度 $u$ 在 $y$ 方向上只经过一个很小的距离，就已经十分接近远离壁面的主流速度。这一速度发生明显变化的流体薄层称为流动边界层，或称为速度边界层。通常规定速度达到 $0.99u_\infty$ 处的 $y$ 值作为流动边界层的厚度，用 $\delta$ 表示。

流动边界层的厚度是很薄的。实测表明，温度为 20℃ 的空气以 $u_\infty$ = 10m/s 的速度掠过平板时，在距离平板前缘 100mm 和 200mm 处，流动边界层的厚度分别约为 1.8mm 和 2.5mm，如图 4-5 所示。可见，流动边界层的厚度 $\delta$ 与流动方向的平板长度 $l$ 相比非常小，相差一个数量级以上。

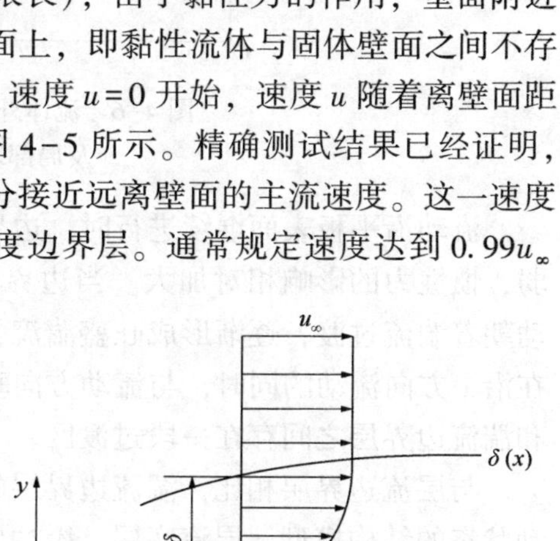

图 4-5　流动边界层

根据流动边界层的特点，普朗特提出可以把整个流场分为两个区域：紧靠壁面的边界层区和边界层以外的主流区。在边界层区内，速度梯度 $\partial u/\partial y$ 很大，根据黏性切应力公式 $\tau=\eta\dfrac{\partial u}{\partial y}$ 可知，即使是黏性相当小的流体(例如水或空气)，黏性力的作用也不能忽视。黏性力与惯性力处于同一数量级，故边界层内是发生动量传递的主要区域，流体的流动由动量微分方程来描述。在主流区内，速度梯度趋近于零，无论流体的黏性有多大，黏性力的作用可以忽略不计，流体可近似为理想流体，流体的流动由理想流体的欧拉方程来描述。

(2) 流体外掠平板时边界层的形成和发展

前文已指出，流体的流动有层流和湍流两种流态。当流体流过固体壁面时，流动边界层在壁面上的发展过程显示出，在流动边界层内也会出现层流和湍流两种不同的边界层。如图 4-6所示，假设来流是速度均匀分布的层流，平行流过平板。沿流动方向，描述流动边界层厚度 $\delta$ 的变化情况为：

在平板的前缘点 $x=0$ 处，$\delta=0$。随着流体向前流动，由于动量的传递，壁面处黏性力的影响逐渐向流体内部发展，流动边界层厚度逐渐增加，如图 4-6 所示。从平板的前缘点 $x=0$到平板上某一距离 $x_c$ 以前，由于黏性作用在壁面的极薄层内，扰动在其中不易发展起来，黏性力的作用很大，流体呈现有秩序的分层的流动，各层互不干扰，即边界层内的流动处于层流状态。这段边界层称为层流边界层。

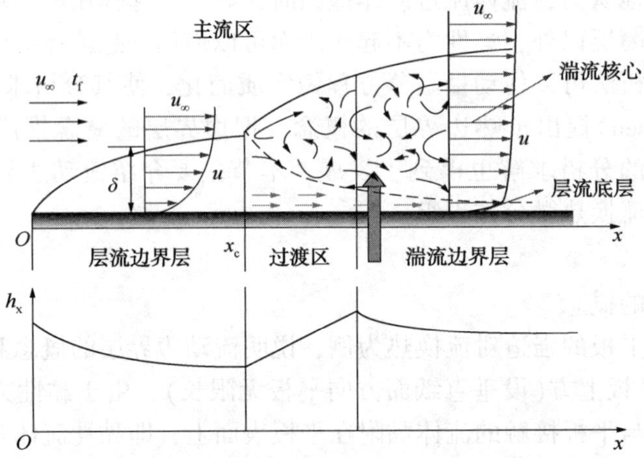


图 4-6　流体外掠平板时流动边界层的形成和发展
及局部表面传热系数的变化示意图

流动沿平板表面继续进行时，边界层厚度逐渐增加。边界层边缘处黏性力的影响逐渐减弱，惯性力的影响相对加大。当边界层达到一定厚度时，扰动发展起来。自距离 $x_c$ 起，流动朝着湍流过渡，逐渐形成旺盛湍流，边界层最终过渡为湍流边界层。湍流边界层内，流体在沿 $x$ 方向流动的同时，与流动方向垂直的横向还存在着紊乱的不规则脉动。在层流边界层和湍流边界层之间存在一段过渡区。

与层流边界层相比，湍流边界层的厚度明显加厚。湍流边界层内存在着具有三层不同流动状态的结构模型：层流底层、缓冲层、湍流核心区。层流底层紧靠壁面处，黏性力与惯性力相比仍占绝对优势，这一薄层流体保持层流流态，故称为层流底层(又称黏性底层)。层流底层内具有很大的速度梯度。而湍流核心区内由于强烈的扰动与混合使速度趋于均匀，速度梯度很小。层流底层和湍流核心区之间有一层从层流到湍流的过渡层，通常称为缓冲层。

流动边界层从层流开始向湍流过渡的距离 $x_c$ 称为转戾点，又称临界距离。其大小取决于流体的物性、固体壁面的粗糙度、来流的湍流度以及边界层外流体的压力分布等，由实验确定。临界距离通常由临界雷诺数$Re_c$给出。

$$Re_c = \frac{u_\infty x_c}{\nu} \tag{4-35}$$

对于流体外掠平板的流动，$Re_c = 2\times10^5 \sim 3\times10^6$，一般情况下取$Re_c = 5\times10^5$；对于流体在一般光滑管内流动，通常取$Re_c \approx 2300$；而对于流体横掠单根圆柱绕流流动，$Re_c = 1.2\times10^5 \sim 1.5\times10^5$。

**2. 热边界层**

热边界层的概念是 1921 年由波尔豪森提出来的。当温度均匀的流体与它所流过的固体壁面温度不同时，流体与固体壁面发生热量传递。在壁面附近会形成一层温度变化较大的流体层，称为热边界层，又称为温度边界层。如图 4-7 所示，在热边界层内，紧贴壁面的流体温度等于壁面温度 $t_w$。随着远离壁面，流体温度逐渐接近主流温度 $t_f$。一般规定流体过余温度 $t - t_w = 0.99(t_f - t_w)$ 处到壁面的距离作为热边界层的厚度，用 $\delta_t$ 表示。

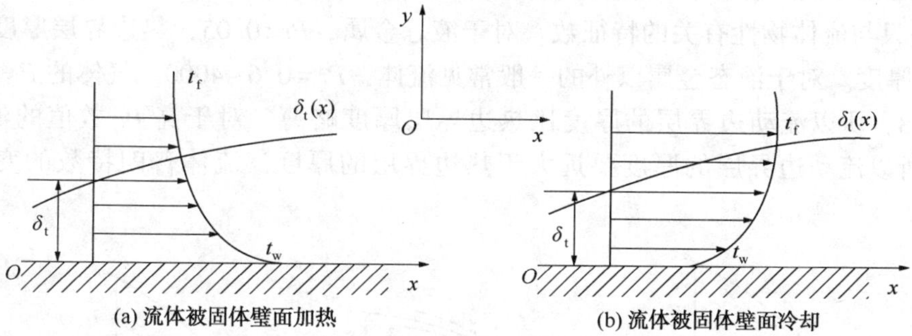


图 4-7　热边界层

相应地，对流换热的温度场可以分为两个区域：热边界层区和热边界层以外的主流区。热边界层区就是存在温度梯度的流体层，因此也是发生热量传递的主要区域，其温度场由能量微分方程描述。主流区温度梯度忽略不计，可以看作等温流动，流体温度为主流温度 $t_f$。

**3. 流动边界层和热边界层的关系**

流体的温度分布受速度分布的影响，但是二者的分布并不相同。层流边界层内，速度梯度由大到小变化比较平缓。热边界层内温度梯度的变化也比较平缓。垂直于壁面方向上的热量传递主要依靠导热，换热较弱。湍流边界层内，层流底层中具有很大的速度梯度，也具有很大的温度梯度，热量传递主要依靠导热；而湍流核心区内由于强烈的扰动与混合使速度和温度都趋于均匀，速度梯度和温度梯度都很小，热量传递主要依靠热对流，换热较强。对于工业上和日常生活中常见流体的湍流对流换热，除液态金属外，热阻主要在层流底层。

局部表面传热系数的变化趋势如图 4-6 所示。在层流边界层内，热量传递主要依靠导热。其中，在平板的前缘点 $x=0$ 处，边界层厚度为零，导热热阻最小，局部表面传热系数较大。后随着边界层的加厚，导热热阻增大，局部表面传热系数逐渐减小。在过渡区，随着流体扰动的加剧，对流换热方式的作用越来越大，局部表面传热系数逐渐增大。直至发展到湍流边界层，局部表面传热系数达到最大值。在湍流边界层内，随着湍流边界层的加厚，热阻不断增大，局部表面传热系数随之减小。

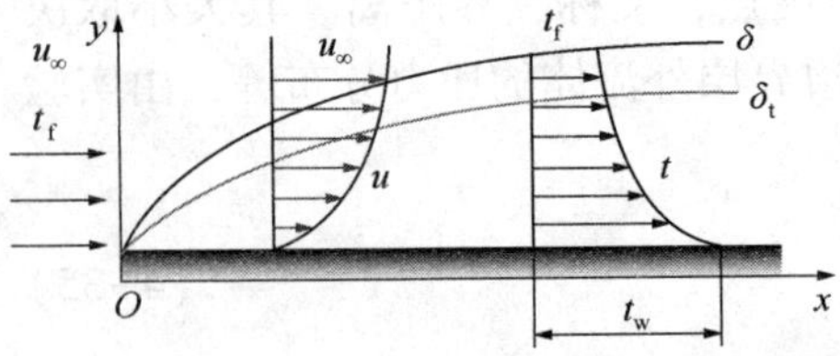


图 4-8　流动边界层和热边界层从平板前缘点同时形成和发展

一般来说，流动边界层和热边界层的厚度并不相等。如果整个平板都与流体进行对流换热，则流动边界层和热边界层都从平板前缘点开始同时形成和发展，如图 4-8 所示。在同一位置，这两种边界层厚度的相对大小取决于流体的运动黏度 $\nu$ 和热扩散率 $a$ 的相对大小。运动黏度反映了流体动量扩散的能力，在其他条件相同的情况下，$\nu$ 值越大，流动边界层越厚。热扩散率 $a$ 反映了物体热量扩散的能力，在其他条件相同的情况下，$a$ 越大，热边界层越厚。为反映流动边界层与热边界层厚度的相对大小，引入普朗特数：

$$Pr=\frac{\nu}{a} \tag{4-36}$$

其物理意义为流体的动量扩散能力与热量扩散能力之比。分析结果表明，对于层流边界层，如果流动边界层和热边界层都从平板前缘点开始同时形成和发展，则当 $\nu>a$，$Pr>1$ 时，$\delta>\delta_t$；$\nu=a$，$Pr=1$ 时，$\delta=\delta_t$；$\nu<a$，$Pr<1$ 时，$\delta<\delta_t$。

$Pr$ 数是只与流体物性有关的特征数。对于液态金属，$Pr<0.05$，热边界层厚度要远大于流动边界层厚度。对于液态金属以外的一般常见流体，$Pr=0.6\sim4000$。气体的 $Pr$ 数值较小，$Pr=0.6\sim0.8$，所以流动边界层的厚度比热边界层厚度略薄。对于高 $Pr$ 数值的油类，$Pr=10^2\sim10^3$，所以流动边界层的厚度要远大于热边界层的厚度，流体普朗特数的变化范围如图 4-9所示。

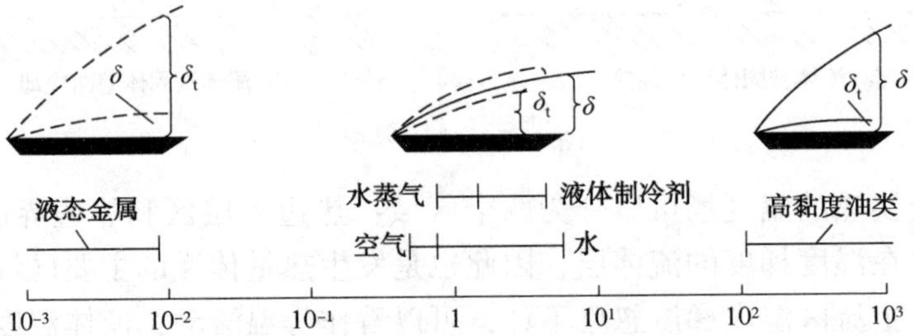


图 4-9　流体普朗特数的数值变化范围

对于平板，只有当局部被加热或被冷却时，流动边界层和热边界层才不会同时形成和发展。

综上所述，边界层具有以下几个特征：

① 边界层厚度($\delta$、$\delta_t$)与壁面特征长度 $l$ 相比是很小的量。

② 整个流场划分为边界层区和主流区两个区域。流动边界层内存在很大的速度梯度，是发生动量扩散(黏性力作用)的主要区域；流动边界层以外的主流区，流体可近似为理想流体。热边界层内存在较大的温度梯度，是发生热量扩散的主要区域；热边界层以外的主流区温度梯度可以忽略，流体可近似为等温流动。

③ 根据流动状态，边界层分为层流边界层和湍流边界层。湍流边界层内具有三层不同流动状态的结构：层流底层、缓冲层与湍流核心区。层流底层内的速度梯度和温度梯度远大于湍流核心区。

④ 在层流边界层和层流底层内，垂直于壁面方向上的热量传递主要依靠导热。湍流边

界层的主要热阻在层流底层。

以上四点也是边界层理论的基本内容。

**4. 边界层内对流换热微分方程组的简化**

根据边界层理论的基本内容，运用数量级分析的方法，可以使对流换热微分方程组得到合理简化，更容易分析求解。数量级分析法在工程问题分析中具有广泛的实用意义。

分析常物性、无内热源、不可压缩牛顿流体的二维对流换热，如前所述，对流换热微分方程组可表示为：

$$\frac{\partial u}{\partial x}+\frac{\partial v}{\partial y}=0$$

$$\rho\left(\frac{\partial u}{\partial \tau}+u\frac{\partial u}{\partial x}+v\frac{\partial u}{\partial y}\right)=F_x-\frac{\partial p}{\partial x}+\eta\left(\frac{\partial^2 u}{\partial x^2}+\frac{\partial^2 u}{\partial y^2}\right)$$

$$\rho\left(\frac{\partial v}{\partial \tau}+u\frac{\partial v}{\partial x}+v\frac{\partial v}{\partial y}\right)=F_y-\frac{\partial p}{\partial y}+\eta\left(\frac{\partial^2 v}{\partial x^2}+\frac{\partial^2 v}{\partial y^2}\right)$$

$$\frac{\partial t}{\partial \tau}+u\frac{\partial t}{\partial x}+v\frac{\partial t}{\partial y}=a\left(\frac{\partial^2 t}{\partial x^2}+\frac{\partial^2 t}{\partial y^2}\right)$$

进一步假设换热为稳态、体积力可以忽略的二维强迫对流换热，$\frac{\partial u}{\partial \tau}=\frac{\partial v}{\partial \tau}=\frac{\partial t}{\partial \tau}=0$，$F_x=F_y=0$，则对流换热微分方程组可简化为：

$$\frac{\partial u}{\partial x}+\frac{\partial v}{\partial y}=0$$

$$u\frac{\partial u}{\partial x}+v\frac{\partial u}{\partial y}=-\frac{1}{\rho}\frac{\partial p}{\partial x}+\nu\left(\frac{\partial^2 u}{\partial x^2}+\frac{\partial^2 u}{\partial y^2}\right) \tag{4-37}$$

$$u\frac{\partial v}{\partial x}+v\frac{\partial v}{\partial y}=-\frac{1}{\rho}\frac{\partial p}{\partial y}+\nu\left(\frac{\partial^2 v}{\partial x^2}+\frac{\partial^2 v}{\partial y^2}\right) \tag{4-38}$$

$$u\frac{\partial t}{\partial x}+v\frac{\partial t}{\partial y}=a\left(\frac{\partial^2 t}{\partial x^2}+\frac{\partial^2 t}{\partial y^2}\right) \tag{4-39}$$

数量级分析法的基本思想是，通过比较方程式中各项数量级的相对大小，把数量级较大的项保留下来，而把数量级较小的项舍去，实现方程式的合理简化。根据边界层理论可知，边界层厚度($\delta$、$\delta_t$)与壁面特征长度 $l$ 相比是很小的量，$\delta \ll l$，$\delta_t \ll l$，$y \ll x$。如果把平板长度的数量级取作 1($O(1)$表示数量级相当于 1 的量)，则边界层厚度的数量级为 $\Delta$[$O(\Delta)$表示数量级远小于 $O(1)$的量]。设均匀来流速度 $u_\infty$ 的数量级为 1，来流温度 $t_f$ 的数量级也为 1，流体密度的数量级为 1。用上述各量的数量级对对流换热微分方程组中的各项进行数量级分析(符号“~”表示数量级相当于的含义)，可得：

$$u \sim O(1),\ t \sim O(1),\ l \sim O(1),\ \rho \sim O(1),$$

$$\delta \sim O(\Delta),\ \delta_t \sim O(\Delta),\ x \sim O(1),\ y \sim O(\Delta),\ \frac{\partial u}{\partial x} \sim O(1),\ \frac{\partial v}{\partial y} \sim O(1),$$

$$v \sim O(\Delta),\ \frac{\partial u}{\partial y} \sim O\left(\frac{1}{\Delta}\right),\ \frac{\partial v}{\partial x} \sim O(\Delta),\ \frac{\partial^2 u}{\partial x^2} \sim O(1),$$

$$\frac{\partial^2 u}{\partial y^2} \sim O\left(\frac{1}{\Delta^2}\right),\ \frac{\partial^2 v}{\partial x^2} \sim O(\Delta),\ \frac{\partial^2 v}{\partial y^2} \sim O\left(\frac{1}{\Delta}\right),$$

$$\frac{\partial p}{\partial x}\sim O(1),\ \frac{\partial p}{\partial y}\sim O(\Delta),\ \nu\sim O(\Delta^2),\ a\sim O(\Delta^2),$$

$$\frac{\partial t}{\partial x}\sim O(1),\ \frac{\partial t}{\partial y}\sim O\left(\frac{1}{\Delta}\right),\ \frac{\partial^2 t}{\partial x^2}\sim O(1),\ \frac{\partial^2 t}{\partial y^2}\sim O\left(\frac{1}{\Delta^2}\right)。$$

连续性方程：

$$\frac{\partial u}{\partial x}+\frac{\partial v}{\partial y}=0$$

$$1 \qquad 1$$

动量微分方程 $x$ 方向：

$$u\frac{\partial u}{\partial x}+v\frac{\partial u}{\partial y}=-\frac{1}{\rho}\frac{\partial p}{\partial x}+\nu\left(\frac{\partial^2 u}{\partial x^2}+\frac{\partial^2 u}{\partial y^2}\right)$$

$$1\cdot 1 \quad \Delta\cdot\frac{1}{\Delta} \quad 1\cdot 1 \quad \Delta^2\left(1 \quad \frac{1}{\Delta^2}\right)$$

动量微分方程 $y$ 方向：

$$u\frac{\partial v}{\partial x}+v\frac{\partial v}{\partial y}=-\frac{1}{\rho}\frac{\partial p}{\partial y}+\nu\left(\frac{\partial^2 v}{\partial x^2}+\frac{\partial^2 v}{\partial y^2}\right)$$

$$1\cdot\Delta \quad \Delta\cdot 1 \quad 1\cdot\Delta \quad \Delta^2\left(\Delta \quad \frac{1}{\Delta}\right)$$

能量微分方程：

$$u\frac{\partial t}{\partial x}+v\frac{\partial t}{\partial y} = a\left(\frac{\partial^2 t}{\partial x^2}+\frac{\partial^2 t}{\partial y^2}\right)$$

$$1\cdot 1 \quad \Delta\cdot\frac{1}{\Delta} \quad \Delta^2\left(1 \quad \frac{1}{\Delta^2}\right)$$

上述数量级分析结果表明，$y$ 方向动量微分方程中的各项与 $x$ 方向动量微分方程中的各项相比很小，可以不予考虑，故只保留 $x$ 方向的动量微分方程。$x$ 方向动量微分方程中的 $\frac{\partial^2 u}{\partial x^2}$ 与 $\frac{\partial^2 u}{\partial y^2}$ 相比，以及能量微分方程中的 $\frac{\partial^2 t}{\partial x^2}$ 与 $\frac{\partial^2 t}{\partial y^2}$ 相比都很小，可以忽略。$y$ 方向的压力变化 $\frac{\partial p}{\partial y}\ll\frac{\partial p}{\partial x}$，故可忽略 $y$ 方向的压力变化，近似认为边界层中的压力只沿 $x$ 方向变化，因此，$\frac{\partial p}{\partial x}$ 改写为 $\frac{\mathrm{d}p}{\mathrm{d}x}$。于是边界层内对流换热微分方程组可简化为：

$$\frac{\partial u}{\partial x}+\frac{\partial v}{\partial y}=0$$

$$u\frac{\partial u}{\partial x}+v\frac{\partial u}{\partial y}=-\frac{1}{\rho}\frac{\mathrm{d}p}{\mathrm{d}x}+\nu\frac{\partial^2 u}{\partial y^2} \tag{4-40}$$

$$u\frac{\partial t}{\partial x}+v\frac{\partial t}{\partial y}=a\frac{\partial^2 t}{\partial y^2} \tag{4-41}$$

简化后的方程组只有三个方程，但仍然含有 $u$、$v$、$p$、$t$ 四个未知量，方程组不封闭。由于忽略了 $y$ 方向的压力变化，边界层内压力沿 $x$ 方向变化与边界层外的主流区压力相同，因此压力 $p$ 可由主流区理想流体的伯努利方程确定。如果忽略位能的变化，伯努利方程可表示为：

$$p+\frac{1}{2}\rho u_{\infty}^{2}=\text{常数} \tag{4-42}$$

于是：

$$\frac{\mathrm{d}p}{\mathrm{d}x}=-\rho u_{\infty}\frac{\mathrm{d}u_{\infty}}{\mathrm{d}x} \tag{4-43}$$

显然，当主流速度 $u_{\infty}$ = 常数时，$\mathrm{d}u_{\infty}/\mathrm{d}x=0$。这样式(4-13)、式(4-40)、式(4-41)、式(4-43)就构成了一个封闭的方程组，加上单值性条件，可以求解 $u$、$v$、$p$、$t$ 四个未知量。在求出边界层内的温度分布后，通过换热微分方程式(4-11)可求出局部表面传热系数。

边界层对流换热微分方程组可以应用数学分析法求解，并可求得精确解，但仅适用于符合边界层性质的场合，且一般限于少数简单边界条件的情况，对管内流动一般认为不符合边界层性质。

## 第四节　流体外掠平板层流换热分析解简介

上一节中根据边界层理论，利用数量级分析方法，在边界层内对对流换热微分方程组进行了简化，得到了边界层内的对流换热微分方程组。对这个简化之后的方程组，从理论上讲可以采用数学方法分析求解。但需要注意该方程组仅适用于符合边界层的流动情况。例如，对流体外掠平板的对流换热，流体流动符合边界层流动特征，而对于流体管内对流换热，则不符合边界层流动特征。

下面考察常物性、无内热源、不可压缩牛顿流体，外掠平板平行流动，二维稳态对流换热，如图 4-10 所示，给出该对流换热问题的分析解。分析可知，该流动符合边界层流动，由于来流为均匀来流，$u_{\infty}$ = 常数，则 $\mathrm{d}u_{\infty}/\mathrm{d}x=0$，$\mathrm{d}p/\mathrm{d}x=0$，其边界层内对流换热微分方程组可简化为：

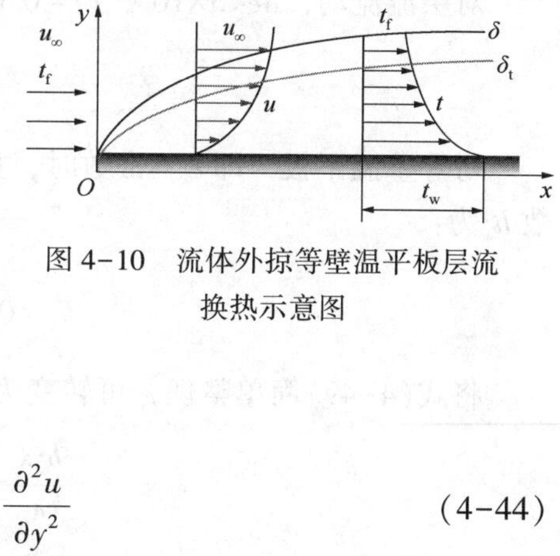


图 4-10　流体外掠等壁温平板层流换热示意图

$$\begin{aligned}&\frac{\partial u}{\partial x}+\frac{\partial v}{\partial y}=0\\&u\frac{\partial u}{\partial x}+v\frac{\partial u}{\partial y}=\nu\frac{\partial^{2}u}{\partial y^{2}}\\&u\frac{\partial t}{\partial x}+v\frac{\partial t}{\partial y}=a\frac{\partial^{2}t}{\partial y^{2}}\end{aligned} \tag{4-44}$$

20 世纪初，布拉修斯、波尔豪森等人采用无量纲坐标$\left(X=\frac{x}{l},\ Y=\frac{y}{l}\right)$、无量纲速度$\left(U=\frac{u}{u_{\infty}},\ V=\frac{v}{u_{\infty}}\right)$以及无量纲温度 $\Theta=\frac{t-t_w}{t_f-t_w}$等，将动量微分方程和能量微分方程由偏微分方程转化为常微分方程，进行了求解。求解的内容和步骤可以归纳为：首先利用连续性方程和动量微分方程，求解出速度分布；利用能量微分方程，求解出温度分布。然后利用速度分布求出流动边界层厚度，进一步求出局部摩擦系数和平均摩擦系数；利用温度分布求出热边界层厚度，进一步求出局部表面传热系数和平均表面传热系数。最终利用牛顿冷却公式求出局部热流密度和热流密度。下面分别介绍速度场和温度场的解。

**1. 速度场的解**

对层流流动，$Re<5\times10^5$，$Pr=0.6\sim15$，距离平板前缘点 $x$ 处流动边界层厚度 $\delta$ 为：

$$\frac{\delta}{x}=5.0Re_x^{-1/2} \tag{4-45}$$

式(4-45)中，$Re_x=u_\infty x/\nu$。

根据局部黏性切应力公式 $\tau_{w,x}=\eta\left.\dfrac{\partial u}{\partial y}\right|_{y=0,x}$ 和局部摩擦系数定义式 $\tau_{w,x}=c_{f,x}\dfrac{\rho u_\infty^2}{2}$，可求得局部摩擦系数 $c_{f,x}$ 为：

$$c_{f,x}=\frac{\tau_{w,x}}{\frac{1}{2}\rho u_\infty^2}=0.664Re_x^{-1/2} \tag{4-46}$$

整个平板的平均摩擦系数 $c_f$ 为：

$$c_f=\frac{1}{l}\int_0^x c_{f,x}\mathrm{d}x=1.328Re^{-1/2} \tag{4-47}$$

式(4-47)中，$Re=u_\infty l/\nu$。可见，平板全部长度上的平均摩擦系数 $c_f$ 是平板末端 $x=l$ 处局部摩擦系数 $c_{f,x}$ 的 2 倍。

**2. 温度场的解**

对层流流动，$Re<5\times10^5$，$Pr=0.6\sim15$，热边界层厚度 $\delta_t$ 为：

$$\frac{\delta_t}{\delta}=Pr^{-1/3} \tag{4-48}$$

对等壁温平板，即 $t_w=$常数时，如图 4-10 所示，距离平板前缘点 $x$ 处局部表面传热系数 $h_x$ 为：

$$h_x=0.332\frac{\lambda}{x}\left(\frac{u_\infty x}{\nu}\right)^{\frac{1}{2}}\left(\frac{\nu}{a}\right)^{\frac{1}{3}} \tag{4-49}$$

将式(4-49)简单整理，可转变为：

$$\frac{h_x x}{\lambda}=0.332\left(\frac{u_\infty x}{\nu}\right)^{\frac{1}{2}}\left(\frac{\nu}{a}\right)^{\frac{1}{3}} \tag{4-50}$$

式中，右端 $Re_x=\dfrac{u_\infty x}{\nu}$、$Pr=\dfrac{\nu}{a}$。定义 $Nu=\dfrac{hl}{\lambda}$，称为努塞尔数，努塞尔数 $Nu$ 的物理意义是，表征了流体在壁面外法线方向上的平均无量纲温度梯度，其大小反映了对流换热的强弱。$Nu$ 越大，对流换热的表面传热系数 $h$ 越大，对流换热越剧烈。对平板表面某一局部位置 $x$ 处，$Nu_x=\dfrac{h_x x}{\lambda}$，$Nu_x$ 称为局部努塞尔数，因此式(4-50)又可表示为：

$$Nu_x=0.332Re_x^{\frac{1}{2}}Pr^{\frac{1}{3}} \tag{4-51}$$

这种以特征数之间的函数形式表示对流换热问题解的关系式称为特征数方程式，又称为特征数关联式或准数方程。理论分析表明，所有对流换热问题的解都可以表示成特征数方程式的形式，只不过对流换热问题的类型不同，所涉及的特征数会不同，特征数方程式的形式也会不同。由式(4-51)可见，已知$Re_x$、$Pr$，即可求得$Nu_x$，进一步由$Nu_x$的定义式，可求得局部表面传热系数$h_x$。因此，获得不同对流换热问题的特征数方程式是研究对流换热问题的根本任务。其中，$Re$、$Pr$由已知的物理量组成，称为已定特征数；$Nu$中含有待定的表面传热系数$h$，称为待定特征数。

对整个平板表面，对流换热的平均表面传热系数为：

$$h = \frac{1}{l}\int_0^l h_x \mathrm{d}x = 2h_l = 0.664\frac{\lambda}{l}\left(\frac{u_\infty l}{\nu}\right)^{\frac{1}{2}}\left(\frac{\nu}{a}\right)^{\frac{1}{3}} \tag{4-52}$$

可见，平板全部长度上的平均表面传热系数$h$为平板末端$x=l$处局部表面传热系数$h_l$的2倍，相应地，特征数方程式可表示为：

$$Nu = 0.664Re^{\frac{1}{2}}Pr^{\frac{1}{3}} \tag{4-53}$$

式(4-53)中，$Nu$数和$Re$数中的特征长度是平板的长度$l$，定性温度选取平板温度和流体温度的算术平均值，即$t_m=\frac{1}{2}(t_w+t_f)$。式(4-53)的适用条件是：$Re<5\times10^5$，$Pr=0.6\sim15$，$t_w$=常数。

对常热流平板，即$q_w$=常数时，局部努塞尔数和平均努塞尔数的特征数方程式分别为：

$$Nu_x = 0.453Re_x^{\frac{1}{2}}Pr^{\frac{1}{3}} \tag{4-54}$$

$$Nu = 0.680Re^{\frac{1}{2}}Pr^{\frac{1}{3}} \tag{4-55}$$

式(4-55)的适用条件是：$Re<5\times10^5$，$Pr=0.6\sim15$，$q_w$=常数。对比式(4-51)与式(4-54)可见，当$Re_x$、$Pr$数相同时，常热流情况下的$Nu_x$比等壁温情况下的$Nu_x$大36%左右；对比式(4-53)与式(4-55)可见，常热流情况下的平均$Nu$却只比等壁温情况下的$Nu$大2.4%左右。

在常热流情况下，壁面热流$q_w=q_{w,x}=h_x(t_w-t_f)_x$是已知的，但是壁面温度$t_w$是未知且是变化的，壁面温度与流体温度之差$(t_w-t_f)_x$也是变化的。在整个平板长度上，壁面温度与流体温度的平均温差可表示为：

$$t_w - t_f = \frac{1}{l}\int_0^l (t_w-t_f)_x\mathrm{d}x = \frac{1}{l}\int_0^l \frac{q_w}{h_x}\mathrm{d}x = \frac{q_w}{\lambda l}\int_0^l \frac{x}{Nu_x}\mathrm{d}x \tag{4-56}$$

**例题4-2**　流动边界层和热边界层厚度计算

温度为20℃的空气在一个大气压下，以2m/s的速度纵掠一宽度为1m的等壁温平板，平板温度维持为60℃。试计算距离平板前缘点$x$=20cm和$x$=40cm处流动边界层的厚度，并计算在$x$=20cm和$x$=40cm之间进入边界层内流体的质量流量。

**解**：该问题是流体外掠等壁温平板的强迫对流换热问题，选取定性温度：

$$t=\frac{1}{2}(t_w+t_f)=\frac{1}{2}(60℃+20℃)=40℃$$

由附表2查得40℃空气的物性参数，有$\nu=16.96\times10^{-6}\mathrm{m^2/s}$，$\rho=1.128\mathrm{kg/m^3}$，$Pr=0.699$。

计算雷诺数，

在$x$=20cm处，$Re_1=\frac{u_\infty x}{\nu}=\frac{2\mathrm{m/s}\times0.2\mathrm{m}}{16.96\times10^{-6}\mathrm{m^2/s}}=23585<5\times10^5$。

在$x$=40cm处，$Re_2=\frac{u_\infty x}{\nu}=\frac{2\mathrm{m/s}\times0.4\mathrm{m}}{16.96\times10^{-6}\mathrm{m^2/s}}=47170<5\times10^5$。

可见 $x=20\text{cm}$ 和 $x=40\text{cm}$ 处，均为层流流动。由式(4-45)可得流动边界层厚度分别为：

在 $x=20\text{cm}$ 处，$\delta_1=5.0\dfrac{x}{\sqrt{Re_1}}=5.0\dfrac{0.2\text{m}}{\sqrt{23585}}=0.0065\text{m}=6.5\text{mm}$。

在 $x=40\text{cm}$ 处，$\delta_2=5.0\dfrac{x}{\sqrt{Re_2}}=5.0\dfrac{0.4\text{m}}{\sqrt{47170}}=0.0092\text{m}=9.2\text{mm}$。

在 $x=20\text{cm}$ 和 $x=40\text{cm}$ 之间从主流区流入边界层的质量流量 $\Delta m$ 等于这两个位置处质量流量的差值，即：

$$\Delta m=\int_0^{\delta_2}\rho u \mathrm{d}y-\int_0^{\delta_1}\rho u \mathrm{d}y=\int_{\delta_1}^{\delta_2}\rho u \mathrm{d}y$$

将层流边界层内速度分布表达式 $\dfrac{u}{u_f}=\dfrac{3}{2}\dfrac{y}{\delta}-\dfrac{1}{2}\left(\dfrac{y}{\delta}\right)^3$，代入上式，则有：

$$\Delta m=\int_{\delta_1}^{\delta_2}\rho u_f\left[\frac{3}{2}\frac{y}{\delta}-\frac{1}{2}\left(\frac{y}{\delta}\right)^3\right]\mathrm{d}y=\frac{5}{8}\rho u_f\delta\Big|_{\delta_1}^{\delta_2}$$

$$=\frac{5}{8}\times1.128\text{kg/m}^3\times2\text{m/s}\times(0.0092\text{m}-0.0065\text{m})=3.81\times10^{-3}\text{kg/s}$$

**例题 4-3** 空气和水的流动边界层及热边界层厚度对比

温度为30℃的空气和水在常压下都以 0.5m/s 的速度平行掠过长为 250mm、表面温度 $t_w=50℃$ 的平板。求：(1)空气和水在平板末端速度边界层厚度 $\delta$ 和热边界层厚度 $\delta_t$ 分别是多少？(2)空气和水与单位宽度平板的对流换热量分别是多少？

**解**：该问题是流体外掠等壁温平板的强迫对流换热问题，无论对空气还是水，定性温度均为：

$$t=\frac{1}{2}(t_w+t_f)=\frac{1}{2}(50℃+30℃)=40℃$$

(1) 对空气，由附表2查40℃空气的物性参数，有 $\nu=16.96\times10^{-6}\text{m}^2/\text{s}$，$\lambda=2.76\times10^{-2}$ W/(m·K)，$Pr=0.699$。

计算雷诺数，$Re=\dfrac{u_\infty l}{\nu}=\dfrac{0.5\text{m/s}\times0.25\text{m}}{16.96\times10^{-6}\text{m}^2/\text{s}}=7.37\times10^3<5\times10^5$，故边界层内空气流态为层流。

根据流体外掠等壁温平板，层流流动，且 $Pr=0.699$，由式(4-45)可得流动边界层厚度为：

$$\delta=5.0\frac{x}{\sqrt{Re_x}}=5.0\frac{0.25\text{m}}{\sqrt{7.37\times10^3}}=0.0146\text{m}=14.6\text{mm}$$

由式(4-48)，热边界层厚度为：

$$\delta_t=\delta Pr^{-1/3}=0.0146\text{m}\times(0.699)^{-1/3}=0.0164\text{m}=16.4\text{mm}$$

可见，空气的热边界层厚度比流动边界层厚度略厚。

整个平板的平均表面传热系数可用式(4-53)计算，有：

$$Nu=0.664Re^{\frac{1}{2}}Pr^{\frac{1}{3}}=0.664\,(7.37\times10^3)^{\frac{1}{2}}(0.699)^{\frac{1}{3}}=50.6$$

由 $Nu=\dfrac{hl}{\lambda}$，有：

$$h=\frac{\lambda Nu}{l}=\frac{2.76\times10^{-2}\text{W/(m·K)}\times50.6}{0.25\text{m}}=5.6\ \text{W/(m}^2\text{·K)}$$

根据牛顿冷却公式，单位宽度平板的对流换热量为：

$$Q=hA(t_w-t_f)=5.6\ \mathrm{W/(m^2\cdot K)}\times0.25\mathrm{m}\times1\mathrm{m}\times(50℃-30℃)=28\mathrm{W}$$

（2）对水，由附表 3 查 40℃水的物性参数，有 $\nu=0.659\times10^{-6}\mathrm{m^2/s}$，$\lambda=0.635\mathrm{W/(m\cdot K)}$，$Pr=4.31$。

计算雷诺数，$Re=\dfrac{u_\infty l}{\nu}=\dfrac{0.5\mathrm{m/s}\times0.25\mathrm{m}}{0.659\times10^{-6}\mathrm{m^2/s}}=1.9\times10^5<5\times10^5$，故边界层内水流态为层流。

根据流体外掠等壁温平板，层流流动，且 $Pr=4.31$，由式(4-45)可得流动边界层厚度为：

$$\delta=5.0\frac{x}{\sqrt{Re_x}}=5.0\frac{0.25\mathrm{m}}{\sqrt{1.9\times10^5}}=0.0029\mathrm{m}=2.9\mathrm{mm}$$

由式(4-48)，热边界层厚度为：

$$\delta_t=\delta Pr^{-1/3}=0.0029\mathrm{m}\times(4.31)^{-1/3}=0.0018\mathrm{m}=1.8\mathrm{mm}$$

可见，水的热边界层厚度比流动边界层厚度要薄。

整个平板的平均表面传热系数可用式(4-53)计算，有：

$$Nu=0.664Re^{\frac{1}{2}}Pr^{\frac{1}{3}}=0.664\ (1.9\times10^5)^{\frac{1}{2}}(4.31)^{\frac{1}{3}}=471$$

由 $Nu=\dfrac{hl}{\lambda}$，有：

$$h=\frac{\lambda Nu}{l}=\frac{0.635\mathrm{W/(m\cdot K)}\times471}{0.25\mathrm{m}}=1196\ \mathrm{W/(m^2\cdot K)}$$

根据牛顿冷却公式，单位宽度平板的对流换热量为：

$$Q=hA(t_w-t_f)=1196\mathrm{W/(m^2\cdot K)}\times0.25\mathrm{m}\times1\mathrm{m}\times(50℃-30℃)=5980\mathrm{W}$$

## 思考题

1. 说明影响对流换热的主要因素有哪些？

2. 对流换热微分方程组由哪些方程组成？各自导出的理论依据是什么？

3. 对流换热问题有没有第三类边界条件？式(4-11)、式(4-12)与导热问题的第三类边界条件有何区别？

4. 什么是流动边界层，什么是热边界层？它们的厚度是如何规定的？

5. 简述边界层理论的基本内容。

6. 层流边界层和湍流边界层在传热机理上有何区别？

7. 边界层理论对求解对流换热问题有何意义？

8. 边界层对流换热微分方程组为什么不适用于油类？为什么不适用于液态金属？

9. 普朗特准数的定义式和物理意义是什么？

10. 对于油、空气及液态金属，分别有 $Pr\geqslant1$、$Pr\approx1$、$Pr\leqslant1$。试就外掠等壁温平板的层流边界层流动，画出三种流体边界层中速度分布和温度分布的大致图像(显示出速度边界层厚度 $\delta$ 和温度边界层厚度 $\delta_t$ 的相对大小)。

11. 流体在两平行平板之间做层流充分发展的对流换热，如图 4-11 所示。试画出下列三种情况下，在充分发

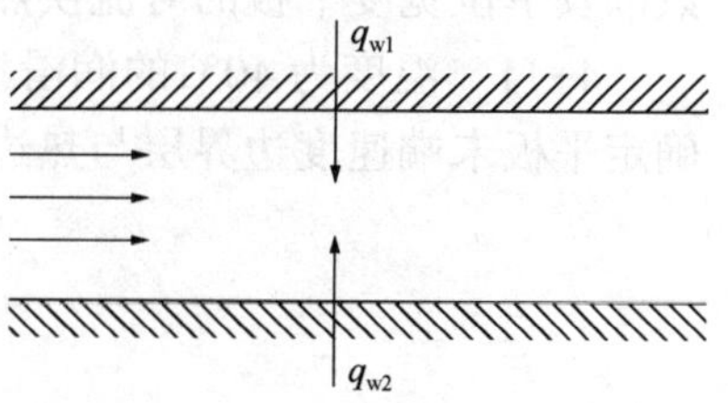


图 4-11　思考题 11 示意图

展区域截面上的流体温度分布曲线。(1) $q_{w1}=q_{w2}$；(2) $q_{w1}=2q_{w2}$；(3) $q_{w1}=0$。

# 习 题

## 换热微分方程式

4-1 温度为80℃的平板置于来流温度为20℃的气流中。假设平板表面上某点在垂直于壁面方向的温度梯度为40℃/mm，试确定该处的热流密度。

4-2 15℃的水以3m/s的速度沿宽度为1m的平板流过，试计算距离平板前缘点5cm处边界层的质量流量。

## 边界层厚度

4-3 选取流体外掠平板流动时，由层流转变为湍流的临界雷诺数 $Re_c=5\times10^5$。试分别计算25℃的空气、水以及14号润滑油达到临界雷诺数时所需的平板长度。流动速度取 $u_\infty=$ 1m/s。

4-4 20℃的空气以10m/s的速度流过平板。试分别确定从平板前缘点开始，进入过渡区($Re=2\times10^5$)和进入湍流区($Re=5\times10^5$)的距离。

4-5 水和空气均以 $u_\infty=1$m/s 速度分别平行流过平板，边界层的平均温度均为50℃，试求距离平板前缘点100mm处流动边界层和热边界层的厚度。

4-6 试求水平行流过长度为0.4m的平板时沿流动方向在 $x=0.1$m、$x=0.2$m、$x=0.3$m 以及 $x=0.4$m 处局部表面传热系数，整个平板的平均表面传热系数以及单位宽度平板的换热量。已知水的来流温度 $t_\infty=20$℃，速度 $u_\infty=1$m/s，平板的壁面温度 $t_w=20$℃。

4-7 温度为20℃、速度为4m/s的空气沿平板流动。在距离平板前缘点2m处的局部切应力是多少？如果平板温度为50℃，该位置处对流换热的局部表面传热系数是多少？

4-8 一平板放置于水中，实验测得在平板某处的切应力为1.5Pa。如果水温与平板温度分别为15℃与60℃，当地的局部热流密度是多少？

4-9 压力为 $1.013\times10^5$Pa、温度为100℃的空气以100m/s的速度流过一块平板。平板温度为30℃。试计算离开平板前缘点3cm及6cm处边界层外边界上的法向速度、流动边界层及热边界层厚度、局部摩擦系数及平均摩擦系数、局部表面传热系数及平均表面传热系数的数值。

4-10 在1.2个大气压下，温度为27℃的空气以2m/s的速度流过一块表面温度为53℃、长为1m的平板。试计算在距前缘点30cm、50cm处边界层的厚度、局部表面传热系数以及单位宽度平板的对流换热量。

4-11 温度为40℃的润滑油以0.08m/s的速度流过温度为120℃、长为1m的平板。试确定平板末端速度边界层与热边界层的厚度，以及单位宽度平板的对流换热量。

# Chapter 4 Fundamentals of Convection

So far, we have considered heat conduction, which is the mechanism of heat transfer through a solid or a quiescent fluid. We now consider heat convection and convection heat transfer. Heat convection is the heat transfer caused by the bulk fluid motion. Convection heat transfer is the mode of heat transfer between a solid surface and the adjacent liquid or gas that is in motion, and it involves the combined effects of conduction and fluid motion. The rate of convection heat transfer can be expressed by Newton's law of cooling, which defines the convection heat transfer coefficient. In this chapter most of our attention will be focused on the methods for determining $h$, the convection heat-transfer coefficient.

## 4.1 Principles of Convection

### 1. Newton's Law of Cooling

Convection heat transfer is complicated by the fact that it involves fluid motion as well as heat conduction. The rate of convection heat transfer is observed to be proportional to the temperature difference and is conveniently expressed by Newton's law of cooling as

$$\Phi = Ah\Delta t \tag{4-1}$$

or

$$q = h\Delta t \tag{4-2}$$

For fluid heated

$$\Delta t = t_w - t_f$$

For fluid cooled

$$\Delta t = t_f - t_w$$

where, $h$ is the average convection heat transfer coefficient; $t_w$ is the average temperature of the surface; $t_f$ is the temperature of the fluid sufficiently far from the surface; $A$ is heat transfer surface area.

For the local convection heat transfer in the local position of the solid surface, as shown in Figure 4-1, the local heat flux can be expressed as

$$q_x = h_x(t_w - t_f)_x \tag{4-3}$$

The total heat rate can be obtained by integral the Equation (4-3)

$$\Phi = \int_A q_x \mathrm{d}x = \int_A h_x (t_w - t_f)_x \mathrm{d}A \tag{4-4}$$

Assume the temperature difference between the surface and the fluid is uniform along the solid surface, the average convection heat transfer coefficient over the solid surface becomes

$$h = \frac{\Phi}{(t_w - t_f)A} = \frac{1}{A}\int_A h_x \mathrm{d}A \tag{4-5}$$

The convection heat transfer coefficient $h$ can be defined as the rate of heat transfer between a solid surface and a fluid per unit surface area per unit temperature difference.

**2. The Convection Heat Transfer Coefficient**

The convection heat transfer coefficient depends on many factors. In general, it depends on five aspects.

(1) Natural Convection and Forced Convection

Convection is classified as natural and forced convection, depending on how the fluid motion is initiated. In forced convection, the fluid is forced to flow over a surface or in a pipe by external means, such as a pump or a fan. In natural convection, any fluid motion is caused by natural means such as the buoyancy effect, which arise from the density differences generated by temperature variations as the warmer fluid raises and the cooler fluid falls.

(2) Laminar Flow and Turbulent Flow

Some flows are smooth and orderly while others are rather chaotic. The highly ordered fluid motion characterized by smooth streamline is called laminar. The highly disordered fluid motion that typically occurs at high velocities characterized by velocity fluctuations is called turbulent. The flow regime greatly influences the heat transfer rates and the required power for pumping.

(3) Boiling and Condensation Heat Transfer

When the temperature of a subcooled liquid is raised to the saturation temperature, vaporization or boiling occurs. On the other hand, when the temperature of a superheated vapour is lowered to saturation temperature, condensation occurs.

(4) The Fluid Properties

Experience shows that convection heat transfer strongly depends on the fluid properties, which include dynamic viscosity $\eta$, thermal conductivity $\lambda$, density $\rho$, specific heat capacity $c_p$, and volume expansion coefficient $\alpha_V$.

(5) Internal and External Flow

Convection heat transfer also depends on the geometry and the roughness of the solid surface, A fluid flow is classified as being internal and external, depending on whether the fluid is forced to flow in a confined channel or over a surface.

In general, the convection heat transfer coefficient depends on many parameters, and it can be expressed as

$$h=f(u,\ t_w,\ t_f,\ \lambda,\ \rho,\ c_p,\ \eta,\ \alpha_V,\ l,\ \varphi) \tag{4-6}$$

**3. The Convection Heat Transfer Equation**

Consider the forced flow of a fluid over a solid surface which has a different temperature with the fluid. Heat transfer from the solid surface to the fluid layer adjacent to the surface is by pure conduction, since the fluid layer is motionless. The local heat flux at local point $x$ on the solid surface can be expressed as

$$q_x = -\lambda \left.\frac{\partial t}{\partial y}\right|_{y=0,x} \tag{4-9}$$

According to Newton's law of cooling, the local convection heat transfer can also be expressed as

$$q_x = h_x (t_w - t_f)_x \tag{4-10}$$

Therefore, the local convection heat transfer coefficient $h_x$ can be expressed as

$$h_x = -\frac{\lambda}{(t_w - t_f)_x} \frac{\partial t}{\partial y}\bigg|_{y=0,x} \tag{4-11}$$

A similar analysis for heat transfer of the whole solid surface, the average convection heat transfer coefficient can be expressed as

$$h = -\frac{\lambda}{t_w - t_f} \frac{\partial t}{\partial y}\bigg|_{y=0} \tag{4-12}$$

Equation (4-11) and Equation (4-12) are called convection heat-transfer equations, which determine the convection heat transfer coefficients when the temperature distribution within the fluid is known.

## 4.2 Mathematical Formulation of Convection Heat-Transfer

The mathematical formulation of convection heat transfer consists of the differential equations of convection heat-transfer and single valueness conditions. It is the principal equations of convection heat transfer.

### 1. Differential Equations of Convection Heat-Transfer

The differential convection equations involve three equations: continuity, momentum, and energy equations derived from three fundamental laws: conservation of mass, conservation of momentum, and conservation of energy.

Consider the parallel flow of a fluid over a surface. To simplify analysis, we assume the flow to be continuous and two-dimensional, no heat generation, and the fluid to be incompressible Newtonian with constant properties (density, viscosity, thermal conductivity, etc.)

(1) Conservation of Mass Equation

For two-dimensional flow, the conservation of mass equation can be expressed as

$$\frac{\partial u}{\partial x} + \frac{\partial v}{\partial y} = 0 \tag{4-13}$$

Equation (4-13) is also known as the continuity equation for steady two-dimensional flow of a fluid with constant density.

(2) Conservation of Momentum Equation

Newton's second law is an expression for the conservation of momentum, and the differential momentum equation can be expressed as

$$\rho \frac{D\vec{V}}{D\tau} = \vec{F} - \mathrm{grad}p + \eta \nabla^2 V \tag{4-14}$$

In the $x$-direction

$$\rho\left(\frac{\partial u}{\partial \tau}+u\frac{\partial u}{\partial x}+v\frac{\partial u}{\partial y}\right)=F_x-\frac{\partial p}{\partial x}+\eta\left(\frac{\partial^2 u}{\partial x^2}+\frac{\partial^2 u}{\partial y^2}\right) \tag{4-15}$$

In the $y$-direction

$$\rho\left(\frac{\partial v}{\partial \tau}+u\frac{\partial v}{\partial x}+v\frac{\partial v}{\partial y}\right)=F_y-\frac{\partial p}{\partial y}+\eta\left(\frac{\partial^2 v}{\partial x^2}+\frac{\partial^2 v}{\partial y^2}\right) \tag{4-16}$$

Equation (4-14) is the relation for the conservation of momentum, also known as the N-S equation, which can be stated as the net force acting on the control volume is equal to the net rate of momentum outflow from the control volume. It is valid for laminar and turbulent flow, natural or force flow.

(3) Conservation of Energy Equation

Consider a differential control volume in rectangular coordinate. The energy balance for the control volume per unit time can be expressed as: the sum of the net energy transferred into the control by heat conduction $\Phi_\lambda$ and the net energy converted by the fluid out of the control volume $\Phi_h$ is equal to the change of the internal energy of the control element $dU/d\tau$. That is

$$\Phi_\lambda+\Phi_h=\frac{dU}{d\tau} \tag{4-17}$$

The net rate of energy transfer to the volume element by conduction in the $x$ and $y$ directions becomes

$$\Phi_\lambda=\lambda\left(\frac{\partial^2 t}{\partial x^2}+\frac{\partial^2 t}{\partial y^2}\right)dxdy \tag{4-18}$$

The net energy converted by the fluid into the control volume is

$$\Phi_h=-\rho c_p\left[\frac{\partial(ut)}{\partial x}+\frac{\partial(vt)}{\partial y}\right]dxdy \tag{4-24}$$

The change of internal energy for per unit time is

$$\frac{dU}{d\tau}=\rho c_p\frac{\partial t}{\partial \tau}dxdy \tag{4-25}$$

Substituting Equations (4-18), (4-24), and (4-25) into energy conservation expression (4-17) and eliminating $dxdy$, the above equation can be shorted out as

$$\rho c_p\left[\frac{\partial t}{\partial \tau}+u\frac{\partial t}{\partial x}+v\frac{\partial t}{\partial y}+t\left(\frac{\partial u}{\partial x}+\frac{\partial v}{\partial y}\right)\right]=\lambda\left(\frac{\partial^2 t}{\partial x^2}+\frac{\partial^2 t}{\partial y^2}\right) \tag{4-27}$$

According to continuity equation, $\frac{\partial u}{\partial x}+\frac{\partial v}{\partial y}=0$, the energy equation for the two-dimensional flow of a fluid with constant properties to be

$$\frac{\partial t}{\partial \tau}+u\frac{\partial t}{\partial x}+v\frac{\partial t}{\partial y}=a\left(\frac{\partial^2 t}{\partial x^2}+\frac{\partial^2 t}{\partial y^2}\right) \tag{4-28}$$

or

$$\frac{Dt}{D\tau}=a\left(\frac{\partial^2 t}{\partial x^2}+\frac{\partial^2 t}{\partial y^2}\right) \tag{4-29}$$

This is the conservation of energy equation for the no heat generation two-dimensional flow of a fluid with constant properties. The first term of left side is called unsteady-state term. For steady flow of the fluid, this term can be negligible. The second and third terms of the left side is called convection term, and the term of the right side is called conduction term.

For the special case of a stationary fluid, $u=v=0$, the energy equation reduces, as expected, to the two-dimensional heat conduction equation.

$$\frac{\partial t}{\partial \tau}=a\left(\frac{\partial^2 t}{\partial x^2}+\frac{\partial^2 t}{\partial y^2}\right)$$

The above four equations of continuity differential equation (4-13), momentum differential equations (4-15), (4-16) and energy differential equation (4-28) form a system of differential equations for convection heat transfer. This system of equations contains four unknowns, $u$, $v$, $p$ and $t$, so the equations is closed. In principle, this system of equations applies to all convection heat transfer that meet the above assumptions. It is suitable for both forced and natural convection heat transfer, also suitable for both laminar and turbulent flow heat transfer.

### 2. Conditions of Single Valuedness for Convection Heat-Transfer

To obtain a unique solution of the differential convection equations to the problem, we need to know some single valuedness conditions for the problem. Similar to the single valuedness conditions of the conduction problems, the single valuedness conditions for a convection heat transfer problem include four aspects, geometric conditions, conditions in physical property, conditions in time, and boundary conditions

(1) Geometric Conditions

The geometric conditions involve the geometry shape and the dimension size of heat transfer surfaces.

(2) Conditions in Physical Property

The conditions in physical property involve the physical properties of fluid, such as $\lambda$, $\rho$, $c_p$, $\alpha_V$ and the heat source within the fluid.

(3) Conditions in Time

Conditions in time describe the characteristics in time of the convection heat transfer process. For unsteady-state convection heat transfer, the initial conditions can be specified in the general form as

$$\vec{V}\,|_{\tau=0}=f(x,y,z),\quad t\,|_{\tau=0}=f(x,y,z)$$

(4) Boundary Conditions

The boundary conditions give the velocity distribution and thermal conditions imposed at the heat transfer surface. The boundary conditions of the heat transfer surface encountered in practice are the specified temperature and specified heat flux conditions.

① Specified Temperature Boundary Condition

The specified temperature boundary condition gives the temperature distribution at the heat transfer surface. The specified temperature boundary can be expressed as

$$\tau>0,\quad t_w=f(x,y,z,\tau) \tag{4-32}$$

For the case of constant surface temperature, $t_w$ = constant.

② Specified Heat Flux Boundary Condition

The specified heat flux boundary condition gives the heat flux at the heat transfer surface. The specified heat flux boundary can be expressed as

$$\tau>0,\ q_w = f(x, y, z, \tau) \tag{4-33}$$

The heat flux on the surface can also be expressed as

$$q_w = -\lambda \left.\frac{\partial t}{\partial n}\right|_w \tag{4-34}$$

For the case of constant surface heat flux, $q_w$ = constant.

However, there is no the convection boundary condition since the main task in the convection heat transfer is to solve the convection heat transfer coefficient.

# 4.3 The Boundary Layers

## 1. The Velocity Boundary Layer

The concept of the velocity boundary layer was introduced in 1904 by Prandtl. Velocity boundary layer is the region of flow that develops from the leading edge of the flat plate in which the effects of viscosity are observed.

Consider the parallel flow of viscosity fluid over a flat plate as shown in Figure 4-5. The position where the boundary layer ends is usually chosen as the $y$ coordinate where the velocity becomes 99 percent of the free-stream value, and the thickness of the velocity boundary layer is designed as $\delta$. The value of the thickness $\delta$ of the velocity boundary layer is very small compared with the value of the length $l$ of the plate.

The hypothetical line of $u = 0.99\, u_\infty$ divides the flow over a plate into two regions: the boundary layer region and free stream region. Inside the boundary layer, the normal velocity gradient is distinguished, and so the viscous force is distinguished. While outside the boundary layer, the normal velocity gradient is negligible, and so the viscous is negligible. The fluid can be considered as ideal fluid.

Consider a laminar flow over a flat plate. Initially, the boundary-layer development is laminar, but at some critical distance from the leading edge, depending on the flow field and fluid properties, small disturbances in the flow begin to become amplified, and a transition process takes place until the flow becomes turbulent, as shown in Figure 4-6. The turbulent boundary layer can be considered to consist of three layers. The very thin layer next to the wall where the viscous effects are dominant is the laminar sublayer. Next to the laminar sublayer is the buffer layer, in which the turbulent effects are significant but not dominant of the diffusion effects, and next to it is the turbulent layer, in which the turbulent effects are dominate. The transition from laminar to turbulent flow occurs when

$$Re_c = \frac{u_\infty x_c}{\nu} \tag{4-35}$$

The critical Reynolds number for transition on a flat plate is usually taken as $5\times10^5$ for most analytical purposes. For general smooth tube flow, $Re_c \approx 2300$. For the flow across cylinder, $Re_c$ =

$1.2\times10^5 \sim 1.5\times10^5$.

### 2. The Thermal Boundary Layer

The concept of the thermal boundary layer was introduced in 1921 by Pohlhausan. Just as the velocity boundary layer was defined as that region of the flow where viscous forces are felt, a thermal boundary layer may be defined as that region where temperature gradients are present in the flow.

Consider a system shown in Figure 4-7. The temperature of the wall is $t_w$, and the temperature of the fluid outside the thermal boundary layer is $t_f$. The position where the thermal boundary layer ends is usually chosen as the $y$ coordinate where the temperature difference of $(t - t_w)$ becomes 99 percent of the temperature difference of $(t_f - t_w)$, and the thickness of the thermal boundary layer is designed as $\delta_t$. The value of thickness $\delta_t$ of the thermal boundary layer is very small compared with the value of length $l$ of the plate.

Inside the thermal boundary layer, the temperature of the fluid as the $y$ coordinate is varied from the value of $t_w$ on the wall to the value of $t_f$ at the edge of the thermal boundary layer, and the temperature gradient is distinguished. While outside the thermal boundary layer, the temperature gradient is negligible, the fluid can be considered in uniform temperature. The temperature distribution is indicated in Figure 4-7.

### 3. The Relationship between the Velocity Layer and Thermal Layer

The temperature distribution of a fluid is affected by the velocity distribution of the fluid, although the distributions of the temperature and velocity are quite different.The relative shapes for the velocity profiles in laminar and turbulent flow are indicated in Figure 4-6.

The change of local heat transfer coefficient is shown in Figure 4-6.

In general, the thickness of the velocity boundary layer and the thermal boundary layer are not the same. The relative thickness of the velocity and the thermal boundary layers is best described by the Prandtl number after named Ludwig Prandtl, the German scientist who introduced the concepts of boundary-layer theory. The Prandtl number is defined as

$$Pr=\frac{\nu}{a} \tag{4-36}$$

The kinematic viscosity $\nu$ of a fluid conveys information about the rate at which momentum may diffuse through the fluid because of molecular motion. The thermal diffusivity $a$ tells us the same thing in regard to the diffusion of heat in the fluid. Thus, the ratio of these two quantities should express the relative magnitudes of diffusion of momentum and heat in the fluid. The Prandtl number is thus the connecting link between the velocity field and the temperature field. The Prandtl number has been found to be the parameter that relates the relative thickness of the hydrodynamic and thermal boundary layers, as shown in Figure 4-8. For $\nu>a$, $Pr>1$, $\delta<\delta_t$. For $\nu=a$, $Pr=1$, $\delta=\delta_t$. For $\nu<a$, $Pr<1$, $\delta<\delta_t$.

For most fluids the Prandtl number is covered the range from 0.6 to 4000. Liquid metals are a notable exception, they have Prandtl numbers of the value of 0.05. For gases, they have Prandtl numbers of the value of 0.6 to 0.8, and for oils, they have the higher value of Prandtl number of $10^2$ to $10^3$.

In the case of the plate being heated or cooled partly, the thermal boundary layer can not be developed at the leading edge of the plate.

Now we conclude the characteristics of the boundary layers.

① The thickness of boundary layers ($\delta$, $\delta_t$) are small quantities compared to the length of the plate.

② The flow field can be divided into two different regions: boundary-layer region and free-stream region.

③ There are two type flows of boundary layer, laminar and turbulent flows. And there are three-layer structure for turbulent boundary layer: laminar sub-layer, buffer layer, and turbulent region.

④ The heat transfer is by conduction for laminar layer and laminar sub-layer, while the heat transfer is by convection for turbulent region.

**4. Differential Convection Equations of Boundary Layer**

Consider the parallel flow of a fluid over a surface. We assume the flow to be two-dimensional, no heat generation, and the fluid to be incompressible Newtonian with constant properties. The differential convection equations can be expressed as

$$\frac{\partial u}{\partial x}+\frac{\partial v}{\partial y}=0$$

$$\rho\left(\frac{\partial u}{\partial \tau}+u\frac{\partial u}{\partial x}+v\frac{\partial u}{\partial y}\right)=F_x-\frac{\partial p}{\partial x}+\eta\left(\frac{\partial^2 u}{\partial x^2}+\frac{\partial^2 u}{\partial y^2}\right)$$

$$\rho\left(\frac{\partial v}{\partial \tau}+u\frac{\partial v}{\partial x}+v\frac{\partial v}{\partial y}\right)=F_y-\frac{\partial p}{\partial y}+\eta\left(\frac{\partial^2 v}{\partial x^2}+\frac{\partial^2 v}{\partial y^2}\right)$$

$$\frac{\partial t}{\partial \tau}+u\frac{\partial t}{\partial x}+v\frac{\partial t}{\partial y}=a\left(\frac{\partial^2 t}{\partial x^2}+\frac{\partial^2 t}{\partial y^2}\right)$$

For steady, forced flow, $\frac{\partial u}{\partial \tau}=\frac{\partial v}{\partial \tau}=\frac{\partial t}{\partial \tau}=0$, $F_x=F_y=0$, and the differential convection equations become

$$\frac{\partial u}{\partial x}+\frac{\partial v}{\partial y}=0$$

$$u\frac{\partial u}{\partial x}+v\frac{\partial u}{\partial y}=-\frac{1}{\rho}\frac{\partial p}{\partial x}+\nu\left(\frac{\partial^2 u}{\partial x^2}+\frac{\partial^2 u}{\partial y^2}\right) \tag{4-37}$$

$$u\frac{\partial v}{\partial x}+v\frac{\partial v}{\partial y}=-\frac{1}{\rho}\frac{\partial p}{\partial y}+\nu\left(\frac{\partial^2 v}{\partial x^2}+\frac{\partial^2 v}{\partial y^2}\right) \tag{4-38}$$

$$u\frac{\partial t}{\partial x}+v\frac{\partial t}{\partial y}=a\left(\frac{\partial^2 t}{\partial x^2}+\frac{\partial^2 t}{\partial y^2}\right) \tag{4-39}$$

To simplified differential convection equations in the boundary layer, we use an order-of magnitude analysis to define the order of quantities in the equations.

$$u\sim O(1),\ t\sim O(1),\ l\sim O(1),\ \rho\sim O(1),$$

$$\delta\sim O(\Delta),\ \delta_t\sim O(\Delta),\ x\sim O(1),\ y\sim O(\Delta),\ \frac{\partial u}{\partial x}\sim O(1),\ \frac{\partial v}{\partial y}\sim O(1),$$

$$v\sim O(\Delta),\ \frac{\partial u}{\partial y}\sim O\left(\frac{1}{\Delta}\right),\ \frac{\partial v}{\partial x}\sim O(\Delta),\ \frac{\partial^2 u}{\partial x^2}\sim O(1),$$

$$\frac{\partial^2 u}{\partial y^2} \sim O\left(\frac{1}{\Delta^2}\right), \frac{\partial^2 v}{\partial x^2} \sim O(\Delta), \frac{\partial^2 v}{\partial y^2} \sim O\left(\frac{1}{\Delta}\right),$$

$$\frac{\partial p}{\partial x} \sim O(1), \frac{\partial p}{\partial y} \sim O(\Delta), \nu \sim O(\Delta^2), a \sim O(\Delta^2),$$

$$\frac{\partial t}{\partial x} \sim O(1), \frac{\partial t}{\partial y} \sim O\left(\frac{1}{\Delta}\right), \frac{\partial^2 t}{\partial x^2} \sim O(1), \frac{\partial^2 t}{\partial y^2} \sim O\left(\frac{1}{\Delta^2}\right).$$

Thus, the differential convection equations are simplified as

$$\frac{\partial u}{\partial x} + \frac{\partial v}{\partial y} = 0$$

$$u\frac{\partial u}{\partial x} + v\frac{\partial u}{\partial y} = -\frac{1}{\rho}\frac{\mathrm{d}p}{\mathrm{d}x} + \nu\frac{\partial^2 u}{\partial y^2} \tag{4-40}$$

$$u\frac{\partial t}{\partial x} + v\frac{\partial t}{\partial y} = a\frac{\partial^2 t}{\partial y^2} \tag{4-41}$$

Together with the Bernoulli equation

$$\frac{\mathrm{d}p}{\mathrm{d}x} = -\rho u_\infty \frac{\mathrm{d}u_\infty}{\mathrm{d}x} \tag{4-43}$$

Equations (4-13), (4-40), (4-41), and (4-43) make up an enclosed equations, and can determine the quantities of velocities $u, v$, pressure $p$, and temperature $t$ in the boundary layers.

# 4.4 Solution of Convection Equations for a Flat Plate

Consider laminar flow of a fluid over a flat plate, as shown in Figure 4-10. For the flow of uniform velocity flow, $u_\infty$ = constant, the continuity, momentum, and energy equations [Equations (4-13), (4-40), and (4-41)] reduce for steady, incompressible, laminar flow of the fluid with constant properties over the flat plate to

$$\left.\begin{aligned} &\frac{\partial u}{\partial x} + \frac{\partial v}{\partial y} = 0 \\ &u\frac{\partial u}{\partial x} + v\frac{\partial u}{\partial y} = \nu\frac{\partial^2 u}{\partial y^2} \\ &u\frac{\partial t}{\partial x} + v\frac{\partial t}{\partial y} = a\frac{\partial^2 t}{\partial y^2} \end{aligned}\right\} \tag{4-44}$$

When fluid properties are assumed to be constant and thus independent of temperature, the first two equations can be solved separately for the velocity components $u$ and $v$. Once the velocity distribution is available, we can determine the friction coefficient and the boundary layer thickness using their definitions. Also, knowing $u$ and $v$, the temperature becomes the only unknown in the last equation, and it can be solved for temperature. Further we can determine the convection heat transfer coefficient and the thickness of thermal boundary layer. Finally, the local and average heat fluxes can be solved from Newton's law of cooling.

## 1. Solution of Velocity Field

For laminar flow with $Re<5\times10^5$ and the fluid with $Pr=0.6\sim15$, the velocity boundary layer thickness $\delta$ is

$$\frac{\delta}{x}=5.0Re_x^{-1/2} \tag{4-45}$$

where $Re_x=u_\infty x/\nu$ and $x$ is the distance from the leading edge of the plate.

According to the formula of shear stress, $\tau_{w,x}=\eta\left.\frac{\partial u}{\partial y}\right|_{y=0,x}$, and definition of local friction coefficient, $\tau_{w,x}=c_{f,x}\frac{\rho u_\infty^2}{2}$, the local friction coefficient is solved to be

$$c_{f,x}=\frac{\tau_{w,x}}{\frac{1}{2}\rho u_\infty^2}=0.664Re_x^{-1/2} \tag{4-46}$$

The average friction coefficient for the whole plate is

$$c_f=\frac{1}{l}\int_0^x c_{f,x}\mathrm{d}x=1.328Re^{-1/2} \tag{4-47}$$

where $Re=u_\infty l/\nu$. Note that the average friction coefficient $c_f$ over the plate is twice the local friction coefficient $c_{f,x}$ at the end of the plate $x=l$.

## 2. Solution of Temperature Field

For laminar flow with $Re<5\times10^5$ and the fluid with $Pr=0.6\sim15$, the thickness $\delta_t$ of the thermal boundary layer is

$$\frac{\delta_t}{\delta}=Pr^{-1/3} \tag{4-48}$$

For an isothermal surface, $t_w=$ constant, as shown in Figure 4-10. The local convection heat transfer coefficient $h_x$ at local position $x$ from the leading edge of the plate is

$$h_x=0.332\frac{\lambda}{x}\left(\frac{u_\infty x}{\nu}\right)^{\frac{1}{2}}\left(\frac{\nu}{a}\right)^{\frac{1}{3}} \tag{4-49}$$

For local position $x$ of the plate, $Nu_x=\frac{h_x x}{\lambda}$, which is called local Nusselt number. Then, the Equation (4-50) can also be expressed as

$$Nu_x=0.332Re_x^{\frac{1}{2}}Pr^{\frac{1}{3}} \tag{4-51}$$

This nondimensionalized equation that expressed by the relation among the characteristic numbers is called characteristic number equation, or called the nondimensionalized correlation, which gives a solution of a convection heat transfer problem.

It can be seen from Equation (4-51) that it is known that $Re_x$、$Pr$, $Nu_x$ can be obtained, further from the definition of $Nu_x$, the local surface heat transfer coefficient $h_x$ can be obtained.

For the whole flat plate, the characteristic number equation can be expressed as

$$Nu=0.664Re^{\frac{1}{2}}Pr^{\frac{1}{3}} \tag{4-53}$$

where the characteristic length is the length of the plate $l$, reference temperature is the arithmetic mean temperature of plate temperature and fluid temperature, that is $t_m = \frac{1}{2}(t_w + t_f)$. The Equation (4-53) is valid for the conditions of $Re<5\times10^5$, $Pr=0.6\sim15$, and $t_w=$constant.

For constant heat flux plate, $q_w$ = constant, the local Nusselt number and average Nusselt number are

$$Nu_x = 0.453 Re_x^{\frac{1}{2}} Pr^{\frac{1}{3}} \tag{4-54}$$

$$Nu = 0.680 Re^{\frac{1}{2}} Pr^{\frac{1}{3}} \tag{4-55}$$

The Equation (4-55) is valid for the conditions of $Re<5\times10^5$, $Pr=0.6\sim15$ and $q_w=$constant.

# 第五章 单相流体对流换热的特征数方程式

研究对流换热问题的主要任务之一，就是确定各种对流换热问题的表面传热系数及其影响因素。分析法、数值法和实验法是解决各种对流换热问题的三种基本方法。这三种方法的共性是，都以某一具体对流换热现象的对流换热微分方程组和单值性条件为出发点，但具体实施方法各不相同。采用分析法，求解对流换热微分方程组只能解决少数简单的对流换热问题，主要适用于边界层内的对流换热。

直到目前，实验研究仍然是解决复杂对流换热问题的一种重要且可靠的方法。对流换热过程本身的复杂性和太多的影响因素，造成实验次数庞大，工作量巨大，给实验研究带来了很大困难。相似原理可以克服这种困难。运用相似原理，可以将影响对流换热过程的各个物理量组合成无量纲的特征数，如 $Nu$、$Re$、$Pr$、$Gr$ 等。这些特征数不仅能反映所包含的物理量的单独影响，而且能反映它们之间的内在联系和综合影响，不仅使问题的自变量数目大大减少、简化实验研究工作，而且对扩大实验结果的应用范围大有益处。本章主要介绍相似原理，以及单相流体对流换热的特征数关联式。

## 第一节　相似原理及其应用

**1. 相似的概念**

（1）几何相似

相似的概念最初来自几何学。两个图形几何相似是指两个图形的对应边一一成比例，对应角相等。几何相似又称为空间相似。如图 5-1 所示，半径分别为 $R'$、$R''$的两根光滑圆管内的稳态等温层流速度场 $u'$、$u''$，若有：

$$\frac{r'_1}{r''_1}=\frac{r'_2}{r''_2}=\frac{r'_3}{r''_3}=\cdots=\frac{R'}{R''}=\frac{d'}{d''}=\frac{l'}{l''}=C_l \tag{5-1}$$

则称两速度场 $u'$、$u''$空间相似。式中，$C_l$ 为几何相似倍数。如果用各自的内半径 $R'$、$R''$将径向坐标无量纲化，无量纲空间坐标分别为$\frac{r'}{R'}$、$\frac{r''}{R''}$。两物理现象空间相似时，相似地点的无量纲空间坐标分别相等，即：

$$\frac{r'_1}{R'}=\frac{r''_1}{R''}=0.25,\ \frac{r'_2}{R'}=\frac{r''_2}{R''}=0.50,\ \frac{r'_3}{R'}=\frac{r''_3}{R''}=0.75,\ \cdots \tag{5-2}$$

空间相似是两个现象相似的必要条件之一。

（2）时间相似

时间相似是指两个物理过程进行的对应时间间隔成比例。如图 5-2 所示的两温度场 $t'$、$t''$，若有：

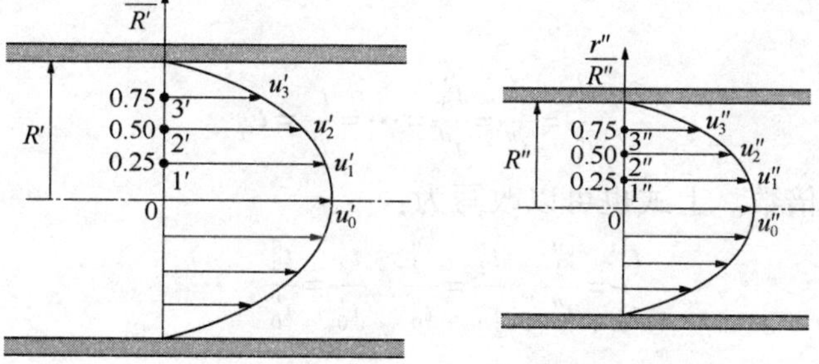


图 5-1　管内层流速度场相似示意图

$$\frac{\tau_1'}{\tau_1''}=\frac{\tau_2'}{\tau_2''}=\frac{\tau_3'}{\tau_3''}=\cdots=\frac{\tau'}{\tau''}=C_\tau \tag{5-3}$$

则称两温度场 $t'$、$t''$随时间变化是相似的，它们所形成的两条曲线必定是相似的。式中，$C_\tau$ 为时间相似倍数。如果用各自的周期将时间坐标无量纲化，无量纲时间坐标分别为$\frac{\tau'}{T'}$、$\frac{\tau''}{T''}$。两物理现象时间相似时，对应瞬间的无量纲时间坐标分别相等，即：

$$\frac{\tau_1'}{T'}=\frac{\tau_1''}{T''}=0.25,\ \frac{\tau_2'}{T'}=\frac{\tau_2''}{T''}=0.50,\ \frac{\tau_3'}{T'}=\frac{\tau_3''}{T''}=0.75,\ \cdots \tag{5-4}$$

对于稳态过程，无时间相似问题。

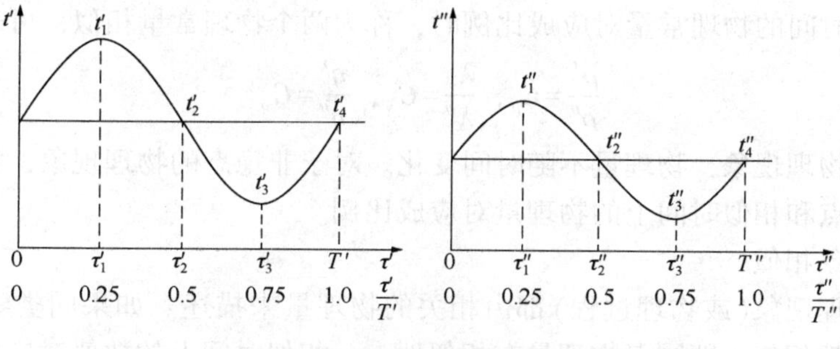


图 5-2　温度变化相似示意图

（3）物理量相似

物理量场一般指速度场、温度场、导热系数场、密度场、黏度场等。物理量相似是指两个物理现象在相似地点和相似时间上，物理量值对应成比例。

如图 5-1 所示，两个管内稳态流动的速度场相似时，所有相似地点的速度对应成比例，即：

$$\frac{u_1'}{u_1''}=\frac{u_2'}{u_2''}=\frac{u_3'}{u_3''}=\cdots=\frac{u'}{u''}=C_u \tag{5-5}$$

式中，$C_u$ 为速度相似倍数。上式也可以改写为：

$$\frac{u_1'}{u_0'}=\frac{u_1''}{u_0''}=0.25,\ \frac{u_2'}{u_0'}=\frac{u_2''}{u_0''}=0.50,\ \frac{u_3'}{u_0'}=\frac{u_3''}{u_0''}=0.75,\ \cdots \tag{5-6}$$

式中，$\frac{u_1'}{u_0'}$、$\frac{u_1''}{u_0''}$分别为两个速度场的无量纲速度。若两物理现象的速度场相似，则具有完全相同的无量纲速度场。

如图 5-3 所示，两个火焰燃烧形成的温度场相似时，所有相似地点的温度对应成比例，即：

$$\frac{t'_1}{t''_1}=\frac{t'_2}{t''_2}=\frac{t'_3}{t''_3}=\cdots=\frac{t'}{t''}=C_t \tag{5-7}$$

式中，$C_t$ 为温度相似倍数。上式也可以改写为：

$$\frac{t'_1}{t'_0}=\frac{t''_1}{t''_0},\ \frac{t'_2}{t'_0}=\frac{t''_2}{t''_0},\ \frac{t'_3}{t'_0}=\frac{t''_3}{t''_0},\ \cdots \tag{5-8}$$

式中，$\frac{t'_1}{t'_0}$、$\frac{t''_1}{t''_0}$分别为两个温度场的无量纲温度。若两物理现象的温度场相似，则具有完全相同的无量纲温度场。

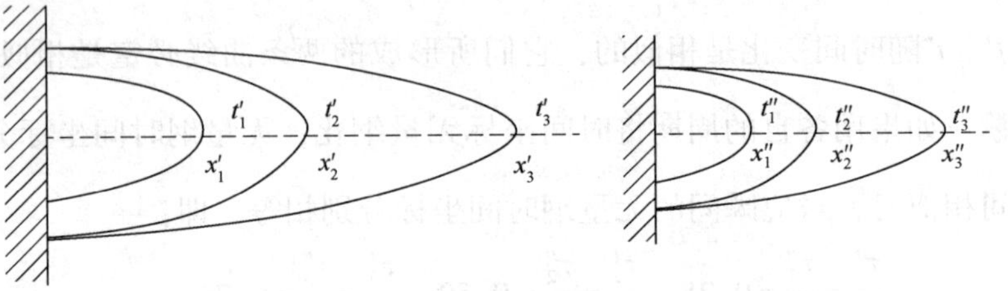


图 5-3　火焰燃烧的温度场示意图

每个物理过程都有各自的物理常量，如密度 $\rho$、导热系数 $\lambda$、黏度 $\eta$ 等。当两个现象在相似地点和相似时间的物理常量对应成比例时，称为两个物理常量相似，可表示为：

$$\frac{\rho'}{\rho''}=C_\rho,\ \frac{\lambda'}{\lambda''}=C_\lambda,\ \frac{\eta'}{\eta''}=C_\eta \tag{5-9}$$

对于稳态的物理现象，物理量不随时间变化。对于非稳态的物理现象，物理量随时间变化，要求相似地点和相似时间上的物理量对应成比例。

（4）物理现象相似

任何一个物理现象(或物理过程)都由相关的物理量来描述。如果同类物理现象之间所有同名物理量场都相似，即同名物理量在相似地点、相似时间上的数值对应成比例，则称物理现象相似。所谓同类物理现象，是指具有相同性质、服从于同一自然规律的物理过程，它们能用形式和内容完全相同的数学方程来描述。例如，电场和温度场虽然微分方程式相仿，但内容不同，不属于同类现象。再比如，强迫对流换热和自然对流换热，虽然内容上都是对流换热现象，但是描述它们的微分方程的形式不同，也不属于同类现象。再比如，前文曾指出，对流换热的微分方程组既适用于层流换热，又适用于湍流换热，二者具有形式完全相同的方程，但由于它们的本质以及方程式中物理量的内容不一样，所以层流换热和湍流换热也不是同类现象。

彼此相似的现象，具有以下性质：

性质 1：相似现象必属于同类现象，它们可用内容和形式完全相同的方程来描述。这个方程包括描述现象的基本方程以及描述单值性条件的方程。

性质 2：相似现象必定发生在相似地点和相似时间。

性质 3：用来表征现象的对应物理量场相似。

性质 4：各相似倍数之间具有约束关系。

**2. 相似原理**

相似原理是研究现象相似的理论，包括三个核心内容：物理现象相似的性质、相似特征数之间的关系以及判别相似的条件。它们解决了人们从事模型实验研究的三个问题：实验研究需要测量哪些参量？如何对测量结果进行数据的整理和加工？如何做到模型现象与原型相似？这些问题的解决，大大减少了实验的次数，并使实验结果反映同一类现象的规律性，便于推广应用到同类相似现象中去，同时也解决了用模型代替实际设备应遵循的基本条件问题。

(1) 相似第一定理

相似第一定理指出，彼此相似的物理现象，描写该现象的同名相似特征数必定相等。

相似第一定理是对相似现象的总概括，是在分析相似现象的性质后得出的，它阐明了相似现象中各个物理量必须保持的约束关系。

下面以常物性、不可压缩牛顿流体外掠等壁温平板的对流换热现象相似为例，说明相似的性质以及相似特征数的导出。

假设对流换热现象 A 与对流换热现象 B 相似，根据物理现象相似的定义，它们必定是同类的对流换热现象，能用形式和内容完全相同的方程来描述，并且用来表征现象的对应物理量场相似。

由换热微分方程

$$h_x = -\frac{\lambda}{(t_w - t_f)_x} \left.\frac{\partial t}{\partial y}\right|_{y=0,x}$$

对现象 A：

$$h'_{x'} = -\frac{\lambda'}{(t'_w - t'_f)_{x'}} \left.\frac{\partial t'}{\partial y'}\right|_{y'=0,x'} \tag{5-10}$$

对现象 B：

$$h''_{x''} = -\frac{\lambda''}{(t''_w - t''_f)_{x''}} \left.\frac{\partial t''}{\partial y''}\right|_{y''=0,x''} \tag{5-11}$$

物理现象相似的性质 2 及性质 3 指出，与现象有关的对应物理量场相似，即：

$$\frac{x'}{x''}=\frac{y'}{y''}=\frac{l'}{l''}=C_l,\ \frac{h'_x}{h''_x}=\frac{h'}{h''}=C_h,\ \frac{\lambda'}{\lambda''}=C_\lambda,\ \frac{t'}{t''}=\frac{t'_w}{t''_w}=\frac{t'_\infty}{t''_\infty}=\frac{\partial t'}{\partial t''}=C_t$$

将上述相似倍数代入式(5-10)中，整理后可得：

$$\frac{C_h C_l}{C_\lambda} h''_{x''} = -\frac{\lambda''}{(t''_w - t''_f)_{x''}} \left.\frac{\partial t''}{\partial y''}\right|_{y''=0,x''} \tag{5-12}$$

比较式(5-11)和式(5-12)，有：

$$\frac{C_h C_l}{C_\lambda} = 1 \tag{5-13}$$

式(5-13)表明，对流换热现象相似时，三个相似倍数之间不是相互独立的，而是存在着式(5-13)中所表达的约束关系。

将 $\frac{h'_x}{h''_x}=\frac{h'}{h''}=C_h$，$\frac{\lambda'}{\lambda''}=C_\lambda$，$\frac{x'}{x''}=\frac{l'}{l''}=C_l$ 代入式(5-13)中，整理后可得：

$$\frac{h'_{x'}x'}{\lambda'}=\frac{h''_{x''}x''}{\lambda''},\quad \frac{h'l'}{\lambda'}=\frac{h''l''}{\lambda''} \tag{5-14}$$

即是：

$$Nu'_{x'}=Nu''_{x''},\quad Nu'=Nu'' \tag{5-15}$$

式(5-15)表明，两个对流换热现象 A、B 相似时，其努塞尔数 $Nu$ 必定相等，即 $Nu'=Nu''$。

这种由描述物理现象的方程式导出相似特征数的方法称为相似分析法。下面对对流换热中涉及的相似特征数及其物理意义做个小结。

① 努塞尔数 $Nu$。努塞尔数的定义式为 $Nu=\dfrac{hl}{\lambda}$，表征流体在壁面外法线方向上的平均无量纲温度梯度。其大小反映了对流换热的强弱：$Nu$ 越大，表面传热系数 $h$ 越大，对流换热越剧烈。若两对流换热现象相似，其努塞尔数 $Nu$ 必定相等。

② 雷诺数 $Re$。采用相似分析法，由动量微分方程[式(4-14)]可导出：

$$Re'=Re'' \tag{5-16}$$

$Re$ 称为雷诺数，定义式为 $Re=\dfrac{ul}{\nu}$，表征流体强迫流动时，惯性力与黏性力的相对大小。$Re$ 越大，惯性力的相对作用越大。用 $Re$ 可以判断流体的流态。另外，$Re$ 反映了流动对换热的影响。若两流体的运动现象相似，其雷诺数 $Re$ 必定相等。

③ 贝克莱数 $Pe$。采用相似分析法，由能量微分方程[式(4-28)]可导出：

$$Pe'=Pe'' \tag{5-17}$$

$Pe$ 称为贝克莱数，定义式为 $Pe=\dfrac{ul}{a}$，表征流体的热对流与导热对温度分布的影响。其可分解为 $Pe=\dfrac{\nu}{a}\cdot\dfrac{ul}{\nu}=Pr\cdot Re$。若两热量传递现象相似，其贝克莱数 $Pe$ 必定相等。

④ 普朗特数 $Pr$。第四章中已给出普朗特数 $Pr$ 的定义式，$Pr=\dfrac{\nu}{a}$，表征流体动量扩散能力与热量扩散能力的相对大小，它是流体的物性特征数。$Pr$ 越大，流体的动量扩散能力越强，流动边界层厚度越厚。

⑤ 格拉晓夫数 $Gr$。对于自然对流换热，动量微分方程[式(4-14)]右侧体积力项不能忽略，将体积力与压力梯度合并成浮升力，有：

$$F_{浮升力}=(\rho_\infty-\rho)g=\rho\alpha_V(t-t_\infty)g \tag{5-18}$$

考虑浮升力后，对自然对流换热，动量微分方程[式(4-14)]改写为：

$$u\frac{\partial u}{\partial x}+v\frac{\partial u}{\partial y}=\alpha_V(t-t_\infty)g+\nu\frac{\partial^2 u}{\partial y^2} \tag{5-19}$$

采用相似分析法，由式(5-19)可导出：

$$Gr'=Gr'' \tag{5-20}$$

$Gr$ 称为格拉晓夫数，定义式为 $Gr=\dfrac{g\alpha_V\Delta t l^3}{\nu^2}$，表征流体自然流动时，浮升力与黏性力的相对大小，反映了自然对流换热的强弱。$Gr$ 越大，浮升力的相对作用越大，自然对流换热越强。$Gr$ 的作用相当于强迫对流换热中的 $Re$。

以上导出的几个特征数 $Nu$、$Re$、$Pr$、$Gr$ 是研究稳态无相变对流换热问题中常用的特征数。相似第一定理回答了模型实验必须解决的第一个问题，在实验研究中必须测量相关特征数中所包含的各个物理量。

（2）相似第二定理

相似第二定理指出，所有相似的物理现象的解必定可用同一个特征数关联式来描述。

描述一个物理现象中的各个物理量不是各自独立地起作用的，而是与其他物理量之间相互影响、相互约束的。这是因为与物理现象有关的所有物理量都由描述该物理现象的方程式联系在一起，所以由这些物理量组成的相似特征数之间必然存在着一定的函数关系，这种函数关系式称为特征数关联式。因此，描述物理现象的方程式的解可以表示成特征数关联式的形式。

相似第二定理明确指出，在用实验方法研究对流换热问题时，应该而且必须把测量结果整理成相似特征数之间的函数关系。

一般地，对稳态无相变的对流换热现象，其特征数关联式为：

$$Nu=f(Re,\ Pr,\ Gr) \tag{5-21}$$

式中，$Nu$ 为待定特征数，它包含的表面传热系数 $h$ 是需要求解的未知量；$Re$、$Pr$、$Gr$ 为已定特征数。

对湍流强迫对流换热，$Gr$ 对对流换热的影响可以不计，则有：

$$Nu=f(Re,\ Pr) \tag{5-22}$$

对空气的强迫对流换热，空气的 $Pr$ 可做常数处理（通常取 $Pr\approx0.7$），则有：

$$Nu=f(Re) \tag{5-23}$$

对层流和过渡流的强迫对流换热，浮升力不能忽略，则有：

$$Nu=f(Re,\ Pr,\ Gr) \tag{5-24}$$

对自然对流换热，$Re=f(Gr)$，$Re$ 不是一个独立的特征数，则有：

$$Nu=f(Pr,\ Gr) \tag{5-25}$$

（3）相似第三定理

相似第三定理指出，凡同类现象，若同名已定特征数相等，且单值性条件相似，那么这两个物理现象一定相似。

相似第三定理实际上给出了判断两个物理现象是否相似的 3 个充分必要条件，即同类现象、同名已定特征数相等、单值性条件相似。在研究对流换热现象中，已定特征数是指 $Re$、$Pr$ 以及 $Gr$，单值性条件包括几何条件、物理条件、初始条件以及边界条件。相似第三定理的应用价值在于，它是指导模化实验最重要的理论依据。

**3. 相似原理的应用**

相似原理在工程实验中被广泛应用，其在传热学中的一个重要应用是，指导实验的安排和实验数据的整理。根据相似原理，所有相似物理现象的解都可以用同一个特征数关联式来描述。实验研究的主要目的就是确定相应特征数关联式的具体函数形式，即确定待定特征数与已定特征数之间的函数关系。

（1）应用相似原理指导实验的安排

根据相似原理，模型实验中的对流换热过程必须与原型中的实际对流换热过程相似。只有这样，模型实验的研究结果才能运用到原型中去。因此，根据相似第三定理，模型实验中的对流换热过程必须满足物理现象相似的 3 个充分必要条件，即模型与原型是同类的对流换热现象、二者已定的特征数必须相等、单值性条件必须相似。

（2）应用相似原理指导实验数据的测量与整理

在对流换热研究中，通常将特征数关联式写成幂函数形式。例如，对于工程上常见的无相变流体的强迫对流换热问题：

$$Nu = f(Re, Pr) = CRe^n Pr^m \tag{5-26}$$

式中，$C$、$n$、$m$ 为待定常数，由实验确定。

实践证明，幂指数是可以用来描写绝大多数实验曲线的最简单、最方便的函数，尤其是对于单调变化的曲线。在双对数坐标系中，幂函数曲线是直线。

对于气体的强迫对流换热，由于气体的 $Pr$ 基本上等于常数，则特征数关联式为：

$$Nu = f(Re) = CRe^n \tag{5-27}$$

在实验中，需要确定 $C$、$n$ 两个常数。对式(5-27)两端取对数，可得：

$$\lg Nu = \lg C + n\lg Re \tag{5-28}$$

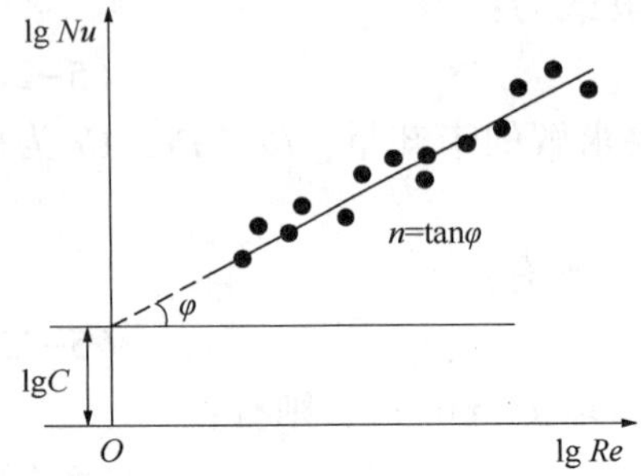


图 5-4　实验数据整理方法示意图

式中，$\lg C$ 是双对数坐标图上直线在纵坐标轴上的截距，$n$ 是直线的斜率。如图 5-4 所示，在实验中，以 $Re$ 为自变量，$Nu$ 为因变量，通过改变实验工况改变 $Re$ 的数值。每改变一次工况，设定一个 $Re$ 值，就可以确定一个对应的 $Nu$ 值，在对数坐标图上就可以得到一个实验点。进行多种工况的实验就可以得到多个实验点，最后采用最小二乘法对这些点进行曲线拟合，就可以获得常数 $C$、$n$ 的数值，同时还可以求出实验点的坐标偏差。

对于一般流体的强迫对流换热，特征数关联式为：

$$Nu = CRe^n Pr^m \tag{5-29}$$

在实验中，需要确定 $C$、$n$、$m$ 三个常数。在实验数据的整理上可分两步进行。

第一步，用 $Pr$ 不同的流体在相同的 $Re$ 下进行实验，将实验点描绘在以 $\lg Nu$ 为纵坐标、$\lg Pr$ 为横坐标的双对数坐标图上，同样用最小二乘法确定 $m$ 的数值，即：

$$\lg Nu = \lg CRe^n + m\lg Pr \tag{5-30}$$

式中，$m$ 为直线斜率。$m$ 的数值还可以直接采用前人通过理论分析或实验研究已经获得的数据。例如：对于层流，取 $m=1/3$；对于湍流，取 $m=0.4$ 或其他数值。

第二步，再用同一种流体在不同 $Re$ 下进行实验，此时以 $\lg(Nu/Pr^m)$ 为纵坐标，以 $\lg Re$ 为横坐标，采用同样方法确定 $C$、$n$ 值，即：

$$\lg \frac{Nu}{Pr^m} = \lg C + n\lg Re \tag{5-31}$$

（3）应用特征数关联式的注意事项

① 特征数关联式的推广。根据相似原理，彼此相似的物理现象的解可以用同一个特征数关联式来描述。这说明，从一个物理现象所获得的特征数关联式适用于与其相似的所有物理现象。因此，通过对流换热模型实验所得到的特征数关联式适用于与模型实验相似的所有对流换热现象。

② 特征数关联式的适用条件。必须指出的是，由于对流换热的特征数关联式是在一定的 $Re$、$Pr$、$Gr$ 的变化范围内通过实验获得的，所以每一个对流换热的特征数关联式应该指出 $Re$、$Pr$、$Gr$ 的适用范围。特征数关联式不能任意推广到得到该方程的实验参数的范围以外。

③ 特征数中三大特征参数的选取。由于特征数关联式中特征数的确定与特征长度、定性温度以及特征速度的选择有关，因此还应指出它所规定的特征长度、定性温度以及特征速度的选取方式。需要注意的是，不同的对流换热问题，以及不同的特征数关联式，三大特征

参数的选取方式有所不同。例如，管内流动时，特征长度通常选取管子内径，定性温度选取流体进、出口温度的算术平均值，特征速度选取来流速度。而流体外掠平板流动时，特征长度通常选取平板长度，定性温度选取流体温度和平板表面温度的算术平均值，特征速度选取来流速度。

对流换热是一个复杂的物理过程。对一个复杂物理过程基本规律的认识，需要经历一个较长时期的探索。因此，在传热学的发展过程中，对于同一类对流换热问题，不同的学者通过其实验研究，先后会提出数以十计的实验关联式。这些实验关联式一部分由于当时实验测定条件的限制，误差较大，会被以后更精确的实验关联式替代，但也有不少实验关联式至今仍被采用。应用每个实验关联式计算时都会产生计算误差，误差范围常常可达±20%，甚至可达±25%。对于一般的工程计算，这样的误差是可以接受的。但若需要进行相当精确的计算，可以设法选用使用范围较窄、针对需要情形专门整理的实验关联式。

**例题 5-1** 相似原理的应用(1)

用特征长度为原型 1/3 的模型来模拟原型中速度 $u'=6\text{m/s}$、平均温度 $t'_f=200℃$ 的管内空气强迫对流，模型中空气的平均温度 $t''_f=20℃$。试问：(1)模型中空气的速度是多少？(2)如果测得模型中对流换热的平均表面传热系数 $h''=200\text{W/(m}^2\cdot\text{K)}$，则原型中的平均表面传热系数是多少？

**解**：该问题是空气强迫对流换热问题，特征数关联式为 $Nu=f(Re)$。

若模型和原型相似，则有：

$$Re'=Re'',\ Nu'=Nu''$$

即：

$$\frac{u'd'}{\nu'}=\frac{u''d''}{\nu''},\quad \frac{h'd'}{\lambda'}=\frac{h'd''}{\lambda''}$$

对原型，定性温度选取空气的平均温度，$t'_f=200℃$。查空气的物性量表，有 $\nu'=34.85\times10^{-6}\text{m}^2/\text{s}$，$\lambda'=3.93\times10^{-2}\text{W/(m}\cdot\text{K)}$。对模型，定性温度也选取空气的平均温度 $t''_f=20℃$。查空气的物性量表，有 $\nu''=15.06\times10^{-6}\text{m}^2/\text{s}$，$\lambda''=2.59\times10^{-2}\text{W/(m}\cdot\text{K)}$。

由 $Re'=Re''$，模型中空气的速度为：

$$u''=\frac{u'l'}{\nu'}\Big/\frac{l''}{\nu''}=u'\cdot\frac{\nu''}{\nu'}\cdot\frac{l'}{l''}=6\text{m/s}\times\frac{15.06\times10^{-6}\text{m}^2/\text{s}}{34.85\times10^{-6}\text{m}^2/\text{s}}\times3=7.78\text{m/s}$$

再由 $Nu'=Nu''$，原型中平均表面传热系数为：

$$h'=\frac{h''l''}{\lambda''}\Big/\frac{\lambda'}{l'}=h''\cdot\frac{l''}{l'}\cdot\frac{\lambda'}{\lambda''}=200\text{W/(m}^2\cdot\text{K)}\times\frac{1}{3}\times\frac{3.93\times10^{-2}\text{W/(m}\cdot\text{K)}}{2.59\times10^{-2}\text{W/(m}\cdot\text{K)}}=101.16\text{W/(m}^2\cdot\text{K)}$$

**例题 5-2** 相似原理的应用(2)

一根外径 $d=100\text{mm}$ 的水管横置于高温烟道内。已知水管外壁面温度 $t_w=80℃$，烟气温度 $t_f=500℃$，烟气流速 $u=10\text{m/s}$，单位管长的换热量 $\Phi_l=1.5\times10^4\text{W/m}$。假设烟气的各物性参数分别为常数。试问：若将烟气的流速降低为 $u'=5\text{m/s}$，同时水管的外径增加为 $d'=200\text{mm}$，并维持 $t_w$、$t_f$ 不变，这时单位管长的换热量为多少？

**解**：管外烟气侧强迫对流换热特征数关联式的形式为：

$$Nu=f(Re,\ Pr)$$

烟气流速和管径改变后的对流换热与改变前的对流换热完全相似，根据相似原理，有：

$$Re=Re',\ Pr=Pr',\ Nu=Nu'$$

依题意有，$u'=\frac{1}{2}u$，$d'=2d$。由 $Nu=Nu'$，可得$\frac{hd}{\lambda}=\frac{h'd'}{\lambda'}$。由此可得 $h'=\frac{d}{d'}h=\frac{1}{2}h$。

根据牛顿冷却公式，改变后单位管长的换热量为：

$$\Phi_l'=h'\pi d'(t_f-t_w)=\frac{1}{2}h\cdot\pi\cdot 2d\cdot(t_f-t_w)=\Phi_l=1.5\times10^4\text{W/m}$$

# 第二节　单相流体管内强迫对流换热

对于工程上常见的绝大多数单相流体的对流换热问题，经过科技工作者多年的理论分析与实验研究，都已经获得了计算表面传热系数的特征数关联式。这些关联式的准确性已在大量的工程应用中得到了进一步的验证。本节重点介绍单相流体管内强迫对流换热的特点和特征数关联式。单相流体管内强迫对流换热是工业上和日常生活中最常见的换热现象，如各类液体、气体管道内的对流换热以及各类换热器排管内的对流换热等。熟悉它们的特点及影响因素，并且掌握利用特征数关联式进行对流换热计算的方法，对于一般的传热工程设计具有重要的实用价值。

**1. 管内强迫对流换热的特点**

（1）两种流态

流体的流动状态对对流换热有显著影响。由流体力学可知，流体在管道内的流动可以分为层流和湍流两大类，主要取决于流体的物性、管道的几何尺寸、管内壁的粗糙度、流体进入管道前的稳定程度等因素。对于工业上和日常生活中常用的一般光滑管道：

$Re\leqslant2300$ 时，流态为层流。

$2300<Re<10^4$ 时，流态为由层流到湍流的过渡区。

$Re>10^4$ 时，流态为旺盛湍流。

需要指出的是，以上根据雷诺数的大小判断流体流态仅适用于一般光滑管道。随着工艺水平与实验技术的发展，在 19 世纪初就已在实验中利用特制的管道将管内层流保持到 $Re\approx4\times10^4$，现在利用高新技术能使管内层流保持在 $Re$ 高达几十万。

（2）进口段与充分发展段

1）流动进口段与充分发展段

当不可压缩牛顿流体以均匀的速度从大空间稳态流进一根圆管时，从管子的进口处开始，流动边界层沿流动方向从零开始逐渐加厚，圆管横截面上的速度分布沿流动方向（轴向）不断变化。当流动边界层的边缘在圆管的中心线汇合之后，圆管横截面上的速度分布沿轴向不再变化，这时称流体流动进入了流动充分发展段，在此之前的一段称为流动进口段，也称为流动入口段，如图 5-5(a)所示。

对于管内等温层流，流动充分发展段具有以下特征：

① 沿轴向的速度不变，即 $\partial u/\partial x=0$，其他方向的速度为零。

② 圆管横截面上的速度为抛物线分布，可表示为：

$$\frac{u(r)}{u_m}=2\left(1-\frac{r^2}{R^2}\right)\tag{5-32}$$

式中，$u_m$ 为截面平均流速；$R$ 为管内半径；$r$ 为径向坐标。

工程上常常需要确定维持管内流动所需要的压力降，因为它决定了泵或风机所需要的功

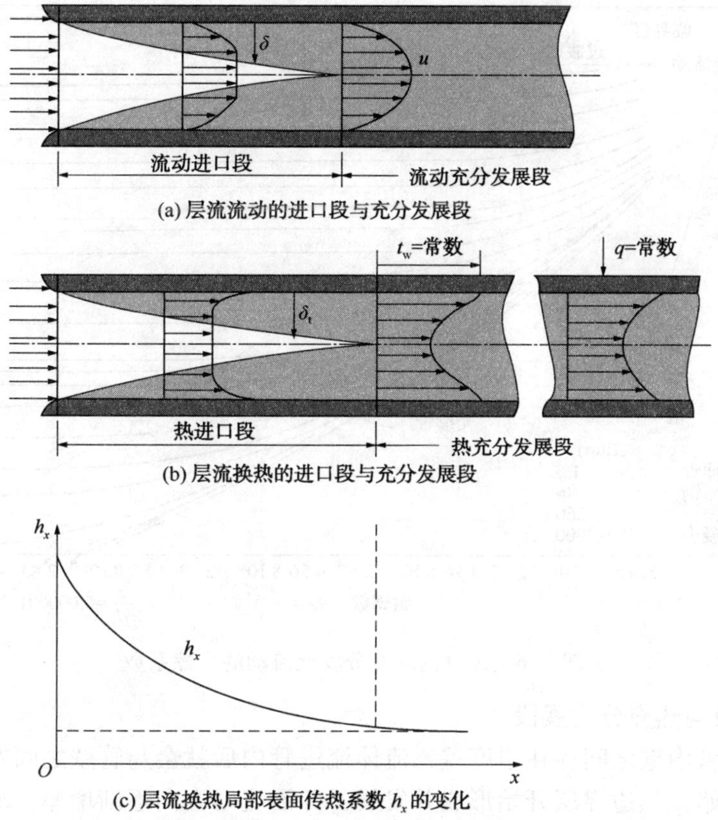


(a) 层流流动的进口段与充分发展段

(b) 层流换热的进口段与充分发展段

(c) 层流换热局部表面传热系数 $h_x$ 的变化

图 5-5　层流进口段与充分发展段

率。为了确定压力降，可采用穆迪(Moody)的摩擦系数 $f$ 确定。摩擦系数的定义式为：

$$f=\frac{(\mathrm{d}p/\mathrm{d}x)d}{\rho u_m^2/2} \tag{5-33}$$

在充分发展段，沿流动方向的压力梯度不变，即 $\mathrm{d}p/\mathrm{d}x$ = 常数，阻力系数 $f$ 为常数。对圆管内充分发展的层流流动，摩擦系数为：

$$f=64/Re \tag{5-34}$$

对圆管内充分发展的湍流流动，其分析通常比层流流动要复杂很多，往往需要借助实验研究的结果。如图 5-6 所示，穆迪给出了较大雷诺数范围内的摩擦系数值。湍流时，摩擦系数除与雷诺数有关外，还是管子表面状况的函数。光滑表面的摩擦系数最小，它随表面粗糙度的增加而增加。对于光滑表面条件，有：

$$Re\leqslant 2\times 10^4,\ f=0.314Re^{-1/4} \tag{5-35}$$

$$Re\geqslant 2\times 10^4,\ f=0.184Re^{-1/5} \tag{5-36}$$

在充分发展段，从轴向位置 $x_1$ 到 $x_2$ 的流动压力降，即 $\Delta p=p_1-p_2$ 可表示为：

$$\Delta p=-\int_{p_1}^{p_2}\mathrm{d}p=f\frac{\rho u_m^2}{2d}\int_{x_1}^{x_2}\mathrm{d}x=f\frac{\rho u_m^2}{2d}(x_2-x_1) \tag{5-37}$$

其中，对层流流动，摩擦系数 $f$ 可由式(5-34)或图 5-6 得到；对光滑管的湍流流动，可由式(5-35)和式(5-36)得到。

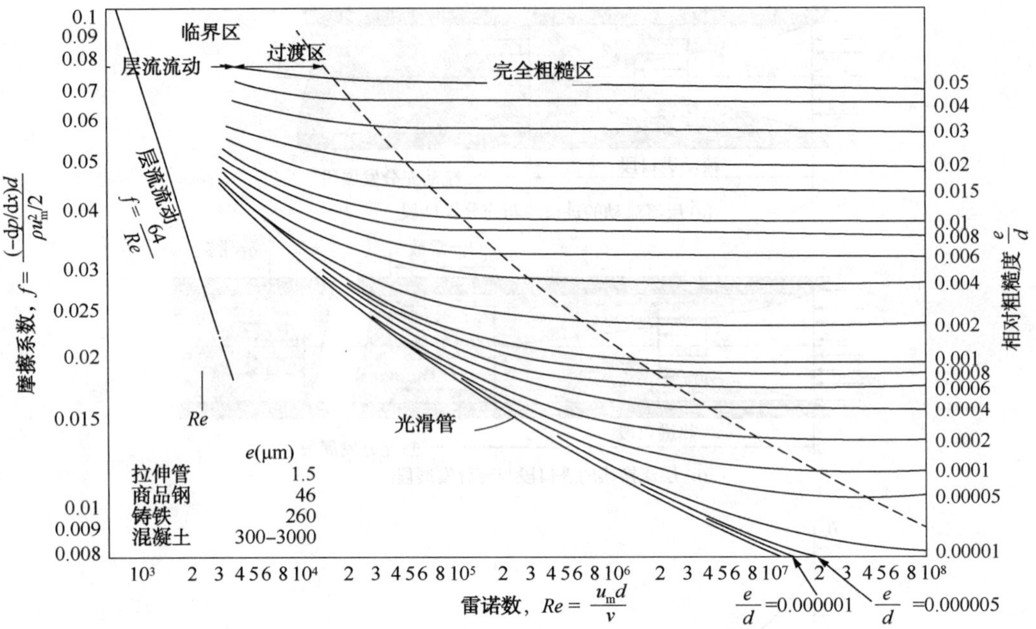


图 5-6　圆管内的充分发展流动的摩擦系数

2）热进口段与热充分发展段

如果流体与管内壁之间存在温度差，流体流进管内后就会与管壁之间发生对流换热。从管子的进口处开始，热边界层开始形成并发展，并沿流动方向逐渐增厚，流体的温度沿 $x$ 方向和 $r$ 方向不断变化。当热边界层的边缘在圆管的中心线汇合之后，虽然流体的温度仍然沿 $x$ 方向不断发生变化，但无量纲温度$\frac{t_w-t}{t_w-t_f}$不再随 $x$ 而变，只是 $r$ 的函数，这时称管内的对流换热进入了热充分发展段，在此之前的一段称为热进口段，如图 5-5(b)所示。

常物性流体管内对流换热，局部表面传热系数的变化特征为：

① 热进口段：在管子进口处边界层很薄，局部表面传热系数 $h_x$ 很大，对流换热较强。随着边界层的增厚，$h_x$ 沿 $x$ 方向逐渐减小，对流换热逐渐减弱，直到进入热充分发展段，如图 5-5(c)和图 5-7(a)所示。如果边界层中出现湍流，则因湍流的扰动和混合作用，会使 $h_x$ 有所提高，再逐渐减小，直至进入热充分发展段，如图 5-7(b)所示。

② 热充分发展段：局部表面传热系数 $h_x$ 沿流动方向保持不变。这一结论对于管内层流和湍流、等壁温边界条件和常热流边界条件都适用。对比热进口段和热充分发展段可见，热进口段的局部表面传热系数比热充分发展段的高。

实验研究表明，对于管内层流，流动进口段的长度可用下式计算：

$$\frac{l}{d}\approx 0.05Re \tag{5-38}$$

热进口段的长度可用下式计算：

$$\frac{l}{d}\approx 0.05RePr \tag{5-39}$$

管内湍流时，只要 $l/d>60$，同时进入流动充分发展段和热充分发展段，局部表面传热系数和平均表面传热系数不受进口段的影响，沿流动方向保持不变。

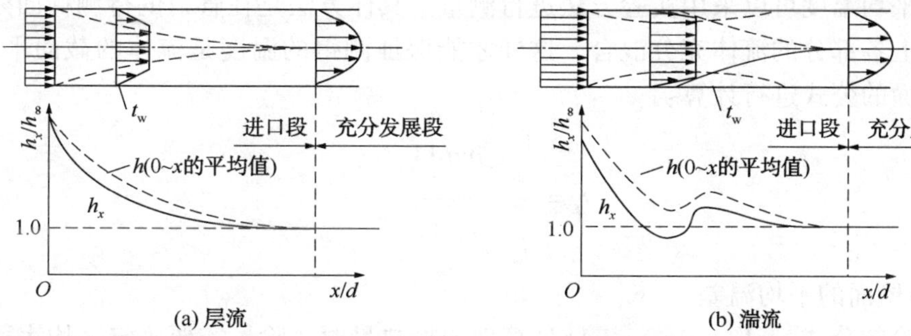


图 5-7　管内对流传热局部表面传热系数 $h_x$ 的沿程变化

比较式(5-38)和式(5-39)可以看出，当 $Pr>1$ 时，流动边界层的发展比热边界层快，即流动进口段比热进口段短；当 $Pr<1$ 时，热边界层的发展比流动边界层快，即热进口段的长度比流动进口段短。

(3) 两种典型的热边界条件——等壁温边界和常热流边界

当流体在管内被加热或被冷却时，加热或冷却壁面的热状况称为热边界条件。实际的工程传热情况是多种多样的，为便于研究和应用，从各种复杂情况中抽象出两类典型的热边界条件：等壁温边界和常热流边界。对轴向与周向壁温均匀的边界，称为等壁温边界；对轴向与周向热流密度均匀的边界，称为常热流边界。图 5-8 中示意性地给出了在这两种边界条件下沿主流方向流体截面平均温度 $t_f(x)$ 及壁面温度 $t_w(x)$ 的变化情况。

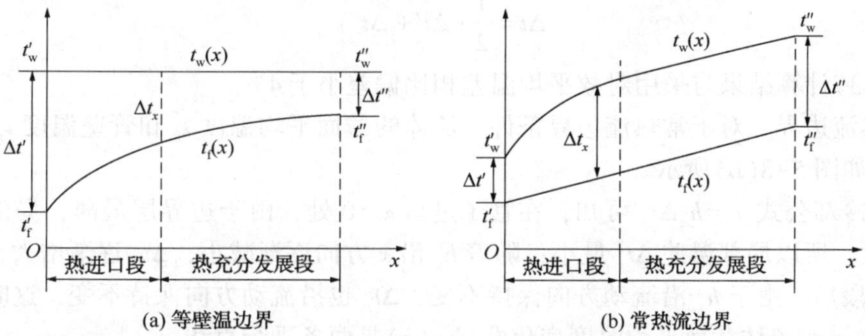


图 5-8　等壁温边界与常热流边界条件下壁面温度与流体截面平均温度沿 $x$ 轴方向的变化

实验研究时，采用蒸汽凝结来加热壁面或采用液体沸腾来冷却壁面时，就造成了接近均匀壁温的热边界条件。采用均匀缠绕的电热丝来加热壁面时，就造成了接近均匀热流密度的热边界条件。

对管内层流流动以及低 $Pr$ 流体的情况，等壁温和常热流两种边界条件对表面传热系数的影响存在差别。但对管内湍流流动，由于流体之间不规则脉动和相互掺混，除低 $Pr$ 流体，如液态金属外，等壁温和常热流两种边界条件对表面传热系数的影响差别不大，可以忽略。

(4) 流体的平均温度、流体与壁面的平均温差

1) 流体的平均温度

确定流体的物性参数时，需要知道流体的定性温度。对管内流动，通常定性温度选取管子进、出口流体截面平均温度的算术平均值，这种定性温度称为流体的整体温度，即：

$$t_f=\frac{1}{2}(t'_f+t''_f) \tag{5-40}$$

流体截面平均温度可以采用实验方法进行测量。具体方法是在管道的待测截面处加装混合段，使截面上各部分的流体充分混合，这样才能保证测得的温度是流体的截面平均温度。也可以采用下面的公式进行计算：

$$t_{\mathrm{f}}=\frac{\int_{A_{\mathrm{c}}} c_p \rho u t \mathrm{d} A}{\int_{A_{\mathrm{c}}} c_p \rho u \mathrm{d} A} \tag{5-41}$$

2）流体与壁面的平均温差

运用牛顿冷却公式 $q=h(t_{\mathrm{w}}-t_{\mathrm{f}})=h\Delta t$ 计算对流换热量时，除了需要确定平均表面传热系数 $h$ 外，还需要知道管壁与流体的平均温差 $\Delta t$。一般情况下，管壁温度和流体温度均沿管轴向发生变化，变化规律与边界条件有关。

① 等壁温边界。对于等壁温边界条件，截面上管壁与流体的局部温差 $\Delta t_x$ 沿 $x$ 方向按指数函数规律变化。由于管壁温度 $t_{\mathrm{w}}$ = 常数，所以流体截面平均温度 $t_{\mathrm{f}}$ 也按同样的指数函数规律变化，如图 5-8(a)所示。此时，整个管子的平均温差可按对数平均温差计算，即：

$$\Delta t=\frac{\Delta t'-\Delta t''}{\ln\dfrac{\Delta t'}{\Delta t''}} \tag{5-42}$$

如果进口温差 $\Delta t'$ 与出口温差 $\Delta t''$ 相差不大，$0.5<\Delta t'/\Delta t''<2$ 时，$\Delta t$ 可近似地取管子进口温差与出口温差的算术平均值，即：

$$\Delta t=\frac{1}{2}(\Delta t'+\Delta t'') \tag{5-43}$$

式(5-43)计算结果与采用对数平均温差相比偏差小于 4%。

② 常热流边界。对于常热流边界条件，流体的截面平均温度 $t_{\mathrm{f}}$ 和管壁温度 $t_{\mathrm{w}}$ 沿流动方向 $x$ 的变化如图 5-8(b)所示。

由牛顿冷却公式 $q_x=h_x\Delta t_x$ 可知，在管子进口 $x=0$ 处，由于边界层最薄，局部表面传热系数 $h_x$ 最大，所以局部温差 $\Delta t_x$ 最小；随着 $h_x$ 沿 $x$ 方向逐渐减小，$\Delta t_x$ 逐渐增大，直到进入热充分发展段后，由于 $h_x$ 沿流动方向保持不变，$\Delta t_x$ 也沿流动方向保持不变，这时壁面温度变化曲线 $t_{\mathrm{w}}(x)$ 和流体截面平均温度变化曲线 $t_{\mathrm{f}}(x)$ 是两条平行直线。

如果管子较长，热进口段的影响可以忽略，则可取热充分发展段的温差(管子出口处的温差)作为整个管子的平均温差，即：

$$\Delta t=\Delta t''=t''_{\mathrm{w}}-t''_{\mathrm{f}} \tag{5-44}$$

如果管子较短，热进口段的影响不能忽略，则整个管子的平均温差可近似地取管子进口温差 $\Delta t'$ 和出口温差 $\Delta t''$ 的算术平均值，即：

$$\Delta t=\frac{1}{2}(\Delta t'+\Delta t'') \tag{5-45}$$

**2. 管内强迫对流换热特征数关联式**

(1) 层流换热

常物性流体在光滑管道内充分发展的层流换热的理论分析工作做得比较充分。表 5-1 给出了几种横截面形状管道的分析结果。

表 5-1 不同截面形状的管内充分发展层流换热的努塞尔数 *Nu*

| 截面形状 | $Nu=\frac{hd_e}{\lambda}$ | | $f\cdot Re\left(Re=\frac{u_m d_e}{\nu}\right)$ |
|---|---|---|---|
| | 常热流边界 | 等壁温边界 | |
| 圆形 | 4.36 | 3.66 | 64 |
| 等边三角形 | 3.11 | 2.47 | 53 |
| 正方形 | 3.61 | 2.98 | 57 |
| 正六边形 | 4.00 | 3.34 | 60 |
| 长方形(长 $a$, 宽 $b$) | | | |
| $a/b=2$ | 4.12 | 3.39 | 62 |
| $a/b=3$ | 4.70 | 3.96 | 69 |
| $a/b=4$ | 5.33 | 4.44 | 73 |
| $a/b=8$ | 6.49 | 5.60 | 82 |
| $a/b=\infty$ | 8.24 | 7.54 | 96 |

从表 5-1 中的数值可以看出，常物性流体管内充分发展的层流换热具有以下特征：

① *Nu* 为常数，大小与 *Re* 无关。

② 等壁温和常热流两种不同的边界条件对对流换热强弱的影响不同。对于同一种截面的管道，常热流边界条件下的 *Nu* 比等壁温边界条件下的 *Nu* 要高，例如，对于圆形管道，要高 20%左右。

表 5-2、表 5-3 给出了环形空间内，不同内、外侧壁面边界条件下，层流充分发展段的 *Nu* 数值大小。

表 5-2 环形截面形状的管内充分发展层流换热的努塞尔数 *Nu*(一侧绝热、一侧等壁温)

| 内外径之比 $d_i/d_o$ | 内壁 $Nu_i$(外壁绝热) | 外壁 $Nu_o$(内壁绝热) |
|---|---|---|
| 0 | — | 3.66 |
| 0.05 | 17.46 | 4.06 |
| 0.10 | 11.56 | 4.11 |
| 0.25 | 7.37 | 4.23 |
| 0.50 | 5.74 | 4.43 |
| 1.00 | 4.86 | 4.86 |

表 5-3 环形截面形状的管内充分发展层流换热的努塞尔数 *Nu*(内、外侧均维持常热流)

| 内外径之比 $d_i/d_o$ | 内壁 $Nu_i$(外壁绝热) | 外壁 $Nu_o$(内壁绝热) |
|---|---|---|
| 0 | — | 4.364 |
| 0.05 | 17.81 | 4.792 |
| 0.10 | 11.91 | 4.834 |
| 0.20 | 8.499 | 4.833 |
| 0.40 | 6.583 | 4.979 |
| 0.60 | 5.912 | 5.099 |
| 0.80 | 5.580 | 5.240 |
| 1.00 | 5.385 | 5.385 |

对于非圆形截面管道，采用当量直径 $d_e$ 作为特征长度，并用下式计算：

$$d_e=\frac{4A_c}{P} \tag{5-46}$$

式中，$A_c$ 为管道流通截面面积，$m^2$；$P$ 为管道流通截面的湿周，即管道壁与流体的接触长度，m。

例如，对于长方形截面管道，若长为 $a$，宽为 $b$，则当量直径为：

$$d_e=\frac{4ab}{2(a+b)}=\frac{2ab}{a+b} \tag{5-47}$$

对于同心套管环状通道，若内管外径为 $d_1$，外管内径为 $d_2$，则当量直径为：

$$d_e=\frac{4\times\frac{1}{4}\pi(d_2^2-d_1^2)}{\pi(d_2+d_1)}=d_2-d_1 \tag{5-48}$$

如果管子较长，进口段的影响很小，可以直接利用表 3-1～表 3-3 中的数据进行计算。如果管子较短，进口段的影响不能忽略，推荐采用席德(Sieder)和塔特(Tate)提出的公式计算等壁温管内层流换热的平均努塞尔数 $Nu_f$：

$$Nu_f=1.86\left(Re_f Pr_f\frac{d}{l}\right)^{\frac{1}{3}}\left(\frac{\eta_f}{\eta_w}\right)^{0.14} \tag{5-49}$$

适用条件：$0.48<Pr_f<16700$，$0.0044<\frac{\eta_f}{\eta_w}<9.85$，$\left(Re_f Pr_f\frac{d}{l}\right)^{\frac{1}{3}}\left(\frac{\eta_f}{\eta_w}\right)^{0.14}\geqslant 0.2$。

式(5-49)中，定性温度 $t_f$ 选取流体进、出口温度的算术平均值，下角标 f 表示按定性温度 $t_f$ 确定各参数，$\eta_w$ 按壁面温度 $t_w$ 确定。特征长度选取管内径 $d$ 或当量直径 $d_e$。

（2）湍流换热

1）迪图斯和贝尔特公式

对于流体与管壁温度相差不大的情况，例如：对于气体，$\Delta t=t_w-t_f<50℃$；对于水，$\Delta t<30℃$；对于油，$\Delta t<10℃$；可采用迪图斯(Dittus)和贝尔特(Boelter)于 1930 年提出的实验关联式：

$$Nu_f=0.023Re_f^{0.8}Pr_f^n \tag{5-50}$$

适用条件：$t_w>t_f$ 时，$n=0.4$；$t_w<t_f$ 时，$n=0.3$；$0.7\leqslant Pr_f\leqslant 160$，$Re_f\geqslant 10^4$，$l/d\geqslant 60$。

式(5-50)中定性温度选取流体在管道进、出口两个截面温度的算术平均值，即流体平均温度。特征长度选取管内径 $d$。

式(5-50)是历史上使用时间最长、应用最广泛的特征数关联式。但是该式规定的流体与换热壁面的温差以及 $l/d$ 的限制条件常常不能满足，此时可以对式(5-50)进行修正。

① 物性场不均匀的影响。几乎流体的所有物性参数都是温度的函数。当流体在管内强迫对流换热时，由于流体温度场的不均匀，会引起物性场的不均匀，对管内对流换热产生影响。与流体的其他物性相比，黏度受温度的影响最大。黏度场的不均匀直接影响到流体的速度分布，因此对对流换热的影响最为显著。前文已指出，对于流体在管内充分发展的等温层流流动，速度分布为抛物线，如图 5-9 中曲线 1 所示。由于气体的黏度随温度的升高而增大，液体的黏度随温度的升高而减小，因此当气体被加热或液体被冷却时，越靠近壁面黏度

越大，越不容易流动。在质量流量不变的情况下，与等温流动相比，靠近壁面处的流速会降低，管中心处的流速会升高，速度分布如图 5-9 中曲线 2 所示。当气体被冷却或液体被加热时，情况正好与此相反，速度分布如图 5-9 中曲线 3 所示。

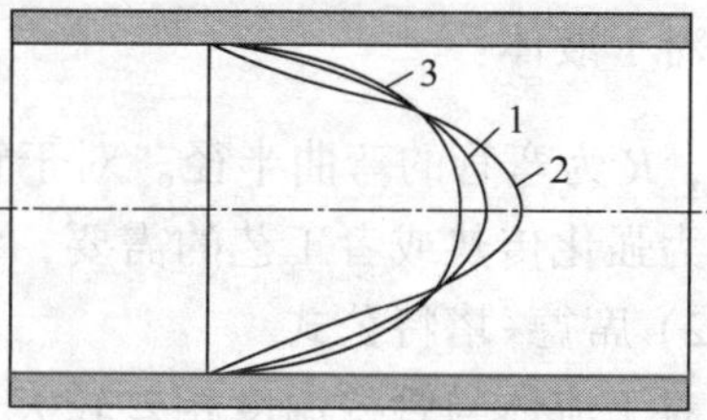


图 5-9　黏度场不均匀对速度分布的影响

1—等温流动；2—气体被加热或液体被冷却；3—气体被冷却或液体被加热

为了考虑物性场不均匀的影响，通常在特征数关联式的右端乘以一个修正系数 $c_t$。对式(5-50)，修正系数 $c_t$ 为：

对于气体，

被加热时：
$$c_t=\left(\frac{T_f}{T_w}\right)^{0.5} \tag{5-51}$$

被冷却时：
$$c_t=1 \tag{5-52}$$

对于液体，

被加热时：
$$c_t=\left(\frac{\eta_f}{\eta_w}\right)^{0.11} \tag{5-53}$$

被冷却时：
$$c_t=\left(\frac{\eta_f}{\eta_w}\right)^{0.25} \tag{5-54}$$

式(5-51)～式(5-54)中，下角标 f 和 w 表示物性参数分别是流体平均温度 $t_f$ 和壁面温度 $t_w$ 下的值。

② 进口段的影响。前文已经分析，在管道的进口处边界层很薄，局部表面传热系数 $h_x$ 很大，对流换热较强。随着边界层的增厚，$h_x$ 沿 $x$ 方向逐渐减小，对流换热逐渐减弱，直到进入热充分发展段后保持不变。因此，在计算管内对流换热时要考虑进口段的影响，尤其是短管的对流换热。通常在特征数关联式(5-50)的右端乘以一个修正系数 $c_l$ 来考虑进口段的影响。对于工业上常见管子的管内湍流换热，$c_l$ 可用下式计算：

$$c_l=1+\left(\frac{d}{l}\right)^{0.7} \tag{5-55}$$

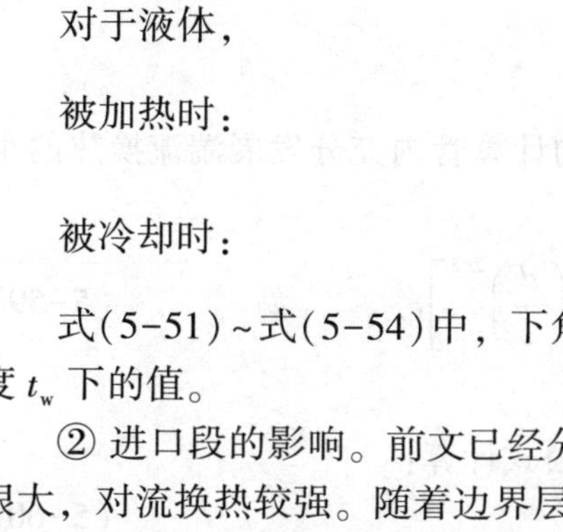


图 5-10　弯曲管道中的二次环流

应用式(5-50)计算 $Nu$ 时，乘上修正系数 $c_l$ 后，得到的是包括进口段在内的总管长 $l$ 的管道的平均 $Nu$。工程技术中常常利用进口段换热效果好这一特点来强化设备的换热。

③ 管道弯曲的影响。流体在弯管(螺旋管)内流动时，由于管道弯曲使流体流动方向发生改变，在离心力作用下流体在流道内、外侧之间产生二次环流，如图 5-10 所示。所谓二次环流，一般指垂直主流方向的流动。二次环流的结果增加了扰动，使表面传热系数增加，对流换热得到强化。弯管的曲率半径越小，二次环流的影响越大。

为了考虑管道弯曲的影响，通常在特征数关联式(5-50)的右端乘以一个修正系数 $c_R$，$c_R$ 的计算公式如下：

对于气体：
$$c_R=1+1.77\frac{d}{R} \tag{5-56}$$

对于液体：
$$c_R=1+10.3\left(\frac{d}{R}\right)^3 \tag{5-57}$$

式中，$R$ 为弯管的弯曲半径。对于管内层流换热，管道弯曲影响较小，可以忽略。工程技术中，为强化传热或者工艺的需要，常常采用螺旋管。

2）席德–塔特公式

对于流体与管壁温度相差较大、流体物性场不均匀影响较大的情况，还可以采用席德–塔特于 1936 年提出的公式：
$$Nu_{\mathrm{f}}=0.027Re_{\mathrm{f}}^{0.8}Pr_{\mathrm{f}}^{1/3}\left(\frac{\eta_{\mathrm{f}}}{\eta_{\mathrm{w}}}\right)^{0.14} \tag{5-58}$$

适用条件：$0.7\leqslant Pr_{\mathrm{f}}\leqslant 16700$，$Re_{\mathrm{f}}\geqslant 10^4$，$l/d\geqslant 60$。

式(5–50)、式(5–58)适用于一般光滑管道，对等壁温和常热流边界条件都适用，是形式比较简单的计算管内湍流换热的特征数关联式。但由于提出年代较早，实验数据的偏差较大(达 25%)，因此精确度不高，可用于一般工程计算。

3）格尼林斯基半经验公式

格尼林斯基(Gnielinski)于 1976 年提出了精确度较高的计算管内充分发展湍流换热的半经验公式：
$$Nu_{\mathrm{f}}=\frac{(f/8)(Re_{\mathrm{f}}-1000)Pr}{1+12.7(f/8)^{1/2}(Pr_{\mathrm{f}}^{2/3}-1)}\left[1+\left(\frac{d}{l}\right)^{2/3}\right]c_t \tag{5-59}$$

适用条件：$0.5\leqslant Pr_{\mathrm{f}}\leqslant 2000$，$2300\leqslant Re_{\mathrm{f}}\leqslant 5\times 10^6$。

式(5–59)中，阻力系数 $f$ 可采用贝图霍夫(Petukhov)公式计算：
$$f=(0.79\ln Re_{\mathrm{f}}-1.64)^{-2} \tag{5-60}$$

修正系数 $c_t$ 为：

对于气体：
$$c_t=\left(\frac{T_{\mathrm{f}}}{T_{\mathrm{w}}}\right)^{0.45},\quad 0.5\leqslant\frac{T_{\mathrm{f}}}{T_{\mathrm{w}}}\leqslant 1.5 \tag{5-61}$$

对于液体：
$$c_t=\left(\frac{Pr_{\mathrm{f}}}{Pr_{\mathrm{w}}}\right)^{0.11},\quad 0.05\leqslant\frac{Pr_{\mathrm{f}}}{Pr_{\mathrm{w}}}\leqslant 20 \tag{5-62}$$

将式(5–59)分别用于气体和液体，可以得到下面进一步简化的公式：

对于气体：
$$Nu_{\mathrm{f}}=0.0214(Re_{\mathrm{f}}^{0.8}-100)Pr_{\mathrm{f}}^{0.4}\left[1+\left(\frac{d}{l}\right)^{2/3}\right]\left(\frac{T_{\mathrm{f}}}{T_{\mathrm{w}}}\right)^{0.45} \tag{5-63}$$

适用条件：$0.6\leqslant Pr_{\mathrm{f}}\leqslant 1.5$，$0.5<\frac{T_{\mathrm{f}}}{T_{\mathrm{w}}}<1.5$，$2300\leqslant Re_{\mathrm{f}}\leqslant 5\times 10^6$。

对于液体：
$$Nu_{\mathrm{f}}=0.012(Re_{\mathrm{f}}^{0.87}-280)Pr_{\mathrm{f}}^{0.4}\left[1+\left(\frac{d}{l}\right)^{2/3}\right]\left(\frac{Pr_{\mathrm{f}}}{Pr_{\mathrm{w}}}\right)^{0.11} \tag{5-64}$$

适用条件：$1.5\leqslant Pr_{\mathrm{f}}\leqslant 500$，$0.05<\frac{Pr_{\mathrm{f}}}{Pr_{\mathrm{w}}}<20$，$2300\leqslant Re_{\mathrm{f}}\leqslant 5\times 10^6$。

从适用条件可见，式(5–59)、式(5–63)、式(5–64)不仅适用于管内旺盛湍流换热，也适用于从层流到湍流之间的过渡流换热。值得一提的是，格尼林斯基半经验公式是迄今为止计算精确度最高的实验关联式。在所依据的 800 多个实验数据中，90%的数据与关联式的最大偏差在 20%以内，大部分偏差在 10%以内。同时，在迪图斯和贝尔特公式中关于温差和长径比的限制，在格尼林斯基半经验公式中已经做了考虑。对非圆形截面通道，采用当量直径计算后，格尼林斯基半经验公式也适用。

前文推荐的特征数关联式只适用于普通光滑管道内的对流换热。对于粗糙管，例如，工业上常用的铸造管以及为了强化传热有意加工的粗糙内表面管，如内螺纹管等，在高雷诺数(湍流)情况下，其对流换热要比一般的光滑管强。可查阅有关手册进行计算。

4）液态金属

对 $Pr$ 数值很小的液态金属，通常 $Pr$ 介于 $3\times10^{-3}\sim5\times10^{-2}$ 之间。由于其流动边界层和热边界层的相互关系与常规流体完全不同，对流换热具有不同的规律，下面推荐液态金属适用于光滑圆管内充分发展湍流的实验关联式。

对等壁温边界条件，有：

$$Nu_f=5.0+0.025Pe_f^{0.8} \tag{5-65}$$

适用条件：$Pe_f>100$。特征长度为管内径，定性温度为流体平均温度，即管道进、出口截面处流体温度的算术平均值。

对常热流边界条件，有：

$$Nu_f=4.82+0.0185Pe_f^{0.8} \tag{5-66}$$

适用条件：$3.6\times10^3\leqslant Re_f\leqslant9.05\times10^5$，$10^2<Pe_f<10^4$。特征长度与定性温度选取同式(5-65)。

采用特征式关联式对对流换热问题分析计算时，其一般思路和方法可用下述口诀描述为："辨问题，知特征，查物性，定流态，选方程，算 $Nu$ 数，全过程，$h$ 和 $\Phi$"。

**例题 5-3** 管内强迫对流换热(1)

水流过长 $l=5\text{m}$、壁温均匀的直管时，从温度 $t_f'=25.4℃$ 被加热到 $t_f''=34.6℃$，管子内径 $d=20\text{mm}$，水在管内的流速 $u=2\text{m/s}$。求水与管壁对流换热的表面传热系数。

**解**：本问题是管内强迫对流换热问题。

定性温度选取水的入口温度和出口温度的算术平均值，即：$t_f=\dfrac{1}{2}(t_f'+t_f'')=\dfrac{1}{2}(25.4℃+34.6℃)=30℃$。

以此定性温度，查水的物性量，可得：$\lambda=0.618\text{W/(m}\cdot\text{K)}$，$\nu=0.805\times10^{-6}\text{m}^2/\text{s}$，$\rho=995.7\text{kg/m}^3$，$c_p=4.174\text{kJ/(kg}\cdot\text{K)}$，$Pr=5.42$。

计算雷诺数：

$$Re_f=\frac{ud}{\nu}=\frac{2\text{m/s}\times0.02\text{m}}{0.805\times10^{-6}\text{m}^2/\text{s}}=4.97\times10^4>10^4$$

则流动处于旺盛湍流区。

假设换热处于小温差范围，且已知 $l/d=250\geqslant60$，由特征数关联式(5-50)可得：

$$Nu_f=0.023Re_f^{0.8}Pr_f^{0.4}=0.023\times(4.97\times10^4)^{0.8}\times5.42^{0.4}=258.5$$

$$h=\frac{\lambda}{d}Nu_f=\frac{0.618\text{W/(m}\cdot\text{K)}}{0.02\text{m}}\times258.5=7988\text{W/(m}^2\cdot\text{K)}$$

根据管内流动的能量守恒，计算管壁温度，由：

$$hA(t_w-t_f)=\rho u\frac{\pi d^2}{4}c_p(t_f''-t_f')$$

代入数据，有：

$$\begin{aligned}&7988\text{W/(m}^2\cdot\text{K)}\times0.02\text{m}\times\pi\times5\text{m}\times(t_w-30℃)\\&=995.7\text{kg/m}^3\times2\text{m/s}\times\frac{\pi\times(0.02\text{m})^2}{4}\times4.174\text{kJ/(kg}\cdot\text{K)}\times(34.6°\text{C}-25.4℃)\end{aligned}$$

解之，$t_w=39.6℃$。因此，管壁和流体的温差为 $\Delta t=t_w-t_f=39.6℃-30℃=9.6℃$。

对于水，管壁与流体温差小于30℃，故式(5-50)适用。

分析：本题计算 $t_w$ 时，用的是算术平均温差的方法。实际上，对于均匀壁温的情形，在整个换热面，牛顿冷却公式中的温差 $\Delta t$ 应该采用对数平均温差，若按对数平均温差计算 $t_w$，有：

$$hA\ln\frac{t_f''-t_f'}{\ln\dfrac{t_w-t_f'}{t_w-t_f''}}=\rho u\frac{\pi d^2}{4}c_p(t_f''-t_f')$$

代入数据，计算可得 $t_w=40℃$。可见，计算结果与前面结果相差不多。

**例题5-4** 管内强迫对流换热(2)

有一套管式换热器，饱和蒸汽在管中凝结，使内管外壁的温度保持为100℃。温度为25℃、质量流量为0.8kg/s的水从套管换热器的环形空间中流过。换热器外表面绝热良好。环形夹层内管外径为40mm，外管内径为60mm。试确定：(1)把水加热到55℃时所需的套管长度；(2)管子出口截面处的局部热流密度。不考虑温差修正。

**解：**本问题为水在环形通道内的强迫对流换热问题。要确定管子长度，首先假设管长满足充分发展段要求，再进行校核。

水的定性温度为：$t_f=\frac{1}{2}(t_f'+t_f'')=\frac{1}{2}(25℃+55℃)=40℃$。

以此定性温度，查水的物性量，可得：$\lambda=0.635\text{W/(m·K)}$，$c_p=4174\text{J/(kg·K)}$，$\nu=0.659\times10^{-6}\text{m}^2/\text{s}$，$\eta=653.3\times10^{-6}\text{Pa·s}$，$Pr=4.31$。

环形通道的当量直径为：$d_e=d_2-d_1=60\text{mm}-40\text{mm}=20\text{mm}=0.02\text{m}$。

根据通道内水的质量流量，可得水流速度为：

$$u=\frac{q_m}{\rho A}=\frac{q_m}{\rho\dfrac{\pi}{4}(d_2^2-d_1^2)}=\frac{4\nu q_m}{\eta\pi(d_2^2-d_1^2)}=\frac{4\times0.659\times10^{-6}\text{m}^2/\text{s}\times0.8\text{kg/s}}{653.3\times10^{-6}\text{Pa·s}\times\pi\times[(0.06\text{m})^2-(0.04\text{m})^2]}$$

$$=0.514\text{m/s}$$

计算雷诺数：

$$Re_f=\frac{ud_e}{\nu}=\frac{0.514\text{m/s}\times0.02\text{m}}{0.659\times10^{-6}\text{m}^2/\text{s}}=15599.4>10^4$$

则流动处于旺盛湍流区。

若不考虑温差修正，且暂不考虑管长修正，对水被加热情况，由特征数关联式(5-50)，可得：

$$Nu_f=0.023Re_f^{0.8}Pr_f^{0.4}=0.023\times15599.4^{0.8}\times4.31^{0.4}=93.3$$

$$h=\frac{\lambda}{d_e}Nu_f=\frac{0.635\text{W/(m·K)}}{0.02\text{m}}\times93.3=2962.3\text{W/(m}^2\text{·K)}$$

根据管内换热的能量守恒，有：

$$hA(t_w-t_f)=q_mc_p(t_f''-t_f')$$

$$h\pi d_1l(t_w-t_f)=q_mc_p(t_f''-t_f')$$

代入数据，有：

$$2962.3\text{W/(m}^2\text{·K)}\times\pi\times0.04\text{m}\times l\times(100℃-40℃)=0.8\text{kg/s}\times4174\text{J/(kg·K)}\times(55℃-25℃)$$

解之，$l=4.487\text{m}$。

由于 $l/d_e = 4.487\text{m}/0.02\text{m} = 224 > 60$，故换热进入充分发展段，可以不考虑管长修正。

（2）管子出口处的热流密度为：

$$q = h(t_w - t_f'') = 2962.3\text{W}/(\text{m}^2\cdot\text{K})\times(100℃-55℃) = 133\text{kW}/\text{m}^2$$

**例题 5-5**　管内强迫对流换热(3)

热空气以质量流量 $q_m = 0.05\text{kg/s}$ 通过直径 $d = 0.15\text{m}$ 的钢皮风道，如图 5-11 所示。该风道通过房屋内布置管道的狭小空间。热空气进入风道时的温度为 103℃，经过距离 $L = 5\text{m}$ 的流动后，被冷却到 77℃。风道的外表面与温度为 0℃的环境冷空气之间对流换热，对流换热的表面传热系数 $h_0 = 6\text{W}/(\text{m}^2\cdot\text{K})$。试计算：(1) 整个长度 $L$ 上风道的散热损失是多少？(2) $x = L$ 处的局部热流密度以及风道的表面温度是多少？

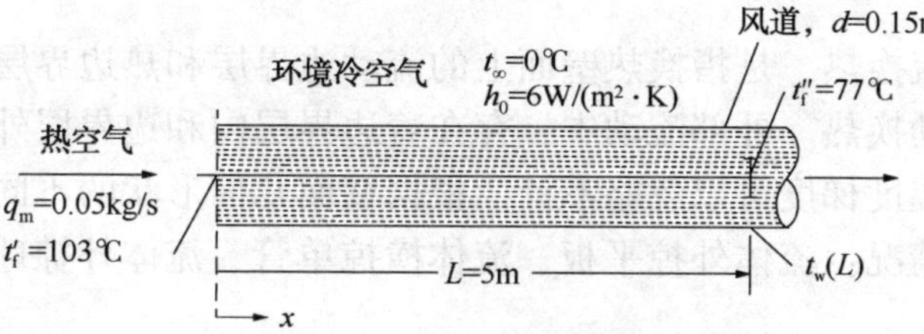


图 5-11　例题 5-5 示意图

**解**：本题属于热空气在风道内的强迫对流换热问题，假设流动是稳定的，忽略风道壁面的热阻。选取空气的整体温度为定性温度，即：$t_f = \frac{1}{2}(t_f' + t_f'') = \frac{1}{2}(103℃ + 77℃) = 90℃$。

查空气的物性量有：$c_p = 1009\text{J}/(\text{kg}\cdot\text{K})$。空气温度 $t_f'' = 77℃$时，有：$\lambda = 0.030\text{W}/(\text{m}\cdot\text{K})$，$\eta = 208\times10^{-7}\text{N}\cdot\text{s}/\text{m}^2$，$Pr = 0.70$。

（1）根据风道内的能量守恒，有：

$$Q = q_m c_p (t_f'' - t_f') = 0.05\text{kg/s}\times1009\text{J}/(\text{kg}\cdot\text{K})\times(103-77)℃ = 1312\text{W}$$

（2）对热量由风道内的热空气通过风道壁传递给环境冷空气的传热过程，在 $x = L$ 处有：

$$q_{x=L} = \frac{t_f'' - t_\infty}{\dfrac{1}{h_{x=L}} + \dfrac{1}{h_0}}$$

计算雷诺数为：

$$Re_L = \frac{ud}{\nu} = \frac{4q_m d\rho}{\pi d^2 \eta\rho} = \frac{4\times0.05\text{kg/s}}{3.14\times0.15\text{m}\times208\times10^{-7}\text{N}\cdot\text{s}/\text{m}^2} = 20415$$

可见流动为湍流，且 $L/d = 5\text{m}/0.15\text{m} = 33.3$，需进行短管修正，$c_l = 1 + \left(\frac{d}{L}\right)^{0.7} = 1 + \left(\frac{0.15}{5}\right)^{0.7} = 1.086$，选取管内湍流的迪图斯方程式，且空气被冷却，$n = 0.3$，有：

$$Nu_L = 0.023Re_L^{0.8}Pr_L^{0.3}c_l = 0.023\times20415^{0.8}\times0.70^{0.4}\times1.086 = 60.75$$

$$h_L = \frac{\lambda}{d}Nu_L = \frac{0.03\text{J}/(\text{m}\cdot\text{K})}{0.15\text{m}}\times60.75 = 12.15\text{W}/(\text{m}^2\cdot\text{K})$$

因此，$x = L$ 处的局部热流量为：

$$q_{x=L} = \frac{t_f'' - t_\infty}{\dfrac{1}{h_{x=L}} + \dfrac{1}{h_0}} = \frac{77℃ - 0℃}{\dfrac{1}{12.15\text{W}/(\text{m}^2\cdot\text{K})} + \dfrac{1}{6\text{W}/(\text{m}^2\cdot\text{K})}} = 309.27\text{W}/\text{m}^2$$

又由热阻回路，对风道内侧，有：

$$q_{x=L}=\frac{t_f''-t_w}{\dfrac{1}{h_{x=L}}}=\frac{77℃-t_w}{\dfrac{1}{12.15\text{W}/(\text{m}^2\cdot\text{K})}}=309.27\text{W}/\text{m}^2$$

因此表面温度为：

$$t_w=t_f''-\frac{1}{h_{x=L}}q_{x=L}=77℃-\frac{1}{12.15\text{W}/(\text{m}^2\cdot\text{K})}\times309.27\text{W}/\text{m}^2=51.55℃$$

## 第三节　外部强迫对流换热

所谓外部强迫对流换热，是指换热壁面上的流动边界层和热边界层能自由发展，不会受到周围壁面限制的流动换热。外部流动中，存在着边界层内和边界层外主流区两个区域。在主流区，速度梯度和温度梯度可以忽略不计。根据壁面几何形状的不同，工程上常见的外部强迫对流换热有四种情况：流体外掠平板、流体横掠单管、流体外掠球体以及流体横掠管束的强迫对流换热。

**1. 流体外掠平板的强迫对流换热**

（1）外掠平板对流换热的特点

1）层流边界层和湍流边界层

考察温度为 $t_\infty$、速度为 $u_\infty$ 的层流流体外掠平板流动，平板表面温度为 $t_w$。由于流体温度与平板温度不同，二者之间进行对流换热。从平板的前缘点开始，在平板表面形成边界层，如图 4-6 所示。在平板的前半部分，由于边界层很薄，扰动在边界层内发展不起来，流体流态仍为层流，形成层流边界层。随着边界层厚度增厚，扰动在边界层内逐渐发展起来，流态由层流过渡为湍流，形成湍流边界层。

2）局部表面传热系数的变化

沿平板表面，局部表面传热系数的变化规律如图 4-6 所示。在层流边界层内，热量传递主要依靠导热。其中，在平板的前缘点，边界层最薄，导热热阻最小，局部表面传热系数较大，后随着边界层的加厚，导热热阻增大，局部表面传热系数逐渐减小。在过渡区，随着流体扰动的加剧，对流换热方式的作用越来越大，局部表面传热系数逐渐增大。直至发展到湍流边界层时，局部表面传热系数达到最大值。在湍流边界层内，随着湍流边界层的急剧加厚，热阻不断增大，局部表面传热系数随之减小。

3）边界条件

流体外掠平板的换热有两种不同的边界条件：等壁温平板和常热流平板。由于边界条件不同，换热规律也不同。

（2）外掠平板换热的特征数关联式

1）层流换热

① 等壁温平板。对于流体沿等壁温平板的层流换热，理论分析已经相当充分，所得结论和实验结果非常吻合，特征数关联式为：

$$Nu_x=0.332Re_x^{1/2}Pr^{1/3}$$

$$Nu=0.664Re^{1/2}Pr^{1/3}$$

适用条件：$t_w=$常数，$0.5<Pr<1000$，$Re_x\leqslant5\times10^5$。

② 常热流平板。对于流体沿常热流平板的层流换热，特征数关联式为：

$$Nu_x = 0.453Re_x^{1/2}Pr^{1/3}$$

$$Nu = 0.680Re^{1/2}Pr^{1/3}$$

适用条件：$q_w$=常数，$0.5<Pr<1000$，$Re_x \leqslant 5\times10^5$。

流体外掠平板层流边界层的厚度 $\delta$ 可用下式计算：

$$\frac{\delta}{x} = 5.0Re_x^{-1/2}$$

如果从平板前缘点 $x=0$ 处开始换热，热边界层的厚度 $\delta_t$ 可用下式计算：

$$\frac{\delta_t}{\delta} = Pr^{-1/3}$$

该式的适用条件为：$0.6<Pr<15$。

层流边界层的局部摩擦系数 $c_{f,x}$ 的计算公式为：

$$c_{f,x} = 0.664Re_x^{-1/2}$$

平均摩擦系数 $c_f$ 的计算公式为：

$$c_f = 1.328Re^{-1/2}$$

2）湍流换热

① 等壁温平板。对于流体沿等壁温平板的湍流换热，特征数关联式为：

$$Nu_x = 0.0296Re_x^{4/5}Pr^{1/3} \tag{5-67}$$

适用条件：$t_w$=常数，$0.6<Pr<60$，$5\times10^5 \leqslant Re_x \leqslant 10^7$。

② 常热流平板。对于流体沿常热流平板的湍流换热，特征数关联式为：

$$Nu_x = 0.0308Re_x^{4/5}Pr^{1/3} \tag{5-68}$$

适用条件：$q_w$=常数，$0.6<Pr<60$，$5\times10^5<Re_x<10^7$。

对比式(5-67)与式(5-68)可见，对于湍流边界层，常热流平板比等壁温平板的局部努塞尔数高约4%。

流体外掠平板湍流边界层的厚度 $\delta$ 可用下式计算：

$$\frac{\delta}{x} = 0.37Re_x^{-1/5} \tag{5-69}$$

湍流边界层的局部摩擦系数 $c_{f,x}$ 的计算公式为：

$$c_{f,x} = 0.0592Re_x^{-1/5} \tag{5-70}$$

平均摩擦系数 $c_f$ 的计算公式为：

$$c_f = 0.074Re^{-1/5} \tag{5-71}$$

3）层流-湍流边界层

如果流体掠过等壁温平板时先形成层流边界层，再过渡到湍流边界层，则整个平板的平均表面传热系数可按下式计算：

$$Nu = (0.037Re^{4/5} - 871)Pr^{1/3} \tag{5-72}$$

适用条件：$t_w$=常数，$0.6<Pr<60$，$Re_c = 5\times10^5$，$Re_l<10^7$。

层流-湍流的平均摩擦系数 $c_f$ 的计算公式为：

$$c_f = 0.074Re_l^{-1/5} - 1.724Re_l^{-1} \tag{5-73}$$

适用条件：$0.6<Pr<60$，$Re_c = 5\times10^5$，$Re_l<10^7$。

对于流体外掠平板的强迫对流换热，牛顿冷却公式 $q=h(t_w-t_f)$ 中的 $t_f$ 为流体的主流温度，即边界层外的流体温度。特征数关联式中定性温度 $t_m$ 为平板壁面温度与流体主流温度的算术平均值，该温度也称为膜温度，即 $t_m=(t_w+t_f)/2$。

**2. 流体横掠单管的强迫对流换热**

所谓横掠单管，是指流体沿着垂直于管子轴线的方向流过管子表面。

(1) 横掠单管对流换热的特点

1) 脱体现象

由流体力学可知，当流体横掠单根圆管或圆柱体时，其流动状态取决于雷诺数 $Re=\dfrac{u_\infty D}{\nu}$ 的大小，如图 5-12 所示。

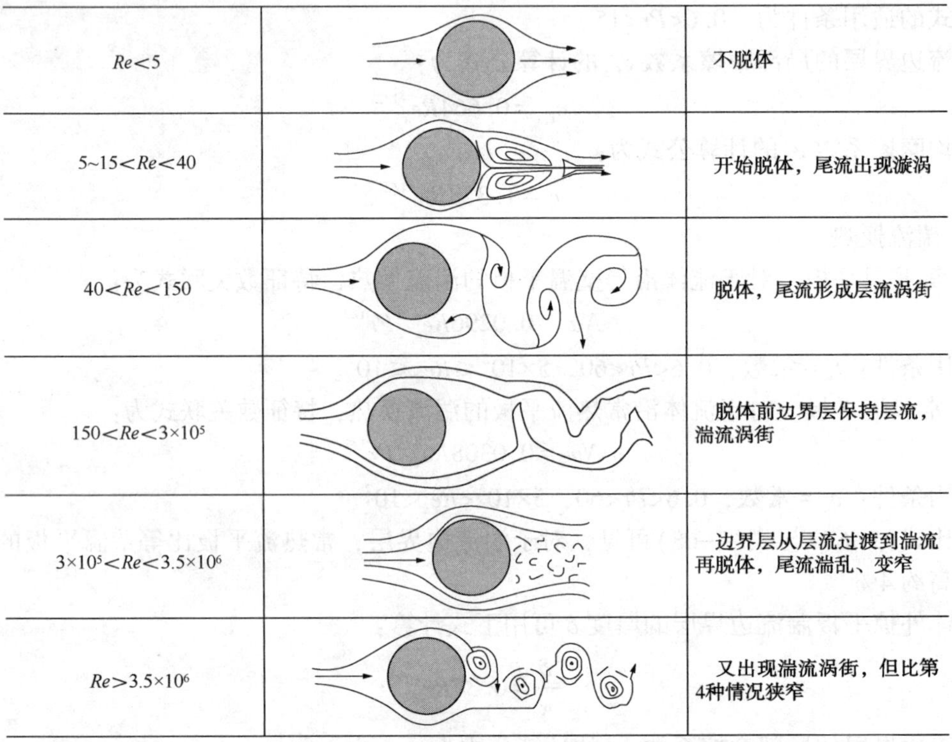


图 5-12　流体横掠单管时的流动状态

流体横掠单管时除了具有边界层的特征外，还会发生脱体绕流，而产生回流、漩涡和涡束。大量实验观察结果表明，如果 $Re<5$，则流体平滑、无分离地流过管子表面；如果 $Re>5$，则流体在绕流圆管时会发生边界层脱体现象，形成漩涡。这种脱体现象是黏性流体流过圆管时流速和压力的变化造成的。

现对脱体现象做定性分析。当流体流过圆管时，边界层之外的流体可看作理想流体。根据理想流体的伯努利方程 $p+\dfrac{\rho u_\infty}{2}=$常数，沿流动方向微分，可得 $\dfrac{\mathrm{d}p}{\mathrm{d}x}=-\rho u_\infty\dfrac{\mathrm{d}u_\infty}{\mathrm{d}x}$。

在圆管的前半部，由于沿流动方向流通截面减小，流速增加，压力降低，即 $\mathrm{d}u_\infty/\mathrm{d}x>0$，$\mathrm{d}p/\mathrm{d}x<0$，压力势能转变为动能；在圆管的后半部，由于流通截面增加，流速降低，压力增加，即 $\mathrm{d}u_\infty/\mathrm{d}x<0$，$\mathrm{d}p/\mathrm{d}x>0$，流体克服压力的增加向前流动，动能转变为压力势能。由于黏性力的作用，边界层内靠近壁面处流体的流速较低，动量不大。当其动量不足以克服压力的增加保持向前流动时，就会产生反方向的流动，形成漩涡，使边界层离开壁面，即发生所谓的脱体现象。这一转折点称为脱体绕流的脱体点，或称为分离点，记为脱体点 $O$，如图 5-13 所示。在脱体点 $O$ 处，$(\partial u/\partial y)_{y=0}=0$，脱体点的位置取决于 $Re$ 数的大小：

当 $Re<5$ 时，不出现脱体；

当 $5<Re<1.2\times10^5$ 时，边界层为层流，脱体点在 $\varphi\approx80^\circ\sim85^\circ$处；

当 $Re>1.2\times10^5$ 时，边界层先从层流转变为湍流，脱体点向后推移到 $\varphi\approx140^\circ$处。

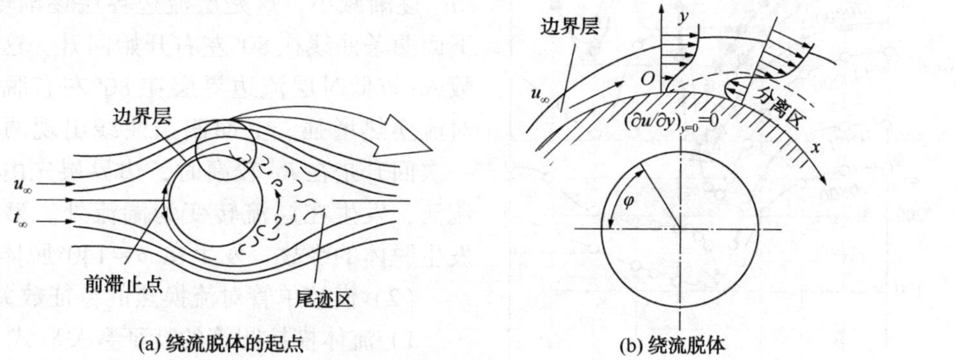


图 5-13　流体横掠单管边界层的分离

上述过程强烈地影响着作用在圆柱体上的阻力 $F_D$。这个阻力有两个分量，一个分量是由边界层表面切应力引起的摩擦阻力，而另一个分量是由于尾流的形成而导致在流动方向上的压力差引起的压力阻力。无量纲的阻力系数 $C_D$ 可定义为：

$$C_D=\frac{F_D}{A_f\left(\frac{\rho u_\infty^2}{2}\right)} \tag{5-74}$$

式中，$A_f$ 为圆柱体的迎风面积(垂直于来流速度的投影面积)。阻力系数 $C_D$ 为雷诺数的函数，它与雷诺数之间的关系如图 5-14 所示。当 $Re<5$ 时，可忽略边界层分离的影响，摩擦阻力起决定作用。但是随着雷诺数的增加，分离的影响变得更为重要。当 $Re>2\times10^5$ 时，阻力系数减少很多，这是由于边界层过渡，推迟了分离，因此缩小了尾流区域的范围，并减小了压力阻力的数值。

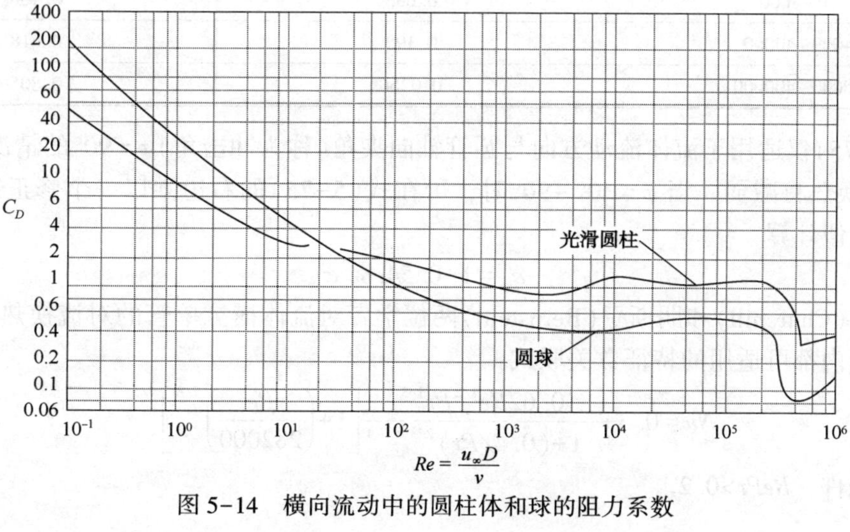


图 5-14　横向流动中的圆柱体和球的阻力系数

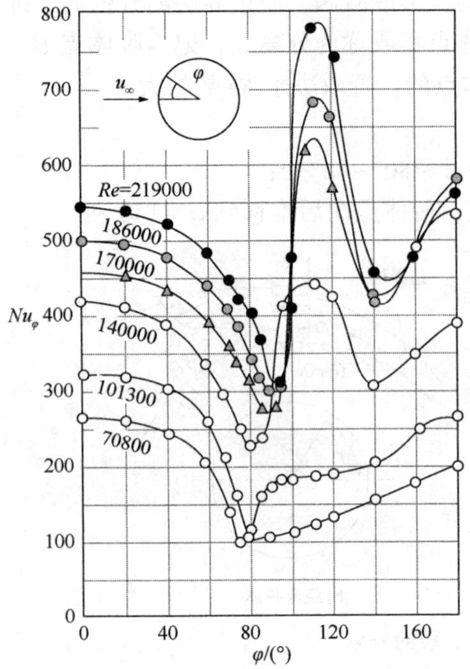


图 5-15　局部努塞尔数随角度的变化

2）沿圆管表面局部努塞尔数 $Nu_\varphi$ 的变化

流体沿圆管表面流动状态的变化规律决定了流体横掠圆管时对流换热的特点。图 5-15 所示为吉特(Giedt)所测得的流体横掠常热流圆管表面时局部努塞尔数 $Nu_\varphi = h_\varphi D/\lambda$ 随角度 $\varphi$ 的变化曲线。从图 5-15 可以看出，在 $0° \leq \varphi < 80° \sim 100°$ 范围内，$Nu_\varphi$ 逐渐减小，这是层流边界层逐渐增厚的缘故。下面两条曲线在 80°左右开始回升，这是由于雷诺数 $Re$ 较低时层流边界层在 80°左右脱体，扰动使对流换热增强。上面四条曲线出现两次回升，第一次回升是在 $Re$ 较高时，边界层先由层流过渡到湍流，发生在层流转变为湍流处。第二次回升是发生脱体的缘故，发生在 $\varphi \approx 140°$ 脱体处。

（2）横掠单管对流换热的特征数关联式

1）流体横掠圆管的特征数关联式

对于流体横掠圆管的对流换热，茹考思卡斯(A. A. Zukauskas)推荐使用下面特征数关联式：

$$Nu = CRe^n Pr^{1/3} \tag{5-75}$$

适用条件：$0.7 < Pr < 500$，$1 < Re < 10^6$。

式(5-75)中，常数 $C$ 和 $n$ 的数值列于表 5-4 中。定性温度选取来流温度和圆管壁面温度的算术平均值，即膜温度，$t_m = (t_w + t_\infty)/2$，特征长度为圆管外径 $D$，$Re$ 中的速度为来流速度 $u_\infty$。需要指出的是，式(5-75)是通过对空气进行实验研究，获得实验结果，并将实验结果推广到液体的。对空气，实验温度的验证范围为 $t_\infty = 15.5 \sim 980℃$，$t_w = 21 \sim 1046℃$。

**表 5-4　式(5-75)中常数 $C$ 和 $n$ 的数值**

| $Re$ | $C$ | $n$ |
|---|---|---|
| 0.4～4 | 0.989 | 0.330 |
| 4～40 | 0.911 | 0.385 |
| 40～4000 | 0.683 | 0.466 |
| 4000～40000 | 0.193 | 0.618 |
| 40000～400000 | 0.0266 | 0.805 |

式(5-75)仅适用于流体流动方向与圆管轴向夹角(称为冲击角)$\varphi = 90°$ 的情况。如果 $\varphi < 90°$，对流换热将减弱。当 $\varphi = 30° \sim 90°$ 时，可在式(5-75)的右边乘以一个修正系数 $\varepsilon_\varphi$，$\varepsilon_\varphi$ 可用下式近似计算：

$$\varepsilon_\varphi = 1 - 0.54\cos^2\varphi \tag{5-76}$$

丘吉尔(Churchill)和朋斯登(Bernstein)两位学者对流体横掠单管的对流换热，给出了整个实验范围内都可适用的特征数关联式：

$$Nu = 0.3 + \frac{0.62Re^{1/2}Pr^{1/3}}{\left[1 + (0.4/Pr)^{2/3}\right]^{1/4}}\left[1 + \left(\frac{Re}{282000}\right)^{5/8}\right]^{4/5} \tag{5-77}$$

适用条件：$RePr > 0.2$。

式(5-77)适用的物质有空气、水以及液态钠。定性温度选取流体来流温度和圆管壁面温度的算术平均值，$t_m=(t_w+t_\infty)/2$。

2）气体横掠非圆形截面柱体的特征数关联式

对于气体横掠非圆形截面柱体时的对流换热，特征数关联式仍可采用式(5-75)的形式，即：

$$Nu=CRe^nPr^{1/3}$$

式中，常数 $C$ 和 $n$ 的数值列于表 5-5 中。定性温度选取 $t_m=(t_w+t_\infty)/2$，对表 5-5 中几种非圆形截面柱体，特征尺寸 $D$ 如表中所示。

**表 5-5　气体横掠非圆形截面柱体换热时式(5-75)中常数 $C$ 和 $n$ 的数值**

| 项　目 | $Re$ | $C$ | $n$ |
|---|---|---|---|
| 正方形 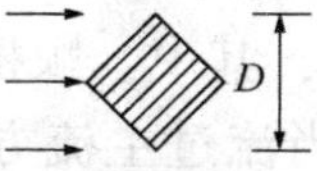  | $5\times10^3\sim10^5$ | 0.246 | 0.588 |
|   | $5\times10^3\sim10^5$ | 0.102 | 0.675 |
| 正六边形 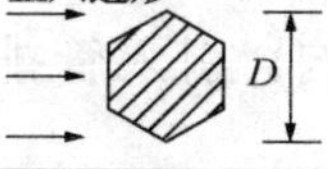  | $5\times10^3\sim1.95\times10^4$<br>$1.95\times10^4\sim10^5$ | 0.160<br>0.0385 | 0.638<br>0.782 |
|   | $5\times10^3\sim10^5$ | 0.153 | 0.638 |
| 竖直平板 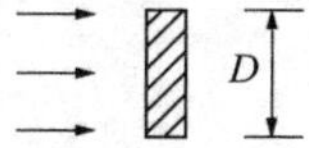  | $4\times10^3\sim1.5\times10^4$ | 0.228 | 0.731 |

### 3. 流体外掠球体的强迫对流换热

对流体外掠球体的强迫对流换热，在球体表面形成的边界层流动与流体横掠圆柱体时十分相似。边界层内流态的过渡和分离都起着重要的作用，其阻力系数 $C_D$ 可由图 5-14 查取。

当气体或液体外掠球体表面对流换热时，惠特克(Whitaker)给出了下面的特征数关联式：

$$Nu=2+(0.4Re^{1/2}+0.06Re^{2/3})Pr^{0.4}\left(\frac{\eta_\infty}{\eta_w}\right)^{1/4} \tag{5-78}$$

适用条件：$0.7<Pr<380$，$3.5<Re<8\times10^4$。定性温度为来流温度 $t_\infty$，特征长度为球体直径 $D$。

### 4. 流体横掠管束的强迫对流换热

（1）横掠管束对流换热的特点

工业上许多换热设备都是由多根管子组成的管束结构，一种流体在管内流动，另一种流体在管外横向掠过管束。

管束的排列方式通常有顺排和叉排两种，如图 5-16 所示。这两种排列方式各有优缺点：叉排管束中，流体在管间交替收缩和扩张的弯曲通道中流动；顺排管束中，流体在管间走廊通道中流动。因此，叉排对流体的扰动比顺排更剧烈，对流换热更强。但顺排

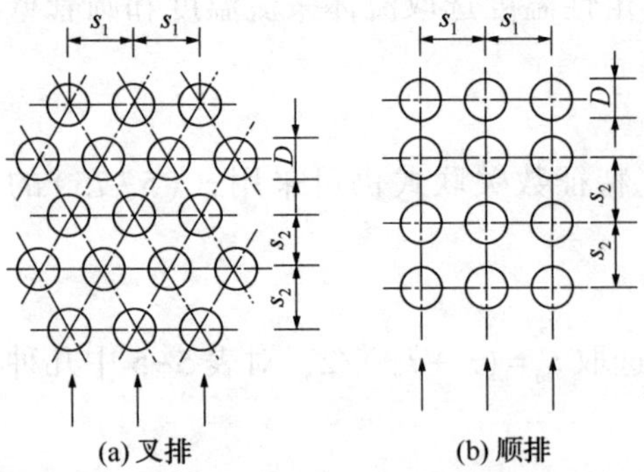

图 5-16　叉排与顺排管束

管束的流动阻力比叉排小，管束外表面的污垢比较容易清洗。由于管束中后排管的对流换热受到前排管尾流的影响，因此后排管的平均表面传热系数要大于前排，这种影响一般要延伸到 10 排以上。

当流体外掠管束时，影响管束换热的因素主要有：

① $Re$ 数、$Pr$ 数。由于在管束中沿主流方向流体的速度不断变化，通常选取管束中的最大速度，即最小截面的速度作为特征流速。

② 管束的排列方式以及管间距 $s_1$、$s_2$ 的大小。尤其是在叉排管束中，管间距 $s_1$、$s_2$ 大小的不同会导致最大速度的截面位置不同。

③ 管排数 $n$。流体沿着主流方向流过每一排或每两排管子时，其中，顺排流过每一排管子，叉排流过每两排管子，流体的流动不断地周期性重复。当流过主流方向的管排数达到一定数目时，流动与换热将进入周期性的充分发展阶段。在周期性充分发展阶段，每排管子的平均表面传热系数将保持为常数。实验研究指出，此时的管排数通常大于等于 16 排。在进行实验研究时，通常先确定表面传热系数大小与管排数无关时，即周期性充分发展阶段的特征数关联式；然后再考虑管排数减小时的影响，引入管排数减小时的修正系数。

（2）横掠管束对流换热的特征数关联式

对于流体横掠管束的对流换热，茹考思卡斯汇集了大量实验数据，总结出计算管束对流换热的特征数关联式：

$$Nu_f = CRe_f^m Pr_f^{0.36}\left(\frac{Pr_f}{Pr_w}\right)^{0.25}\varepsilon_n \tag{5-79}$$

适用条件：$0.7<Pr_f<500$，$1<Re_f<2\times10^6$。

式(5-79)中，除 $Pr_w$ 采用管束平均壁面温度 $t_w$ 下的数值外，其他物性参数的定性温度为管束进、出口流体的平均温度 $t_f$。$Re_f$ 中的流速采用管束最窄流通截面处的最大流速。如图 5-16 所示，对顺排和叉排两种布置，最大速度分别为：

顺排：

$$u_{max} = \frac{s_1}{s_1 - D}u_f \tag{5-80}$$

叉排：

$$\sqrt{s_2^2+\left(\frac{s_1}{2}\right)^2}-D>\frac{s_1-D}{2},\qquad u_{max}=\frac{s_1}{s_1-D}u_f \tag{5-81}$$

$$\sqrt{s_2^2+\left(\frac{s_1}{2}\right)^2}-D<\frac{s_1-D}{2},\qquad u_{max}=\frac{s_1}{2\left[\sqrt{s_2^2+\left(\frac{s_1}{2}\right)^2}-D\right]}u_f \tag{5-82}$$

式(5-79)中，常数 $C$ 和 $m$ 的数值列于表 5-6 中。$\varepsilon_n$ 为管排数的修正系数，其数值列于表 5-7中。

**表 5-6 关联式(5-79)中的常数 $C$ 和 $m$ 的数值**

| 管束的排列方式 | $Re_f$ | $C$ | $m$ |
|---|---|---|---|
| 顺排 | $1\sim10^2$ | 0.9 | 0.4 |
| | $10^2\sim10^3$ | 0.52 | 0.5 |
| | $10^3\sim2\times10^5$ | 0.27 | 0.63 |
| | $2\times10^5\sim2\times10^6$ | 0.033 | 0.8 |
| 叉排 | $1\sim5\times10^2$ | 1.04 | 0.4 |
| | $5\times10^2\sim10^3$ | 0.71 | 0.5 |
| | $10^3\sim2\times10^5$ | | |
| | $\frac{s_1}{s_2}\leqslant2$ | $0.35\left(\frac{s_1}{s_2}\right)^{0.2}$ | 0.6 |
| | $\frac{s_1}{s_2}>2$ | 0.4 | 0.6 |
| | $2\times10^5\sim2\times10^6$ | $0.031\left(\frac{s_1}{s_2}\right)^{0.2}$ | 0.8 |

**表 5-7 关联式(5-79)中的管排修正系数 $\varepsilon_n$**

| 管束的排列方式 | 管排数 $n$ | | | | | | | | | | |
|---|---|---|---|---|---|---|---|---|---|---|---|
| | 1 | 2 | 3 | 4 | 5 | 7 | 9 | 10 | 13 | 15 | ≥16 |
| 顺排 | | | | | | | | | | | |
| $Re_f>10^3$ | 0.7 | 0.80 | 0.865 | 0.91 | 0.928 | 0.954 | 0.972 | 0.978 | 0.99 | 0.994 | 1.0 |
| 叉排 | | | | | | | | | | | |
| $10^2<Re_f<10^3$ | 0.832 | 0.874 | 0.914 | 0.939 | 0.955 | 0.97 | 0.98 | 0.984 | 0.993 | 0.999 | 1.0 |
| $Re_f>10^3$ | 0.619 | 0.758 | 0.84 | 0.897 | 0.923 | 0.954 | 0.971 | 0.977 | 0.99 | 0.997 | 1.0 |

式(5-79)仅适用于流体流动方向与管束垂直，即冲击角 $\psi=90°$ 的情况。如果 $\psi<90°$，对流换热将减弱，此时可在式(5-79)的右边乘以一个修正系数 $\varepsilon_\psi$ 来计算管束的平均表面传热系数。修正系数 $\varepsilon_\psi$ 随冲击角的变化曲线如图 5-17 所示。

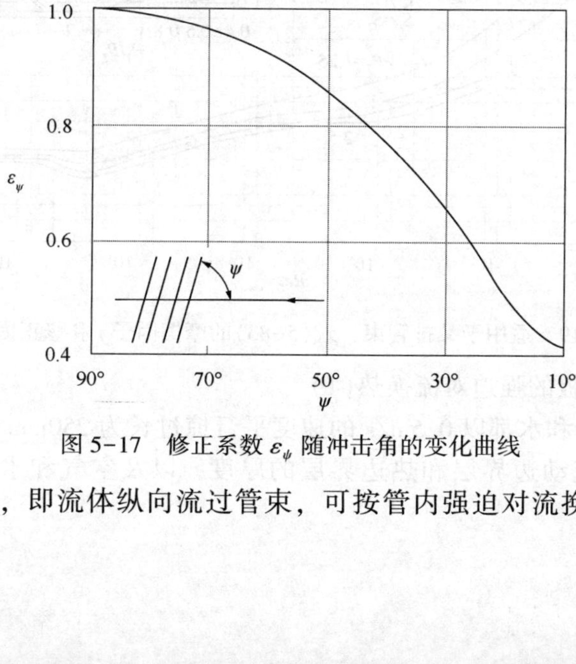


图 5-17 修正系数 $\varepsilon_\psi$ 随冲击角的变化曲线

如果冲击角 $\psi=0°$，即流体纵向流过管束，可按管内强迫对流换热的特征数关联式计算，特征长度取管束间流通截面的当量直径 $d_e$。

工程中，对横掠管束的流动，除了关注表面传热系数和换热量外，对流体掠过管束的压力降也同样关注。因为流体横掠管束所需要的动力常常是系统的主要运行费用，它和压力降成正比。茹考思卡斯通过研究，给出计算压力降的公式为：

$$\Delta p = nxf\left(\frac{\rho u_{max}^2}{2}\right) \tag{5-83}$$

式中，$n$ 为管排数，$x$ 为修正因子，$f$ 为摩擦因子，$f$ 与 $x$ 的值可由图 5-18、图 5-19 查取。图 5-18 适用于顺排管束，其中 $P_L = s_L/D$、$P_T = s_T/D$ 分别为无量纲纵向间距、横向间距。图 5-19 适用于等腰三角形形式的叉排管束（$s_L = s_T$），利用修正因子还可推广到其他叉排结构。此外还需指出，图 5-18、图 5-19 中的雷诺数采用的仍是最大流体速度。

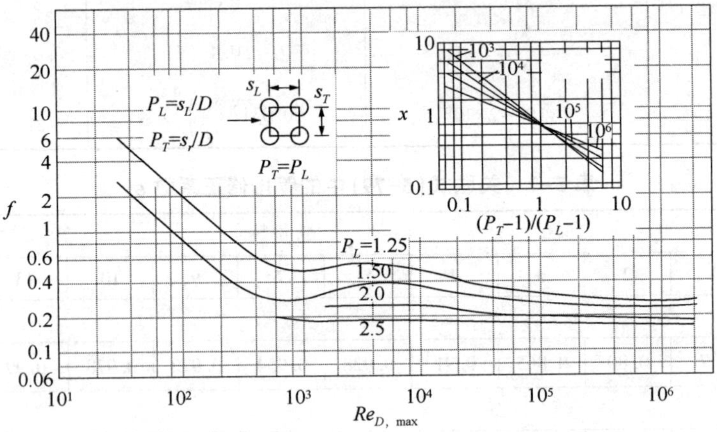


图 5-18　适用于顺排管束，式（5-83）的摩擦因子 $f$ 和修正因子 $x$

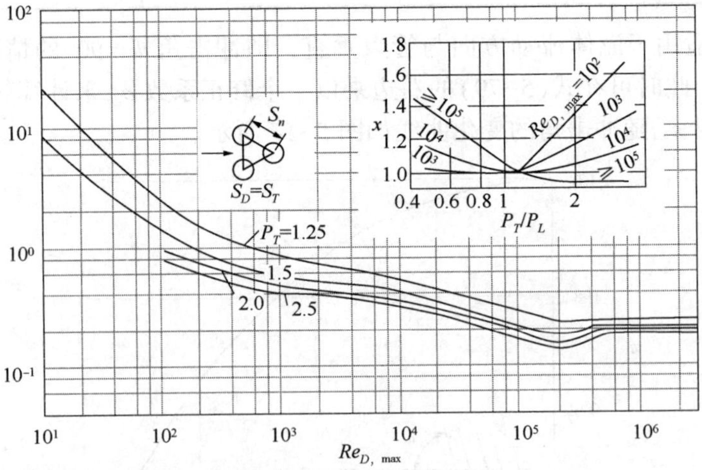


图 5-19　适用于叉排管束，式（5-83）的摩擦因子 $f$ 和修正因子 $x$

**例题 5-6**　外掠平板的强迫对流换热（1）

温度为 30℃ 的空气和水都以 0.5m/s 的速度平行掠过长为 250mm、温度为 50℃ 的平板。试分别求出平板末端流动边界层和热边界层的厚度，以及空气和水与单位宽度平板的换热量。

**解**：本问题为流体外掠平板的强迫对流换热问题。

无论对空气还是水，定性温度 $t_m$ 都为：$t_m=\frac{1}{2}(t_w+t_\infty)=\frac{1}{2}(50℃+30℃)=40℃$。

（1）对于空气：

40℃时空气的物性参数为：$\nu=16.96\times10^{-6}m^2/s$，$\lambda=2.76\times10^{-2}W/(m\cdot K)$，$Pr=0.699$。

在平板末端(距离平板前缘点 250mm 处)的雷诺数为：

$$Re=\frac{ul}{\nu}=\frac{0.5m/s\times0.25m}{16.96\times10^{-6}m^2/s}=7.37\times10^3$$

则边界层内流动为层流，由式(4-45)，平板末端流动边界层厚度为：

$$\delta=5.0x\cdot Re^{-1/2}=5.0\times0.25m\times(7.37\times10^3)^{-1/2}=0.0146m=14.6mm$$

由式(4-48)，热边界层厚度为：

$$\delta_t=\delta Pr^{-1/3}=0.0146m\times0.699^{-1/3}=16.4mm$$

可见，空气的热边界层比流动边界层厚。

对整个等壁温平板，空气层流强迫对流换热的特征数关联式为：

$$Nu=0.664Re^{1/2}Pr^{1/3}=0.664\times(7.37\times10^3)^{1/2}\times0.699^{1/3}=50.6$$

$$h=\frac{\lambda}{l}Nu=\frac{2.76\times10^{-2}W/(m\cdot K)}{0.25m}\times50.6=5.6W/(m^2\cdot K)$$

空气与单位宽度平板的换热量为：

$$\Phi=Ah(t_w-t_\infty)=1m\times0.25m\times5.6W/(m^2\cdot K)\times(50-30)K=28W$$

（2）对于水：

40℃时水的物性参数为：$\nu=0.659\times10^{-6}m^2/s$，$\lambda=0.635W/(m\cdot K)$，$Pr=4.31$。

在平板末端(距离平板前缘点 250mm 处)的雷诺数为：

$$Re=\frac{ul}{\nu}=\frac{0.5m/s\times0.25m}{0.659\times10^{-6}m^2/s}=1.9\times10^5$$

则边界层内流动为层流，由式(4-45)，流动边界层厚度为：

$$\delta=5.0x\cdot Re^{-1/2}=5.0\times0.25m\times(1.9\times10^5)^{-1/2}=0.0029m=2.9mm$$

由式(4-48)，热边界层厚度为：

$$\delta_t=\delta Pr^{-1/3}=0.0029m\times4.31^{-1/3}=1.8mm$$

可见，在同样温度及流动条件下，水的流动边界层比空气薄。

对整个等壁温平板，水层流强迫对流换热的特征数关联式为：

$$Nu=0.664Re^{1/2}Pr^{1/3}=0.664\times(1.9\times10^5)^{1/2}\times4.31^{1/3}=471$$

$$h=\frac{\lambda}{l}Nu=\frac{0.635W/(m\cdot K)}{0.25m}\times471=1196W/(m^2\cdot K)$$

水与单位宽度平板的换热量为：

$$\Phi=Ah(t_w-t_\infty)=1m\times0.25m\times1196W/(m^2\cdot K)\times(50-30)K=5980W$$

总结：由以上计算结果可见，在同样的温度和流动条件下：①水的流动边界层比空气薄，水的热边界层也比空气薄；②水的表面传热系数远远大于空气的表面传热系数；③水的换热能力远远高于空气的换热能力。

**例题 5-7** 外掠平板的强迫对流换热(2)

为使长度为 1m、宽度为 0.4m 的平板表面保持均匀温度 $t_w=220℃$，沿平板长度方向布置20个分别单独控制的条状电加热器，如图5-20所示。已知每个电加热器的宽度为50mm。如果温度为20℃的空气以50m/s的速度流过平板，流过哪个电加热器的功率最大？其值是多少？

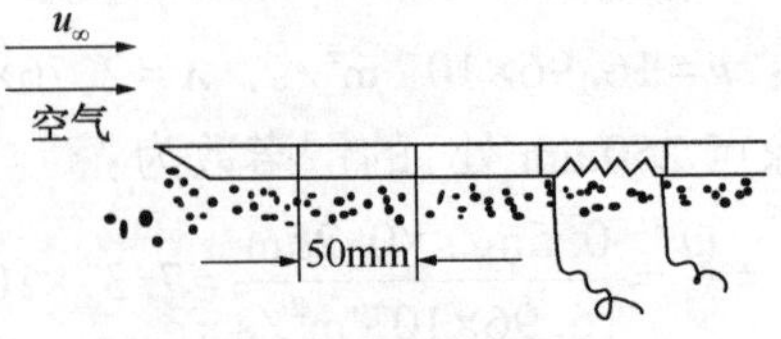


图5-20　例题5-7示意图

**解**：本问题为空气外掠等壁温平板的对流换热问题。

定性温度 $t_m = \dfrac{1}{2}(t_w + t_f) = \dfrac{1}{2}(220℃ + 20℃) = 120℃$。

由附表2，查120℃时空气的热物性量，有：$\nu = 25.45\times10^{-6}\text{m}^2/\text{s}$，$\lambda = 3.34\times10^{-2}\text{W}/(\text{m}\cdot\text{K})$，$Pr = 0.686$。

由临界雷诺数 $Re_c = 5\times10^5$，确定临界长度为：

$$l = \frac{\nu}{u_\infty}Re_c = \frac{25.45\times10^{-6}\text{m}^2/\text{s}\times0.25\text{m}}{50\text{m/s}}\times5\times10^5 = 0.255\text{m}$$

已知每个电加热器的长度为50mm，可知流体流过第6个电加热器时，边界层由层流边界层过渡为湍流边界层。

分析：在平均表面传热系数最大的区段，散热量最大，因而电加热器的电功率也最大。可能有三种情况：①电加热器1处，因为其位于平板前缘处，平板前缘处层流边界层内的局部表面传热系数最大；②电加热器6处，该处流态由层流转变为湍流，湍流边界层内局部表面传热系数最大；③电加热器7处，该区段全部位于湍流边界层。

由于平板表面维持恒定温度，根据能量守恒定律，每个电加热器的电功率等于其表面的散热量。需要注意的是，假设平板底面绝热，且忽略辐射换热作用。

对电加热器1，有：

$$Q_1 = h_1A_1(t_w - t_f)$$

$$Re_1 = \frac{u_\infty L_1}{\nu} = \frac{50\text{m/s}\times0.05\text{m}}{25.45\times10^{-6}\text{m}^2/\text{s}} = 9.82\times10^4 < 5\times10^5$$

由式(4-53)，电加热器1表面的平均表面传热系数 $h_1$ 为：

$$h_1 = 0.664\frac{\lambda}{L_1}Re^{\frac{1}{2}}Pr^{\frac{1}{3}} = 0.664\times\frac{3.34\times10^{-2}\text{W}/(\text{m}\cdot\text{K})}{0.05\text{m}}(9.82\times10^4)^{\frac{1}{2}}(0.686)^{\frac{1}{3}} = 123\text{W}/(\text{m}^2\cdot\text{K})$$

电加热器1的电功率为：

$$Q_1 = h_1A_1(t_w - t_f) = 123\text{W}/(\text{m}^2\cdot\text{K})\times0.4\text{m}\times0.05\text{m}\times(220-20)\text{K} = 490.35\text{W}$$

对电加热器6，其电功率为前6个电加热器的总散热量减去前5个电加热器的总散热量，即：

$$Q_6 = h_{1-6}A_{1-6}(t_w - t_f) - h_{1-5}A_{1-5}(t_w - t_f)$$

其中，前5个电加热器全部位于层流边界层区段，由式(4-53)，平均表面传热系数 $h_{1-5}$ 为：

$$h_{1-5} = 0.664\frac{\lambda}{L_{1-5}}Re^{\frac{1}{2}}Pr^{\frac{1}{3}} = 0.664\times\frac{3.34\times10^{-2}\text{W}/(\text{m}\cdot\text{K})}{5\times0.05\text{m}}(5\times9.82\times10^4)^{\frac{1}{2}}(0.686)^{\frac{1}{3}}$$

$=54.8\text{W}/(\text{m}^2\cdot\text{K})$

由于在第 6 个电加热器处，边界层由层流边界层转变为湍流边界层，由式(5-72)，平均表面传热系数 $h_{1-6}$ 为：

$$h_{1-6}=\frac{\lambda}{L_{1-6}}(0.037Re^{\frac{4}{5}}-871)Pr^{\frac{1}{3}}=\frac{3.34\times10^{-2}\text{W}/(\text{m}\cdot\text{K})}{6\times0.05\text{m}}\times[0.037\times(6\times9.82\times10^4)^{\frac{4}{5}}-871](0.686)^{\frac{1}{3}}$$

$=64.6\text{W}/(\text{m}^2\cdot\text{K})$

因此，电加热器 6 的电功率为：

$$\begin{aligned}Q_6&=h_{1-6}A_{1-6}(t_w-t_f)-h_{1-5}A_{1-5}(t_w-t_f)\\&=[64.6\text{W}/(\text{m}^2\cdot\text{K})\times0.4\text{m}\times6\times0.05\text{m}-54.8\text{W}/(\text{m}^2\cdot\text{K})\times0.4\text{m}\times5\times0.05\text{m}]\times(220-20)\text{K}\\&=454\text{W}\end{aligned}$$

对电加热器 7，其电功率为前 7 个电加热器的总散热量减去前 6 个电加热器的总散热量，即：

$$Q_7=h_{1-7}A_{1-7}(t_w-t_f)-h_{1-6}A_{1-6}(t_w-t_f)$$

其中，前 7 个电加热器的平均表面传热系数 $h_{1-7}$ 为：

$$h_{1-7}=\frac{\lambda}{L_{1-7}}(0.037Re^{\frac{4}{5}}-871)Pr^{\frac{1}{3}}=\frac{3.34\times10^{-2}\text{W}/(\text{m}\cdot\text{K})}{7\times0.05\text{m}}\times[0.037\times(7\times9.82\times10^4)^{\frac{4}{5}}-871](0.686)^{\frac{1}{3}}$$

$=72.3\text{W}/(\text{m}^2\cdot\text{K})$

因此，电加热器 7 的电功率为：

$$\begin{aligned}Q_7&=h_{1-7}A_{1-7}(t_w-t_f)-h_{1-6}A_{1-6}(t_w-t_f)\\&=[72.3\text{W}/(\text{m}^2\cdot\text{K})\times0.4\text{m}\times7\times0.05\text{m}-64.6\text{W}/(\text{m}^2\cdot\text{K})\times0.4\text{m}\times6\times0.05\text{m}]\times(220-20)\text{K}\\&=474\text{W}\end{aligned}$$

对比可得 $Q_1>Q_7>Q_6$，因此电加热器 1 的电功率最大，$Q_1=492\text{W}$。

**例题 5-8** 横掠单管的强迫对流换热(1)

在低速风洞中用电加热圆管的方法进行空气横掠水平放置圆管的对流换热实验。实验圆管放置于风洞的两个侧壁上，暴露在空气中的部分长度为 100mm，外径为 12mm。实验测得来流温度 $t_\infty=15℃$，换热表面平均温度 $t_w=125℃$，功率 $P=40.5\text{W}$。由于换热管表面的辐射及换热管两端通过风洞侧壁的导热，估计有 15%的功率损失掉。试计算此时对流换热的表面传热系数。

**解**：按照牛顿冷却公式计算整个换热管的平均表面传热系数，由：

$$\Phi=hA(t_w-t_\infty)$$

有：

$$h=\frac{\Phi}{A(t_w-t_\infty)}=\frac{0.85\times40.5\text{W}}{\pi\times0.012\text{m}\times0.1\text{m}\times(125℃-15℃)}=83.1\text{W}/(\text{m}^2\cdot\text{K})$$

总结：为了提高表面传热系数测定的精确度，在本实验中，应尽量降低换热管的辐射换热以及圆管两端的导热损失。为了减少辐射换热，可在换热管表面镀铬，使表面发射率下降到 0.1~0.05。为了减少两端的导热损失，在换热管穿过风洞壁面处应采用绝热材料隔开。

**例题 5-9** 横掠单管的强迫对流换热(2)

已知一圆管外径 $D=20\text{mm}$，管外壁温度 $t_w=50℃$，水横向流过圆管，水流速度 $u=1.5\text{m/s}$，水流温度 $t_f=20℃$。试求：(1)水横向流过圆管时的平均表面传热系数是多少？(2)水流过圆管单位管长的对流换热量是多少？

**解**：本题为水横掠圆管的强迫对流换热问题。

定性温度选取膜温度，为：$t_m=\frac{1}{2}(t_w+t_f)=\frac{1}{2}(50℃+20℃)=35℃$。

查水的物性量表，有 $c_p=4174\text{J}/(\text{kg}\cdot\text{K})$，$\nu=0.732\times10^{-6}\text{m}^2/\text{s}$，$\lambda=62.65\times10^{-2}\text{W}/(\text{m}\cdot\text{K})$，$Pr=4.865$。

计算雷诺数：

$$Re=\frac{uD}{\nu}=\frac{1.5\text{m/s}\times0.02\text{m}}{0.732\times10^{-6}\text{m}^2/\text{s}}=40983.6$$

查表 5-4，可得 $C=0.0266$，$n=0.805$。因此，水横掠圆管的特征数关联式为：

$$Nu=0.0266Re^{0.805}Pr^{1/3}=0.0266(40983.6)^{0.805}(4.865)^{1/3}=232.84$$

(1) 水横向流过圆管时的平均表面传热系数为：

$$h=\frac{\lambda}{D}Nu=\frac{62.65\times10^{-2}\text{W}/(\text{m}\cdot\text{K})}{0.02\text{m}}\times232.84=7293.71\text{W}/(\text{m}^2\cdot\text{K})$$

(2) 水流过圆管单位管长的对流换热量为：

$$\Phi=hA(t_w-t_f)=h\pi Dl(t_w-t_f)$$
$$=7293.71\text{W}/(\text{m}^2\cdot\text{K})\times\pi\times0.02\text{m}\times1\text{m}\times(50℃-20℃)=13741.35\text{W}$$

**例题 5-10** 横掠圆球的强迫对流换热

直径为 10mm 的铜球表面上的装饰用塑料薄膜在温度为 75℃ 的烘箱内塑化。铜球被从烘箱内取出后，被压力为 1atm、温度为 23℃、速度为 10m/s 的空气吹过其表面。试估算使铜球冷却到 35℃时需要多长时间？

**解：**本题为空气横掠圆球的强迫对流换热问题。

选取空气的来流温度为定性温度，即 $t_\infty=23℃$。查空气的物性量表，有：$\eta=18.25\times10^{-6}\text{N}\cdot\text{s/m}^2$，$\nu=15.342\times10^{-6}\text{m}^2/\text{s}$，$\lambda=2.614\times10^{-2}\text{W}/(\text{m}\cdot\text{K})$，$Pr=0.7024$。当 $t_\infty=55℃$，有：$\eta_w=19.85\times10^{-6}\text{N}\cdot\text{s/m}^2$。

计算铜的平均温度：$t_w=\frac{1}{2}(t_{w1}+t_{w2})=\frac{1}{2}(75℃+35℃)=55℃$。

查铜的物性量表，有：$\rho=8933\text{kg/m}^3$，$c_p=387\text{J}/(\text{kg}\cdot\text{K})$，$\lambda=399\text{W}/(\text{m}\cdot\text{K})$。

计算雷诺数：

$$Re=\frac{uD}{\nu}=\frac{10\text{m/s}\times0.01\text{m}}{15.342\times10^{-6}\text{m}^2/\text{s}}=6518.06$$

选取横掠球体的特征数关联式为：

$$Nu=2+(0.4Re^{1/2}+0.06Re^{2/3})Pr^{0.4}\left(\frac{\eta_\infty}{\eta_w}\right)^{1/4}$$
$$=2+[0.4\times(6518.06)^{1/2}+0.06\times(6518.06)^{2/3}]\times(0.7024)^{0.4}\times\left(\frac{18.36\times10^{-6}}{19.85\times10^{-6}}\right)^{1/4}$$
$$=46.74$$

因此，表面传热系数为：

$$h=\frac{\lambda}{D}Nu=\frac{2.614\times10^{-2}\text{W}/(\text{m}\cdot\text{K})}{0.01\text{m}}\times46.74=122.18\text{W}/(\text{m}^2\cdot\text{K})$$

计算铜球的毕渥数：

$$Bi=\frac{hD}{\lambda}=\frac{122.18\text{W}/(\text{m}^2\cdot\text{K})\times0.01/6\text{m}}{399\text{W}/(\text{m}\cdot\text{K})}=5.1\times10^{-4}<0.0333$$

可见，铜球的导热满足集总参数法，其温度分布为：$\dfrac{\theta}{\theta_0}=e^{-\frac{h}{\rho c_p (D/6)}\tau}$，由此可得铜球的冷却时间为：

$$\tau=-\frac{\rho c_p\times\frac{D}{6}}{h}\ln\frac{\theta}{\theta_0}=-\frac{\rho c_p\times\frac{D}{6}}{h}\ln\frac{t-t_\infty}{t_0-t_\infty}=-\frac{8933\text{kg/m}^3\times 387\text{J/(kg}\cdot\text{K)}\times\frac{0.01\text{m}}{6}}{122.18\text{W/(m}\cdot\text{K)}}\ln\frac{35-23}{75-23}=69.15\text{s}$$

**例题 5-11** 横掠管束的强迫对流换热(1)

在一台锅炉中，烟气横掠 4 排管子组成的顺排管束。已知管外径 $D=60\text{mm}$，$s_1/D=2$，$s_2/D=2$，烟气平均温度 $t_f=600℃$，管壁温度 $t_w=120℃$，烟气通道最窄处平均流速 $u=8\text{m/s}$。试求管束平均表面传热系数。

**解**：本题为烟气横掠管束的强迫对流换热问题。

以烟气平均温度 $t_f=600℃$ 为定性温度，查烟气的物性量表(附表 7)，有：$\nu=93.61\times10^{-6}\text{m}^2/\text{s}$，$\lambda=7.42\times10^{-2}\text{W/(m}\cdot\text{K)}$，$Pr_f=0.62$，$t_2=120℃$时 $Pr_w=0.686$。

计算雷诺数：

$$Re_f=\frac{uD}{\nu}=\frac{8\text{m/s}\times0.06\text{m}}{93.61\times10^{-6}\text{m}^2/\text{s}}=5127.66$$

由顺排管束、$Re$ 数值、管排数 4 排、修正系数 $\varepsilon_n=0.91$，查表 5-6，得特征数关联式为：

$$Nu_f=0.27Re_f^{0.63}Pr_f^{0.36}(Pr_f/Pr_w)^{0.25}\varepsilon_n$$
$$=0.27\times(5127.66)^{0.63}\times(0.62)^{0.36}\times(0.62/0.686)^{0.25}\times0.91=43.85$$
$$h=\frac{\lambda}{D}Nu_f=\frac{7.42\times10^{-2}\text{W/(m}\cdot\text{K)}}{0.06\text{m}}\times43.85=54.23\text{W/(m}^2\cdot\text{K)}$$

**例题 5-12** 横掠管束的强迫对流换热(2)

空气横掠一光滑管束的空气换热器。已知管束有 22 排，每排 24 根管子；管子外径为 25mm，管长为 1.2m；

管束叉排布置，管子间距 $s_1=50\text{mm}$，$s_2=38\text{mm}$；管壁温度为 100℃；空气最大流速 $u_{max}=6\text{m/s}$，平均温度为 30℃。试求：空气横掠管束换热的平均表面传热系数和对流换热量。

**解**：本题为空气横掠管束的强迫对流换热问题。

定性温度选取空气的平均温度 $t_f=30℃$，查空气的物性量表，有：$\nu=16.0\times10^{-6}\text{m}^2/\text{s}$，$\lambda=0.0267\text{W/(m}\cdot\text{K)}$，$Pr=0.701$。

计算雷诺数：

$$Re_f=\frac{u_{max}D}{\nu}=\frac{6\text{m/s}\times0.025\text{m}}{16.0\times10^{-6}\text{m}^2/\text{s}}=9372$$

根据叉排布置，$Re$ 数值，$s_1/s_2=1.32<2$，管排数 22 排>16 排，查表 5-6，得特征数方程式为：

$$Nu_f=0.35\left(\frac{s_1}{s_2}\right)^{0.2}Re_f^{0.6}Pr_f^{0.36}\left(\frac{Pr_f}{Pr_w}\right)^{0.25}=0.35\times(1.32)^{0.2}\times(9372)^{0.6}\times(0.701)^{0.36}=78.67$$

$$h=\frac{\lambda}{D}Nu_f=\frac{0.0267\text{W/(m}\cdot\text{K)}}{0.025\text{m}}\times78.68=84.02\text{W/(m}^2\cdot\text{K)}$$

空气横掠管束的对流换热量为：

$$\Phi = hA(t_w - t_f) = hNn\pi Dl(t_w - t_f)$$
$$= 84.02\text{W/(m}^2\cdot\text{K)}\times 22\times 24\times\pi\times 0.025\text{m}\times 1.2\text{m}\times(100℃-30℃) = 292.6\text{kW}$$

**例题 5-13** 横掠管束的强迫对流换热(3)

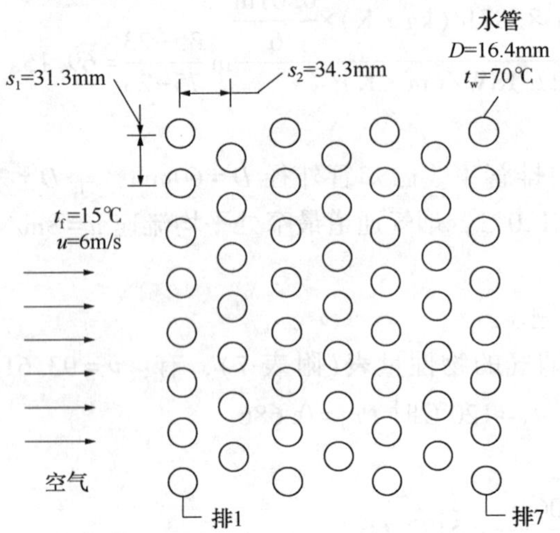


图 5-21 例题 5-13 示意图

常常有处于高温的加压水，用于室内取暖或工业过程中加热空气。该过程采用管束换热，使水在管内流动，而空气横向流过管束。管束采用叉排布置，管子外径为 16.4mm，纵向和横向的间距分别是 $s_2 = 34.3$mm，$s_1 = 31.3$mm。在空气流动方向上有 7 排管子，如图 5-21 所示。在有代表性的运行条件下，管子表面温度为 70℃，空气的平均温度为 15℃，来流速度为 6m/s。试计算：(1)空气侧对流换热的表面传热系数是多少？(2)通过管束的压降是多少？

**解：**(1)本问题为空气横掠叉排管束的强迫对流换热问题。

选取空气的平均温度 $t_f = 15℃$ 为定性温度，查空气的物性量表，有：$\rho = 1.217\text{kg/m}^3$，$\nu = 14.82\times10^{-6}\text{m}^2/\text{s}$，$\lambda = 0.0253\text{W/(m}\cdot\text{K)}$，$Pr = 0.704$。当空气温度 $t_w = 70℃$ 时，有：$Pr = 0.694$。

确定流动过程中的最大速度，因为 $s_D = [s_2^2 + (s_1/2)^2]^{1/2} = 37.7\text{mm} > (s_1 - D)/2 = 23.86\text{mm}$，所以最大速度发生在图中横向平面 $A_1$ 上，最大速度 $u_{max}$ 为：

$$u_{max} = \frac{s_1}{s_1 - D}u = \frac{31.3\text{mm}}{31.3\text{mm} - 16.4\text{mm}}\times 6\text{m/s} = 12.6\text{m/s}$$

计算雷诺数：

$$Re_f = \frac{u_{max}D}{\nu} = \frac{12.6\text{m/s}\times 0.0164\text{m}}{14.82\times10^{-6}\text{m}^2/\text{s}} = 13943$$

根据叉排布置，$Re$ 数值，$s_1/s_2 = 0.913 < 2$，$m = 0.60$，管排数 7 排，修正系数 $\varepsilon_n = 0.954$，查表 5-6，得特征数关联式为：

$$Nu_f = 0.35\left(\frac{s_1}{s_2}\right)^{0.2} Re_f^{0.6} Pr_f^{0.36}\left(\frac{Pr_f}{Pr_w}\right)^{0.25}\varepsilon_n$$
$$= 0.35\times(0.913)^{0.2}\times(13943)^{0.6}\times(0.704)^{0.36}\times(0.704/0.694)^{0.25}\times 0.954 = 88.93$$

$$h = \frac{\lambda}{D}Nu_f = \frac{0.0253\text{W/(m}\cdot\text{K)}}{0.0164\text{m}}\times 88.93 = 137.19\text{W/(m}^2\cdot\text{K)}$$

(2) 计算压力降：$\Delta p = nxf\left(\frac{\rho u_{max}^2}{2}\right)$，根据 $Re_f = 13943$，$P_T = s_1/D = 1.91$，$P_L = s_2/D = 2.09$，$P_T/P_L = 0.91$，由图 5-19 可得，修正因子 $x = 1.04$，摩擦因子 $f = 0.35$，则压力降为：

$$\Delta p = nxf\left(\frac{\rho u_{max}^2}{2}\right) = 7\times 1.04\times 0.35\times\left[\frac{1.217\text{kg/m}^3\times(12.6\text{m/s})^2}{2}\right] = 246\text{N/m}^2$$

**例题 5-14** 纵掠管束的强迫对流换热(4)

原子反应堆的棒束元件被纵向水流所冷却，如图 5-22 所示。已知元件外径 $d = 9$mm，

相邻元件的中心距 $s=13\text{mm}$。被冷却表面的平均热流密度 $q=1.7\times10^6\text{W/m}^2$，冷却水的平均温度 $t_f=200℃$，平均流速 $u=8\text{m/s}$。试计算元件被冷却面的平均表面传热系数及平均壁温。

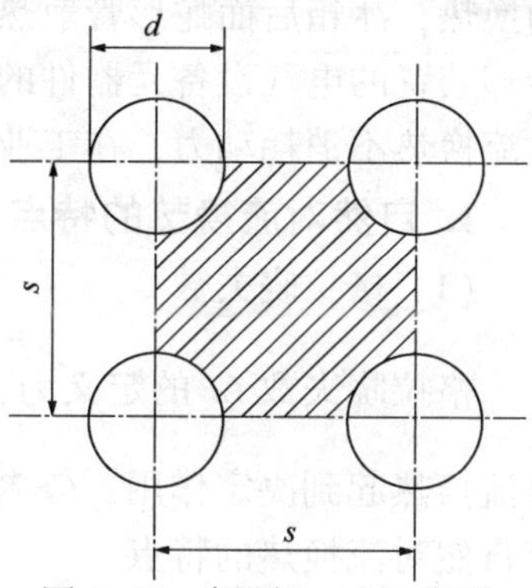

图 5-22　例题 5-14 示意图

**解**：水流纵掠管束流动时，可近似按照管内流动的对流换热问题进行求解。

定性温度选取流体的平均温度，即 $t_f=200℃$，依此查水的物性量表，有：$\nu=0.158\times10^{-6}\text{m}^2/\text{s}$，$\eta=136.4\times10^{-6}\text{kg/(m}\cdot\text{s)}$，$\lambda=66.3\times10^{-2}\text{W/(m}\cdot\text{K)}$，$Pr=0.93$。

流体纵向流过管束时，当量直径按下式计算：

$$d_e=\frac{4A}{P}=\frac{4\times\left(s^2-\frac{\pi}{4}d^2\right)}{\pi d}=\frac{4\times\left[(0.013\text{m})^2-\frac{\pi}{4}\times(0.009\text{m})^2\right]}{\pi\times0.009\text{m}}=15\times10^{-3}\text{m}$$

计算雷诺数：

$$Re=\frac{ud_e}{\nu}=\frac{8\text{m/s}\times15\times10^{-3}\text{m}}{0.158\times10^{-6}\text{m}^2/\text{s}}=7.59\times10^5>10^4$$

可见，纵掠管束流动为湍流，选取特征数关联式为：

$$Nu_f=0.023Re_f^{0.8}Pr_f^{0.4}=0.023\times(7.59\times10^5)^{0.8}\times(0.93)^{0.4}=1130$$

$$h=\frac{\lambda}{d_e}Nu_f=\frac{66.3\times10^{-2}\text{W/(m}\cdot\text{K)}}{15\times10^{-3}\text{m}}\times1130=4.99\times10^4\text{W/(m}^2\cdot\text{K)}$$

依据该表面传热系数值，估算壁面温度，由牛顿冷却公式 $q=h(t_w-t_f)$，有：

$$t_w=t_f+\frac{q}{h}=200℃+\frac{1.7\times10^6\text{W/m}^2}{4.99\times10^4\text{W/(m}^2\cdot\text{K)}}=234℃$$

验证壁面和水的温差，$t_w-t_f=234℃-200℃=34℃>30℃$，考虑到黏性的影响，采用式(5-58)重新确定壁面温度：

$$Nu_f=0.027Re_f^{0.8}Pr_f^{1/3}\left(\frac{\eta_f}{\eta_w}\right)^{0.14}$$

$$=0.027(7.59\times10^5)^{0.8}(0.93)^{1/3}\left(\frac{136.4\times10^{-6}\text{kg/(m}\cdot\text{s)}}{117.7\times10^{-6}\text{kg/(m}\cdot\text{s)}}\right)^{0.14}=1361$$

$$h=\frac{\lambda}{d_e}Nu_f=\frac{66.3\times10^{-2}\text{W/(m}\cdot\text{K)}}{15\times10^{-3}\text{m}}\times1361=6.02\times10^4\text{W/(m}^2\cdot\text{K)}$$

采用新的表面传热系数值，校核壁温，有：

$$t_w=t_f+\frac{q}{h}=200℃+\frac{1.7\times10^6\text{W/m}^2}{6.02\times10^4\text{W/(m}^2\cdot\text{K)}}=228℃$$

## 第四节　自然对流换热

本节只讨论最常见的在重力场作用下的自然对流换热。其产生原因是：固体壁面与流体之间存在温度差，从而使流体内部温度场不均匀，导致密度场不均匀，于是在重力场作用下产生浮升力而促使流体流动，引起热量传递。例如，没有通风的室内暖气片与周围空气之间的换热，冰箱后面蛇形管散热片的散热，冰箱内冷冻室、冷藏室内的气流流动，不安装强制冷却装置的电气设备元器件的散热，事故条件下核反应堆的散热等都是自然对流换热。自然对流换热不消耗动力，在工业上和日常生活中发挥着重要作用。

**1. 自然对流换热的特点**

（1）格拉晓夫数

格拉晓夫数 $Gr$ 的定义为：$Gr=\dfrac{g\alpha_V\Delta tl^3}{\nu^2}$。它反映了浮升力与黏性力的相对大小。对自然对流换热起到决定作用，$Gr$ 越大，浮升力的相对作用越大，自然对流换热越强。这也是所有自然对流换热的特点。

（2）流态

自然对流也有层流和湍流两种流态。判断自然对流流态的特征数是格拉晓夫数 $Gr$。需要指出的是，有的文献推荐用 $Gr$ 作为自然对流流态的判据，也有的文献推荐用瑞利数 $Ra$ 作为自然对流流态的判据。瑞利数是采用相似分析法，由自然对流的能量方程式导出的，其定义式为：

$$Ra=Gr\cdot Pr=\frac{g\alpha_V\Delta tl^3}{a\nu} \tag{5-84}$$

从理论角度来讲，反映流体流态转变的特征数应由动量微分方程导出，而不能从能量微分方程导出。因此，由动量微分方程导出的 $Gr$ 才是判断自然对流流态的正确判据，其在自然对流现象中的作用与雷诺数 $Re$ 在强迫对流现象中的作用相当。例如，对于竖直壁面的自然对流换热，当 $Gr<10^9$ 时为层流，当 $Gr>10^9$ 时为湍流。

（3）边界层中的速度分布和温度分布

下面以大空间沿竖直壁面的自然对流换热为例进行说明。

如图 5-23 所示，一个具有均匀温度 $t_w$ 的竖直壁面位于一大空间内，远离壁面处的流体处于静止状态，没有强迫对流。假设流体温度低于壁面温度，即 $t_w>t_\infty$，于是壁面和流体之间发生自然对流换热。自然对流边界层有层流和湍流之分。流体从壁面的下缘开始向上流动时，在壁面下部，流动刚开始形成时，流动是有规则的层流，若壁面足够高，则上部流动会转变为湍流，即由层流边界层逐渐过渡到湍流边界层，如图 5-23(a)所示。

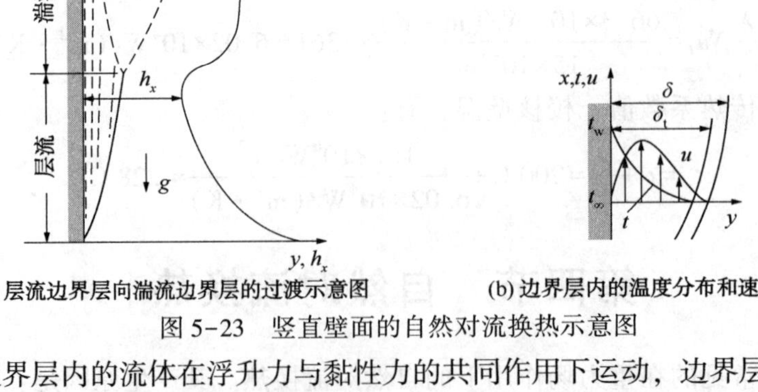


(a) 层流边界层向湍流边界层的过渡示意图　　(b) 边界层内的温度分布和速度分布

图 5-23　竖直壁面的自然对流换热示意图

自然对流边界层内的流体在浮升力与黏性力的共同作用下运动，边界层内的温度分布和速度分布如图 5-23(b)所示。温度分布的特点为：贴壁处，流体温度等于壁面温度 $t_w$，沿离开壁面的方向逐渐减小，直至边界层边缘处等于周围流体温度 $t_\infty$。速度分布呈现出两头小中间大的特点。贴壁处，由于黏性作用，流体速度为零。在边界层边缘处，由于温度的不均匀作用消失，速度也等于零，最大速度位于边界层内部。

(4) 局部表面传热系数的变化

不同的流态对换热具有决定性的影响，随着流态的改变，自然对流换热的强度也随之发生变化。沿竖直壁面高度方向上局部表面传热系数 $h_x$ 的变化如图 5-23(a)所示。层流时，对流换热热阻完全取决于边界层的厚度。流体从壁面下缘点开始向上流动时，随着层流边界层的加厚，对流换热热阻增加，$h_x$ 沿高度方向逐渐减小；当边界层从层流向湍流过渡时，由于边界层内流体的掺混作用使边界层热阻减小，$h_x$ 增大。实验表明，在旺盛湍流阶段，$h_x$ 基本上不随壁面高度变化。

(5) 自热对流换热的类型

根据自然对流所在空间的大小、其他物体是否影响自然对流边界层的形成和发展，自然对流换热主要包括两种类型：大空间自然对流换热和有限空间自然对流换热。所谓大空间自然对流，是指热边界层的发展不受到干扰和阻碍的自然对流，而并不拘泥于空间上的很大或无限大。所谓有限空间自然对流，是指或者边界层的发展受到干扰，或者流体的流动受到限制，从而使其换热规律不同于大空间的情形。

**2. 大空间自然对流换热的特征数关联式**

常见的大空间自然对流换热有等壁温和常热流两种边界条件，下面分别介绍这两种边界条件下的特征数关联式。

(1) 等壁温边界条件

理论分析和实验研究的结果都表明，等壁温边界条件下，大空间自然对流换热的特征数关联式可以写成下面的幂函数形式：

$$Nu = C(GrPr)^n = CRa^n \tag{5-85}$$

式(5-85)中的 $C$ 和 $n$ 的数值与换热面的形状和位置、热边界条件以及层流或湍流的流态有关。表 5-8 中列出了几种典型的自然对流换热的 $C$ 和 $n$ 的数值。式中，$Gr$ 中的温差 $\Delta t$ 为壁面温度与流体温度之差，流体被加热时，$\Delta t = t_w - t_\infty$；流体被冷却时，$\Delta t = t_\infty - t_w$。体积膨胀系数 $\alpha_V$ 的选取，对于符合理想气体性质的气体，$\alpha_V = 1/T_m$；对于实际气体，可直接查取物性量表获得。特征长度与换热面的形状和位置有关。定性温度为壁面温度和流体温度的算术平均值，即 $t_m = \dfrac{1}{2}(t_w + t_\infty)$。

**表 5-8　式(5-85)中的常数 $C$ 和 $n$ 的数值**

| 壁面形状与位置 | 流动情况 | 特征长度 | $C$ | $n$ | $GrPr$ 适用范围 |
|---|---|---|---|---|---|
| 竖直平壁或竖直圆柱 | 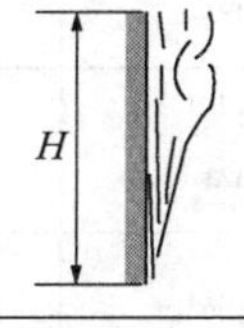 | 壁面高度 $H$ | 0.59<br>0.10 | 1/4<br>1/3 | $10^4 \sim 10^9$<br>$10^9 \sim 10^{13}$ |
| 水平圆柱 | 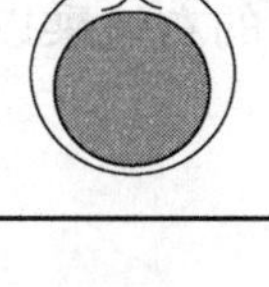 | 圆柱外径 $d$ | 0.85<br>0.48<br>0.125 | 0.188<br>1/4<br>1/3 | $10^2 \sim 10^4$<br>$10^4 \sim 10^7$<br>$10^7 \sim 10^{12}$ |

续表

| 壁面形状与位置 | 流动情况 | 特征长度 | $C$ | $n$ | $GrPr$ 适用范围 |
|---|---|---|---|---|---|
| 水平热面朝上或<br>水平冷面朝下① | 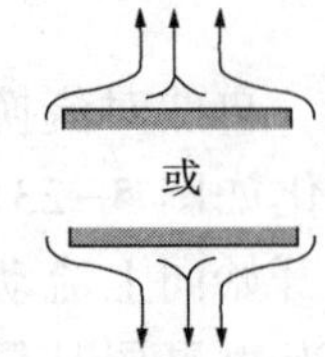 | 平壁面积与周长之比<br>$A/U$，圆盘取 0.9$d$ | 0.54<br>0.15 | 1/4<br>1/3 | $10^4 \sim 10^7$<br>$10^7 \sim 10^{11}$ |
| 水平热面朝下或<br>水平冷面朝上 | 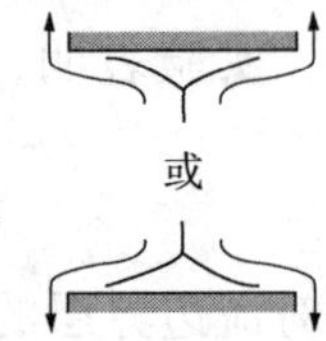 | 平壁面积与周长之比<br>$A/U$，圆盘取 0.9$d$ | 0.27 | 1/4 | $10^5 \sim 10^{11}$ |

① 热壁指 $t_w > t_\infty$，冷壁指 $t_w < t_\infty$。

式(5-85)对气体工质完全适用。而对液体工质，为考虑物性与温度的依变关系，需要在式(5-85)的右边乘上一个修正因子，以反映物性的变化。推荐采用的修正因子为$(Pr_f/Pr_w)^{0.11}$，对于液体，特征数关联式为：

$$Nu = C(GrPr)^n \left(\frac{Pr_f}{Pr_w}\right)^{0.11} \tag{5-86}$$

式中，下角标 f 与 w 分别表示以流体温度与壁面温度查取的 $Pr$ 数。

应当指出，表 5-8 中，对于竖直圆柱，当满足下式时，可按竖直壁面处理：

$$\frac{d}{H} \geqslant \frac{35}{Gr^{1/4}} \tag{5-87}$$

否则，直径 $d$ 将影响边界层的厚度，进而影响换热强度。在这种情况下，式(5-85)中的常数 $C$ 的数值取为 0.686，$n$ 的数值与竖直平壁的情况相同，对层流和湍流都适用。

对于大气压下的空气，在工程和日常生活中常见的温度范围内，物性参数近似为常数，式(5-85)可以进一步简化。对于表 5-8 中几种典型的自然对流换热情况，简化后的公式列于表 5-9 中。

**表 5-9　大气压力下空气的大空间自然对流换热的简化公式**

| 壁面形状与位置 | 特征长度 | 简化公式 | $GrPr$ 适用范围 |
|---|---|---|---|
| 竖直平壁或竖直圆柱 | 壁面高度 $H$ | $h=1.42(\Delta t/H)^{1/4}$<br>$h=1.31(\Delta t)^{1/3}$ | $10^4 \sim 10^9$<br>$10^9 \sim 10^{13}$ |
| 水平圆柱 | 圆柱外径 $d$ | $h=1.32(\Delta t/d)^{1/4}$<br>$h=1.24(\Delta t)^{1/3}$ | $10^4 \sim 10^9$<br>$10^9 \sim 10^{12}$ |
| 水平热面朝上或<br>水平冷面朝下 | 平壁面积与周长之比 $A/U$，<br>圆盘取 0.9$d$ | $h=1.32(\Delta t/l)^{1/4}$<br>$h=1.52(\Delta t)^{1/3}$ | $10^4 \sim 10^7$<br>$10^7 \sim 10^{11}$ |
| 水平热面朝下或<br>水平冷面朝上 | 平壁面积与周长之比 $A/U$，<br>圆盘取 0.9$d$ | $h=0.59(\Delta t/l)^{1/4}$ | $10^5 \sim 10^{11}$ |

如果压力略高于或略低于大气压，可在表 5-9 简化公式的右边乘以一个修正系数 $\varepsilon_p$：

对于层流：

$$\varepsilon_p = \left(\frac{p}{101.32}\right)^{1/2} \tag{5-88}$$

对于湍流：$$\varepsilon_p=\left(\frac{p}{101.32}\right)^{2/3} \tag{5-89}$$

式中，$p$ 的单位为 kPa。

球体的自然对流换热的特征数关联式为：

$$Nu=2+\frac{0.589(GrPr)^{1/4}}{[1+(0.469/Pr)^{9/16}]^{4/9}} \tag{5-90}$$

适用条件：$Pr\geqslant 0.7$，$GrPr\leqslant 10^{11}$。定性温度选取流体温度和球体壁面温度的算术平均值，特征长度为球体直径。

（2）常热流边界条件

对于常热流边界条件下的自然对流换热，例如电加热器、电子元件表面的散热等，一般壁面热流密度 $q_w$ 是给定的，但壁面温度 $t_w$ 未知，并且沿壁面分布不均匀，计算的目的往往是确定局部壁面温度 $t_{w,x}$。

1）竖直壁面

常热流边界条件下竖直壁面自然对流换热的特征数关联式推荐如下：

对于层流 $$Nu_x=0.60(Gr_x^* Pr)^{1/5} \tag{5-91}$$

适用条件：$10^5<Gr_x^* Pr<10^{11}$，$q_w=$常数。

对于湍流 $$Nu_x=0.17(Gr_x^* Pr)^{1/4} \tag{5-92}$$

适用条件：$2\times 10^{13}<Gr_x^* Pr<10^{16}$，$q_w=$常数。

式中，$Gr_x^*$ 为修正的局部格拉晓夫数，其定义式为：

$$Gr_x^*=Gr_x Nu_x=\frac{g\alpha_V \Delta t x^3}{\nu^2}\cdot\frac{h_x x}{\lambda}=\frac{g\alpha_V q_w x^4}{\nu^2\lambda} \tag{5-93}$$

式(5-91)、式(5-92)中定性温度为局部壁面温度和流体温度的算术平均值 $t_{m,x}=(t_{w,x}+t_\infty)/2$。但由于 $t_{w,x}$ 未知，定性温度 $t_{m,x}$ 不能确定。对于这种情况，可以采用试算法：先假设一个 $t'_{w,x}$，确定一个定性温度，再根据式(5-91)或式(5-92)求得 $h_x$，将其代入牛顿冷却公式 $q_x=h_x(t_{w,x}-t_\infty)$ 求出 $t_{w,x}$。如果求出的 $t_{w,x}$ 与假设的 $t'_{w,x}$ 偏差太大，再重新假设，重复上述计算，直到计算结果满意为止。

丘吉尔(Churchill)和朱(Chu)在整理大量文献实验数据的基础上，提出了对等壁温和常热流边界条件都适用的竖直壁面自然对流换热的特征数关联式：

$$Nu=\left\{0.825+\frac{0.387Ra^{1/6}}{[1+(0.492/Pr)^{9/16}]^{8/27}}\right\}^2 \tag{5-94}$$

适用条件：$10^{-1}<Ra<10^{12}$，对层流和湍流都适用。

若对于 $Ra<10^9$ 的层流换热，利用下式计算更为精确：

$$Nu=0.68+\frac{0.67Ra^{1/4}}{[1+(0.492/Pr)^{9/16}]^{4/9}} \tag{5-95}$$

2）倾斜壁面

对于与竖直方向的倾斜角度 $\varphi<60°$ 的倾斜壁面的自然对流换热，仍然可以用式(5-94)和式(5-95)进行计算，但需要将 $Ra$ 表达式中的 $g$ 替换成 $g\cos\varphi$。

3）水平长圆柱

对于水平长圆柱表面的自然对流换热，丘吉尔和朱提出了等壁温和常热流边界条件都适用的特征数关联式：

$$Nu=\left\{0.60+\frac{0.387Ra^{1/6}}{\left[1+(0.559/Pr)^{9/16}\right]^{8/27}}\right\}^2 \tag{5-96}$$

适用条件：$Ra<10^{12}$，定性温度为壁面温度和流体温度的算术平均值 $t_m$，特征长度为圆柱外径 $d$。

4）水平壁面

对于常热流边界条件下水平壁面的自然对流换热，推荐下面特征数关联式：

热面朝上或冷面朝下：

$$Nu=1.076(Gr^*Pr)^{1/6} \tag{5-97}$$

热面朝下或冷面朝上：

$$Nu=0.747(Gr^*Pr)^{1/6} \tag{5-98}$$

适用条件：$6.37\times10^5<Gr^*<1.12\times10^8$，定性温度为壁面温度和流体温度的算术平均值 $t_m$。对于矩形壁面，特征长度取短边长；对于圆形壁面，特征长度取 $0.9d$。

式(5-97)、式(5-98)中，$Gr^*$ 称为修正的平均格拉晓夫数，其定义式为：

$$Gr^*=GrNu=\frac{g\alpha_V q_w l^4}{\nu^2\lambda} \tag{5-99}$$

**3. 有限空间自然对流换热的特征数关联式**

当自然对流发生在有限空间内时，流体的运动受到空间腔体的限制，流体的加热或冷却也在腔体内进行。例如，北方寒冷地区双层玻璃窗是竖夹层的自然对流换热，水平放置的覆罩有顶盖玻璃的太阳能集热器是水平夹层的自然对流换热。如图 5-24 所示，封闭腔体高温壁面和低温壁面的温度分别为 $t_h$、$t_c$，图中未注明温度的另外两个壁面是绝热的，热、冷表面间的距离为 $\delta$，此时格拉晓夫数可表示为：

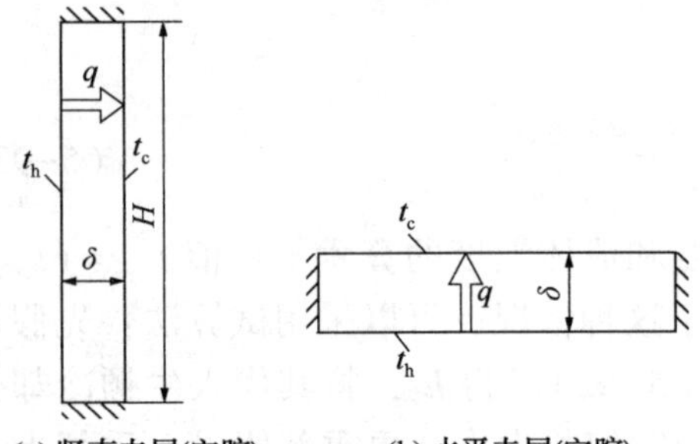

图 5-24　封闭空腔示意图

$$Gr_\delta=\frac{g\alpha_V(t_h-t_c)\delta^3}{\nu^2} \tag{5-100}$$

式中，定性温度为热、冷表面温度的算术平均值，即 $t_m=(t_h+t_c)/2$。$Gr$ 与牛顿冷却公式中的温差为热、冷表面温度之差，即 $\Delta t=t_h-t_c$。特征长度为热、冷表面间的距离 $\delta$。

对于竖夹层，当 $Gr_\delta\leqslant2860$；对于水平夹层（底面为热面），当 $Gr_\delta\leqslant2430$ 时，流动尚难展开，夹层内的热量传递为导热。当 $Gr_\delta$ 超过上述数值时，夹层内开始形成自然对流，并且随着 $Gr_\delta$ 数值的增加，对流换热越来越剧烈。当 $Gr_\delta$ 达到一定数值时，会出现从层流向湍流的过渡与转变。除此之外，夹层内的热量传递还有辐射换热。

1）竖夹层

对于空气在竖夹层内的自然对流换热，推荐下面特征数关联式：

$$Nu=0.197(Gr_\delta Pr)^{1/4}\left(\frac{H}{\delta}\right)^{-1/9} \tag{5-101}$$

适用条件：$8.6\times10^3\leqslant Gr_\delta\leqslant2.9\times10^5$。

$$Nu=0.073(Gr_\delta Pr)^{1/3}\left(\frac{H}{\delta}\right)^{-1/9} \tag{5-102}$$

适用条件：$2.9\times10^5 \leqslant Gr_\delta \leqslant 1.6\times10^7$。

式(5-101)、式(5-102)中实验范围为 $11 \leqslant \dfrac{H}{\delta} \leqslant 42$。

2）水平夹层(底面向上散热)

$$Nu = 0.212(Gr_\delta Pr)^{1/4} \tag{5-103}$$

适用条件：$1.0\times10^4 \leqslant Gr_\delta \leqslant 4.6\times10^5$。

$$Nu = 0.061(Gr_\delta Pr)^3 \tag{5-104}$$

适用条件：$Gr_\delta \geqslant 4.6\times10^5$。

**4. 混合对流**

在强迫对流换热中，无论流体被加热还是被冷却，其内部总是存在温度梯度，与温度梯度相伴随，流体内部总有密度梯度。因此，自然对流换热总是存在的。对于水平圆管，流体将因自然对流而发生如图 5-25 所示的截面环流。对于垂直圆管，根据自然对流和强迫对流的方向是否相同，形成如图 5-26 所示的流动。自然对流和强迫对流同时存在的流动过程称为混合对流。在自然对流和强迫对流同时作用下，两者的影响同样重要时，忽略任意一个都是不恰当的。因此，需要分析清楚在什么条件下自然对流起决定作用，什么条件下强迫对流起决定作用，什么条件下必须考虑自然对流和强迫对流的混合作用。

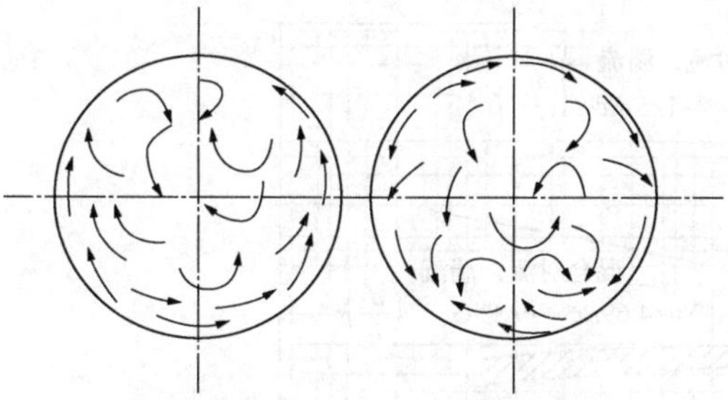

(a) 流体被加热　(b) 流体被冷却

图 5-25　水平圆管中的自然对流

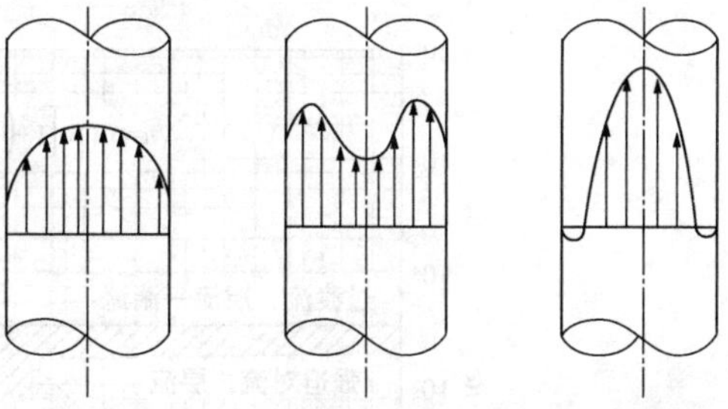

(a) 等温流　(b) 自然对流方向与流动的方向相同　(c) 自然对流方向与流动方向相反

图 5-26　垂直圆管内自然对流对流动的影响

一般来说，当流体运动主要受外力支配时，自然对流的作用可以忽略不计，可看作纯强迫对流换热。当流体运动主要受浮升力支配时，强迫对流的作用可以忽略不计，可看作纯自然对流换热。当外力和浮升力的作用为相同数量级时，则必须看作混合对流换热。

我们知道，格拉晓夫数 $Gr$ 中包含着浮升力与黏性力的比值，而雷诺数 $Re$ 中包含着惯性力与黏性力的比值。若判断自然对流影响的程度，则需要考察浮升力与惯性力的比值，即：

$$\frac{g\alpha_V \Delta t l^3}{\nu^2} \cdot \frac{\nu^2}{u^2 l^2} = \frac{Gr}{Re^2} \tag{5-105}$$

实验得出，当 $Gr/Re^2 \leqslant 0.02$ 时，可看作纯强迫对流换热；当 $Gr/Re^2 \geqslant 0.1$ 时，就不能忽略自然对流的影响；若 $Gr/Re^2 \geqslant 10$ 时，可看作纯自然对流换热；当 $Gr/Re^2 \approx 0.02 \sim 10$ 时，可看作混合对流换热。

由于混合对流的复杂性，目前还未有普遍适用的特征数关联式。图 5-27 是梅坦斯(Metais)和埃克尔特(Eokert)绘制的垂直圆管内自然对流、强迫对流和混合对流的流动状态区分图；图 5-28 是水平圆管内自然对流、强迫对流和混合对流的流动状态区分图。

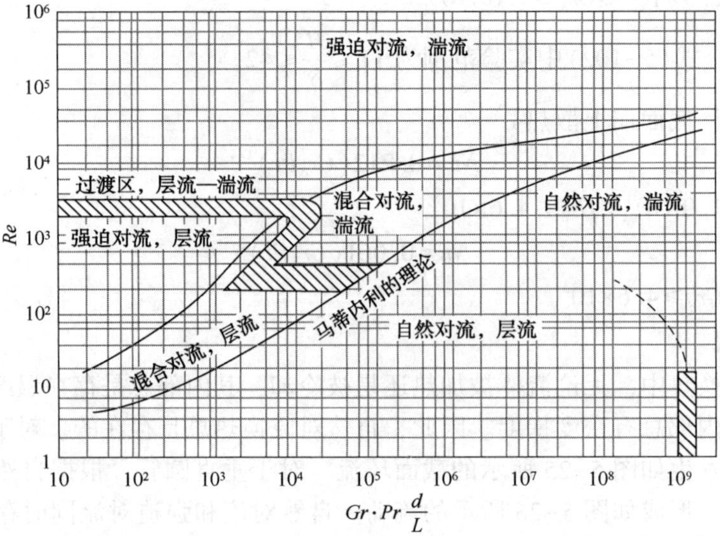


图 5-27　垂直圆管内的自然对流、强迫对流和混合对流流动状态区分图

$$\left[10^{2}<Pr\cdot\left(\frac{d}{L}\right)<1\right]$$

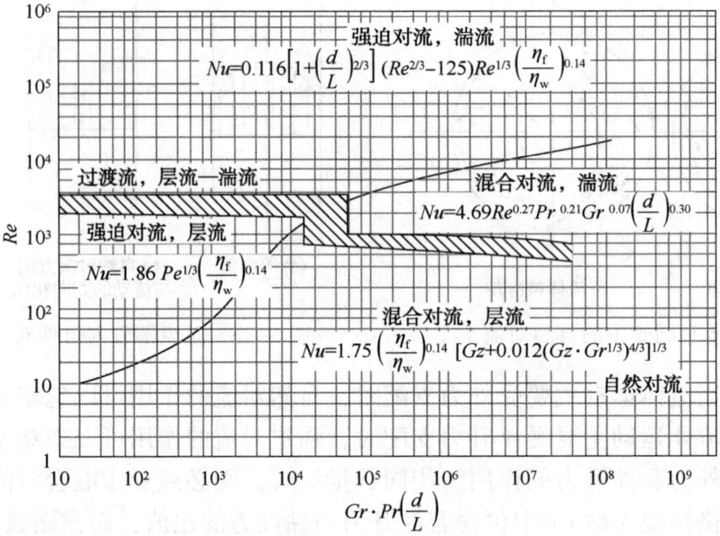


图 5-28　水平圆管内的自然对流、强迫对流和混合对流流动状态区分图

$$\left[10^{-2}<Pr\cdot\left(\frac{d}{L}\right)<1\right]$$

对于等壁温水平管内的混合对流换热，在层流区域，布朗(Brown)和高维恩(Gauvin)给出了如下特征数关联式：

$$Nu=1.75\left[Gz+0.012\left(GzGr^{1/3}\right)^{4/3}\right]^{1/3}\left(\frac{\eta_{\mathrm{f}}}{\eta_{\mathrm{w}}}\right)^{0.14} \tag{5-106}$$

式中，$Gz=RePr\dfrac{d}{L}$称为格雷兹准数。

对湍流区域，梅坦斯和埃克尔特给出了如下特征数关联式：

$$Nu=4.69Re^{0.27}Gr^{0.07}\left(\frac{d}{L}\right)^{0.36} \tag{5-107}$$

式(5-106)和式(5-107)中，特征尺寸为管子内径 $d$，$L$ 为管长，定性温度选取膜温度，即流体温度和壁面温度的算术平均值，$t_m=\frac{1}{2}(t_f+t_w)$。$\eta_f$ 和 $\eta_w$ 是分别以流体平均温度和壁面温度查取的流体黏度。此外，两式的适用条件为：$10^{-2}<Pr\frac{d}{L}<1$。

**例题 5-15** 竖直壁面的大空间自然对流换热

某厂房车间内竖直悬吊一高度为 3m 的热钢板。已知钢板表面温度 $t_w=170℃$，厂房内环境温度 $t_f=10℃$。试计算钢板表面自然对流换热的平均表面传热系数。

**解**：本题为竖直热钢板表面的大空间自然对流换热问题。

定性温度为：$t_m=\frac{1}{2}(t_w+t_f)=\frac{1}{2}(170℃+10℃)=90℃$。

按此定性温度，查取空气的物性量为：$\nu=22.10\times10^{-6}\text{m}^2/\text{s}$，$\lambda=3.13\times10^{-2}\text{W}/(\text{m}\cdot\text{K})$，$Pr=0.690$，$\alpha_V=\frac{1}{T_m}=\frac{1}{(273+90)\text{K}}=2.75\times10^{-3}\text{K}^{-1}$。

计算格拉晓夫数 $Gr$：

$$Gr=\frac{g\alpha_V(t_w-t_f)H^3}{\nu^2}=\frac{9.81\text{m/s}^2\times2.75\times10^{-3}\text{K}^{-1}\times[(170+273)-(10+273)]\text{K}\times(3\text{m})^3}{(22.10\times10^{-6}\text{m/s})^2}=2.39\times10^{11}$$

由表 5-8，对竖直平壁，$C=0.10$，$n=1/3$，则特征数关联式为：

$$Nu=0.10(GrPr)^{1/3}=0.10\times(2.39\times10^{11}\times0.69)^{1/3}=547.6$$

$$h=\frac{\lambda}{H}Nu=\frac{3.13\times10^{-2}\text{W}/(\text{m}\cdot\text{K})}{3\text{m}}\times547.6=5.71\text{W}/(\text{m}^2\cdot\text{K})$$

总结：该问题中，热钢板与环境的换热存在着对流和辐射两种方式。这里仅考虑自然对流换热，辐射换热将在后面介绍。

**例题 5-16** 水平圆管的大空间自然对流换热

热电厂中有一水平放置的蒸汽管道，保温层外径 $d=400\text{mm}$，壁温 $t_w=50℃$，周围空气温度 $t_\infty=20℃$。试计算蒸汽管道外壁面的对流散热损失。

**解**：本题为水平圆管的自然对流换热问题。

定性温度为：$t_m=\frac{1}{2}(t_w+t_\infty)=\frac{1}{2}(50℃+20℃)=35℃$。

按此定性温度查得空气的物性参数为：$\nu=16.58\times10^{-6}\text{m}^2/\text{s}$，$\lambda=2.72\times10^{-2}\text{W}/(\text{m}\cdot\text{K})$，$Pr=0.7$，$\alpha_V=\frac{1}{T_m}=\frac{1}{(273+35)\text{K}}=3.25\times10^{-3}\text{K}^{-1}$。

计算 $GrPr$ 数值：

$$GrPr=\frac{g\alpha_V\Delta td^3}{\nu^2}Pr$$

$$=\frac{9.81\text{m/s}^2\times3.25\times10^{-3}\text{K}^{-1}\times[(50+273)-(20+273)]\text{K}\times(0.4\text{m})^3}{(16.58\times10^{-6}\text{m/s})^2}\times0.7=1.56\times10^8$$

由表 5-8 查得 $C=0.125$，$n=1/3$，于是特征数关联式为：

$$Nu=0.125(GrPr)^{1/3}=0.125\times(1.56\times10^{8})^{1/3}=67.27$$

$$h=\frac{\lambda}{d}Nu=\frac{2.82\times10^{-2}\mathrm{W/(m\cdot K)}}{0.4\mathrm{m}}\times67.27=4.74\mathrm{W/(m^2\cdot K)}$$

单位管长的对流散热损失为：

$$\Phi_l=\pi dh(t_w-t_\infty)=\pi\times0.4\mathrm{m}\times4.74\mathrm{W/(m^2\cdot K)}\times(50-20)\mathrm{K}=178.6\mathrm{W/m}$$

说明：如果要计算蒸汽管道的全部散热损失，还需要考虑管道外壁面与周围环境之间的辐射换热损失。

**例题 5-17** 水平平板的大空间自然对流换热

冬季某一顶层房间的室内温度为 25℃，天花板的表面温度为 13℃，天花板的尺寸为 4m×5m。试计算天花板自然对流换热的表面传热系数和散热量分别是多少？

**解**：本题为水平平板冷面朝下的大空间自然对流换热问题。

水平平板的特征尺寸为：$l=\frac{A_p}{p}=\frac{4\mathrm{m}\times5\mathrm{m}}{2(4+5)\mathrm{m}}=1.111\mathrm{m}$。

定性温度 $t_m$ 选取空气温度和天花板表面温度的算术平均值，即：$t_m=\frac{1}{2}(t_w+t_\infty)=\frac{1}{2}(13℃+25℃)=19℃$。

按此定性温度查得空气的物性参数为：$\nu=15.06\times10^{-6}\mathrm{m^2/s}$，$\lambda=2.59\times10^{-2}\mathrm{W/(m\cdot K)}$，$Pr=0.703$。

计算格拉晓夫数 $Gr$：

$$Gr=\frac{g\alpha_V\Delta tl^3}{\nu^2}=\frac{9.81\mathrm{m/s^2}\times\frac{1}{(273+19)\mathrm{K}}\times(25-13)\mathrm{K}\times(1.111\mathrm{m})^3}{(15.06\times10^{-6}\mathrm{m^2/s})^2}=2.438\times10^9$$

特征数关联式为：

$$Nu=0.15(GrPr)^{1/3}=0.15\times(2.438\times10^9\times0.703)^{1/3}=191.48$$

$$h=\frac{\lambda}{l}Nu=\frac{2.59\times10^{-2}\mathrm{W/(m\cdot K)}}{1.111\mathrm{m}}\times191.48=4.464\mathrm{W/(m^2\cdot K)}$$

因此，天花板的散热量为：

$$\Phi=hA(t_\infty-t_w)=4.464\mathrm{W/(m^2\cdot K)}\times4\mathrm{m}\times5\mathrm{m}\times(25-13)\mathrm{K}=1071.32\mathrm{W}$$

**例题 5-18** 圆球的大空间自然对流换热

计算一个 40W 的白炽灯灯泡在 27℃ 的静止空气中的散热量。已知灯泡温度为 127℃，设灯泡可近似为直径为 50mm 的圆球。确定自然对流换热在白炽灯功率中所占的百分比。

**解**：本题为圆球的大空间自然对流换热问题。

定性温度 $t_m$ 选取空气温度和白炽灯灯泡表面温度的算术平均值，即：$t_m=\frac{1}{2}(t_w+t_\infty)=\frac{1}{2}(127℃+27℃)=77℃$。

按此定性温度查得空气的物性参数为：$\nu=2.076\times10^{-6}\mathrm{m^2/s}$，$\lambda=3.003\times10^{-2}\mathrm{W/(m\cdot K)}$，$Pr=0.693$。

计算格拉晓夫数 $Gr$：

$$Gr=\frac{g\alpha_V\Delta td^3}{\nu^2}=\frac{9.81\text{m/s}^2\times\dfrac{1}{(273+77)\text{K}}\times(127-27)\text{K}\times(0.05\text{m})^3}{(2.076\times10^{-5}\text{m}^2/\text{s})^2}=8.1\times10^5$$

球体的特征数关联式为：

$$Nu=2+\frac{0.589(GrPr)^{1/4}}{[1+(0.469/Pr)^{9/16}]^{4/9}}=2+\frac{0.589(8.1\times10^5\times0.693)^{1/4}}{[1+(0.469/0.693)^{9/16}]^{4/9}}=14.42$$

$$h=\frac{\lambda}{d}Nu=\frac{3.003\times10^{-2}\text{W/(m}\cdot\text{K)}}{0.05\text{m}}\times14.42=8.66\text{W/(m}^2\cdot\text{K)}$$

因此，白炽灯自然对流换热的散热量为：

$$\Phi=hA(t_w-t_\infty)=8.66\text{W/(m}^2\cdot\text{K)}\times4\pi\times(0.025\text{m})^2\times(127-27)\text{K}=6.80\text{W}$$

自然对流换热在白炽灯功率中所占的比例为：

$$\frac{\Phi}{40\text{W}}=\frac{6.80\text{W}}{40\text{W}}=17\%$$

**例题 5-19**　竖直封闭空腔内的自然对流换热

某竖直封闭空腔夹层，两壁是边长为 0.5m 的方形壁，两壁间距为 15mm，温度分别为 100℃和 40℃。试计算通过此空气夹层的自然对流换热量。

**解**：本问题为竖直封闭空腔内的自然对流换热问题。

定性温度选取封闭空腔两壁面温度的算术平均值，即 $t_m=\frac{1}{2}(t_{w1}+t_{w2})=\frac{1}{2}(100℃+40℃)=70℃$。

按此定性温度，查取空气的物性量为：$\nu=20.02\times10^{-6}\text{m}^2/\text{s}$，$\lambda=0.0296\text{W/(m}\cdot\text{K)}$，$Pr=0.694$，$\alpha_V=\frac{1}{T_m}=\frac{1}{(273+70)\text{K}}=2.915\times10^{-3}\text{K}^{-1}$。

计算封闭夹层的格拉晓夫数 $Gr_\delta$：

$$Gr_\delta=\frac{g\alpha_V(t_{w1}-t_{w2})\delta^3}{\nu^2}=\frac{9.81\text{m/s}^2\times2.915\times10^{-3}\text{K}^{-1}\times(100-40)\text{K}\times(0.015\text{m})^3}{(20.02\times10^{-6}\text{m/s})^2}=1.444\times10^4$$

由式(5-101)，特征数关联式为：

$$Nu=0.197(Gr_\delta Pr)^{1/4}\left(\frac{H}{\delta}\right)^{-1/9}=0.197(1.444\times10^4\times0.694)^{1/4}\left(\frac{0.5\text{m}}{0.015\text{m}}\right)^{-1/9}=1.335$$

$$h=\frac{\lambda}{\delta}Nu=\frac{0.0296\text{W/(m}\cdot\text{K)}}{0.015\text{m}}\times1.335=2.63\text{W/(m}^2\cdot\text{K)}$$

空气夹层的自然对流换热量为：

$$\Phi=hA(t_{w1}-t_{w2})=2.63\text{W/(m}^2\cdot\text{K)}\times0.5\text{m}\times0.5\text{m}\times(100-40)\text{K}=9.5\text{W}$$

**例题 5-20**　水平夹层有限空间的自然对流换热

有一水平封闭夹层，其上、下表面间距 $\delta=16\text{mm}$。夹层内充满压力 $p=1.013\times10^5\text{Pa}$ 的空气。封闭夹层中一个表面温度为 80℃，另一个表面温度为 40℃。试计算热表面在冷表面之上以及在冷表面之下两种情形下，通过单位面积夹层的传热量之比。

**解**：本题为水平夹层有限空间的自然对流换热问题。

定性温度选取上、下两个表面温度的算术平均值，即：$t_m=\frac{1}{2}(t_{w1}+t_{w2})=\frac{1}{2}(80℃+$

40℃)= 60℃。

由此查得空气的物性量为：$\nu=18.97\times10^{-6}\text{m}^2/\text{s}$，$\lambda=0.029\text{W}/(\text{m}\cdot\text{K})$，$Pr=0.696$。

(1) 当热表面在上时，夹层内无自然对流，仅有导热，则夹层内的导热量为：

$$q_1=\lambda\frac{\Delta t}{\delta}=0.029\text{W}/(\text{m}\cdot\text{K})\frac{80℃-40℃}{0.016\text{m}}=72.5\text{W}/\text{m}^2$$

(2) 当热表面在下时，夹层中有自然对流换热。

计算格拉晓夫数 $Gr_\delta$：

$$Gr_\delta=\frac{g\alpha_V(t_{w1}-t_{w2})\delta^3}{\nu^2}=\frac{9.81\text{m/s}^2\times\dfrac{1}{(273+60)\text{K}}\times(80-40)\text{K}\times(0.016\text{m})^3}{(18.97\times10^{-6}\text{m/s})^2}=1.34\times10^4$$

确定特征数关联式为：

$$Nu=0.212(Gr_\delta Pr)^{1/4}=0.212(1.34\times10^4\times0.696)^{1/4}=2.08$$

$$h=\frac{\lambda}{\delta}Nu=\frac{0.029\text{W}/(\text{m}\cdot\text{K})}{0.016\text{m}}\times2.08=3.78\text{W}/(\text{m}^2\cdot\text{K})$$

空气夹层的自然对流换热量为：

$$q_2=h(t_{w1}-t_{w2})=3.78\text{W}/(\text{m}^2\cdot\text{K})\times(80-40)\text{K}=151.04\text{W}/\text{m}^2$$

因此，热表面在上与热表面在下两种情形下的传热量之比是：

$$\frac{q_1}{q_2}=\frac{72.5\text{W}/\text{m}^2}{151.04\text{W}/\text{m}^2}=2.08$$

# 思考题

1. 什么是几何相似、时间相似、物理量相似以及物理现象相似？

2. 简述相似原理的主要内容。

3. 相似原理对解决对流换热问题有何指导意义？

4. 分别写出努塞尔数 $Nu$、雷诺数 $Re$、普朗特数 $Pr$、格拉晓夫数 $Gr$ 的定义式和物理意义。

5. 努塞尔数 $Nu$ 和毕渥数 $Bi$ 定义式的形式完全相同，二者有何区别？

6. 在使用对流换热的特征数关联式时，应注意哪些问题？

7. 什么是当量直径？计算下列各种通道的当量直径：(1)矩形通道，其边长分别为 $a$ 和 $b$；(2)正三角形通道，边长为 $a$；(3)环形通道，内管外径为 $d$，外管内径为 $D$；(4)在一个内径为 $D$ 的圆筒形的壳体内，布置 $n$ 根外径为 $d$ 的圆管，流体在圆管外表面纵向流过。

8. 什么是管内流动充分发展段和热充分发展段？有何特点？

9. 外掠单管与管内流动这两个流动现象在本质上有什么不同？

10. 在同样流速和同样温度条件下，流体在管内流动和在管外横掠时，对流换热的表面传热系数值是否相同？试证明之。

11. 管内强迫对流换热时，短管修正系数 $c_l\geqslant1$，弯管修正系数 $c_R\geqslant1$；流体横掠管束时管排修正系数 $\varepsilon_n\leqslant1$，为什么？

12. 在相同流速下，流体在大直径管内流动与在小直径管内流动，对流换热的表面传热系数值是否相同？为什么？

13. 管内强迫对流换热时的表面传热系数 $h$ 与速度 $u$ 和管内径 $d$ 有何依变关系？若 $u$ 提高一倍，$h$ 提高多少？若 $d$ 减少一半，$h$ 提高多少？

14. 外掠管束时，顺排和叉排对换热有何影响？

15. 对流体横掠管束的对流换热，当沿流动方向的管排数大于一定数值后，平均表面传热系数与管排数无关，试分析其原因。

16. 说明大空间自然对流与有限空间自然对流有何区别，二者与强迫对流的外部流动和内部流动有什么异同？

17. 沿竖直壁面大空间自然对流换热的边界层速度分布与沿竖直壁面的强迫对流换热有何相同点及不同点？

18. 夏季和冬季天花板内表面对流换热的表面传热系数是否相同？

# 习　题

## 相似原理

5-1　如果用特征长度为原型 1/5 的模型来模拟原型中速度为 6m/s、平均温度为 200℃ 的空气强迫对流换热，模型中空气的平均温度为 20℃。模型中空气的速度应为多少？如果测得模型中对流换热的平均表面传热系数为 200W/(m$^2$·K)，原型中的平均表面传热系数为多少？

5-2　用平均温度为 50℃的空气来模拟平均温度为 400℃的烟气的外掠管束的强迫对流换热。已知烟气流速在 10~15m/s 的范围内变化，模型中采用与实物相同尺寸的管径，模型中空气的流速应在多大范围内变化？

5-3　管内强迫对流换热时，努塞尔数 $Nu_f$ 与雷诺数 $Re_f$、普朗特数 $Pr_f$ 和动力黏度值 $\eta_f/\eta_w$ 有关。试分析水在管内强迫对流换热实验中应测量哪些物理量，并粗略地绘出实验系统图。

## 单相流体管内强迫对流换热

5-4　考察直径为 25mm 的圆管。在它的内部可能有温度为 27℃、质量流量为 0.03kg/s 的液态水银、水或机油通过。试对每种流体，确定其流速，流体流动进口段长度以及热进口段长度。

5-5　某常物性的流体同时流过温度与之不同的两根直管 1 和 2，且 $d_1=2d_2$。流动与换热均已处于湍流充分发展区域。试确定在下列两种情形下两根直管内平均表面传热系数的相对大小：

(1) 流体以同样流速流过两根直管；

(2) 流体以同样质量流过两根直管。

5-6　变压器油在内径为 30mm 的管内冷却，管子长为 2m，流量为 0.313kg/s。变压器油的平均物性可取 $\rho=885\text{kg/m}^3$，$\nu=3.8\times10^{-5}\text{m}^2/\text{s}$，$Pr=490$。试判断变压器油的流动状态

及换热是否已进入充分发展区。

5-7　发电机的冷却介质从空气改为氢气后可以提高冷却效率。试对空气和氢气的冷却效果进行比较。比较的条件是：管道内湍流对流换热，通道几何尺寸、流速均相同，定性温度为50℃，气体均处于常压下，不考虑温差修正。50℃时氢气的物性参数为：$\rho=0.0755\text{kg/m}^3$，$\lambda=19.42\times10^{-2}\text{W/(m}\cdot\text{K)}$，$\eta=9.41\times10^{-6}\text{Pa}\cdot\text{s}$，$c_p=14.36\text{kJ/(kg}\cdot\text{K)}$。

5-8　冷凝器黄铜管内径为12.6mm。管内水流速度为1.8m/s，壁温维持80℃。冷却水进、出口温度分别为28℃和34℃。试计算管内对流换热的表面传热系数。

5-9　水在换热器管内被加热，管内径为14mm，管长为2.5m，管壁温度保持为110℃，水的进口温度为50℃，流速为1.3m/s。试求水流过换热器后的温度。

5-10　1atm、285K的空气进入长为2m、横截面尺寸为75mm×150mm的矩形风道。风道保持400K的恒定表面温度，空气的质量流量为0.10kg/s。试确定空气的出口温度以及风道对空气的放热速率。

5-11　空气以1.3m/s的速度在内径为22mm、长为2.25m的管内流动，空气的平均温度为38.5℃，管壁温度为58℃。试求管内对流换热的表面传热系数。

5-12　平均温度为100℃、压力为120kPa的空气，以1.5m/s的流速流经内径为25mm的电加热管子。试估算在换热充分发展区，对流换热的表面传热系数。在均匀热流边界条件下管内层流充分发展区对流换热的特征数方程式为$Nu=4.36$。

5-13　用内径为0.016m、长为2.5m的不锈钢管进行管内对流换热实验，实验时直接对不锈钢管通以直流电加热，电压为5V，电流为900A。水的进口温度为20℃，流速为0.5m/s，管外用保温材料保温，忽略热损失。试求管内对流换热的表面传热系数及传热温差。

5-14　盘管式换热器由直径为30mm的蛇形管组成，盘管盘数$n=4$，盘管直径为180mm。蛇形管内冷却水的进口温度为20℃，平均流速为0.6m/s，管壁平均温度维持为90℃。试计算冷却水的出口温度。

5-15　一套管式换热器，内管外径$d_1=12\text{mm}$，外管内径$d_2=16\text{mm}$，管长为400mm。在内、外管之间的环形通道内水的流速$u=2.4\text{m/s}$、水流平均温度$t_f=83℃$，内管壁温度$t_w=96℃$。试求内管外表面处对流换热的表面传热系数。

5-16　压力为$1.013\times10^5\text{Pa}$的空气在内径为86mm的直管内流动，入口温度为65℃，入口体积流量为0.022m/s，管壁的平均温度为180℃，问管子需要多长才能将空气加热至115℃？

5-17　流量为0.8kg的水在直径为2.5cm的管内从35℃加热到40℃，管壁温度为90℃。试问需要多长的管子才能完成这样的加热？

5-18　38℃的机油流经一直径为1.25cm、长为3m的管子。管子壁面温度维持在65℃，机油的流速为30cm/s。试计算对机油的总换热量以及其出口温度。

5-19　平均温度为40℃的14号润滑油，流经壁温为80℃、长为1.5m、内径为22.1mm的直管。流量为800kg/h。润滑油的物性参数可由书后附表查取。试计算润滑油与管壁的平均表面传热系数及换热量。

5-20　水以1.2m/s的平均速度流过内径为20mm的长直管。对以下两种情况：(1)管子壁温为75℃，水从20℃被加热至70℃；(2)管子壁温为15℃，水从70℃被冷却至20℃。试计算两种情况下的表面传热系数，并分析造成差别的原因。

5-21　160℃的机油以0.3m/s的速度在内径为25mm的管内流动。管壁温度为150℃。试计算以下两种情况下对流换热的表面传热系数：(1)管长为2m；(2)管长为6m。

## 外掠平板的强迫对流换热

5-22　考虑膜温为300K，以速度1m/s平行流过一平板的下述流体：1atm的空气、水、机油和水银。对每一种流体，试确定距离平板前缘点40mm处速度边界层与热边界层的厚度。

5-23　计算水平行流过长度为0.4m的平板时，在距离平板前缘点$x=0.1$m、$x=0.2$m、$x=0.3$m、$x=0.4$m处的局部表面传热系数。已知水的来流温度$t_\infty=20$℃、速度$u_\infty=1$m/s，平板的壁面温度$t_w=60$℃。

5-24　考虑温度为25℃，大气压力下的空气以5m/s的速度平行流过长度为1m的平板，平板的表面温度维持在85℃。试确定：(1)平板尾缘处速度边界层与热边界层的厚度是多少？(2)尾缘处局部热流密度与表面切应力是多少？(3)单位宽度平板的总阻力以及传出的总换热量是多少？

5-25　考虑大气压下，温度为25℃的空气以25m/s的速度流过长度为1m的平板。平板表面温度维持在125℃。试确定若临界雷诺数为$10^5$、$5\times10^5$或$10^6$，平板表面的对流换热量分别是多少？

5-26　温度为0℃的冷空气以6m/s的速度平行地吹过某太阳能集热器的表面。该表面呈方形，尺寸为1m×1m，其中一边与来流方向垂直。如果集热器表面的平均温度为20℃，试计算由于对流而散失的热量。

5-27　压力和温度分别为1atm和15℃的空气，以10m/s的速度平行流过长为3m、均匀壁温的平板，平板温度为140℃。试计算：(1)平板的平均表面传热系数是多少？(2)平板终点处的局部表面传热系数是多少？(3)定性地画出局部热流密度沿平板长度的变化情况。

5-28　在某摩托车引擎的壳体上有一条高为2cm、长为12cm的散热片，其长度方向与车身平行。散热片表面温度为150℃。如果车子在20℃的环境中逆风前进，车速为30km/h，而风速为2m/s，风速与车速相平行。此时肋片的散热量是多少？

5-29　飞机以800km/h(相对于地面)的速度在高空中飞行。如果空气温度$t_\infty=8.5$℃，压力$p=9\times10^4$Pa，风速$u_\infty=10$m/s，机翼弦长(沿气流方向的长度)为1.5m，表面温度$t_w=31.5$℃。计算飞机在顺风和逆风飞行时机翼表面的平均表面传热系数。

5-30　一个亚音速风洞实验段的最大风速可达40m/s。为了使外掠平板的流动达到雷诺数$Re=5\times10^5$的流动，平板需要多长？设来流温度为30℃，平板壁温为70℃。如果平板温度用低压水蒸气在夹层中凝结来维持，当平板垂直于流动方向的宽度为20cm时，水蒸气的凝结量是多少？风洞的压力可取$1.013\times10^5$Pa。

5-31　利用单独控制的每段长50mm的条状电加热器，使宽$W=1$m的平板表面保持均匀温度$t_w=230$℃。如果温度为25℃的常压空气以60m/s的速度流过平板，哪个电加热器的电功率输入最大？这个最大输入值是多少？

5-32　一个采用电加热的空气加热器是由一组水平的薄金属带组成的。金属带的宽度为10mm，每条带的长度为0.2m，且由25条金属带挨着放置，形成一个连续而光滑的表面。在金属带的表面，空气以2m/s的速度流过。运行时，金属带的表面温度维持在500℃，空气温度为25℃。试确定：(1)第一条金属带的对流换热速率是多少？第五条是多少？第十条是多少？(2)所有带的总对流换热速率是多少？

## 横掠单管的强迫对流换热

5-33　1atm、30℃的空气以40m/s的速度横向流过直径为0.5mm的金属丝。金属丝内通过电流，使其表面温度维持在50℃。单位长度金属丝的散热损失是多少？

5-34　温度$t_\infty=20$℃、速度$u=5$m/s的下列流体横向流过直径为10mm的圆柱体，圆柱的表面温度维持在50℃，试确定单位长度圆柱体的传热速率：(1)1atm的空气；(2)饱和水；(3)机油。

5-35　直径为10mm的电加热圆柱置于气流中冷却，在$Re=4000$时，每米长圆柱通过对流换热散失的热量为69W。若把圆柱直径改为20mm，其他条件不变，每米长圆柱的散热量是多少？

5-36　某未包裹绝热材料的蒸汽管道用来输送温度为150℃的水蒸气。管道外径为500mm，放置于室外。冬天室外温度为-10℃。如果空气以5m/s的流速横向吹过该管道，试确定其单位长度的换热量。

5-37　将外径为25mm的圆管放置在25℃、1atm的空气流中。空气以15m/s的速度横向流过圆管，而圆管的外表面温度维持在100℃。试确定：(1)作用在单位管长上的阻力是多少？(2)单位管长的传热速率是多少？

5-38　对直径为30mm的圆柱体加热，使其表面温度达到90℃。现有25℃的水以3m/s的速度横向掠过该圆柱体。试确定：(1)作用在单位长度圆柱体上的阻力是多少？(2)单位长度圆柱体的传热速率是多少？

5-39　有一外径为25mm、长为200mm的水平圆管横置于风洞中进行空气横掠圆管的对流换热实验，管内用电加热器加热。已测得圆管外壁面的平均温度为100℃，来流空气温度为20℃，空气流速为5m/s。试计算圆管外壁面对流换热的表面传热系数和电加热器的功率。

5-40　水式量热计为一外径$d=15$mm的管子，用空气斜向吹过。空气速度$u=2$m/s，与管子轴线的交角为60°，空气温度$t_\infty=20$℃。稳定时量热计管子外壁面温度$t_w=80$℃。试计算管壁对空气对流换热的表面传热系数以及单位管长的对流换热量。

5-41　在低速风洞中用电加热圆管的方法进行空气横掠水平放置圆管的对流换热实验，如图5-29所示。实验中金属圆柱体的直径为12.7mm，长为94mm。圆柱体用电加热器从内部加热，在低速风洞中经受空气的横吹。在自然流动的空气温度和速度分别保持在26.2℃、10m/s的一组特定运行条件下，测得电加热器的功率消耗$P=46$W，金属圆柱体的表面温度为128.4℃。据估算，有15%的功率消耗是通过隔热端部损失掉的。试计算：(1)由实验测量计算的表面传热系数值是多少？(2)将上述结果与用适合于给定条件的特征数关联式求得的表面传热系数值做一比较。

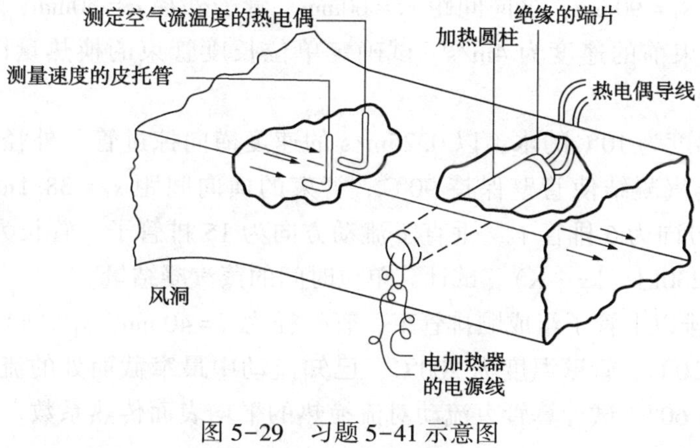


图 5-29　习题 5-41 示意图

5-42　假设人体可近似看作是直径为 0.3m、高为 1.8m、表面温度为 24℃的圆柱体。当其经受温度为-5℃、速度为 15m/s 的风吹时。试估算人体的散热量。

5-43　直径为 50mm 的薄壁管的表面维持 100℃的恒定温度。空气以两种不同流动方式流过管子。一种方式是以 25℃的温度和 30m/s 的速度横向掠过管子；另一种方式是以 25℃的温度和 30m/s 的速度在管内充分发展流动。试比较这两种流动方式下，管子对空气加热的热流密度。

## 横掠球体的强迫对流换热

5-44　20℃的水以 5m/s 的速度绕流过直径为 20mm 的球体。球体的表面温度维持在 60℃。试确定：(1)球体上的阻力是多少？(2)球的传热速率是多少？

5-45　25℃的空气以 0.5m/s 的速度绕流过 50W 的白炽灯泡。灯泡的表面温度为 140℃。可将灯泡近似为直径 50mm 的球体。由对流换热引起的灯泡表面对空气的热损失速率是多少？

## 横掠管束的强迫对流换热

5-46　空气横向流过 6 排顺排管束，最窄截面处的流速 $u=15.5\text{m/s}$，空气的平均温度为 19.4℃，管壁温度为 67.8℃，管径 $d=19\text{mm}$，管间距 $s_1/d=s_2/d=1.2$。试计算空气的平均表面传热系数值。

5-47　空气横掠某光滑管束空气换热器。已知管束有 22 排，每排 24 根管，管子外径为 25mm，管长为 1.2m，管束叉排布置，管子间距 $s_1=50\text{mm}$，$s_2=38\text{mm}$，管壁温度为 100℃，空气最大流速 $u_{\max}=6\text{m/s}$，平均温度为 30℃。试求表面传热系数以及换热量。

5-48　某锅炉厂生产的 220t/h 高压锅炉，其低温段空气预热器的设计参数为：叉排布置，管子间距 $s_1=76\text{mm}$，$s_2=44\text{mm}$，管径 40mm×1.5mm，空气横向冲刷管束。管排中心截面上的流速 $u_f=6.03\text{m/s}$，空气的平均温度 $t_f=133℃$，管壁温度 $t_w=200℃$，流动方向总排数 $n=44$。求管束与空气之间换热的平均表面传热系数。

5-49　若把上题中空气预热器改为顺排布置，空气分别横向冲刷和纵向冲刷管束，计算两种情形下管束与空气之间换热的平均表面传热系数。

5-50　100℃的空气横向掠过一叉排管束换热器。管束沿高度方向为 10 排，沿深度方向为 8 排。横向间距 $s_1 = 90\text{mm}$，纵向间距 $s_2 = 60\text{mm}$。管子外径 $d = 30\text{mm}$，管子表面温度 $t_w = 50℃$。空气进入管束前的速度为 4m/s。试确定单位长度管束的换热量以及出口处空气的温度。

5-51　平均温度为 10℃的水，以 0.25m/s 的速度横向掠过管子外径为 25.4mm 的叉排管束。由于管内蒸汽凝结使管壁保持 90℃。管束的横向间距 $s_1 = 38.1\text{mm}$，纵向间距 $s_2 = 50.8\text{mm}$。沿流动方向为 6 排管子，垂直于流动方向为 15 排管子，管长为 3m。如果管内蒸汽的汽化潜热为 2230kJ/(kg·K)。试计算单位时间的蒸汽凝结量。

5-52　由 10 排以上管子组成顺排管束，管外径为 $d = 40\text{mm}$，$s_1/d = 1.5$，$s_2/d = 2.0$，流体的平均温度为 320℃，管壁温度为 200℃，已知流动中最窄截面处的流速为 10m/s，气流与管子的冲击角为 60°。试计算管束流动对流换热的平均表面传热系数。若为叉排管束，平均表面传热系数是多少？

## 水平管道和竖直管道的大空间自然对流换热

5-53　一直径为 25mm、长为 1.2m 的竖直圆管，表面温度为 60℃。试计算把它置于以下两种环境中的自然对流换热量。(1)温度为 15℃，压力为 $1.013 \times 10^5\text{Pa}$ 的空气；(2)温度为 15℃，压力为 $2.206 \times 10^5\text{Pa}$ 的空气。一般情况下，当空气压力的变化范围为 $0.1 \times 10^5\text{Pa} \sim 10 \times 10^5\text{Pa}$ 时，空气的 $\eta$、$c_p$、$\lambda$ 可以认为与压力无关。

5-54　一圆柱的外径为 80mm，长为 1.82m。圆柱表面温度维持在 73℃，放置于温度为 27℃的房间内。圆柱水平放置与垂直放置时由于自然对流引起的热损失分别是多少？

5-55　一根 $l/d = 10$ 的金属柱体，从加热炉中取出，放置于静止空气中冷却，从加速冷却的角度来看，柱体应是水平放置，还是垂直放置？其冷却散热量会更大些(假设两种情况下的辐射散热量相同)。试估算开始冷却的瞬间，两种放置情形下自然对流的冷却散热量之比是多少？假设两种情形的流动均是层流，且端面绝热。

5-56　室内有一外径为 76mm 的水平暖气管道，壁面温度为 80℃，室内空气温度为 20℃。试求暖气管外壁面处自然对流换热的表面传热系数及单位管长的换热量。

5-57　输送过热蒸气的热力管道，$\Phi 133 \times 6\text{mm}$。水平穿过温度为 20℃、宽度为 7m 的厂房。为减少热损失，在管道外敷设厚度为 80mm 的石棉保温层，测得保温层外表面的温度为 60℃。试确定热力管道的热损失。

5-58　室内火炉上烟囱的外径为 15cm，其竖直段高度为 1.6m，壁面平均温度为 150℃；水平段长度为 5m，壁面平均温度为 100℃，室内空气温度为 18℃。试求每小时烟囱与室内空气间的对流换热量。

5-59　外直径为 25mm 的输电线，水平放置于温度 $t_f = 25℃$ 的大气中。每米导线的电阻为 $400 \times 10^{-5}\Omega$，如果输电线输送 100A 的电流，输电线的表面温度是多少？

5-60　外直径为 25mm 的供暖水平管，供热量为 2kW。供暖管的外表面温度维持在 80℃，空气温度为 20℃。试确定所需供暖管的长度。

5-61　一块由内部电加热的正方形薄平板，边长为 30cm，被垂直地放置于静止空气中。空气温度为 35℃。为防止平板内部电热丝过热，其表面温度不允许超过 150℃。试计算所允许的电加热的最大功率、平板表面辐射换热系数取为 8. 52W/( $m^2 \cdot K$)。

5-62　一个外径为 100mm 的钢管，通过室温为 27℃的大房间。已知管子外表面温度为 100℃，其表面发射率为 0. 85。试计算其对流换热的表面传热系数、辐射换热系数，以及每米管长的热损失。

5-63　表面温度和长度均相同的两根水平管，被空气自然冷却。其中一根管子的直径是另一根管子的 10 倍。已知小管子自然对流换热的 $GrPr=10^4$。试计算两根管子表面传热系数的比值以及换热量的比值。

## 热面朝上或热面朝下的大空间自然对流换热

5-64　长为 1m、宽为 1m 的平板竖直放置在温度为 20℃的空气中，平板一侧表面绝热，另一侧表面的温度保持在 60℃。试求该平板的对流换热量。如果该平板表面绝热侧水平朝上或朝下放置，该平板的自然对流换热量将变为多少？

5-65　用直径为 400mm 的水平圆盘式电加热器装机油，并维持机油温度为 15℃。试计算为保持加热器表面温度为 70℃需要的功率。

5-66　一高为 6m、宽为 10m 的墙壁，墙内壁绝热，在太阳光照射下外表面温度保持在 40℃，环境温度为 20℃。试计算墙壁与外界的自然对流换热量。如果风以 5m/s 的速度沿宽度方向吹过墙壁。试估算墙壁外表面温度(为方便起见，流体物性可按流体温度取值，并且假设墙壁接受太阳的热量不变)。

## 有限空间的自然对流换热

5-67　有一水平封闭夹层，其上、下表面的间距 $\delta=14$mm，夹层内是压力为 $1.013\times10^5$Pa 的空气。设一个表面的温度为 90℃，另一个表面的温度为 30℃。对当热表面在冷表面之上，与热表面在冷表面之下两种情形，通过夹层单位面积的散热量分别是多少？

5-68　高为 1. 2m、宽为 0. 8m 的双层玻璃窗夹层间隙为 0. 06m，玻璃窗夹层的两个内表面温度分别为 20℃和-10℃，试计算通过夹层的热损失。

5-69　在内、外直径分别为 50mm 和 75mm 的两个同心水平圆管组成的套管内，用水充满。如果圆管内、外表面温度分别保持在 27℃和 227℃，试计算单位管长的对流换热量。

5-70　由内径为 300mm 和外径为 700mm 的两根管子组成的同心套管水平放置。其环形空间内充满空气。当内管外表面温度为 90℃，外管内表面温度为 70℃时，每米管子的散热量是多少？

5-71　在 $\Phi58\times3$mm 的管内，同心套入 $\Phi12\times1$mm 的管子。内管外壁温度为 120℃，外管内壁温度为 40℃。如果环形夹层内分别充满空气、水或润滑油，试分别计算通过每米长环形夹层的热量。

5-72　墙壁内有一厚度为 30mm 的空气夹层，夹层两侧壁面温度分别为 40℃和 20℃。试确定两壁面之间的热流密度。若夹层厚度减少为原来的一半，其他条件不变，两壁面之间的热流密度如何变化？其值是多少？

5-73　某太阳能集热器吸热表面的平均温度为 85℃，其上覆盖表面的温度为 35℃，两表面形成间距为 5cm 的夹层。试确定在每平方米夹层上空气自然对流的散热量是多少？研究表明，当 $GrPr \leqslant 1700$ 时不会产生自然对流，而是纯导热工况。试确定不产生自然对流的两表面的最大间距是多少？此时的散热量是多少？（不包括辐射部分）

5-74　平板太阳能集热器的吸热板高为 1m，宽为 0.6m，板平均温度 $t_{w1}=80℃$，如图 5-30所示。若单层玻璃盖板的下表面温度 $t_{w2}=50℃$，空气夹层的厚度为 25mm。试比较集热板采用竖直、水平和倾斜 45°三种摆放方式时夹层的自然对流热损失。

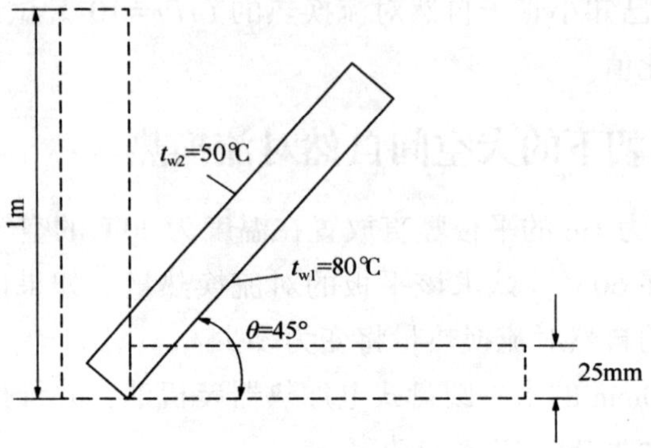


图 5-30　习题 5-75 示意图

# Chapter 5 Empirical Relations of Single-Phase Fluids for Convection Heat Transfer

One of the main tasks of studying convection heat transfer problems is to determine the convection heat transfer coefficient and its influencing factors for various convection heat transfer problems. There are three basic methods for solving convection heat transfer problems: analytical, numerical and experimental. In chapter 4 we considered the general and theoretical aspects of convection heat transfer. In this chapter we consider the practical aspects of convection heat transfer. We first introduce the principle of similarity, which is the basic theory that guides experimental research. Then we discuss the characteristics and empirical relations of forced and natural convections.

## 5.1 Similarity Principle and its Application

### 1. Conception of Similarity

(1) Geometric Similarity

Geometric similarity of two figures means that the corresponding sides of the two figures are proportional one by one, and the corresponding angles are equal. Consider two smooth tubes with radiuses $R'$ and $R''$, as shown in Figure 5-1. The velocity fields of steady isothermal laminar flow are $u'$and $u''$. If

$$\frac{r_1'}{r_1''}=\frac{r_2'}{r_2''}=\frac{r_3'}{r_3''}=\cdots=\frac{R'}{R''}=\frac{d'}{d''}=\frac{l'}{l''}=C_l \tag{5-1}$$

it is said that the two velocity fields are geometric similarity. Where $C_l$ is called the multiple of geometric similarity.

(2) Time Similarity

Time similarity means that the corresponding time interval between the two physical processes is proportional. Consider two temperature fields $t'$ and $t''$, as shown in Figure 5-2. If

$$\frac{\tau_1'}{\tau_1''}=\frac{\tau_2'}{\tau_2''}=\frac{\tau_3'}{\tau_3''}=\cdots=\frac{\tau'}{\tau''}=C_\tau \tag{5-3}$$

it is said that the two temperature fields are time similarity. Where $C_\tau$ is called the multiple of time similarity.

(3) Similarity of Physical Quantities

Similarity of physical quantities means that the values of physical quantities corresponding to two physical phenomena are proportional in similar places and similar times. In general, physical quantity fields in heat transfer involve velocity field, temperature field, thermal conductivity field, density field, and viscosity field, etc.

(4) Similarity of Physical Phenomena

Any physical phenomenon (or physical process) is described by the associated physical quantities. If all the same name physical quantity fields between similar physical phenomena are similar, that is, the values of the same name physical quantities in similar places and similar times are proportional, the physical phenomena are said to be similar.

Phenomena that are similar have the following properties:

① Similar phenomena must belong to the same phenomenon. They can be described by equations that are exactly the same in content and form. These equations involve all the basic equations that describe the phenomenon and conditions for single-valuedness.

② Similar phenomena must occur in similar places and at similar times.

③ The corresponding physical quantity fields used to characterize the phenomenon are similar.

④ There is a binding relationship between similar multiples.

**2. Similarity Principle**

The similarity principle is the theory that studies the similarity of phenomena, which include three core contents: the similar properties of physical phenomena, the relationship between the similar characteristic numbers, and the conditions for determining similarities.

(1) The First Theorem of Similarity Principle

The first theorem of similarity principle states that the values of the same name characteristic numbers for the similar physical phenomena are the same.

The characteristic numbers involved in the convection heat transfer are

① Nusselt number *Nu*.

The definition of Nusselt number is $Nu=\frac{hl}{\lambda}$. Note that the Nusselt number is equivalent to the dimensionless gradient at the surface, and thus it is properly referred to as the dimensionless heat transfer coefficient. That is the Nusselt number indicates the strength of convection heat transfer.

② Reynold number *Re*.

The definition of Reynold number is $Re=\frac{ul}{\nu}$, which indicates the relative magnitude of the inertial force versus the viscous force.

③ Berkeley number *Pe*.

The definition of Berkeley number is $Pe=\frac{ul}{a}$, which indicates the effect of thermal convection and heat conduction of a fluid on the temperature distribution. Note that the Berkeley number can also be expressed as $Pe=\frac{\nu}{a}\cdot\frac{ul}{\nu}=Pr\cdot Re$.

④ Prandtl number *Pr*.

The definition of Prandtl number is $Pr=\frac{\nu}{a}$, which indicates the relative magnitude of momentum diffusivity ability versus heat diffusivity ability.

⑤ Grashof number $Gr$.

The definition of Grashof number is $Gr=\dfrac{g\alpha_V \Delta t l^3}{\nu^2}$, which indicates the relative magnitude of the buoyancy force versus the viscous force. Thus, Grashof number also describes the strength for natural convection heat transfer.

(2) The Second Theorem of Similarity Principle

The second theorem of similarity principle states that the solutions of all similar physical phenomena must be described by the same characteristic number correlation.

In general, the characteristic number correlation for the steady-state convection heat transfer phenomenon without phase change can be expressed as

$$Nu=f(Re,\ Pr,\ Gr) \tag{5-21}$$

Note that the Nusselt number for a given convection problem can be expressed in terms of the Reynolds number, Prandtl number, and Grashof number. The Nusselt number is a determined number, and the others, include Reynolds number, Prandtl number, and Grashof number are known numbers.

(3) The Third Theorem of Similarity Principle

The third theorem of similarity princlple states that, for two similar phenomena, if the known same name numbers are equal and the single-valuedness conditions are similar, the two physical phenomena must be similar.

**3. Application of Similarity Principle**

The principle of similarity is the basic theory that guides experimental research. It can guide the arrangement of experiments, the processing and collation of experimental data.

The experimental data for heat transfer is often represented with reasonable accuracy by a simple power-law relation of the form

$$Nu=f(Re,\ Pr)=CRe^n Pr^m \tag{5-26}$$

where $C$, $n$ and $m$ are unknown constants. The values of the constant $C$, $n$ and $m$ always be determined by experiment, as shown in Figure 5-4.

# 5.2 Internal Forced Convection of Single-Phase Fluids

A fluid flow is classified as being internal and external, depending on whether the fluid is forced to flow in a confined channel or over a surface. The flow in a pipe or duct is internal flow. The flow of an unbounded fluid over a surface such as a plate, a cylinder, or a tube bank is external flow. In this part, we consider the flow through pipes or ducts. Analysis the characteristics of the flow in tubes, obtain the empirical relations for convection heat transfer coefficients and Nusselt numbers, and demonstrate their use.

**1. The Characteristics of Forced Flow in Tubes**

(1) Flow Type

Flow in a tube can be laminar or turbulent, depending on the flow conditions, fluid properties, surface roughness, pipe vibrations, and the fluctuations in the flow.

The Reynolds number is used as a criterion for laminar and turbulent flow. Under most practical conditions

$Re \leqslant 2300$, laminar flow

$2300 < Re < 10^4$, transitional flow

$Re > 10^4$, turbulent flow

(2) The Entrance and Fully Developed Regions

Consider a fluid entering a circular tube at a uniform velocity, as shown in Figure 5-5(a). A velocity boundary layer forms at the entrance, and develops along the tube. The thickness of the boundary layer increases in the flow direction until the boundary layer reaches the tube center and thus fills the entire tubes. The flow in the tube can be divided into two flow regions: hydrodynamic entrance region and fully developed region. The region from the tube inlet to the point at which the boundary layer merges at the centerline is called the hydrodynamic entrance region. The region beyond the entrance region is called hydrodynamic fully developed region.

Now consider a fluid at a uniform temperature entering a circular tube whose surface is maintained at a different temperature. This will initiate convection heat transfer in the tube and the development of a thermal boundary layer along the tube. The thickness of this boundary layer also increases in the flow direction until the boundary layer reaches the tube center and thus fills the entire tube, as shown in Figure 5-5(b). The region of flow over which the thermal boundary layer develops and reaches the tube center is called the thermal entrance region. The region beyond the thermal entrance region is called the thermally fully developed region.

In the fully developed flow of the tube, both the friction and convection coefficients remain constants. The friction coefficient of laminar flow can be determined by Figure 5-6. The convection heat transfer coefficients of laminar and turbulent flows along the tube can be described in Figure 5-7(a) and 5-7(b).

The hydrodynamic entry length is usually taken to be the distance from the tube entrance where the friction coefficient reaches within about 2 percent of the fully developed value. In laminar flow, the hydrodynamic and thermal entry lengths are given approximately as

Hydrodynamic entry length

$$\frac{l}{d} \approx 0.05Re \tag{5-38}$$

Thermal entry length

$$\frac{l}{d} \approx 0.05RePr \tag{5-39}$$

In turbulent flow, the hydrodynamic and themal entry lengths are approximately taken to be $l/d \approx 60$.

(3) Thermal Boundary Conditions

The thermal conditions at the surface can usually be approximated with reasonable accuracy to be constant surface temperature, that is $t_w$ = constant, or constant surface heat flux, that is $q_w$ = constant. The variations of the mean fluid temperature and the surface temperature for the case of constant temperature and constant heat flux are shown in Figure 5-8.

(4) Characteristic Temperature and Average Temperature

In order to determine the properties of the fluid, we need to know the temperature corresponding to the properties of the fluid, and this temperature is called characteristic temperature. In the tube flow, the characteristic temperature can be determined by the arithmetic mean temperature difference of fluids at the inlet and the exit of the tube. In this case, this arithmetic mean temperature difference is also called bulk temperature. That is

$$t_f = \frac{1}{2}(t_f' + t_f'') \tag{5-40}$$

In Newton's law of cooling $q = h(t_w - t_f) = h\Delta t$, the temperature difference $\Delta t$ is the average temperature difference between the fluid and the surface. In the constant surface temperature case, the temperature difference $\Delta t$ can be expressed as

$$\Delta t = \frac{\Delta t' - \Delta t''}{\ln \dfrac{\Delta t'}{\Delta t''}} \tag{5-42}$$

For the case that the temperature difference of $\Delta t'$ and $\Delta t''$ is not big, the temperature difference $\Delta t$ can be expressed approximately by the arithmetic mean temperature difference as

$$\Delta t = \frac{1}{2}(\Delta t' + \Delta t'') \tag{5-43}$$

In the constant heat flux case, the surface temperature and fluid temperature will increase in the flow direction. However, the temperature difference $\Delta t$ at any cross section in the fully developed region remains constant. Thus, the temperature difference can be expressed by virtue of the temperature difference at any cross section in the fully developed region, that is

$$\Delta t = \Delta t'' = t_w'' - t_f'' \tag{5-44}$$

**2. Empirical Relations for Fluid Flow in Tubes**

(1) Empirical Relations for Laminar Flow in Tubes

In this section we consider the steady laminar flow of an incompressible fluid with constant properties in the fully developed region of a straight circular tube. The Nusselt number relations for constant surface temperature and constant surface heat flux obtained are shown as in Table 5-1.

The Table 5-1 shows that:

① For fully developed laminar flow in a tube under both conditions of the constant surface temperature and constant surface heat flux, the Nusselt number are constants. There is no dependence on the Reynolds number or the Prandtl number.

② For the same cross section type tube, the value of Nusselt number under the constant surface heat flux is larger than that of the constant surface temperature.

For flow through noncircular tubes, the Reynolds number as well as the Nusselt number are based on the hydraulic diameter $d_e$, which is defined as

$$d_e = \frac{4A_c}{P} \tag{5-46}$$

where $A_c$ is the cross sectional area of the tube, and $P$ is its perimeter.

The Nusselt numbers for fully developed laminar flow in and annulus with different boundary conditions of inner and outer surfaces are shown in Tables 5-2 and 5-3.

If the tube is sufficiently long so that the entrance effects are negligible, the Nusselt numbers are determined by Table 5-1. However, for a circular tube of length $l$ subject to constant surface temperature, the average Nusselt number for the thermal entrance region can be determined from Sieder and Tate.

$$Nu_f = 1.86\left(Re_f Pr_f \frac{d}{l}\right)^{\frac{1}{3}}\left(\frac{\eta_f}{\eta_w}\right)^{0.14} \tag{5-49}$$

Applicability: $0.48 < Pr_f < 16700$, $0.0044 < \frac{\eta_f}{\eta_w} < 9.75$, $\left(Re_f Pr_f \frac{d}{l}\right)^{\frac{1}{3}}\left(\frac{\eta_f}{\eta_w}\right)^{0.14} \geqslant 0.2$.

In this formula all fluid properties are evaluated at the mean bulk temperature of the fluid, except $\eta_w$, which is evaluated at the wall temperature.

(2) Empirical Relations for Turbulent Flow in Tubes

A traditional expression for calculation of heat transfer in fully developed turbulent flow in smooth tubes is that recommended by Dittus and Boelter in 1930

$$Nu_f = 0.023 Re_f^{0.8} Pr_f^n \tag{5-50}$$

Applicability: $n = 0.4$ for heating $t_w > t_f$; $n = 0.3$ for cooling $t_w < t_f$; $0.7 \leqslant Pr_f \leqslant 160$, $Re_f \geqslant 10^4$, $l/d \geqslant 60$.

The properties in Equation (5-50) are evaluated at the average fluid bulk temperature $t_f = (t_{f,in} + t_{f,out})/2$, and the characteristic length is the tube diameter $d$.

When some applicability conditions in Equation (5-50) are not satisfied, some correction factors will be attached on Equation (5-50).

Considering the influence of inhomogeneous physical property field, the correction coefficient $c_t$ is expressed as

For gas,

be heated
$$c_t = \left(\frac{T_f}{T_w}\right)^{0.5} \tag{5-51}$$

be cooled
$$c_t = 1 \tag{5-52}$$

For liquid,

be heated
$$c_t = \left(\frac{\eta_f}{\eta_w}\right)^{0.11} \tag{5-53}$$

be cooled
$$c_t = \left(\frac{\eta_f}{\eta_w}\right)^{0.25} \tag{5-54}$$

In Equations (5-51) ~ (5-54), the lower corner index f and w denote that the values of the physical parameters are the average temperature of the fluid $t_f$ and the temperature of the wall $t_w$, respectively.

Consider the convection heat transfer of the short tube, the correction coefficient $c_l$ is expressed as

$$c_l = 1 + \left(\frac{d}{l}\right)^{0.7} \tag{5-55}$$

Considering the effects of pipe bending, as shown in Figure 5-10, the correction coefficient $c_R$ is expressed as

For gas $$c_R = 1 + 1.77\frac{d}{R} \tag{5-56}$$

For liquid $$c_R = 1 + 10.3\left(\frac{d}{R}\right)^3 \tag{5-57}$$

If wide temperature differences are present in the flow, there may be an appreciable change in the fluid properties between the wall of the tube and the central flow. To take into account the property variations, Sieder and Tate in 1936 recommend the following relation:

$$Nu_f = 0.027 Re_f^{0.8} Pr_f^{1/3}\left(\frac{\eta_f}{\eta_w}\right)^{0.14} \tag{5-58}$$

Applicability: $0.7 \leqslant Pr_f \leqslant 16700$, $Re_f \geqslant 10^4$, $l/d \geqslant 60$.

All properties in Equation (5-58) are evaluated at bulk-temperature conditions, except $\eta_w$, which is evaluated at the wall temperature.

The above equations offer simplicity in computation, but uncertainties on the order of ±25 percent are not uncommon. More recent information by Gnielinski in 1976 suggests that better results for turbulent flow in smooth tubes may be obtained from the following:

$$Nu_f = \frac{(f/8)(Re_f - 1000)Pr}{1 + 12.7(f/8)^{1/2}(Pr_f^{2/3} - 1)}\left[1 + \left(\frac{d}{l}\right)^{2/3}\right]c_t \tag{5-59}$$

Applicability: $0.5 \leqslant Pr_f \leqslant 2000$, $2300 \leqslant Re_f \leqslant 5\times10^6$

Where the friction factor may be obtained from Petukhov formula

$$f = (0.79\ln Re_f - 1.64)^{-2} \tag{5-60}$$

The modified coefficient $c_t$ is determined by the following formulas:

For gases $$c_t = \left(\frac{T_f}{T_w}\right)^{0.45}, \quad 0.5 \leqslant \frac{T_f}{T_w} \leqslant 1.5 \tag{5-61}$$

For liquids $$c_t = \left(\frac{Pr_f}{Pr_w}\right)^{0.11}, \quad 0.05 \leqslant \frac{Pr_f}{Pr_w} \leqslant 20 \tag{5-62}$$

# 5.3 External Forced Convection

In this part, we consider the parallel flow of the fluid over flat plates, cross flow over cylinder and spheres, and cross flow over tube banks. For all these four situations, we obtain the empirical relations for convection heat transfer coefficients and Nusselt numbers, and demonstrate their use.

## 1. Parallel Flow over Flat Plates

(1) Characteristics of the Parallel Flow over Flat Plates

Consider the parallel flow of a fluid over a flat plate of length $l$ in the flow direction, as shown in Figure 4-6. The flow in the velocity boundary layer starts out as laminar, but if the plate is sufficiently long, the flow will become turbulent at a distance $x_c$ from the leading edge where the Reynolds number reaches its critical value for turbulent.

The variation of the boundary layer thickness and the heat transfer coefficients along an isothermal flat plate are shown in Figure 4-6. The local heat transfer coefficient is higher in turbulent flow than it is in laminar flow. Also, $h_x$ reaches its highest value when the flow becomes fully turbulent, and then decreases in the flow direction.

There are two thermal boundary conditions: constant surface temperature condition and constant heat flux condition.

(2) Empirical Relations for Forced Flow over a Flat Plate

1) Laminar Flow

For the constant surface temperature condition, the local and average Nusselt numbers over a flat plate are given by

$$Nu_x = 0.332 Re_x^{1/2} Pr^{1/3}$$

$$Nu = 0.664 Re^{1/2} Pr^{1/3}$$

Applicability: $t_w = \text{constant}$, $0.5 < Pr < 1000$, $Re_x \leqslant 5\times10^5$.

For the constant surface heat flux condition, the local and average Nusselt numbers over a flat plate are given by

$$Nu_x = 0.453 Re_x^{1/2} Pr^{1/3}$$

$$Nu = 0.680 Re^{1/2} Pr^{1/3}$$

Applicability: $q_w = \text{constant}$, $0.5 < Pr < 1000$, $Re_x \leqslant 5\times10^5$.

The velocity boundary layer thickness at location $x$ for laminar flow over a flat plate is given by

$$\frac{\delta}{x} = 5.0 Re_x^{-1/2}$$

The thermal boundary layer thickness for laminar flow from the leading edge of the plate is given by

$$\frac{\delta_t}{\delta} = Pr^{-\frac{1}{3}}$$

where $0.6 < Pr < 15$.

The local friction coefficient $c_{f,x}$ at location $x$ for laminar flow over an isothermal flat plate is given by

$$c_{f,x} = 0.664 Re_x^{-1/2}$$

The average friction coefficient $c_f$ for laminar flow over an isothermal flat plate is given by

$$c_f = 1.328 Re^{-1/2}$$

2) Turbulent Flow

The local Nusselt number at a location $x$ for turbulent flow along an isothermal flat plate is

$$Nu_x = 0.0296 Re_x^{4/5} Pr^{1/3} \tag{5-67}$$

When a flat plate is subjected to constant surface heat flux, the local Nusselt number is given by

$$Nu = 0.0308 Re^{4/5} Pr^{1/3} \tag{5-68}$$

Applicability: $q_w$ = constant, $0.6<Pr<60$, $5\times10^5<Re_x<10^7$.

These relations give values that are 36 percent higher for laminar flow and 4 percent higher for turbulent flow relative to the isothermal plate case.

The velocity boundary layer thickness at location $x$ for turbulent flow over a flat plate is given by

$$\frac{\delta}{x} = 0.37 Re_x^{-1/5} \tag{5-69}$$

The local friction coefficient $c_{f,x}$ at location $x$ for turbulent flow over the flat plate is given by

$$c_{f,x} = 0.0592 Re_x^{-1/5} \tag{5-70}$$

The average friction coefficient $c_f$ for turbulent flow over the flat plate is given by

$$c_f = 0.074 Re^{-1/5} \tag{5-71}$$

3) Laminar-Turbulent Flow

In some cases, a flat plate is sufficiently long for the flow to become turbulent, but not long enough to disregard the laminar flow region. In such cases, the average Nusselt number from laminar flow to turbulent flow through the whole constant surface temperature is

$$Nu = (0.037 Re^{4/5} - 871) Pr^{1/3} \tag{5-72}$$

The average friction coefficient for laminar-turbulent flow over the flat plate is given by

$$c_f = 0.074 Re_l^{-1/5} - 1.724 Re_l^{-1} \tag{5-73}$$

Applicability: $0.6<Pr<60$, $Re_c = 5\times10^5$, $Re_l<10^7$.

Note that the temperature $t_f$ in Newton's law of cooling is the free-stream temperature, which is the fluid temperature beyond the boundary layer. The fluid properties vary with temperature, and are usually evaluated at the so-called film temperature, defined as $t_m = (t_w + t_f)/2$, which is the arithmetic average of the surface and the free-stream temperature.

### 2. Flow Across Cylinders

(1) Characteristics of Flow Across Cylinders

When the fluids flow across a cylinder, the boundary layer is developed wrapping around the cylinder. It is necessary to include the pressure gradient in the analysis because this influences the boundary-layer velocity profile to an appreciable extent. In fact, it is this pressure gradient that causes a separated flow region to develop on the back side of the cylinder when the free-stream velocity is sufficiently large.

The location of the separation point depends on the value of Reynolds number. At low Reynolds number of the order of unity $Re<5$, there is no flow separation. At Reynolds number of $5<Re<1.2\times10^5$, the boundary layer flow is laminar, the separation point is at the location of $\varphi = 80°\sim85°$. At Reynolds number of $Re>1.2\times10^5$, the boundary layer may become turbulent, resulting extremely late flow separation at the location of $\varphi = 140°$.

The boundary-layer development on the cylinder determines the heat-transfer characteristics. The derailed behavior of the heat transfer from a heated cylinder to air has been investigated by Giedt, and the results are summarized in Figure 5-15. At the lower Reynolds numbers (70800 and

101300) a minimum point in the heat transfer coefficient occurs at approximately the point of separation $\varphi=80^\circ \sim 85^\circ$. There is a subsequent increase in the heat transfer coefficient on the rear side of the cylinder, resulting from the turbulent eddy motion in the separated flow. At the higher Reynolds numbers two minimum points are observed. The first occurs at the point of transition from laminar to turbulent boundary layer, and the second minimum occurs when the turbulent boundary layer separates. There is a rapid increase in heat transfer when the boundary layer becomes turbulent and another when the increased eddy motion at separation in encountered.

(2) Empirical Relations for Flow Across Cylinder

Zukauskas suggested the following correlation for average heat-transfer coefficients in cross flow over circular cylinders

$$Nu=CRe^{n}Pr^{1/3} \tag{5-75}$$

Applicability: $0.7<Pr<500$, $1<Re<10^6$.

In Equation (5-75), the constants $C$ and $n$ are given in Table 5-4. All fluid properties are evaluated at the film temperature $t_m=(t_w+t_\infty)/2$, which is the average of the free-stream and surface temperatures. The characterastic length is the outer diameter $D$ of the cylinder.

When $\varphi=30^\circ \sim 90^\circ$, it can be multiplied by a correction factor to the right of Equation (5-75), which can be approximated using the following equation:

$$\varepsilon_\varphi=1-0.54\cos^2\varphi \tag{5-76}$$

A more comprehensive relation is given by Churchill and Bernstein that is applicable over the complete range of available data $RePr>0.2$:

$$Nu=0.3+\frac{0.62Re^{1/2}Pr^{1/3}}{[1+(0.4/Pr)^{2/3}]^{1/4}}\left[1+\left(\frac{Re}{282000}\right)^{5/8}\right]^{4/5} \tag{5-77}$$

The fluid properties are evaluated at the film temperature of $t_m=(t_w+t_\infty)/2$.

**3. Flow Across Spheres**

For the flow across a sphere, Whitaker developed a relation for gases and liquids:

$$Nu=2+(0.4Re^{1/2}+0.06Re^{2/3})Pr^{0.4}\left(\frac{\eta_\infty}{\eta_w}\right)^{1/4} \tag{5-78}$$

Applicability: $3.5<Re<8\times10^4$, $0.7<Pr<380$. The fluid properties are evaluated at the free-stream temperature $t_\infty$, and characteristic length is the diameter of the sphere $D$.

**4. Flow Across Tube Banks**

(1) Characteristics of Flow Across Tube Banks

Many heat-exchanger arrangements involve multiple rows of tubes. There are two types of tube banks in arrangement: in-line tube rows and staggered tube rows in the direction of flow, as shown in Figure 5-16. The heat-transfer characteristics of staggered and in-line tube banks depend on the values of Reynolds and Prandtl numbers, the distances of transverse $s_1$ and longitudinal $s_2$, the numbers of tube rows in the direction of flow, and the fluid temperature differences between the inlet and the exit of the tube bank. The Reynolds number is based on the maximum velocity occurring in the tube bank, that is, the velocity through the minimum-flow area.

(2) Empirical Relations for Flow Across Tube Banks

For tube banks with 16 or more rows in the direction of flow, Zukauskas presents the following correlating equation that takes into account wide ranges of Reynolds numbers and property variations.

$$Nu_{f}=CRe_{f}^{m}Pr_{f}^{0.36}\left(\frac{Pr_{f}}{Pr_{w}}\right)^{0.25}\varepsilon_{n} \tag{5-79}$$

Applicability: $0.7<Pr_{f}<500$, $1<Re_{f}<2\times10^{6}$. Note that the Reynolds number is based on the maximum velocity in the tube bundle.

In Equation (5-79), all properties are evaluated at the average fluid buld temperature $t_{f}$ except $Pr_{w}$, which is evaluated at the wall temperature. The values of the constants $C$ and $m$ are given in Table 5-6 for in-line or staggered tube banks both in the case of greater than 16 rows of the tubes. For gases the Prandtl number ratio has little influence and is dropped. For less than 16 rows in the direction of flow the correction factor in Table 5-7 should be applied.

In the case of non-across flow of tube banks, the average convection heat transfer coefficient of the tube bank flow can be obtained by multiplying the correction factor $\varepsilon_{\psi}$ in Equation (5-79), and the correction factor $\varepsilon_{\psi}$ can be obtained from Figure 5-17.

# 5.4 Natural Convection

The movement of the fluid in natural convection results from the buoyancy forces imposed on the fluid when its density in the proximity of the heat-transfer surface is decreased as a result of the heating process.

**1. Characteristics for Natural Convection**

(1) The Grashof Number

The Grashof number $Gr$ is defined as $Gr=\frac{g\alpha_{V}\Delta tl^{3}}{\nu^{2}}$. It represents the ratio of the buoyancy force to the viscous force acting on the fluid.

(2) Flow Regime

The role played by the Reynolds number in forced convection is played by the Grashof number in natural convection. The Grashof number is used as a criterion in determining whether the fluid flow is laminar or turbulent in natural convection. For air in natural convection on a vertical flat plate, for example, the critical Grashof number is observed to be about $10^{9}$. Therefore, the flow regime on a vertical plate becomes turbulent when Grashof number is greater than $10^{9}$. The product of the Grashof and Prantle numbers is called the Rayleigh number:

$$Ra=Gr\cdot Pr=\frac{g\alpha_{V}\Delta tl^{3}}{a\nu} \tag{5-84}$$

The Rayleigh number is also used as the criterion in determining whether the fluid flow is laminar or turbulent in natural convection.

(3) Velocity and Temperature Profiles on a Vertical Flat Plate

Consider a vertical hot flat plate shown in Figure 5-23. We assume the natural convection flow to be steady, laminar, and two-dimensional, and the fluid to be Newtonian with constant properties. Because the plate is hot, the natural convection boundary layer is formed from the bottom edge of the plate. The initial boundary layer development is laminar, but at some distance from the leading edge, turbulent eddies are formed, and transition to a turbulent boundary layer begins. Farther up the plate the boundary layer may become fully turbulent, as shown in Figure 5-23(a).

The velocity and temperature profiles for natural convection over a vertical hot plate are also shown in Figure 5-23(b). The fluid velocity at the surface is zero because of the no-slip condition. It increases with distance from the surface, reaches a maximum value and then decreases to zero at the edge of the boundary layer since the fluid beyond the boundary layer is motionless. The fluid temperature at the surface is equal to the plate temperature, and gradually decreases to the temperature of the surrounding fluid at the edge of the boundary layer.

(4) Variation of the Local Convection Heat Transfer Coefficient

At the bottom edge of the plate, the convection heat transfer coefficient has a maximum value since the thickness of the boundary layer at this point is zero, as shown in Figure 5-23(a). Then it decreases with the increase of thickness of the boundary layer upward the direction. When the boundary layer develops from the laminar to the fully turbulent, the convection heat transfer coefficient increases to a constant value.

(5) Two Types of Natural Convection

Natural convection can be divided into two types: in infinite space and in enclosed space, depending on the surrounding space of the plate.

## 2. Empirical Relations for Natural Convection

(1) Natural Convection in Infinite Spaces

The natural convection is classified as being isothermal surfaces and constant heat flux surfaces.

1) Isothermal Surfaces

Over the years of theory analysis and experimental studies, it has been found that the empirical relations for natural convection can be represented in the following functional form for a variety of circumstance:

$$Nu = C(GrPr)^n = CRa^n \tag{5-85}$$

The functional form of Equation (5-85) is used for many different geometries, and the values of the constants $C$ and $n$ depend on the geometry of the surface and the flow regime and are listed in Table 5-8. The characteristic length to be used in the Nusselt and Grashof numbers depend on the geometries. In this Table, the characteristic lengths of the geometries and the ranges of Rayleigh number in which the relation are applicable. All fluid properties are to be evaluated at the film temperature $t_m = \frac{1}{2}(t_w + t_\infty)$. The temperature difference in the Grashof number is $\Delta t = t_w - t_\infty$, which is the difference of the surface and fluid temperatures for ideal gases, the volume coefficient of expansion may be calculated from $\alpha_V = 1/T_m$.

Equation (5-85) is fully applicable to gases. While for liquids, it is necessary to multiply a correction factor at the right end of Equation (5-85) to reflect the change of physical properties. The recommended correction factor is $(Pr_f/Pr_w)^{0.11}$. for liquids, the nondimensional equation is

$$Nu = C(GrPr)^n \left(\frac{Pr_f}{Pr_w}\right)^{0.11} \tag{5-86}$$

For vertical cylinders, the general criterion is that a vertical cylinder can be treated as a vertical plate when

$$\frac{d}{H} \geqslant \frac{35}{Gr^{1/4}} \tag{5-87}$$

When this criterion is met, the relations for vertical plates can also be used for vertical cylinders. If the vertical cylinder is too small to meet this criterion, the value of constant $C = 0.686$, and the value of constant $n$ is same as the vertical plates. These are available for both laminar and turbulent flows.

The empirical relation for natural convection heat transfer over the sphere is

$$Nu = 2 + \frac{0.589(GrPr)^{1/4}}{[1+(0.469/Pr)^{9/16}]^{4/9}} \tag{5-90}$$

Applicability: $Pr \geqslant 0.7$, $GrPr \leqslant 10^{11}$. The reference temperature is the athematic average temperature of fluid temperature and sphere temperature, and the characteristic length is the diameter of the sphere.

(2) Constant Heat Flux Surfaces

1) Vertical Flat Plate

For constant heat flux surfaces, the local Nusselt number are correlated by the following relations.

For the laminar flow $\qquad Nu_x = 0.60(Gr_x^* Pr)^{1/5} \qquad$ (5-91)

Applicability: $10^5 < Gr_x^* Pr < 10^{11}$.

For the turbulent flow $\qquad Nu_x = 0.17(Gr_x^* Pr)^{1/4} \qquad$ (5-92)

Applicability: $2\times10^{13} < Gr_x^* Pr < 10^{16}$.

Where the Grashof number is presented in terms of a modified Grashof number $Gr_x^*$

$$Gr_x^* = Gr_x Nu_x = \frac{g\alpha_V \Delta t x^3}{\nu^2}\frac{h_x x}{\lambda} = \frac{g\alpha_V q_w x^4}{\nu^2 \lambda} \tag{5-93}$$

All properties in Equations (5-91) and (5-92) are evaluated at the local film temperature.

Based on the experimental data, Churchill and Chu provide a relation that is applicable over wider ranges of the Reyleigh number:

$$Nu = \left\{0.825 + \frac{0.387Ra^{1/6}}{[1+(0.492/Pr)^{9/16}]^{8/27}}\right\}^2 \tag{5-94}$$

where the range of Rayleigh number is $10^{-1} < Ra < 10^{12}$. The Equation (5-94) is also apply to both isothermal surfaces and constant heat flux surfaces, laminar flow and turbulent flow.

For laminar flow of $Ra < 10^9$, a more precise form is

$$Nu = 0.68 + \frac{0.67Ra^{1/4}}{[1+(0.492/Pr)^{9/16}]^{4/9}} \tag{5-95}$$

2) Inclined Plates

For the inclined plate facing downward with approximately constant heat flux, the Nusselt number can be determined from the vertical plate relations provided that $g$ in the Rayleigh number relation is replaced by $g\cos\varphi$ for $\varphi<60°$.

3) Horizontal Cylinders

For horizontal cylinders, a more complicated expression for use over a wider range of Reyleigh number is given by Churchill and Chu

$$Nu=\left\{0.60+\frac{0.387Ra^{1/6}}{[1+(0.559/Pr)^{9/16}]^{8/27}}\right\}^2 \tag{5-96}$$

where the range of $Ra$ is $Ra<10^{12}$, All properties in Equations (5-94), (5-95) and (5-96) are evaluated at the film temperature. The characteristic length is the outer diameter of the cylinder.

4) Horizontal Plates

For horizontal plates, the empirical relations for the heated surface facing upward or cooled surface downward are

$$Nu=1.076(Gr^*Pr)^{1/6} \tag{5-97}$$

The empirical relations for the heated surface facing downward or cooled surface upward are

$$Nu=0.747(Gr^*Pr)^{1/6} \tag{5-98}$$

Applicability: $6.37\times10^5<Gr^*<1.12\times10^8$, and all properties are evaluated at the film temperature $t_m$. The characteristic length is $0.9d$ for a circular disk, and the length of the short side for a rectangular surface.

In Equations (5-97) and (5-98), $Gr^*$ is called the modified Grashof number, and defined as

$$Gr^*=GrNu=\frac{g\alpha_V q_w l^4}{\nu^2\lambda} \tag{5-99}$$

### 3. Natural Convection in Enclosed Spaces

Consider an enclosure system shown in Figure 5-24, where a fluid is contained between two vertical plates separated by the distance. The temperatures of the high temperature and low temperature surfaces are $t_h$, $t_c$, respectively. The Grashof number for an enclosed space is determined from

$$Gr_\delta=\frac{g\alpha_V(t_h-t_c)\Delta t\delta^3}{\nu^2} \tag{5-100}$$

where the characteristic length is the distance $\delta$ between the hot and cold surfaces, and the temperature difference in the Grashof number and Newton's law of cooling are the same from the temperature difference of hot and cold surfaces temperatures. All properties are evaluated at the film temperature, that is the average temperature of hot and cold surfaces $t_m=\frac{1}{2}(t_h+t_c)$.

For a vertical enclosure of $Gr_\delta\leqslant2860$ and horizontal enclosure (hot surface is at the bottom) of $Gr_\delta\leqslant2430$, no convection current develop in the enclosure, and heat transfer in these cases are by pure conduction. As the Grashof number is increased, the buoyant force overcomes the fluid resistance and initiates natural convection currents, and the flow regime is laminar flow. With the further increase in Grashof number, the fluid motion will become turbulent. For a horizontal enclosure with a hot surface at the top, heat transfer will be only by pure conduction. In fact, heat transfer in the enclosure is also by radiation.

1) Vertical Enclosed Spaces

For vertical enclosed spaces, the empirical relations are given from

$$Nu=0.197(Gr_\delta Pr)^{1/4}\left(\frac{H}{\delta}\right)^{-1/9} \tag{5-101}$$

Applicability: $8.6\times10^3\leqslant Gr_\delta\leqslant2.9\times10^5$.

$$Nu=0.073(Gr_\delta Pr)^{1/3}\left(\frac{H}{\delta}\right)^{-1/9} \tag{5-102}$$

Applicability: $2.9\times10^5\leqslant Gr_\delta\leqslant1.6\times10^7$.

In Equations (5-101) and (5-102), $11\leqslant\frac{H}{\delta}\leqslant42$.

2) Horizontal Enclosed Spaces

For horizontal enclosed spaces with the hot surface at the bottom, the empirical relations are given from

$$Nu=0.212(Gr_\delta Pr)^{1/4} \tag{5-103}$$

Applicability: $1.0\times10^4\leqslant Gr_\delta\leqslant4.6\times10^5$.

$$Nu=0.061(Gr_\delta Pr)^3 \tag{5-104}$$

Applicability: $Gr_\delta\geqslant4.6\times10^5$.

### 4. Combined Natural and Forced Convection

The presence of a temperature gradient in a fluid in a gravity field always gives rise to natural convection currents, and thus heat transfer by natural convection. Therefore, forced convection is always accompanied by natural convection.

For a given fluid, it is observed that the parameter $Gr/Re^2$ represents the importance of natural convection relative to forced convection. This is not surprising since the convection heat transfer coefficient is a strong function of the Reynolds number $Re$ in forced convection and the Grashof number $Gr$ in natural convection. That is

$$\frac{g\alpha_V\Delta tl^3}{\nu^2}\cdot\frac{\nu^2}{u^2l^2}=\frac{Gr}{Re^2} \tag{5-105}$$

We note from the experiment that natural convection is negligible when $Gr/Re^2\leqslant0.02$, forced convection is negligible when $Gr/Re^2\geqslant0.1$, and neither is negligible when $Gr/Re^2\approx0.02\sim10$.

For combined natural and forced convection in an isothermal surface horizontal tube, in laminar region, Brown and Gauvin give the following equation:

$$Nu=1.75[Gz+0.012(GzGr^{1/3})^{4/3}]^{1/3}\left(\frac{\eta_f}{\eta_w}\right)^{0.14} \tag{5-106}$$

where $Gz=RePr\frac{d}{L}$ is called Gretz number.

In turbulent region, Metais and Eokert give the following equation:

$$Nu=4.69Re^{0.27}Gr^{0.07}\left(\frac{d}{L}\right)^{0.36} \tag{5-107}$$

In Equations (5-106) and (5-107), the characteristic length is inner diameter of the tube, and $L$ is the length of the tube. The reference temperature is the film temperature, that is $t_m=\frac{1}{2}(t_f+t_w)$. $\eta_f$ and $\eta_w$ are the viscosities of the fluid obtained from the average temperature of the fluid and the temperature of the wall, respectively. The applicability of Equations (5-106) and (5-107) is $10^{-2}<Pr\frac{d}{L}<1$.

# 第六章 凝结换热与沸腾换热

蒸气遇冷凝结、液体受热沸腾是伴随有相变的对流换热。相变的对流换热通常包括两种类型：凝结换热与沸腾换热。蒸气被冷却凝结成液体的换热过程称为凝结换热，液体被加热沸腾变成蒸气的换热过程称为沸腾换热。在这两种相变换热过程中，流体都是在饱和温度下吸收或放出汽化潜热，因此有相变的换热过程，其基本规律以及换热强度与单相流体的对流换热有明显的区别。在一般情况下，凝结换热和沸腾换热的表面传热系数值要比单相流体对流换热的表面传热系数值高出几倍甚至几十倍。凝结换热与沸腾换热被广泛地应用于各种工程领域，例如，蒸汽动力装置中锅炉中水的吸热汽化、冷凝器中乏汽的放热凝结；制冷装置(如冰箱或空调器)中蒸发器中制冷剂液体的吸热汽化、冷凝器中制冷剂蒸气的放热凝结；化工装置中再沸腾器中的换热过程；等等。本章将分别介绍凝结换热与沸腾换热的特点和基本规律。

## 第一节 凝结换热

**1. 膜状凝结与珠状凝结**

当蒸气与低于其饱和温度的壁面接触时，将汽化潜热释放给固体壁面，并在壁面上形成凝结液的过程，称为凝结换热。

根据凝结液与壁面浸润能力的不同，凝结换热有两种凝结形式：膜状凝结与珠状凝结。

(1) 膜状凝结

如果凝结液能很好地润湿壁面，就会在壁面上均匀铺展成一层液膜，这种凝结形式称为膜状凝结。膜状凝结的特点是：壁面上总是被一层液膜覆盖着，蒸气只能在液膜表面凝结，凝结时放出的汽化潜热必须穿过液膜才能传到冷却壁面上，此时液膜就成为凝结换热的主要热阻。因此，如何排除凝结液、减小液膜厚度就是强化膜状凝结换热时考虑的核心问题。

(2) 珠状凝结

如果凝结液不能很好地润湿壁面，就会在壁面上形成一个个大大小小的液珠，这种凝结形式称为珠状凝结。珠状凝结的特点是：大部分的蒸气可以与壁面直接接触凝结，凝结时放出的汽化潜热不需穿过液膜就可直接传到冷却壁面上。因此，在其他条件相同时，珠状凝结的表面传热系数 $h_{珠}$ 要大于膜状凝结的表面传热系数 $h_{膜}$，通常要大几倍甚至一个数量级。珠状凝结的关键问题是在常规金属表面上难以产生和长久维持。近年来，全世界的有关科技工作者对形成珠状凝结的技术措施进行了大量研究，也取得了可喜的研究成果，但最终由于珠状凝结的条件保持时间有限，而不能在工业上推广使用。

究竟会发生哪一种凝结现象，取决于凝结液和壁面的物理性质，如凝结液的表面张力、壁面的粗糙度等。如果凝结液与壁面之间的附着力大于凝结液的表面张力，则形成膜状凝结；如果凝结液的表面张力大于附着力，则形成珠状凝结。

图6-1显示了在不同的润湿能力下，气液分界面对壁面形成的接触角 $\theta$ 的形状，可见接触角 $\theta$ 小，则液体润湿能力强，液体就会铺展在壁面上。图6-2显示了竖直壁面上两种凝结形式的示意图。由图可见，膜状凝结时，在冷却壁面上，始终存在一层连续的液膜，其厚度沿着重力的方向增厚。而珠状凝结时，在冷却壁面上，产生的是大量的液珠，液珠的直径是较小的，通常在100μm以下。空出了大量的壁面可与蒸气直接接触，此外，所形成的液珠不断发展长大，在竖直壁面上，受重力作用，液珠长大到一定尺寸后会沿壁面滚下，并在滚下过程中一方面会和相遇的液珠合并成更大的液珠，另一方面也扫清了沿途的液珠，使壁面重复液珠的形成和成长过程。无论是膜状凝结还是珠状凝结，凝结液体都是构成蒸气与壁面热量交换的热阻载体。显然，将蒸气与冷却壁面隔开的液膜层的面积越大、越厚，热阻越大。在凝结热阻大小方面，膜状凝结的热阻常常比珠状凝结的热阻大一个数量级以上。因此，珠状凝结的平均表面传热系数比膜状凝结的要大很多。

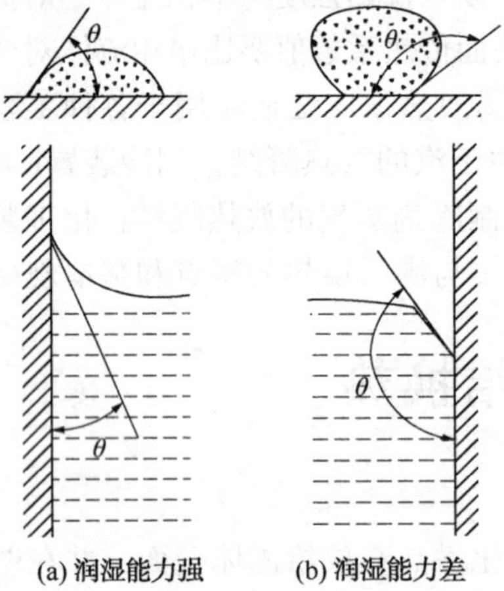

图6-1　不同润湿条件下壁面上液膜形成的接触角 $\theta$

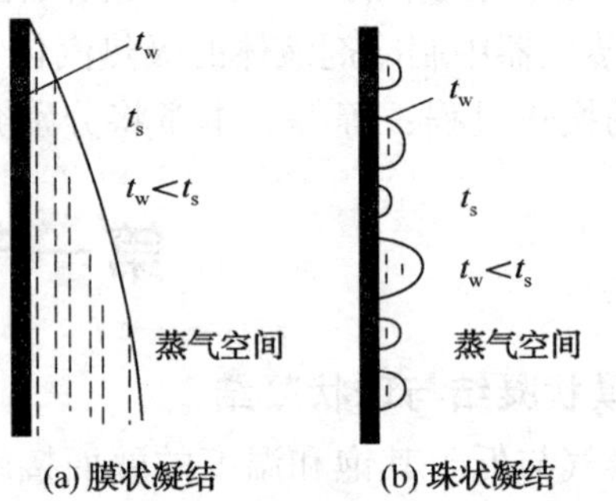

图6-2　竖壁上的两种凝结模式示意图

实验证明，几乎所有的常用蒸气，包括水蒸气，在纯净条件下均能在常用工程材料的洁净表面上得到膜状凝结。在大多数的工业冷凝器中，凝结换热都是膜状凝结换热。鉴于实际工程应用中都只能得到膜状凝结，下面重点介绍膜状凝结换热的特点、计算方法和影响因素。

**2. 层流膜状凝结换热的努塞尔理论解简介**

1916年，努塞尔对纯净蒸气层流膜状凝结换热进行了理论分析，得到了著名的努塞尔理论解。努塞尔指出，液体膜层的导热热阻是凝结过程的主要热阻。努塞尔忽略了一些次要因素，从理论上揭示了有关物理参数对凝结换热的影响。长期以来，努塞尔被公认为是运用理论分析求解传热问题的一个典范。

(1) 层流膜状凝结换热的假设

努塞尔的分析是对纯净的饱和蒸气在均匀壁温的竖直表面上的层流膜状凝结提出的。根据层流膜状凝结换热的特点，为便于数学求解，作出了以下8个假设：

① 蒸气为纯饱和蒸气，凝结液的物性参数为常数；

② 蒸气是静止的，对液膜表面无黏性力作用，即 $\left.\dfrac{\mathrm{d}u}{\mathrm{d}y}\right|_{y=\delta}=0$；

③ 液膜流速较慢，液膜的惯性力可以忽略；

④ 液膜内的温度分布是线性的，气液界面上无温差，即液膜表面温度等于饱和温度，$t_\delta = t_s$；

⑤ 忽略液膜内的热对流，认为液膜内的热量传递只有导热；

⑥ 忽略液膜的过冷度，凝结液的焓近似等于饱和液的焓，即传给壁面的换热量就等于蒸气在液膜表面凝结时放出的热量；

⑦ 蒸气密度远小于液体密度，$\rho_v \ll \rho_l$，$\rho_v$ 相对于 $\rho_l$ 可以忽略；

⑧ 液膜表面平整无波动。

（2）边界层微分方程组的简化

根据以上 8 个假设，从边界层微分方程组出发，可以将层流膜状凝结换热的数学描述大为简化，推导出努塞尔分析时建立的简化方程组，从而保持对流换热理论的统一性。同样地，凝结液膜的流动和传热符合边界层的薄层性质。

分析竖直壁面上的层流膜状凝结，选取 $x$ 坐标为重力方向，如图 6-3 所示。

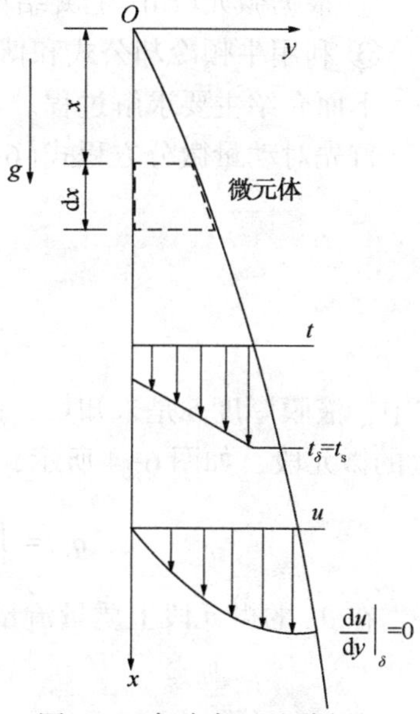


图 6-3　努塞尔理论分析的坐标系与边界条件

在稳态情况下，凝结液膜流动和换热的微分方程组为：

$$\frac{\partial u}{\partial x}+\frac{\partial v}{\partial y}=0 \tag{6-1}$$

$$\rho_l\left(u\frac{\partial u}{\partial x}+v\frac{\partial u}{\partial y}\right)=\rho_l g-\frac{\mathrm{d}p}{\mathrm{d}x}+\eta_l\frac{\partial^2 u}{\partial y^2} \tag{6-2}$$

$$u\frac{\partial t}{\partial x}+v\frac{\partial t}{\partial y}=a_l\frac{\partial^2 t}{\partial y^2} \tag{6-3}$$

式(6-2)、式(6-3)中，下角标 $l$ 表示液相。

对式(6-2)进行简化，根据假设③，忽略液膜的惯性力，因此其左端舍去；右端第二项$\frac{\mathrm{d}p}{\mathrm{d}x}$为液膜在 $x$ 方向的压力梯度，如果忽略 $y$ 方向的压力梯度，则液膜内 $x$ 方向的压力梯度与蒸气内 $x$ 方向的压力梯度相等。根据假设②，以 $\rho_v$ 表示蒸气密度，则有$\frac{\mathrm{d}p}{\mathrm{d}x}=\rho_v g$。根据假设⑦，$\rho_v$ 相对于 $\rho_l$ 可以忽略，因此 $\rho_v g$ 相对于 $\rho_l g$ 可忽略。

对式(6-3)进行简化，根据假设⑤，液膜内的热量传递只有导热，而无热对流作用，因此其左端舍去。由此可见，式(6-2)、式(6-3)只有两个未知量 $u$ 和 $t$，因此不必补充其他方程即可求解液膜的速度分布和温度分布。因此式(6-1)可以舍去。由式(6-1)、式(6-2)以及式(6-3)组成的微分方程组经过简化后，得到的努塞尔微分方程组为：

$$\rho_l g+\eta_l\frac{\mathrm{d}^2 u}{\mathrm{d}y^2}=0 \tag{6-4}$$

$$\frac{\mathrm{d}^2 t}{\mathrm{d}y^2}=0 \tag{6-5}$$

边界条件：　$y=0$，$u=0$，$t=t_w$

$y=\delta$，$\left.\frac{\mathrm{d}u}{\mathrm{d}y}\right|_\delta=0$，$t=t_s$

式(6-4)、式(6-5)及其边界条件就是努塞尔对层流液膜内的速度场和温度场建立的数学描述。可见，凝结液膜的动量微分方程简化为液膜在 $y$ 方向上的一维动量微分方程，能量微分方程简化为液膜在 $y$ 方向上的一维导热微分方程。由此很容易求出液膜的速度分布和温度分布。

(3) 努塞尔理论解

努塞尔理论解的基本求解思路是：

① 先从努塞尔方程组出发获得包括液膜厚度 $\delta$ 在内的流速分布 $u$ 以及温度分布 $t$ 的表达式；

② 根据微元段 $dx$ 上凝结液的质量守恒和热平衡，求出液膜厚度 $\delta$ 的表达式；

③ 利用牛顿冷却公式和傅里叶定律求出表面传热系数 $h$ 的表达式。

下面介绍主要求解过程。

首先对动量微分方程式(6-4)和能量微分方程式(6-5)连续积分两次，则有：

$$u=\frac{\rho_l g}{\eta_l}\left(\delta y-\frac{1}{2}y^2\right) \tag{6-6}$$

$$t=t_w+(t_s-t_w)\frac{y}{\delta} \tag{6-7}$$

式中，液膜厚度 $\delta$ 是未知量，因此求解的关键是获得液膜厚度 $\delta$ 随 $x$ 的变化规律。为此分析 $dx$ 的微元段，如图 6-4 所示，通过 $x=l$ 截面处单位宽度的壁面凝结液体的质量流量为：

$$q_m=\int_0^\delta \rho_l u\mathrm{d}y=\int_0^\delta \frac{\rho_l^2 g}{\eta_l}\left(\delta y-\frac{1}{2}y^2\right)\mathrm{d}y=\frac{\rho_l^2 g\delta^3}{3\eta_l} \tag{6-8}$$

在 $dx$ 的微元段上质量流量的增量 $dq_m$ 为：

$$\mathrm{d}q_m=\frac{\rho_l^2 g\delta^2\mathrm{d}\delta}{\eta_l} \tag{6-9}$$

如图 6-5 所示，从两个角度写出 $dx$ 微元段上所传递的能量：从通过厚度为 $\delta$ 的液膜的导热，以及 $dq_m$ 的凝结液体释放出来的汽化潜热。这两部分能量相等，即：

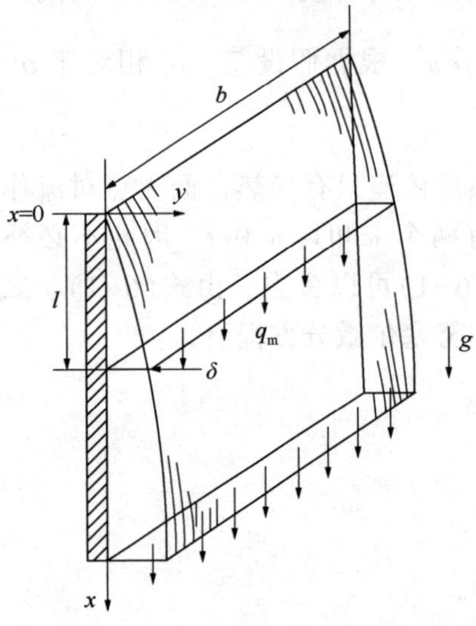


图 6-4　确定凝结液截面流量的示意图

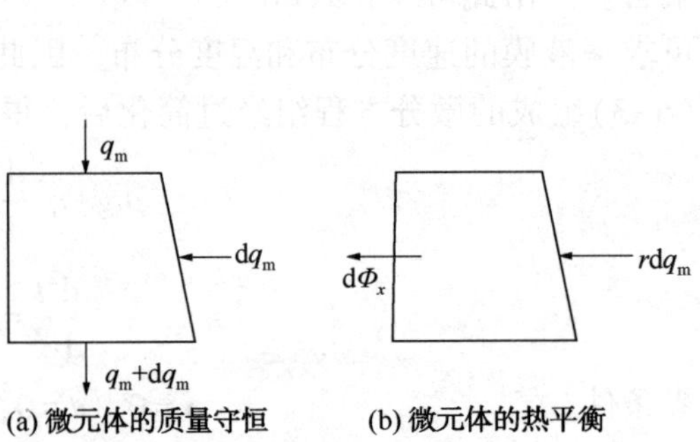


图 6-5　液膜的质量守恒与热平衡示意图

$$\lambda_l \frac{t_s - t_w}{\delta} dx = \frac{\rho_l^2 g \delta^2 d\delta}{\eta_l} r \tag{6-10}$$

式(6-10)引入了假设条件⑥，不考虑液膜过冷时释放的显热。该式是关于液膜厚度$\delta$的常微分方程，积分可得液膜厚度$\delta$为：

$$\delta = \left[\frac{4\eta_l \lambda_l (t_s - t_w) x}{g \rho_l^2 r}\right]^{1/4} \tag{6-11}$$

根据假设⑥，单位时间内微元段液膜的凝结换热量就是通过微元段液膜的导热量，则有：

$$h_x (t_s - t_w) dx = \lambda_l \frac{t_s - t_w}{\delta} dx \tag{6-12}$$

由式(6-11)、式(6-12)可得层流膜状凝结换热的局部表面传热系数$h_x$为：

$$h_x = \frac{\lambda_l}{\delta} = \left[\frac{g r \rho_l^2 \lambda_l^3}{4\eta_l (t_s - t_w) x}\right]^{1/4} \tag{6-13}$$

若整个竖直壁面的高度为$H$，则整个竖直壁面的平均表面传热系数$h_V$为：

$$h_V = \frac{1}{H}\int_0^H h_x dx = \frac{4}{3} h_{x=H} = 0.943\left[\frac{g r \rho_l^2 \lambda_l^3}{\eta_l H (t_s - t_w)}\right]^{1/4} \tag{6-14}$$

式(6-14)即是竖直壁面层流膜状凝结换热的努塞尔理论解。下角标V表示竖直壁面。

努塞尔的理论分析方法可以推广应用到水平圆管外壁面上以及球表面上的层流膜状凝结换热。

对于单根水平圆管，平均表面传热系数的计算公式为：

$$h_H = 0.729\left[\frac{g r \rho_l^2 \lambda_l^3}{\eta_l d (t_s - t_w)}\right]^{1/4} \tag{6-15}$$

对于球表面，平均表面传热系数的计算公式为：

$$h_S = 0.826\left[\frac{g r \rho_l^2 \lambda_l^3}{\eta_l d (t_s - t_w)}\right]^{1/4} \tag{6-16}$$

式(6-15)、式(6-16)中，下角标H表示水平圆管，S表示球，$d$为水平圆管或球的直径。

对式(6-14)、式(6-15)、式(6-16)的几点说明：

① 除相变热$r$按蒸气的饱和温度$t_s$确定外，其他物性量均取膜层平均温度$t_m = \frac{1}{2}(t_s + t_w)$为定性温度。

② 对于与竖直方向的倾斜角为$\varphi(\varphi>0)$的倾斜壁面，只需将式(6-14)中的$g$改为$g\cos\varphi$即可。

③ 水平圆管与竖直壁面的平均表面传热系数的计算公式有两点不同：其一是水平圆管时特征长度选取圆管外径$d$，竖直壁面时特征长度选取竖壁高度$H$；其二是两计算公式的系数不同，水平圆管时系数为0.729，竖直壁面时系数为0.943。如果管子竖直放置，则需按竖直壁面层流膜状凝结换热的计算公式(6-14)计算。可见，若其他条件相同，水平圆管与竖直圆管的平均表面传热系数之比为：

$$\frac{h_H}{h_V} = 0.77\left(\frac{H}{d}\right)^{1/4} \tag{6-17}$$

④ 当 $H/d=50$ 时，水平圆管的 $h_H$ 是竖直圆管的 $h_V$ 的 2 倍，即 $h_H=2h_V$。因此，冷凝器的管子通常采用水平圆管的布置方式。需要指出的是，式(6-15)中，努塞尔本人采用图解积分法得出的系数值是 0.725，这里的系数 0.729 是通过文献得出的更为精确的系数值。

⑤ 工业上绝大多数的冷凝器都是由多排水平圆管组成的管束结构。当竖直方向的管间距较小时，上下管壁上的液膜连在一起，并且从上往下液膜逐渐增厚，如图 6-6 所示。如果液膜保持层流流态，则可采用式(6-15)计算水平管束的平均表面传热系数，但需要将特征长度 $d$ 改为 $nd$，$n$ 为竖直方向层流液膜流经的管排数。当竖直方向的管间距较大时，上一排管子的凝结液会滴落到下一排管子上，扰动下一排管子上的液膜，使凝结换热增强，这时的计算结果就会偏低。

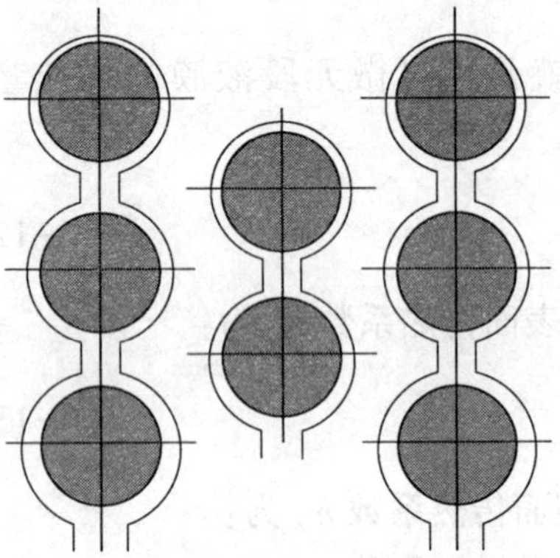

图 6-6　水平管束的层流膜状凝结

(4) 分析解的实验验证

① 对于竖直壁面，由于水蒸气的实验具有代表性，图 6-7 所示为竖直壁面上水蒸气膜状凝结换热的理论式和实验结果的比较。可见，当 $Re<30$ 时，实验结果与理论式(6-14)得到的理论解相吻合；当 $Re>30$ 时，实验结果越来越高于理论解，以至到层流转变为湍流的转折点时，偏差高于 20%。这是由于液膜的波动增强了液膜的传热，从而使实际的平均表面传热系数要比理论解大。因此，在工业上使用时将理论式(6-14)中的系数增加 20%，相应的平均表面传热系数的计算公式为：

$$h_V=1.13\left[\frac{gr\rho_l^2\lambda_l^3}{\eta_l H(t_s-t_w)}\right]^{1/4} \tag{6-18}$$

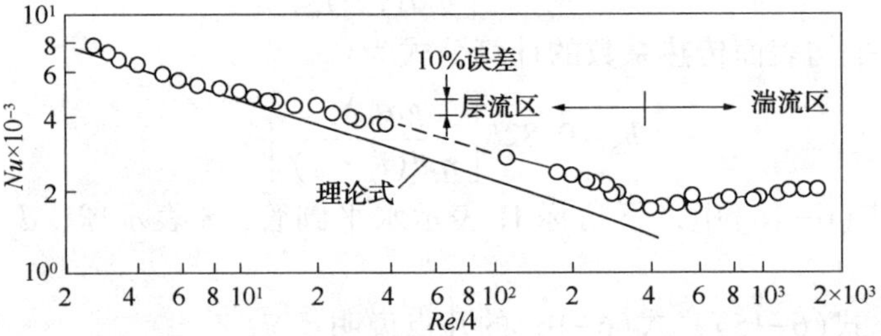


图 6-7　竖直壁面上水蒸气膜状凝结换热的理论式和实验结果的比较

② 对于水平圆管，现有的实验结果表明，水平单管外纯净蒸气凝结换热的努塞尔分析解与多种流体，如水蒸气、多种制冷剂等的实验结果偏差一般在 10% 以内，最多达 15%，表明理论解与实验结果符合较好。

③ 努塞尔理论解的假设中，假设③不考虑液膜惯性力，假设⑥不考虑液膜过冷度。实验研究表明，对于 $Pr\approx1$ 或 $Pr>1$ 的流体，只要无量纲参数 $\dfrac{r}{c_p(t_s-t_w)}\gg1$，惯性力、液膜过冷度的影响均可忽略不计。

**3. 湍流膜状凝结换热**

(1) 膜层雷诺数 $Re$

膜层中凝结液的流态有层流和湍流之分。为了判断流态，需要采用膜层雷诺数 $Re$。膜层雷诺数是根据膜层的特点取当量直径为特征长度的雷诺数。以竖壁为例，在距离液膜起始点位置 $x=H$ 处的膜层雷诺数为：

$$Re=\frac{d_e\rho u_H}{\eta}=\frac{d_e u_H}{\nu} \tag{6-19}$$

式中，$u_H$ 为 $x=H$ 处液膜层的平均流速，$d_e$ 为该截面处液膜层的当量直径。如图 6-4 所示，当液膜的宽度为 $b$ 时，湿周 $P=b$，截面积 $A=b\delta$，因此当量直径 $d_e=\frac{4A_c}{P}=\frac{4b\delta}{b}=4\delta$，代入式(6-19)中，可得液膜雷诺数为：

$$Re=\frac{4\delta\rho u_H}{\eta}=\frac{4q_{m,H}}{\eta} \tag{6-20}$$

式中，$q_{m,H}=\delta\rho u_H$ 是 $x=H$ 处宽为 1m 的截面上凝结液的质量流量，单位为 kg/(m · s)；$q_{m,H}r$ 为高为 $H$、宽为 1m 的整个竖壁的传热量。根据液膜的热平衡，有：

$$q_{m,H}r=hH(t_s-t_w)$$

$$q_{m,H}=\frac{hH(t_s-t_w)}{r} \tag{6-21}$$

将式(6-21)代入式(6-20)中，液膜雷诺数可表示为：

$$Re=\frac{4q_{m,H}}{\eta}=\frac{4hH(t_s-t_w)}{\eta r} \tag{6-22}$$

式(6-19)、式(6-20)以及式(6-22)中的物性量都是液膜的物性参数。对于水平圆管，只要用圆管周长 $\pi d$ 代替竖壁高度 $H$，即可得到水平圆管的膜层雷诺数。

实验观察结果表明，液膜由层流转变为湍流的临界雷诺数 $Re_c=1800$。当 $Re<1800$ 时，液膜为层流；当 $Re\geqslant1800$ 时，液膜为湍流。水平圆管由于管径较小，其凝结液的流态均在层流范围内。

(2) 湍流膜状凝结换热

对于湍流液膜，热量的传递包括：①靠近壁面极薄的层流底层内依靠导热方式传递热量；②层流底层以外的湍流层以湍流传递热量为主。因此，湍流液膜凝结换热强度远大于层流液膜凝结换热，同时努塞尔理论解不再适用。这时，可以对液膜的层流段和湍流段分别计算，再根据层流段和湍流段的高度将求得的结果加权平均，以求得整个壁面的平均表面传热系数。

对于竖直壁面，湍流膜状凝结换热，沿整个壁面的平均表面传热系数为：

$$h=h_l\frac{x_c}{H}+h_t\left(1-\frac{x_c}{H}\right) \tag{6-23}$$

式中，$h_l$ 为层流段的平均表面传热系数；$h_t$ 为湍流段的平均表面传热系数；$x_c$ 为层流转变为湍流时转折点的高度；$H$ 为竖直壁面的总高度。对应的实验关联式为：

$$Nu=Ga^{1/3}\frac{Re}{58Pr_s^{-1/2}\left(\frac{Pr_w}{Pr_s}\right)^{1/4}(Re^{3/4}-253)+9200} \tag{6-24}$$

式中，$Ga$ 称为伽利略数(Galileo number)，其定义式为 $Ga=\frac{gH^3}{\nu^2}$。除 $Pr_w$ 用壁面温度 $t_w$ 计算外，其他物性量的定性温度均为饱和温度 $t_s$，且物性参数均是凝结液的物性量。特征长度为

竖直壁面的高度 $H$。

因为一般水平管上的液膜达不到湍流阶段，所以不存在湍流凝结换热问题。

**4. 膜状凝结换热的影响因素**

前文讨论了理想条件下饱和蒸气膜状凝结换热的计算式，分析可知，流体的种类，换热面的几何形状、尺寸和位置，蒸气的压力，以及温差$(t_s-t_w)$等都是影响膜状凝结换热的主要因素。但在实际工程中，膜状凝结换热过程往往比较复杂，它会受到很多复杂因素的影响，除上述因素外，影响因素还包括以下几个方面。

(1) 不凝结气体

当蒸气中含有不凝结的气体，例如空气时，即使含量极微，也会对凝结换热产生十分有害的影响。例如，水蒸气中质量含量占1%的空气能使表面传热系数降低60%，后果是很严重的。

主要原因是：

① 在靠近液膜表面的蒸气侧，随着蒸气的凝结，蒸气的分压力减小，而不凝结气体的分压力增大，不凝结气体会越来越多地汇集在换热面附近。蒸气在抵达液膜表面进行凝结前，必须以扩散方式穿过积聚在界面附近的不凝结气体层。因此，不凝结气体的存在增加了凝结的阻力。

② 由于蒸气分压力的下降，相应的饱和温度也随之下降，减小了凝结换热的温差 $\Delta t=t_s-t_w$，即换热的驱动力减小，也使凝结换热大大削弱。

因此，在冷凝器的换热过程中，排除冷凝器中的不凝结气体是保证冷凝器高效工作的重要措施。

(2) 蒸气流速

努塞尔的理论分析中假设蒸气是静止的，忽略了蒸气流速的影响。实际上，蒸气是具有一定流速的，因此，其结论只适用于流速较低的场合，例如蒸汽动力装置中的冷凝器等。当蒸气流速高时，例如对于水蒸气，流速大于10m/s，蒸气流速对液膜表面会产生明显的黏性切应力作用。其影响程度与蒸气流向及重力场方向、蒸气流速大小以及是否撕破液膜等有关。若蒸气流动方向与液膜重力场一致，液膜会被拉薄，使热阻减小，表面传热系数 $h$ 增加；若流动方向与液膜重力场相反，则会阻滞液膜流动，液膜则会增厚，使热阻增大、$h$ 减小。蒸气流速较高时，会使凝结液膜产生波动，甚至会吹落液膜，从而使凝结换热大大强化。

(3) 过热蒸汽

努塞尔的分析解是假设蒸气为饱和蒸气得出的。如果蒸气为过热蒸气，它在凝结过程中会首先放出显热，冷却到饱和温度，然后再凝结，放出汽化潜热。因此对于过热蒸气，应进行修正。实验证实，过热蒸气的膜状凝结换热仍可采用上述公式，只要用过热蒸气与饱和液的焓差代替饱和蒸气实验关联式中的潜热 $r$ 即可。

(4) 液膜过冷度及温度分布的非线性

努塞尔的理论分析忽略了液膜过冷度及温度分布的非线性影响。分析表明，只需对汽化潜热 $r$ 进行修正，按照式(6-14)，用 $r'$ 代替 $r$，即可消除液膜过冷度和温度非线性的影响。

$$r'=r+0.68c_p(t_s-t_w) \tag{6-25}$$

$$r'=r+(1+0.68Ja) \tag{6-26}$$

式中，$Ja$ 为雅各布数(Jakob number)，其定义式为 $Ja=\dfrac{c_p(t_s-t_w)}{r}$。

(5) 管子排数

前文给出的水平圆管凝结换热的计算式只适用于单根水平管，对于沿流动方向有 $n$ 排水平管组成的管束换热，应进行修正。理论上，只要用 $nd$ 代替式(6-15)中的特征长度 $d$，即可计算管束凝结换热；实际上，计算结果应大于理论结果。

主要原因是：前一排管子的凝结液落在下一排管子上时，并不是平稳地落下，而要产生飞溅以及对液膜的冲击扰动。飞溅和扰动的程度取决于管束的几何位置、流体物性等，情况比较复杂。

(6) 管内冷凝

前文介绍的是管外凝结。工程实际中有不少冷凝器，例如冰箱中的冷凝器，蒸气在压差作用下流经管子内部时，会产生凝结，此时换热的情形与蒸气的流速有很大关系。

以水平管内的凝结为例：(1)当蒸气流速低时，凝结液主要积聚在管子的下半部，蒸气位于管子的上半部，如图 6-8 所示，表面传热系数 $h$ 较大；(2)当蒸气流速较高时，形成环状流动。凝结液较均匀地分布在管子周围，而中心则为蒸气核，随着流动的进行，液膜厚度不断增厚。直至凝结结束时，液膜占据了整个截面，$h$ 急剧下降。管内凝结换热的计算式比较复杂。

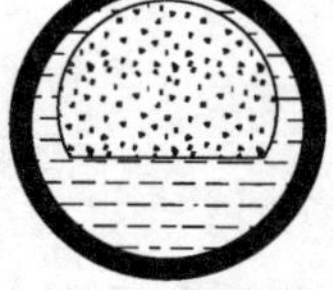

(a) 液膜

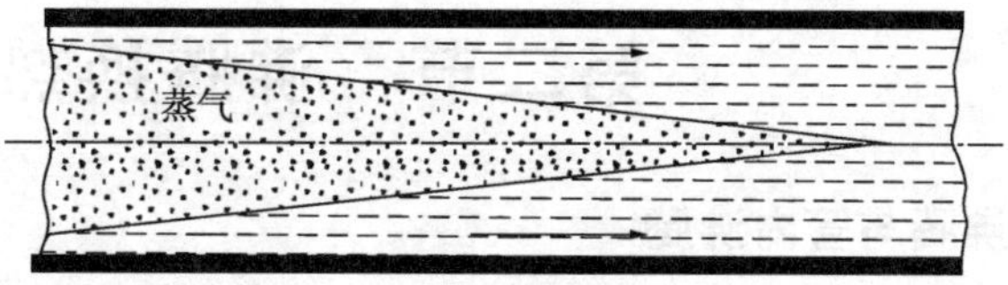
(b) 蒸气核

图 6-8 管内凝结时液膜与蒸气核示意图

**5. 膜状凝结换热的强化**

前文已指出，蒸气膜状凝结时，液膜的导热热阻是膜状凝结换热的主要热阻。因此，强化膜状凝结换热的基本原则是：尽量减薄黏滞在换热表面上的液膜层厚度，或将凝结液从换热面排走。为此，实现的方法主要有：(1)用各种带有尖锋的表面使凝结的液膜层减薄；(2)及时将已凝结的液体从换热表面排泄掉，不使其积存在换热表面而进一步使液膜层增厚。

液膜凝结换热的强化技术主要有两种：(1)减薄液膜厚度技术。最简单的减薄液膜厚度方法是：对于竖壁或竖管，在工艺允许的情况下，尽量降低传热面的高度，或者将竖管改为水平管。对水平圆管，采用低肋管或锯齿形肋片管这类高效冷凝管状表面。目前，工业上由水平管束构成的冷凝器都采用低肋管或锯齿形肋片管，利用凝结液的表面张力将凝结液拉入肋间槽内，使肋端部表面和蒸气接触，达到强化凝结换热的目的。(2)使液膜在下流过程中分段排泄或采用加速排泄法。

**例题 6-1** 凝结换热

压力为 0. 7bar 的饱和水蒸气，在高为 0. 3m 的竖板上发生膜状凝结，竖板温度为 70℃。试确定竖板的平均凝结换热系数，以及单位时间内每米宽竖板的凝液量。

**解**：对于压力为 0. 7bar 的饱和水蒸气，其饱和温度 $t_s = 90℃$ 时查附表 10，汽化潜热 $r =$ 2283. 1kJ/kg。选取凝结液膜的平均温度：$t_m = \frac{1}{2}(t_s + t_w) = \frac{1}{2}(90℃ + 70℃) = 80℃$，以此为定

性温度查取凝液的物性量为：$\rho=971.8\text{kg/m}^3$，$\lambda=0.674\text{W/(m·K)}$，$\eta=355.1\times10^{-6}\text{kg/(m·s)}$。

首先假设液膜为层流，根据式(6-18)，有：

$$h=1.13\left[\frac{gr\rho^2\lambda^3}{\eta H(t_s-t_w)}\right]^{1/4}$$

$$=1.13\left[\frac{9.81\text{m}^2/\text{s}\times2283.1\times10^3\text{J/kg}\times(971.8\text{kg/m}^3)^2\times[0.674\text{W/(m·K)}]^3}{355.1\times10^{-6}\text{kg/(m·s)}\times0.3\text{m}\times(90-70)\text{K}}\right]^{1/4}$$

$$=8390\text{W/(m}^2\cdot\text{K)}$$

计算雷诺数，验证是否为层流，根据热平衡方程，有：

$$q_m r=hA(t_s-t_w)$$

$$q_m=\frac{hA(t_s-t_w)}{r}=\frac{8390\text{W/(m}^2\cdot\text{K)}\times0.3\text{m}\times1\text{m}\times(90-70)\text{K}}{2283.1\text{kJ/kg}}=0.02205\text{kg/s}$$

则由式(6-20)，有：$Re=\dfrac{4q_m}{\eta}=\dfrac{4\times0.02205\text{kg/s}}{355.1\times10^{-6}\text{kg/(m·s)}}=248.3<1800$。故液膜为层流，平均凝结换热系数 $h=8390\text{W/(m}^2\cdot\text{K)}$，凝液量 $q_m=0.02205\text{kg/s}$。

## 第二节　沸腾换热

**1. 大容器沸腾与管内沸腾**

当液体与高于其饱和温度的壁面接触时，液体被加热汽化并产生大量汽泡的现象称为沸腾。理论分析和实验研究证明，产生沸腾的条件是：液体必须过热，且要有汽化核心。沸腾的特点是：液体汽化过程中吸收大量的汽化潜热，并且由于汽泡在形成和脱离时带走热量，使加热表面不断受到冷流体的冲刷和强烈的扰动，所以沸腾换热的强度远大于无相变对流换热的强度。

沸腾的形式有很多种：

① 过冷沸腾：如果液体的主体温度 $t$ 低于相应压力下的饱和温度 $t_s$，壁面温度 $t_w$ 大于该饱和温度，汽泡在固体壁面上生成、长大、脱离壁面后又会在液体中凝结消失，这样的沸腾称为过冷沸腾。

② 饱和沸腾：如果液体的主体温度 $t$ 达到或超过相应压力下的饱和温度 $t_s$，壁面温度 $t_w$ 高于该饱和温度，汽泡脱离壁面后会在液体中继续长大，直至冲出液体表面，这样的沸腾称为饱和沸腾。

就流体运动的动力而言，沸腾过程又有两种类型：大容器沸腾和强迫对流沸腾。

① 大容器沸腾：如果液体具有自由表面，不存在外力作用下的整体运动，这样的沸腾称为大容器沸腾。大容器沸腾的特点是：流体的运动是由温差和汽泡的扰动所引起的。加热壁面沉浸在具有自由表面的液体中，产生的汽泡能自由浮升，能穿过液体自由面进入容器空间。

② 强迫对流沸腾：如果液体沸腾时处于强迫对流运动状态，这样的沸腾称为强迫对流沸腾。例如，蒸气动力装置中锅炉中的管内沸腾换热、制冷装置中蒸发器的管内沸腾换热等都属于强迫对流沸腾，管内沸腾则需要外加的压力差作用才能维持。

下面重点介绍大容器沸腾换热的特点、计算方法以及影响因素。

**2. 大容器饱和沸腾曲线**

通过对水在一个标准大气压下的大容器饱和沸腾过程的实验观察，可以画出如图 6-9 所示的曲线，称为大容器饱和沸腾曲线。曲线的横坐标为加热壁面的过热度 $\Delta t = t_w - t_s$，或称为沸腾温差，纵坐标为热流密度 $q$。

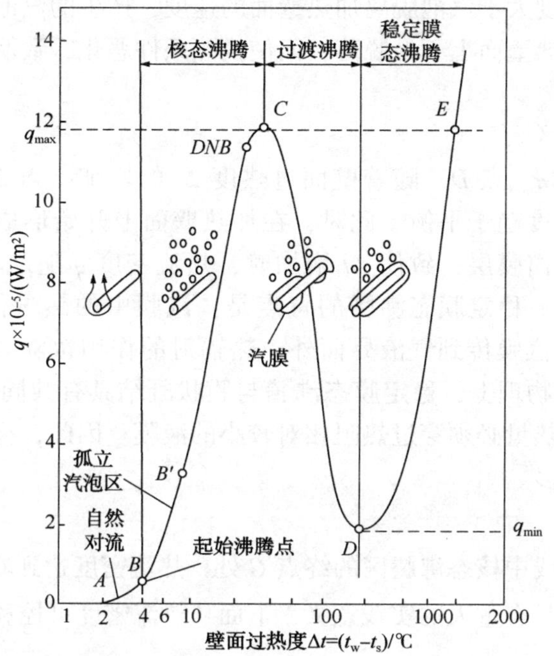


图 6-9　饱和水在水平加热面上沸腾的 $q-\Delta t$ 曲线($p=1.013\times10^5$Pa)

假设用电加热器加热水，随着电流密度的增加，即加热壁面的过热度 $\Delta t = t_w - t_s$ 的增加，水与加热壁面之间的热交换会依次出现四个特定的换热过程，整个曲线分成区段Ⅰ、Ⅱ、Ⅲ、Ⅳ四个区域。

(1) 单相自然对流区(液面汽化段)

当加热壁面的过热度 $\Delta t$ 较小时，一般 $\Delta t<4℃$，加热壁面上只有少量汽泡产生，并且不脱离壁面，看不到明显的沸腾现象，热量传递主要依靠液体的自然对流，这一区段称为自然对流区。如图 6-9 中 $AB$ 段，可近似按照自然对流换热规律计算。

(2) 核态沸腾区(泡状沸腾)

当加热壁面的过热度 $\Delta t$ 增加时，如果 $\Delta t \geqslant 4℃$，在加热壁面的一些特定点上开始产生汽泡，这些点称为汽化核心。开始阶段，汽化核心产生的汽泡互不干扰，称为孤立汽泡区；随着 $\Delta t$ 的进一步增加，汽化核心增加，生成的汽泡数量增加，汽泡互相影响，并会合成气块及气柱，称为相互影响区。

由图 6-9 可见，在孤立汽泡区和相互影响区内，随着 $\Delta t$ 的增加，由于加热面处液体的大量汽化以及液体被汽泡剧烈扰动，表面传热系数 $h$ 和热流密度 $q$ 迅速增大。当 $\Delta t$ 增加到一定数值时，$q$ 增大到最大值 $q_{max}$。由于汽化核心对换热起着决定性影响，这两个区域的沸腾统称为核态沸腾，或称为泡状沸腾。核态沸腾区的起点为 $B$ 点，即起始沸腾点，终点为 $C$ 点，热流密度达最大值点。核态沸腾的特点是：温差小，换热强。因此，一般工程应用都设计在这个范围。

（3）过渡沸腾区（部分膜态沸腾）

从热流密度最大值 $q_{max}$ 点 $C$，进一步增加壁面过热度 $\Delta t$，当 $25℃<\Delta t\leq 200℃$ 时，热流密度 $q$ 不仅不随 $\Delta t$ 的增加而增大，反而迅速越小。当 $\Delta t$ 增加到一定值时，$q$ 减小到最小值 $q_{min}$，这一阶段的沸腾称为过渡沸腾，如图 6-9 中的 $CD$ 段。在该阶段，随 $\Delta t$ 增加 $q$ 减小的原因是：汽泡的生长速度大于汽泡脱离加热壁面的速度，产生的汽泡过多地连在一起，形成一层蒸汽膜，覆盖在加热壁面上不易脱落，而使换热条件恶化，致使 $q$ 减小。过渡沸腾的过程是很不稳定的。

（4）稳定膜态沸腾区

从热流密度最小值 $q_{min}$ 点 $D$，随着壁面过热度 $\Delta t$ 的增加，当 $\Delta t>200℃$ 时，汽泡生长速度与脱离加热壁面速度趋于平衡。此时，在加热壁面上开始形成一层稳定的蒸汽膜层，产生的蒸汽有规律地脱离膜层，致使 $\Delta t$ 增加时，热流密度 $q$ 随之增大。这一阶段的换热状态称为稳定膜态沸腾。稳定膜态沸腾的特点是：汽膜中的热量传递不仅以导热和对流的方式从加热壁面通过汽膜传到气液界面外，热辐射的作用也随着 $\Delta t$ 的增加而增大，使热流密度大大增加；在物理上，稳定膜态沸腾与膜状凝结具有共同点：前者热量必须穿过热阻较大的汽膜；后者热量必须穿过热阻相对较小的液膜。因此，稳定膜态沸腾的表面传热系数比膜态凝结的小得多。

**3. 临界热流密度**

大容器饱和沸腾曲线中核态沸腾区的终点 $C$ 处，热流密度达到峰值 $q_{max}$，被称为临界热流密度。临界热流密度具有重大的实践意义，下面从热流密度可控和加热壁面温度可控两种情形来讨论。

（1）热流密度可控

对于依靠控制热流密度来改变工况的加热设备，例如电加热器加热，以及冷却水加热的核反应堆，一旦热流密度达到并超过峰值，即 $q>q_{max}$，工况将非常迅速地沿过对应 $q_{max}$ 值 $C$ 点的虚线跳到稳定膜态沸腾线上的 $E$ 点，加热壁面过热度 $\Delta t$ 将急剧增大，壁面温度会升高直至接近 1000℃，可能导致加热面因温度过高造成设备烧毁，因此热流密度峰值 $q_{max}$ 是非常危险的数值，必须严格监视并控制 $q$，确保热流密度低于临界热流密度。$C$ 点亦称为烧毁点，因为当 $q>q_{max}$ 时，可能导致设备烧毁。在烧毁点附近，有个比 $q_{max}$ 略小、表现为 $q$ 上升缓慢的核态沸腾的转折点 $DNB$，可以用它作为监视接近 $q_{max}$ 的警戒点。

（2）加热壁面温度可控

对于蒸发冷凝器等加热壁面温度可控的设备，设置转折点作为监视是非常重要的。因为一旦热流密度 $q$ 超过转折点之值，就可能导致膜态沸腾，在相同的壁面温度下使传热量大大减少。

**4. 汽化核心分析**

在核态沸腾区，汽泡的扰动对换热起支配作用，而汽泡一般产生在汽化核心处。所以分析汽化核心起作用的条件、汽化核心的数目与壁面过热度的关系，有助于对核态沸腾现象及其换热规律的理解。

（1）汽化核心的形成

如图 6-10 所示，假设在流体中存在一个球形汽泡，它必须与周围液体处于力平衡和热平衡。

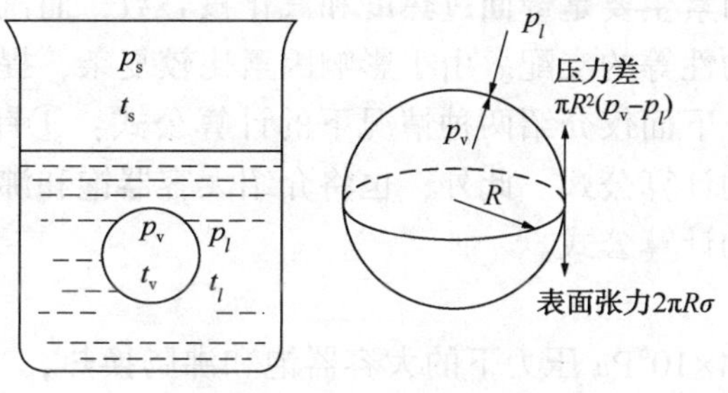


图 6-10　蒸汽泡的力平衡

由于汽泡表面张力的作用，汽泡内的压力 $p_v$ 必大于汽泡外的压力 $p_l$，根据力平衡条件，汽泡内外压差应被作用于气液界面上的表面张力所平衡，即：

$$\pi R^2(p_v-p_l)=2\pi R\sigma \tag{6-27}$$

式(6-27)中，$\sigma$ 为气液界面的表面张力。若忽略液柱静压力，则 $p_l$ 可认为近似等于沸腾系统的环境压力，即 $p_l \approx p_s$。$p_s$ 为饱和温度 $t_s$ 下的液体压力。

根据热平衡可知：汽泡内蒸气的温度 $t_l$ 为 $p_v$ 下的饱和温度 $t_v$，界面内、外温度相等，即 $t_l=t_v$。因此，汽泡外的液体必然是过热的，过热度为 $t_l-t_s=t_v-t_s$。贴壁处液体具有最大的过热度 $t_w-t_s$。则壁面凹处最先能满足汽泡生成的条件为：

$$R=\frac{2\sigma}{p_v-p_s} \tag{6-28}$$

因此，汽泡都在壁面上产生。如图 6-11 所示，壁面上的凹坑、细缝、裂穴等最可能成为汽化核心。

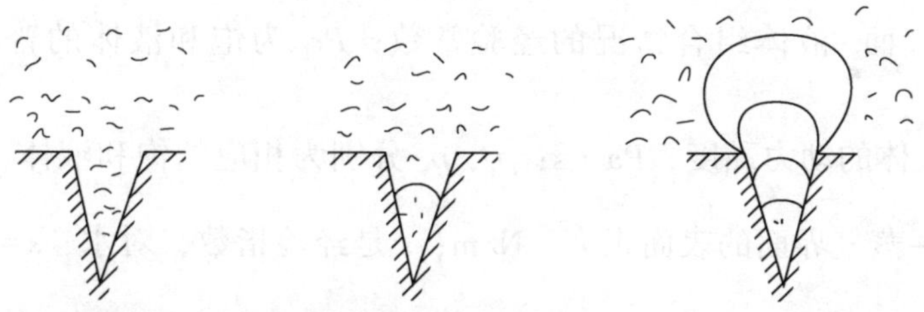

(a) 受热面积大的空穴内的液体　(b) 残存在空穴内的气体是孕育汽泡的有利场所　(c) 汽泡的长大过程

图 6-11　加热面上最有利于成为汽化核心的地点及汽泡的成长

(2) 对式(6-28)的几点说明

① 平衡状态的汽泡是很不稳定的。当汽泡半径小于式(6-28)中的半径 $R$ 时，气液界面的表面张力 $\sigma$ 大于汽泡内外压差 $p_v-p_l$，则汽泡内蒸汽凝结，汽泡不能形成。当汽泡半径大于半径 $R$ 时，界面上液体不断蒸发，汽泡才能成长。

② 在壁面过热度一定的条件下，壁面上只有满足式(6-28)的那些点，才能成为工作的汽化核心。

③ 随着壁面过热度 $\Delta t=t_w-t_s$ 的提高，汽泡内外压差 $\Delta p=p_v-p_l$ 越来越高。由式(6-28)可见，汽泡的平衡态半径将减小。因此，壁温 $t_w$ 提高时，壁面上越来越小的存气凹穴处将成为工作的汽化核心，从而汽化核心数随壁面过热度的提高而增加。

**5. 大容器沸腾换热的实验关联式**

前文的分析指出，核态沸腾由于有温差小、传热强的特点，一般工业应用都设计在这个范围。影响核态沸腾的因素主要是壁面过热度和汽化核心数，而汽化核心数又受到壁面材料及其表面状况、压力、物性等的支配。由于影响因素比较复杂，提出的沸腾换热表面传热系数的计算公式分歧较大，下面仅介绍两种情况下的计算公式：①针对一种液体的计算公式；②广泛适用于多种液体的计算公式。此外，也将介绍大容器饱和沸腾的临界热流密度以及膜态沸腾区表面传热系数的计算公式。

(1)米海耶夫关联式

对于水，在 $1\times10^5\sim4\times10^6$Pa 压力下的大容器饱和沸腾换热，米海耶夫(Maxees M. A)推荐用下面的公式计算核态沸腾换热的表面传热系数：

$$h=0.1224\Delta t^{2.33}p^{0.5} \tag{6-29}$$

根据牛顿冷却公式 $q=h\Delta t$，式(6-29)改变为：

$$h=0.5335q^{0.7}p^{0.15} \tag{6-30}$$

式中，$h$ 为沸腾换热的表面传热系数，W/(m$^2$·K)；$p$ 为沸腾的绝对压力，Pa；$\Delta t$ 为壁面过热度,℃；$q$ 为热流密度，W/m$^2$。

(2)罗森诺关联式

罗森诺(Rohsenow)关联式适用于多种液体。罗森诺认为，核态沸腾换热之所以强烈，主要是由于汽泡的产生与脱离造成了强烈的扰动。基于这样的思想，罗森诺将实验数据整理成如下无量纲关联式：

$$\frac{c_{pl}\Delta t}{r}=C_{wl}\left[\frac{q}{\eta_l r}\sqrt{\frac{\sigma}{g(\rho_l-\rho_v)}}\right]^{0.33}Pr_l^s \tag{6-31}$$

式中，$c_{pl}$为饱和液体的定压比热容，J/(kg·K)；$\Delta t$ 为壁面过热度,℃；$r$ 为汽化潜热，J/kg；$C_{wl}$为取决于加热表面-液体组合情况的经验常数；$Pr_l$ 为饱和液体的普朗特数，$Pr_l=\frac{\nu_l}{a_l}=\frac{c_{pl}\eta_l}{\lambda_l}$；$\eta_l$ 为饱和液体的动力黏度，Pa·s；$\rho_l$、$\rho_v$ 分别为相应的饱和液体、饱和蒸气的密度，kg/m$^3$；$\sigma$ 为液体-蒸气界面的表面张力，N/m；$s$ 是经验指数，对水，$s=1$，对其他液体，$s=1.7$。

式(6-31)还可表示为下面形式：

$$q=\eta_l r\left[\frac{g(\rho_l-\rho_v)}{\sigma}\right]^{1/2}\left(\frac{c_{pl}\Delta t}{C_{wl}Pr_l^s}\right)^3 \tag{6-32}$$

由图6-9可见，沸腾换热中热流密度与壁面过热度之间有着非常复杂的依变关系。根据牛顿冷却公式，沸腾换热的表面传热系数必然随温差发生剧烈变化。因此为便于使用，常常将实验数据整理成温差与热流密度之间的关系形式，如式(6-31)、式(6-32)这种形式；也可以整理成表面传热系数与温差的关系形式，或者表面传热系数与热流密度的关系形式。

值得注意的是，式(6-31)中，左端是液体过热的显热与潜热之比，相当于雅克布数 $Ja$；右端方括号内项，是以$\frac{q}{r}$为特征速度、以 $\sqrt{\frac{\sigma}{g(\rho_l-\rho_v)}}$为特征长度的雷诺数 $Re$，$\frac{q}{r}$代表了单位面积上蒸汽的质量流速，$\sqrt{\frac{\sigma}{g(\rho_l-\rho_v)}}$与汽泡脱离半径成正比，因此式(6-31)相当于下面的特征数关联式：

$$Ja=C_{wl}Re^{0.33}Pr_l^s \tag{6-33}$$

系数 $C_{wl}$是一个纯经验参数，主要取决于固体壁面的性质以及沸腾液体的性质，由实验确定。表 6-1 中列出了某些固体表面与液体组合的 $C_{wl}$值。

**表 6-1　部分液体-固体表面组合的经验系数 $C_{wl}$**

| 液体-固体表面组合情况 | $C_{wl}$ | 液体-固体表面组合情况 | $C_{wl}$ |
|---|---|---|---|
| 水-铜 | | 水-不锈钢 | |
| 烧焦的铜 | 0.0068 | 磨光并抛光的不锈钢 | 0.0060 |
| 抛光的铜 | 0.0130 | 化学腐蚀的不锈钢 | 0.0130 |
| 水-黄铜 | 0.0060 | 机械抛光的不锈钢 | 0.0130 |
| 水-铂 | 0.0130 | 苯-铬 | 0.101 |
| | | 乙醇-铬 | 0.0027 |

由于沸腾换热的复杂性，目前在各种对流换热问题的特征数关联式中，沸腾换热的特征数关联式与实验数据的偏差程度最大。例如式(6-32)中，当已知 $\Delta t$ 计算 $q$ 时，计算值与实验值的偏差可达到±100%；式(6-31)中，当已知 $q$ 计算 $\Delta t$ 时，偏差可达到±33%。

(3) 库珀公式

对于制冷介质，可使用目前较广泛应用的库珀(Cooper)公式进行计算：

$$h=Cq^{0.67}M_r^{-0.5}p_r^m(-\lg p_r)^{-0.55} \tag{6-34}$$

式中，$C=90\mathrm{W}^{0.33}/(\mathrm{m}^{0.66}\cdot \mathrm{K})$，$m=0.12-0.2\lg\{R_p\}$，$M_r$ 为液体的相对分子质量；$p_r$ 是对比压力，它是液体压力与该液体的临界压力之比；$R_p$ 为表面平均粗糙度，μm，对一般工业用管材表面，$R_p=0.3\sim0.4\mu\mathrm{m}$。

**6. 大容器饱和沸腾临界热负荷计算式**

朱泊(N. Zuber)将泰勒不稳定性原理应用于汽膜的运动，导出了计算大容器饱和沸腾临界热流密度 $q_{max}$ 的半经验计算式：

$$q_{max}=\frac{\pi}{24}r\rho_v\left[\frac{g\sigma(\rho_l-\rho_v)}{\rho_v^2}\right]^{1/4}\left(\frac{\rho_l+\rho_v}{\rho_v^2}\right)^{1/2} \tag{6-35}$$

当压力离开临界压力比较远时，式(6-35)右端最后一项$\frac{\rho_l+\rho_v}{\rho_v^2}$可取值为 1，同时将理论分析得出的系数 $\pi/24=0.131$ 用实验值 0.149 代替，得到以下推荐公式：

$$q_{max}=0.149r\rho_v^{1/2}[g\sigma(\rho_l-\rho_v)]^{1/4} \tag{6-36}$$

式中，所有物性均按饱和温度 $t_s$ 查取。该式理论上只适用于加热面为无限大的水平壁的情形，式中没有特征长度。实际上，当加热面的特征长度大于汽泡平均直径的 3 倍时，上式即可使用。

**7. 大容器饱和液体膜态沸腾换热的关联式**

膜态沸腾中，汽膜的流动和换热在很多方面类似于膜态凝结中液膜的流动和换热。适宜采用简化的边界层做分析，其分析解与膜状凝结的分析解相似。对于水平圆管的膜态沸腾换热，只需将层流膜状凝结的计算式(6-15)中液膜的 $\lambda_l$ 和 $\eta_l$ 改为蒸汽的 $\lambda_v$ 和 $\eta_v$，用 $\rho_v(\rho_l-\rho_v)$代替 $\rho_l^2$，并用实验系数 0.62 代替 0.729，即可得到膜态沸腾换热表面传热系数的计算式：

$$h=0.62\left[\frac{gr\rho_v(\rho_l-\rho_v)\lambda_v^3}{\eta_v d(t_w-t_s)}\right]^{1/4} \tag{6-37}$$

式中，$\rho_l$ 与 $r$ 的值由饱和温度 $t_s$ 决定，其余物性均以平均温度 $t_m=(t_w+t_s)/2$ 为定性温度，特征长度为管子外径 $d$。如果加热表面为球面，式(6-16)中的系数为 0.67，其余同上。

应该指出的是，因为汽膜热阻较大，而且壁面温度 $t_w$ 在膜态沸腾时很高，壁面的净换热量不仅要按沸腾计算，还应考虑辐射换热。由于辐射换热的作用会使汽膜的厚度增加，因此不能认为此时的总换热量是按照对流换热与辐射换热方式各自计算所得结果的简单叠加。可应用超越方程来计算考虑对流换热与辐射换热相互影响在内的复合换热的表面传热系数：

$$h^{4/3}=h_c^{4/3}+h_r^{4/3} \tag{6-38}$$

式中，$h_c$、$h_r$ 分别为按对流换热及辐射换热计算所得的表面传热系数，其中，$h_c$ 按式(6-37)计算，$h_r$ 的计算式为：

$$h_r=\frac{\varepsilon\sigma(T_w^4-T_s^4)}{T_w-T_s} \tag{6-39}$$

式中，$\varepsilon$ 为沸腾传热表面的发射率。

**8. 影响沸腾换热的因素**

在已学习过的对流换热现象中，沸腾换热是影响因素最多、最复杂的换热过程，实验关联式与所依据的实验数据之间的离散度和不同关联式之间的分歧也最为严重。下面讨论影响大容器沸腾的因素，以及强化沸腾换热的技术。

(1) 不凝结气体。

与膜状凝结不同，沸腾换热时溶解于液体中的不凝结气体会使沸腾换热得到某种强化。这是因为，随着工作液体温度的升高，不凝结气体会从液体中逸出，在相同的壁面过热度 $\Delta t$ 下产生更高的热流密度，强化了换热。但对于稳定运行下的沸腾换热设备来说，除非不断地向工作液体中注入不凝结气体，否则不凝结气体一经逸出，就起不到强化作用了。

(2) 过冷度

对于大容器沸腾，过冷度只对核态沸腾起始点的附近区域有影响，对其他区域无任何影响。这是因为，核态沸腾起始段，自然对流还占主要地位，而自然对流时 $h\sim\Delta t^{1/4}$，即 $h\sim(t_w-t_f)^{1/4}$，因此，过冷会使该区域的换热有所增强。

(3) 液位高度

大容器沸腾中，当传热表面上的液位足够高时，沸腾换热的表面传热系数与液位高度无关。但是，当液位降低到一定程度时，其表面传热系数会明显地随着液位的降低而升高。这一特定的液位值称为临界液位。对于常压下的水，临界液位值约为 5mm。

(4) 重力加速度

现有的研究结果表明，在重力加速度从 0.10m/s$^2$一直到 100×9.8m/s$^2$的很大的变化范围内，重力场对核态沸腾换热的规律几乎没有影响，但对液体自然对流换热有显著的影响。在零重力场的情况下，对沸腾换热的规律研究还不够。

**9. 强化沸腾换热的原则和技术**

无论是大容器沸腾还是管内沸腾，在加热面上产生汽泡是其共同的特点，也是使对流换热比无相变对流换热更强烈的最基本原因。因此，强化沸腾换热的基本原则是尽量增加加热面上的汽化核心，即产生汽泡的地点。前文分析指出，沸腾表面上的凹坑最容易产生汽化核心，因此增加表面凹坑是强化沸腾换热的有效方法。在工业界已经开发出两类增加表面凹坑的方法：

① 用烧结、钎焊、火焰喷涂、电离沉积等物理与化学方法在换热表面造成一层多孔结构。

② 采用机械加工方法在传热管表面造成多孔结构。

**例题 6-2** 沸腾换热

温度为 100℃的饱和水在温度为 117℃的铜制加热面上进行大容器泡态沸腾。试确定沸腾热流密度、传热系数以及临界热流密度的数值。

**解**：由壁面过热度 $\Delta t = t_w - t_s = 117℃ - 100℃ = 17℃$，查图 6-9，可得该沸腾换热位于泡态沸腾区。由附表 3 查饱和水的物性量，有：$\rho_l = 958.4\text{kg/m}^3$，$c_{pl} = 4220\text{J/(kg}\cdot\text{K)}$，$\sigma = 588.6\times10^{-4}\text{N/m}^2$，$\eta_l = 282.5\times10^{-6}\text{kg/(m}\cdot\text{s)}$，$Pr = 1.75$，由附表 10 有：$\rho_v = 0.5977\text{kg/m}^3$，汽化潜热 $r = 2257\text{kJ/kg}$。

水与铜组合的经验系数 $C_{wl}$，查表 6-1，有 $C_{wl} = 0.013$，计算沸腾热流密度，由式(6-31)，有：

$$\frac{c_{pl}\Delta t}{r} = C_{wl}\left[\frac{q}{\eta_l r}\sqrt{\frac{\sigma}{g(\rho_l - \rho_v)}}\right]^{0.33} Pr_l^s$$

求解，沸腾热流密度为：$q = 6.95\times10^{-5}\text{W/m}^2$。

传热系数为：$h = \dfrac{q}{t_w - t_s} = \dfrac{6.95\times10^{-5}\text{W/m}^2}{117℃ - 100℃} = 4.08\times10^4\text{W/(m}^2\cdot\text{K)}$。

由式(6-36)，临界热流密度为：$q_{max} = 0.149 r\rho_v^{1/2}[g\sigma(\rho_l - \rho_v)]^{1/4}$。

代入数据，有：

$$\begin{aligned} q_{max} &= 0.149\times2257\times10^3\text{J/kg}\times(0.5977\text{kg/m}^3)^{1/2}[9.81\text{m}^2/\text{s}\times588.6\times10^{-4}\text{N/m}^2\times \\ &\quad (958.4\text{kg/m}^3 - 0.5977\text{kg/m}^3)]^{1/4} \\ &= 1.261\times10^6\text{W/m}^2 \end{aligned}$$

# 思考题

1. 什么是膜状凝结？什么是珠状凝结？膜状凝结时热量传递过程的主要热阻在什么地方？

2. 在膜状凝结努塞尔理论解的分析中做了 8 个假设，这 8 个假设中最重要的是哪两个？

3. 如何判断液膜是层流还是湍流？

4. 在其他条件相同的情况下，水平管外的凝结换热一定比竖直管外的凝结换热强烈，这种说法是否正确？为什么？

5. 为什么水平管外凝结换热只介绍层流凝结换热的关联式？对常压下的水蒸气在壁面过热度 $\Delta t = t_s - t_w = 10℃$的水平管外凝结，如果要使液膜中出现湍流，试估算水平圆管的直径要多大。

6. 试说明大容器饱和沸腾换热的 $q-\Delta t$ 曲线中各沸腾阶段的换热机理。

7. 简述凝结换热和沸腾换热的影响因素以及主要强化措施。

8. 在图 6-9 所示的大容器饱和沸腾换热曲线中，在稳定膜态沸腾阶段，为什么曲线会

随 $\Delta t$ 的增加而迅速上升？

9. 什么是沸腾换热的临界热流密度、临界温压、临界换热系数？

10. 对于热流密度可控和壁面温度可控两种换热情形，分别说明控制热流密度小于临界热流密度，以及温差小于临界温差的意义，并针对上述两种情形分别举出一个工程应用实例。

11. 试对比水平管外膜状凝结换热与水平管外膜态沸腾换热的相同和不同之处。

12. 圆管垂直放置与水平放置时，管内沸腾换热各有什么特点？

13. 从换热表面的结构出发，说明强化凝结换热的基本思想是什么，强化沸腾换热的基本思想是什么。

# 习　题

## 凝结换热

6-1　饱和水蒸气在高度 $H=15\text{m}$ 的竖管外表面做层流膜状凝结。水蒸气压力 $p=2.5\times10^5\text{Pa}$，管子表面温度为 123℃。试利用努塞尔分析解计算离开管顶为 0.1m、0.2m、0.4m、0.6m 以及 1.0m 处的液膜厚度和局部表面传热系数。

6-2　饱和温度为 50℃的纯净水蒸气在外径为 25.4mm 的竖直管束外凝结。蒸汽与管壁的温差为 11℃，每根管子长 1.5m，共 50 根管子。试计算该冷凝器管束的热负荷。

6-3　一个大气压下的饱和蒸汽在垂直管的外表面凝结，管的直径为 100mm，长为 1m，表面温度为 94℃。试计算凝结速率和热流量。若饱和蒸汽的压力为 1.5bar，而其他条件不变，则凝结速率和热流量是多少？

6-4　立式氨冷凝器由外径为 50mm 的钢管制成。钢管外表面温度为 25℃，冷凝温度为 30℃。要求每根管子的氨凝结量为 0.009kg/s。试确定每根管子的长度。

6-5　水蒸气在水平管外凝结。设管径为 25.4mm，壁温低于饱和温度 5℃。试计算当冷凝压力分别为 $5\times10^3\text{Pa}$、$5\times10^4\text{Pa}$、$10^5\text{Pa}$ 以及 $10^6\text{Pa}$ 下凝结换热的表面传热系数。

6-6　某卧式水蒸气冷凝器管子的直径为 20mm，第一排管子的壁温 $t_w=15℃$，冷凝压力为 $4.5\times10^3\text{Pa}$。试计算第一排管子每米长的凝结液量。

6-7　某水平放置的圆管，长为 2m，直径为 50mm，管壁温度为 60℃。压力为 $4.5\times10^5\text{Pa}$ 的饱和水蒸气在其外壁凝结。设管内冷却水的质量流量为 1kg/s，进口温度为 20℃。试计算冷却水的出口温度。

## 沸腾换热

6-8　平均压力为 $1.98\times10^5\text{Pa}$ 的水，在内径为 15m 的铜管内做充分发展的单相强迫对流换热。水的平均温度为 100℃，壁温比水温高 5℃。当流速多大时，对流换热的热流密度与同压力、同温度下的饱和水在铜表面上做大容器核态沸腾时的热流密度相同？

6-9　当液体在一定压力下做大容器饱和核态沸腾时，为使表面传热系数增加 10 倍，温差 $t_w-t_s$ 应增加几倍？如果同一液体在圆管内单相湍流换热(充分发展区)，为使表面传热系数提高 10 倍，流速应增加多少倍？为维持流体流动所消耗的功将增加多少倍？设物性为常数。

6-10　直径为5cm的电加热铜棒被用来产生压力为$3.61\times10^5$Pa的饱和水蒸气。铜棒表面温度高于饱和温度5℃。需要多长的铜棒才能维持90kg/h的产汽率？

6-11　试计算10bar下的水做大容器沸腾时的临界热流密度。

6-12　一直径为3mm、长为7.5mm的白金丝在压力为$1.013\times10^5$Pa的水中做泡态沸腾。试确定当热流密度$q=0.2\text{MW/m}^2$时所需的壁温。

6-13　一直径为3.5mm、长为100mm的机械抛光的薄壁不锈钢管，被置于压力为$1.013\times10^5$Pa的水容器中，水温已接近饱和温度。对该不锈钢管两端通电以加热表面。当加热功率为1.9W及100W时，水与钢管表面之间的表面传热系数值是多少？

6-14　直径为1mm、电阻率$\rho=1.1\times10^{-6}\,\Omega\cdot\text{m}$的导线通过盛水容器作为加热元件。试确定在$t_s=100$℃时，为使水的沸腾处于核态沸腾区，该导线所能允许的最大电流是多少？

# Chapter 6 Condensation and Boiling Heat Transfer

Convection heat transfer processes associated with a change of phase of a fluid usually includes two types: condensation heat transfer and boiling heat transfer. The heat transfer process in which the vapor is cooled and condensed into the liquid is called condensation heat transfer. The heat transfer process in which the liquid is heated and boiled into the vapor is called boiling heat transfer. Heat transfer coefficients $h$ associated with boiling and condensation are typically several times higher than those encountered in other forms of convection processes that involve a single phase. In this chapter we study the characteristics and basic rule of condensation and boiling heat transfers.

## 6.1 Condensation Heat Transfer

### 1. Film Condensation and Dropwise Condensation

Condensation occurs when the temperature of a vapor is reduced below its saturation temperature $t_{sat}$. This is usually done by bringing the vapor into contact with a solid surface whose temperature $t_s$ is below the saturation temperature $t_{sat}$ of the vapor.

Two distinct forms of condensation are observed: film condensation and dropwise condensation.

(1) Film Condensation

In film condensation, the condensate wets the surface and forms a liquid film on the surface that sides down under the influence of gravity, and this "liquid wall" between solid surface and the vapor serves as a resistance to heat transfer. The heat of vaporization $r$ released as the vapor condenses must pass through this resistance before it can reach the solid surface and be transferred to the medium on the other side.

(2) Dropwise Condensation

In dropwise condensation, the condensed vapor forms droplets on the surface instead of a continuous film, and the surface is covered by countless droplets of varying diameters. The droplets slide down when they reach a certain size, clearing the surface and exposing it to vapor. There is no liquid film in this case to resist heat transfer. As a result, heat transfer rates that are more than 10 times larger than those associated with film condensation can be achieved with dropwise condensation. Therefore, dropwise condensation is the preferred mode of condensation in heat transfer applications, and people have long tried to achieve sustained dropwise condensation by using various vapor additives and surface coatings.

The shapes of the contact angle formed by the gas-liquid interface against the wall surface under different wetting capacities are shown in Figure 6-1. When a vapor is exposed to a surface at a temperature below $t_{sat}$, the condensation in the form of a liquid film or individual droplets occurs on the surface, as shown in Figure 6-2.

**2. Heat Transfer Correlations for Laminar Film Condensation**

In 1916, the theoretical analysis of film condensation of pure vapor laminar flow was developed by Nusselt, and the famous Nusselt theoretical solution was obtained. Nusselt pointed out that the conductivity thermal resistance of the liquid film is the main thermal resistance of the condensation process. In theory, It reveals the influence of relevant physical parameters on condensation heat transfer, and it has long been recognized as a model for using theoretical analysis to solve heat transfer problems.

(1) Assumptions of Laminar Film Condensation Heat Transfer

Consider a vertical plate that is exposed to vapor at the saturation temperature $t_{sat}$. Nusselt gives the following eight assumptions for the analytical relation.

① Both the plate and the vapor are maintained at constant temperature $t_s$ and $t_{sat}$, respectively. The properties of the liquid are constants.

② The velocity of the vapor is low (or zero) so that it exerts no drag on the condensation (no viscous shear on the liquid-vapor interface), that is $\left.\frac{du}{dy}\right|_{y=\delta}=0$.

③ The velocity of the liquid film is low so that the inertial force of the liquid film can be ignored.

④ The temperature across the liquid film varies linearly. There is no temperature difference on the surface of the liquid and vapor, that is $t_\delta=t_s$.

⑤ Heat transfer across the liquid film is by pure conduction, and no convection currents in the liquid film.

⑥ The supercooling of the liquid film can be negligible, and the enthalpy of the condensate liquid is approximately equal to the enthalpy of the saturated liquid. That is, the rate of heat transfer from the uapor to the plate through the liquicl film is equal to the heat released as the uapor is condented.

⑦ The density of the vapor is much smaller than the density of liquid, $\rho_v \ll \rho_l$.

⑧ The surface of the liquid film is flat and free of fluctuations.

(2) Simplification of the Differential Equations in the Boundary Layer

We now consider laminar film condensation on a vertical surface, as shown in Figure 6-3.

In the condition of steady-state, the differential equations for condensate film flow and heat transfer are

$$\frac{\partial u}{\partial x}+\frac{\partial v}{\partial y}=0 \tag{6-1}$$

$$\rho_l\left(u\frac{\partial u}{\partial x}+v\frac{\partial u}{\partial y}\right)=\rho_l g-\frac{dp}{dx}+\eta_l\frac{\partial^2 u}{\partial y^2} \tag{6-2}$$

$$u\frac{\partial t}{\partial x}+v\frac{\partial t}{\partial y}=a_l\frac{\partial^2 t}{\partial y^2} \tag{6-3}$$

Nusselt differential equations, which are obtained with the simplifying assumptions stated earlier, are expressed as

$$\rho_l g+\eta_l \frac{d^2 u}{dy^2}=0 \tag{6-4}$$

$$\frac{d^2 t}{dy^2}=0 \tag{6-5}$$

Boundary Conditions $\qquad y=0,\ u=0,\ t=t_w$

$$y=\delta,\ \left.\frac{du}{dy}\right|_\delta=0,\ t=t_s$$

Equations (6-4) and (6-5) are Nusselt's mathematical descriptions of the velocity field and temperature field in the laminar film condensation.

(3) Nusselt Theoretical Solution

Integrating the momentum differential equation (6-4) and the energy differential equation (6-5) twice in a row, there are

$$u=\frac{\rho_l g}{\eta_l}\left(\delta y-\frac{1}{2}y^2\right) \tag{6-6}$$

$$t=t_w+(t_s-t_w)\frac{y}{\delta} \tag{6-7}$$

where the liquid film thickness $\delta$ is an unknown quantity. The liquid film thickness $\delta$ at any location $x$ is determined to be

$$\delta=\left[\frac{4\eta_l\lambda_l(t_s-t_w)x}{g\rho_l^2 r}\right]^{1/4} \tag{6-11}$$

The average heat transfer coefficient $h_V$ over the entire plate is determined from its definition by substituting the $h_x$ relation and performing the integration. It gives

$$h_V=\frac{1}{H}\int_0^H h_x dx=\frac{4}{3}h_{x=H}=0.943\left[\frac{gr\rho_l^2\lambda_l^3}{\eta_l H(t_s-t_w)}\right]^{1/4} \tag{6-14}$$

Nusselt's analysis of film condensation on vertical plates can also be extended to horizontal tubes and spheres.

The average heat transfer coefficient for film condensation on the outer surfaces of a horizontal tube is determined to be

$$h_H=0.729\left[\frac{gr\rho_l^2\lambda_l^3}{\eta_l d(t_s-t_w)}\right]^{1/4} \tag{6-15}$$

The average heat transfer coefficient for film condensation on the outer surfaces of a sphere is determined to be

$$h_S=0.826\left[\frac{gr\rho_l^2\lambda_l^3}{\eta_l d(t_s-t_w)}\right]^{1/4} \tag{6-16}$$

All properties of the liquid are to be evaluated at the film temperature $t_m=\frac{1}{2}(t_s+t_w)$. The $r$ and $\rho_l$ are to be evaluated at the saturation temperature $t_s$.

Equation (6-14) was developed for vertical plates, but it can also be used for laminar film condensation on the upper surfaces of plates that are inclined by an angle $\varphi(\varphi>0)$ from the vertical, by replacing $g$ in that equation by $g\cos\varphi$.

### 3. Convection Heat Transfer for Turbulent Film Condensation

(1) Film Layer Reynolds Number *Re*

The flow of liquid film exhibits different regimes, depending on the value of the Reynolds number *Re*. For a vertical plate, the film layer Reynolds number at position $x=H$ from the leading edge of the liquid film is defined as

$$Re=\frac{d_e\rho u_H}{\eta}=\frac{d_e u_H}{\nu} \tag{6-19}$$

where $u_H$ is the average velocity of the film layer at position $x=H$, $d_e$ is the hydraulic diameter of the condensate flow. As shown in Figure 6-4, the width of the liquid film is $b$, wetted perimeter of the condensate is $P=b$, and the cross-sectional area of the condensate flow at the lowest part of the flow is $A=b\delta$. Therefore the hydraulic diameter $d_e=\frac{4A_c}{P}=\frac{4b\delta}{b}=4\delta$, and the liquid film Reynolds number derived from Equation (6-19) is defined as

$$Re=\frac{4\delta\rho u_H}{\eta}=\frac{4q_{m,H}}{\eta} \tag{6-20}$$

where $q_{m,H}=\delta\rho u_H$ is the mass flow rate of the condensate liquid at $x=H$ where is the lowest part of the flow; $q_{m,H}r$ is the heat transfer rate for the whole vertical plate with a height of $H$ and a width of 1m. The energy balance for the liquid film can be expressed as

$$q_{m,H}=\frac{hH(t_s-t_w)}{r} \tag{6-21}$$

Substituting Equation (6-21) into Equation (6-20), the liquid film Reynolds number can be expressed as

$$Re=\frac{4q_{m,H}}{\eta}=\frac{4hH(t_s-t_w)}{\eta r} \tag{6-22}$$

The properties in Equations(6-19), (6-20) and(6-22) are the properties of liquid film. For a horizontal tube, the relation of the film layer Reynolds number can be determined by substituting the height $H$ of the vertical plate into the perimeter $\pi d$ of the tube.

(2) Heat Transfer Correlations for Turbulent Film Condensation

For vertical plate, the average heat transfer coefficient for the turbulent film condensation over the whole plate can be expressed as

$$h=h_l\frac{x_c}{H}+h_t\left(1-\frac{x_c}{H}\right) \tag{6-23}$$

where $h_l$ is the average heat transfer coefficient at laminar flow range, and $h_t$ is the average heat transfer coefficient at turbulent flow range. $x_c$ is the height of the turning point where laminar flow turns into turbulent flow, and $H$ is the total height of the vertical plate. The empirical relation in this case is

$$Nu = Ga^{1/3} \frac{Re}{58 Pr_s^{-1/2} \left( \frac{Pr_w}{Pr_s} \right)^{1/4} (Re^{3/4} - 253) + 9200} \qquad (6-24)$$

where $Ga$ is called Galileo number, which is defined as $Ga = \frac{gH^3}{\nu^2}$. The physical properties of the condensate liquid are to be evaluated at the saturation temperature $t_s$, and $Pr_w$ is to be evaluated at the surface temperature $t_w$.

### 4. Influence Factors on Film Condensation Heat Transfer

Experimental studies show that the film condensate heat transfer strongly depends on the type of fluid, the geometry, size and position of the heat transfer surface, the pressure of the vapor, and the temperature difference($t_s - t_w$). However, in engineering practice, the film condensation heat transfer process is often more complicated, it will be affected by many complex factors. In addition to the above factors, the influencing factors also include the following aspects: noncondensable gas, vapor velocity, superthated steam, liquid film supercooling, the row of tube banks, and film condensation inside horizontal tubes, and soon. Due to space limitations, it will not be expanded in detail.

## 6.2 Boiling Heat Transfer

### 1. Pool Boiling and Flow Boiling

When a surface is exposed to a liquid and is maintained at a temperature above the saturation temperature of the liquid, boiling may occur.

Boiling is classified as pool boiling or flow boiling, depending on the presence of bulk fluid motion. Boiling is called pool boiling in the absence of bulk and flow boiling (or forces convection boiling) in the presence of it.

In pool boiling, the fluid is stationary, and any motion of the fluid is due to natural convection currents and the motion of the bubbles under the influence of buoyancy.

In flow boiling, the fluid is forced to move in a heated pipe or surface by external means such as a pump. Therefore, flow boiling is always accompanied by other convection effects.

Pool and flow boiling are further classified as subcooled boiling or saturated boiling, depending on the bulk liquid temperature. Boiling is said to be subcooled when the temperature $t$ of the main body of the liquid is below the saturation temperature $t_s$ and saturated when the temperature of the liquid is equal to $t_s$.

Next, we consider the characteristics, empirical relations, and influence factors of pool boiling.

### 2. Boiling Regimes and the Boiling Curve

The pioneering work on boiling was done in 1934 by S. Nukiyama, who used electrically heated nichrome and platinum wires immersed into liquids in his experiments. Nukiyama noticed that boiling takes different forms, depending on the value of the excess temperature $\Delta t = t_w - t_s$. Four different boiling regimes of Ⅰ、Ⅱ、Ⅲ、Ⅳ are observed: natural convection boiling, nucleate boiling, transition boiling, and film boiling. These regimes are illustrated on the boiling curve in Figure 6-9, which is a plot of boiling heat flux $q$ versus the excess temperature $\Delta t = t_w - t_s$.

(1) Natural Convection Boiling

In this regime, the excess temperature $\Delta t$ of heated surface always less than $\Delta t < 4℃$. The liquid is slightly superheated in this case and evaporates when it rises to the free surface. The fluid motion in this mode of boiling is governed by natural convection currents, and heat transfer from the heating surface to the fluid is by natural convection.

(2) Nucleate Boiling

The first bubbles start forming at point $B$ of the boiling curve at various preferential sites on the heating surface. The bubbles form at an increasing rate at an increasing number of nucleation sites as we move along the boiling curve toward point $C$. The nucleate boiling regime can be separated into two distinct regions. In region $B-B'$, isolated bubbles are formed at various preferential nucleation sites on the heated surface. But these bubbles are dissipated in the liquid shortly after they separate from the surface. In region $B'-C$, the heater temperature is further increased, and bubbles form at such great rates at such a large number of nucleation sites that they form numerous continuous columns of vapor in the liquid.

At large values of $\Delta t$, the heat flux increases at a lower rate with increasing $\Delta t$ and reaches a maximum at point $C$. The heat flux $q$ at this point is called the critical (or maximum) heat flux, $q_{max}$.

(3) Transition Boiling

As the temperature excess $\Delta t$ is increased past point $C$, the heat flux decreases, as shown in Figure 6-9. In the transition boiling regime, both nucleate and film boiling partially occur. Nucleate boiling at point $C$ is completely replaced by film boiling at point $D$. Operation in the transition boiling regime, which is called the unstable film boiling regime, is avoided in practice.

(4) Film Boiling

In this regime the heater surface is completely covered by a continuous stable vapor film. The heat transfer rate increases with increasing excess temperature as a result of heat transfer from the heated surface to the liquids through the vapor film by radiation, which becomes significant at high temperature.

### 3. Critical Heat Flux

The burnout phenomenon in boiling can be explained as follows: In order to move beyond point $C$ where $q_{max}$ occurs, we must increase the heater surface temperature $t_s$. To increase $t_s$, however, we must increase the heat flux. But the fluid cannot receive this increased energy at an excess temperature just beyond point $C$. Therefore, the heater surface ends up absorbing the increased energy, causing the heater surface temperature $t_s$ to rise. But the fluid can receive even less energy at this increased excess temperature, causing the heater surface $t_s$ to rise even further. This continuous until the surface temperature reaches a point at which it no longer rises and the heat supplied can be transferred to the fluid steadily. This is point $E$ on the boiling curve, which corresponds to very high surface temperatures. Therefore, any attempt to increase the heat flux beyond $q_{max}$ will cause the operation point on the boiling curve to jump suddenly from point $C$ to point $E$. However, surface temperature that corresponds to point $E$ is beyond the melting point of most heater materials, and burnout occurs. Therefore, point $C$ on the boiling curve is also called the burnout point, and the heat flux at this point the burnout heat flux.

**4. Analysis of Evaporation Nucleation**

In the nucleate boiling regime, the disturbance of the bubble dominates the heat transfer, and the bubbles are generally generated at the vaporization nucleation.

Considering a spherical bubble as shown in Figure 6-10, the pressure forces of the liquid and vapor must be balanced by the surface-tension force at the vapor-liquid interface. The force balance is

$$\pi R^2(p_v - p_l) = 2\pi R\sigma \tag{6-27}$$

or

$$R = \frac{2\sigma}{p_v - p_s} \tag{6-28}$$

Equation (6-28) shows that the bubbles are generated on the heater surface, as shown in Figure 6-11, and pits, cracks, etc. on the wall surface are most likely to be called evaporation nucleation.

**5. Heat Transfer Correlations in Pool Boiling**

In the nucleate boiling regime, the rate of heat transfer strongly depends on the nature of nucleation, such as the number of active nucleation sites on the surface, the rate of bubble formation at each site, etc, which is difficult to predict. People had to rely on relations based on experimental data.

(1) Maxces's Correlation

For saturation nucleate boiling of water at pressure of $10^5 \sim 4\times10^6$ Pa, the correlation for the convection heat transfer coefficient was proposed by Maxces

$$h = 0.1224\Delta t^{2.33} p^{0.5} \tag{6-29}$$

According to Newton's law of cooling $q = h\Delta t$, Equation (6-29) can also be expressed as

$$h = 0.5335 q^{0.7} p^{0.15} \tag{6-30}$$

(2) Rohsenow's Correlation

The most widely used correlation for the rate of heat transfer in the nucleate boiling regime was proposed in 1952 by Rohsenow, and expressed as

$$\frac{c_{pl}\Delta t}{r} = C_{wl}\left[\frac{q}{\eta_l r}\sqrt{\frac{\sigma}{g(\rho_l - \rho_v)}}\right]^{0.33} Pr_l^s \tag{6-31}$$

Equation (6-31) can also be expressed as

$$q = \eta_l r\left[\frac{g(\rho_l - \rho_v)}{\sigma}\right]^{1/2}\left(\frac{c_{pl}\Delta t}{C_{wl} Pr_l^s}\right)^3 \tag{6-32}$$

(3) Cooper's Correlation

Cooper's correlation, which is now widely used for refrigerator, can be expressed as

$$h = Cq^{0.67} M_r^{-0.5} p_r^m (-\lg p_r)^{-0.55} \tag{6-34}$$

where $C = 90\text{W}^{0.33}/(\text{m}^{0.66} \cdot \text{K})$; $m = 0.12 - 0.2\lg\{R_p\}$; $M_r$ is the relative molecular weight of the liquid; $p_r$ is contrast pressure, which is the ratio of the liquid pressure to the critical pressure of that liquid; $R_p$ is the average roughness of the surface, and the value of $R_p$ is $R_p = 0.3 \sim 0.4\mu\text{m}$ for general industry material surface.

**6. Peak Heat Flux**

Using Taly's un-stability theory on the movement of the gas film, Zuber derived the following expression for the maximum heat flux in nucleate pool boiling:

$$q_{max} = \frac{\pi}{24} r \rho_v \left[\frac{g\sigma(\rho_l - \rho_v)}{\rho_v^2}\right]^{1/4} \left(\frac{\rho_l + \rho_v}{\rho_v^2}\right)^{1/2} \tag{6-35}$$

If the pressure is far away from the critical pressure, $\frac{\rho_l + \rho_v}{\rho_v^2} = 1$, and the value of $\pi/24 = 0.131$ from the theoretical analysis is replaced by the experimental value of 0.149, the correlation (6-35) becomes

$$q_{max} = 0.149 r \rho_v^{1/2} [g\sigma(\rho_l - \rho_v)]^{1/4} \tag{6-36}$$

**7. Film Boiling**

The heat flux for film boiling on a horizontal cylinder or sphere of diameter $d$ is given by

$$h = 0.62 \left[\frac{g r \rho_v (\rho_l - \rho_v) \lambda_v^3}{\eta_v d (t_w - t_s)}\right]^{1/4} \tag{6-37}$$

where $\rho_l$ and $r$ are to be evaluated at the saturation temperature $t_s$ of the liquid, and all other properties of the liquid are to be evaluated at the film temperature, which is the average of the surface temperature and the saturation temperature of the liquid, $t_m = (t_w + t_s)/2$. The characteristic length is the outside diameter of the cylinder $d$. For sphere, the constant 0.62 will be replaced by 0.67.

At high surface temperature, heat transfer across the vapor film by radiation becomes significant and needs to be considered. The overall heat transfer coefficient combining the convection and radiation heat transfer is

$$h^{4/3} = h_c^{4/3} + h_r^{4/3} \tag{6-38}$$

where $h_c$、$h_r$ are the convection and radiation heat transfer coetficients, respectively. $h_c$ can be obtained from Equation (6-37) and $h_r$ can be expressed as

$$h_r = \frac{\varepsilon\sigma(T_w^4 - T_s^4)}{T_w - T_s} \tag{6-39}$$

where $\varepsilon$ is the emissivity of the boiling surface.

**8. Influencing Factors of Boiling Heat Transfer**

Boiling heat transfer is the most influencing and complex heat transfer process. The main factors include non-condensable gas, subcooling, liquid level height of heater surface, and the gravitational acceleration.

# 第七章 热辐射的基本定律

热辐射是热量传递的基本方式之一，是物体内部微观粒子的热运动状态改变时激发出来的电磁波能量。所有温度高于 0K 的物体，总在不断地向外发射热辐射能量，同时也在不断地吸收周围物体投射到其表面的辐射能量。辐射换热就是指物体之间相互发射和吸收的总效果。当物体之间存在温度差时，辐射换热的结果是使高温物体失去热量，使低温物体得到热量。即使两个物体的温度相同，它们之间的辐射换热也没有停止，只不过发射出去的能量和吸收进来的能量一样多，即净辐射换热量等于零，处于辐射平衡状态。

与热传导、对流换热这两种热量传递方式相比，热辐射具有以下特点：①热辐射可以不依靠媒介，在真空中传递。这是热辐射区别于热传导、对流换热的基本特点。当两个物体被真空隔开时，例如地球与太阳之间，热传导与对流换热都不会发生，但能进行辐射换热。②热辐射过程中不仅有能量的传递，而且有能量形式的转化。物体发射热辐射时，其热力学能转化为辐射能；而吸收热辐射时，辐射能又转化为热力学能。这是热辐射区别于热传导、对流换热的另一个特点。

日常生活、工程技术的各个领域中存在着大量的辐射换热问题，例如物体干燥、辐射换热器、利用辐射原理测量物体的温度、太阳能利用等。近年来，在现代科学技术的推动下，辐射换热有了很大发展，人们对它提出了越来越高的要求。

本章主要介绍热辐射的基本概念、黑体辐射的基本规律、实际物体的辐射特性以及基尔霍夫定律等内容。本章的学习将为下一章辐射换热的计算奠定理论基础。

## 第一节 热辐射的基本概念

**1. 热辐射的特性**

(1) 热辐射的传播速率与波长、频率之间的关系

热辐射是依靠电磁波在真空或介质中传播的，其具有一般辐射现象的共性。例如，其在空间传播的速度为光速，这是电磁波辐射的共性。热辐射的速率、波长和频率的关系为：

$$c=f\lambda \tag{7-1}$$

式中，$c$ 为热辐射的传播速率，m/s，在真空中，$c=3\times10^8$m/s，在大气中的传播速率略低于此数值；$f$ 为频率，$s^{-1}$；$\lambda$ 为波长，常用单位为 μm。

(2) 热辐射的波长

从理论上说，热辐射的电磁波波长可以包括整个波谱，即波长从零到无穷大，如图 7-1 所示。但在日常生活和工业上经常遇到的温度范围内，包括太阳辐射，热辐射的波长主要位于 0.1~100μm 范围内，包括部分紫外线、全部可见光以及部分红外线三个波段。其中可见

光的波段，即波长为0.38~0.76μm的波段，以及紫外线的波段，即波长为0.1~0.38μm的波段，所占的比例很少，大部分能量(>98%)位于红外线波段的0.76~100μm范围内。因此，热辐射主要是指红外线波段内的辐射。太阳的表面温度约为5800K，其温度比工业上遇到的一般温度(通常在2000K以下)高出很多。太阳辐射的能量主要集中在0.2~2μm的波长范围内，其中可见光波段占有很大的比例。

各种波长的电磁波在日常生活、工业生产以及科学研究中有着广泛的应用。例如红外辐射，它分为近红外线和远红外线两种。按照国际照明委员会规定的界限，以25μm为界限，波长在25μm以下称为近红外线，在25μm以上称为远红外线。红外线加热技术是20世纪70年代发展起来的，它就是利用远红外元件发射出的以远红外线为主的电磁波对物体进行加热。微波是波长在1mm~1m范围内的电磁波。微波可以穿透塑料、玻璃以及陶瓷制品，但却会被像水这样的具有极性分子的物体吸收，在物体内部产生内热源，从而使物体得到比较均匀的加热。微波加热食品是一种比较理想的加热手段，微波炉就是利用这一原理加热食品的。无线电波是波长大于1m的电磁波。无线电技术的应用非常广泛，例如无线电通信、雷达探测、控制导弹的飞行轨道、卫星导航等。

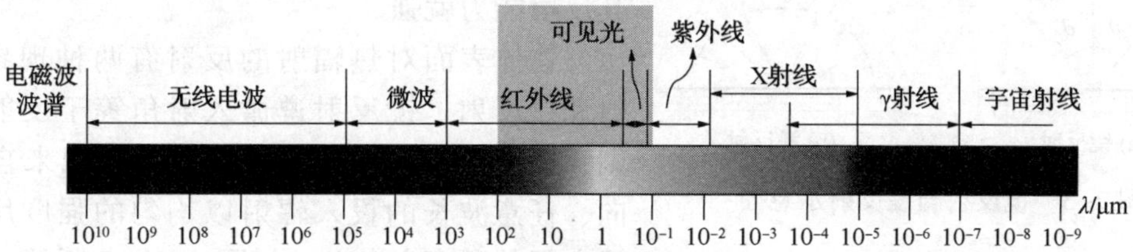

图7-1 电磁波的波谱

(3) 热辐射的吸收、反射和透射

1) 吸收比、反射比和透射比

当热辐射的能量投射到物体表面时，和可见光一样，将有一部分被物体吸收，有一部分被物体表面反射，其余部分透过物体，如图7-2所示。

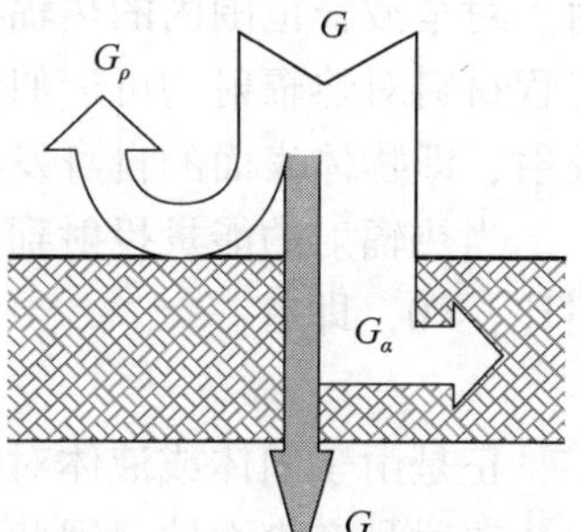

图7-2 物体对热辐射的吸收、反射和透射示意图

定义单位时间内投射到单位面积物体表面的全部波长范围内的辐射能量称为投入辐射，用$G$表示，单位为W/m²。其中被物体吸收、反射和透射的部分分别为$G_\alpha$、$G_\rho$和$G_\tau$。根据能量守恒定律，有：

$$G=G_\alpha+G_\rho+G_\tau \tag{7-2}$$

或写为：

$$\frac{G_\alpha}{G}+\frac{G_\rho}{G}+\frac{G_\tau}{G}=1$$

$$\alpha+\rho+\tau=1 \tag{7-3}$$

式中，$\alpha$、$\rho$、$\tau$分别称为物体对投入辐射的吸收比、反射比和透射比，习惯上一般也称为吸收率、反射率和穿透率。

如果投入辐射是某一波长$\lambda$的辐射能$G_\lambda$，其中被物体吸收、反射和透射的部分分别为$G_{\alpha\lambda}$、$G_{\rho\lambda}$和$G_{\tau\lambda}$，则有：

$$G_\lambda=G_{\alpha\lambda}+G_{\rho\lambda}+G_{\tau\lambda} \tag{7-4}$$

或写为：

$$\frac{G_{\alpha\lambda}}{G_\lambda}+\frac{G_{\rho\lambda}}{G_\lambda}+\frac{G_{\tau\lambda}}{G_\lambda}=1$$

$$\alpha_\lambda+\rho_\lambda+\tau_\lambda=1 \tag{7-5}$$

式中，$\alpha_\lambda$、$\rho_\lambda$、$\tau_\lambda$ 分别称为物体对该波长辐射能的光谱吸收比、光谱反射比和光谱透射比。

2）不同物体表面的辐射特性

当热辐射的能量投射到固体或液体表面时，一部分会被物体表面反射，其余部分会在距物体表面很薄的表面层内被完全吸收。因此可以认为，固体或液体不允许热辐射透过，即透射比 $\tau=0$，因此：

$$\alpha+\rho=1 \tag{7-6}$$

对于金属，这一表面层厚度只有 1μm 的数量级；对于绝大多数非金属材料，这一表面层的厚度近似为 1mm。需要注意的是，实际工程材料的厚度一般都大于这个数值，因此可以认为，固体和液体不允许热辐射透过。式(7-6)表明，就固体和液体而言，吸收能力强的物体其反射能力就弱；反之，吸收能力弱的物体其反射能力就强。

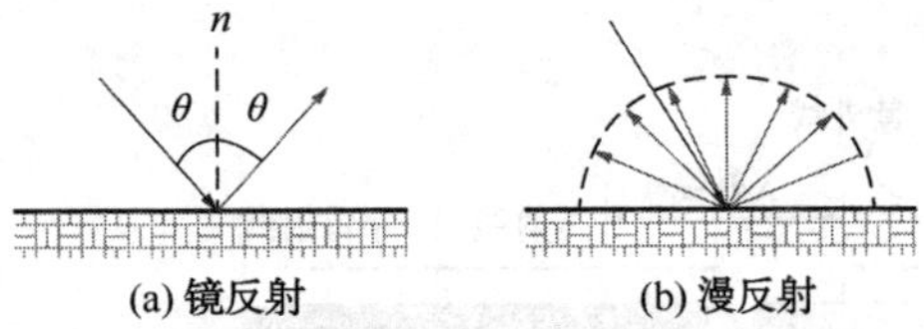

图 7-3　镜反射与漫反射示意图

物体表面对热辐射的反射有两种现象：镜反射和漫反射。镜反射遵循入射角等于反射角的规则，如图 7-3(a)所示。漫反射是把来自任意方向、任意波长的投入辐射以均匀的强度反射到半球空间的所有方向上，如图 7-3(b)所示。

物体表面对热辐射的反射情况取决于物体表面的粗糙度和投入辐射能的波长。当物体表面的粗糙尺寸小于投入辐射能的波长时，就会产生镜反射。例如，经过特殊处理高度抛光的金属表面就会产生镜反射。当物体表面的粗糙尺寸大于投入辐射能的波长时，就会产生漫反射。对全波长范围内的热辐射能完全镜反射或完全漫反射的实际物体是不存在的。绝大多数工程材料对热辐射均可近似看作漫射表面。所谓漫射表面实际上包含两层含义：漫发射和漫反射，即物体表面的自身发射与对外界投入辐射的反射都遵循“漫”射规律的表面。

当热辐射的能量投射到气体表面时，实际气体对热辐射几乎没有反射能力，可以认为反射比 $\rho=0$，即有：

$$\alpha+\tau=1 \tag{7-7}$$

正是由于固体或液体对投入辐射具有在物体表面进行的特点，不涉及内部状况，故称之对热辐射具有表面性。因此，固体或液体的表面状况对辐射特性的影响是至关重要的。而气体对投入辐射具有在整个气体容积中进行的特点，故称之对热辐射具有容积性。因此，气体的表面状况对辐射特性的影响是无关紧要的。

**2. 黑体、镜体和透明体**

自然界中不同物体的吸收比 $\alpha$、反射比 $\rho$ 以及透射比 $\tau$ 因具体条件不同而千差万别，这给热辐射的研究带来很大困难。为研究方便起见，引入了一些热辐射的理想物体。其中，将吸收比 $\alpha=1$ 的物体称为绝对黑体，简称黑体；反射比 $\rho=1$ 的物体称为镜体，漫反射时称为白体；透射比 $\tau=1$ 的物体称为绝对透明体，简称透明体。在所有物体中，黑体吸收热辐射的能力最强，它能将所有投射在其表面的辐射能全部吸收。另外，在温度相同的物体中，黑体发射辐射能的能力也最强。

黑体、镜体和透明体都是一种理想物体，自然界中并不存在，但有接近于它们的物体。煤烟炱和黑丝绒最接近于黑体，其吸收比 $\alpha \approx 0.98$。对称性的双原子气体，如氧、氮以及空气等其透射比 $\tau \approx 1$，接近透明体。将黑体、镜体和透明体作为理论分析、研究时的参照物是非常重要的。尤其是黑体的概念，是整个热辐射研究和工程应用的理论基础。

需要指出的是，热辐射中所说的黑体、白体与日常生活中所说的黑色物体和白色物体不同。颜色只是对于可见光而言的，而可见光在热辐射的波长范围内只占很小部分，所以不能凭物体颜色来判断它对热辐射吸收的大小。例如白雪对可见光的反射比很高，在人眼中呈现白色，但对红外线的吸收比 $\alpha \approx 0.94$，接近黑体；白布、黑布对可见光的吸收比差别很大，但对红外线的吸收比基本相同；玻璃可以透过可见光，但对红外线几乎不透过。

## 第二节　黑体辐射的基本定律

黑体是一种理想化的物体表面，是研究热辐射理论和进行辐射换热的工程计算中必不可少的一个重要概念。黑体辐射的基本定律包括斯忒藩-玻耳兹曼定律、普朗克定律、维恩位移定律以及兰贝特定律。

**1. 斯忒藩-玻耳兹曼定律**

（1）辐射力

单位时间内、单位面积的物体表面向半球空间的所有方向发射出去的全部波长范围内的辐射能量，称为该物体表面的辐射力，又称为半球向总辐射力，用符号 $E$ 表示，$W/m^2$。对黑体辐射，以下角码 b 表示，即 $E_b$。

（2）斯忒藩-玻耳兹曼定律

在热辐射的分析计算中，确定黑体的辐射力是至关重要的。斯忒藩-玻耳兹曼定律确定了黑体的辐射力 $E_b$ 与热力学温度 $T$ 之间的关系。这个关系式在普朗克量子理论出现前，首先由斯忒藩（Joseph Stefan）于 1879 年通过实验方法（应用测量黑体模型的自身辐射方法）得到，后来由玻耳兹曼（Ludwig Boltzmann）于 1884 年从热力学理论出发经过证明得到了同样的关系式。因此称该定律为斯忒藩-玻耳兹曼定律。

$$E_b = \sigma T^4 = C_0 \left(\frac{T}{100}\right)^4 \tag{7-8}$$

式中，$T$ 为黑体表面温度，K；$\sigma$ 为黑体辐射常数，$\sigma = 5.67 \times 10^{-8}\,W/(m^2 \cdot K^4)$；$C_0$ 为黑体辐射系数，$C_0 = 5.67\,W/(m^2 \cdot K^4)$。

斯忒藩-玻耳兹曼定律说明黑体的辐射力 $E_b$ 与热力学温度 $T$ 的四次方成正比，故又称为辐射四次方定律。该定律指出，随着黑体表面温度的升高，黑体的辐射力急剧增加。斯忒藩-玻耳兹曼定律是热辐射工程计算的基础。

**2. 普朗克定律**

（1）光谱辐射力

单位时间内、单位面积的物体表面向半球空间的所有方向发射出去的某一波长的辐射能量，称为该物体表面的光谱辐射力，用符号 $E_\lambda$ 表示，$W/m^3$，或者 $W/(m^2 \cdot \mu m)$。这里由于单位 m 对于热辐射的波长宽度太大，因而通常用单位 μm 表示热辐射的波长。对黑体辐射，光谱辐射力用 $E_{b\lambda}$ 表示。辐射力 $E$ 与光谱辐射力 $E_\lambda$ 的关系为：

$$E = \int_0^{\infty} E_\lambda \mathrm{d}\lambda \tag{7-9}$$

(2) 普朗克定律

物体在一定温度下会发射出各种不同波长的热射线，而且在全部波长范围内辐射能量的分布也是不均匀的。1900 年，普朗克（Max Planck）根据量子理论揭示了黑体辐射能在不同温度下按波长分布的规律，给出了黑体的光谱辐射力 $E_{b\lambda}$ 与波长 $\lambda$ 和热力学温度 $T$ 之间的函数关系，称之为普朗克定律，即：

$$E_{b\lambda} = \frac{C_1 \lambda^{-5}}{e^{C_2/\lambda T} - 1} \tag{7-10}$$

式中，$\lambda$ 为波长，m；$T$ 为热力学温度，K；$C_1$ 为普朗克第一常数，也称第一辐射常量，$C_1 = 3.742\times10^{-16}\,\mathrm{W\cdot m^2} = 3.742\times10^{8}\,\mathrm{W\cdot \mu m^4/m^2}$；$C_2$ 为普朗克第二常数，也称第二辐射常量，$C_2 = 1.439\times10^{-2}\,\mathrm{m\cdot K} = 1.439\times10^{4}\,\mathrm{\mu m\cdot K}$。

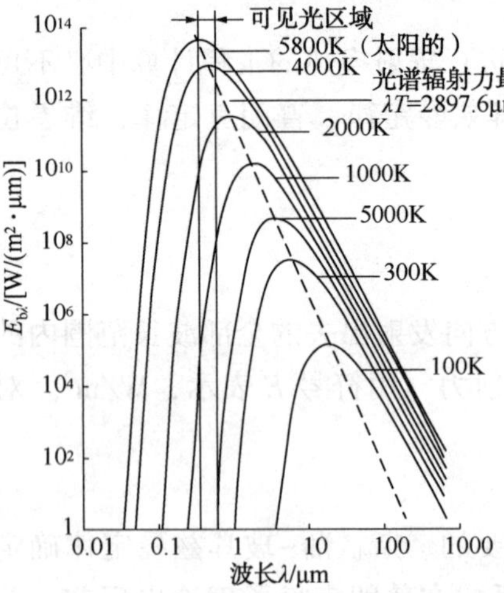


图 7-4　黑体的光谱辐射力 $E_{b\lambda} = f(\lambda, T)$

不同温度下黑体的光谱辐射力随波长的变化如图 7-4 所示，图中用几条恒温曲线清楚地显示出不同温度下黑体辐射力随波长的变化情况：

① 温度一定时，黑体的光谱辐射力随波长的变化规律。温度 $T$ 一定时，黑体的光谱辐射力 $E_{b\lambda}$ 随波长 $\lambda$ 的增加先是迅速增加至 $E_{b\lambda,\max}$，对应的波长 $\lambda_m$ 称为峰值波长，后又减小至 0。如图 7-4 所示，$\lambda=0$ 时，$E_{b\lambda}=0$；$\lambda=\lambda_m$ 时，$E_{b\lambda}$ 达到最大值 $E_{b\lambda,\max}$；$\lambda\to\infty$ 时，$E_{b\lambda}=0$。

② 波长一定时，黑体的光谱辐射力与温度的关系。温度 $T$ 越高，同一波长 $\lambda$ 下黑体的光谱辐射力 $E_{b\lambda}$ 越大，辐射力 $E_b$ 也越大(恒温曲线下的面积)。

③ 随着温度 $T$ 的升高，光谱辐射力取得最大值 $E_{b\lambda,\max}$ 时对应的波长 $\lambda_m$ 向短波方向移动(图中虚线所示)。

普朗克定律的建立在 20 世纪的科学发展史上具有重要意义。普朗克是在能量具有粒子性即不连续的前提下导出普朗克定律的，这与当时经典物理学界的观点是完全相反的。这一全新概念的创立开辟了量子力学的新天地。

(3) 黑体辐射能按波段的分布

为了确定在某个特定波段内的黑体辐射，例如波长范围从 0 到某一波长 $\lambda$，可以进行如下积分：

$$E_{b,(0\sim\lambda)} = \int_0^{\lambda} E_{b\lambda} \mathrm{d}\lambda \tag{7-11}$$

该波段内的辐射能量占黑体辐射力的百分比为：

$$F_{b,(0\sim\lambda)} = \frac{E_{b,(0\sim\lambda)}}{E_b} = \frac{\int_0^{\lambda} E_{b\lambda}\mathrm{d}\lambda}{\sigma T^4} = \int_0^{\lambda} \frac{C_1 (\lambda T)^{-5}}{\sigma(e^{C_2/\lambda T} - 1)} \mathrm{d}(\lambda T) = f(\lambda T) \tag{7-12}$$

式(7-12)表明，$F_{b,(0\sim\lambda)}$ 仅是以 $\lambda T$ 为自变量的函数，称为黑体辐射函数。表 7-1 给出了不同 $\lambda T$ 下的黑体辐射函数值 $F_{b,(0\sim\lambda)}$，表中 $\lambda T$ 的单位为 μm · K。显然，有了黑体辐射函数值，可以很容易地计算出 $\lambda_1\sim\lambda_2$ 的波段范围内黑体的辐射能量，表示为：

$$E_{b,(\lambda_1\sim\lambda_2)} = F_{b,(\lambda_1\sim\lambda_2)} E_b = [F_{b,(0\sim\lambda_2)} - F_{b,(0\sim\lambda_1)}] E_b \tag{7-13}$$

## 表 7-1 黑体辐射函数表

| $\lambda T/(\mu m\cdot K)$ | $F_{b,(0\sim\lambda)}$ | $\lambda T/(\mu m\cdot K)$ | $F_{b,(0\sim\lambda)}$ | $\lambda T/(\mu m\cdot K)$ | $F_{b,(0\sim\lambda)}$ | $\lambda T/(\mu m\cdot K)$ | $F_{b,(0\sim\lambda)}$ |
|---|---|---|---|---|---|---|---|
| 1000 | 0. 00032 | 5200 | 0. 65794 | 10800 | 0. 92872 | 19200 | 0. 98387 |
| 1100 | 0. 00091 | 5300 | 0. 66935 | 11000 | 0. 93184 | 19400 | 0. 98431 |
| 1200 | 0. 00213 | 5400 | 0. 68033 | 11200 | 0. 93479 | 19600 | 0. 98474 |
| 1300 | 0. 00432 | 5500 | 0. 69087 | 11400 | 0. 93758 | 19800 | 0. 98515 |
| 1400 | 0. 00779 | 5600 | 0. 70101 | 11600 | 0. 94021 | 20000 | 0. 98555 |
| 1500 | 0. 01285 | 5700 | 0. 71076 | 11800 | 0. 94270 | 21000 | 0. 98735 |
| 1600 | 0. 01972 | 5800 | 0. 72012 | 12000 | 0. 94505 | 22000 | 0. 98886 |
| 1700 | 0. 02853 | 5900 | 0. 72913 | 12200 | 0. 94728 | 23000 | 0. 99014 |
| 1800 | 0. 03934 | 6000 | 0. 73778 | 12400 | 0. 94939 | 24000 | 0. 99123 |
| 1900 | 0. 05210 | 6100 | 0. 74610 | 12600 | 0. 95139 | 25000 | 0. 99217 |
| 2000 | 0. 06672 | 6200 | 0. 75410 | 12800 | 0. 95329 | 26000 | 0. 99297 |
| 2100 | 0. 08305 | 6300 | 0. 76180 | 13000 | 0. 95509 | 27000 | 0. 99367 |
| 2200 | 0. 10088 | 6400 | 0. 76920 | 13200 | 0. 95680 | 28000 | 0. 99429 |
| 2300 | 0. 12002 | 6500 | 0. 77631 | 13400 | 0. 95843 | 29000 | 0. 99482 |
| 2400 | 0. 14025 | 6600 | 0. 78316 | 13600 | 0. 95998 | 30000 | 0. 99529 |
| 2500 | 0. 16135 | 6700 | 0. 78975 | 13800 | 0. 96145 | 31000 | 0. 99571 |
| 2600 | 0. 18311 | 6800 | 0. 79609 | 14000 | 0. 96285 | 32000 | 0. 99607 |
| 2700 | 0. 20535 | 6900 | 0. 80219 | 14200 | 0. 96418 | 33000 | 0. 99640 |
| 2800 | 0. 22788 | 7000 | 0. 80807 | 14400 | 0. 96546 | 34000 | 0. 99669 |
| 2900 | 0. 25055 | 7100 | 0. 81373 | 14600 | 0. 96667 | 35000 | 0. 99695 |
| 3000 | 0. 27322 | 7200 | 0. 81918 | 14800 | 0. 96783 | 36000 | 0. 99719 |
| 3100 | 0. 29576 | 7300 | 0. 82443 | 15000 | 0. 96893 | 37000 | 0. 99740 |
| 3200 | 0. 31809 | 7400 | 0. 82949 | 15200 | 0. 96999 | 38000 | 0. 99759 |
| 3300 | 0. 34009 | 7500 | 0. 83436 | 15400 | 0. 97100 | 39000 | 0. 99776 |
| 3400 | 0. 36172 | 7600 | 0. 83906 | 15600 | 0. 97196 | 40000 | 0. 99792 |
| 3500 | 0. 38290 | 7700 | 0. 84359 | 15800 | 0. 97288 | 41000 | 0. 99806 |
| 3600 | 0. 40359 | 7800 | 0. 84796 | 16000 | 0. 97377 | 42000 | 0. 99819 |
| 3700 | 0. 42375 | 7900 | 0. 85218 | 16200 | 0. 97461 | 43000 | 0. 99831 |
| 3800 | 0. 44336 | 8000 | 0. 85625 | 16400 | 0. 97542 | 44000 | 0. 99842 |
| 3900 | 0. 46240 | 8200 | 0. 86396 | 16600 | 0. 97620 | 45000 | 0. 99851 |
| 4000 | 0. 48085 | 8400 | 0. 87115 | 16800 | 0. 97694 | 46000 | 0. 99861 |
| 4100 | 0. 49872 | 8600 | 0. 87786 | 17000 | 0. 97765 | 47000 | 0. 99869 |
| 4200 | 0. 51599 | 8800 | 0. 88413 | 17200 | 0. 97834 | 48000 | 0. 99877 |
| 4300 | 0. 53267 | 9000 | 0. 88999 | 17400 | 0. 97899 | 49000 | 0. 99884 |
| 4400 | 0. 54877 | 9200 | 0. 89547 | 17600 | 0. 97962 | 50000 | 0. 99890 |
| 4500 | 0. 56429 | 9400 | 0. 90060 | 17800 | 0. 98023 | 60000 | 0. 99940 |
| 4600 | 0. 57925 | 9600 | 0. 90541 | 18000 | 0. 98081 | 70000 | 0. 99960 |
| 4700 | 0. 59366 | 9800 | 0. 90992 | 18200 | 0. 98137 | 80000 | 0. 99970 |
| 4800 | 0. 60753 | 10000 | 0. 91415 | 18400 | 0. 98191 | 90000 | 0. 99980 |
| 4900 | 0. 62088 | 10200 | 0. 91813 | 18600 | 0. 98243 | 100000 | 0. 99990 |
| 5000 | 0. 63372 | 10400 | 0. 92188 | 18800 | 0. 98293 | | |
| 5100 | 0. 64606 | 10600 | 0. 92540 | 19000 | 0. 98340 | | |

**3. 维恩位移定律**

维恩位移定律由维恩(Willy Wien)在1894年采用经典热力学的方法首先提出。它揭示了黑体的光谱辐射力取得最大值时，对应的峰值波长 $\lambda_m$ 与热力学温度 $T$ 之间的关系：

$$\lambda_m T = 2.8976\times10^{-3} \approx 2.9\times10^{-3}\,\mathrm{m\cdot K} \tag{7-14}$$

在历史上，维恩位移定律的提出在普朗克定律之前，但式(7-14)也可以通过将式(7-10)对波长 $\lambda$ 求导并使其等于零而得出。下面对维恩位移定律进行几点说明：

① 维恩位移定律表明峰值波长 $\lambda_m$ 与热力学温度 $T$ 成反比。温度 $T$ 越高，峰值波长 $\lambda_m$ 越短。

② 利用普朗克定律，可得出光谱辐射力的最大值 $E_{b\lambda,\max}$ 与热力学温度 $T$ 之间的关系：

$$E_{b\lambda,\max} = 1.106\times10^{-5}T^5\,\mathrm{W/m^3} \tag{7-15}$$

③ 利用维恩位移定律，可以估算一些无法直接测量的接近黑体的物体温度。例如分析太阳光谱的能量分布，找出 $\lambda_m=0.5\mu\mathrm{m}$，可以计算出太阳表面温度 $T=\dfrac{2897.6\mu\mathrm{m\cdot K}}{0.5\mu\mathrm{m}}=5795\mathrm{K}$。

④ 工业上一般高温范围内(2000K以下)，与 $E_{b\lambda,\max}$ 对应的峰值波长 $\lambda_m$ 位于红外线波段；温度等于太阳表面温度(5800K)时，与 $E_{b\lambda,\max}$ 对应的峰值波长 $\lambda_m$ 位于可见光波段。

维恩位移定律为加热金属时呈现不同的颜色(色温)提供了解释的依据。当被加热金属温度低于800K时，所发射的热辐射主要是红外线。由于实际上没有可见光辐射，人的眼睛不能观察到金属颜色的变化。随着温度的升高，金属的颜色逐渐变为暗红色、亮红色、橘黄色。当温度超过1300K时将出现白炽，这是由于随着温度的升高，金属发射的热辐射中可见光的比例逐渐增大的缘故。

计算表明，当温度 $T\leqslant1000\mathrm{K}$ 时，黑体辐射能量中可见光所占的比例极少(<0.1%)，1500K时约占0.22%，2000K时约占1.95%；当 $T=6000\mathrm{K}$ 时，可见光的比例可达46%左右，接近太阳辐射总能量的一半。

**4. 兰贝特定律**

(1) 立体角

立体角是一个空间角度，以立体角的角端为中心，以 $r$ 为半径，作一半球，立体角可用半球表面上被立体角切割的表面积 $A$ 除以半径的平方 $r^2$ 来度量，即：

$$\Omega=\frac{A}{r^2} \tag{7-16}$$

立体角的单位为球面度，用sr表示。对整个半球，表面积 $A=2\pi r^2$，则立体角 $\Omega=2\pi\mathrm{sr}$。对微元立体角，如图7-5所示，微元面积 $\mathrm{d}A_c=r\mathrm{d}\theta\cdot r\sin\theta\mathrm{d}\varphi$，则微元立体角 $\mathrm{d}\Omega=\dfrac{\mathrm{d}A_c}{r^2}=\sin\theta\mathrm{d}\theta\mathrm{d}\varphi\,\mathrm{sr}$，其中 $\theta$ 角的取值范围为 $0\sim\pi/2$，$\varphi$ 角的取值范围为 $0\sim2\pi$。

(2) 定向辐射强度

一个物体表面向其半球空间不同方向发射的辐射能量是不同的。在生产实践中，我们会感到在以辐射表面 $\mathrm{d}A$ 为中心的半球上，沿表面的法线方向辐射能量最大，而随着沿法线方向 $\theta$ 角的增加，辐射能量将逐渐减弱。这是因为该表面在不同方向上的可见辐射面积(或投影面积)不同。在表面的法线方向上，可见辐射面积就是垂直于热射线的原有面积 $dA$；而在 $\theta$ 方向上，由于可见辐射面积减小为 $dA\cos\theta$，故辐射能量较法线方向有所减弱，如图 7-6 所示。

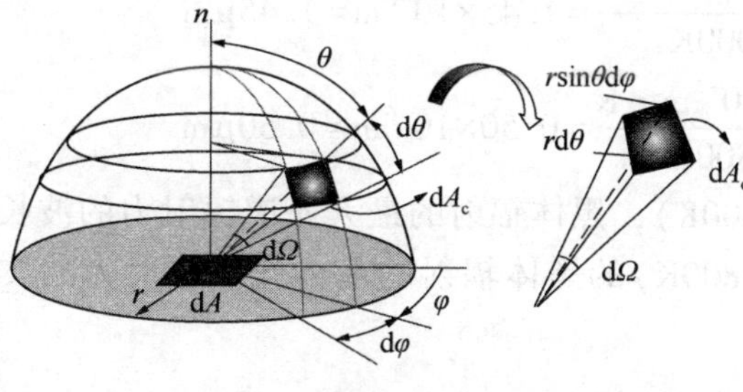


图 7-5　立体角定义示意图

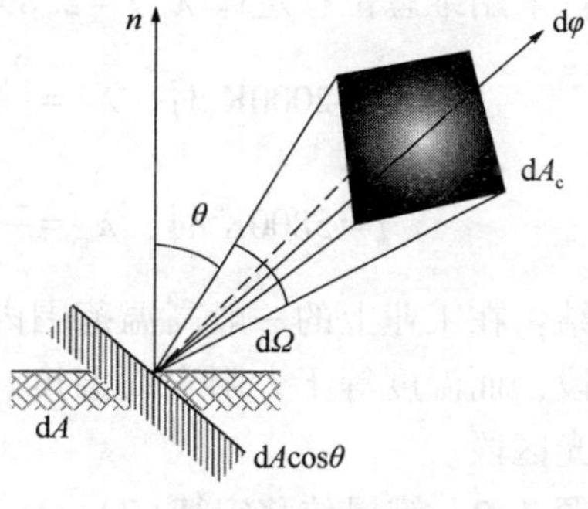


图 7-6　定向辐射强度示意图

单位时间内、单位可见辐射表面发射出去的单位立体角内的所有波长的辐射能量，称为定向辐射强度，简称辐射强度，可表示为：

$$L(\theta,\ \varphi)=\frac{d\Phi}{dA\cos\theta d\Omega} \tag{7-17}$$

定向辐射强度的单位为 $W/(m^2\cdot sr)$，其大小不仅取决于物体的种类、表面性质、温度，还与方向有关。对于各向同性的物体表面，定向辐射强度与 $\varphi$ 角无关，$L(\theta,\ \varphi)=L(\theta)$。

(3) 兰贝特定律

理论证明，黑体辐射的定向辐射强度与空间方向无关，即半球空间各方向上的定向辐射强度都相等。这种黑体辐射的定向辐射强度所遵循的空间均匀分布的规律称为兰贝特定律，由兰贝特(Lambert)于 1760 年提出，可表示为：

$$L(\theta)=L_b=\text{常数} \tag{7-18}$$

根据兰贝特定律，还可以确定黑体的辐射力 $E_b$ 与定向辐射强度 $L_b$ 之间的关系：

$$E_b=\int_{\Omega=2\pi}L_b\cos\theta d\Omega=L_b\int_0^{2\pi}d\varphi\int_0^{\frac{\pi}{2}}\sin\theta\cos\theta d\theta=\pi L_b \tag{7-19}$$

即黑体的辐射力是定向辐射强度的 $\pi$ 倍。定向辐射强度在空间各个方向都相等的物体称为漫发射体。兰贝特定律适用于黑体和漫发射体。对实际物体表面，各个方向的定向辐射强度并不是常数。

对黑体辐射的四个规律做两个小结：

①黑体的辐射力 $E_b$ 由斯忒藩-玻耳兹曼定律确定，黑体的辐射力 $E_b$ 与其表面温度 $T$ 的四次方成正比。黑体的光谱辐射力 $E_{b\lambda}$ 由普朗克定律确定，黑体的光谱辐射力 $E_{b\lambda}$ 与波长 $\lambda$ 和其表面温度 $T$ 有关。黑体的光谱辐射力有最大值 $E_{b\lambda,max}$，对应的峰值波长为 $\lambda_m$，峰值波长 $\lambda_m$ 以及光谱辐射力的最大值 $E_{b\lambda,max}$ 均与表面温度 $T$ 有关，由维恩位移定律确定。另外，随着表面温度 $T$ 的升高，峰值波长 $\lambda_m$ 向短波方向移动。兰贝特定律指出，黑体的定向辐射强度 $L_b$ 与方向无关。

② 考察微元面积为 $dA$ 的黑体表面，其向半球空间的所有方向发射的总辐射能量为 $d\Phi$，则该黑体的辐射力 $E_b$、光谱辐射力 $E_{b\lambda}$ 以及定向辐射强度 $L_b$ 之间的关系为：

$$E_b=\frac{d\Phi}{dA}=\int_0^{\infty}E_{b\lambda}d\lambda=\int_{\Omega=2\pi}L_b\cos\theta d\Omega \tag{7-20}$$

**例题 7-1** 维恩位移定律(1)

试分别计算温度为 2000K 和 5800K 的黑体的最大光谱辐射力所对应的波长 $\lambda_m$。

**解**：采用维恩位移定律 $\lambda_m T = 2.8976\times10^{-3} \approx 2.9\times10^{-3}\text{m}\cdot\text{K}$ 求解。

$$T=2000\text{K 时，}\lambda_m = \frac{2.9\times10^{-3}\text{m}\cdot\text{K}}{2000\text{K}} = 1.45\times10^{-6}\text{m} = 1.45\mu\text{m}$$

$$T=5800\text{K 时，}\lambda_m = \frac{2.9\times10^{-3}\text{m}\cdot\text{K}}{5800\text{K}} = 0.50\times10^{-6}\text{m} = 0.50\mu\text{m}$$

总结：在工业上的一般高温范围内(2000K)，黑体辐射的最大光谱辐射力的波长位于红外线区段，而温度等于太阳表面温度(约 5800K)的黑体辐射的最大光谱辐射力的波长则位于可见光区段。

**例题 7-2** 维恩位移定律(2)

试求当温度为 2000K 时黑体的光谱辐射力的最大值所对应的峰值波长，此时可见光和红外线在总辐射能中所占的份额是多少？

**解**：根据维恩位移定律，当温度 $T=2000\text{K}$ 时，有：

$$\lambda_m = \frac{2.9\times10^{-3}\text{m}\cdot\text{K}}{T} = \frac{2.9\times10^{-3}\text{m}\cdot\text{K}}{2000\text{K}} = 1.45\mu\text{m}$$

由可见光的波长范围为 0.38~0.76μm，红外线的波长范围为 0.76~1000μm，计算各波长下的 $\lambda T$ 值以及 $F_{b,(0\sim\lambda)}$ 值。由表 7-1，有：

$\lambda_1 = 0.38\mu\text{m}$ 时，$\lambda_1 T = 760\mu\text{m}\cdot\text{K}$，$F_{b,(0\sim\lambda_1)} = 0.1\times10^{-4}$；

$\lambda_2 = 0.76\mu\text{m}$ 时，$\lambda_2 T = 1520\mu\text{m}\cdot\text{K}$，$F_{b,(0\sim\lambda_2)} = 0.016$；

$\lambda_3 = 1000\mu\text{m}$ 时，$\lambda_3 T = 2\times10^6\mu\text{m}\cdot\text{K}$，$F_{b,(0\sim\lambda_3)} = 1.0$。

因此，可见光在总辐射能中的份额为：

$$F_{b,(\lambda_1\sim\lambda_2)} = 0.016 - 0.1\times10^{-4} = 0.01599 = 1.6\%$$

红外线在总辐射能中的份额为：

$$F_{b,(\lambda_3\sim\lambda_2)} = 1.0 - 0.016 = 0.984 = 98.4\%$$

显然，在温度 $T=2000\text{K}$ 时，可见光辐射占总辐射能的份额是微不足道的。

**例题 7-3** 斯忒藩-玻耳兹曼定律

某黑体表面置于室温为 27℃的厂房中。试求热平衡条件下黑体表面的辐射力。如果黑体加热到 327℃，它的辐射力又是多少？

**解**：根据斯忒藩-玻耳斯曼定律求解黑体的辐射力。

$$27℃\text{时}\quad E_b = C_0\left(\frac{T_1}{100}\right)^4 = 5.67\text{W}/(\text{m}^2\cdot\text{K}^4)\times\left(\frac{27+273}{100}\right)\text{K}^{-4} = 459\text{W}/\text{m}^2$$

$$327℃\text{时}\quad E_b = C_0\left(\frac{T_2}{100}\right)^4 = 5.67\text{W}/(\text{m}^2\cdot\text{K}^4)\times\left(\frac{327+273}{100}\right)\text{K}^{-4} = 7350\text{W}/\text{m}^2$$

总结：因为辐射力与热力学温度的四次方成正比，所以随着温度的升高，辐射力急剧增大。由例题 7-3 可见，虽然热力学温度 $T_2$ 和 $T_1$ 仅相差两倍，但是二者的辐射力之比却相差达 16 倍。

**例题 7-4** 波段内的黑体辐射

有一玻璃板在 0.4~3.0μm 的波段内，其透射率为 94%，而它在其他波段下是不透明的。试确定太阳能投射到玻璃上时透过玻璃的能量份额。

**解**：太阳表面温度为 5800K，在波长 0.4~3.0μm 的范围内，由表 7-1，有：

$\lambda_1=0.4\mu m$ 时，$\lambda_1 T=2320\mu m\cdot K$，$F_{b,(0\sim\lambda_1)}=0.1247$；

$\lambda_2=3.0\mu m$ 时，$\lambda_2 T=17400\mu m\cdot K$，$F_{b,(0\sim\lambda_2)}=0.97899$。

因此，$F_{b,(\lambda_1\sim\lambda_2)}=F_{b,(0\sim\lambda_2)}-F_{b,(0\sim\lambda_1)}=0.97899-0.1247=0.8543=85.43\%$。

这表明在 0.4~3.0μm 的波段内，投射到玻璃上的太阳能占其总能量的 85.43%。由于玻璃的透射率为 0.94，则可以求出透过玻璃的能量占太阳总辐射能的份额为：85.43%×0.94=80.3%。

**例题 7-5** 定向辐射强度的计算

如图 7-7 所示，有一个微元黑体表面，表面积 $dA_b=10^{-3}m^2$，与该黑体表面相距 0.5m 处另有三个微元表面 $dA_1$、$dA_2$、$dA_3$，三个微元表面的面积均为 $10^{-3}m^2$。这三个微元表面的空间方向如图 7-7 所示。试计算从 $dA_b$ 发出的辐射能量，分别投射在 $dA_1$、$dA_2$、$dA_3$ 所张的立体角中的辐射能量是多少？

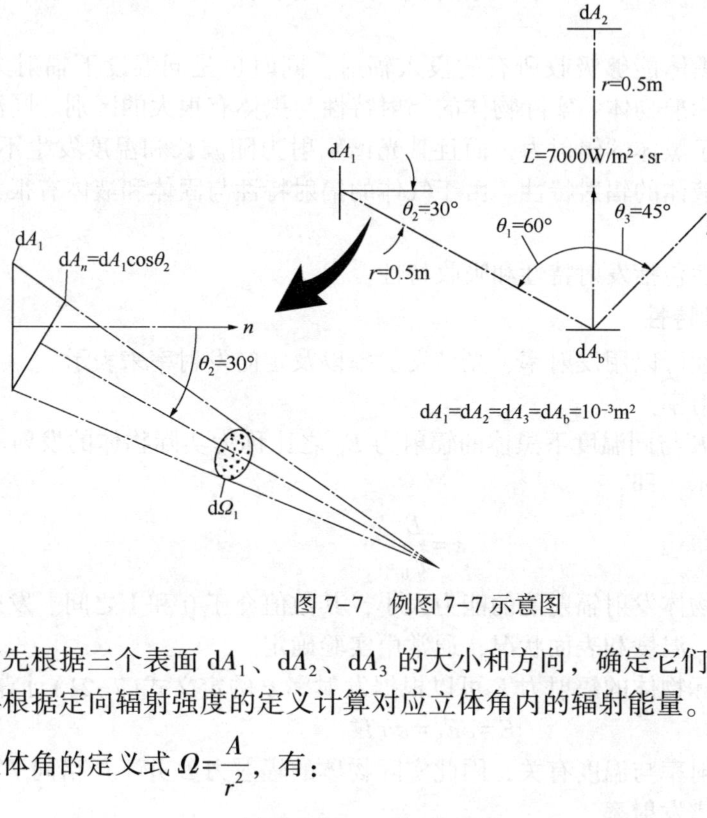


图 7-7　例图 7-7 示意图

**解**：首先根据三个表面 $dA_1$、$dA_2$、$dA_3$ 的大小和方向，确定它们对表面 $dA_b$ 所张的立体角，然后再根据定向辐射强度的定义计算对应立体角内的辐射能量。

根据立体角的定义式 $\Omega=\frac{A}{r^2}$，有：

$$d\Omega_1=\frac{dA_1\cos\theta_1}{r^2}=\frac{10^{-3}m^2\cos30°}{(0.5m)^2}=3.46\times10^{-3}sr$$

$$d\Omega_2=\frac{dA_2\cos\theta_n}{r^2}=\frac{10^{-3}m^2\cos0°}{(0.5m)^2}=4.00\times10^{-3}sr$$

$$d\Omega_3=\frac{dA_3\cos\theta_n}{r^2}=\frac{10^{-3}m^2\cos0°}{(0.5m)^2}=4.00\times10^{-3}sr$$

根据定向辐射强度定义式 $L(\theta,\varphi)=\frac{d\Phi}{dA\cos\theta d\Omega}$，有 $d\Phi=L(\theta,\varphi)dA\cos\theta d\Omega$，因此：

$$d\Phi_1(60°)=LdA_b\cos\theta_1 d\Omega_1=7000\text{W}/(\text{m}^2\cdot\text{sr})\times10^{-3}\text{m}^2\times\cos60°\times3.46\times10^{-3}\text{sr}$$
$$=1.21\times10^{-2}\text{W}$$
$$d\Phi_2(0°)=LdA_b\cos\theta_n d\Omega_2=7000\text{W}/(\text{m}^2\cdot\text{sr})\times10^{-3}\text{m}^2\times\cos0°\times4.00\times10^{-3}\text{sr}$$
$$=2.80\times10^{-2}\text{W}$$
$$d\Phi_3(45°)=LdA_b\cos\theta_3 d\Omega_3=7000\text{W}/(\text{m}^2\cdot\text{sr})\times10^{-3}\text{m}^2\times\cos45°\times4.00\times10^{-3}\text{sr}$$
$$=1.98\times10^{-2}\text{W}$$

总结：黑体的定向辐射强度与方向无关，是因为它是以单位可见面积作为度量单位的。实际上，黑体向半球空间的不同方向发射的辐射能量是不均匀的。其中，法线方向最大，切线方向最小。此外，投射到每个微元表面的辐射能量并不是该微元表面最终能够吸收的能量。微元表面对投入辐射的吸收取决于两个方面：一方面是微元表面自身状况，如表面温度、表面粗糙程度等；另一方面是投入辐射状况，如投入辐射的波长、方向等。

## 第三节　物体表面的辐射特性

前面的内容指出，黑体能够吸收所有的投入辐射，同时也是同温度下辐射力最强的物体，它是研究热辐射的标准物体。实际物体的辐射特性与黑体有很大的区别。同温度下，实际物体的辐射力总是小于黑体的辐射力，而且其光谱辐射力随波长和温度发生不规则变化。本节将主要介绍固体和液体的辐射特性。由于气体的辐射特性与固体和液体有很大不同，后面将单独介绍。

实际物体的辐射特性包括发射特性和吸收特性。

**1. 实际物体的发射特性**

实际物体的发射特性可以用发射率、光谱发射率以及定向发射率来表示。

(1) 实际物体的发射率

实际物体的辐射力 $E$ 与同温度下黑体的辐射力 $E_b$ 之比称为实际物体的发射率，习惯上称为黑度，用符号 $\varepsilon$ 表示，即：

$$\varepsilon=\frac{E}{E_b} \tag{7-21}$$

发射率反映了实际物体发射辐射能的能力大小，其数值介于 0 和 1 之间。发射率数值的大小取决于材料的种类、温度和表面状况，通常由实验确定。

在工程计算中，实际物体的辐射力 $E$ 可以根据发射率 $\varepsilon$ 的定义式(7-21)计算：

$$E=\varepsilon E_b=\varepsilon\sigma T^4 \tag{7-22}$$

由于实际物体的发射率与温度有关，因此实际物体的辐射力 $E$ 并不严格同 $T^4$ 成正比。

(2) 实际物体的光谱发射率

实际物体的光谱辐射力 $E_\lambda$ 与同温度下黑体的光谱辐射力 $E_{b\lambda}$ 之比称为实际物体的光谱发射率，又称为光谱黑度，用符号 $\varepsilon_\lambda$ 表示：

$$\varepsilon_\lambda=\frac{E_\lambda}{E_{b\lambda}} \tag{7-23}$$

实际物体的光谱发射率与发射率的关系为：

$$\varepsilon=\frac{E}{E_b}=\frac{\int_0^\infty \varepsilon_\lambda E_{b\lambda}\,d\lambda}{\sigma T^4} \tag{7-24}$$

实际物体的光谱辐射力随波长的变化较大。图 7-8 所示的是同温度下黑体、灰体和实际物体的光谱辐射力随波长变化的示意图。可以看出，实际物体的光谱辐射力随波长的变化规律完全不同于黑体和灰体。图 7-9 所示的是黑体、灰体和实际物体的光谱发射率随波长变化的示意图。

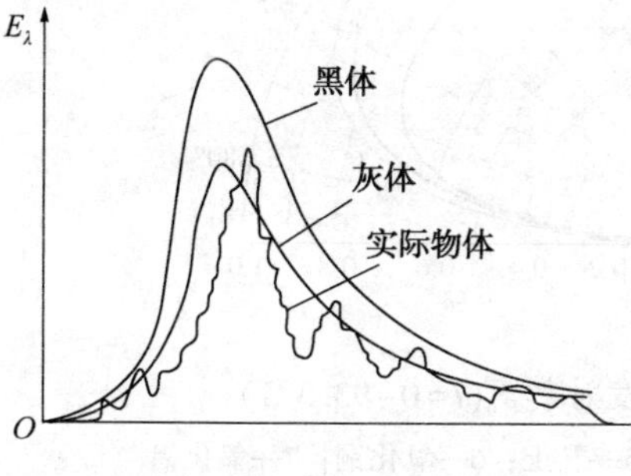


图 7-8　光谱辐射力随波长变化示意图

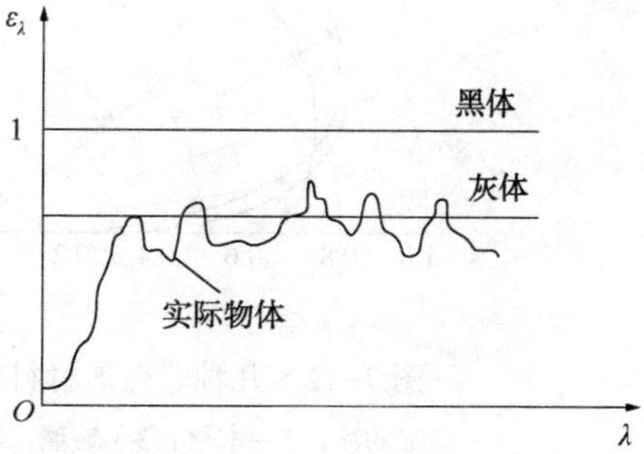


图 7-9　光谱发射率随波长变化示意图

（3）实际物体的定向发射率

实际物体并不是漫发射体，即定向辐射强度在空间各个方向的分布不遵循兰贝特定律。为了说明实际物体辐射强度的方向性，引入定向发射率的定义：实际物体在 $\theta$ 方向上的定向辐射强度 $L(\theta)$ 与同温度下黑体在该方向的定向辐射强度 $L_b$ 之比称为实际物体在 $\theta$ 方向的定向发射率，又称为定向黑度，用符号 $\varepsilon_\theta$ 表示，即：

$$\varepsilon_\theta=\frac{L(\theta)}{L_b} \tag{7-25}$$

实际物体的定向发射率 $\varepsilon_\theta$ 与方向有关，是方向角 $\theta$ 的函数。对于黑体和漫发射体，各方向上的定向发射率都相等，如图 7-10 所示。对于黑体表面，其定向发射率在极坐标中是半径为 1 的半圆；对于漫反射体，其定向发射率在极坐标中是半径小于 1 的半圆。实验测定与电磁理论分析表明，金属与非金属材料的定向发射率 $\varepsilon_\theta$ 随方向角 $\theta$ 的变化有明显的区别。图 7-11 和图 7-12 分别绘出了几种金属和非金属材料表面的定向发射率 $\varepsilon_\theta$ 随方向角 $\theta$ 的变化情况。

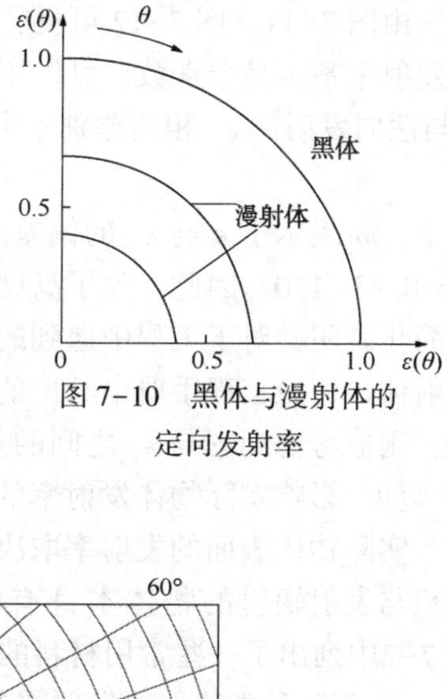


图 7-10　黑体与漫射体的定向发射率

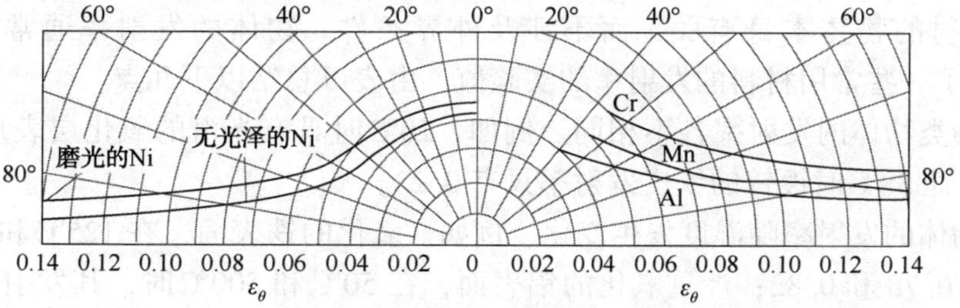


图 7-11　几种金属材料的定向发射率 $\varepsilon_\theta$（$t=150℃$）

对于金属材料，由图 7-11 可见，$\varepsilon_\theta$ 在 $\theta\leqslant40°$的范围内几乎不变，可认为是个常数；当 $\theta>40°$时，$\varepsilon_\theta$ 随着 $\theta$ 的增大迅速增大；直到 $\theta$ 接近 90°时，$\varepsilon_\theta$ 又迅速减小，趋近于零(因范围太小，图中并未画出，可以从电磁理论的分析结果看出)。

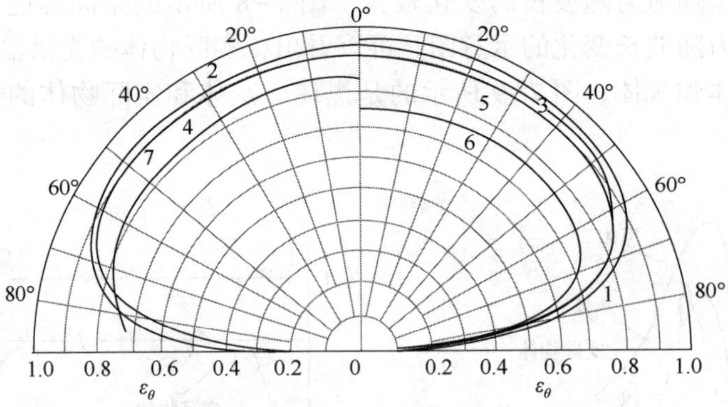


图 7-12　几种非金属材料的定向发射率 $\varepsilon_\theta$（$t$=0~93.3℃）

1—潮湿的冰；2—木材；3—玻璃；4—纸；5—黏土；6—氧化铜；7—氧化铝

对于非金属材料，由图 7-12 可见，$\varepsilon_\theta$ 在 $\theta \leqslant 60°$ 的范围内几乎不变，可认为是个常数；当 $\theta > 60°$ 时，$\varepsilon_\theta$ 随着 $\theta$ 的增大迅速减小，直至 $\theta = 90°$ 时减小为零。

实际物体的定向发射率与发射率的关系为：

$$\varepsilon = \frac{E}{E_b} = \frac{\int_{\Omega=2\pi} \varepsilon_\theta L_b \mathrm{d}\Omega}{\pi L_b} = \frac{\int_{\Omega=2\pi} \varepsilon_\theta \mathrm{d}\Omega}{\pi} \tag{7-26}$$

由图 7-11、图 7-12 可见，无论是金属还是非金属，在半球空间的大部分范围内，其定向发射率基本是个常数，可以用其法向发射率 $\varepsilon_n$ 近似代替。实验指出，实际物体的发射率 $\varepsilon$ 与法向发射率 $\varepsilon_n$ 相比差别不大，因此实际物体的发射率又可表示为：

$$\varepsilon = M\varepsilon_n \tag{7-27}$$

式中，$M$ 表示了 $\varepsilon$ 与 $\varepsilon_n$ 的偏差。对于金属表面，$M=\varepsilon/\varepsilon_n=1.0 \sim 1.2$；对于非金属表面，$\varepsilon/\varepsilon_n=0.95 \sim 1.0$。因此，除了高度磨光的金属表面外，工程计算中一般取 $M=1$，即 $\varepsilon=\varepsilon_n$。这一简化表明，对于工程中遇到的绝大多数材料，都可以忽略 $\varepsilon_\theta$ 随 $\theta$ 的变化，近似地看作漫发射体。一般工程手册中给出的物体发射率常常是法向发射率之值。但当计算高度磨光表面时，则应考虑到 $\varepsilon$ 与 $\varepsilon_n$ 之间的差别。

（4）影响实际物体发射率的因素

实际物体表面的发射率取决于物体的种类、表面温度以及表面状况。这说明物体的发射率只与发射辐射的物体本身有关，而不涉及外界条件。物体的发射率通常由实验测定，表 7-2中列出了一些常用材料的发射率的实验值，由表可总结以下几点：

① 不同种类物体的发射率各不相同。例如，20℃时具有光滑的氧化层表皮的钢板的发射率为 0.82，而 38℃时镀锌的铁皮发射率只有 0.23。

② 同一物体的发射率随温度发生变化。例如，氧化的铁表面，在 125℃和 525℃时，其发射率分别为 0.78 和 0.82；严重氧化的铝表面，在 50℃和 500℃时，其发射率分别为 0.2 和 0.3。

③ 物体的表面状况对发射率有较大影响。同一种金属材料，高度磨光表面的发射率都很小，而粗糙表面和受氧化作用表面的发射率常常是磨光表面的数倍。例如，38℃时，无光泽的黄铜，其发射率为 0.22，而磨光的黄铜，其发射率为 0.05，二者相差 3.4 倍；50℃时，严重氧化的铝表面，其发射率为 0.2，而磨光的铝表面，其发射率为 0.04，二者相差 4 倍。

④ 绝大多数非金属材料表面的发射率都很高，一般在 0.85~0.95 范围内，且与表面颜色和表面状况无关。例如，20℃时，抹灰的墙，其发射率为 0.94；上釉的瓷件，其发射率为 0.93；木材的发射率为 0.8~0.82。对非金属材料，在缺少实验数据的情况下，其发射率可近似取为 0.9。

**表 7–2　常用材料表面法向发射率**

| 材料类别和表面状况 | 温度/℃ | 法向发射率 $\varepsilon_n$ |
| --- | --- | --- |
| 磨光的铬 | 150 | 0.058 |
| 铬镍合金 | 52~1034 | 0.64~0.76 |
| 灰色、氧化的铅 | 38 | 0.28 |
| 镀锌的铁皮 | 38 | 0.23 |
| 具有光滑的氧化层表皮的钢板 | 20 | 0.82 |
| 氧化的钢 | 200~600 | 0.8 |
| 磨光的铁 | 400~1000 | 0.14~0.38 |
| 氧化的铁 | 125~525 | 0.78~0.82 |
| 磨光的铜 | 20 | 0.03 |
| 氧化的铜 | 50 | 0.6~0.7 |
| 磨光的黄铜 | 38 | 0.05 |
| 无光泽的黄铜 | 38 | 0.22 |
| 磨光的铝 | 50~500 | 0.04~0.06 |
| 严重氧化的铝 | 50~500 | 0.2~0.3 |
| 磨光的金 | 200~600 | 0.02~0.03 |
| 磨光的银 | 200~600 | 0.02~0.03 |
| 石棉纸 | 40~400 | 0.94~0.93 |
| 耐火砖 | 500~1000 | 0.8~0.9 |
| 红砖(粗糙表面) | 20 | 0.88~0.93 |
| 玻璃 | 38，85 | 0.94 |
| 木材 | 20 | 0.8~0.82 |
| 碳化硅涂料 | 1010~1400 | 0.82~0.92 |
| 上釉的瓷件 | 20 | 0.93 |
| 油毛毡 | 20 | 0.93 |
| 抹灰的墙 | 20 | 0.94 |
| 灯黑 | 20~400 | 0.95~0.97 |
| 锅炉炉渣 | 0~1000 | 0.97~0.70 |
| 各种颜色的油漆 | 100 | 0.92~0.96 |
| 雪 | 0 | 0.8 |
| 水(厚度大于 0.1mm) | 0~100 | 0.96 |

**2. 实际物体的吸收特性**

实际物体的吸收特性可以用吸收比、光谱吸收比来表示。

(1) 实际物体的吸收比

前文已介绍过，实际物体对投入辐射所吸收的百分数称为实际物体的吸收比，用符号 $\alpha$ 表示：

$$\alpha=\frac{G_{\alpha}}{G} \tag{7-28}$$

实际物体的吸收比 $\alpha$ 取决于两方面因素：一方面是实际物体的本身状况，主要指物体的种类、表面温度和表面状况；另一方面是投入辐射特性，主要指投入辐射的方向、波长分布。

(2) 实际物体的光谱吸收比

实际物体对某一特定波长的辐射能所吸收的百分数称为实际物体的光谱吸收比，用符号 $\alpha_{\lambda}$ 表示：

$$\alpha_{\lambda}=\frac{G_{\alpha\lambda}}{G_{\lambda}} \tag{7-29}$$

实际物体的吸收比与光谱吸收比的关系为：

$$\alpha=\frac{G_{\alpha}}{G}=\frac{\int_{0}^{\infty}\alpha_{\lambda}G_{\lambda}\mathrm{d}\lambda}{G} \tag{7-30}$$

一般来说，实际物体的光谱吸收比与波长有关。图 7-13 和图 7-14 分别绘出了几种金属和非金属材料在室温下的光谱吸收比随波长的变化情况。图中显示：有些材料，如磨光的铜和磨光的铝，光谱吸收比随波长变化不大；但有些材料，如阳极氧化的铝、粉墙面、白瓷砖等，光谱吸收比随波长变化较大。这种实际物体的吸收特性随波长变化的性质称为实际物体对波长吸收的选择性。

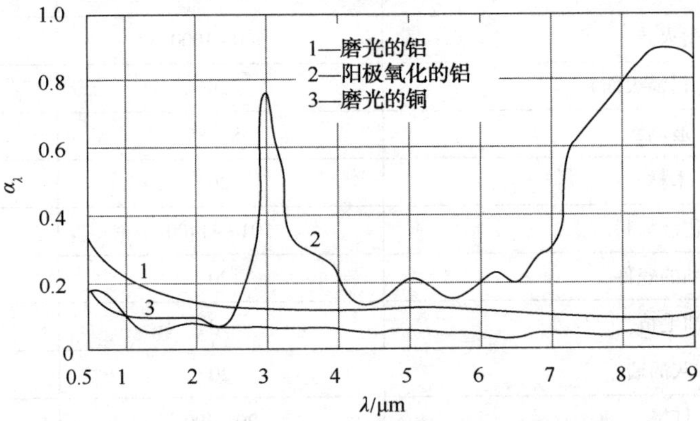


图 7-13　一些金属材料的光谱吸收比

在工农业生产中，常常利用实际物体对投入辐射的波长有选择性吸收的特性来达到一定的目的。例如，温室效应就是利用了玻璃对辐射能吸收和透过的选择性。当太阳光照射到玻璃上时，由于玻璃对波长小于 3.0μm 的辐射能的透射比很大，从而能使大部分太阳辐射的可见光和短波长的红外线透过玻璃传递到温室内。而温室内的物体在常温下所发射的波长较长的红外线投射到玻璃上时，由于玻璃对波长大于 3.0μm 的辐射能的透射比很小，从而阻止了这部分辐射能透过玻璃传递到外界环境，从而达到了保温的目的。

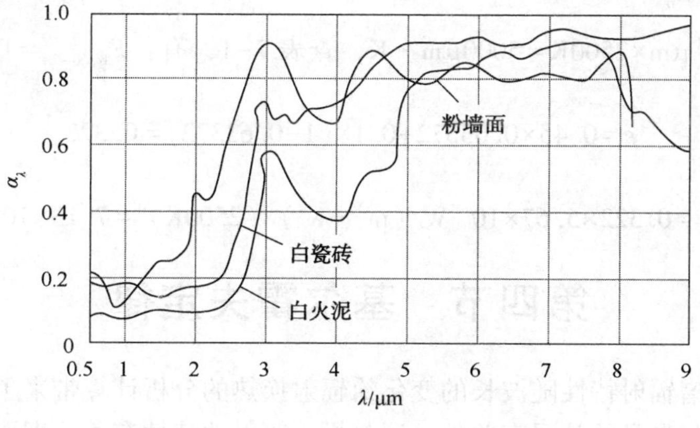


图 7-14　一些非金属材料的光谱吸收比

值得指出的是，世界万物之所以呈现出不同的颜色，主要是因为对可见光有选择性地吸收与反射。当可见光投射到某一物体表面时，如果该物体表面能够几乎全部吸收各种可见光，它就呈现出黑色；如果几乎全部反射各种可见光，它就呈现出白色；如果几乎均匀地吸收各种可见光并均匀地发射各种可见光，它就呈现出灰色；如果只反射了某一种波长的可见光而几乎全部吸收了其他波长的可见光，它就呈现出被反射的这种波长的可见光颜色。

**例题 7-6**　实际物体辐射力计算(1)

试计算温度 $t=1400℃$ 的碳化硅涂料表面的辐射力。

**解**：碳化硅涂料是非金属材料，可取 $\varepsilon=\varepsilon_n$。由表 7-2 查得，$t=1400℃$ 时，碳化硅涂层的法向发射率 $\varepsilon_n=0.92$，即 $\varepsilon=0.92$。计算 $t=1400℃$ 时的辐射力：

$$E=\varepsilon E_b=\varepsilon\sigma T^4$$

$$=0.92\times5.67\times10^{-8}\text{W}/(\text{m}^2\cdot\text{K}^4)\times(1400+273)^4\text{K}^4=409\times10^3\text{W}/\text{m}^2$$

**例题 7-7**　实际物体辐射力计算(2)

已知温度为 427K 的抛光镍板的发射率为 0.1，其氧化后的发射率增加至 0.55，试确定该镍板氧化前后的辐射力。

**解**：根据实际物体辐射力的计算公式(7-22)，$E=\varepsilon E_b=\varepsilon\sigma T^4$，镍板氧化前后的辐射力分别为：

氧化前，$E_1=\varepsilon_1 E_b=\varepsilon_1\sigma T^4=0.1\times5.67\times10^{-8}\text{W}/(\text{m}^2\cdot\text{K}^4)\times(427\text{K})^4=1361\text{W}/\text{m}^2$

氧化后，$E_2=\varepsilon_2 E_b=\varepsilon_2\sigma T^4=0.55\times5.67\times10^{-8}\text{W}/(\text{m}^2\cdot\text{K}^4)\times(427\text{K})^4=7488\text{W}/\text{m}^2$

**例题 7-8**　实际物体辐射力计算(3)

实验测得温度为 2500K 的钨丝在法线方向的光谱发射率如图 7-15 所示，试计算该钨丝的辐射力。

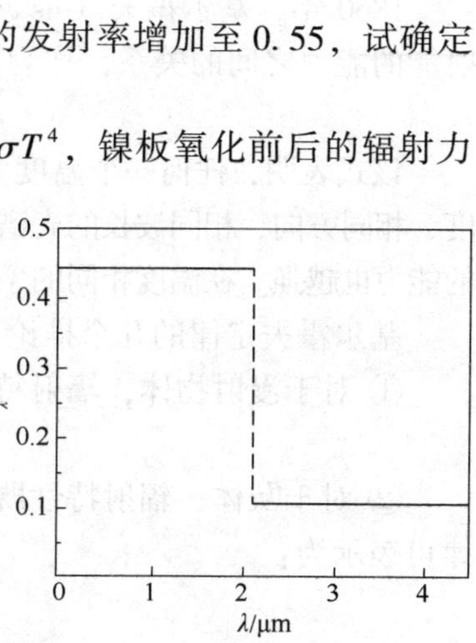


图 7-15　例题 7-8 示意图

**解**：设钨丝表面为漫射物体表面，其发射率为：

$$\varepsilon = \frac{E}{E_b} = \frac{\int_0^2 \varepsilon_\lambda E_{b\lambda} d\lambda + \int_2^\infty \varepsilon_\lambda E_{b\lambda} d\lambda}{E_b} = \varepsilon_{\lambda_1} \frac{\int_0^2 E_{b\lambda} d\lambda}{E_b} + \varepsilon_{\lambda_2} \frac{\int_2^\infty E_{b\lambda} d\lambda}{E_b} = \varepsilon_{\lambda_1} F_{b,(0\sim2)} + \varepsilon_{\lambda_2}(1 - F_{b,(0\sim2)})$$

由 $\lambda_1 T = 2\times10^{-6}\mu m\times2500K = 5000\mu m\cdot K$，查表 7-1，有：$F_{b,(0\sim2)} = 0.63372$，则该物体的发射率为：

$$\varepsilon = 0.45\times0.63372 + 0.1\times(1-0.63372) = 0.322$$

辐射力为：

$$E = \varepsilon E_b = 0.322\times5.67\times10^{-8} W/(m^2\cdot K^4)\times(2500K)^4 = 7.13\times10^5 W/m^2$$

## 第四节　基尔霍夫定律

实际物体的光谱辐射特性随波长的变化给辐射换热的分析计算带来了很大的困难。由于物体的吸收比除了与自身的状况有关外，还与投入辐射的特性有关，即取决于投入辐射的波长和方向。为简化工程分析计算，引入了灰体的概念。

**1. 灰体**

所谓灰体，是指光谱辐射特性不随波长变化的物体，即：

$$\varepsilon = \varepsilon_\lambda,\ \alpha = \alpha_\lambda \tag{7-31}$$

对灰体概念的几点说明：

① 灰体是一种理想物体，其 $\varepsilon_\lambda$、$\alpha_\lambda$ 与 $\lambda$ 无关，只取决于物体本身特性，与外界投入辐射无关。

② 就辐射特性，即发射和吸收辐射的规律而言，灰体和黑体完全相同，但在数量上有差别。灰体的 $\varepsilon$、$\alpha$ 分别体现了它与黑体在发射和吸收辐射能数量上的百分比关系。

③ 由于工程上的热辐射主要位于 0.76~10μm 的红外线范围内，绝大多数工程材料的光谱辐射特性在此波长范围内变化不大，因此在工程分析计算时可以近似地当作灰体处理，而不会产生很大的误差。

**2. 基尔霍夫定律**

1860 年，基尔霍夫(Gustav Robert Kirchhoff)揭示了实际物体吸收辐射能的能力与发射辐射能的能力之间的关系，称为基尔霍夫定律，其表达式为：

$$\alpha_\lambda(\theta,\ \varphi,\ T) = \varepsilon_\lambda(\theta,\ \varphi,\ T) \tag{7-32}$$

该式表明，任何一个温度为 $T$ 的物体在 $(\theta,\ \varphi)$ 方向上的光谱吸收比等于该物体在相同温度、相同方向、相同波长的光谱发射率。这也说明，物体吸收辐射能的能力越强，其发射辐射能的能力也越强。在温度相同的条件下，黑体吸收辐射能的能力最强，发射辐射能的能力也最强。

基尔霍夫定律的几个推论：

① 对于漫射物体，辐射特性与方向无关，基尔霍夫定律可表示为：

$$\alpha_\lambda(T) = \varepsilon_\lambda(T) \tag{7-33}$$

② 对于灰体，辐射特性既与方向无关，又与波长无关，其 $\varepsilon = \varepsilon_\lambda$，$\alpha = \alpha_\lambda$，基尔霍夫定律可表示为：

$$\alpha(T) = \varepsilon(T) \tag{7-34}$$

③ 对于黑体，有：

$$\alpha = \alpha_\lambda = \varepsilon = \varepsilon_\lambda = 1 \tag{7-35}$$

对于工程上常见的温度范围($T\leqslant 2000$K)，大部分辐射能位于红外线波段内，绝大多数工程材料可以近似为灰体。因此，已知发射率数值，就可由式(7-34)确定吸收比的数值，而不会引起很大的误差。需要指出的是，当投入辐射来自太阳辐射时，不能把物体表面近似为灰体，即不能错误地认为对太阳辐射的吸收比等于物体自身辐射的发射率。这是因为，太阳辐射的近50%位于可见光的波长范围内，而物体自身的热辐射位于红外线波长范围内。由于实际物体的光谱吸收比对投入辐射的波长具有选择性，因此一般物体对太阳辐射的吸收比与自身辐射的发射率有较大的差别。

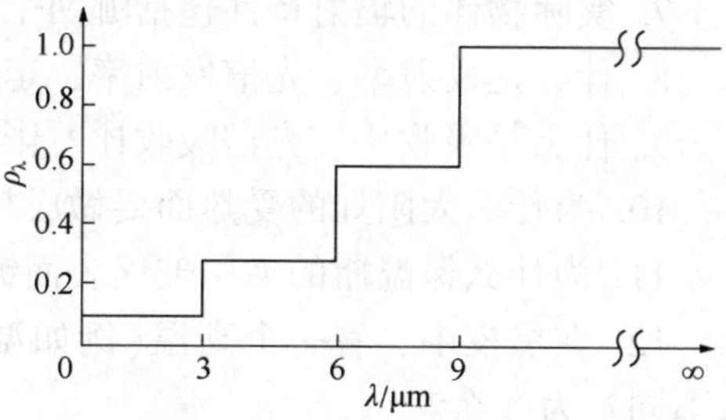

图 7-16 例题 7-9 示意图

**例题 7-9** 基尔霍夫定律

由于反射比比较容易测量，因此常利用它来确定物体表面的辐射特性。已知某一固体表面在555.6K下的反射比近似如图7-16所示，试估算此温度下的辐射力。

**解**：根据辐射力的定义和基尔霍夫定律，有：

$$E=\int_0^\infty E_\lambda \mathrm{d}\lambda=\int_0^\infty \varepsilon_\lambda E_{b\lambda}\mathrm{d}\lambda=\int_0^\infty \alpha_\lambda E_{b\lambda}\mathrm{d}\lambda=\int_0^\infty(1-\rho_\lambda)E_{b\lambda}\mathrm{d}\lambda$$

由图7-16可得：

$$\begin{aligned}E&=\int_0^\infty(1-\rho_\lambda)E_{b\lambda}\mathrm{d}\lambda\\&=\int_0^3(1-\rho_\lambda)E_{b\lambda}\mathrm{d}\lambda+\int_3^6(1-\rho_\lambda)E_{b\lambda}\mathrm{d}\lambda+\int_6^9(1-\rho_\lambda)E_{b\lambda}\mathrm{d}\lambda+\int_9^\infty(1-\rho_\lambda)E_{b\lambda}\mathrm{d}\lambda\\&=\int_0^3(1-0.1)E_{b\lambda}\mathrm{d}\lambda+\int_3^6(1-0.3)E_{b\lambda}\mathrm{d}\lambda+\int_6^9(1-0.6)E_{b\lambda}\mathrm{d}\lambda+\int_9^\infty(1-1)E_{b\lambda}\mathrm{d}\lambda\\&=0.9\int_0^3E_{b\lambda}\mathrm{d}\lambda+0.7\int_3^6E_{b\lambda}\mathrm{d}\lambda+0.4\int_6^9E_{b\lambda}\mathrm{d}\lambda+0\\&=0.9F_{b,(0\sim3)}E_b+0.7[F_{b,(0\sim6)}-F_{b,(0\sim3)}]E_b+0.4[F_{b,(0\sim9)}-F_{b,(0\sim6)}]E_b\end{aligned}$$

查表7-1，$\lambda_1=3\mu m$ 时，$\lambda_1 T=1666.8\mu m\cdot K$，$F_{b,(0\sim3)}=0.02537$；

$\lambda_2=6\mu m$ 时，$\lambda_2 T=3333.6\mu m\cdot K$，$F_{b,(0\sim6)}=0.34734$；

$\lambda_3=9\mu m$ 时，$\lambda_3 T=5000.4\mu m\cdot K$，$F_{b,(0\sim9)}=0.63372$。

因此，辐射力为：

$$\begin{aligned}E=&0.9\times0.02537\times5.67\times10^{-8}\mathrm{W/(m^2\cdot K^4)}\times(555.6\mathrm{K})^4+\\&0.7\times(0.34734-0.02537)\times5.67\times10^{-8}\mathrm{W/(m^2\cdot K^4)}\times(555.6\mathrm{K})^4+\\&0.4\times(0.63372-0.34734)\times5.67\times10^{-8}\mathrm{W/(m^2\cdot K^4)}\times(555.6\mathrm{K})^4\\=&0.9\times137.07\mathrm{W/m^2}+0.7\times1740\mathrm{W/m^2}+0.4\times1547\mathrm{W/m^2}\\=&1960.16\mathrm{W/m^2}\end{aligned}$$

## 思考题

1. 热辐射的波长主要集中在哪些波长范围内？
2. 什么是投入辐射？什么是物体表面的吸收比、反射比以及透射比？

3. 什么是黑体、白体以及透明体？黑体、白体与黑颜色物体、白颜色物体有何不同？

4. 什么是灰体？引入黑体、灰体的概念对热辐射理论和辐射换热计算有何意义？

5. 什么是辐射力、光谱辐射力、定向辐射强度？它们之间有何关系？

6. 黑体辐射的基本定律有哪些？写出它们的表达式。

7. 实际物体的辐射特性包括哪两个方面？

8. 什么是发射率、光谱发射率、定向发射率？影响物体发射率的因素有哪些？

9. 什么是吸收比、光谱吸收比？影响物体吸收比的因素有哪些？

10. 为什么太阳灶的受热面要做成粗糙的黑色表面，而辐射采暖板不涂黑色？

11. 为什么保温瓶的夹层玻璃表面镀一层反射比很高的材料？

12. 在黑夜中，看一个高温(例如温度为1000℃)的金属球和一个非金属球，将会有什么不同？为什么？

13. 夏天，在太阳光下，穿白色的衣服可以少吸收太阳的辐射能。在钢铁厂的高温车间，是否也是穿上白色的工作服更好些？

14. 简述基尔霍夫定律的主要内容，写出其表达式，并说明适用条件。

15. 有人说：“颜色越深的物体，其发射率也越大。”这种说法正确吗？为什么？

16. 有人说：“物体的发射率越大，其吸收比也越大。”这种说法正确吗？为什么？

# 习　题

## 黑体辐射的基本定律

7-1　某种玻璃对波长 0.4~2.5μm 范围内的射线的透射比近似为 0.95，而对其他波长射线的透射比近似为 0，试计算此玻璃对温度为 1500K、2000K 和 6000K 的黑体辐射的透射比。

7-2　某黑体辐射最大光谱辐射力的波长 $\lambda_{max}=5.8\mu m$。试计算该黑体在波长 1~5μm 范围内的辐射能份额。

7-3　碘钨丝的灯丝温度约为2000℃，灯丝可看作黑体。试计算它所发射的可见光占其总辐射能的份额。

7-4　太阳光谱分布情况如下：紫外线区 0.0~0.4μm，可见光区 0.4~0.78μm，红外线区 0.78~3.0μm，试计算各波段所占辐射能之比。

7-5　钢块在加热炉内加热时，随着温度的升高，其颜色逐渐由暗变亮，由暗红变成亮白。假设钢锭表面可看作黑体。试分别计算其温度为700℃、900℃和1100℃时所发射的可见光与其全波长辐射能的份额。

7-6　钢制工件在加热炉内加热时，随着工件温度的升高，其颜色会逐渐由暗红变成白亮。假设工件的表面可看作黑体。在工件温度为900℃及1100℃时，工件所发出的辐射能中的可见光是温度为700℃时的多少倍？$\lambda T \leqslant 600\mu m \cdot K$ 时，$F_{b,(0\sim\lambda)}=0$；$\lambda T=800\mu m \cdot K$ 时，$F_{b,(0\sim\lambda)}=0.16\times10^{-4}$。

7-7　一个黑体在3000K的温度下辐射，有一实验者想用一个辐射探测器来测量该物体的总辐射力。该探测器能吸收波长 $\lambda=0.8\sim5\mu m$ 区域内的所有辐射，但探测不到这一区域外的能量。试问：实验者对该能量的探测结果修正的百分数是多少？如果探测器的灵敏度只能在其灵敏区的另一侧扩展 0.5μm，应该在哪一侧扩展？

7-8 某温室的窗玻璃对波长 0.4~2.5μm 范围内的辐射线的透射比为 0.95，而对其他波长射线的透射比可近似为 0，如图 7-17 所示。太阳近似为温度 5800K 的黑体，温室内的物体可看作温度为 30℃ 的黑体。试分别计算太阳辐射和室内物体辐射透过窗玻璃的部分占其总辐射能的份额。

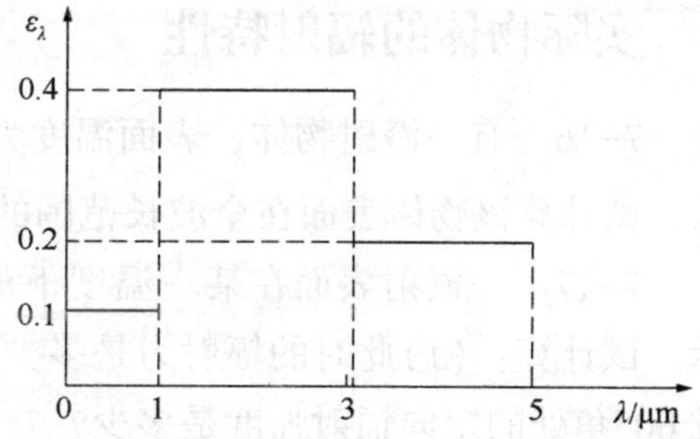

图 7-17 习题 7-8 示意图

7-9 试用普朗克定律计算温度 $t=423$℃、波长 $\lambda=0.4\mu m$ 时黑体的光谱辐射力 $E_{b\lambda}$。这一温度下黑体的最大光谱辐射力 $E_{b\lambda,max}$ 是多少？黑体的辐射力是多少？对于发射率 $\varepsilon=0.82$ 的钢板，在这一温度下的辐射力、吸收比和反射率各为多少？

7-10 空气中有一黑体，其温度为 1000K，试计算：(1) $\lambda=3\mu m$ 的光谱辐射力；(2) $\lambda=3\mu m$ 时，与表面法线成 $\theta=60°$ 的定向辐射强度；(3) 波长 $\lambda$ 为多大时，光谱辐射力达到最大值？(4) 黑体的总辐射力。

7-11 一黑体温度为 1111K，向空间发射辐射能量，试计算：(1) $\lambda=1\mu m$ 和 $\lambda=5\mu m$ 的光谱辐射力之比是多少？(2) 在 $\lambda=1\mu m$ 至 $\lambda=5\mu m$ 波长间隔内黑体辐射的份额。(3) 在何种波长下，其光谱辐射力达到最大值？(4) $1\mu m \leqslant \lambda \leqslant 5\mu m$ 区间内，该黑体发射多少辐射能量？

7-12 一黑体辐射，其对应的光谱辐射力最大值时的波长为 1.5μm，试确定在 $\lambda=1\mu m$ 至 $\lambda=4\mu m$ 区间内黑体辐射的份额。

7-13 当温度为 2000K 时黑体的光谱辐射力最大值所对应的峰值波长 $\lambda_m$ 是多少？此时可见光和红外线在总辐射能量中所占的份额各为多少？

7-14 已知一表面可看作温度为 1500K 的黑体表面。确定单位面积的该物体表面在 $0° \leqslant \theta \leqslant 60°$ 的方向，以及 $2\mu m \leqslant \lambda \leqslant 4\mu m$ 波长间隔内发射的辐射能量是多少？

7-15 分析一个温度保持为 2000K 的均匀温度的大等温腔体。如图 7-18 所示。计算：(1) 从腔体表面的小孔发射出的辐射能量是多少？(2) 在小于 $\lambda_1$ 的波段内包含了 10% 的辐射能量，则波长 $\lambda_1$ 是多少？在大于 $\lambda_2$ 的波段内包含了 10% 的辐射能量，则波长 $\lambda_2$ 是多少？(3) 与光谱辐射力的最大值对应的峰值波长是多少？(4) 如果有一个小物体位于腔体内，则投射到这个物体表面的投入辐射是多少？

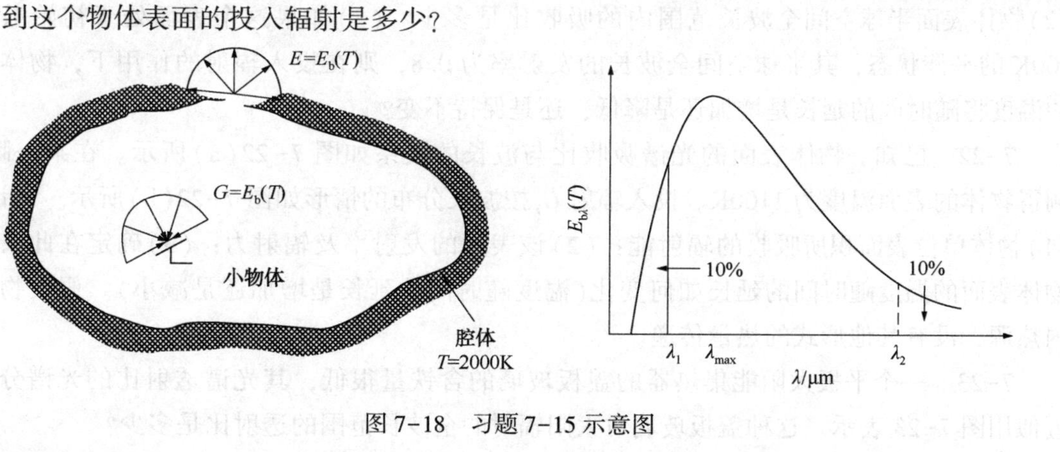

图 7-18 习题 7-15 示意图

## 实际物体的辐射特性

7-16　有一漫射物体，表面温度为1200K，其光谱发射率 $\varepsilon_\lambda$ 随波长的变化如图7-17所示。试计算该物体表面在全波长范围的发射率 $\varepsilon$ 和辐射力 $E$。

7-17　一漫射表面在某一温度下的光谱辐射力与波长的关系可以近似地用图7-19表示。试计算：(1)此时的辐射力是多少？(2)法线方向的定向辐射强度是多少？(3)与法线成60°角处的定向辐射强度是多少？

7-18　一小块温度为400K的漫射表面悬挂在温度 $T_f=2000K$ 的炉子中。炉子表面是漫灰的，且发射率为0.25。悬挂表面的光谱发射率如图7-20所示。试确定该表面的发射率以及对炉墙表面发出的辐射能的吸收比。

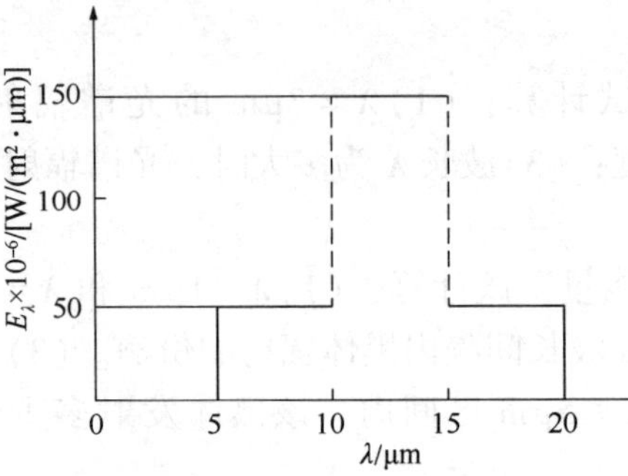

图7-19　习题7-17示意图

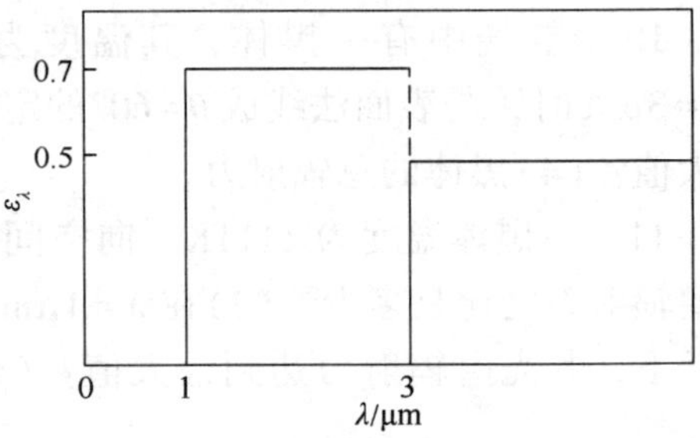

图7-20　习题7-18示意图

7-19　100W灯泡中的钨丝温度为2800K，发射率为0.30。试计算：(1)钨丝所必需的最小表面积是多少？(2)灯丝发射的辐射能中，波长在0.4~0.7μm的可见光范围内辐射能所占的份额；(3)光谱辐射力最大值所对应的峰值波长。

7-20　硅酸玻璃允许波长为0.33~2.6μm的射线通过92%，而不允许其他波长通过。当把太阳能投射到该玻璃上时，将有多少能量份额通过玻璃？假设太阳为温度为6000K的黑体辐射。

7-21　一个非透明表面的半球方向光谱吸收比随波长的变化以及这个方向上的光谱投入辐射如图7-21所示。试计算：(1)该物体在半球方向上的光谱反射比是如何分布的？(2)物体表面半球空间全波长范围内的吸收比是多少？(3)如果这个表面处于初始温度为500K的平衡状态，其半球空间全波长的发射率为0.8，则在投入辐射的作用下，物体表面的温度将随时间的延长是增加还是降低，还是保持不变？

7-22　已知一物体表面的光谱吸收比与波长的关系如图7-22(a)所示。在某一瞬间，测得物体的表面温度为1100K。投入辐射 $G_\lambda$ 按波长分布的情形如图7-22(b)所示。试计算：(1)物体单位表面积所吸收的辐射能；(2)该表面的发射率及辐射力；(3)确定在此条件下物体表面的温度随时间的延长如何变化(温度随时间的延长是增加还是减小)。假设物体无内热源，没有其他形式的热量传递。

7-23　一个平板太阳能集热器的盖板玻璃的含铁量很低，其光谱透射比的光谱分布可近似用图7-23表示。这种盖板玻璃对太阳辐射的全波长范围的透射比是多少？

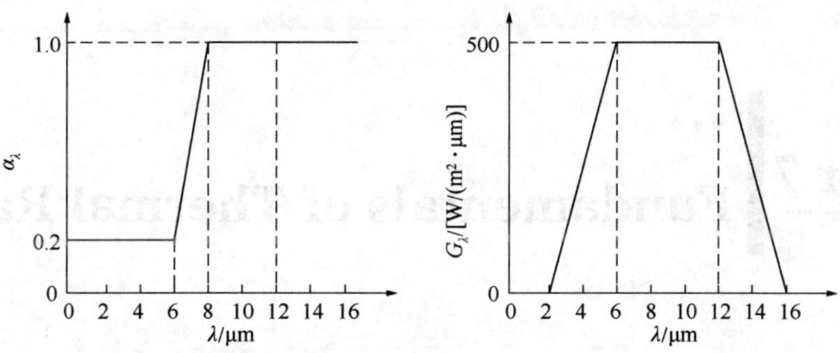


图 7-21　习题 7-21 示意图

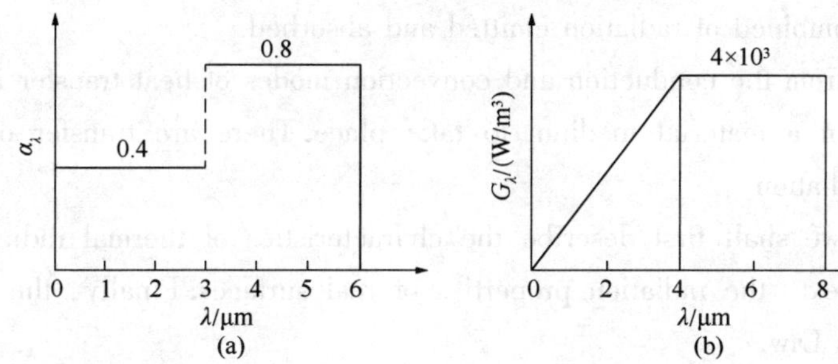


图 7-22　习题 7-22 示意图

7-24　有一具有漫射性质的温度 $T=500\text{K}$ 的耐火砖墙，其光谱发射率如图 7-24 所示。此砖墙受温度为 2000K 的煤床辐射。试确定：(1)这座砖墙的全波长半球向发射率是多少？(2)全波长的辐射能量是多少？(3)这座砖墙对来自煤床发射的投入辐射的吸收比是多少？

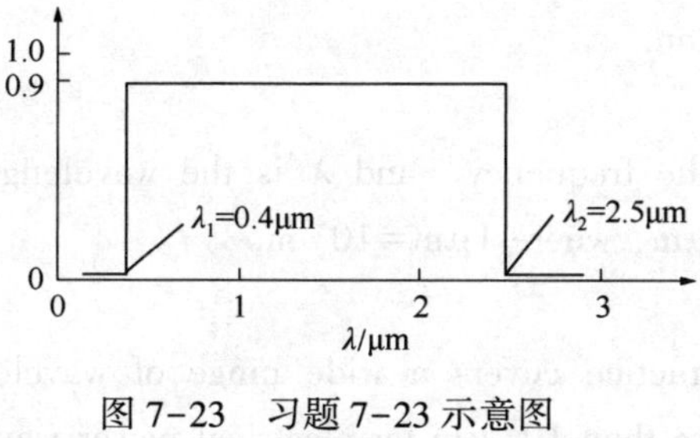


图 7-23　习题 7-23 示意图

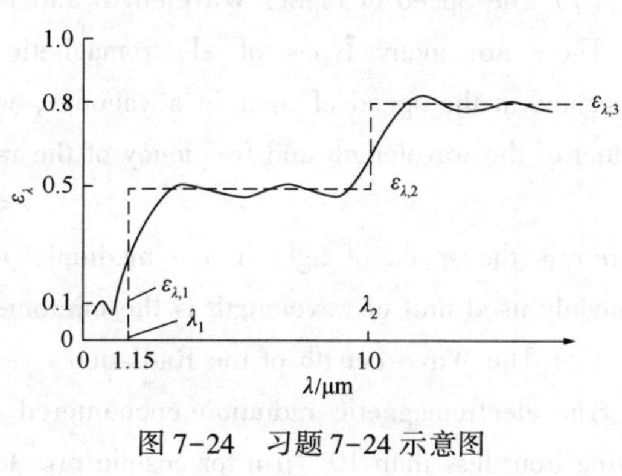


图 7-24　习题 7-24 示意图

7-25　一个导热良好的小的固体金属球有一个不透明的漫射涂层，其光谱吸收比如图7-25 所示。将初始温度处于均匀温度 $T_0=300\text{K}$ 的这个小球放到一个大炉子中，炉壁温度 $T_w=1200\text{K}$。试计算：(1)在初始条件下该金属球涂层的全波长半球向吸收比是多少？(2)在初始条件下涂层的全波长半球向发射率是多少？(3)设小球内不存在温度梯度，小球表面也没有对流换热，导出小球温度随时间变化的表达式。

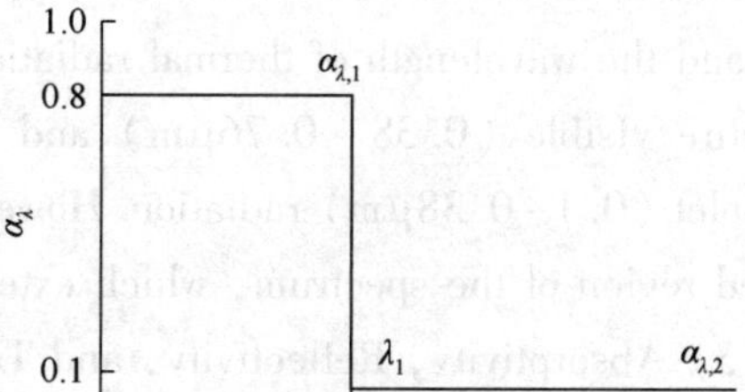


图 7-25　习题 7-25 示意图

# Chapter 7 Fundamentals of Thermal Radiation

Thermal radiation is that electromagnetic radiation emitted by a body as a result of its temperature. All bodies at a temperature above absolute zero emit thermal radiation. Radiation heat transfer involves the combined of radiation emitted and absorbed.

Radiation differs from the conduction and convection modes of heat transfer in that it does not require the presence of a material medium to take place. There are transfer of energy between internal energy and radiation

In this chapter, we shall first describe the characteristics of thermal radiation, the laws of blackbody radiation. Next, the radiation properties of real surfaces. Finally, the definition of grey body, and Kirchhoff's Law.

## 7.1 Basic Conceptions of Thermal Radiation

### 1. Characteristics of Thermal Radiation

(1) The Speed of Light, Wavelength and Frequency of the Radiation

There are many types of electromagnetic radiation, thermal radiation is only one. It is propagated at the speed of light in a vacuum, which is $c=3\times10^{8}$ m/s. This speed is equal to the product of the wavelength and frequency of the radiation.

$$c=f\lambda \tag{7-1}$$

where $c$ is the speed of light in the medium, $f$ is the frequency, and $\lambda$ is the wavelength. The commonly used unit of wavelength is the micrometer μm, where $1\mu m=10^{-6}$ m.

(2) The Wave Length of the Radiation

The electromagnetic radiation encountered in practice covers a wide range of wavelengths, varying from less than $10^{-10}$ μm for cosmic rays to more than $10^{10}$ μm for electrical power waves.

Thermal radiation is continuously emitted by all matter whose temperature is above absolute zero, and the wavelength of thermal radiation extends from about 0.1μm to 100μm, which includes the entire visible (0.38 ~ 0.76μm) and infrared (0.76 ~ 100μm) as well as a portion of the ultraviolet (0.1~0.38μm) radiation. However, the most ranges of the thermal radiation fall into the infrared region of the spectrum, which extends from 0.76 to 100μm.

(3) Absorptivity, Reflectivity, and Transmissivity

When radiant energy strikes a material surface, part of the radiation is absorbed, part is reflected, and part is transmitted, as shown in Figure 7-2.

We define the incident radiation that is the energy stroked to a material surface in per unit time, per unit area, and over the entire wavelength range, donated by $G$, W/m$^2$. The parts of absorbed, reflected, and transmitted are represented by $G_\alpha$, $G_\rho$ and $G_\tau$, respectively. Thus

$$G=G_\alpha+G_\rho+G_\tau \tag{7-2}$$

Dividing each term of this relation by $G$ yields

$$\frac{G_\alpha}{G}+\frac{G_\rho}{G}+\frac{G_\tau}{G}=1$$

$$\alpha+\rho+\tau=1 \tag{7-3}$$

where we define the absorptivity $\alpha$ as the fraction absorbed, the reflectivity $\rho$ as the fraction reflected, and the transmissivity $\tau$ as the fraction transmitted.

For the spectral incident radiation $G_\lambda$, the parts of absorbed, reflected, and transmitted are represented by $G_{\alpha\lambda}$, $G_{\rho\lambda}$ and $G_{\tau\lambda}$, respectively. Thus

$$G_\lambda=G_{\alpha\lambda}+G_{\rho\lambda}+G_{\tau\lambda} \tag{7-4}$$

$$\alpha_\lambda+\rho_\lambda+\tau_\lambda=1 \tag{7-5}$$

where, $\alpha_\lambda$、$\rho_\lambda$、$\tau_\lambda$ are spectral absorptivity, spectral reflectivity, and spectral transmissivity, respectively.

(4) Radiation Properties of Solids, Liquids, and Gases

Most solids and liquids do not transmit thermal radiation, so the transmissivity $\tau$ may be taken as zero. When radiant energy strikes a solid or a liquid surface, part of the radiation is reflected, and part is absorbed only through a small distance from the body surface. Then

$$\alpha+\rho=1 \tag{7-6}$$

Two types of reflection phenomena may be observed when radiation strikes a surface, specular and diffuse reflections. If the angle of incidence is equal to the angle of reflection, the reflection is called specular. On the other hand, when an incident beam is distributed uniformly in all directions after reflection, the reflection is called diffuse. These two types of reflection are depicted in Figure 7-3.

Real gases do not reflect, so the reflectivity $\rho$ may be taken as zero. When radiant energy strikes a gas surface, part of the radiation is absorbed, and part is transmitted through the whole gas space. Then

$$\alpha+\tau=1 \tag{7-7}$$

The radiation property of solids and liquids is also called surface phenomena, while the radiation property of gases is called volumetric phenomena.

### 2. Blackbody, Whitebody, and Transmitbody

Blackbody, whitebody, and transmitbody are ideal bodies in the analysis of radiation heat transfer. For blackbody, $\alpha=1$; whitebody, $\rho=1$; and transmitbody $\tau=1$. A blackbody is defined as a perfect emitter and absorber of radiation. At a specified temperature and wavelength, no surface can emit more energy than a blackbody. The blackbody absorbs all incident radiation, regardless of wavelength and direction.

Note that the blackbody is quite different with the black color body. For example, snow reflects light and thus appears white. But it is essentially black for infrared radiation since it strongly absorb long-wave length radiation, and $\alpha=0.94$, which approaches idealized blackbody behavior. Glass at thickness encountered in practice transmits 90 percent of radiation in the visible range and practically opaque to radiation in the long-wavelength infrared regions of the electromagnetic spectrum.

## 7.2 The Laws of Blackbody Radiation

Blackbody is an ideal radiator, which serves as a standard against which the radiation properties of real surfaces may be compared. The laws of blackbody radiation include Stefan-Boltzmann law, Planck's law, Wien's displacement law, and lambert's law.

### 1. Stefan-Boltzmann Law

(1) Emissive Power

The emissive power of a body is defined as the energy emitted by the body per unit time, per unit area, and in all direction into the hemisphere above the surface over all wavelengths, donated by $E$, W/m$^2$. For a blackbody, donated by $E_b$.

(2) Stefan-Boltzmann Law

The Stefan-Boltzmann law describes the relationship between the emissive power of a blackbody $E_b$ and its surface temperature $T$. It is proposed first by Stefan from experiment in 1879, and then by Boltzmann from thermodynamic theory in 1884.

$$E_b = \sigma T^4 = C_0 \left( \frac{T}{100} \right)^4 \tag{7-8}$$

where, $T$ is the absolute temperature of the blackbody surface in K. $\sigma$ is the Stefan-Boltzmann constant, $\sigma = 5.67 \times 10^{-8}$ W/(m$^2$ · K$^4$), and $C_0$ is the Stefan-Boltzmann coefficient, $C_0 = 5.67$ W/(m$^2$ · K$^4$).

The Stefan-Boltzmann law indicates that the emissive power $E_b$ of a blackbody is proportional to the fourth power of the absolute temperature $T$.

### 2. Planck's Law

(1) Spectral Emissive Power

The spectral emissive power of a body is defined as the energy emitted by the body per unit time, per unit area, per unit wavelength, and in all direction into the hemisphere above the surface, donated by $E_\lambda$, W/m$^3$ or W/(m$^2$ · μm). For a blackbody, donated by $E_{b\lambda}$. The relationship between the emissive power $E$ and spectral emissive power $E_\lambda$ of the body can be expressed as

$$E = \int_0^\infty E_\lambda \mathrm{d}\lambda \tag{7-9}$$

(2) Planck's Law

Planck's law describes the functional relation of the spectral blackbody emissive power $E_{b\lambda}$ with wavelength $\lambda$ and temperature $T$. It is derived by Planck by introducing the quantum concept for electromagnetic energy in 1900.

$$E_{b\lambda} = \frac{C_1 \lambda^{-5}}{e^{C_2/\lambda T} - 1} \tag{7-10}$$

where, $\lambda$ is the wavelength of the radiation emitted, and $T$ is the absolute temperature of the surface. $C_1$ is the first radiation constant, $C_1 = 3.742 \times 10^{-16}$ W · m$^2$, and $C_2$ is the second radiation constant, $C_2 = 1.439 \times 10^{-2}$ m · K.

A plot of $E_{b\lambda}$ as a function of temperature $T$ and wavelength $\lambda$ is given in Figure 7-4, which shows the variation of the spectral blackbody emissive power with wavelength for selected temperature.

(3) The Radiation Energy by a Blackbody Over a Wavelength Band

We define a dimensionless quantity $F_{b,(0-\lambda)}$ called the blackbody radiation function as

$$F_{b,(0-\lambda)} = \frac{E_{b,(0-\lambda)}}{E_b} = \frac{\int_0^{\lambda} E_{b\lambda} d\lambda}{\sigma T^4} = \int_0^{\lambda} \frac{C_1 (\lambda T)^{-5}}{\sigma (e^{C_2/\lambda T} - 1)} d(\lambda T) = f(\lambda T) \tag{7-12}$$

The values of $F_{b,(0-\lambda)}$ are listed in Table 7-1 as a function of $\lambda T$, where $\lambda$ is in μm and $T$ is in K.

The fraction of radiation energy emitted by a blackbody at temperature $T$ over a finite wavelength band from $\lambda = \lambda_1$ to $\lambda = \lambda_2$ is determined from

$$E_{b,(\lambda_1 \sim \lambda_2)} = F_{b,(\lambda_1 \sim \lambda_2)} E_b = [F_{b,(0 \sim \lambda_2)} - F_{b,(0 \sim \lambda_1)}] E_b \tag{7-13}$$

**3. Wien's Displacement Law**

Notice that as the temperature increases, the peak of the curve in Figure 7-4 is shift to the shorter wavelength for the higher temperature. These maximum points in the radiation curves are related by Wien's displacement law.

$$\lambda_m T = 2.8976 \times 10^{-3} \approx 2.9 \times 10^{-3} \text{m} \cdot \text{K} \tag{7-14}$$

This relation was originally developed by Willy Wien in 1894 using classical thermodynamics. According to the Planck's law, the relation of the maximum spectral emissive power $E_{b\lambda,max}$ and the absolute temperature $T$ can be expressed by

$$E_{b\lambda,max} = 1.106 \times 10^{-5} T^5 \text{W/m}^3 \tag{7-15}$$

**4. Lambert's Law**

(1) Solid Angle

The solid angle is an angle formed in a three-dimensional space. In analogy to plane angle, we can say that the area of a surface on a sphere of unit radius is equivalent in magnitude to the solid angle it subtends.

$$\Omega = \frac{A}{r^2} \tag{7-16}$$

The solid angle is denoted by $\Omega$, and its unit is the steradian (sr), as shown in Figure 7-5. For a hemisphere, the surface area of the hemisphere is $A = 2\pi r^2$, and the solid angle is $\Omega = 2\pi$sr. The differential solid angle $d\Omega$ subtended by a differential area $dA_c = r d\theta \cdot r \sin\theta d\varphi$ on a sphere of radius $r$ can be expressed as $d\Omega = \frac{dA_c}{r^2} = \sin\theta d\theta d\varphi$sr, and the range of $\theta$ from 0 to $\pi/2$, $\varphi$ from 0 to $2\pi$.

(2) Radiation Intensity

The radiation intensity for emitted radiation $L(\theta, \varphi)$ is defined as the rate at which radiation energy $d\Phi$ is emitted in the $(\theta, \varphi)$ direction per unit area normal to this direction and per unit solid angle about this direction, W/(m$^2$ · sr). That is

$$L(\theta, \varphi)=\frac{\mathrm{d}\Phi}{\mathrm{d}A\cos\theta\mathrm{d}\Omega} \tag{7-17}$$

(3) Lambert's Law

For a blackbody, the intensity of the emitted radiation is independent of direction, and thus the radiation intensity from the blackbody surface into the hemisphere is uniform in all radiation direction, and it is called Lambert's law proposed by Lambert in 1760.

$$L(\theta)=L_b=\text{constant} \tag{7-18}$$

The emissive power $E_b$ from the blackbody surface into the hemisphere surrounding it can be determined by integration as

$$E_b=\int_{\Omega=2\pi} L_b\cos\theta\mathrm{d}\Omega = L_b\int_0^{2\pi}\mathrm{d}\varphi\int_0^{\frac{\pi}{2}}\sin\theta\cos\theta\mathrm{d}\theta = \pi L_b \tag{7-19}$$

For a diffusely emitting surface, the intensity of the emitted radiation is independent of direction, and thus lambert's law is also available for the diffusely emitting surface. However, the intensity of the radiation emitted by an actual surface varies with the direction.

# 7.3 Radiation Properties of Real Surfaces

In the preceding section, we define that a blackbody is a perfect emitter and absorber of radiation and said that nobody can emit more radiation than the blackbody at the same temperature. The blackbody absorbs all incident radiation, regardless of wavelength and direction. Therefore, a blackbody can serve as a convenient reference in describing the emission and absorption characteristics of real surfaces.

## 1. Emissive Properties of Real Surfaces

The emissive properties of a real surface include: emissivity, spectral emissivity, and directional emissivity of the real surface.

(1) Emissivity

The emissivity of a surface represents the ratio of the emissive power of the surface at a given temperature to the emissive power of a blackbody at the same temperature, denoted by $\varepsilon$.

$$\varepsilon=\frac{E}{E_b} \tag{7-21}$$

The emissivity of a real surface is not a constant. It varies with the temperature of the surface as well as the wavelength and the direction of the emitted radiation. The emissivity can be determined by experimcnt studies.

In the calculation of the engineering, the emissive power of a real surface can be given from Equation (7-21)

$$E=\varepsilon E_b=\varepsilon\sigma T^4 \tag{7-22}$$

(2) Spectral Emissivity

The spectral emissivity of a surface is defined as the ratio of the spectral emissive power of the surface at a specified wavelength to the spectral emissive power of a blackbody at the same temperature and at the same wavelength, denoted by $\varepsilon_\lambda$.

$$\varepsilon_\lambda = \frac{E_\lambda}{E_{b\lambda}} \tag{7-23}$$

(3) Directional Emissivity

The directional emissivity of a surface is defined as the ratio of the directional radiation intensity of the surface $L(\theta)$ at a given temperature $T$ and in a specified direction $\theta$ to the directional radiation intensity of a blackbody at the same temperature and direction, denoted by $\varepsilon_\theta$.

$$\varepsilon_\theta = \frac{L(\theta)}{L_b} \tag{7-25}$$

**2. Absorption Properties of Real Surfaces**

The absorption properties of a real surface include: absorptivity, spectral absorptivity.

(1) Absorptivity

The absorptivity is defined as the ratio of the total energy absorbed to the total energy incident on the surface, denoted by $\alpha$.

$$\alpha = \frac{G_\alpha}{G} \tag{7-28}$$

The absorption characteristics of radiation from a real surface are a function not only of the surface itself but also of the surroundings. These properties are dependent on the direction and wavelength of the incident radiation.

(2) Spectral Absorptivity

The spectral absorptivity is defined as the absorbed fraction of radiation incident at a specified wavelength, denoted by $\alpha_\lambda$.

$$\alpha_\lambda = \frac{G_{\alpha\lambda}}{G_\lambda} \tag{7-29}$$

## 7.4 Kirchhoff's Law

Radiation is a complex phenomenon. The radiation properties of a body are dependent of two aspects. One aspect is the surface itself, which is dependent of the type, temperature, and conditions of the surface, and another aspect is the incident radiation, which is dependent of the direction, wavelength of the incident radiation. Therefore, the grey and diffuse approximations are commonly utilized in radiation calculations.

**1. The Grey Body**

The grey body is defined such that the radiation properties are independent of the wavelength. That is

$$\varepsilon = \varepsilon_\lambda,\ \alpha = \alpha_\lambda \tag{7-31}$$

**2. Kirchhoff's Law**

Kirchhoff's law was first developed by Gustav Kirchhoff in 1860 and it is described as the emissivity of a surface at a specified wavelength, direction, and temperature is always equal to its absorptivity at the same wavelength, direction, and temperature. That is

$$\alpha_\lambda(\theta, \varphi, T)=\varepsilon_\lambda(\theta, \varphi, T) \tag{7-32}$$

The derivations from Kirchhoff's law are:

① For diffuse body, the radiation properties are independent of direction, and thus

$$\alpha_\lambda(T)=\varepsilon_\lambda(T) \tag{7-33}$$

② For grey body, the radiation properties are independent of direction and wavelength, and thus

$$\alpha(T)=\varepsilon(T) \tag{7-34}$$

③ For blackbody

$$\alpha=\alpha_\lambda=\varepsilon=\varepsilon_\lambda=1 \tag{7-35}$$

# 第八章 辐射换热计算

不同物体表面之间进行辐射换热时，影响辐射换热的因素有物体的表面温度、表面的几何特性、物体表面之间的相对位置以及表面的辐射特性等。为简化辐射换热的分析和计算，作以下假设：

① 进行辐射换热的物体表面之间是不参与辐射换热的介质或真空。

② 参与辐射换热的物体表面都是漫射灰体或黑体表面。

③ 每个表面的温度、辐射特性及投入辐射均匀分布。

本章将介绍黑体之间、漫射灰体之间辐射换热的计算方法以及遮热板的作用等内容。

## 第一节 辐射角系数

物体之间的辐射换热必然与物体表面的几何形状、大小及相对位置有关。角系数是反映这些几何因素对辐射换热影响的重要参数。

**1. 角系数的定义**

如图 8-1 所示，考察两个任意位置的物体表面 1 和表面 2，表面 1 直接投射到表面 2 的辐射能与其向半球空间发射的总辐射能的比值，称为表面 1 对表面 2 的角系数，用符号 $X_{1,2}$表示，即：

$$X_{1,2}=\frac{\Phi_{1\to 2}}{\Phi_1} \tag{8-1}$$

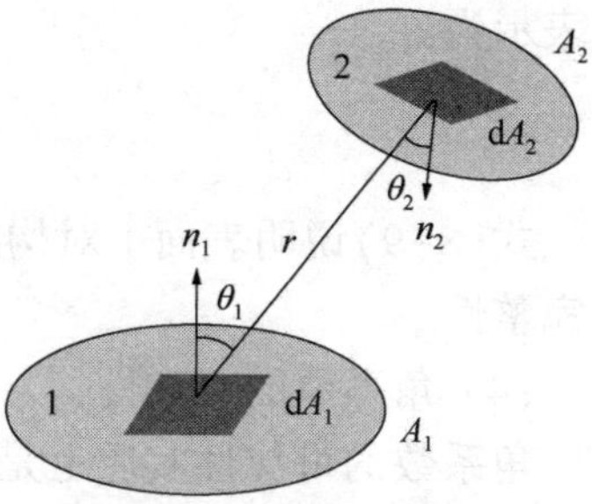


图 8-1 任意位置的两个物体表面之间的辐射换热

同样地，表面 2 直接投射到表面 1 的辐射能与其向半球空间发射的总辐射能的比值，称为表面 2 对表面 1 的角系数，用符号 $X_{2,1}$表示，即：

$$X_{2,1}=\frac{\Phi_{2\to 1}}{\Phi_2} \tag{8-2}$$

根据角系数的定义，$X_{1,2}$和 $X_{2,1}$还可表示为：

$$X_{1,2}=\frac{1}{A_1}\int_{A_1}\int_{A_2}\frac{\cos\theta_1\cos\theta_2}{\pi r^2}dA_1dA_2 \tag{8-3}$$

$$X_{2,1}=\frac{1}{A_2}\int_{A_1}\int_{A_2}\frac{\cos\theta_1\cos\theta_2}{\pi r^2}dA_1dA_2 \tag{8-4}$$

式(8-3)和式(8-4)说明，角系数是一个几何量，只取决于两个物体表面的几何形状、大小和相对位置，与物体的种类和表面温度无关。

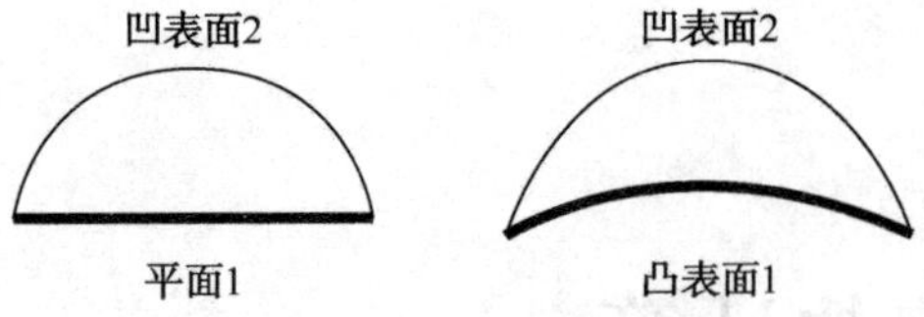


图 8-2　非自见面示意图

**2. 角系数的性质**

(1) 非自见面的角系数等于零

非自见面是指其向半球空间发射出的辐射能量不能直接投射到其自身的表面。例如平面、凸表面，如图 8-2 中的平面 1、凸表面 1。非自见面的角系数可表示为：

$$X_{1,1}=0 \tag{8-5}$$

(2) 角系数的相对性

由式(8-3)和式(8-4)可得：

$$A_1X_{1,2}=A_2X_{2,1} \tag{8-6}$$

式(8-6)描述了两个任意位置的漫射表面之间角系数的相互关系，称为角系数的相对性。该式表明，$X_{1,2}$与$X_{2,1}$不是独立的，只要知道其中一个角系数，就可以根据角系数的相对性求出另一个角系数。

(3) 角系数的完整性

考察由 $n$ 个物体表面构成的封闭空腔，如图 8-3 所示。对表面 1，根据能量守恒定律，从表面 1 发射出的辐射能量必然全部投射到封闭空腔中的所有表面上，即：

$$\Phi_1=\Phi_{1\to1}+\Phi_{1\to2}+\Phi_{1\to3}+\cdots+\Phi_{1\to i}+\cdots+\Phi_{1\to n} \tag{8-7}$$

两边同时除以 $\Phi_1$，则有：

$$X_{1,1}+X_{1,2}+X_{1,3}+\cdots+X_{1,i}+\cdots+X_{1,n}=1 \tag{8-8}$$

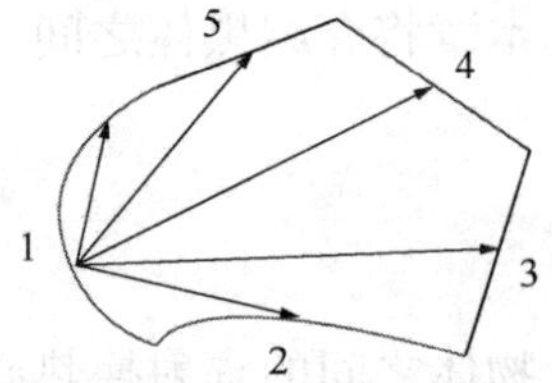


图 8-3　角系数的完整性示意图

或表示为：

$$\sum_{i=1}^{n}X_{1,i}=1 \tag{8-9}$$

式(8-9)说明表面 1 对构成封闭空腔的所有表面的角系数之和等于 1，该式称为角系数的完整性。

(4) 角系数的可加性

角系数的可加性实质上是辐射能的可加性。如图 8-4(a)所示，由角系数的可加性，表面 1 对组合表面(2+3)的角系数可表示为：

$$X_{1,(2+3)}=X_{1,2}+X_{1,3} \tag{8-10}$$

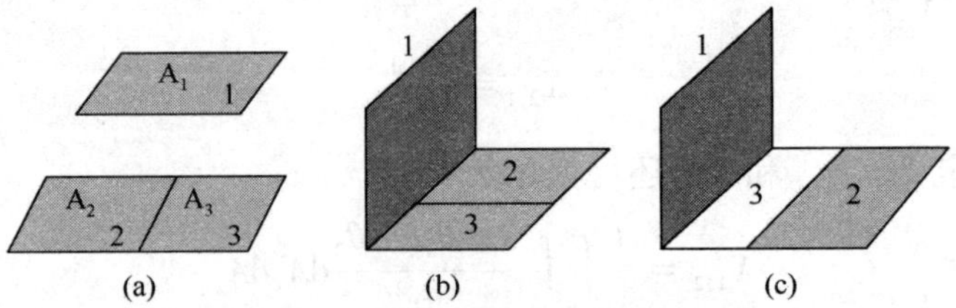


图 8-4　角系数的可加性示意图

如图 8-4(b)、图 8-4(c)所示，表面 1 对组合表面(2+3)的角系数也可表示为：

$$X_{1,(2+3)}=X_{1,2}+X_{1,3}$$

基于图 8-4(a)，进一步分析组合表面(2+3)对表面 1 的角系数。将式(8-10)两边同乘以 $A_1$，有：

$$A_1X_{1,(2+3)}=A_1X_{1,2}+A_1A_{1,3}$$

根据角系数的相对性，上式可表示为：

$$A_{2+3}X_{(2+3),1}=A_2X_{2,1}+A_3X_{3,1}$$

因此：

$$X_{(2+3),1}=\frac{A_2}{A_{2+3}}X_{2,1}+\frac{A_3}{A_{2+3}}X_{3,1} \qquad (8-11)$$

**3. 角系数的计算方法**

角系数是计算物体之间辐射换热所需的基本参数。角系数的计算方法有很多种，主要包括直接积分法、代数分析法、图解法(投影法)、电模拟法等。下面重点介绍代数分析法。

代数分析法由卜略克(Buluoke)于1935年首先提出。这种方法是利用角系数的定义及性质，通过求解代数方程而确定角系数的方法。下面举例说明如何利用代数分析法确定角系数。

(1) 两个表面构成的封闭空腔

① 情形1：由一个非自见面和一个自见面构成的封闭空腔。

如图8-2所示，由一个平面1(或凸表面1)和一个凹表面2构成一封闭空腔。由 $X_{1,1}=0$，有 $X_{1,2}=1$。因此根据角系数的相对性，$A_1X_{1,2}=A_2X_{2,1}$，可得：

$$X_{2,1}=\frac{A_1}{A_2}X_{1,2}$$

再由角系数的完整性，可得：

$$X_{2,2}=1-X_{2,1}=1-\frac{A_1}{A_2}X_{1,2}$$

② 情形2：两块距离很近的平行大平板。

如图8-5所示，其中 $X_{1,1}=0$，$X_{2,2}=0$。如果忽略通过边缘缝隙与其他物体的辐射换热，可得：

$$X_{1,2}=X_{2,1}=1$$

③ 情形3：由两个自见面构成的封闭空腔。

如图8-6所示，由凹表面1和凹表面2构成一封闭立腔。可做一个假想平面3，因为从表面1投射到表面2上的辐射能也全部穿过假想表面3，因此有 $X_{1,2}=X_{1,3}$。分析由表面1和假想表面3构成的封闭空腔，有：

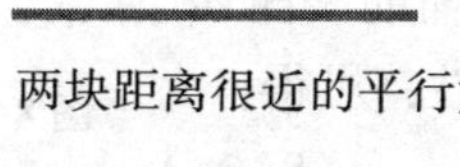


图8-5　两块距离很近的平行大平板

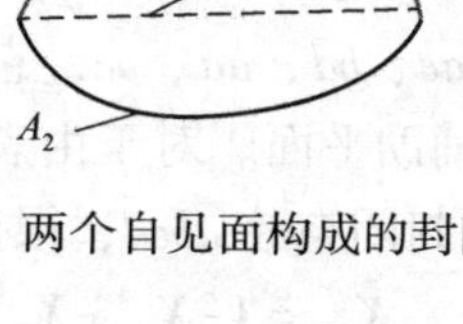


图8-6　两个自见面构成的封闭空腔

$$X_{1,3}=\frac{A_3}{A_1}=X_{1,2}$$

根据角系数的完整性，有：

$$X_{1,1}=1-X_{1,2}=1-\frac{A_3}{A_1}$$

同理可得：

$$X_{2,1}=X_{2,3}=\frac{A_3}{A_2}$$

$$X_{2,2}=1-X_{2,1}=1-\frac{A_3}{A_2}$$

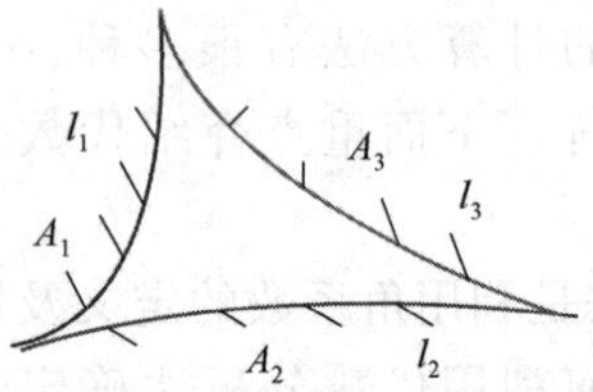

图 8-7　三个非凹表面构成的封闭空腔

（2）三个非自见面构成的封闭空腔

图 8-7 所示是由三个垂直于纸面方向无限长的非凹表面构成的封闭空腔，即可以认为从两端开口处逸出的辐射能可以忽略不计。设三个表面的面积分别为 $A_1$、$A_2$、$A_3$。由于这三个表面为非自见面，因此有 $X_{1,1}=X_{2,2}=X_{3,3}=0$。根据角系数的完整性，可以写出：

$$X_{1,1}+X_{1,2}+X_{1,3}=1 \tag{8-12}$$

$$X_{2,1}+X_{2,2}+X_{2,3}=1 \tag{8-13}$$

$$X_{3,1}+X_{3,2}+X_{3,3}=1 \tag{8-14}$$

再根据角系数的相对性，可以写出：

$$A_1X_{1,2}=A_2X_{2,1} \tag{8-15}$$

$$A_1X_{1,3}=A_3X_{3,1} \tag{8-16}$$

$$A_2X_{2,3}=A_3X_{3,2} \tag{8-17}$$

可见，式(8-12)～式(8-17)构成了含有六个未知量的六元一次方程组，综合以上各式可得：

$$X_{1,2}=\frac{A_1+A_2-A_3}{2A_1}=\frac{l_1+l_2-l_3}{2l_1} \tag{8-18}$$

$$X_{1,3}=\frac{A_1+A_3-A_2}{2A_1}=\frac{l_1+l_3-l_2}{2l_1} \tag{8-19}$$

$$X_{2,3}=\frac{A_2+A_3-A_1}{2A_2}=\frac{l_2+l_3-l_1}{2l_2} \tag{8-20}$$

式中，$l_1$、$l_2$、$l_3$分别为表面 1、2、3 的横断面交线长度。

（3）交叉线法

如图 8-8 所示，分析两个在垂直于纸面方向无限长的非自见面 1 和非自见面 2。两表面的面积分别为 $A_1$ 和 $A_2$，横断面线的长度分别为 $ab$ 和 $cd$。确定角系数 $X_{1,2}$。

首先作辅助线 $ac$、$bd$、$ad$、$bc$，它们分别代表 4 个同样垂直于纸面方向无限长的辅助平面。对于由表面 1、表面 2、辅助表面 $ac$、辅助表面 $bd$ 构成的封闭空腔 $abcd$，根据角系数的完整性，可得：

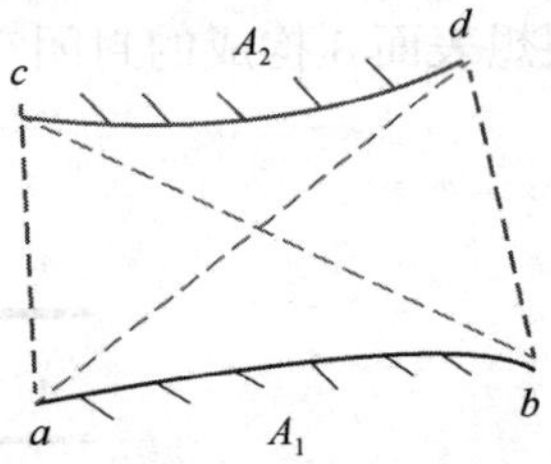

图 8-8　交叉线法示意图

$$X_{1,2}=1-X_{1,1}-X_{1,ac}-X_{1,bd} \tag{8-21}$$

对于由表面 1、辅助表面 $ac$、辅助表面 $bc$ 构成的封闭空腔 $abc$；以及由表面 1、辅助表面 $ad$、辅助表面 $bd$ 构成的封闭空腔 $abd$，直接应用式(8-18)～式(8-20)的结论，有：

$$X_{1,ac}=\frac{ab+ac-bc}{2ab} \tag{8-22}$$

$$X_{1,bd}=\frac{ab+bd-ad}{2ab} \tag{8-23}$$

将式(8-22)、式(8-23)代入式(8-21)中，可得：

$$X_{1,2}=\frac{(ad+bc)-(ac+bd)}{2ab} \tag{8-24}$$

这种确定角系数的方法称为交叉线法。适用于求解无限长延伸表面间的角系数。

直接积分法是利用角系数的积分定义式(8-3)、式(8-4)确定角系数的方法。值得注意的是，角系数的积分定义式是一个双重积分，具体求解时会遇到一些数学上的困难，需采用某些专门的技巧。在工程上已将大量几何结构的角系数的求解结果绘制成线算图，相关内容可查阅有关文献。如图 8-9、图 8-10、图 8-11 所示，对三种典型情况下的角系数，包括两平行长方形表面间、两垂直长方形表面间以及两同轴平行圆盘间的角系数，已经利用积分法求得，并绘制成线算图，可供工程计算时使用。

**例题 8-1** 利用角系数的性质计算角系数(1)

试确定图 8-12 中表面 1 对表面 2 的角系数 $X_{1,2}$。

**解**：(1)首先，图 8-12(a)为由 3 个表面构成的封闭系统，系统中的角系数共有 9 个。由角系数的完整性，可得：

$$X_{1,1}+X_{1,2}+X_{1,3}=1$$
$$X_{2,1}+X_{2,2}+X_{2,3}=1$$
$$X_{3,1}+X_{3,2}+X_{3,3}=1$$

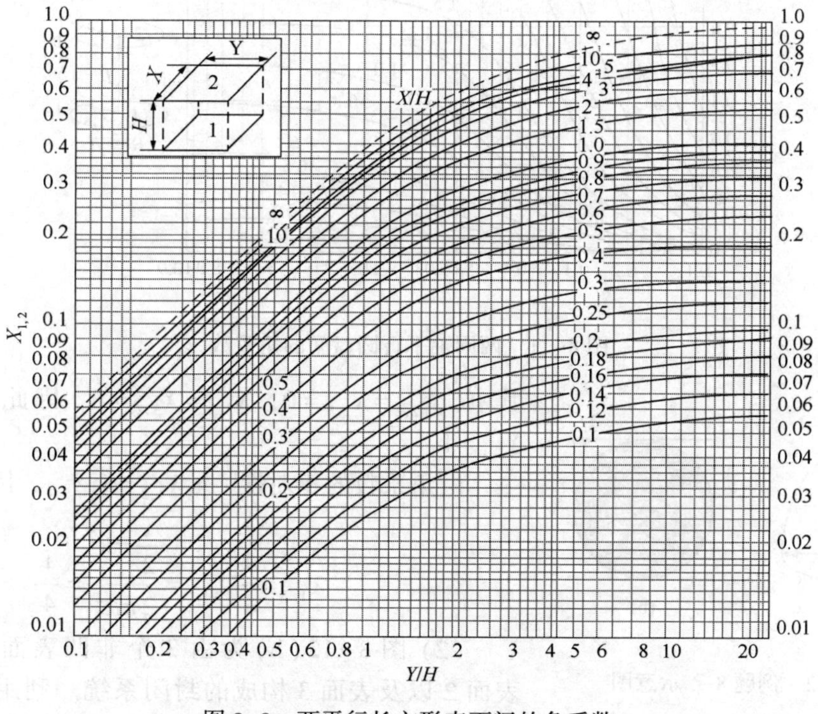


图 8-9 两平行长方形表面间的角系数

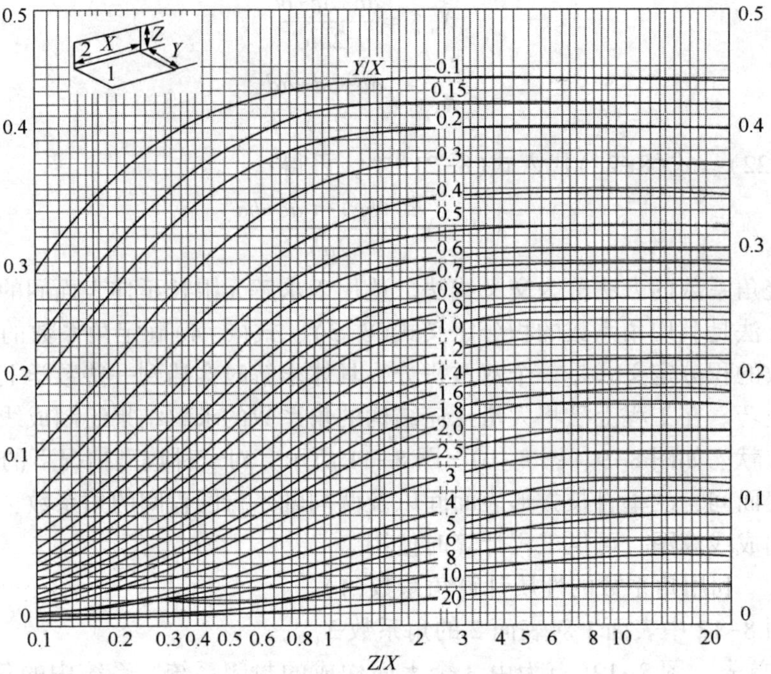


图 8-10　两垂直长方形表面间的角系数

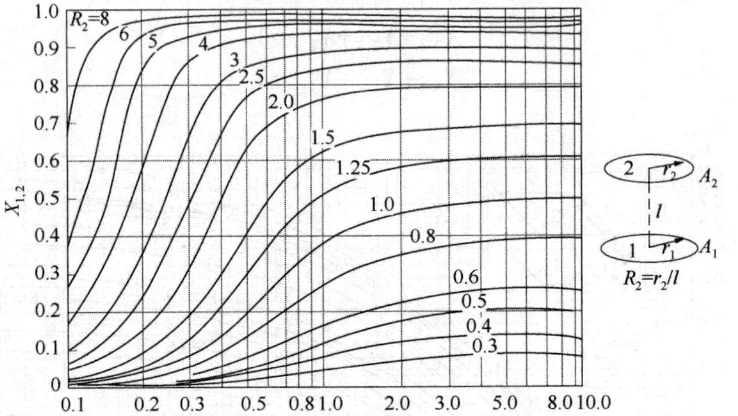


图 8-11　两同轴平行圆盘间的角系数

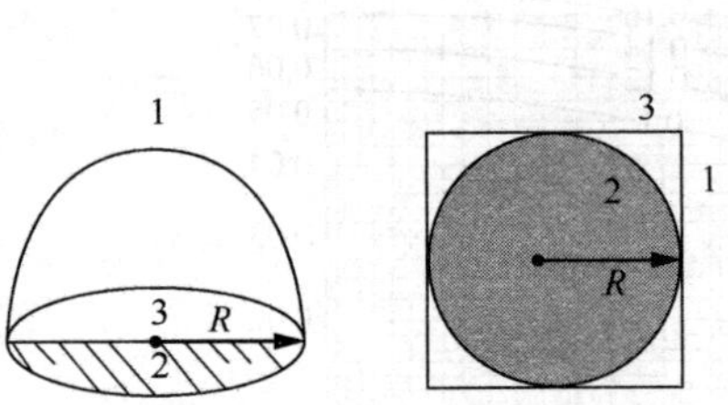


图 8-12　例题 8-1 示意图

其中，$X_{2,2}=X_{2,3}=0$，$X_{3,3}=X_{3,2}=0$，因此有：$X_{2,1}=1$，$X_{3,1}=1$。

由角系数的相对性，$A_1X_{1,2}=A_2X_{2,1}$，因此有：

$$X_{1,2}=\frac{A_2}{A_1}X_{2,1}=\frac{\frac{1}{2}\pi R^2}{2\pi R^2}=\frac{1}{4}$$

（2）图 8-12（b）为由 3 个非凹表面，即表面 1、表面 2 以及表面 3 构成的封闭系统。利用式（8-18）~式（8-20）的结论，有：

$$X_{1,2}=\frac{A_1+A_2-A_3}{2A_1}=\frac{l_1+l_2-l_3}{2l_1}=\frac{R+\frac{2}{4}\pi R-R}{2R}=\frac{\pi}{4}$$

**例题 8-2** 利用角系数的性质计算角系数(2)

一直径为 $d$ 的长圆柱体与一无限大平板平行，二者距离为 $s$，且 $s$ 不大，如图 8-13 所示。求长圆柱表面对无限大平板左侧面的角系数。

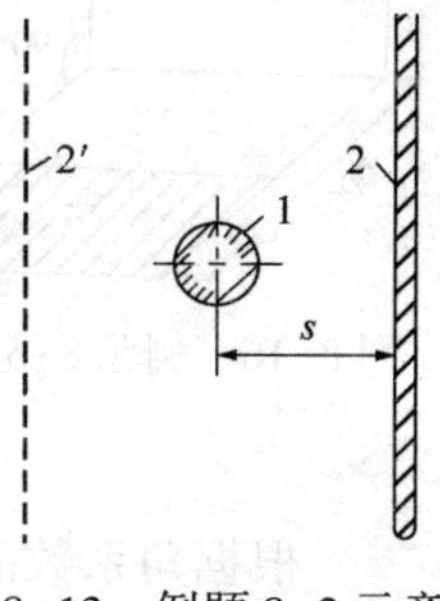

图 8-13 例题 8-2 示意图

解：题中，长圆柱体对平板左侧面的角系数可以近似为长圆柱体曲面 1 对表面 2 的角系数。在长圆柱体的另一侧作假想表面 2′，并使表面 2′ 与表面 2 对称于圆柱体。由于圆柱体无限大，表面 2、表面 2′ 无限大，$s$ 是有限值，因此表面 1 发射出的能量几乎全部落在表面 2 和表面 2′ 上。由于对称性，表面 1 发射出的能量 $\Phi_1$ 落到表面 2 和表面 2′ 上的部分各占一半，即：

$$X_{1,2}=X_{1,2'}=0.5$$

**例题 8-3** 利用线算图计算角系数(1)

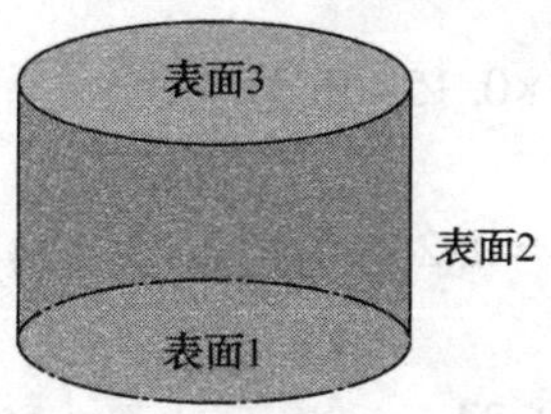

图 8-14 例题 8-3 示意图

如图 8-14 所示，有一直径和高度都为 20 cm 的圆桶，试确定表面 1 对表面 2 的角系数。

解：如图所示，表面 1、表面 2 和表面 3 构成了封闭系统，利用角系数的完整性，对表面 1 有：

$$X_{1,1}+X_{1,2}+X_{1,3}=1$$

其中，$X_{1,1}=0$；查图 8-11，可得：$X_{1,3}=0.6$。因此：$X_{1,2}=1-X_{1,1}-X_{1,3}=1-0-0.6=0.4$。

**例题 8-4** 利用线算图计算角系数(2)

试确定图 8-15 所示的表面 3 对表面 1 的角系数 $X_{3,1}$。

**解**：由图 8-15 可见，表面 1 对表面 2、表面 1 对表面(2+3)都是相互垂直的矩形，因此角系数 $X_{1,2}$ 和 $X_{1,(2+3)}$ 可利用图 8-10 求解，查图得：$X_{1,2}=0.10$，$X_{1,(2+3)}=0.15$。

由角系数的可加性，$X_{1,(2+3)}=X_{1,2}+X_{1,3}$，可得：$X_{1,3}=X_{1,(2+3)}-X_{1,2}$。

再根据角系数的相对性，假设宽度为 $a$，有：

$$X_{3,1}=\frac{A_1}{A_3}X_{1,3}=\frac{A_1}{A_3}(X_{1,(2+3)}-X_{1,2})=\frac{2.5\text{m}\times a\text{m}}{1\text{m}\times a\text{m}}\times(0.15-0.10)=0.125$$

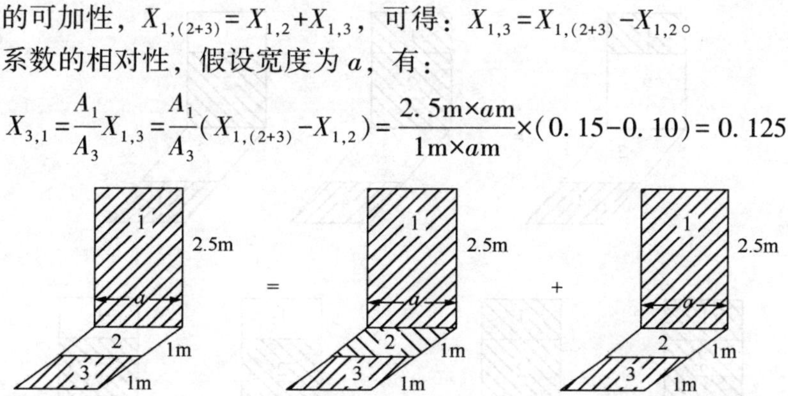

图 8-15 例题 8-4 示意图

**例题 8-5** 试确定图 8-16 所示的表面 1 对表面 4 的角系数 $X_{1,4}$(图中单位为 mm)。

**解**：根据图 8-17 分析，可得表面 1 对表面 4 的角系数可表示为：

$$A_1X_{1,4}=A_{1+2}X_{(1+2),4}-A_2X_{2,4}=(A_{1+2}X_{(1+2),(3+4)}-A_{1+2}X_{(1+2),3})-(A_2X_{2,(3+4)}-A_2X_{2,3})$$

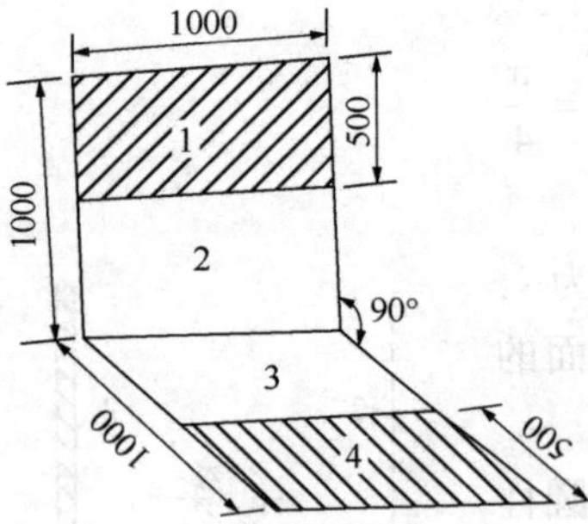


图 8-16　例题 8-5 示意图

其中，由图中尺寸$\frac{a}{b}=\frac{1000}{1000}=1$，$\frac{c}{b}=\frac{1000}{1000}=1$，查图 8-10，可得，$X_{(3+4),(1+2)}=0.2$。

根据角系数的相对性，有：$X_{(1+2),(3+4)}=\frac{A_{3+4}}{A_{1+2}}X_{(3+4),(1+2)}$

$=\frac{1000\times1000}{1000\times1000}\times0.2=0.2$。

再由$\frac{a}{b}=\frac{1000}{1000}=1$，$\frac{c}{b}=\frac{500}{1000}=0.5$，查图 8-10，可得，$X_{3,(1+2)}=0.29$。

根据角系数的相对性，有：$X_{(1+2),3}=\frac{A_3}{A_{1+2}}X_{3,(1+2)}=\frac{500\times1000}{1000\times1000}\times0.29=0.145$。

再由$\frac{a}{b}=\frac{500}{1000}=0.5$，$\frac{c}{b}=\frac{1000}{1000}=1$，查图 8-10，可得，$X_{(3+4),2}=0.15$。

根据角系数的相对性，有：$X_{2,(3+4)}=\frac{A_{3+4}}{A_2}X_{(3+4),2}=\frac{1000\times1000}{1000\times500}\times0.15=0.3$。

再由$\frac{a}{b}=\frac{500}{1000}=0.5$，$\frac{c}{b}=\frac{500}{1000}=0.5$，查表 8-9，可得，$X_{3,2}=0.24$。

根据角系数的相对性，有：$X_{2,3}=\frac{A_3}{A_2}X_{3,2}=\frac{1000\times500}{1000\times500}\times0.24=0.24$。

且有 $A_1=0.5\text{m}^2$，$A_{1+2}=1\text{m}^2$，$A_2=0.5\text{m}^2$。因此：

$$X_{1,4}=\frac{1}{A_1}(A_{1+2}X_{(1+2),4}-A_2X_{2,4})=\frac{1}{A_1}(A_{1+2}X_{(1+2),(3+4)}-A_{1+2}X_{(1+2),3})-(A_2X_{2,(3+4)}-A_2X_{2,3})$$

$$=\frac{1}{0.5\text{m}^2}(1\text{m}^2\times0.2-1\text{m}^2\times0.145)-(0.5\text{m}^2\times0.3-0.5\text{m}^2\times0.24)=0.05$$

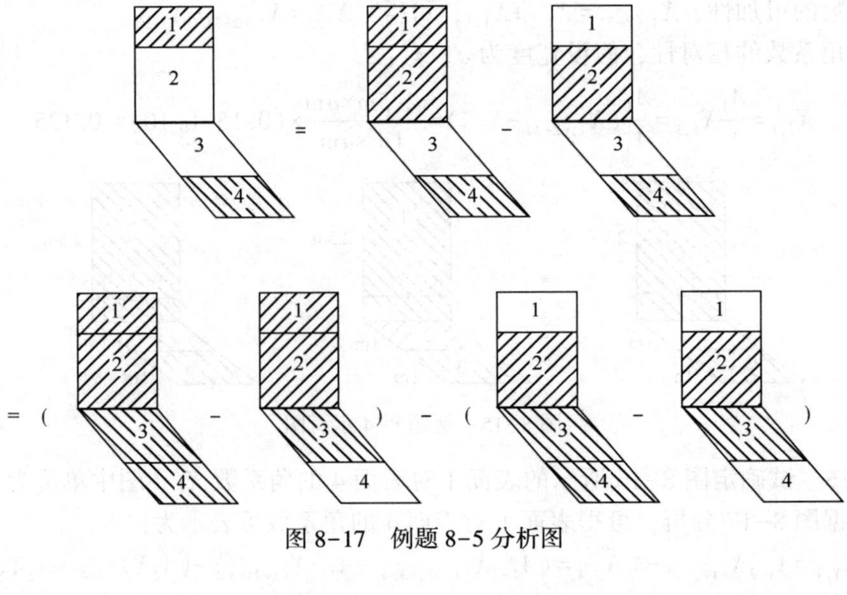


图 8-17　例题 8-5 分析图

# 第二节　黑体表面之间的辐射换热

在计算任何一个表面与外界之间的辐射换热时，必须把由该表面向空间各个方向发射出去的辐射能量考虑在内，也必须把由空间各个方向投入该表面的辐射能量包括进去。为了确保这一点，计算系统必须是包含所研究表面在内的封闭空腔。这个辐射换热封闭空腔的各个表面可以全部是物理上真实的，也可以部分表面是虚构的。本节将重点介绍两个黑体表面构成封闭空腔以及多个黑体表面构成封闭空腔时辐射换热的计算。

**1. 两个黑体表面构成封闭空腔的辐射换热**

如图 8-18 所示，两个黑体表面 1 和表面 2 构成封闭空腔，两表面的表面积分别为 $A_1$ 和 $A_2$，表面温度分别维持 $T_1$ 和 $T_2$ 的恒温。从表面 1 发射出并直接投射到表面 2 上的辐射能量不是表面 1 发射出去的全部辐射能量，而是相当于角系数的部分，即：

$$\Phi_{1\to2}=E_{b1}A_1X_{1,2} \tag{8-25}$$

同理，从表面 2 发射出并直接投射到表面 1 上的辐射能量为：

$$\Phi_{2\to1}=E_{b2}A_2X_{2,1} \tag{8-26}$$

因此，两个黑体表面 1 和表面 2 之间的净辐射换热量为：

$$\Phi_{1,2}=\Phi_{1\to2}-\Phi_{2\to1}=E_{b1}A_1X_{1,2}-E_{b2}A_2X_{2,1}$$

应用角系数的相对性，$A_1X_{1,2}=A_2X_{2,1}$，上式可以写成：

$$\Phi_{1,2}=A_1X_{1,2}(E_{b1}-E_{b2})$$

或表示成：

$$\Phi_{1,2}=\frac{E_{b1}-E_{b2}}{\dfrac{1}{A_1X_{1,2}}} \tag{8-27}$$

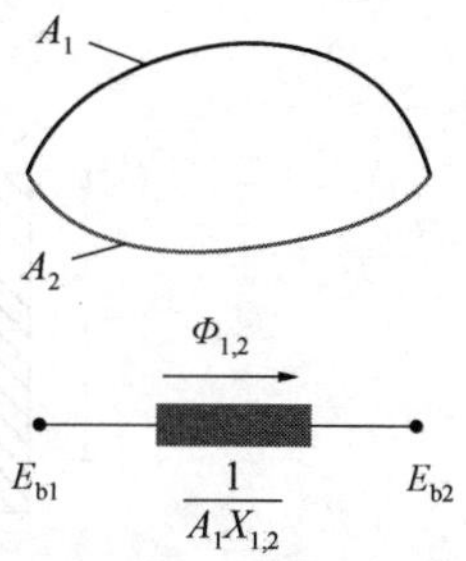

图 8-18　两个黑体表面构成封闭空腔的辐射换热

式中，$\dfrac{1}{A_1X_{1,2}}$称为空间辐射热阻，$m^{-2}$。它与两个表面的几何形状、大小及相对位置有关，与表面的辐射特性无关。

黑体表面 1 和表面 2 之间的辐射换热可以用辐射换热网络图表示，如图 8-18 所示，其中 $E_{b1}$、$E_{b2}$相当于直流电源。

**2. 多个黑体表面构成封闭空腔的辐射换热**

分析由 $n$ 个黑体表面构成的封闭空腔，设每个表面各自具有均匀温度 $T_1$、$T_2$、…、$T_n$。其中，表面 1 的净辐射换热量是该表面与封闭空腔中所有表面之间辐射换热量的代数和，可表示为：

$$\Phi_1=\sum_{j=1}^{n}\Phi_{1,j}=A_1X_{1,2}(E_{b1}-E_{b2})+A_1X_{1,3}(E_{b1}-E_{b3})+\cdots+A_1X_{1,n}(E_{b1}-E_{bn})$$

或：

$$\Phi_1=\sum_{j=1}^{n}\Phi_{1,j}=\sum_{j=1}^{n}A_1X_{1,j}(E_{b1}-E_{bj})=\sum_{j=1}^{n}A_1X_{1,j}\sigma(T_1^4-T_j^4) \tag{8-28}$$

同理，第 $i$ 个黑体表面的净辐射换热量为：

$$\Phi_i=\sum_{j=1}^{n}\Phi_{i,j}=\sum_{j=1}^{n}A_iX_{i,j}(E_{bi}-E_{bj})=\sum_{j=1}^{n}A_iX_{i,j}\sigma(T_i^4-T_j^4)$$

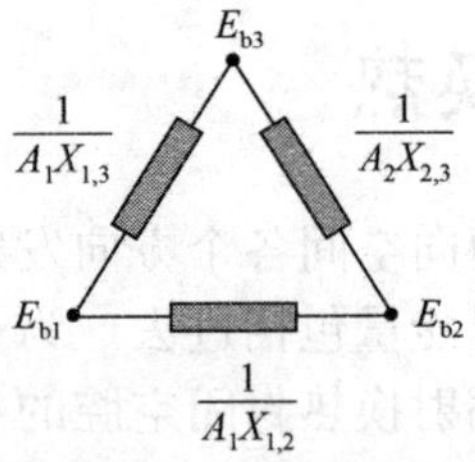

图 8-19　三个黑体表面构成封闭空腔的辐射换热网络图

对三个黑体表面构成的封闭空腔，辐射换热网络图如图 8-19所示。

**例题 8-6**　两个黑体表面之间的辐射换热

有两个相互平行的矩形黑体表面，其尺寸为 1 m×2 m，相距为 1m。若两个表面的温度分别为 727℃和 227℃，试计算两个黑体表面之间的辐射换热量。

**解**：首先确定两个黑体表面之间的角系数。

由已知 $X/D=2\text{m}/1\text{m}=2$，$Y/D=1\text{m}/1\text{m}=1$，查图 8-9，可得角系数 $X_{1,2}=0.285$。

则两个黑体表面之间的辐射换热量为：

$$\Phi_{1,2}=A_1X_{1,2}(E_{b1}-E_{b2})=A_1X_{1,2}C_0\left[\left(\frac{T_1}{100}\right)^4-\left(\frac{T_2}{100}\right)^4\right]$$

$$=2\text{m}^2\times0.285\times5.67\text{W}/(\text{m}^2\cdot\text{K}^4)\times\left[\left(\frac{1000}{100}\right)^4-\left(\frac{500}{100}\right)^4\right]\text{K}^4=30.3\text{kW}$$

**例题 8-7**　三个黑体之间的辐射换热

有一直径 $D=75\text{mm}$、长 $L=150\text{mm}$ 的圆柱形炉腔，其一端打开，暴露于温度为 27℃的环境中。现用电能加热隔热良好的炉侧壁。炉侧壁和炉底可近似为黑体，并分别保持在 $t_1=1350$℃和 $t_2=1650$℃的温度下。为使炉子维持规定的温度所需的加热功率是多少？

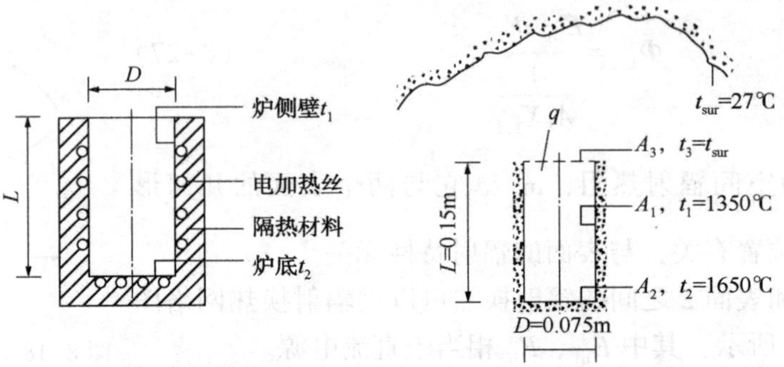

(a) 例题8-7示意图 1　　(b) 例题8-7示意图 2

图 8-20　例题 8-7 的两个示意图

**解**：忽略对流换热，并假设炉子外表面绝热良好。炉子的热损失是通过开口的辐射热损失，将开口看作面积为 $A_3$的假想表面，由于周围环境面积较大，因此可将开口看作温度近似为环境温度的黑体，即 $t_3=27$℃，因此炉子的热损失可表示为：

$$q=q_{1,3}+q_{2,3}=A_1X_{1,3}(E_{b1}-E_{b3})+A_2X_{2,3}(E_{b2}-E_{b3})$$

由图 8-20(b)，有：$\dfrac{R_3}{L}=\dfrac{0.0375\text{m}}{0.15\text{m}}=0.25$，$\dfrac{L}{R_2}=\dfrac{0.15\text{m}}{0.0375\text{m}}=4$。

由图 8-11，有 $X_{2,3}=0.06$，由角系数的完整性，有 $X_{2,1}=1-X_{2,3}=1-0.06=0.94$，因此，

$$X_{1,2}=\frac{A_2}{A_1}X_{2,1}=\frac{\pi\times(0.075\text{m})^2/4}{\pi\times0.075\text{m}\times0.15\text{m}}\times0.94=0.118,\quad X_{1,3}=X_{1,2}=0.118。$$

因此炉子的热损失为：

$$q = A_1X_{1,3}(E_{b1}-E_{b3})+A_2X_{2,3}(E_{b2}-E_{b3})$$
$$=\pi\times0.075\text{m}\times0.15\text{m}\times0.118\times5.67\times10^{-8}\text{W}/(\text{m}^2\cdot\text{K}^4)\times[(1350+273)^4\text{K}^4-(27+273)^4\text{K}^4]$$
$$+\frac{1}{4}\times\pi\times(0.075\text{m})2\times5.67\times10^{-8}\text{W}/(\text{m}^2\cdot\text{K}^4)\times[(1650+273)^4\text{K}^4-(27+273)^4\text{K}^4]$$
$$=1639\text{W}+205\text{W}=1844\text{W}$$

## 第三节　漫灰表面之间的辐射换热

漫射灰体表面，简称漫灰表面。漫灰表面之间的辐射换热比黑体表面之间的辐射换热要复杂得多。这是因为漫灰表面的吸收比小于1，投射到漫灰表面上的辐射能只有一部分被吸收，其余部分则被反射出去，因此形成辐射能在表面之间多次吸收和反射的现象。漫灰表面之间辐射换热的计算方法主要有多次反射法、有效辐射法和积分法等。其中，有效辐射法引入“有效辐射”的概念，分析在辐射换热过程中参与辐射换热的各物体之间的净辐射换热量。该方法简单，常用于工程计算。

**1. 有效辐射**

设有一任意漫射灰体表面，如图8-21所示，其表面温度均匀为$T$，表面积为$A$，发射率为$\varepsilon$，吸收比为$\alpha$。与该物体表面有关的辐射能量有投入辐射$G$、吸收辐射$\alpha G$、反射辐射$\rho G$以及物体自身辐射力$E$，$E=\varepsilon E_b$。

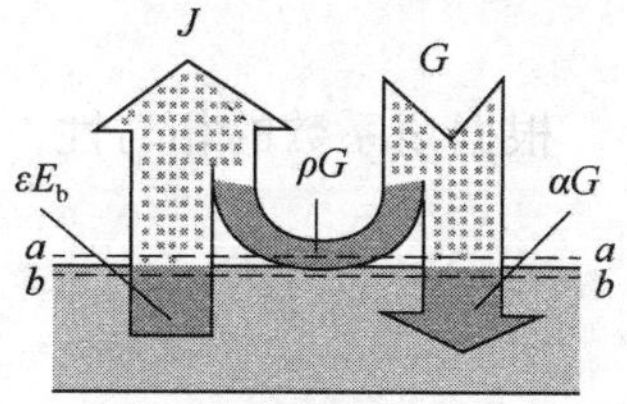

图8-21　有效辐射示意图

有效辐射是指单位时间内离开单位面积物体表面的总辐射能量，用$J$表示，W/m²。可见，有效辐射$J$是物体自身辐射力$E$与反射辐射$\rho G$之和，即：

$$J=E+\rho G=\varepsilon E_b+(1-\alpha)G \tag{8-29}$$

在物体表面以外能感受到的物体表面辐射就是有效辐射。根据物体表面的辐射能量平衡，单位时间、单位面积物体表面的净辐射换热量$q$等于有效辐射$J$与投入辐射$G$之差，即：

$$q=J-G \tag{8-30}$$

式(8-30)是着眼于离开物体表面非常近的位置$a-a$处描述物体表面的净辐射换热量。此外，还可以着眼于进入物体表面非常近的位置$b-b$处描述物体表面的净辐射换热量。这时，净辐射换热量$q$等于物体自身辐射力$E$与吸收辐射$\alpha G$之差，即：

$$q=E-\alpha G=\varepsilon E_b-\alpha G \tag{8-31}$$

联立式(8-30)和式(8-31)，消去$G$，且考虑漫灰表面$\varepsilon=\alpha$，可得：

$$q=\frac{E_b-J}{\dfrac{1-\varepsilon}{\varepsilon}} \tag{8-32}$$

对表面积为$A$的物体表面，该表面的净辐射换热量$\Phi$为：

$$\Phi=\frac{E_b-J}{\dfrac{1-\varepsilon}{A\varepsilon}} \tag{8-33}$$

式中，分母$\dfrac{1-\varepsilon}{A\varepsilon}$称为表面辐射热阻，m⁻²。它是由于物体表面不是黑体，因而对投射辐射不能全部吸收而产生的热阻。对于黑体表面，$\varepsilon=1$，其表面辐射热阻为零，$J=E_b$。对每一个

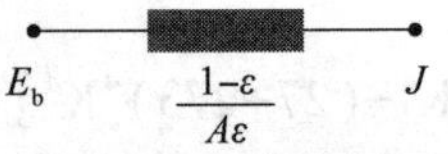


图 8-22　表面辐射热阻网络单元

参与辐射换热的漫灰表面，都可以用式(8-33)计算该表面的净辐射换热量。式(8-33)表示的表面辐射热阻网络单元如图 8-22 所示，它是辐射换热网络图中的一个组成部分。

**2. 两个漫灰表面构成封闭空腔的辐射换热**

下面应用有效辐射的概念来分析漫灰表面之间的辐射换热，首先分析两个漫灰表面构成封闭空腔的辐射换热。

(1) 两个漫灰表面构成封闭空腔的辐射换热

分析由两个漫灰表面 1 和表面 2 构成的封闭空腔，如图 8-23 所示，两表面的表面积分别为 $A_1$ 和 $A_2$，表面温度分别为 $T_1$ 和 $T_2$，且 $T_1>T_2$。其中，表面 1 投射到表面 2 的辐射能量为：

$$\Phi_{1\to2}=J_1A_1X_{1,2} \tag{8-34}$$

表面 2 投射到表面 1 的辐射能量为：

$$\Phi_{2\to1}=J_2A_2X_{2,1} \tag{8-35}$$

因此，表面 1 和表面 2 之间的净辐射换热量为：

$$\Phi_{1,2}=J_1A_1X_{1,2}-J_2A_2X_{2,1}$$

根据角系数的相对性，上式可写成：

$$\Phi_{1,2}=\frac{J_1-J_2}{\dfrac{1}{A_1X_{1,2}}} \tag{8-36}$$

又根据式(8-33)，表面 1 的净辐射换热量为：

$$\Phi_1=\frac{E_{b1}-J_1}{\dfrac{1-\varepsilon_1}{A_1\varepsilon_1}} \tag{8-37}$$

同样地，表面 2 的净辐射换热量为：

$$\Phi_2=\frac{E_{b2}-J_2}{\dfrac{1-\varepsilon_2}{A_2\varepsilon_2}} \tag{8-38}$$

当封闭空腔内的辐射换热处于热平衡时，有 $\Phi_1=-\Phi_2=\Phi_{1,2}$。联立式(8-36)、式(8-37)和式(8-38)，并消去 $J_1$ 和 $J_2$，可得：

$$\Phi_{1,2}=\frac{E_{b1}-E_{b2}}{\dfrac{1-\varepsilon_1}{A_1\varepsilon_1}+\dfrac{1}{A_1X_{1,2}}+\dfrac{1-\varepsilon_2}{A_2\varepsilon_2}} \tag{8-39}$$

式(8-39)是两个漫灰表面构成封闭空腔时两个表面之间辐射换热的一般计算公式。由式(8-39)可见，两个漫灰表面之间的辐射换热热阻由三个辐射热阻串联组成，包括两个表面辐射热阻 $\frac{1-\varepsilon_1}{A_1\varepsilon_1}$ 与 $\frac{1-\varepsilon_2}{A_2\varepsilon_2}$、一个空间辐射热阻 $\frac{1}{A_1X_{1,2}}$。空间辐射热阻网络单元如图 8-24 所示，式(8-39)可用辐射换热网络图表示，如图 8-23 所示。

(2) 系统黑度

式(8-39)还可表示为：

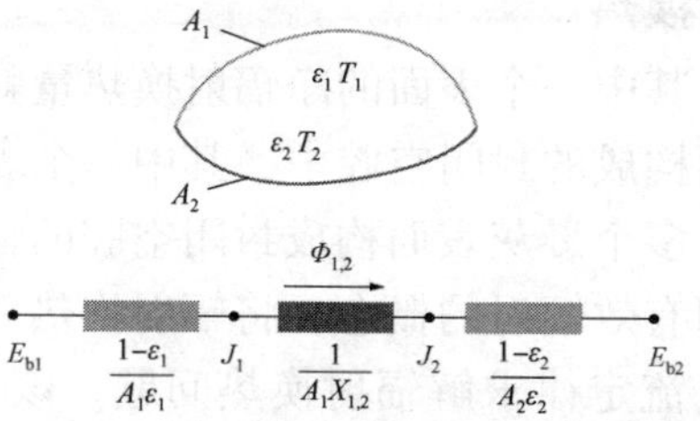


图 8-23　两个漫灰表面构成的封闭空腔的辐射换热网络图

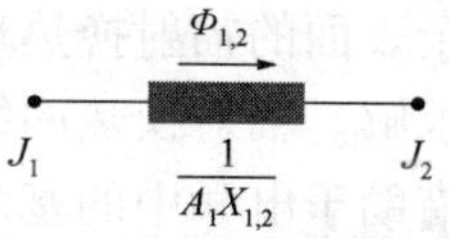


图 8-24　空间辐射热阻网络单元

$$\Phi_{1,2}=\frac{A_1(E_{b1}-E_{b2})}{\left(\frac{1}{\varepsilon_1}-1\right)+\frac{1}{X_{1,2}}+\frac{A_1}{A_2}\left(\frac{1}{\varepsilon_2}-1\right)}=\varepsilon_s A_1(E_{b1}-E_{b2}) \tag{8-40}$$

式中：

$$\varepsilon_s=\frac{1}{\left(\frac{1}{\varepsilon_1}-1\right)+\frac{1}{X_{1,2}}+\frac{A_1}{A_2}\left(\frac{1}{\varepsilon_2}-1\right)} \tag{8-41}$$

$\varepsilon_s$称为系统发射率，又称为系统黑度，其值小于 1。系统发射率 $\varepsilon_s$与角系数 $X_{1,2}$，物体的表面积 $A_1$、$A_2$，以及物体表面发射率 $\varepsilon_1$、$\varepsilon_2$有关。当辐射换热系统的几何关系一定时，系统发射率 $\varepsilon_s$只取决于物体表面发射率 $\varepsilon_1$、$\varepsilon_2$。因此，可通过改变辐射换热表面的发射率来增强或减弱辐射换热。例如，为增加各种电器设备表面的辐射能力，可在其表面涂上发射率很大的油漆；而在需要减少辐射换热的场合(如保温瓶的夹层)，可在表面镀以发射率较小的银、铝等薄层。

(3) 两个漫灰表面构成封闭空腔的几种简化情况

① 由一个非自见面和一个自见面构成的封闭空腔。如图 8-2 所示，对于由非自见面 1 和自见面 2 构成的封闭空腔，其中 $X_{1,1}=0$，$X_{1,2}=1$，式(8-39)可简化为：

$$\Phi_{1,2}=\frac{A_1(E_{b1}-E_{b2})}{\frac{1}{\varepsilon_1}+\frac{A_1}{A_2}\left(\frac{1}{\varepsilon_2}-1\right)} \tag{8-42}$$

② 两个漫灰平行大平板之间的辐射换热。如图 8-5 所示，分析两个漫灰平行大平板 1 和大平板 2。若两个平板面积较大，且距离较近时，则可认为这两块平行大平板构成了封闭空腔。其中 $A_1=A_2=A$，$X_{1,2}=X_{2,1}=1$，式(8-39)可简化为：

$$\Phi_{1,2}=\frac{A(E_{b1}-E_{b2})}{\frac{1}{\varepsilon_1}+\frac{1}{\varepsilon_2}-1} \tag{8-43}$$

③ 两个漫灰表面面积相差较大，即 $A_2>>A_1$时。如图 8-25 所示，当两个漫灰表面 1 和表面 2 的面积相差较大时，由于 $A_1/A_2\to0$，则 $X_{1,2}=1$，式(8-39)可简化为：

$$\Phi_{1,2}=A_1\varepsilon_1(E_{b1}-E_{b2}) \tag{8-44}$$

工程上，车间内的辐射采暖板与车间内墙壁表面之间的辐射换热、气体容器内(或管道内)热电偶测温的辐射误差等实际问题都属于此类情况。

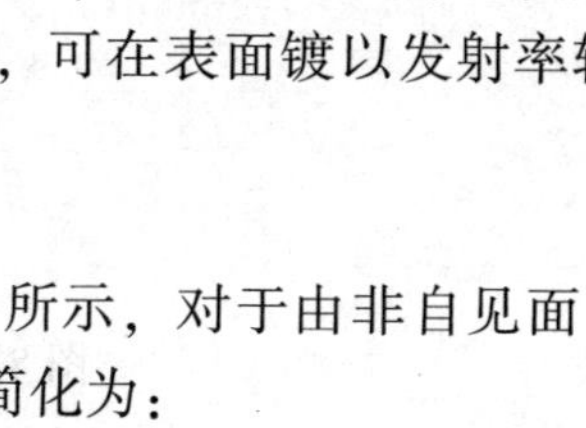


图 8-25　表面 1 为温度较高、面积较小的情况

**3. 多个漫灰表面构成封闭空腔的辐射换热**

在由两个漫灰表面构成的封闭空腔中，其中一个表面的净辐射换热量就是该表面与另一个表面之间的辐射换热量。而在由多个表面构成的封闭空腔中，其中一个表面的净辐射换热量是该表面与其余表面的辐射换热量之和。多个漫灰表面构成封闭空腔的辐射换热可以利用辐射换热网络法求解。辐射换热网络法运用有效辐射的概念，将辐射换热系统模拟成相应的电路系统，然后借助于电学中的基尔霍夫电流定律求解辐射换热问题。该方法直观、明了，在求解多个漫灰表面构成封闭空腔的辐射换热时较为简便。下面以由三个漫灰表面构成的封闭空腔为例，介绍辐射换热网络法的求解步骤和内容。

（1）辐射换热网络法

步骤1：绘制辐射换热网络图。如图8-26所示。其中$J_1$、$J_2$、$J_3$为有效辐射节点。需要注意的是，每一个参与辐射换热的表面均有对应的辐射热路，该辐射热路包括三个要素：两端节点、中间热阻、传递能量。汇总所有参与辐射换热表面的辐射热路，即可得到封闭空腔系统的辐射换热网络图。

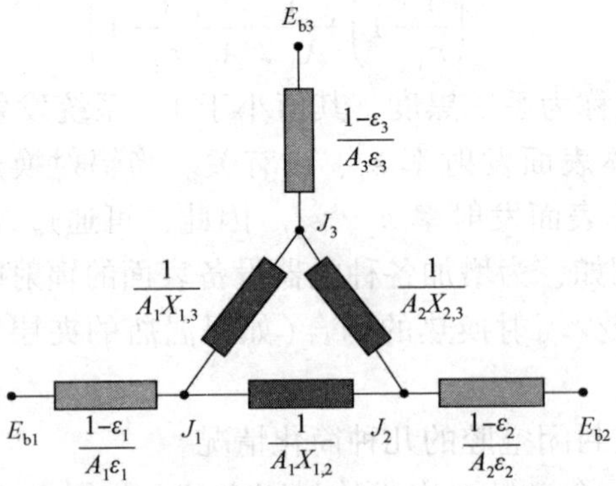

图8-26　三个漫灰表面构成封闭空腔的辐射换热网络图

步骤2：借助于电学中的基尔霍夫定律，令注入每个节点的热流之和等于零，列出每个有效辐射节点的能量平衡关系式。

节点$J_1$：

$$\frac{E_{b1}-J_1}{\frac{1-\varepsilon_1}{A_1\varepsilon_1}}+\frac{J_2-J_1}{\frac{1}{A_1X_{1,2}}}+\frac{J_3-J_1}{\frac{1}{A_1X_{1,3}}}=0 \tag{8-45}$$

节点$J_2$：

$$\frac{E_{b2}-J_2}{\frac{1-\varepsilon_2}{A_2\varepsilon_2}}+\frac{J_1-J_2}{\frac{1}{A_1X_{1,2}}}+\frac{J_3-J_2}{\frac{1}{A_2X_{2,3}}}=0 \tag{8-46}$$

节点$J_3$：

$$\frac{E_{b3}-J_3}{\frac{1-\varepsilon_3}{A_3\varepsilon_3}}+\frac{J_1-J_3}{\frac{1}{A_1X_{1,3}}}+\frac{J_2-J_3}{\frac{1}{A_2X_{2,3}}}=0 \tag{8-47}$$

步骤3：利用式(8-45)~式(8-47)组成的三元代数方程组，进行求解。若已知三个漫灰表面的温度$T_1$、$T_2$、$T_3$，表面积$A_1$、$A_2$、$A_3$，发射率$\varepsilon_1$、$\varepsilon_2$、$\varepsilon_3$，以及角系数$X_{1,2}$、$X_{1,3}$、

$X_{2,3}$，利用方程组，可以求解每个表面的有效辐射 $J_1$、$J_2$、$J_3$，进一步可以求解每个表面的净辐射换热量 $\Phi_1$、$\Phi_2$、$\Phi_3$。

（2）三个漫灰表面构成封闭空腔的几种特殊情况

① 有一个表面为黑体表面的情况。若第三个表面为黑体表面，由于黑体的表面辐射热阻为 0，则 $J_3=E_{b3}$，即节点 $J_3$ 的值已知，相应的辐射换热网络图如图 8-27 所示。此时由式(8-45)~式(8-47)组成的三元代数方程组简化为由式(8-45)、式(8-46)组成的二元代数方程组，可以通过建立节点 $J_1$、$J_2$ 的热平衡方程，求解 $J_1$、$J_2$ 的数值，以及每个表面的净辐射换热量 $\Phi_1$、$\Phi_2$。

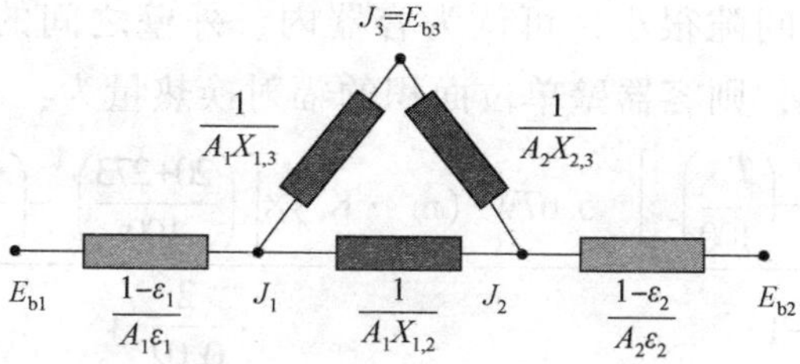


图 8-27　辐射换热网络中的黑体表面

② 有一个表面的面积远大于另两个表面的面积的情况。若第三个表面的面积远远大于其他两个表面的面积，此时可看作 $A_3\to\infty$，则 $\frac{1-\varepsilon_3}{A_3\varepsilon_3}\to 0$，因此 $J_3=E_{b3}$。这种情况与第三个表面为黑体表面时相同，相应的辐射换热网络图也可用图 8-27 表示。

③ 有一个表面为重辐射面的情况。重辐射面又称辐射绝热面，其表面的净辐射换热量为零。它相当于把投入其表面的辐射能量全部发射给其他表面，即有效辐射等于投入辐射，$J=G$。重辐射面在辐射换热中只起中间介质的作用，与其他换热表面之间无净热量交换，但它的重辐射作用却对其他表面之间的辐射换热产生了影响。如熔炼炉中的反射拱、电炉或加热炉中保温良好的耐火炉墙等，都可看作重辐射面。

在三个漫灰表面构成的封闭空腔中，如果第三个表面为重辐射面，相应的辐射换热网络图如图 8-28 所示。此时，重辐射面的有效辐射节点是一个悬浮节点，表面 1、表面 2 之间的净辐射换热量 $\Phi_{1,2}$ 为：

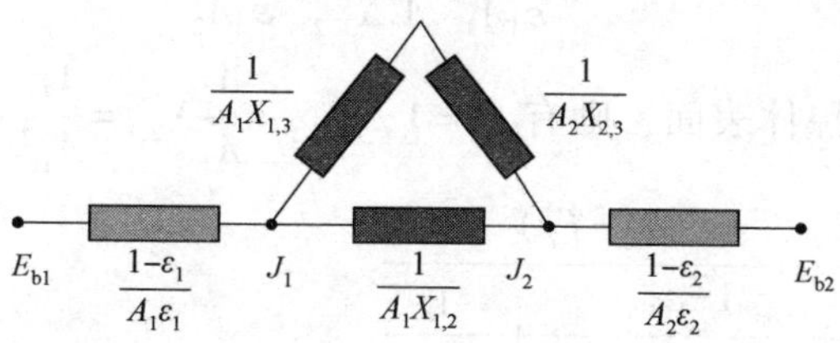


图 8-28　辐射换热网络中的重辐射面

$$\Phi_{1,2}=\frac{E_{b1}-E_{b2}}{\frac{1-\varepsilon_1}{A_1\varepsilon_1}+R_\Sigma+\frac{1-\varepsilon_2}{A_2\varepsilon_2}} \tag{8-48}$$

式中：

$$\frac{1}{R_{\Sigma}}=\frac{1}{\frac{1}{A_1X_{1,2}}}+\frac{1}{\frac{1}{A_1X_{1,3}}+\frac{1}{A_2X_{2,3}}} \tag{8-49}$$

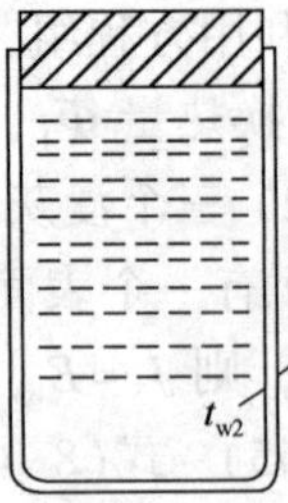


图 8-29　例题 8-8 示意图

**例题 8-8**　两个漫灰表面之间的辐射换热(1)

液氧储存容器为双壁镀银的夹层结构，如图 8-29 所示。外壁内表面温度 $t_{w1}=20℃$，内壁外表面温度 $t_{w2}=-183℃$，镀银壁的发射率 $\varepsilon=0.02$。试计算由于辐射换热每单位面积容器壁的散热量。

**解：**因为容器夹层的间隙很小，可认为容器内、外壁之间的辐射换热为两个无限大平行表面之间的辐射换热，则容器壁单位面积的辐射换热量为：

$$q_{1,2}=\frac{E_{b1}-E_{b2}}{\frac{1}{\varepsilon_1}+\frac{1}{\varepsilon_2}-1}=\frac{C_0\left[\left(\frac{T_{w1}}{100}\right)^4-\left(\frac{T_{w2}}{100}\right)^4\right]}{\frac{2}{\varepsilon}-1}=\frac{5.67\mathrm{W/(m^2\cdot K^4)}\times\left[\left(\frac{20+273}{100}\right)^4-\left(\frac{-183+273}{100}\right)^4\right]\mathrm{K^4}}{\frac{2}{0.02}-1}=4.18\mathrm{W/m^2}$$

总结：采用镀银壁对降低辐射散热量的作用很大。

**例题 8-9**　两个漫灰表面之间的辐射换热(2)

有一黑体炉如图 8-30 所示，圆柱形炉膛的直径 $d=10$cm，深度 $l=40$cm，炉膛内壁面的发射率 $\varepsilon=0.9$，炉内温度为 1000℃。如果室内壁面温度为 27℃，炉门打开时，单位时间内从炉门的净辐射散热损失是多少？

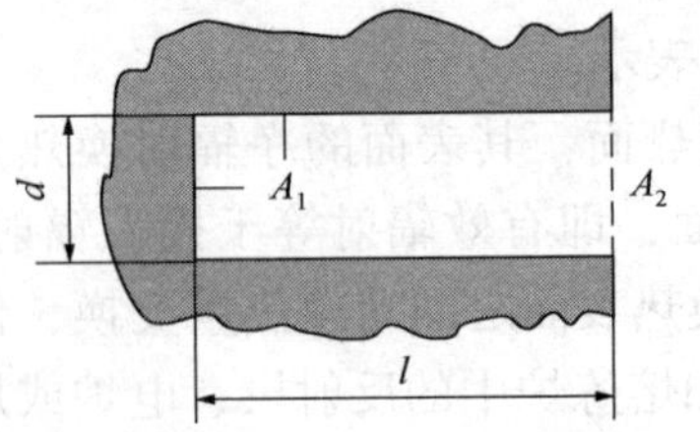


图 8-30　例题 8-9 示意图

**解：**因为从炉内发出的辐射能量几乎全部被室内的物体吸收，所以可以将炉门开口假想为一黑体，炉膛内表面积为 $A_1$，温度为 1000℃；炉门表面积为 $A_2$，温度为 27℃。炉膛通过炉门向室内的净辐射散热量就等于炉膛内表面 $A_1$ 与炉门 $A_2$ 之间的辐射换热量，因此有：

$$\Phi_{1,2}=\frac{E_{b1}-E_{b2}}{\frac{1-\varepsilon_1}{\varepsilon_1A_1}+\frac{1}{A_1X_{1,2}}+\frac{1-\varepsilon_2}{\varepsilon_2A_2}}$$

由于炉门开口可看作黑体表面，则有 $\varepsilon_2=1$，$X_{1,2}=\frac{A_2}{A_1}X_{2,1}=\frac{A_2}{A_1}$，因此上式可简化为：

$$\Phi_{1,2}=\frac{E_{b1}-E_{b2}}{\frac{1-\varepsilon_1}{\varepsilon_1A_1}+\frac{1}{A_2}}=\frac{\sigma(T_1^4-T_2^4)}{\frac{1-\varepsilon_1}{\varepsilon_1(\pi dl+\frac{1}{4}\pi d^2)}+\frac{1}{\frac{1}{4}\pi d^2}}$$

$$=\frac{5.67\times10^{-8}\mathrm{W/(m^2\cdot K^4)}\times[(1273)^4-(300)^4]\mathrm{K^4}}{\frac{1-0.9}{0.9\times[(3.14\times0.1\mathrm{m}\times0.4\mathrm{m})+\frac{1}{4}\times3.14\times(0.1\mathrm{m})^2]}+\frac{1}{\frac{1}{4}\times3.14\times(0.1\mathrm{m})^2}}$$

$$=536\mathrm{W}$$

**例题 8-10**　三个漫灰表面之间的辐射换热(1)

两块尺寸均为 1m×2m、间距为 1m 的平行平板置于室温 $t_3=27℃$ 的大厂房内。平板背面不参与换热。已知两平板的温度和发射率分别为 $t_1=827℃$、$t_2=327℃$ 和 $\varepsilon_1=0.2$、$\varepsilon_2=0.5$，试计算每块平板的净辐射散热量及厂房墙壁所得到的辐射热量。

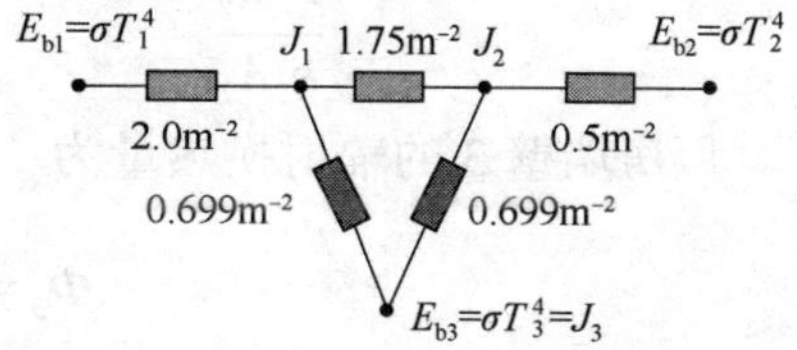


图 8-31　例题 8-10 示意图

**解：**本题可看作由三个漫灰表面组成封闭空腔的辐射换热问题。因厂房墙壁表面积 $A_3$ 很大，其表面热阻 $(1-\varepsilon_3)/A_3\varepsilon_3$ 可取值为 0，因此 $J_3=E_{b3}$ 是个已知量。辐射换热的等效辐射网络图如图 8-31 所示。

三个漫灰表面温度下黑体的辐射力分别为：

$$E_{b1}=C_0\left(\frac{T_1}{100}\right)^4=5.67\text{W}/(\text{m}^2\cdot\text{K}^4)\times\left(\frac{827+273}{100}\right)^4\text{K}^4=83.01\times10^3\text{W/m}^2$$

$$E_{b2}=C_0\left(\frac{T_2}{100}\right)^4=5.67\text{W}/(\text{m}^2\cdot\text{K}^4)\times\left(\frac{327+273}{100}\right)^4\text{K}^4=7.348\times10^3\text{W/m}^2$$

$$E_{b3}=C_0\left(\frac{T_3}{100}\right)^4=5.67\text{W}/(\text{m}^2\cdot\text{K}^4)\times\left(\frac{27+273}{100}\right)^4\text{K}^4=459\text{W/m}^2$$

根据给定的几何特性，$X/D=2$，$Y/D=1$，由图 8-9 可查得 $X_{1,2}=X_{2,1}=0.285$，因此 $X_{1,3}=X_{2,3}=1-X_{1,2}=1-0.285=0.715$。

计算辐射换热网络中各辐射热阻：

$$\frac{1-\varepsilon_1}{\varepsilon_1A_1}=\frac{1-0.2}{0.2\times2\text{m}^2}=2.0\text{m}^{-2}$$

$$\frac{1-\varepsilon_2}{\varepsilon_2A_2}=\frac{1-0.5}{0.5\times2\text{m}^2}=0.5\text{m}^{-2}$$

$$\frac{1}{A_1X_{1,2}}=\frac{1}{2\text{m}^2\times0.285}=1.75\text{m}^{-2}$$

$$\frac{1}{A_1X_{1,3}}=\frac{1}{2\text{m}^2\times0.715}=0.699\text{m}^{-2}$$

$$\frac{1}{A_2X_{2,3}}=\frac{1}{2\text{m}^2\times0.715}=0.699\text{m}^{-2}$$

以上各热阻的数值已标注在辐射换热网络图中。对节点 $J_1$、$J_2$ 应用直流电路的基尔霍夫定律，有：

节点 $J_1$：　$$\frac{E_{b1}-J_1}{2}+\frac{J_2-J_1}{1.75}+\frac{E_{b3}-J_1}{0.699}=0$$

节点 $J_2$：　$$\frac{E_{b2}-J_2}{0.5}+\frac{J_1-J_2}{1.75}+\frac{E_{b3}-J_2}{0.699}=0$$

解之，$J_1=18.33\text{kW/m}^2$，$J_2=6.347\text{kW/m}^2$。

因此，板 1 的净辐射换热量为：

$$\Phi_1=\frac{E_{b1}-J_1}{\dfrac{1-\varepsilon_1}{\varepsilon_1A_1}}=\frac{83.01\times10^3\text{W/m}^2-18.33\times10^3\text{W/m}^2}{2\text{m}^{-2}}=32.34\times10^3\text{W}$$

板 2 的净辐射换热量为：

$$\Phi_2=\frac{E_{b2}-J_2}{\dfrac{1-\varepsilon_2}{\varepsilon_2 A_2}}=\frac{7.348\times10^3\text{W/m}^2-6.437\times10^3\text{W/m}^2}{0.5\text{m}^{-2}}=1.822\times10^3\text{W}$$

厂房墙壁 3 的辐射换热量为：

$$\Phi_3=\frac{E_{b3}-J_1}{\dfrac{1}{A_1X_{1,3}}}+\frac{E_{b3}-J_2}{\dfrac{1}{A_2X_{2,3}}}=-(\Phi_1+\Phi_2)$$

$$=-(32.34\times10^3\text{W}+1.822\times10^3\text{W})=-34.16\times10^3\text{W}$$

总结：表面 1、表面 2 的净辐射换热量 $\Phi_1$、$\Phi_2$ 均为正值，说明两个表面都向环境放出热量。根据能量守恒定律，这些能量被墙壁吸收。因此，墙壁的辐射换热量为负值。

**例题 8-11**　三个漫灰表面之间的辐射换热(2)

在例题 8-10 中，如果大房间的墙壁为重辐射面，在其他条件不变时，试计算温度较高表面的净辐射换热量。

**解：**本题与例题 8-10 的区别在于，房间墙壁表面为重辐射面，即辐射绝热面。因此，房间壁面不参与辐射换热。此时，辐射换热网络图如图 8-32 所示。表面 1 和表面 2 之间辐射换热的热阻为：

$$R_{1,2}=\frac{1-\varepsilon_1}{\varepsilon_1A_1}+R_\Sigma+\frac{1-\varepsilon_2}{\varepsilon_2A_2}$$

式中，$\dfrac{1}{R_\Sigma}=\dfrac{1}{\dfrac{1}{A_1X_{1,2}}}+\dfrac{1}{\dfrac{1}{A_1X_{1,3}}+\dfrac{1}{A_2X_{2,3}}}=\dfrac{1}{1.75\text{m}^{-2}}+\dfrac{1}{0.699\text{m}^{-2}+0.699\text{m}^{-2}}=1.29\text{m}^2$，即 $R_\Sigma=0.78\text{m}^{-2}$。

因此，$R_{1,2}=2.0\text{m}^{-2}+0.78\text{m}^{-2}+0.5\text{m}^{-2}=3.28\text{m}^{-2}$。

表面 1 为温度较高表面，其净辐射换热量为：

$$\Phi_{1,2}=\frac{E_{b1}-E_{b2}}{R_{1,2}}=\frac{83.01\times10^3\text{W/m}^2-7.348\times10^3\text{W/m}^2}{3.28\text{m}^{-2}}=2.307\times10^4\text{W}$$

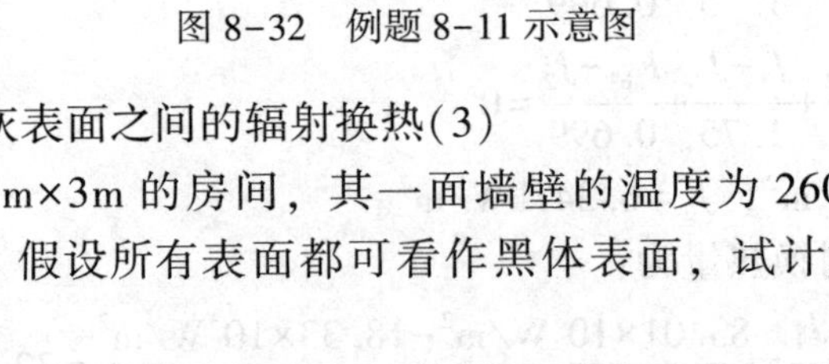


图 8-32　例题 8-11 示意图

**例题 8-12**　三个漫灰表面之间的辐射换热(3)

有一间尺寸为 3m×3m×3m 的房间，其一面墙壁的温度为 260℃，地板温度为 90℃，其余四个表面完全绝热。假设所有表面都可看作黑体表面，试计算热墙壁与冷地板之间的辐射换热。

**解：**本题可看作三个黑体表面组成封闭空腔的辐射换热问题，且其中一个表面又为重辐射面。对应的辐射换热网路图如图 8-33 所示。其中，表面 1 为热墙壁表面，表面 2 为冷地板表面，表面 3 为其余四个表面，且为重辐射面。

依题，对热墙壁表面1，有：

$$E_{b1}=\sigma T_1^4=5.67\times10^{-8}\text{W}/(\text{m}^2\cdot\text{K}^4)\times(260+273)^4\text{K}^4=4575\text{W}/\text{m}^2$$

对冷地板表面 2，有：

$$E_{b2}=\sigma T_2^4=5.67\times10^{-8}\text{W}/(\text{m}^2\cdot\text{K}^4)\times(90+273)^4\text{K}^4=984\text{W}/\text{m}^2$$

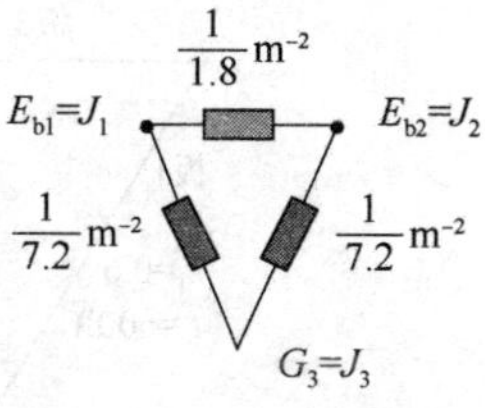

图 8-33　例题 8-12 示意图

确定各角系数，查图 8-10，有：$X_{1,2}=X_{2,1}=0.2$。由 $X_{1,1}+X_{1,2}+X_{1,3}=1$，$X_{2,1}+X_{2,2}+X_{2,3}=1$，有：$X_{1,3}=X_{2,3}=1-X_{1,2}=1-0.2=0.8$。

计算各部分辐射热阻：

$$\frac{1}{A_1X_{1,2}}=\frac{1}{9\text{m}^2\times0.2}=\frac{1}{1.8}\text{m}^{-2}$$

$$\frac{1}{A_1X_{1,3}}=\frac{1}{9\text{m}^2\times0.8}=\frac{1}{7.2}\text{m}^{-2}$$

$$\frac{1}{A_2X_{2,3}}=\frac{1}{9\text{m}^2\times0.8}=\frac{1}{7.2}\text{m}^{-2}$$

热墙壁表面 1 与冷地板表面 2 之间的辐射换热量为：

$$\Phi_{1,2}=\frac{E_{b1}-E_{b2}}{R_{1,2}}$$

其中，$\frac{1}{R_{1,2}}=\frac{1}{R_{J_1J_2}}+\frac{1}{R_{J_1J_3}+R_{J_2J_3}}=\frac{1}{\frac{1}{A_1X_{1,2}}}+\frac{1}{\frac{1}{A_1X_{1,3}}+\frac{1}{A_2X_{2,3}}}=\frac{1}{\frac{1}{1.8}\text{m}^{-2}}+\frac{1}{\frac{1}{7.2}\text{m}^{-2}+\frac{1}{7.2}\text{m}^{-2}}=5.4\text{m}^2$。

即：$R_{1,2}=0.185\text{m}^{-2}$，因此热墙壁表面 1 与冷地板表面 2 之间的辐射换热量为：

$$\Phi_{1,2}=\frac{E_{b1}-E_{b2}}{R_{1,2}}=\frac{4575\text{W}/\text{m}^2-984\text{W}/\text{m}^2}{0.185\text{m}^{-2}}=19391.4\text{W}$$

总结：本问题是三个表面构成封闭系统中辐射换热的特例。

**例题 8-13**　三个表面之间辐射换热计算

三块边宽均为 2m 的大平板，组成一个截面为正三角形的长通道，如图 8-34(a)所示。设板 1 的温度 $t_1=600℃$，发射率 $\varepsilon_1=0.6$；板 2 的温度 $t_2=30℃$，发射率 $\varepsilon_2=1.0$；板 3 是绝热的。三平板之间是不参与换热的介质。试计算单位时间、单位长度板 1 的辐射散热量以及板 3 的温度。

**解**：根据题意，该长通道可看作由三个表面构成的封闭系统，其中板 1 为漫射物体表面，板 2 为黑体表面，板 3 为重辐射面，则相应的辐射换热网络图如图 8-34(b)所示。

计算角系数：$X_{1,2}+X_{1,3}=1$，$X_{1,2}=X_{1,3}=0.5$。$X_{2,1}+X_{2,3}=1$，$X_{2,1}=X_{2,3}=0.5$。

计算单位长度各表面辐射热阻，以及空间辐射热阻，有：

$$\frac{1-\varepsilon_1}{\varepsilon_1A_1}=\frac{1-0.6}{0.6\times2\text{m}\times1\text{m}}=0.3333\text{m}^{-2}$$

$$\frac{1-\varepsilon_2}{\varepsilon_2A_2}=0$$

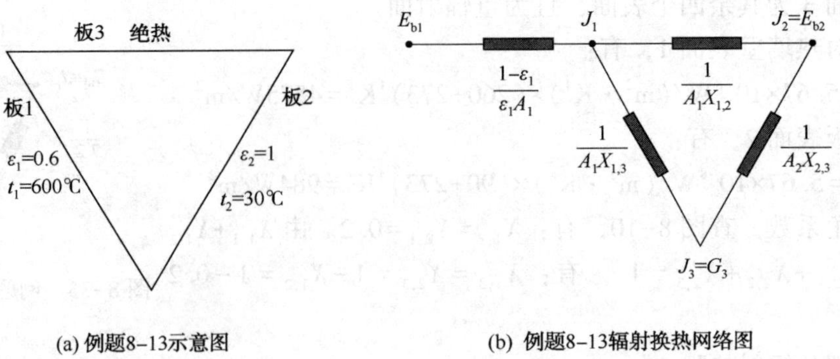


图 8-34　例题 8-13 示意图

$$\frac{1}{A_1X_{1,2}}=\frac{1}{2\text{m}\times1\text{m}\times0.5}=1\text{m}^{-2}$$

$$\frac{1}{A_1X_{1,3}}=\frac{1}{2\text{m}\times1\text{m}\times0.5}=1\text{m}^{-2}$$

$$\frac{1}{A_2X_{2,3}}=\frac{1}{2\text{m}\times1\text{m}\times0.5}=1\text{m}^{-2}$$

板 1 的净辐射换热量即是板 1、板 2 之间的辐射换热量，由辐射换热网络图，有：

$$\Phi_{1,2}=\frac{E_{b1}-E_{b2}}{R_{1,2}}$$

其中，$R_{1,2}=\dfrac{1-\varepsilon_1}{\varepsilon_1A_1}+R_{J_1J_2}=\dfrac{1-\varepsilon_1}{\varepsilon_1A_1}+\left(\dfrac{1}{\dfrac{1}{A_1X_{1,2}}}+\dfrac{1}{\dfrac{1}{A_1X_{1,3}}+\dfrac{1}{A_2X_{2,3}}}\right)^{-1}$

$$=0.3333\text{m}^{-2}+\left(\frac{1}{1}+\frac{1}{1+1}\right)^{-1}\text{m}^{-2}=0.3333\text{m}^{-2}+0.6667\text{m}^{-2}=1\text{m}^{-2}。$$

因此，板 1 的净辐射换热量为：

$$\Phi_{1,2}=\frac{E_{b1}-E_{b2}}{R_{1,2}}=\frac{5.67\times10^{-8}\text{W}/(\text{m}^2\cdot\text{K}^4)\times[(600+273)^4\text{K}^4-(30+273)^4\text{K}^4]}{1\text{m}^{-2}}=32.45\text{kW}$$

由于板 1 的净辐射换热量又可表示为：

$$\Phi_1=\frac{E_{b1}-J_1}{\dfrac{1-\varepsilon_1}{\varepsilon_1A_1}}$$

因此，板 1 的有效辐射为：

$$J_1=E_{b1}-\frac{1-\varepsilon_1}{\varepsilon_1A_1}\Phi_1$$
$$=5.67\times10^{-8}\text{W}/(\text{m}^2\cdot\text{K}^4)\times[(600+273)^4\text{K}^4]-0.3333\text{m}^{-2}\times32.45\times10^3\text{W}$$
$$=22112.3\text{W}/\text{m}^2$$

计算板 3 的温度，板 3 的热平衡方程式为：

$$\frac{J_1-J_3}{\dfrac{1}{A_1X_{1,3}}}+\frac{E_{b2}-J_3}{\dfrac{1}{A_2X_{2,3}}}=0$$

可求板 3 的有效辐射为：

$$J_3=\frac{1}{2}(J_1+E_{b2})$$

$$=\frac{1}{2}[22112.3\text{W/m}^2+5.67\times10^{-8}\text{W/(m}^2\cdot\text{K}^4)\times(30+273)^4\text{K}^4]$$

$$=11295\text{W/m}^2$$

对重辐射面，可近似看作 $J_3=E_{b3}=\sigma T_3^4$，因此板 3 的温度为：

$$T_3=\left(\frac{E_{b3}}{\sigma}\right)^{1/4}=\left(\frac{J_3}{\sigma}\right)^{1/4}=\left(\frac{11295\text{W/m}^2}{5.67\times10^{-8}\text{W/(m}^2\cdot\text{K}^4)}\right)^{1/4}=668.08\text{K}$$

因此，板 3 的摄氏温度为：668.08−273＝395.08℃。

## 第四节　遮热板

为了减小物体表面之间的辐射换热，可以采用的方法主要有两种：一是采用发射率 $\varepsilon$ 较小、反射率 $\rho$ 较高的物体表面；二是采用遮热板。

遮热板是放置在两个辐射换热表面之间用以削弱辐射换热的薄板。遮热板在整个辐射换热系统中的净辐射换热量等于零，即它既不向原系统放出辐射能量，也不从该系统吸收辐射能量。它只是在热流通路中增大了系统的辐射热阻，使物体表面之间的辐射换热受到阻碍。遮热板的作用就是削弱辐射换热。

为了说明遮热板的工作原理，下面以两块平行平板之间的辐射换热为例，分析放置一块遮热板前、后所引起的辐射换热量的变化。如图 8-35 所示，设两块平行平板 1、2 的面积分别为 $A_1$、$A_2$，表面温度分别为 $T_1$、$T_2$，发射率分别为 $\varepsilon_1$、$\varepsilon_2$。在两块平板之间放置一块金属遮热板 3，其面积为 $A_3$，且有 $A_1=A_2=A_3=A$；表面温度为 $T_3$，$T_3=T_{3'}=T_{3''}$，发射率为 $\varepsilon_3$，$\varepsilon_3=\varepsilon_{3'}=\varepsilon_{3''}$。由于遮热板较薄，其导热热阻不计。分析有、无遮热板时两块平行平板之间辐射换热量的变化。

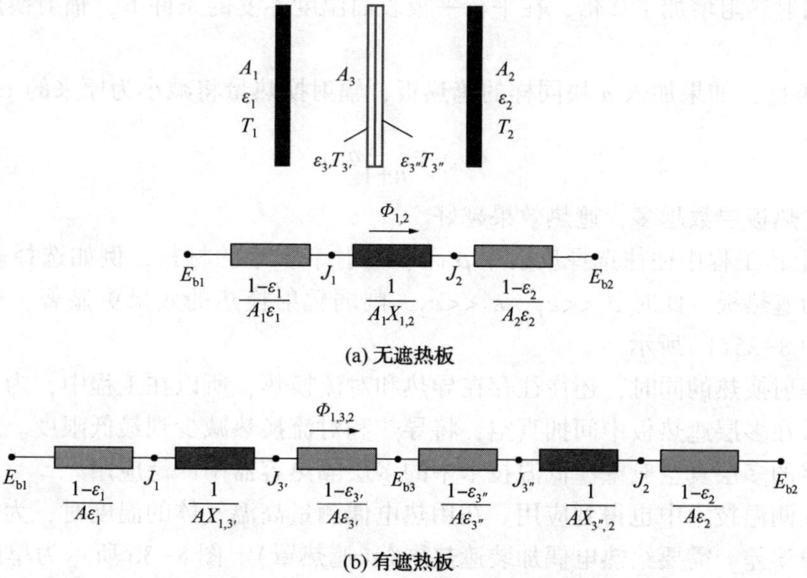


图 8-35　有、无遮热板时辐射换热网络图

当无遮热板时，根据式(8-43)，两块平行平板 1、2 之间的辐射换热量为：

$$q_{1,2}=\frac{E_{b1}-E_{b2}}{\frac{1}{\varepsilon_1}+\frac{1}{\varepsilon_2}-1}$$

对应的辐射换热网络图如图 8-35(a)所示。

当有遮热板时，平板 1、2 之间的辐射换热表现为辐射能量先由平板 1 传递给遮热板 3 的左侧表面，再通过遮热板，由遮热板的右侧表面传递给平板 2。此时，平板 1 与遮热板 3 左侧表面 3′之间的辐射换热量为：

$$q_{1,3}=\frac{E_{b1}-E_{b3}}{\frac{1}{\varepsilon_1}+\frac{1}{\varepsilon_3}-1} \tag{8-50}$$

遮热板 3 右侧表面 3″与平板 2 之间的辐射换热量为：

$$q_{3,2}=\frac{E_{b3}-E_{b2}}{\frac{1}{\varepsilon_3}+\frac{1}{\varepsilon_2}-1} \tag{8-51}$$

为方便讨论，设各平板的发射率 $\varepsilon_1=\varepsilon_2=\varepsilon_3$。在热平衡条件下，有 $q_{1,3}=q_{3,2}=q_{1,3,2}$，将式(8-50)和式(8-51)相加，可得：

$$q_{1,3,2}=\frac{1}{2}\frac{E_{b1}-E_{b2}}{\frac{1}{\varepsilon_1}+\frac{1}{\varepsilon_2}-1}=\frac{1}{2}q_{1,2} \tag{8-52}$$

遮热板 3 的表面温度 $T_3$ 为：

$$T_3^4=\frac{1}{2}(T_1^4+T_2^4) \tag{8-53}$$

对式(8-52)作几点说明：

① 与未加遮热板相比，在两块平行平板之间加入一块面积大小相同、发射率相同的遮热板后，总辐射热阻增加了 2 倍，在平行平板表面温度不变的条件下，辐射换热量减少为原来的 1/2。

② 以此类推，如果加入 $n$ 块同样的遮热板，辐射换热量将减小为原来的 $1/(n+1)$，即：

$$q_{1,n,2}=\frac{1}{n+1}q_{1,2} \tag{8-54}$$

这说明遮热板层数越多，遮热效果越好。

③ 实际上，工程中往往选择反射率 $\rho$ 高、发射率 $\varepsilon$ 小的材料，例如选择表面高度抛光的薄铝板作为遮热板，此时 $\varepsilon_3<<\varepsilon_1$、$\varepsilon_3<<\varepsilon_2$，削弱辐射换热的效果更显著。对应的辐射换热网络图如图 8-35(b)所示。

由于在辐射换热的同时，还往往存在导热和对流换热，所以在工程中，为了增加隔热保温效果，通常在多层遮热板中间抽真空，将导热和对流换热减少到最低限度。这种隔热保温技术在航天器的多层真空舱壁、低温技术中的多层隔热容器中广泛应用。

遮热板在测温技术中也得到应用。在用热电偶测量高温气体的温度时，为了减少辐射换热产生的测温误差，需要给热电偶加装遮热屏蔽(遮热罩)。图 8-36 所示为单层遮热罩抽气式热电偶测温示意图。遮热罩做成抽气式的作用是，强化高温气体与热电偶端点之间的对流换热，提高表面传热系数，进一步减少测温误差。

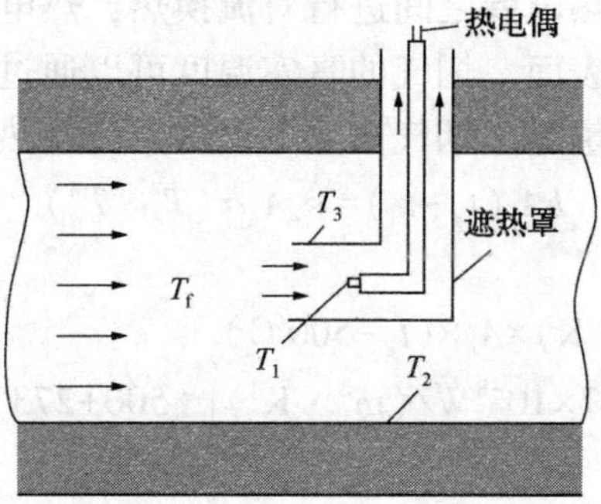

图 8-36　带遮热罩的抽气式热电偶测温示意图

**例题 8-14**　遮热板原理

在两块发射率均为 0.8 的大平行平板之间插入一块发射率为 0.05 的薄金属板，试分析金属板的遮热作用。

**解**：无遮热板时的辐射换热量为：

$$\Phi_{1,2}=\frac{A(E_{b1}-E_{b2})}{\frac{1}{\varepsilon_1}+\frac{1}{\varepsilon_2}-1}=\frac{A\sigma(T_1^4-T_2^4)}{\frac{1}{0.8}+\frac{1}{0.8}-1}=\frac{2}{3}A\sigma(T_1^4-T_2^4)$$

有遮热板时的辐射换热量为：

$$\Phi_{1,3,2}=\frac{A(E_{b1}-E_{b2})}{\frac{1}{\varepsilon_1}+\frac{1}{\varepsilon_3}-1+\frac{1}{\varepsilon_3}+\frac{1}{\varepsilon_2}-1}=\frac{A\sigma(T_1^4-T_2^4)}{\frac{1}{0.8}+\frac{1}{0.05}-1+\frac{1}{0.05}+\frac{1}{0.8}-1}=\frac{2}{81}\sigma A(T_1^4-T_2^4)$$

将有遮热板和无遮热板相比，辐射换热量减少，且有：

$$\frac{\Phi_{1,3,2}}{\Phi_{1,2}}=\frac{1}{27}$$

总结：采用发射率为 0.8 的薄金属板作遮热板时，可使辐射换热量减少为无遮热板时的 1/2；而采用发射率为 0.05 的薄金属板作遮热板时，却可使辐射换热量减少为无遮热板时的 1/27。可见，遮热板的发射率大小对遮热作用有显著影响。

**例题 8-15**　带有遮热罩的热电偶

某内燃机排气管内的排气温度用发射率 $\varepsilon_c=0.9$ 的热电偶测量，如图 8-37 所示，排气管壁温 $t_w=200℃$，热电偶的指示温度 $t_c=500℃$。已知热电偶和烟气之间换热的表面传热系数 $h=140\text{W}/(\text{m}^2\cdot\text{K})$，烟气的真实温度 $t_g$ 是多少。如果把发射率 $\varepsilon_s=0.3$、内径为热电偶外径 5 倍的圆筒形遮热罩放在热电偶周围，热电偶读数仍为 500℃，烟气的真实温度 $t_g$ 又是多少？假设遮热罩与烟气之间的表面传热系数 $h=140\text{W}/(\text{m}^2\cdot\text{K})$。

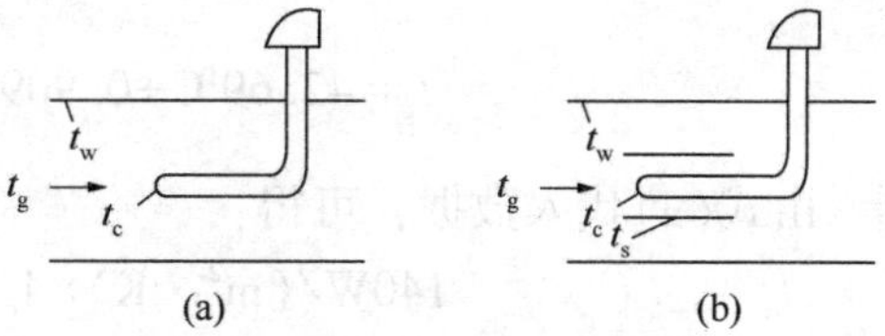

图 8-37　例题 8-15 示意图

**解**：热电偶测温产生误差的原因主要有两个：一是由热电偶本身向根部导热引起的误差；二是由热电偶与周围冷表面辐射换热引起的误差。其中，只要热电偶的插入深度足够长，第一种测温误差即可避免。因此，在一般情况下，热电偶的测温误差主要是由热电偶与周围冷表面的辐射换热造成的。

（1）无遮热罩时，烟气和热电偶之间进行对流换热，热电偶被加热，热电偶又通过辐射换热将热量传递给排气管壁冷表面，烟气的真实温度可以通过热电偶的热平衡计算得到。热电偶对排气管壁面的辐射换热量等于烟气对热电偶的对流换热量，即是：

$$hA_c(t_g - t_c) = \varepsilon_c A_c \sigma (T_c^4 - T_w^4)$$

代入数据，得：

$$140\text{W}/(\text{m}^2 \cdot \text{K}) \times A_c \times (t_g - 500℃)$$
$$= 0.9 \times A_c \times 5.67 \times 10^{-8}\text{W}/(\text{m}^2 \cdot \text{K}^4)[(500+273)^4\text{K}^4 - (200+273)^4\text{K}^4]$$

解得：$t_g = 612℃$。

（2）加遮热罩时，烟气将热量传给热电偶，热电偶将热量传给遮热罩，烟气的真实温度可以通过此时热电偶的热平衡计算得到。但是由于其中遮热罩的温度未知，一个方程不能求解两个未知量，因此还需要建立遮热罩的热平衡方程式。对于遮热罩，它的能量交换包括与热电偶进行辐射换热被加热、与烟气进行对流换热被加热以及与排气管壁进行辐射换热被冷却。

对热电偶，热平衡方程为：

$$hA_c(t_g - t_c) = \varepsilon_{c,s} A_c \sigma (T_c^4 - T_s^4) \tag{a}$$

对遮热罩，热平衡方程为：

$$2hA_s(t_g - t_s) + \varepsilon_{c,s} A_c \sigma (T_c^4 - T_s^4) = \varepsilon_{s,w} A_s \sigma (T_s^4 - T_w^4) \tag{b}$$

式中，$A_s$为遮热罩单侧表面积。

且有：$\varepsilon_{c,s} = \dfrac{1}{\dfrac{1}{\varepsilon_c} + \left(\dfrac{1}{\varepsilon_s} - 1\right)\dfrac{A_c}{A_s}} = \dfrac{1}{\dfrac{1}{0.9} + \left(\dfrac{1}{0.3} - 1\right) \times \dfrac{1}{5}} = 0.634$。

联立式(a)、式(b)有：

$$2hA_s(t_g - t_s) + hA_c(t_g - t_c) = \varepsilon_{s,w} A_s \sigma (T_s^4 - T_w^4) \tag{c}$$

因为$A_s/A_w \ll 1$，所以$\varepsilon_{s,w} \approx \varepsilon_s = 0.3$，代入数据得：

$$2 \times 140\text{W}/(\text{m}^2 \cdot \text{K}) \times 5\pi d \times (t_g - t_s) + 140\text{W}/(\text{m}^2 \cdot \text{K}^4) \times \pi d \times (t_g - 500℃)$$
$$= 0.3 \times 5\pi d \times 5.67 \times 10^{-8}\text{W}/(\text{m}^2 \cdot \text{K}^4)[T_s^4 - (200+273)^4\text{K}^4]$$

整理得：

$$t_g = 42.69℃ + 0.9091t_s + 5.52 \times 10^{-3}℃/\text{K}^4 \times \left(\frac{T_s}{100}\right)^4 \text{K}^4 \tag{d}$$

由式(a)代入数据，可得：

$$140\text{W}/(\text{m}^2 \cdot \text{K}) \times A_c \times (t_g - 500℃)$$
$$= 0.634 \times A_c \times 5.67 \times 10^{-8}\text{W}/(\text{m}^2 \cdot \text{K}^4)[(500+273)^4\text{K}^4 - T_s^4\text{K}^4]$$

整理得：

$$t_g = 591.68℃ - 0.02567℃/\text{K}^4 \times \left(\frac{T_s}{100}\right)^4 \text{K}^4 \tag{e}$$

联立式(d)、式(e)，解得 $t_s = 488.5℃$，$t_g = 505.4℃$。

总结：加遮热罩后，热电偶测温误差减小$\dfrac{(612-500)℃ - (505.4-500)℃}{(612-500)℃} = 95.2\%$。可见遮热效果是非常好的。如果要进一步减小测温误差，还应如何改进？

# 思考题

1. 什么是角系数？角系数是几何量还是物理量？角系数的性质有哪些？

2. 什么是一个表面的自身辐射、投入辐射及有效辐射？有效辐射的引入对灰体表面之间的辐射换热计算有什么作用？

3. 什么是表面辐射热阻？什么是空间辐射热阻？对于黑体，相应的热阻有什么变化？

4. 什么是重辐射面？它有什么特点？

5. 什么是遮热板？试举出几个遮热板应用的例子。

6. 有人说“颜色越黑的物体发射率越大”，这种说法是否正确？

# 习　题

## 角系数的计算

8-1　试确定图 8-38 中的角系数 $X_{1,2}$。

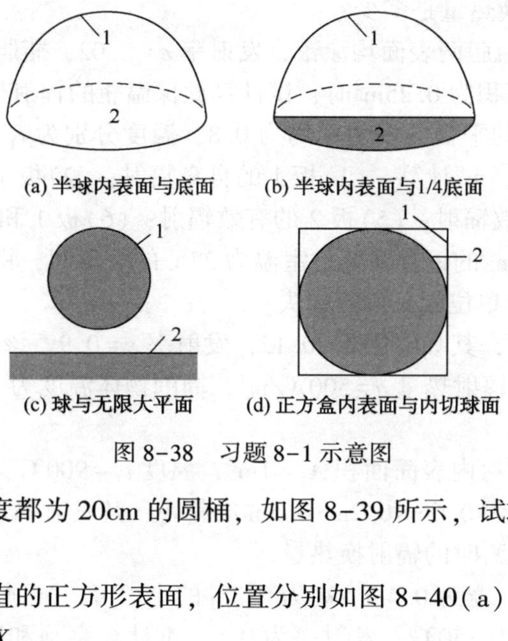


图 8-38　习题 8-1 示意图

8-2　有一直径和高度都为 20cm 的圆桶，如图 8-39 所示，试求桶底和桶侧壁之间的角系数 $X_{1,2}$。

8-3　有两块相互垂直的正方形表面，位置分别如图 8-40(a)、图 8-40(b) 所示（图中单位为 m），试求角系数 $X_{1,2}$。

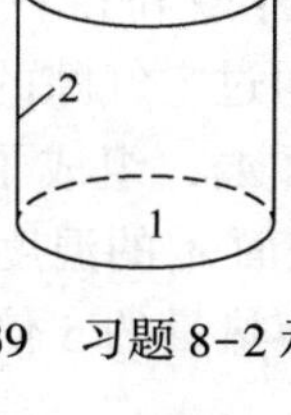


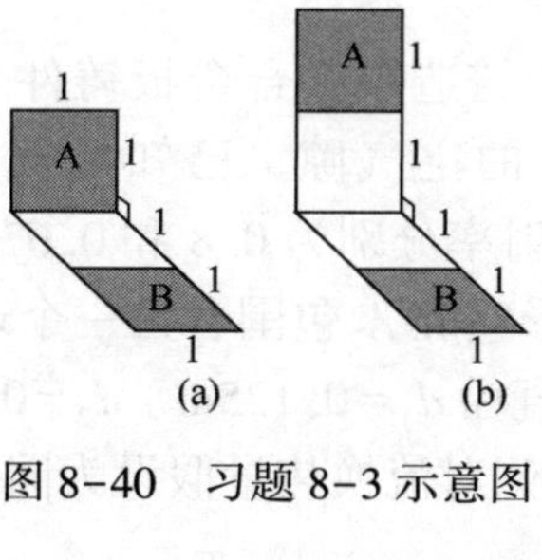


图 8-39　习题 8-2 示意图　图 8-40　习题 8-3 示意图

## 黑体表面之间的辐射换热

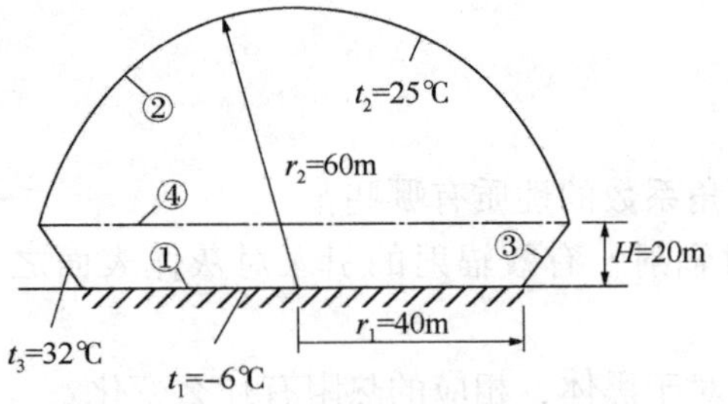


图 8-41　习题 8-4 示意图

8-4　如图 8-41 所示，具有半球形状的室内滑冰馆的半径 $r_2=60m$，冰面呈圆形，半径 $r_1=40m$。观众看台最高处 $H=20m$。若滑冰馆的半球形穹顶内表面保持 $t_2=25℃$，看台表面平均温度 $t_3=32℃$，要求冰面至少应该保持温度 $t_1=-6℃$，试估算需要多大的制冷功率。

8-5　两个直径均为 0.5m 的圆盘状物体可视为黑体，温度分别为 80℃和 60℃，平行且同心，相距 0.2m。它们被放置在温度为 20℃的大房间中。试确定：(1)如果圆盘的反面都绝热，每个圆盘的辐射热损失各等于多少？(2)如果圆盘的反面不绝热，热损失又将是多少？

## 两个漫灰表面构成的封闭空腔中的辐射换热

8-6　有两个平行放置的黑体表面，相距很近。它们的温度分别为 $t_1=1000℃$、$t_2=500℃$。试计算它们之间的辐射换热量。如果它们是灰体表面，发射率分别为 $\varepsilon_1=0.8$、$\varepsilon_2=0.5$。则它们之间的辐射换热量是多少？

8-7　抽真空的保温瓶胆两表面均涂银，发射率 $\varepsilon=0.02$，瓶胆内壁面温度为 100℃，外壁面温度为 20℃。当表面积为 $0.25m^2$ 时，试计算此保温瓶的辐射热损失。

8-8　两块平行放置的平板的发射率均为 0.8，温度分别为 $t_1=527℃$ 及 $t_2=27℃$，板间距远小于板的宽度与高度。试计算：(1)板 1 的自身辐射；(2)板 1 的投入辐射；(3)板 1 的反射辐射；(4)板 1 的有效辐射；(5)板 2 的有效辐射；(6)板 1 和板 2 之间的辐射换热量。

8-9　某外径为 100mm 的钢管横穿过室温为 27℃的大房间，钢管外壁温度为 100℃，发射率为 0.85。试计算钢管单位管长的热损失。

8-10　有一白漆表面，其吸收比 $\alpha=0.12$，发射率 $\varepsilon=0.9$。该表面受太阳光照射达到热平衡状态。设太阳的平均辐射热量 $q=500W/m^2$，周围物体温度为 20℃。试计算该白漆表面的温度。

8-11　电阻马弗炉炉衬内表面面积 $A_1=1m^2$，温度 $t_1=900℃$，发射率 $\varepsilon_1=0.8$。在炉内架空放置一块长、宽、高为 0.6m×0.2m×0.5m 的料坯，其发射率 $\varepsilon_2=0.8$。试计算当料坯温度为 $t_2=50℃$ 以及 $t_2=600℃$ 时的辐射换热量。

8-12　一长为 0.5m、宽为 0.4m、高为 0.3m 的小炉窑，窑顶和四周壁面温度为 300℃，发射率为 0.8；窑底温度为 150℃，发射率为 0.6。试计算窑顶和四周壁面对窑底的辐射换热量。

8-13　在金属铸型中铸造镍铬合金板铸件。由于铸件凝固收缩和铸型受热膨胀，铸件和铸型之间形成厚 1mm 的空气隙。已知空气隙两侧铸型和铸件的温度分别为 300℃和 600℃，铸型和铸件的发射率分别为 0.8 和 0.67。试求通过空气隙的热流密度。

8-14　薄壁真空球形空腔 $A_2$ 包围着另一个球体表面 $A_1$，组成了封闭空间。已知两表面的发射率 $\varepsilon_1=\varepsilon_2=0.8$，直径 $d_1=0.125m$、$d_2=0.5m$，表面 $A_1$ 的温度 $t_1=427℃$，表面 $A_2$ 外侧空气温度 $t_f=37℃$。$A_2$ 外侧对流换热量假设为同侧辐射换热量的 5 倍。试计算表面 $A_1$ 和 $A_2$ 之间的辐射换热量 $\Phi_{1,2}$。

8-15　一平板表面接收到的太阳投入辐射为 $1262W/m^2$，该表面对太阳能的吸收比为 $\alpha$，自身辐射的发射率为 $\varepsilon$。平板的另一侧绝热。平板的向阳面对环境的散热相当于对一个温度为-50℃的表面进行辐射换热。试确定以下两种情况下平板表面处于稳定工况时的温度：(1)$\varepsilon=0.5$，$\alpha=0.9$；(2)$\varepsilon=0.1$，$\alpha=0.15$。

8-16　在一块厚金属板上钻了一个直径 $d=2cm$ 的不穿透的小孔，孔深 $H=4cm$，锥顶角为90°，如图 8-42 所示。设孔的表面是发射率为 0.6 的漫射灰体，整个金属块处于 500℃的温度下，环境温度为 0℃。试确定孔壁与外界的辐射换热量。

8-17　对于如图 8-43 所示的结构，试计算下列情形下从小孔向外辐射的能量。

(1) 所有内表面均是 500K 的黑体；

(2) 所有内表面均是 $\varepsilon=0.6$ 的漫射体，温度均为 500K。

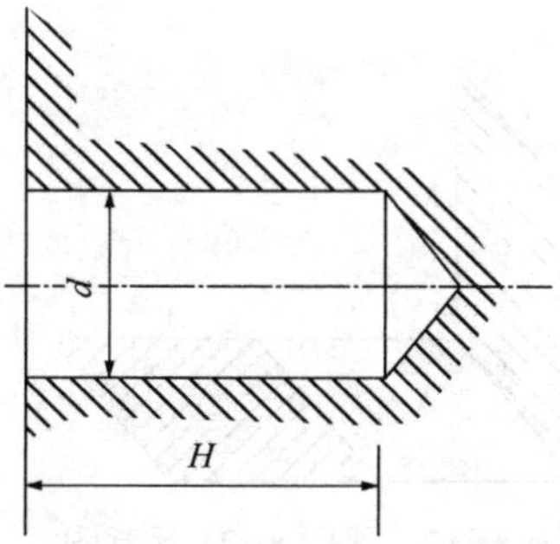


图 8-42　习题 8-16 示意图

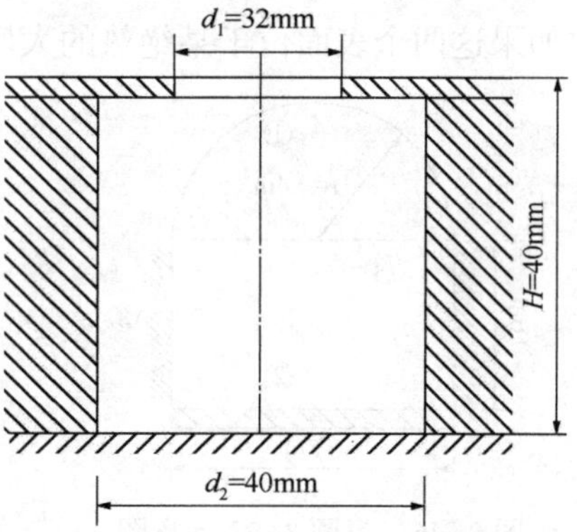


图 8-43　习题 8-17 示意图

8-18　在一厚度为 200mm 的炉墙上有一直径为 200mm 的孔。孔的圆柱形表面可以认为是绝热的。炉内温度为 1400℃，室温为 30℃。试确定当孔的盖板被移去时，室内物体所得到的净辐射热量是多少。

## 辐射换热网络法

8-19　某车间的辐射采暖板的尺寸为 1.5m×1m，辐射板面的发射率 $\varepsilon_1=0.94$，板面平均温度 $t_1=100$℃，车间四周壁面温度 $t_2=11$℃。如果不考虑辐射板背面和侧面的热作用，试求辐射板面与车间四周壁面的辐射换热量。

8-20　分析如图 8-44 所示的半球体，直径 $D=0.2m$。已知半球表面是绝热的，底面被分为 1、2 两个部分。表面 1 为灰体，$T_1=550K$，$\varepsilon_1=0.35$；表面 2 为黑体，$T_2=330K$。试计算表面 1 的净辐射换热量以及表面 3 的温度。

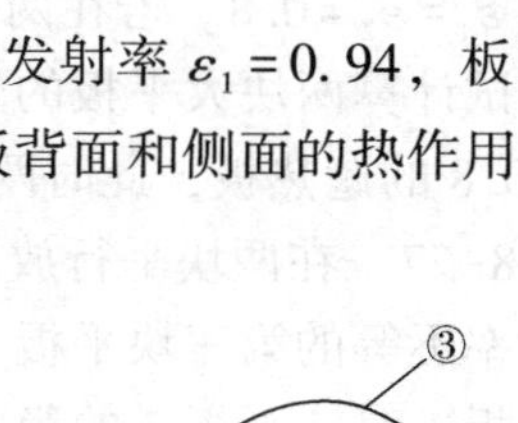


图 8-44　习题 8-20 示意图

8-21　两个相距 1m、直径为 2m 的圆盘平行放置。圆盘相对表面的温度分别为 $t_1=500$℃及 $t_2=200$℃，发射率分别为 $\varepsilon_1=0.3$ 及 $\varepsilon_2=0.6$，圆盘另外两个表面的换热忽略不计。试确定在下列两种情况下每个圆盘的净辐射换热量：(1)两圆盘放置于温度 $t_3=20$℃的大房间中；(2)两圆盘放置于一绝热空腔中。

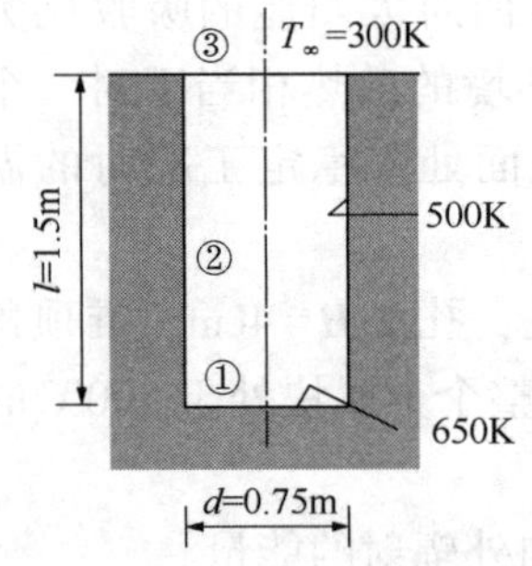


图 8-45　习题 8-22 示意图

8-22　有一个直径 $d=0.75$m 的圆筒形埋地式加热炉采用电加热方法加热，如图 8-45 所示。在操作过程中需要将炉子顶盖移去一段时间。设此时加热炉筒身温度为 500K，筒底温度为 650K，环境温度为 300K，试计算顶盖移去期间单位时间内的热损失。设筒身与筒底均可作为黑体。

8-23　远红外烘干窑的尺寸如图 8-46 所示。热表面 1 呈半圆柱形，温度 $t_1=320$℃，发射率 $\varepsilon_1=0.87$。被加热工件表面 2 的温度 $t_2=112$℃，发射率 $\varepsilon_2=0.93$，侧壁表面绝热。求烘干窑每米长度所需要的加热功率以及窑的侧壁面温度。

8-24　已知两个相互垂直的正方形表面 1 和表面 2，如图 8-47所示(图中单位为 m)。两表面温度分别为 $T_1=1000$K、$T_2=500$K，发射率分别为 $\varepsilon_1=0.6$、$\varepsilon_2=0.8$。如果这两个表面位于某绝热的大房间内，试计算这两个表面的净辐射换热量。

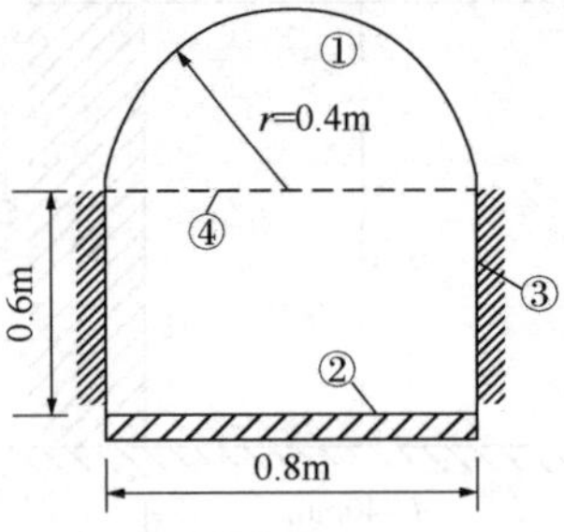


图 8-46　习题 8-23 示意图

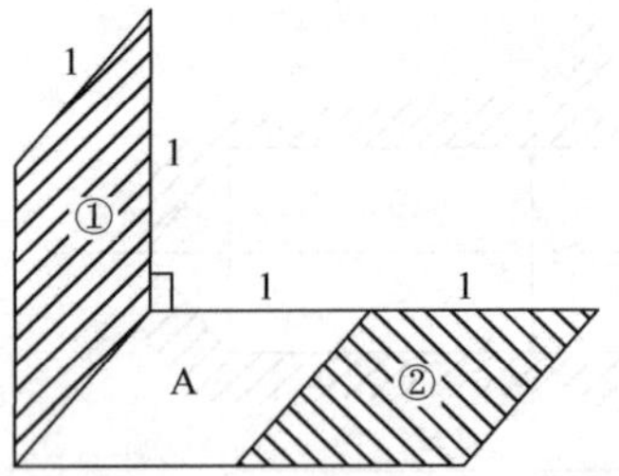


图 8-47　习题 8-24 示意图

## 遮热板原理

8-25　三块无限大平板被平行放置。设中间平板的发射率 $\varepsilon_3=0.2$，另外两块平板的温度和发射率分别为：$T_1=1200$K，$T_2=300$K；$\varepsilon_1=0.5$，$\varepsilon_2=0.8$。试计算板 3 的温度。

8-26　两块相互平行且相距很近的大平板，温度分别为 $t_1=537$℃、$t_2=27$℃，发射率分别为 $\varepsilon_1=\varepsilon_2=0.8$。若在两平板之间放置一块发射率 $\varepsilon_3=0.05$ 的铝箔，铝箔两表面的温度相同。试计算两块大平板的辐射换热量是未加铝箔时的几成。如果在两平板之间加入发射率 $\varepsilon_3=0.8$ 的遮热板，此时两平板之间的辐射换热量是多少？

8-27　在两块平行放置的相距很近的大平板 1 和平板 2 之间，插入一块很薄且两个表面发射率不等的第三块平板。已知 $t_1=300$℃、$t_2=100$℃，$\varepsilon_1=0.5$、$\varepsilon_2=0.8$。当板 3 的 $A$ 面朝向平板 1 时，平板 3 的稳态温度为 176.4℃；当平板 3 的 $B$ 面朝向平板 1 时，平板 3 的稳态温度为 255.5℃。试确定板 3 的两个表面 $A$、$B$ 各自的发射率。

8-28　在内径为 5mm、发射率为 0.7 的圆管内放入直径为 0.25 mm、发射率为 0.8 的电热丝。假设电热丝的温度为 300℃，管子内壁面的温度为 100℃，管内为真空。求电热丝消耗的功率。如在电热丝和管子之间加上发射率为 0.6、直径为 2.5 mm 的薄壁管，其他条件不变，此时电热丝消耗的功率减少多少？

## 抽气式热电偶

8-29　用裸露的热电偶测量管道中热风温度，测得热风温度 $t_1=1000$℃。已知热风管道

壁面温度 $t_w=800$℃。热风对热电偶结点对流换热的表面传热系数 $h=81.4\mathrm{W/(m^2 \cdot K)}$，热电偶结点的发射率 $\varepsilon_3=0.6$。热风的真实温度是多少？测量误差是多少？

8-30　用单层遮热罩抽气式热电偶测量管道中热风温度，测量热风温度 $t_1=1000$℃，对流换热的表面传热系数提高至 $h=140\mathrm{W/(m^2 \cdot K)}$。如果其他条件与题 8-29 相同，且遮热罩面积较小，其发射率 $\varepsilon=0.8$。热风的真实温度是多少？测量误差是多少？

8-31　用裸露热电偶测量管道内高温烟气的温度，如图 8-48 所示。热电偶的指示温度 $t_1=700$℃，烟道内壁面温度 $t_2=550$℃，热电偶端点和烟道壁面的发射率均为 0.8，烟气和热电偶端点之间对流换热的表面传热系数 $h=40\mathrm{W/(m^2 \cdot K)}$。忽略热电偶线的导热，试确定由热电偶端点和烟道壁面之间的辐射换热所引起的测温误差以及烟气的真实温度。

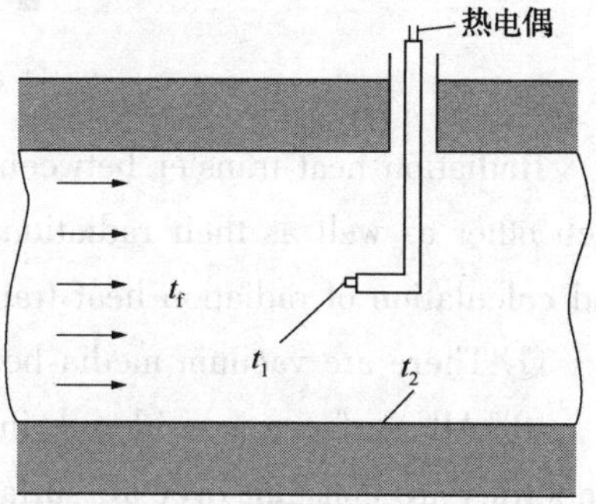

图 8-48　习题 8-31 示意图

8-32　为了减小题 8-31 中的测温误差，给热电偶加装遮热罩，同时安装抽气装置，以强化烟气和热电偶端点之间的对流换热，如图 8-49 所示。如果遮热罩内、外壁面的发射率均为 0.2，烟气和热电偶端点之间对流换热的表面传热系数增加为 $80\mathrm{W/(m^2 \cdot K)}$，其他参数如题 8-31，试确定测温误差。

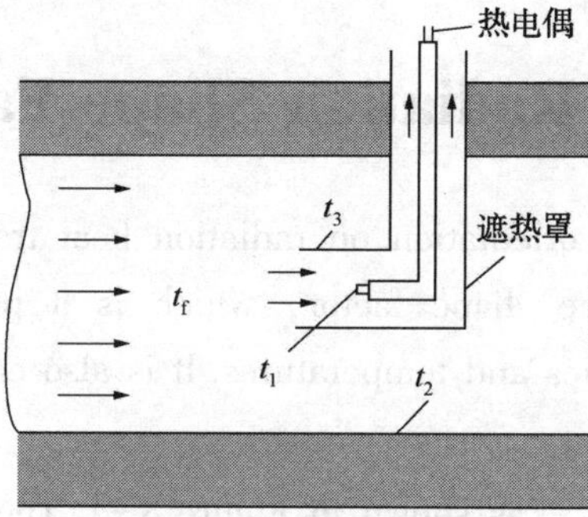

图 8-49　习题 8-32 示意图

扫一扫
获取更多资源

# Chapter 8 Radiation Heat Transfer

Radiation heat transfer between surfaces depends on the orientation of the surfaces relative to each other as well as their radiation properties and temperatures. In order to simplified the analysis and calculation of radiation heat transfer, we give some assumptions:

① There are vacuum media between the heat exchange surfaces.

② All surfaces considered in our analysis are diffuse which the reflective and emissive properties are constant over all surface.

③ All surfaces are uniform in temperatures.

In this chapter, we first discuss radiation shape factors and the rules associated with them. We then discuss radiation heat transfer, first between black surfaces and then between nonblack surfaces using the radiation network approach. Finally we discuss radiation shields.

## 8.1 Radiation Shape Factor

To account for the effects of orientation on radiation heat transfer between two surfaces, we define a new parameter called the shape factor, which is a purely geometric quantity and is independent of the surface properties and temperatures. It is also called the view factor.

**1. Radiation Shape Factor**

Consider two surfaces 1 and 2, as shown in Figure 8-1. The radiation shape factor $X_{1,2}$ from surface 1 to surface 2 is defined as the fraction of the radiation leaving surface 1 that strikes surface 2 directly. That is

$$X_{1,2} = \frac{\Phi_{1\to 2}}{\Phi_1} \tag{8-1}$$

Similarity, for surface 2, the radiation shape factor $X_{2,1}$ from surface 2 to surface 1 is defined as the fraction of the radiation leaving surface 2 that slrikes surface 1 directly, and is expressed as

$$X_{2,1} = \frac{\Phi_{2\to 1}}{\Phi_2} \tag{8-2}$$

The shape factors $X_{1,2}$ and $X_{2,1}$ are also expressed by

$$X_{1,2} = \frac{1}{A_1}\int_{A_1}\int_{A_2} \frac{\cos\theta_1 \cos\theta_2}{\pi r^2} dA_1 dA_2 \tag{8-3}$$

$$X_{2,1} = \frac{1}{A_2}\int_{A_1}\int_{A_2} \frac{\cos\theta_1 \cos\theta_2}{\pi r^2} dA_1 dA_2 \tag{8-4}$$

Equations (8-3) and (8-4) show that the shape factor is a purely geometric quantity and is independent of the surface properties and temperatures.

**2. Shape Factor Relations**

(1) For Bodies of Plane or Convex Surfaces do not See Themselves, $X_{1,1}=0$

The shape factor from a surface to itself will zero unless the surface "see" itself. For example, the plane and convex surfaces are such surfaces that do not see themselves, as shown in Figure 8-2. Therefore, there are

$$X_{1,1}=0 \tag{8-5}$$

for plane or convex surfaces, and $X_{1,1}\neq 0$ for concave surfaces.

(2) The Reciprocity Rule

The pair of shape factors $X_{1,2}$ and $X_{2,1}$ are related to each other by

$$A_1X_{1,2}=A_2X_{2,1} \tag{8-6}$$

This relation is referred to as the reciprocity rule, and it enables us to determine the counterpart of a shape factor from a knowledge of the shape factor itself and the areas of the two surfaces.

(3) The Summation Rule

Consider an enclosure consisting of $n$ surfaces. The conservation of energy principle requires that the entire radiation leaving surface 1 of the enclosure be intercepted by the surfaces of the enclosure.

$$\Phi_1=\Phi_{1\to 1}+\Phi_{1\to 2}+\Phi_{1\to 3}+\cdots\cdots+\Phi_{1\to i}+\cdots+\Phi_{1\to n} \tag{8-7}$$

Divided by $\Phi_1$, we have

$$X_{1,1}+X_{1,2}+X_{1,3}+\cdots+X_{1,i}+\cdots+X_{1,n}=1 \tag{8-8}$$

or

$$\sum_{i=1}^{n} X_{1,i}=1 \tag{8-9}$$

This is known as the summation rule. The summation rule can be applied to each surface of an enclosure by varying 1 from 1 to $n$.

(4) The Superposition Rule

Consider the geometry in Figure 8-4 (a), the radiation that leaves surface 1 and strikes the combined surfaces 2 and 3 is equal to the sum of the radiation that strikes surfaces 2 and 3. Therefore, the shape factor from surface 1 to the combined surfaces 2 and 3 is

$$X_{1,(2+3)}=X_{1,2}+X_{1,3} \tag{8-10}$$

To obtain a relation for the shape factor $X_{(2+3),1}$, we multiply Equation (8-10) by $A_1$,

$$A_1X_{1,(2+3)}=A_1X_{1,2}+A_1X_{1,3}$$

and apply the reciprocity rule to each term to get

$$A_{2+3}X_{(2+3),1}=A_2X_{2,1}+A_3X_{3,1}$$

or

$$X_{(2+3),1}=\frac{A_2}{A_{2+3}}X_{2,1}+\frac{A_3}{A_{2+3}}X_{3,1} \tag{8-11}$$

**3. The Calculation of Shape Factors**

Shape factors for hundreds of common geometries are evaluated and the results are given in analytical, graphical, and tabular form in several publications. Next, we focus on the algebraic method applying the rules of shape factors to determine the shape factors.

(1) Enclosure with Two Surfaces

① One Surface is a Plane or a Convex Surface.

Consider an enclosure consisting of a plane surface 1 (or convex surface 1) and a concave surface 2, as shown in Figure 8-2. For the plane surface 1, $X_{1,1}=0$, and $X_{1,2}=1$. Hence, $X_{2,1}$ and $X_{2,2}$ can be determined by the application of the summation and reciprocity rules.

$$X_{2,1}=\frac{A_1}{A_2}X_{1,2}$$

$$X_{2,2}=1-X_{2,1}=1-\frac{A_1}{A_2}X_{1,2}$$

② Two Big Parallel Surfaces.

Consider two big parallel surfaces as shown in Figure 8-5. For plane surfaces 1 and 2, there are $X_{1,1}=0$, and $X_{2,2}=0$. Therefore

$$X_{1,2}=X_{2,1}=1$$

③ Two Surfaces are Concave Surfaces.

Consider an enclosure consisting of two concave surfaces, as shown in Figure 8-6. Making an imaginable surface 3, The radiation that leaves the surface 1 to the surface 2 is equal to the radiation that leaves the surface 1 to the surface 3, that is $X_{1,2}=X_{1,3}$. Now consider the enclosure consisting of surface 1 and surface 3. We obtain

$$X_{1,3}=\frac{A_3}{A_1}=X_{1,2}$$

Then applying the summation rule to concave surface 1 gives

$$X_{1,1}=1-X_{1,2}=1-\frac{A_3}{A_1}$$

In the same way, we obtain

$$X_{2,1}=X_{2,3}=\frac{A_3}{A_2}$$

$$X_{2,2}=1-X_{2,1}=1-\frac{A_3}{A_2}$$

(2) Shape Factors Associated with a Triangular Duct

Consider an infinitely long triangular duct as shown in Figure 8-7. The widths of the sides of the triangular cross-section of the duct are $l_1$, $l_2$, and $l_3$, and the surface areas corresponding to them are $A_1$, $A_2$, and $A_3$, respectively. We can determine all three of them by inspection to be $X_{1,1}=X_{2,2}=X_{3,3}=0$ since all three surfaces are flat.

Applying the summation rule to each of the three surfaces gives

$$X_{1,1}+X_{1,2}+X_{1,3}=1 \tag{8-12}$$

$$X_{2,1}+X_{2,2}+X_{2,3}=1 \tag{8-13}$$

$$X_{3,1}+X_{3,2}+X_{3,3}=1 \tag{8-14}$$

Then, applying the three reciprocity rules gives

$$A_1X_{1,2}=A_2X_{2,1} \tag{8-15}$$

$$A_1X_{1,3}=A_3X_{3,1} \tag{8-16}$$

$$A_2X_{2,3}=A_3X_{3,2} \tag{8-17}$$

This is a set of six algebraic equations with six unknowns, which can be solved to obtain

$$X_{1,2}=\frac{A_1+A_2-A_3}{2A_1}=\frac{l_1+l_2-l_3}{2l_1} \tag{8-18}$$

$$X_{1,3}=\frac{A_1+A_3-A_2}{2A_1}=\frac{l_1+l_3-l_2}{2l_1} \tag{8-19}$$

$$X_{2,3}=\frac{A_2+A_3-A_1}{2A_2}=\frac{l_2+l_3-l_1}{2l_2} \tag{8-20}$$

(3) The Crossed-Strings Method

Consider two infinitely long surfaces as shown in Figure 8-8, and let us try to find the shape factor $X_{1,2}$ between surfaces 1 and 2.

Applying the summation rule to surface 1 in the enclosure *abcd* gives

$$X_{1,2}=1-X_{1,1}-X_{1,ac}\ X_{1,bd} \tag{8-21}$$

Applying Equations (8-18) to (8-20) for shape factors between the sides of triangles, we obtain

$$X_{1,ac}=\frac{ab+ac-bc}{2ab} \tag{8-22}$$

$$X_{1,bd}=\frac{ab+bd-ad}{2ab} \tag{8-23}$$

Substituting Equations (8-22) and (8-13) into Equation (8-21), we obtain

$$X_{1,2}=\frac{(ad+bc)-(ac+bd)}{2ab} \tag{8-24}$$

Shape factors can be determined by applying the integration definition of Equations (8-3) and (8-4). Shape factors for selected geometries are given in Figure 8-9, Figure 8-10, and Figure 8-11 in graphical form.

# 8.2 Calculation of Radiation Heat Transfer: Black Surfaces

The analysis of radiation exchange between surfaces, in general, is complicated because of reflection. And that can be simplified greatly when the surfaces involved can be approximated as blackbodies because of the absence of reflection. In this section, we consider radiation exchange between blackbody surfaces only, and the analysis for diffuser surfaces will consider in the next section.

**1. Radiation Heat Transfer in Two Black Surfaces Enclosures**

Consider an enclosure consising of two black surfaces of arbitrary shape maintained at uniform temperatures $T_1$ and $T_2$, and surface areas $A_1$ and $A_2$, as shown in Figure 8-18. The energy leaving surface 1 and arriving at surface 2 is

$$\Phi_{1\to2}=E_{b1}A_1X_{1.2} \tag{8-25}$$

and the energy leaving surface 2 and arriving at surface 1 is

$$\Phi_{2\to1}=E_{b2}A_2X_{2.1} \tag{8-26}$$

Since the surfaces are black, all the incident radiation will be absorbed, and the net energy exchange is

$$\Phi_{1,2}=\Phi_{1\to 2}-\Phi_{2\to 1}=E_{b1}A_1X_{1.2}-E_{b2}A_2X_{2,1}$$

Applying the reciprocity relation, we have $A_1X_{1.2}=A_2X_{2,1}$, the net heat exchange is therefore

$$\Phi_{1,2}=A_1X_{1.2}(E_{b1}-E_{b2})$$

or

$$\Phi_{1,2}=\frac{E_{b1}-E_{b2}}{\dfrac{1}{A_1X_{1,2}}} \tag{8-27}$$

where $\dfrac{1}{A_1X_{1,2}}$ is called space resistance to radiation. Space resistance is dependent of the geometry shape, size, and relative position of the surfaces. It is independent of the radiation properties of the surfaces.

The radiation network for an enclosure of two black surfaces is shown in Figure 8-18.

**2. Radiation Heat Transfer in N Black Surfaces Enclosures**

Now consider an enclosure consisting of $n$ black surfaces maintained at specified temperatures $T_1$, $T_2$, $\cdots$ $T_n$. The net radiation heat transfer from surface 1 of the enclosure is determined by adding the net radiation heat transfers from surface 1 to each of the $n$ surfaces of the enclosure.

$$\Phi_1=\sum_{j=1}^{n}\Phi_{1,j}=A_1X_{1,2}(E_{b1}-E_{b2})+A_1X_{1,3}(E_{b1}-E_{b3})+\cdots+A_1X_{1,n}(E_{b1}-E_{bn})$$

or

$$\Phi_1=\sum_{j=1}^{n}\Phi_{1,j}=\sum_{j=1}^{n}A_1X_{1,j}(E_{b1}8-E_{bj})=\sum_{j=1}^{n}A_1X_{1,j}\sigma(T_1^4-T_j^4) \tag{8-28}$$

Similarly, the net radiation heat transfer from surface $i$ is equal to the sum of the net heat transfers from surface $i$ to each of the $n$ surfaces of the enclosure. That is

$$\Phi_i=\sum_{j=1}^{n}\Phi_{i,j}=\sum_{j=1}^{n}A_iX_{i,j}(E_{bi}-E_{bj})=\sum_{j=1}^{n}A_iX_{i,j}\sigma(T_i^4-T_j^4)$$

The radiation network for an enclosure of three black surfaces is shown in Figure 8-19.

## 8.3 Radiation Heat Transfer: Diffuse, Grey Surfaces

Most enclosures encountered in practice involve nonblack surfaces, which allow multiple reflections to occur, The analysis of the problem must take into consideration these multiple reflections if correct conclusions are to be drawn.

To make a simple radiation analysis possible, it is common to assume the surfaces of an enclosure to be opaque diffuse grey surfaces.

**1. Radiosity**

Now consider a diffuse, gray surface with a uniform temperature $T$, surface area $A$, emissivity $\varepsilon$, and absorptivity $\alpha$, as shown in Figure 8-21. The energies involved in the surface include: incident radiation $G$, absorption radiation $\alpha G$, reflection radiation $\rho G$, and emissive power of the surface $E$, $E=\varepsilon E_b$.

We define the total radiation energy that leaves the surface per unit time and per unit area as radiosity, denoted by $J$. The radiosity $J$ is the sum of the energy emitted $E$ and the energy reflected $\rho G$ when no energy is transmitted, that is

$$J=E+\rho G=\varepsilon E_b+(1-\alpha)G \tag{8-29}$$

The net radiation energy $q$ of the surface is

$$q=\frac{E_b-J}{\dfrac{1-\varepsilon}{\varepsilon}} \tag{8-32}$$

or

$$\Phi=\frac{E_b-J}{\dfrac{1-\varepsilon}{A\varepsilon}} \tag{8-33}$$

where $\dfrac{1-\varepsilon}{A\varepsilon}$ is called surface resistance to radiation. The surface resistance to radiation for a blackbody is zero since $\varepsilon=1$ and $J=E_b$. The network element of surface resistance that represents Equation (8-33) is shown in Figure 8-22.

**2. Radiation Heat Transfer in Two-Surface Enclosures**

(1) Radiation Heat Transfer in Two-Surface Enclosures

Now consider the exchange of radiation energy by two surfaces, with the surface areas of $A_1$ and $A_2$, temperatures of $T_1$ and $T_2$, and $T_1>T_2$, as shown in Figure 8-23. Of that total radiation leaving surface 1, the amount that reaches surface 2 is

$$\Phi_{1\to 2}=J_1A_1X_{1,2} \tag{8-34}$$

and of that total energy leaving surface 2, the amount that reaches surface 1 is

$$\Phi_{2\to 1}=J_2A_2X_{2,1} \tag{8-35}$$

The net interchange between the two surfaces is

$$\Phi_{1,2}=J_1A_1X_{1,2}-J_2A_2X_{2,1}$$

Applying the reciprocity rule $A_1X_{1,2}=A_2X_{2,1}$, and rearranging equation above, the heat exchange between surface 1 and suface 2 would be

$$\Phi_{1,2}=\frac{J_1-J_2}{\dfrac{1}{A_1X_{1,2}}} \tag{8-36}$$

The net radiation of surface 1 is

$$\Phi_1=\frac{E_{b1}-J_1}{\dfrac{1-\varepsilon_1}{A_1\varepsilon_1}} \tag{8-37}$$

and the net radiation of surface 2 is

$$\Phi_2=\frac{E_{b2}-J_2}{\dfrac{1-\varepsilon_2}{A_2\varepsilon_2}} \tag{8-38}$$

Notice that the radiation energy balance in the enclosure, $\Phi_1=-\Phi_2=\Phi_{1,2}$, we have

$$\Phi_{1,2}=\frac{E_{b1}-E_{b2}}{\frac{1-\varepsilon_1}{A_1\varepsilon_1}+\frac{1}{A_1X_{1,2}}+\frac{1-\varepsilon_2}{A_2\varepsilon_2}} \tag{8-39}$$

This important result is applicable to any two diffuse gray surfaces that form an enclosure. The radiation network constructed for this two-surface enclosure is shown in Figure 8-23, which consists of two surface resistances $\frac{1-\varepsilon_1}{A_1\varepsilon_1}$ and $\frac{1-\varepsilon_2}{A_2\varepsilon_2}$, one space resistance $\frac{1}{A_1X_{1,2}}$. The network element of space resistance is shown in Figure 8-24.

(2) Emissivity of the System

Equation (8-39) can also be expressed as

$$\Phi_{1,2}=\frac{A_1(E_{b1}-E_{b2})}{\left(\frac{1}{\varepsilon_1}-1\right)+\frac{1}{X_{1,2}}+\frac{A_1}{A_2}\left(\frac{1}{\varepsilon_2}-1\right)}=\varepsilon_s A_1(E_{b1}-E_{b2}) \tag{8-40}$$

here

$$\varepsilon_s=\frac{1}{\left(\frac{1}{\varepsilon_1}-1\right)+\frac{1}{X_{1,2}}+\frac{A_1}{A_2}\left(\frac{1}{\varepsilon_2}-1\right)} \tag{8-41}$$

where $\varepsilon_s$ is called the emissivity of the system, and the value of $\varepsilon_s$ is between 0 and 1.

(3) Some Simplified Forms of Radiation Exchange of Two Surfaces

① An Enclosed System with a Convex Surface and a Non-Convex Surface

Consider an enclosed system consisting of a convex surface and a non-convex surface, as shown in Figure 8-2. $X_{1,1}=0$ and $X_{1,2}=1.0$, rewriting Equation (8-39) gives

$$\Phi_{1,2}=\frac{A_1(E_{b1}-E_{b2})}{\frac{1}{\varepsilon_1}+\frac{A_1}{A_2}\left(\frac{1}{\varepsilon_2}-1\right)} \tag{8-42}$$

② Two Infinitely Large Parallel Planes

When two infinite parallel planes are considered, as shown in Figure 8-6, the following simplified relation is given from Equation (8-39)

$$\Phi_{1,2}=\frac{A(E_{b1}-E_{b2})}{\frac{1}{\varepsilon_1}+\frac{1}{\varepsilon_2}-1} \tag{8-43}$$

③ Small Convex Object in Large Enclosure

When a small convex object completely enclosed by a very large concave surface, as shown in Figure 8-25. In this instance $A_1/A_2\to 0$ and $X_{1,2}=1$. The following simplified relation results

$$\Phi_{1,2}=A_1\varepsilon_1(E_{b1}-E_{b2}) \tag{8-44}$$

### 3. Radiation Heat Transfer in Three-Surface Enclosures

To determine the radiation heat transfer in $n$-surface enclosures, the values of the radiosities must be calculated. The most convenient method is to construct a radiation network for this system, and then apply Kirchhoff's current law to the network, which states that the sum of the currents entering a node is zero. Next we illustrate the use of the method for the three-surface enclosures.

(1) Radiation Heat Transfer in Three-Surface Enclosures

Step 1: First draw a surface resistance associated with each of the three surfaces and connect these surface resistances with space resistances, as shown in Figure 8-26, and then construct the network of the system. The three endpoint potentials are $E_{b1}$, $E_{b2}$, $E_{b3}$, and three nodes are $J_1$, $J_2$, $J_3$.

Step 2: Apply Kirchhoff's current law to the network, and give the energy balance equation for each node: the algebraic sum of the currents at each node must be equal to zero. That is

Node 1

$$\frac{E_{b1}-J_1}{\frac{1-\varepsilon_1}{A_1\varepsilon_1}}+\frac{J_2-J_1}{\frac{1}{A_1X_{1,2}}}+\frac{J_3-J_1}{\frac{1}{A_1X_{1,3}}}=0 \tag{8-45}$$

Node 2

$$\frac{E_{b2}-J_2}{\frac{1-\varepsilon_2}{A_2\varepsilon_2}}+\frac{J_1-J_2}{\frac{1}{A_1X_{1,2}}}+\frac{J_3-J_2}{\frac{1}{A_2X_{2,3}}}=0 \tag{8-46}$$

Node 3

$$\frac{E_{b3}-J_3}{\frac{1-\varepsilon_3}{A_3\varepsilon_3}}+\frac{J_1-J_3}{\frac{1}{A_1X_{1,3}}}+\frac{J_2-J_3}{\frac{1}{A_2X_{2,3}}}=0 \tag{8-47}$$

Step 3: In general, the surface areas $A_1$, $A_2$, and $A_3$; emissivities $\varepsilon_1$, $\varepsilon_2$, and $\varepsilon_3$; surface temperatures $T_1$, $T_2$, and $T_3$ are known. Then all we need to solve are the radiosities $J_1$, $J_2$, and $J_3$ from the three Equations (8-45), (8-46), and (8-47). Once the radiosities $J_1$, $J_2$ and $J_3$ are available, the net rate of radiation heat transfers at each surface can be determined.

(2) Some Special Cases of Three-Surface Enclosures

① The Third Surface is a Black Surface

If the third surface is a black surface, the surface resistance $(1-\varepsilon)/A\varepsilon$ is zero with $\varepsilon=1.0$, resulting in $J_3=E_{b3}$. The network is shown in Figure 8-27.

② The Third Surface with a Very Large Area

The network for this case is same to the network with a blackbody surface, is shown in Figure 8-27.

③ The Third Surface is an Insulated Surface

If a surface is perfectly insulated, or re-radiates all the energy incident upon it, it has zero heat flow and $J=G$. The network for this case is shown in Figure 8-28, and the net radiation between surface 1 and surface 2 is

$$\Phi_{1,2}=\frac{E_{b1}-E_{b2}}{\frac{1-\varepsilon_1}{A_1\varepsilon_1}+R_{\Sigma}+\frac{1-\varepsilon_2}{A_2\varepsilon_2}} \tag{8-48}$$

where

$$\frac{1}{R_{\Sigma}}=\frac{1}{\frac{1}{A_1X_{1,2}}}+\frac{1}{\frac{1}{A_1X_{1,3}}+\frac{1}{A_2X_{2,3}}} \tag{8-49}$$

## 8.4 Radiation Shields

One way of reducing radiantion heat transfer between two particular surfaces is to use materials that are highly reflective. An alternative method is to insert a thin, high-reflectivity shell between the two heat-exchange surfaces. Such highly reflective thin plates or shells are called radiation shields. The shields do not deliver or remove any heat from the overall system. The role of the radiation shield is to reduce the rate of radiation heat transfer by placing additional resistances in the path of radiation heat flow.

Consider two parallel infinite plates shown in Figure 8-35. We have shown that the heat exchange between these surfaces may be calculated with Equation (8-39).

$$q_{1,2}=\frac{E_{b1}-E_{b2}}{\dfrac{1}{\varepsilon_1}+\dfrac{1}{\varepsilon_2}-1}$$

The radiation network associated with the two parallel plates is shown in Figure 8-35 (a).

Now consider the same two plates, but with a radiation shield placed between them, as shown in Figure 8-35. The heat transfer will be calculated for this latter case and compared with the heat transfer without the shield.

If the emissivities of all three surfaces are equal, that is $\varepsilon_1=\varepsilon_2=\varepsilon_3$, the heat transfer between the two plates with the radiation shield is determined from Equations (8-49) and (8-50).

$$q_{1,3,2}=\frac{1}{2}\frac{E_{b1}-E_{b2}}{\dfrac{1}{\varepsilon_1}+\dfrac{1}{\varepsilon_2}-1}=\frac{1}{2}q_{1,2} \tag{8-52}$$

The temperature of the shield 3 is

$$T_3^4=\frac{1}{2}(T_1^4+T_2^4) \tag{8-53}$$

Note about the radiation shield:

① The heat flow with radiation shield is just one-half of that which would be experienced if there were no shield present when all emissivities are equal. The radiation network with shield is shown in Figure 8-35 (b).

② Multiple-radiation-shield problems may be treated in the same manner as that outlined above. Considering the radiation network with the number $n$ of radiation shields. If the emissivities of all the surfaces are equal, the resistance with the shields in place is $n+1$ times as large as when the shields are absent. Thus, the heat transfer reduces to

$$q_{1,n,2}=\frac{1}{n+1}q_{1,2} \tag{8-54}$$

③ The lower the emissivity of the radiation shield, the higher the resistance, and the better the effect of reducing the radiation heat transfer.

# 第九章 换热器

换热器是在工程技术中广泛采用的冷、热流体进行热量交换的设备。大多数换热器内的热量传递过程都是包含三个传热环节的“传热过程”。本章将在前面各章所学内容的基础上，首先介绍传热过程的分析和计算，其次介绍换热器的类型和结构，重点介绍间壁式换热器，最后介绍换热器的传热计算。

## 第一节 传热过程

前文指出，传热过程是热量从固体壁面一侧的流体通过固体壁面传递到另一侧流体的过程。一般来说，传热过程由三个相互串联的热量传递环节组成。

① 热量以对流换热的方式从高温流体传递给高温流体侧壁面，有时还存在高温流体与壁面之间的辐射换热。

② 热量以导热的方式从高温流体侧壁面传递到低温流体侧壁面。

③ 热量以对流换热的方式从低温流体侧壁面传递给低温流体，有时还需要考虑壁面与周围环境之间的辐射换热。

传热过程中由高温流体通过固体壁面传递给低温流体的热量可用传热方程式确定：

$$\Phi = kA(t_{f1} - t_{f2}) \tag{9-1}$$

式中，$k$ 称为传热系数，$W/(m^2 \cdot K)$。传热系数是表征传热过程强烈程度的标尺，传热过程越强烈，传热系数越大，反之则越小。

针对不同形状的固体壁面，传热系数的形式有所不同。

**1. 通过大平壁的传热过程**

对第三类边界条件下，通过单层大平壁的稳态传热过程，如图 9-1 所示，其传热量可表示为：

$$\Phi = \frac{t_{f1} - t_{f2}}{\dfrac{1}{h_1 A} + \dfrac{\delta}{\lambda A} + \dfrac{1}{h_2 A}} \tag{9-2}$$

传热系数可表示为：

$$k = \frac{1}{\dfrac{1}{h_1} + \dfrac{\delta}{\lambda} + \dfrac{1}{h_2}} \tag{9-3}$$

式(9-3)中的表面传热系数 $h_1$、$h_2$，可以根据对流换热问题的类型和特点，由前文的相应公式进行计算或选用。还需指出的是，如果流过固体壁面的流体是含有二氧化碳、水蒸气等三原子气体的烟气，则一般需要同时考虑对流换热和辐射换热，此时的表面传热系数是该复合换热的表面传热系数。例如，锅炉省煤器中烟气侧的换热就属于这种情况。针对通过圆筒壁以及肋片的传热过程，这种做法同样适用。

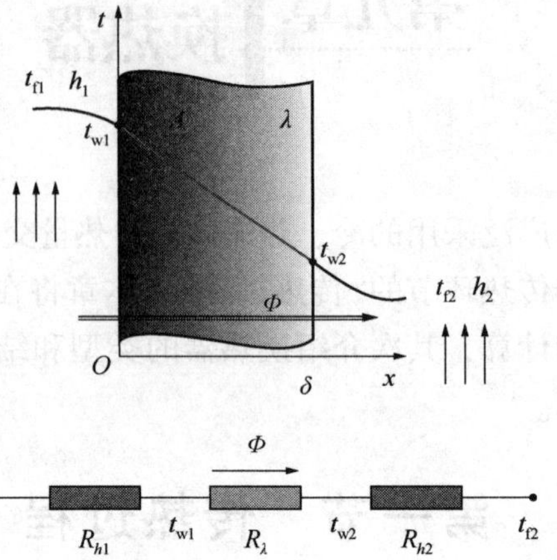


图 9-1　第三类边界条件下单层平壁的稳态导热

**2. 通过圆筒壁的传热过程**

在第三类边界条件下，通过单层圆筒壁的稳态传热过程如图 9-2 所示，其传热量可表示为：

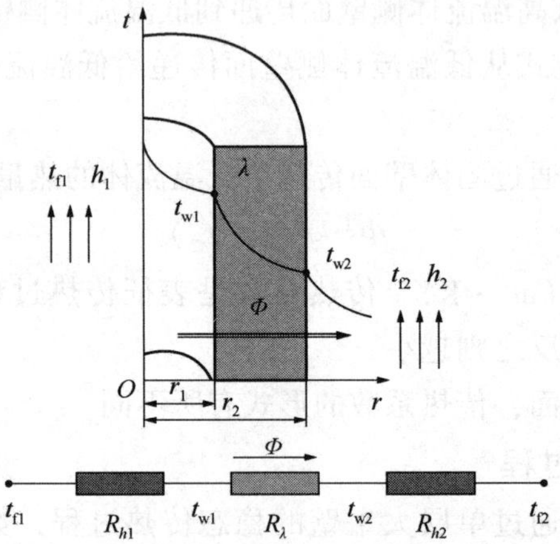


图 9-2　第三类边界条件下，通过单层圆筒壁的稳态传热过程

$$\Phi=\frac{t_{f1}-t_{f2}}{\dfrac{1}{\pi d_1 l h_1}+\dfrac{1}{2\pi\lambda l}\ln\dfrac{d_2}{d_1}+\dfrac{1}{\pi d_2 l h_2}} \tag{9-4}$$

若以管内侧面积为基准，传热方程式可表示为：

$$\Phi=k_1\pi d_1 l(t_{f1}-t_{f2}) \tag{9-5}$$

相应地，传热系数 $k_1$ 可表示为：

$$k_1=\frac{1}{\frac{1}{h_1}+\frac{d_1}{2\lambda}\ln\frac{d_2}{d_1}+\frac{1}{h_2}\frac{d_1}{d_2}} \tag{9-6}$$

若以管外侧面积为基准，传热方程式可表示为：

$$\Phi=k_2\pi d_2 l(t_{f1}-t_{f2}) \tag{9-7}$$

相应地，传热系数 $k_2$ 可表示为：

$$k_2=\frac{1}{\frac{1}{h_1}\frac{d_2}{d_1}+\frac{d_2}{2\lambda}\ln\frac{d_2}{d_1}+\frac{1}{h_2}} \tag{9-8}$$

以上各式表明，由于圆管内、外表面积不同，在分析计算时必须基于全部表面积计算。习惯上，工程计算中通过圆筒壁的传热过程，其传热系数常以管外侧面积为基准。需要注意的是，在管道的实际运行中，管子内、外侧常会沉积各种污垢，如水垢、灰垢等。此时，传热过程的总热阻还需增加相应的污垢热阻，相应地，传热系数中也需增加相应项。污垢热阻的参考值见表 9-1。还需指出的是，在实际管道的传热过程中，管道壁的导热热阻远小于管道两侧的对流换热热阻，因此，总热阻主要取决于表面传热系数较小一侧的热阻。

**表 9-1　污垢热阻的参考值**

| 介质 | | 污垢热阻/[(m² · ℃)/W] | |
|---|---|---|---|
| | | 供热介质温度 115℃以下，水温 50℃以下 | 供热介质温度 115~205℃，水温 50℃以上 |
| 水 | 蒸馏水 | 0.0001 | 0.0001 |
| | 海水 | 0.0001 | 0.0002 |
| | 硬度不高的自来水和井水 | 0.0002 | 0.0005 |
| | 经过水处理的锅炉给水 | 0.0002 | 0.0005 |
| | 多泥沙的河水 | 0.0007 | 0.001 |
| 汽油，有机液体 | | 0.0002 | |
| 石油制品(液体) | | 0.0002~0.001 | |
| 盐水 | | 0.0005 | |
| 淬火油 | | 0.0009 | |
| 润滑油，变压器油 | | 0.0002 | |
| 含油蒸气，有机蒸气 | | 0.0002 | |
| 制冷剂蒸气(含油) | | 0.0005 | |
| 燃气，焦炉气 | | 0.0002 | |

### 3. 通过肋片的传热过程

在固体壁面上加装肋片的主要目的是强化传热。前文分析指出，肋片通常安装在表面传热系数较小的一侧。由于该侧的热阻较大，在总热阻中起主要作用，故在该侧加装肋片，增大该侧面积，可有效减小该侧热阻，从而增加总传热量。对通过肋片的稳态传热过程，如图 9-3所示，传热量可表示为：

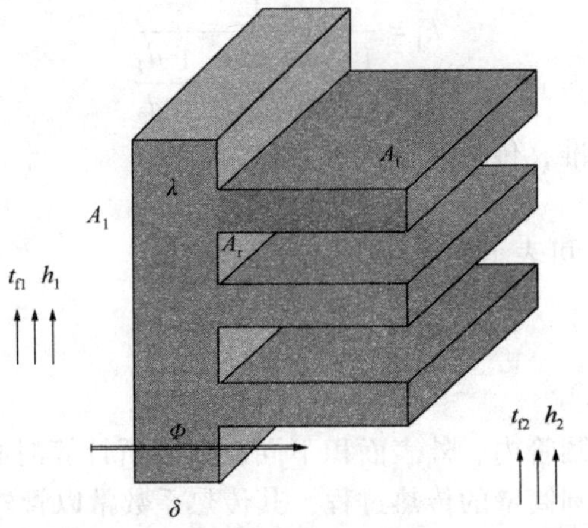


图 9-3 通过肋片的稳态传热过程

$$\Phi=\frac{t_{f1}-t_{f2}}{\frac{1}{h_1A_1}+\frac{\delta}{\lambda A_1}+\frac{1}{h_2\eta_0A_2}} \tag{9-9}$$

式中，$\eta_0=\frac{A_r+\eta_fA_f}{A_2}=\frac{A_r+\eta_fA_f}{A_r+A_f}$，称为肋面总效率；$A_1$为左侧(未加装肋片侧)光侧表面积；$A_2$为右侧(加装肋片侧)肋化总表面积；$A_r$为肋基部分所占面积；$A_f$为肋片部分所占面积；$A_2=A_r+A_f$。

若以右侧加装肋片侧肋化总表面积$A_2$为基准，传热方程式可表示为：

$$\Phi=k_2A_2(t_{f1}-t_{f2}) \tag{9-10}$$

相应地，传热系数 $k_2$ 可表示为：

$$k_2=\frac{1}{\frac{1}{h_1}\frac{A_2}{A_1}+\frac{\delta}{\lambda}\frac{A_2}{A_1}+\frac{1}{h_2\eta_0}} \tag{9-11}$$

若以左侧未加装肋片侧光侧表面积$A_1$为基准，传热方程式可表示为：

$$\Phi=k_1A_1(t_{f1}-t_{f2}) \tag{9-12}$$

相应地，传热系数 $k_1$ 可表示为：

$$k_1=\frac{1}{\frac{1}{h_1}+\frac{\delta}{\lambda}+\frac{1}{h_2\eta_0}\frac{A_1}{A_2}} \tag{9-13}$$

令$\beta=\frac{A_2}{A_1}$，$\beta$称为肋化系数，即加装肋片后肋化侧的总表面积与未加装肋片时光侧的表面积之比。通常，$\beta$往往远大于1，且$\eta_0\beta$往往也远大于1，从而使加装肋片侧的换热热阻由$1/h_2$降低到$1/h_2\eta_0\beta$，传热量大大增加。还需指出的是，在工程计算中，为了表征一种肋化表面相对于光滑表面的优越性，计算传热量以及传热系数时，通常以未加装肋片时的表面积为基准。

**例题 9-1** 通过大平壁的传热过程

锅炉炉壁由三层材料组成，内层是厚度$\delta_1=0.23$m、导热系数$\lambda_1=1.2$W/(m·℃)的耐火砖层；外层是厚度$\delta_3=0.24$m、导热系数$\lambda_3=0.6$ W/(m·℃)的红砖；两层中间填以厚度$\delta_2=0.05$m、导热系数$\lambda_2=0.095$W/(m·℃)的石棉作为隔热层。炉墙内侧烟气温度$t_{f1}=$

511℃，烟气侧的换热系数 $h_1=35\text{W}/(\text{m}^2\cdot℃)$；厂房环境内空气温度 $t_{f2}=22℃$，空气侧的换热系数 $h_2=15\text{W}/(\text{m}^2\cdot℃)$。试计算：(1)通过该炉墙的热损失；(2)炉墙内、外表面的温度 $t_{w1}$、$t_{w4}$。

**解**：本题是关于通过锅炉炉壁的传热过程，热量由炉内烟气通过三层炉壁传递给厂房内空气，单位面积的传热量为：

$$q=k(t_{f1}-t_{f2})$$

或用各环节热阻表示为：

$$q=\frac{t_{f1}-t_{f2}}{\dfrac{1}{h_1}+\sum_{i=1}^{3}\dfrac{\delta_i}{\lambda_i}+\dfrac{1}{h_2}}$$

计算传热过程的传热系数 $k$ 为：

$$k=\frac{1}{\dfrac{1}{h_1}+\sum_{i=1}^{3}\dfrac{\delta_i}{\lambda_i}+\dfrac{1}{h_2}}=\frac{1}{\dfrac{1}{h_1}+\dfrac{\delta_1}{\lambda_1}+\dfrac{\delta_2}{\lambda_2}+\dfrac{\delta_3}{\lambda_3}+\dfrac{1}{h_2}}$$

$$=\frac{1}{\dfrac{1}{35\text{W}/(\text{m}^2\cdot℃)}+\dfrac{0.23\text{m}}{1.2\text{W}/(\text{m}\cdot℃)}+\dfrac{0.05\text{m}}{0.095\text{W}/(\text{m}\cdot℃)}+\dfrac{0.24\text{m}}{0.6\text{W}/(\text{m}\cdot℃)}+\dfrac{1}{15\text{W}/(\text{m}^2\cdot℃)}}$$

$$=0.824\text{W}/(\text{m}^2\cdot℃)$$

因此，通过炉墙的热损失为：

$$q=k(t_{f1}-t_{f2})=0.824\text{W}/(\text{m}^2\cdot℃)\times(511℃-22℃)=403\text{W}/\text{m}^2$$

计算炉墙内、外表面温度为：

$$t_{w1}=t_{f1}-\frac{1}{h_1}q=511℃-\frac{1}{35\text{W}/(\text{m}^2\cdot℃)}\times403\text{W}/\text{m}^2=499.5℃$$

$$t_{w4}=t_{f2}+\frac{1}{h_2}q=22℃+\frac{1}{15\text{W}/(\text{m}^2\cdot℃)}\times403\text{W}/\text{m}^2=49℃$$

**例题 9-2**　管道处于空气中的传热过程

温度为98℃、流速为25cm/s 的热水在直径为5.25cm、壁厚为0.39cm 的水平钢管内流动。钢管的外表面暴露在20℃的大气环境中。已知钢管的导热系数 $\lambda=54\text{W}/(\text{m}\cdot℃)$，钢管内热水侧的表面传热系数 $h_1=1960\text{W}/(\text{m}^2\cdot℃)$，钢管外空气侧的表面传热系数 $h_2=7.9\text{W}/(\text{m}^2\cdot℃)$。基于钢管的外表面，计算该传热过程的传热系数和传热量。

**解**：本题是关于通过钢管壁面，热量由钢管内热水传递给钢管外空气的传热过程。基于钢管的外表面，单位管长的传热方程式为：

$$\Phi_l=k\pi d_2(t_{f1}-t_{f2})$$

或用各环节的热阻表示为：

$$\Phi_l=\frac{t_{f1}-t_{f2}}{\dfrac{1}{\pi d_1h_1}+\dfrac{1}{2\pi\lambda}\ln\dfrac{d_2}{d_1}+\dfrac{1}{\pi d_2h_2}}$$

式中，各环节热阻分别为：

$$R_{h1}=\frac{1}{\pi d_1h_1}=\frac{1}{\pi\times0.0525\text{m}\times1960\text{W}/(\text{m}^2\cdot℃)}=0.003095(\text{m}\cdot℃)/\text{W}$$

$$R_\lambda=\frac{1}{2\pi\lambda}\ln\frac{d_2}{d_1}=\frac{1}{2\pi\times54\text{W}/(\text{m}\cdot℃)}\ln\frac{0.0603\text{m}}{0.0525\text{m}}=0.0004085(\text{m}\cdot℃)/\text{W}$$

$$R_{h2}=\frac{1}{\pi d_2h_2}=\frac{1}{\pi\times0.0603\text{m}\times7.9\text{W}/(\text{m}^2\cdot℃)}=0.668538(\text{m}\cdot℃)/\text{W}$$

因此，该传热过程的传热量为：

$$\Phi_l=\frac{98℃-20℃}{0.003095(\text{m}\cdot℃)/\text{W}+0.0004085(\text{m}\cdot℃)/\text{W}+0.668538(\text{m}\cdot℃)/\text{W}}=116.06\text{W/m}$$

相应地，传热系数可表示为：

$$k=\frac{1}{\frac{1}{h_1}\frac{d_2}{d_1}+\frac{d_2}{2\lambda}\ln\frac{d_2}{d_1}+\frac{1}{h_2}}$$

代入数据，有：

$$k=\frac{1}{\frac{1}{1960\text{W}/(\text{m}^2\cdot℃)}\frac{0.0603\text{m}}{0.0525\text{m}}+\frac{0.0603\text{m}}{2\times54\text{W}/(\text{m}\cdot℃)}\ln\frac{0.0603\text{m}}{0.0525\text{m}}+\frac{1}{7.9\text{W}/(\text{m}^2\cdot℃)}}$$

$$=\frac{1}{0.000586(\text{m}^2\cdot℃)/\text{W}+0.000077(\text{m}^2\cdot℃)/\text{W}+0.126582(\text{m}^2\cdot℃)/\text{W}}$$

$$=7.86\text{W}/(\text{m}^2\cdot℃)$$

总结：对比钢管内热水侧表面传热系数和钢管外空气侧表面传热系数可见，钢管内热水侧(液体)的表面传热系数远大于钢管外空气侧(气体)的表面传热系数。通过各环节热阻的计算结果可见，总热阻主要取决于表面传热系数较小侧热阻，即钢管外空气侧热阻，总传热系数也主要取决于表面传热系数较小侧的表面传热系数。

**例题 9-3** 管道暴露在蒸汽中的传热过程

若例题 9-2 中的管道暴露在蒸汽中，钢管外蒸汽的压力为 1atm，温度为 100℃。钢管内侧热水的表面传热系数不变，仍为 1960W/(m² · ℃)，但钢管外蒸汽侧的表面传热系数改变为 32790W/(m² · ℃)。试计算该传热过程的传热量，以及总传热系数。

**解**：本题是关于通过钢管壁面，热量由钢管内热水传递给钢管外蒸汽的传热过程。通过单位管长的传热量可表示为：

$$\Phi_l=\frac{t_{f1}-t_{f2}}{\frac{1}{\pi d_1h_1}+\frac{1}{2\pi\lambda}\ln\frac{d_2}{d_1}+\frac{1}{\pi d_2h_2}}$$

式中，各环节热阻分别为：

$$R_{h1}=\frac{1}{\pi d_1h_1}=\frac{1}{\pi\times0.0525\text{m}\times1960\text{W}/(\text{m}^2\cdot℃)}=0.003095(\text{m}\cdot℃)/\text{W}$$

$$R_\lambda=\frac{1}{2\pi\lambda}\ln\frac{d_2}{d_1}=\frac{1}{2\pi\times54\text{W}/(\text{m}\cdot℃)}\ln\frac{0.0603\text{m}}{0.0525\text{m}}=0.0004085(\text{m}\cdot℃)/\text{W}$$

$$R_{h2}=\frac{1}{\pi d_2h_2}=\frac{1}{\pi\times0.0603\text{m}\times32790\text{W}/(\text{m}^2\cdot℃)}=0.0001611(\text{m}\cdot℃)/\text{W}$$

因此，该传热过程的传热量为：

$$\Phi_l=\frac{100℃-98℃}{0.003095(\text{m}\cdot℃)/\text{W}+0.0004085(\text{m}\cdot℃)/\text{W}+0.0001611(\text{m}\cdot℃)/\text{W}}=545.76\text{W/m}$$

基于钢管外侧表面积，传热系数可表示为：

$$k=\frac{1}{\frac{1}{h_1}\frac{d_2}{d_1}+\frac{d_2}{2\lambda}\ln\frac{d_2}{d_1}+\frac{1}{h_2}}$$

代入数据，有：

$$k=\frac{1}{\frac{1}{1960\text{W}/(\text{m}^2\cdot ℃)}\frac{0.0603\text{m}}{0.0525\text{m}}+\frac{0.0603}{2\times 54\text{W}/(\text{m}\cdot ℃)}\ln\frac{0.0603\text{m}}{0.0525\text{m}}+\frac{1}{32790\text{W}/(\text{m}^2\cdot ℃)}}$$

$$=\frac{1}{0.000586(\text{m}^2\cdot ℃)/\text{W}+0.000077(\text{m}^2\cdot ℃)/\text{W}+0.0000305(\text{m}^2\cdot ℃)/\text{W}}$$

$$=1441.96\text{W}/(\text{m}^2\cdot ℃)$$

总结：当钢管外侧为蒸汽时，该侧的表面传热系数远大于钢管内热水侧的表面传热系数，故热阻远小于钢管内热水侧的热阻。不仅如此，蒸汽侧的热阻也小于管道壁面的导热热阻。此时，总热阻主要取决于钢管内热水侧的热阻，总传热系数也主要取决于该侧的表面传热系数。这种情况与例题 9-2 中钢管外为空气时完全不同。

## 第二节　换热器

凡用来实现热量从热流体传递到冷流体，以满足规定工艺要求的设备，统称为换热器，又称为热交换器，或称为热交换设备。换热器是工业上各行业以及日常生活中应用非常广泛的热量交换设备。本节主要介绍换热器的类型和结构。

**1. 换热器的类型**

换热器的类型有很多，可以按不同的分类方式进行分类。按照其工作原理，可分为混合式、蓄热式以及间壁式三大类。

混合式换热器的工作特点是，冷、热流体直接接触，通过互相混合来实现热量交换。例如，火力发电厂中的大型冷却水塔、空调系统中的中小型冷却水塔、化工厂中的洗涤塔等。混合式换热器一般用于冷、热流体是同一种物质的情况，如冷水和热水、水和水蒸气等；有时也用于冷、热流体虽然不是同一种物质，但混合换热后非常容易分离的情况，如水和空气。在工程实际中，绝大多数情况下，冷、热流体不能相互混合，所以混合式换热器在应用上受到了限制。

蓄热式换热器的特点是，冷、热两种流体依次交替地流过同一个换热面(称为蓄热体)，热流体流过时，换热面吸收并积蓄热流体放出的热量；而冷流体流过时，换热面则将热量释放给冷流体。通过换热面交替式地吸收、放出热量，从而实现冷、热流体之间的热量交换。例如，火力发电厂中大型锅炉中的蓄热式空气预热器就是蓄热式换热器。这种换热器的热量传递过程是非稳态的。

间壁式换热器的特点是，冷、热流体由壁面分隔开，热量通过壁面由高温流体传递给低温流体，这种热量传递过程即前文讨论的传热过程。间壁式换热器的应用非常广泛。下文重点介绍间壁式换热器。

**2. 间壁式换热器的类型**

间壁式换热器的形式有很多种，按照其结构，可分为管壳式、肋片管式、板式、板翅式、螺旋板式等。按照冷、热流体的相对流动方向，可分为顺流、逆流、交叉流及混合流四种流动形式，如图 9-4 所示。如果冷、热流体平行而同向流动，称为顺流；如果冷、热流体平行而反向流动，称为逆流；如果冷、热流体彼此垂直交叉流动，称为交叉流；混合流是顺流、逆流及交叉流的混合形式。

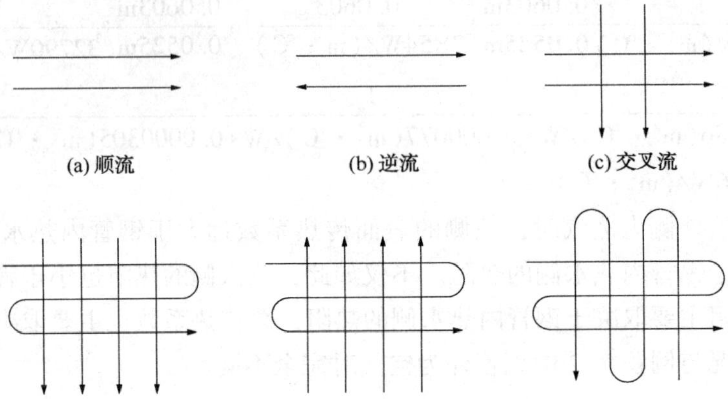


图 9-4　间壁式换热器流动形式示意图

（1）管壳式换热器

管壳式换热器是间壁式换热器的一种主要形式，它是由内管和外壳构成的换热设备。图 9- 5所示是最简单的管壳式换热器示意图，也称为套管式换热器。它由一根直径较小的内管套上一根直径较大的外管组成，冷、热流体分别在内管和管外壳内流过。根据冷、热流体的相对流动方向不同，管壳式换热器分为顺流式和逆流式两种。

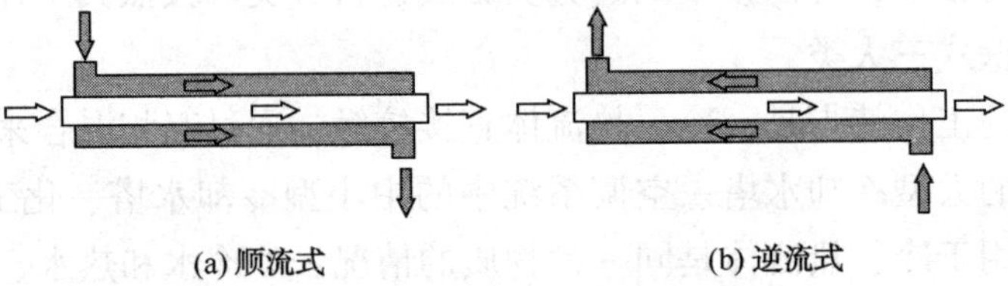


图 9-5　套管式换热器示意图

工程上常用的管壳式换热器，其换热面由管束构成，管子的两端固定在管板上，管束与管板再封装在外壳内，外壳两端有封头，如图 9-6 所示。换热时，一种流体在管内流动，另一种流体在管外壳内流动。管内流体从换热器的一端封头流入管内，流至另一端封头时，称为流经一个管程。在多管组的管壳式换热器中，管束分成规格相同的几组管子，管内流动的流体被均匀分配流入每根管子，依次流经几个管程之后再流出换热器。管外壳内流体从外壳上的连接管进入换热器，在壳体与管子之间流动，这条路径称为壳程。管程流体与壳程流体互不掺混，通过管壁进行热量交换。在外壳内安装折流板的作用有两个方面：一方面控制了管外壳内流体流动的方向，使其能比较均匀地横向冲刷管束，在相同流速下，流体横掠管子比纵掠管子的换热效果好；另一方面，可使壳内管外流体与内管外壁的接触更好，改善换热条件。

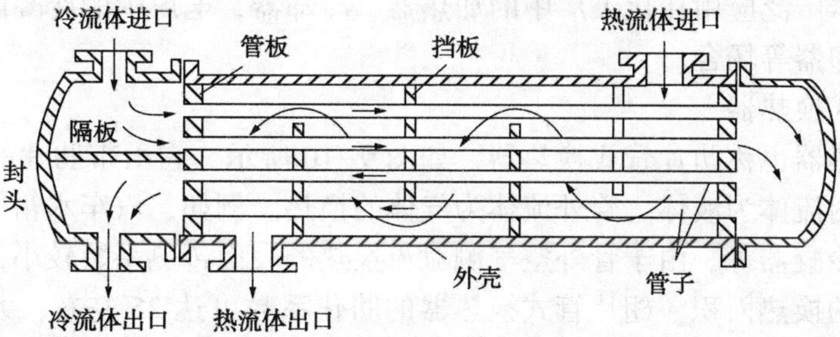


图 9-6　简单的管壳式换热器示意图

图 9-6 所示是一种 2 管程换热器，在换热器中，一端的封头内加了一块隔板，构成了两管程的结构。工程上，常常根据需要将几个管壳式换热器串联起来，形成多管程多壳程的管壳式换热器。图 9-6 中的换热器又称为 1-2 型换热器，其中 1 表示壳程数，2 表示管程数，其立体图如图 9-7所示，图中管束采用 U 形管。这种结构形式的优点是，可以避免因管子受热膨胀引起的热应力。图 9-8 所示为 2-4 型换热器，具有 2 个壳程 4 个管程顺流式换热，管内流体同侧流入同侧流出。图 9-9 所示为 3-6 型换热器，具有 3 个壳程 6 个管程逆流式换热。

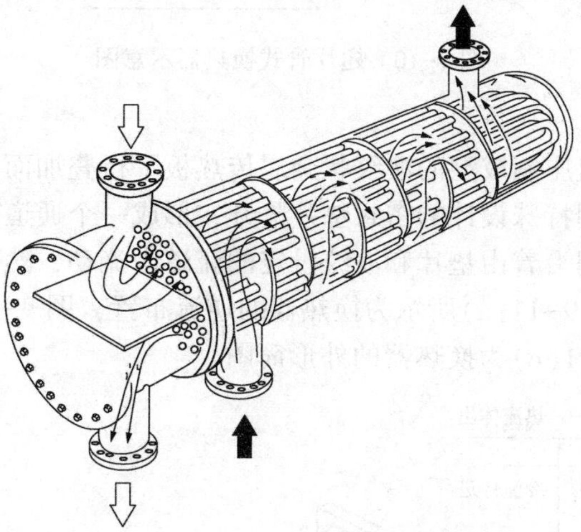

图 9-7　1-2 型换热器立体示意图

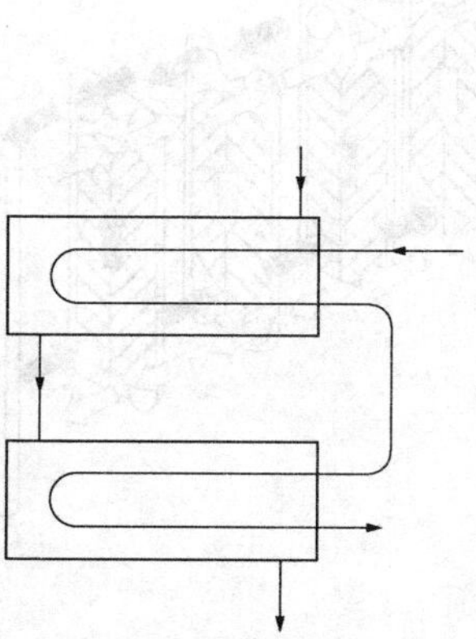

图 9-8　2-4 型换热器示意图

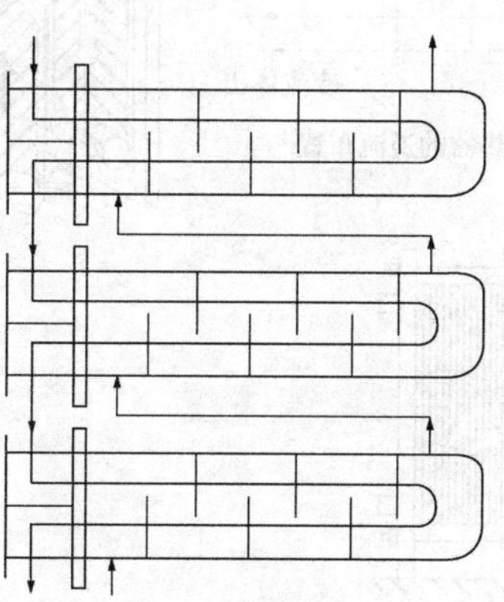

图 9-9　3-6 型换热器示意图

间壁式换热器广泛应用在化工厂中的加热器、冷却器，电厂中的冷凝器、冷油器以及压缩机中的中间冷却器等场合。

（2）翅片管式换热器

翅片管式换热器也称肋片管式换热器，如图 9-10 所示，它由带肋片的管束组成。这类换热器适用于管内流体为液体、管外流体为气体的换热。例如，汽车水箱的散热器以及空调系统的蒸发器、冷凝器等。由于管外空气侧对流换热的表面传热系数较小，故在管外侧加装肋片，增加该侧的换热面积。翅片管式换热器的肋化系数可达 25 左右，大大增加了空气侧的换热面积，强化了整个换热过程。

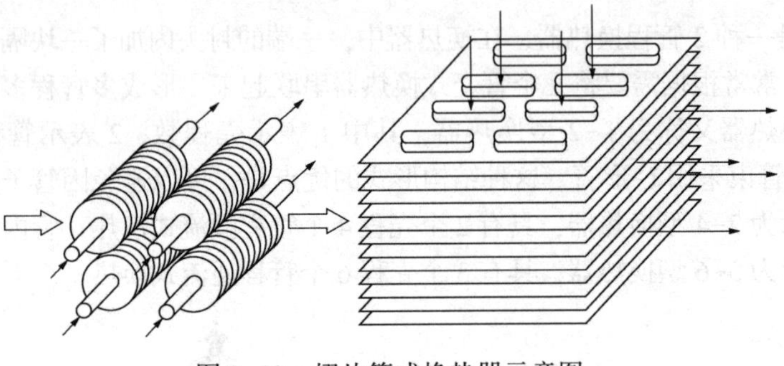

图 9-10　翅片管式换热器示意图

（3）板式换热器

板式换热器是由一组压制成型的波纹状金属传热板平行叠加而成的，传热板的四角开有角孔，两相邻板片之间用特殊设计的密封垫片隔开，形成一个通道。冷、热流体分别由一个角孔流入，间隔地在板间沿着由垫片和波纹设定的流道内流动，然后在另一侧角孔流出，如图 9-11 所示。其中，图 9-11(a)所示为换热器的逆流布置，图 9-11(b)所示为换热器换热表面的排列形式，图 9-11(c)为换热器的外形简图。

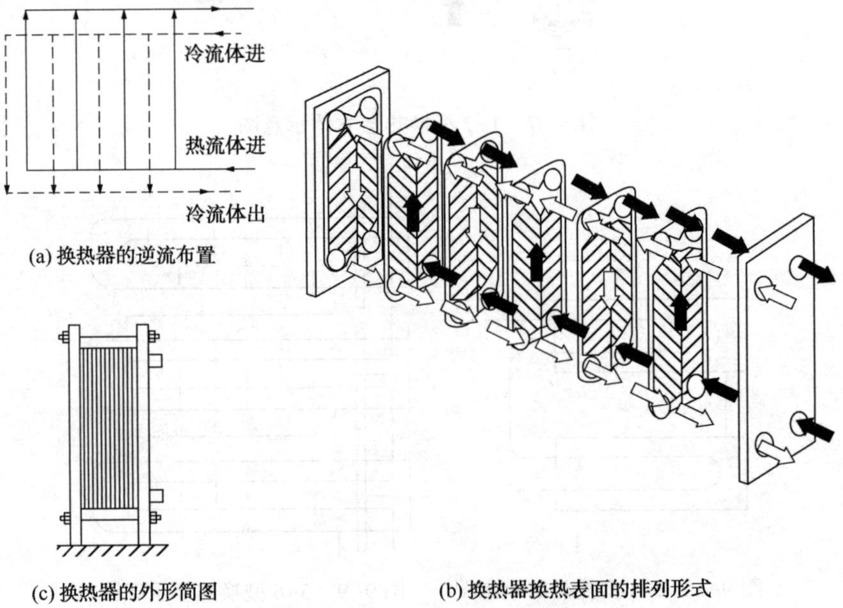


图 9-11　板式换热器结构及流程示意图

板式换热器中传热板片是关键元件，板片的形式直接影响到总传热系数、流动阻力以及耐压能力。板片的材料通常为不锈钢，对于腐蚀性较强的流体，可用钛钢。板式换热器传热系数大，流动阻力相对较小，结构紧凑，金属消耗量低，使用灵活性大，拆装清洗方便，被广泛应用在供暖系统、化工、食品、医药等部门中。

（4）板翅式换热器

板翅式换热器是由金属板和波纹板形翅片层叠、交错焊接而成的。冷、热流体呈交叉方向流动，冷、热流体都不能自由掺混，如图 9-12 所示。板翅式换热器结构紧凑，单位体积的换热面积大，但清洗困难，不易检修，适用于清洁无腐蚀性流体之间的换热，其广泛应用在低温工程中。

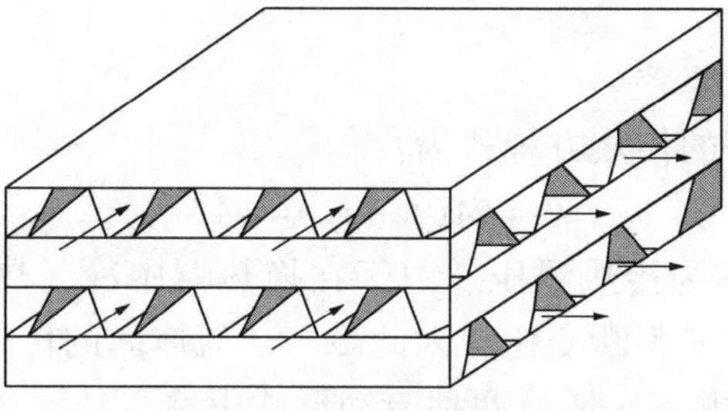

图 9-12　板翅式换热器结构示意图

（5）螺旋板式换热器

螺旋板式换热器由两块平行金属板卷制而成，构成两个螺旋通道，冷、热流体分别在两个通道内流动，如图 9-13 所示。螺旋板式换热器的换热效果较好。其优点是结构简单，制造工艺简单，流动阻力小，价格低廉；缺点是不易清洗，承压能力低，换热器的密封比较困难。

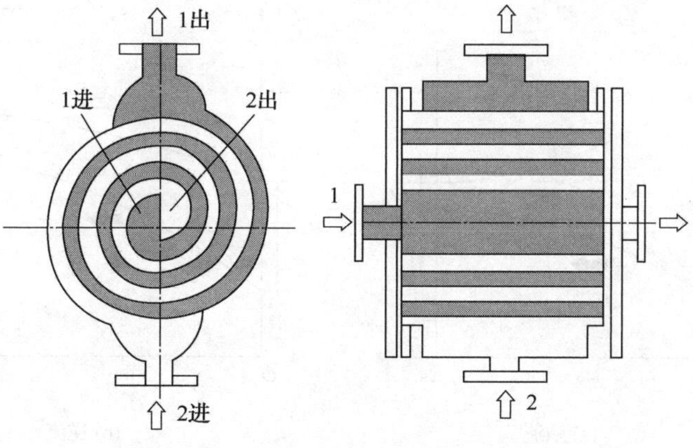


图 9-13　螺旋板式换热器结构示意图

以上分别介绍了 5 种典型的间壁式换热器。实际使用中，可以根据不同的应用条件，如冷、热流体的性质、温度及压力范围、污染程度等加以选择。此外，换热器中冷、热流体的流动形式不同，在冷、热流体进口温度相同、流量相同以及换热面积相同的条件下，将影响冷、热流体的出口温度、换热温差、换热量以及换热器内的温度分布，进而影响换热器内的热应力分布。因此，选择什么样的流动形式是进行换热器设计时必须考虑的重要问题之一。

# 第三节　换热器的传热计算

根据计算目的不同，换热器的传热计算分为两种类型：设计计算与校核计算。所谓设计计算，是根据给定的换热条件和使用要求，设计一台新的换热器。设计计算中，需要确定换热器的形式、结构以及换热面积。而校核计算是对已有的换热器进行校核，看其能否满足一定的换热要求，通常需要计算流体的出口温度、换热量以及流动阻力等。换热器的传热计算有两种方法：平均温差法与效能-传热单元数法。下文将分别介绍这两种方法。

**1. 平均温差法**

（1）换热器的传热平均温差

前文中指出，传热过程的传热方程式为：

$$\Phi = kA(t_{f1} - t_{f2}) = kA\Delta t$$

式中，$\Delta t$ 为传热温差，又称为传热温压。由于在换热器中冷、热流体沿换热面流动时不断换热，它们的温度沿流动方向不断变化，因此冷、热流体间的传热温差沿流动方向也在不断变化。图 9-14 所示分别为顺流、逆流两种流动形式下冷、热流体温度沿程的变化情况。图中温度 $t$ 的下角标的含义分别如下："1"表示热流体，"2"表示冷流体；上角标的含义分别如下："′"表示进口温度，"″"表示出口温度。

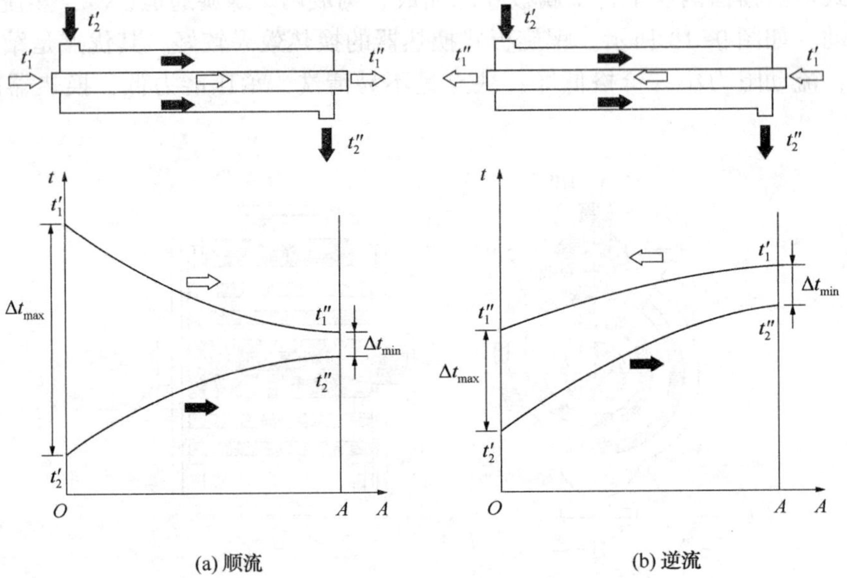


图 9-14　换热器中流体温度沿程变化的示意图

换热器在稳定状态下运行时，热流体在流动过程中通过间壁将热量传递给冷流体。热流体的放热量为：

$$\Phi = q_{m1}c_{p1}(t_1' - t_1'') \tag{9-14}$$

冷流体的吸热量为：

$$\Phi = q_{m2}c_{p2}(t_2'' - t_2') \tag{9-15}$$

如果不考虑通过换热器结构的热损失，则冷、热流体的热平衡方程式可表示为：

$$q_{m1}c_{p1}(t_1'-t_1'')=q_{m2}c_{p2}(t_2''-t_2') \tag{9-16}$$

式(9-14)、式(9-15)中 $q_{m1}$、$q_{m2}$分别为热、冷流体的质量流量，kg/s；$c_{p1}$、$c_{p2}$分别为热、冷流体的定压比热容，J/(kg·K)；$q_{m1}c_{p1}$、$q_{m2}c_{p2}$分别称为热、冷流体的水当量，W/K。由式(9-16)可以看出，流体流动过程中的温度变化量与其水当量成反比。水当量小的流体温度变化快，即容易升温或降温；相反，水当量大的流体温度变化小，即不容易升温或降温。

由图 9-14 可以看出，沿换热器长度方向，热流体与冷流体的温度差 $\Delta t$ 是变化的，同时也导致传热系数沿长度方向发生变化。因此，在换热器的传热计算中，传热方程式中的传热温差应是整个换热器传热面的平均温差 $\Delta t_m$。相应地，传热方程式可表示为：

$$\Phi=kA\Delta t_m \tag{9-17}$$

式中，$k$ 为换热器的平均传热系数，W/(m²·K)；$\Delta t_m$ 为换热器内冷、热流体的平均温差，或称为平均温压，℃；$A$ 为换热器的换热面积，m²。

为推导平均温差计算式，作如下假设：

① 热流体的质量 $q_{m1}$ 和定压比热容 $c_{p1}$ 以及冷流体的质量 $q_{m2}$ 和定压比热容 $c_{p2}$ 在整个换热面上都是常量。

② 传热系数在整个换热面上保持不变。

③ 换热器无散热损失。

④ 沿换热器轴向，导热量可以忽略不计。

⑤ 在换热器中流体无相变。

以顺流式换热器为例，如图 9-15 所示，在换热表面选取微元换热面积 d$A$，在微元面积两侧，热流体的温度为 $t_1$，冷流体的温度为 $t_2$，二者的温度差为 $\Delta t$，即：

$$\Delta t=t_1-t_2 \tag{9-18}$$

则通过微元表面的传热量为：

$$\mathrm{d}\Phi=k\mathrm{d}A\Delta t=k\mathrm{d}A(t_1-t_2) \tag{9-19}$$

其中，热流体在 d$A$ 上放出热量 d$\Phi_1$，温度降低了 d$t_1$，则有：

$$\mathrm{d}\Phi_1=-q_{m1}c_{p1}\mathrm{d}t_1 \tag{9-20}$$

同理，冷流体在 d$A$ 上吸收热量 d$\Phi_2$，温度升高了 d$t_2$，则有：

$$\mathrm{d}\Phi_2=q_{m2}c_{p2}\mathrm{d}t_2 \tag{9-21}$$

将式(9-18)微分，并将式(9-20)、式(9-21)中的 d$t_1$、d$t_2$ 代入微分式中，且 d$\Phi_1$=d$\Phi_2$=d$\Phi$，则有：

$$\mathrm{d}(\Delta t)=\mathrm{d}t_1-\mathrm{d}t_2=-\left(\frac{1}{q_{m1}c_{p1}}+\frac{1}{q_{m2}c_{p2}}\right)\mathrm{d}\Phi=-\mu\mathrm{d}\Phi \tag{9-22}$$

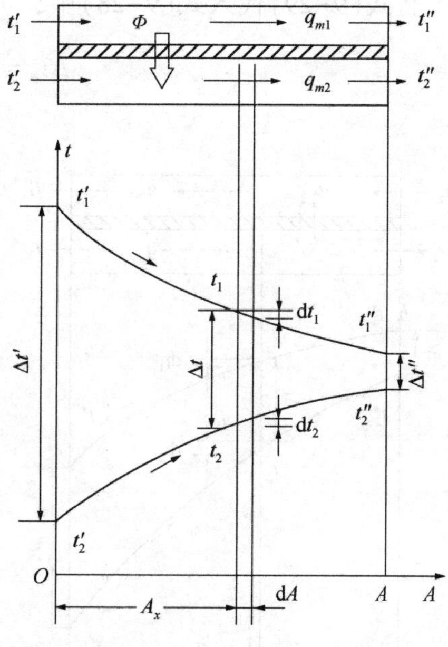


图 9-15　顺流式换热器平均温差的推导

式中，$\mu=\dfrac{1}{q_{m1}c_{p1}}+\dfrac{1}{q_{m2}c_{p2}}$，为简化表达引入的参数。再将式(9-19)代入式(9-22)中，可得：

$$\mathrm{d}(\Delta t)=-\mu k\mathrm{d}A\Delta t \tag{9-23}$$

分离变量，可得：

$$\frac{d(\Delta t)}{\Delta t}=-\mu k dA \tag{9-24}$$

积分上式，可得：

$$\int_{\Delta t'}^{\Delta t_x}\frac{d(\Delta t)}{\Delta t}=-\mu k\int_0^{A_x}dA \tag{9-25}$$

式(9-25)中，左、右两侧积分的上、下限分别代表 $A=0$ 处与 $A=A_x$ 处的温度差 $\Delta t'$ 与 $\Delta t_x$，积分后结果为：

$$\ln\frac{\Delta t_x}{\Delta t'}=-\mu k A_x \tag{9-26}$$

即：

$$\Delta t_x=\Delta t' e^{-\mu k A_x} \tag{9-27}$$

由此可见，冷、热流体的温度差沿换热面呈负指数规律变化，整个换热面的平均温差可表示为：

$$\Delta t_m=\frac{1}{A}\int_0^A \Delta t_x dA=\frac{1}{A}\int_0^A \Delta t' e^{-\mu k A_x}dA=\frac{\Delta t'}{A}\int_0^A e^{-\mu k A_x}dA=-\frac{\Delta t'}{\mu k A}(e^{-\mu k A}-1) \tag{9-28}$$

当 $A_x=A$ 时温度差 $\Delta t_x=\Delta t''$，则式(9-26)可表示为：

$$\ln\frac{\Delta t''}{\Delta t'}=-\mu k A \tag{9-29}$$

将式(9-29)代入式(9-28)中，可得整个换热面的平均温差为：

$$\Delta t_m=\frac{\Delta t'}{\ln\frac{\Delta t''}{\Delta t'}}\left(\frac{\Delta t''}{\Delta t'}-1\right)=\frac{\Delta t'-\Delta t''}{\ln\frac{\Delta t'}{\Delta t''}} \tag{9-30}$$

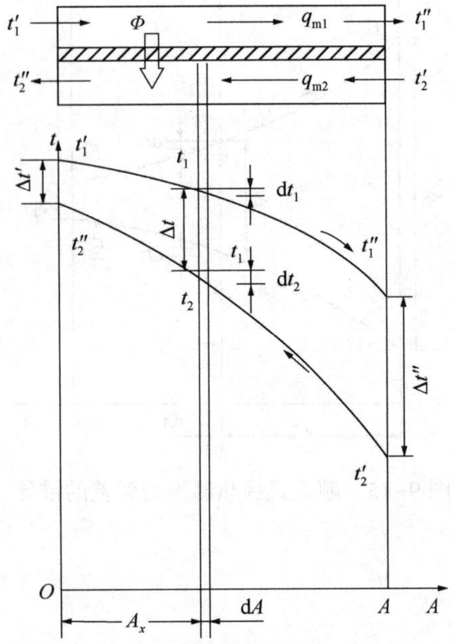


图 9-16　逆流式换热器平均温差的推导

对逆流式换热器，换热器中冷、热流体的温度变化如图 9-16 所示，与顺流式换热器平均温差的推导过程类似，其中参数 $\mu=\frac{1}{q_{m1}c_{p1}}-\frac{1}{q_{m2}c_{p2}}$，最终平均温差仍可表示为式(9-30)形式。因此，无论是顺流还是逆流，平均温差都可统一表示为：

$$\Delta t_m=\frac{\Delta t_{max}-\Delta t_{min}}{\ln\frac{\Delta t_{max}}{\Delta t_{min}}} \tag{9-31}$$

式中，$\Delta t_{max}$ 和 $\Delta t_{min}$ 分别代表 $\Delta t'$ 和 $\Delta t''$ 两者中的大者和小者。由于式(9-31)中出现了对数运算，因此式中的平均温差又称为对数平均温差。

工程中，当 $\Delta t_{max}/\Delta t_{min}\leqslant 2$ 时，可以采用算术平均值，即：

$$\Delta t_m=\frac{\Delta t_{max}+\Delta t_{min}}{2} \tag{9-32}$$

在进、出口温度相同的情况下，算术平均温差的数值略大于对数平均温差，偏差小于4%。

当$2 \leqslant \Delta t_{max}/\Delta t_{min} \leqslant 5$时，可用下式计算平均温差：

$$\Delta t_m = \frac{1}{2}(\Delta t_{max} + \Delta t_{min}) - \frac{1}{10}(\Delta t_{max} - \Delta t_{min}) \tag{9-33}$$

按上式计算的平均温差与对数平均温差的偏差不超过4%。

关于对数平均温差的几点说明：

① 在各种流动形式中，顺流和逆流是两种最简单的情况。在冷、热流体进、出口温度相同的情况下，逆流的平均温差最大，顺流的平均温差最小。由图9-14、图9-15以及图9-16可见，顺流时冷流体的出口温度$t_2''$总是低于热流体的出口温度$t_1''$，而逆流时$t_2''$却可以大于$t_1''$。因此，从强化传热的角度出发，逆流时换热强度大，换热器应尽量布置成逆流形式。

② 逆流换热器的缺点是热流体、冷流体的最高温度$t_1'$、$t_2''$与热流体、冷流体的最低温度$t_1''$、$t_2'$分别集中在换热器的两端，使得换热器的温度分布以及热应力分布极不均匀，不利于换热器的安全运行，尤其对高温换热器，应尽量避免逆流形式。

③ 在蒸发器中冷流体吸热汽化或冷凝器中热流体放热冷凝时，如果忽略相变流体压力的变化，则相变流体在整个换热面上温度保持不变，为该压力下的饱和温度。在此情况下，无论是采用逆流还是顺流形式，由于一侧流体的温度恒定不变，换热器的平均传热温度都相同，如图9-17所示。

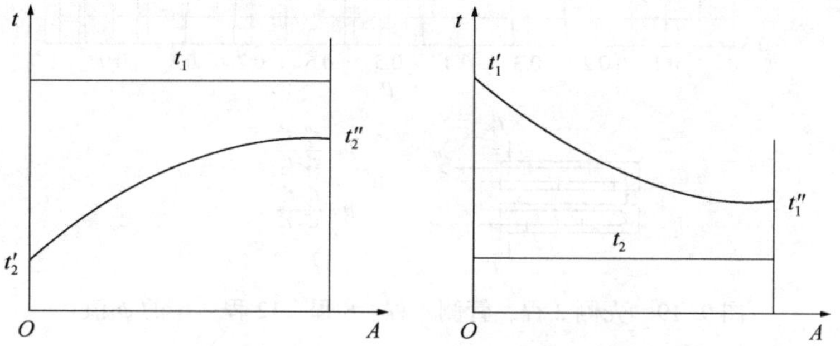


图9-17　有相变时换热器内流体温度变化示意图

④ 若采用其他流动形式，流动可看作介于顺流和逆流之间，其平均传热温差可按式(9-34)计算：

$$\Delta t_m = \psi(\Delta t_m)_{cf} \tag{9-34}$$

式中，$(\Delta t_m)_{cf}$为冷、热流体进、出口温度相同的情况下，逆流时的对数平均温差；$\psi$为修正系数，其值小于1。$\psi$的数值取决于流动形式和以下两个无量纲参数：

$$P = \frac{t_2'' - t_2'}{t_1' - t_2'},\quad R = \frac{t_1' - t_1''}{t_2'' - t_2'} \tag{9-35}$$

为了工程上计算方便，对于常见的流动形式，已将$\psi$与$P$和$R$之间的关系制成了线算图，可以通过线算图确定$\psi$值。在换热器设计手册和有关传热学教材中可以查到。

图9-18～图9-21列举了4种流动形式的线算图。可以看出，当$R$接近或大于4时，$\psi$随$P$变化剧烈，查图容易产生较大的误差，这时可用$1/R$代替$R$，用$PR$代替$P$来查有关线算图。

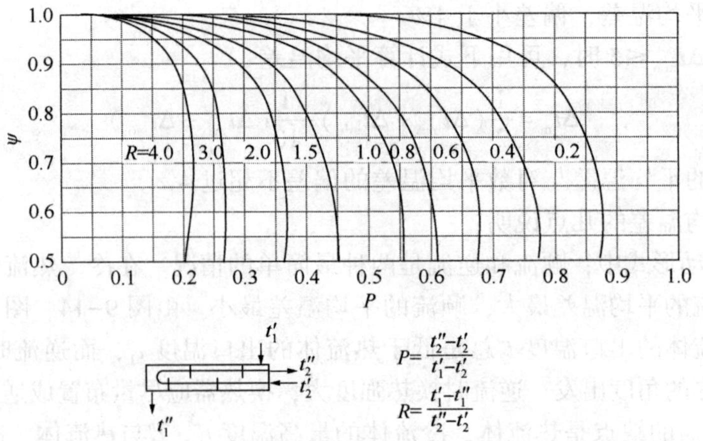


图 9-18　壳侧 1 程，管侧 2 程、4 程、6 程……的 $\psi$ 值

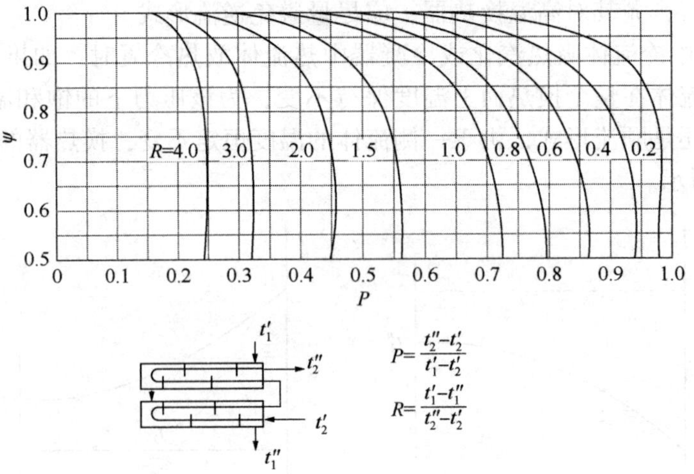


图 9-19　壳侧 2 程，管侧 4 程、8 程、12 程……的 $\psi$ 值

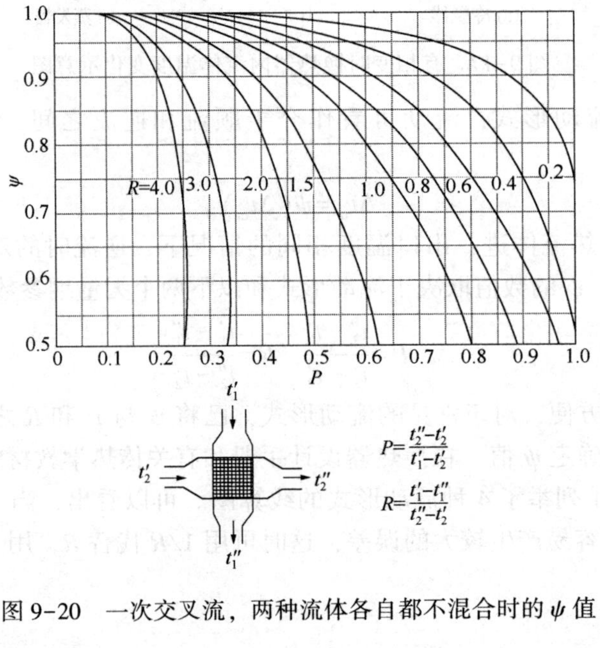


图 9-20　一次交叉流，两种流体各自都不混合时的 $\psi$ 值

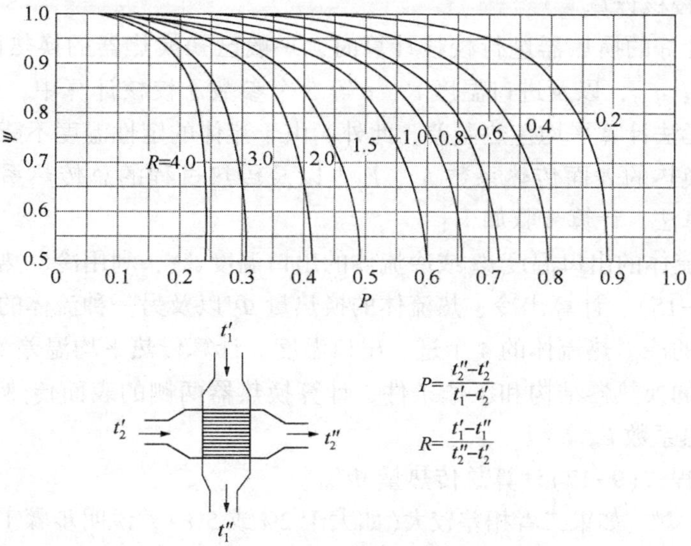


图 9-21　一次交叉流，一种流体混合、另一种流体不混合时的 $\psi$ 值

(2) 换热器计算的平均温差法

换热器的传热计算有三个基本公式，分别是：

传热过程的传热方程式：

$$\Phi = kA\Delta t_{\mathrm{m}} \tag{9-17}$$

热流体的放热量：

$$\Phi = q_{\mathrm{m1}} c_{p1}(t_1' - t_1'') \tag{9-14}$$

冷流体的吸热量：

$$\Phi = q_{\mathrm{m2}} c_{p2}(t_2'' - t_2') \tag{9-15}$$

式(9-14)、式(9-15)以及式(9-17)中，$q_{\mathrm{m1}}$、$q_{\mathrm{m2}}$分别为热、冷流体的质量流量；$c_{p1}$、$c_{p2}$分别为热、冷流体的定压比热容。若 $c_{p1}$、$c_{p2}$已知，以上 3 个方程式中的独立变量共有 8 个，分别是$\Phi$、$k$、$A$、$q_{\mathrm{m1}}$、$q_{\mathrm{m2}}$以及$t_1'$、$t_1''$、$t_2'$、$t_2''$这 4 个温度中的 3 个。只要知道其中 5 个变量，就可以计算出其余 3 个变量。

1）换热器设计计算

进行换热器设计计算时，通常根据生产任务的要求，已知冷、热流体的质量流量 $q_{\mathrm{m1}}$、$q_{\mathrm{m2}}$，以及 4 个温度中的 3 个，确定换热器的形式、结构，计算总传热系数 $k$，确定换热面积 $A$ 以及总换热量 $\Phi$。计算步骤如下：

① 根据给定的换热条件，冷热流体的性质、温度和压力范围等条件，选择换热器的类型及流动形式，初步布置换热面，计算换热面两侧对流换热的表面传热系数 $h_1$、$h_2$，以及传热过程的总传热系数 $k$。

② 根据给定条件，计算 4 个进、出口温度中未知的温度，并计算总换热量 $\Phi$。

③ 根据流动形式，以及冷、热流体的进、出口温度，确定平均传热温差 $\Delta t_{\mathrm{m}}$。

④ 由传热方程式(9-17)确定所需的换热面积 $A$。

⑤ 计算换热面两侧的流动阻力。如果两侧流动阻力过大，会使风机、水泵的电耗增加，从而增加系统设备的投资和运行费用。此时，需要改变换热器设计方案，重新进行设计计算。

2）换热器的校核计算

对已有或设计好的换热器进行校核计算时，一般已知换热器的换热面积 $A$ 和冷、热流体的质量流量 $q_{m1}$、$q_{m2}$，以及进口温度 $t_1'$、$t_2'$等 5 个参数。校核计算中，由于冷、热流体的出口温度未知，无法计算平均传热温差。此外，由于流体的定性温度不能确定，也无法计算换热面两侧对流换热的表面传热系数 $h_1$、$h_2$，以及传热过程的总传热系数 $k$。在这种情况下，通常采用试算法，计算步骤如下：

① 先假设热流体的出口温度 $t_1''$(或冷流体的出口温度 $t_2''$)，利用冷、热流体的热平衡方程式(9-14)和式(9-15)，计算出冷、热流体的换热量 $\Phi'$以及另一种流体的出口温度。

② 根据已有的冷、热流体的 4 个进、出口温度，计算传热平均温差 $\Delta t_m$。

③ 根据已有的换热器结构和工作条件，计算换热器两侧的表面传热系数 $h_1$、$h_2$，以及传热过程的总传热系数 $k$。

④ 由传热方程式(9-17)计算总传热量 $\Phi''$。

⑤ 比较 $\Phi'$和 $\Phi''$，如果二者相差较大(如大于 2%或 5%)，说明步骤①中假设的流体温度值不符合实际，需重新假设一个流体的出口温度，再重复上述计算步骤，直至 $\Phi'$和 $\Phi''$的偏差小到合理范围为止。根据工程计算要求的精确度不同，二者的偏差一般应小于 2%~5%。

**2. 效能-传热单元数法**

(1) 换热器的效能

换热器效能 $\varepsilon$ 的定义为：

$$\varepsilon=\frac{(t'-t'')_{\max}}{t_1'-t_2'} \tag{9-36}$$

式(9-36)中，分母($t_1'-t_2'$)为流体在换热器中可能发生的最大温度变化；分子中($t'-t''$)为冷流体或热流体在换热器中的实际温度变化；下角标 max 表示两者之中温度变化大者。

如果冷流体的温度变化大，则 $(t'-t'')_{\max}=t_2''-t_2'$；反之，如果热流体温度变化大，则 $(t'-t'')_{\max}=t_1'-t_1''$。由此可知，换热器的效能 $\varepsilon$ 表示换热器的实际换热效果与最大可能的换热效果之比。

已知效能 $\varepsilon$ 后，换热器的传热量可以根据冷、热两种流体的进口温度确定：

$$\Phi=(q_m c)_{\min}(t'-t'')_{\max}=\varepsilon\,(q_m c)_{\min}(t_1'-t_2') \tag{9-37}$$

求出换热器的传热量 $\Phi$ 后，可由热平衡方程式很方便地求得冷、热两种流体的出口温度。

(2) 效能的计算

下面以顺流形式为例，推导换热器的效能。

在顺流时，$\Delta t''=t_1''-t_2''$，$\Delta t'=t_1'-t_2'$。根据热平衡方程式，有：

$$\Phi=q_{m1}c_1(t_1'-t_1'')=q_{m2}c_2(t_2''-t_2') \tag{9-38}$$

因此：

$$t_2''-t_2'=\frac{q_{m1}c_1}{q_{m2}c_2}(t_1'-t_1'') \tag{9-39}$$

假设 $q_{m1}c_1<q_{m2}c_2$，由换热器效能的定义式，有：

$$t_1'-t_1''=\varepsilon(t_1'-t_2') \tag{9-40}$$

将式(9-39)与式(9-40)相加，可得：

$$(t_1' - t_2') - (t_1'' - t_2'') = \varepsilon\left(1 + \frac{q_{m1}c_1}{q_{m2}c_2}\right)(t_1' - t_2') \tag{9-41}$$

即：

$$1 - \frac{t_1'' - t_2''}{t_1' - t_2'} = \varepsilon\left(1 + \frac{q_{m1}c_1}{q_{m2}c_2}\right) \tag{9-42}$$

由式(9-29)，可得$\frac{\Delta t''}{\Delta t'} = e^{-\mu kA}$，代入式(9-42)，可得：

$$\varepsilon = \frac{1 - \exp(-\mu kA)}{1 + \frac{q_{m1}c_1}{q_{m2}c_2}} \tag{9-43}$$

考虑到$\mu = \left(\frac{1}{q_{m1}c_1} + \frac{1}{q_{m2}c_2}\right)$，因此有：

$$\varepsilon = \frac{1 - \exp\left[-\frac{kA}{q_{m1}c_1}\left(1 + \frac{q_{m1}c_1}{q_{m2}c_2}\right)\right]}{1 + \frac{q_{m1}c_1}{q_{m2}c_2}} \tag{9-44}$$

若假设 $q_{m1}c_1 > q_{m2}c_2$，类似的推导，可得：

$$\varepsilon = \frac{1 - \exp\left[-\frac{kA}{q_{m2}c_2}\left(1 + \frac{q_{m2}c_2}{q_{m1}c_1}\right)\right]}{1 + \frac{q_{m2}c_2}{q_{m1}c_1}} \tag{9-45}$$

综合考虑式(9-44)和式(9-45)，可得：

$$\varepsilon = \frac{1 - \exp\left\{-\frac{kA}{(q_m c)_{\min}}\left[1 + \frac{(q_m c)_{\min}}{(q_m c)_{\max}}\right]\right\}}{1 + \frac{(q_m c)_{\min}}{(q_m c)_{\max}}} \tag{9-46}$$

式(9-46)中，$(q_m c)_{\max}$与$(q_m c)_{\min}$分别代表 $q_{m1}c_1$ 和 $q_{m2}c_2$ 中的大者与小者。令：

$$\mathrm{NTU} = \frac{kA}{(q_m c)_{\min}} \tag{9-47}$$

NTU 称为传热单元数，则顺流换热器的效能可表示为：

$$\varepsilon = \frac{1 - \exp\left\{-(\mathrm{NUT})\left[1 + \frac{(q_m c)_{\min}}{(q_m c)_{\max}}\right]\right\}}{1 + \frac{(q_m c)_{\min}}{(q_m c)_{\max}}} \tag{9-48}$$

按照类似的推导过程，逆流换热器的效能可表示为：

$$\varepsilon = \frac{1 - \exp\left\{(-\mathrm{NTU})\left[1 - \frac{(q_m c)_{\min}}{(q_m c)_{\max}}\right]\right\}}{1 - \frac{(q_m c)_{\min}}{(q_m c)_{\max}}\exp\left\{(-\mathrm{NTU})\left[1 - \frac{(q_m c)_{\min}}{(q_m c)_{\max}}\right]\right\}} \tag{9-49}$$

(3) $\varepsilon$-NTU 法

传热单元数 NTU 是换热器设计计算中的一个无量纲参数，可以反映传热面积的大小，故称为传热单元数。传热单元数NTU中包括了传热系数$k$和换热面积$A$，它们可以分别表示换热器的运行费用和初始投资。因此，NTU是一个反映换热器综合技术经济性能的指标。

当冷、热流体之一发生相变，即$(q_m c)_{max}$趋于无穷大时，式(9-48)与式(9-49)均可简化为：

$$\varepsilon = 1-\exp(-\mathrm{NTU}) \tag{9-50}$$

如果冷、热流体的$q_m c$值相等，式(9-48)可简化为顺流时有：

$$\varepsilon = \frac{1-\exp(-2\mathrm{NTU})}{2} \tag{9-51}$$

式(9-49)可简化为逆流时有：

$$\varepsilon = \frac{\mathrm{NTU}}{1+\mathrm{NTU}} \tag{9-52}$$

对于一些比较复杂的流动形式，效能$\varepsilon$的计算公式可参考有关文献。工程中，为便于计算，各种流动形式下效能$\varepsilon$的计算公式已被绘制成了线算图，以便工程计算查阅。图9-22~图9-27给出了几种流动形式下的$\varepsilon$-NTU图。图9-22~图9-26中参变量为$(q_m c)_{min}/(q_m c)_{max}$，图9-27中参变量为$(q_m c)_{混合}/(q_m c)_{不混合}$。值得一提的是，图9-24~图9-27所代表的换热器的结构与图9-18~图9-21是一一对应的。

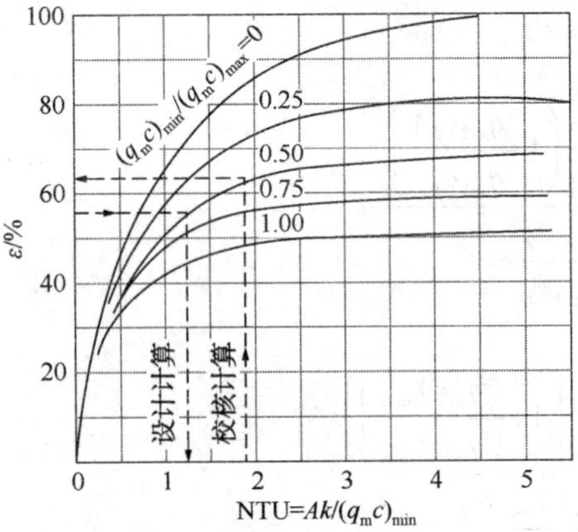


图9-22　顺流换热器的$\varepsilon$-NTU关系图

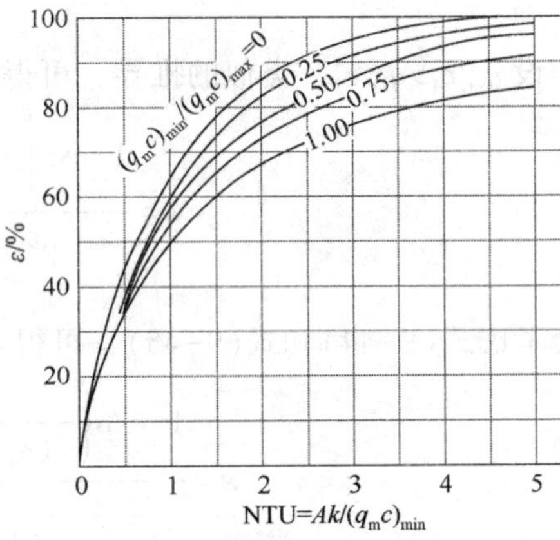


图9-23　逆流换热器的$\varepsilon$-NTU关系图

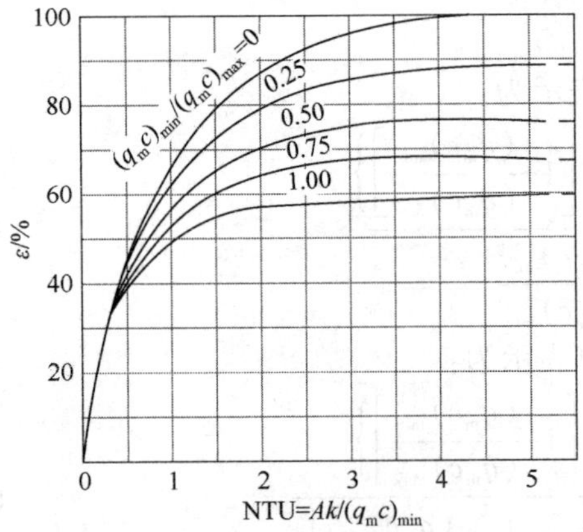


图9-24　1壳程，2管程、4管程、6管程等管程换热器的$\varepsilon$-NTU关系图

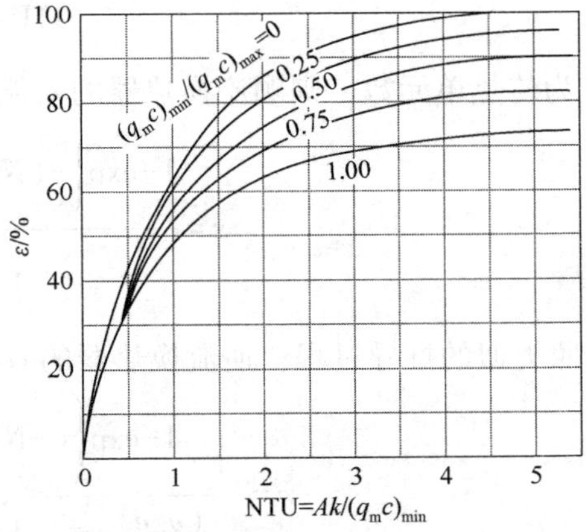


图9-25　2壳程，4管程、6管程、12管程等管程换热器的$\varepsilon$-NTU关系图

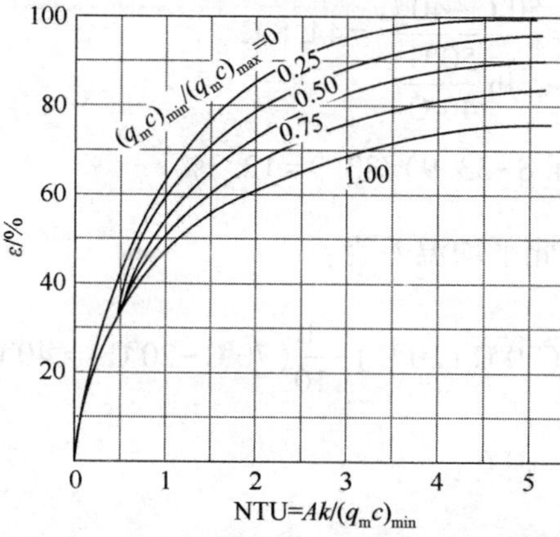


图 9-26 流体不混合的一次交叉流换热器的 $\varepsilon$-NTU 关系图

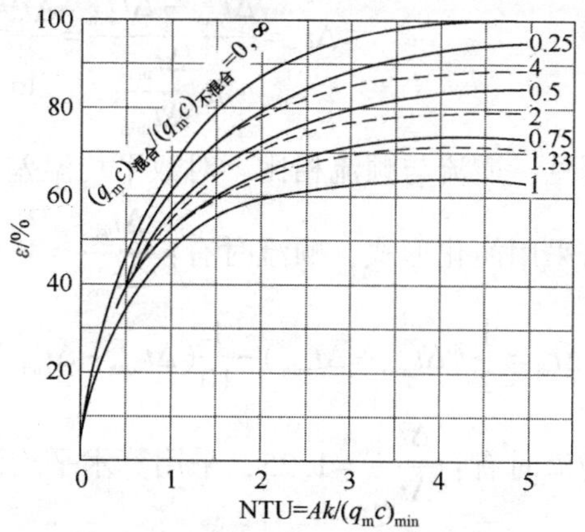


图 9-27 一种流体混合的一次交叉流换热器的 $\varepsilon$-NTU 关系图

根据效能 $\varepsilon$ 和传热单元数 NTU 进行换热器热计算时，在设计计算中，已知 $\varepsilon$，求 NTU；而在校核计算中，则是已知 NTU，求 $\varepsilon$。它们的计算步骤与平均温差法对应的计算步骤大体相同，故不再细述。但有一点需要指出，在校核计算中，为了计算 NTU，同样需要假设流体的出口温度 $t''$，以求得传热系数 $k$。但 $t''$对 $k$ 的影响是通过定性温度体现的，与平均温差法相比，影响要小很多，在这一点上，$\varepsilon$-NTU 比平均温差法有一定优势。但是采用平均温差法时，通过修正系数 $\psi$ 值的大小可以看到流动布置与逆流的差距，有利于改进换热器的选型，这是平均温差法的优点。实际使用中换热器的热计算究竟采用哪种设计方法，在很大程度上取决于该工程领域的传统。我国锅炉工程界广泛采用平均温差法，而低温换热器则常采用传热单元数法。

换热器的设计是一个综合性问题，因此，不能仅从提高换热强度出发。还需指出，在设计换热器时，需要考虑很多方面，主要包括传热的要求、投资成本、设备尺寸以及压降特性等。例如，提高流速可以增大传热系数，减少换热面积，从而减小设备外形尺寸，投资费用也会降低；但是由于流速增加，流动阻力也会相应增大，相应地增加了泵或风机的能力和投资费用，因此存在一个最佳效果的问题。

**例题 9-4** 对数平均温差计算(1)

在一台螺旋板式换热器中，冷、热水进行热量交换。已知冷水流量为 3000kg/h，热水流量为 2000kg/h，热水进口温度 $t_1'=80℃$，冷水进口温度 $t_2'=10℃$。如果要求冷水被加热到 $t_2''=30℃$，试求顺流与逆流两种情况下的对数平均温差。

**解**：根据换热器内冷、热水的热平衡方程式，有：

$$q_{m1}c_{p1}(t_1'-t_1'')=q_{m2}c_{p2}(t_2''-t_2')$$

在题中冷、热水温度范围内假设水的比热容为常数，在上式中代入数据，则有：

$$2000\text{kg/h}\times c_{p1}\times(80-t_1'')℃=3000\text{kg/h}\times c_{p2}\times(30-10)℃$$

解之，热水的出口温度为：$t_1''=50℃$。

顺流时，有 $\Delta t_{max}=\Delta t'=80℃-10℃=70℃$，$\Delta t_{min}=\Delta t''=50℃-30℃=20℃$，因此：

$$\Delta t_m=\frac{\Delta t_{max}-\Delta t_{min}}{\ln\dfrac{\Delta t_{max}}{\Delta t_{min}}}=\frac{\Delta t'-\Delta t''}{\ln\dfrac{\Delta t'}{\Delta t''}}=\frac{70℃-20℃}{\ln\dfrac{70℃}{20℃}}=39.9℃$$

逆流时，有 $\Delta t_{max}=\Delta t'=80℃-30℃=50℃$，$\Delta t_{min}=\Delta t''=50℃-10℃=40℃$，因此：

$$\Delta t_m=\frac{\Delta t_{max}-\Delta t_{min}}{\ln\frac{\Delta t_{max}}{\Delta t_{min}}}=\frac{\Delta t'-\Delta t''}{\ln\frac{\Delta t'}{\Delta t''}}=\frac{50℃-40℃}{\ln\frac{50℃}{40℃}}=44.8℃$$

可见，逆流与顺流相比，对数平均温差大(44.8-33.9)/33.9=12.3%。

若采用简化形式，顺流时有：$\frac{\Delta t_{min}}{\Delta t_{max}}=3.5$，因此平均温差为：

$$\Delta t_m=\frac{1}{2}(\Delta t_{max}+\Delta t_{min})-\frac{1}{10}(\Delta t_{max}-\Delta t_{min})=\frac{1}{2}(70℃+20℃)-\frac{1}{10}(70℃-20℃)=40℃$$

逆流时有：$\frac{\Delta t_{min}}{\Delta t_{max}}=1.25$，采用算术平均温差，则有：

$$\Delta t_m=\frac{1}{2}(\Delta t_{max}+\Delta t_{min})=\frac{1}{2}(50℃+40℃)=45℃$$

由此可见，采用简化求解方法的计算结果，误差很小。

**例题 9-5**　对数平均温差计算(2)

例题 9-4 中，若换热器形式为 1-2 型管壳式换热器，冷水走壳程，热水走管程，试计算平均温差。

**解**：首先计算 $R$ 值和 $P$ 值。

$$P=\frac{t_2''-t_2'}{t_1'-t_2'}=\frac{30-10}{80-10}=0.285，R=\frac{t_1'-t_1''}{t_2''-t_2'}=\frac{80-50}{30-10}=1.5$$

查图 9-18，可得 $\psi=0.94$，则平均温差为：$\Delta t_m=0.94\times44.8℃=42.1℃$。

**例题 9-6**　有一台 1-2 型壳管式换热器，要求将透平油从 $t_1'=57℃$ 冷却到 $t_1''=45℃$，油在壳内横向折流板通道流动，体积流量为 $40m^3/h$，密度 $\rho=880\ kg/m^3$，比热容 $c_{p1}=1.95kJ/(kg\cdot℃)$。冷却水在管内流动，进口温度 $t_2'=32℃$，水的比热容 $c_{p2}=4.187kJ/(kg\cdot℃)$。已知油侧与冷却水侧的表面传热系数分别为 $h_1=400W/(m^2\cdot℃)$ 与 $h_2=5000W/(m^2\cdot℃)$，试计算所需的传热面积。

**解**：油的质量流量为 $q_{m1}=q_{V1}\times\rho=40m^3/h\times880kg/m^3=35200kg/h$。

计算油冷却放出的热量：

$$\Phi=q_{m1}c_{p1}(t_1'-t_1'')=\frac{35200kg/h}{3600s/h}\times1.95kJ/(kg\cdot℃)\times(57-45)℃=228.8kW$$

题中未给出冷却水流量以及冷却水的出口温度，根据经验，假设冷却水温升为 4℃，因此冷却水的出口温度为 $t_2''=32+4=36℃$。

根据油与冷却水换热的热平衡方程式：

$$q_{m1}c_{p1}(t_1'-t_1'')=q_{m2}c_{p2}(t_2''-t_2')$$

可求冷却水的质量流量为：

$$q_{m2}=\frac{q_{m1}c_{p1}(t_1'-t_1'')}{c_{p2}(t_2''-t_2')}=\frac{35200kg/h\times1.95kJ(kg\cdot℃)\times(57-45)℃}{4.187kJ/(kg\cdot℃)\times(36-32)℃}=49180kg/h$$

由式(9-34)得：

$$\Delta t_m=\psi(\Delta t_m)_{cf}=\psi\frac{(57-36)℃-(45-32)℃}{\ln\frac{(57-36)℃}{(45-32)℃}}=16.68\psi$$

$$P=\frac{t_2''-t_2'}{t_1'-t_2'}=\frac{36-32}{57-32}=0.16,\quad R=\frac{t_1'-t_1''}{t_2''-t_2'}=\frac{57-45}{36-32}=3$$

查图 9-18，可得 $\psi=0.97$，则有 $\Delta t_m=16.68\times0.97=16.2℃$。

查表 9-1 可得，管内水侧和壳内油侧的污垢热阻均为 0.0002（$m^2 \cdot K$）/W。对于薄壁金属管，管壁热阻可忽略不计，且近似将圆管传热看作平壁传热，因此传热热阻可表示为：

$$k=\frac{1}{\frac{1}{h_1}+\sum_{i=1}^{3}\frac{\delta_i}{\lambda_i}+\frac{1}{h_2}}=\frac{1}{\frac{1}{400}+0.0002+0.0002+\frac{1}{5000}}=322.6\mathrm{W/(m^2\cdot ℃)}$$

根据传热方程式 $\Phi=kA\Delta t_m$，可得传热面积为：

$$A=\frac{\Phi}{k\Delta t_m}=\frac{228.8\times10^3\mathrm{W}}{322.6\mathrm{W/(m^2\cdot ℃)}\times16.2℃}=43.78\mathrm{m^2}$$

**例题 9-7** 一逆流壳管式换热器，用流量为 0.9kg/s 的油加热流量为 0.6kg/s 的水。已知油的进口温度 $t_1'=175℃$，比热容 $c_{p1}=2.1\mathrm{kJ/(kg\cdot ℃)}$；水的进口温度 $t_2'=35℃$，出口温度 $t_2''=90℃$，水的比热容 $c_{p2}=4.175\mathrm{kJ/(kg\cdot ℃)}$。该换热器的总传热系数 $k=425\mathrm{W/(m^2\cdot ℃)}$。试计算：(1)换热器的换热面积；(2)换热器的效能。

**解**：根据换热器内油-水的热平衡方程式 $q_{m1}c_1(t_1'-t_1'')=q_{m2}c_2(t_2''-t_2')$，计算油的出口温度为：

$$0.9\mathrm{kg/s}\times2.1\mathrm{kJ/(kg\cdot ℃)}\times(175-t_1'')℃=0.6\mathrm{kg/s}\times4.175\mathrm{kJ/(kg\cdot ℃)}\times(90-35)℃$$

解之，油的出口温度为：$t_1''=102℃$。

由换热器逆流布置，有 $\Delta t_{max}=\Delta t'=175℃-90℃=85℃$，$\Delta t_{min}=\Delta t''=102℃-35℃=67℃$，因此对数平均温差为：

$$\Delta t_m=\frac{\Delta t_{max}-\Delta t_{min}}{\ln\frac{\Delta t_{max}}{\Delta t_{min}}}=\frac{85℃-67℃}{\ln\frac{85℃}{67℃}}=75.64℃$$

计算换热器的传热量为：

$$\Phi=q_{m2}c_{p2}(t_2''-t_2')=0.6\mathrm{kg/s}\times4175\mathrm{kJ/(kg\cdot ℃)}\times(90-35)℃=137775\mathrm{W}$$

根据传热方程式 $\Phi=kA\Delta t_m$，可得换热器的传热面积为：

$$A=\frac{\Phi}{k\Delta t_m}=\frac{137775\mathrm{W}}{425\mathrm{W/(m^2\cdot ℃)}\times75.64℃}=4.286\mathrm{m^2}$$

计算油的水当量为：$q_{m1}c_{p1}=0.9\mathrm{kg/s}\times2.1\times10^3\mathrm{J/(kg\cdot ℃)}=1890\mathrm{W/K}$。

因此油是水当量最小值流体，故换热器的效能为：

$$\varepsilon=\frac{(t'-t'')_{max}}{t_1'-t_2'}=\frac{175℃-102℃}{175℃-35℃}=0.521$$

**例题 9-8** 有一两壳程、四管程的壳管式换热器。壳流体为乙烯乙二醇，它的进口温度 $t_1'=140℃$，出口温度 $t_1''=80℃$，流量为 $q_{m1}=4500\mathrm{kg/h}$，乙烯乙二醇的比热容 $c_{p1}=2742\mathrm{J/(kg\cdot K)}$。水在管内流动，其进口温度 $t_2'=35℃$，出口温度 $t_2''=85℃$。该换热器的总传热系数 $k=850\mathrm{W/(m^2\cdot K)}$。试计算水的流量和换热面积。

**解**：计算乙烯乙二醇在换热器中放出的热量为：

$$\Phi=q_{m1}c_{p1}(t_1'-t_1'')=\frac{4500\mathrm{kg/h}}{3600\mathrm{s/h}}\times2742\mathrm{J/(kg\cdot K)}\times(140-80)℃=205650\mathrm{W}$$

水的比热容 $c_{p2}=4179\text{J}/(\text{kg}\cdot\text{K})$，根据换热器内热平衡方程式，求得水的质量流量为：

由 $t_2=\frac{1}{2}(t_2'+t_2'')=\frac{1}{2}(35℃+85℃)=60℃$，查附表3，有：

$$q_{m2}=\frac{\Phi}{c_{p2}(t_2''-t_2')}=\frac{205650\text{W}}{4179\text{J}/(\text{kg}\cdot\text{K})\times(85-35)℃}=0.984\text{kg/s}$$

水的水当量为：$q_{m2}c_{p2}=0.984\text{kg/s}\times4179\text{J}/(\text{kg}\cdot\text{K})=4113\text{W/K}$。

乙烯乙二醇的水当量为：$q_{m1}c_{p1}=\frac{4500\text{kg/h}}{3600\text{s/h}}\times2742\text{J}/(\text{kg}\cdot\text{K})=3428\text{W/K}$。

因此有：

$$\frac{(q_mc_p)_{\min}}{(q_mc_p)_{\max}}=\frac{q_{m1}c_{p1}}{q_{m2}c_{p2}}=\frac{3428\text{W/K}}{4113\text{W/K}}=0.833$$

又由：

$$\varepsilon=\frac{(t'-t'')_{\max}}{t_1'-t_2'}=\frac{140℃-80℃}{140℃-35℃}=0.571$$

查图9-25，可得：

$$\text{NTU}=\frac{kA}{(q_mc_p)_{\min}}=1.3$$

因此，换热器的换热面积为：

$$A=\text{NTU}\frac{(q_mc_p)_{\min}}{k}=1.3\times\frac{3428\text{W/K}}{850\text{W}/(\text{m}^2\cdot\text{K})}=5.24\text{m}^2$$

**例题9-9** 在一个叉流肋管换热器中用热水加热空气。已知热水进口温度 $t_1'=70℃$，出口温度 $t_1''=40℃$；空气进口温度 $t_2'=15℃$，出口温度 $t_2''=25℃$。该换热器的传热量 $\Phi=29\text{kW}$，总传热系数 $k=45\text{W}/(\text{m}^2\cdot\text{K})$。试计算：(1)换热器的换热面积；(2)若水流量减少一半，则此时换热量是多少？

**解**：(1)根据换热器内热平衡方程式 $q_{m1}c_{p1}(t_1'-t_1'')=q_{m2}c_{p2}(t_2''-t_2')$，有：

$$\frac{(q_mc_p)_{\min}}{(q_mc_p)_{\max}}=\frac{q_{m1}c_{p1}}{q_{m2}c_{p2}}=\frac{t_2''-t_2'}{t_1'-t_1''}=\frac{25℃-15℃}{70℃-40℃}=0.333$$

换热器的效能 $\varepsilon$ 为：

$$\varepsilon=\frac{(t'-t'')_{\max}}{t_1'-t_2'}=\frac{70℃-40℃}{70℃-15℃}=0.545$$

查图9-26，可得传热单元数NTU为：

$$\text{NTU}=\frac{kA}{(q_mc_p)_{\min}}=1.0$$

因此，换热器的换热面积为：

$$A=\text{NTU}\cdot\frac{(q_mc_p)_{\min}}{k}=\text{NTU}\cdot\frac{\Phi}{t_1'-t_1''}\cdot\frac{1}{k}=1.0\times\frac{29\times10^3\text{W}}{70℃-40℃}\times\frac{1}{45\text{W}/(\text{m}^2\cdot\text{K})}=21.5\text{m}^2$$

(2) 若水流量减少一半，则由热平衡方程式 $2q_{m1}'c_{p1}(t_1'-t_1'')=q_{m2}c_{p2}(t_2''-t_2')=\Phi$，可得水的水当量为：

$$q_{m1}'c_{p1}=\frac{\Phi}{2(t_1'-t_1'')}=\frac{29\times10^3\text{W}}{2\times(70℃-40℃)}=483.3\text{W/K}$$

空气的水当量为：

$$q_{m2}c_{p2}=\frac{\Phi}{t_2''-t_2'}=\frac{29\times10^3\mathrm{W}}{25℃-15℃}=2900\mathrm{W/K}$$

因此有：

$$\frac{(q_m c_p)_{\min}}{(q_m c_p)_{\max}}=\frac{q_{m1}'c_{p1}}{q_{m2}c_{p2}}=\frac{483.3\mathrm{W/K}}{2900\mathrm{W/K}}=0.167$$

换热器的传热单元数 NTU 为：

$$\mathrm{NTU}=\frac{kA}{(q_m c_p)_{\min}}=\frac{45\mathrm{W/(m^2\cdot K)}\times21.5\mathrm{m^2}}{483.3\mathrm{W/K}}=2.0$$

查图 9-26，可得换热器的效能 $\varepsilon$ 为：$\varepsilon=\frac{(t'-t'')_{\max}}{t_1'-t_2'}=0.83$。

因此，在新流量下水的温降为：$(t'-t'')_{\max}=\varepsilon(t_1'-t_2')=0.83\times(70℃-15℃)=45.65℃$。

新流量下水的换热量为：

$$\Phi'=q_{m1}'c_{p1}(t_1'-t_1'')=483.3\mathrm{W/K}\times45.65℃=22.06\mathrm{kW}$$

## 思考题

1. 什么是传热过程？它与热传导、对流换热、辐射换热有何不同？

2. 试对比通过大平壁、通过圆筒壁以及通过肋片的三种传热过程，传热系数的计算有什么不同？

3. 所谓双侧强化管是指管内侧与管外侧均为强化换热表面的管子。设一双侧强化管用内径为 $d_i$、外径为 $d_o$ 的光管加工而成，试给出其总传热系数的表达式，并说明管内、外表面传热系数的计算公式。

4. 在圆管外敷设保温层与在圆管外设置肋片，从热阻分析的角度有什么不同？在什么情况下加保温层反而会强化传热，而加肋片反而会削弱传热？

5. 试对比换热器采用顺流或逆流形式有何优缺点？

6. 什么是换热器的设计计算？什么是换热器的校核计算？

7. 进行换热器热设计时依据的基本方程式有哪些？

8. 什么是对数平均温差？采用平均温差法设计换热器的步骤有哪些？

9. 什么是换热器的效能？采用效能-传热单元数法设计换热器的步骤有哪些？

10. 对于 $q_{m1}c_1>q_{m2}c_2$、$q_{m1}c_1<q_{m2}c_2$、$q_{m1}c_1=q_{m2}c_2$ 三种情形，画出顺流与逆流时，冷、热流体温度沿流动方向的变化曲线，注意曲线的凹凸方向与 $q_m c$ 相对大小的关系。

11. 在进行换热器的校核计算时，无论是采用平均温差法还是传热单元数法，都需要假设一种流体的出口温度，为什么此时采用传热单元数法较为方便？

12. 试分析强化传热的方法有哪些？

13. 换热器使用久了之后，会由哪些原因导致其换热效果下降？应采取什么措施？

14. 试说明强化单相流体强迫对流换热、核态沸腾换热以及膜状凝结换热的基本思想是什么？

# 习 题

## 总传热系数计算

9-1 一卧式冷凝器采用外径为25mm、壁厚为1.5mm的黄铜管制成换热表面。已知管外冷凝侧的平均表面传热系数 $h_o=5700\mathrm{W/(m^2\cdot K)}$，管内水侧的平均表面传热系数 $h_i=4300\mathrm{W/(m^2\cdot K)}$。试计算下列两种情况下：(1)管子内、外表面都是洁净的；(2)管内为海水、流速大于1m/s，结水垢，平均温度小于50℃，蒸汽侧有油。按照管子外表面面积计算的冷凝器的总传热系数。

9-2 一套管式换热器长度为2m，外壳内径为6cm，内管外径为4cm，壁厚为3mm。内管中流过冷却水，平均温度为40℃，流量为 $0.0016\mathrm{m^3/s}$。14号的润滑油以平均温度70℃流过环形空间，流量为 $0.005\mathrm{m^3/s}$。试计算内、外壁面均洁净及长时间运行结垢后的总传热系数值。冷却水为经过处理的冷却塔水，管壁材料为黄铜。

9-3 有一环形肋片管，水蒸气在管内凝结，表面传热系数为 $12200\mathrm{W/(m^2\cdot K)}$。空气横向掠过管外，按总外表面面积计算的表面传热系数为 $72.3\mathrm{W/(m^2\cdot K)}$。肋片管基管外径为25.4mm，壁厚为2mm，肋高为15.8mm，肋厚为0.381mm，肋片中心线的间距为2.5mm。基管与肋片均用铝制成，铝的导热系数为 $169\mathrm{W/(m\cdot K)}$。试计算当表面洁净无垢时该肋片管的总传热系数值。

## 通过平壁、圆筒壁以及肋片的传热过程

9-4 有一工业炉。已知炉内气体温度 $t_{f1}=1000℃$，炉气与炉壁内表面之间的总复合传热系数 $h_1=174.5\mathrm{W/(m^2\cdot K)}$，炉壁由厚度 $\delta=345\mathrm{mm}$ 的耐火黏土砖砌成。炉壁外表面的发射率 $\varepsilon=0.7$，周围环境温度 $t_{f2}=20℃$。试计算通过单位面积炉壁的散热损失是多少？

9-5 有一加热炉，炉墙由耐火黏土砖砌成，炉墙厚度 $\delta=345\mathrm{mm}$。已知炉墙内表面温度为1200℃，周围环境温度为20℃，炉墙外表面与周围环境之间的表面传热系数为 $15\mathrm{W/(m^2\cdot K)}$，通过炉墙的散热损失是多少？炉墙外表面的温度是多少？若在炉墙外表面敷设硅藻土保温砖，为使炉墙外表面温度降低至80℃，需要硅藻土砖层的厚度是多少？

9-6 有一蒸汽管道的直径为200mm/216mm，管壁的导热系数 $\lambda_1=46.5\mathrm{W/(m\cdot K)}$。管外敷设有石棉保温层，保温层的厚度 $\delta_2=120\ \mathrm{mm}$，导热系数 $\lambda_2=0.116\mathrm{W/(m\cdot K)}$。已知管道内蒸汽温度 $t_{f1}=200℃$，蒸汽与管道内壁之间的复合传热系数 $h_1=116.3\mathrm{W/(m^2\cdot K)}$；周围空气温度 $t_{f2}=25℃$，空气与管道外表面之间的复合传热系数 $h_2=9.8\mathrm{W/(m^2\cdot K)}$。试计算单位长度管长的散热损失以及绝热层外表面的温度。

9-7 平均温度为80℃的热水以5m/s的速度流过一内径为80mm、壁厚为10mm的水平钢管。管壁材料的导热系数 $\lambda=45\mathrm{W/(m\cdot K)}$，管子周围空气温度为20℃。如果不考虑管壁与周围环境之间的辐射换热，试计算：(1)钢管壁单位管长的热损失是多少？(2)管壁外表面的温度是多少？

9-8 接9-7题，为了将通过管壁的热损失减少为原来的1/5，计划给钢管壁加保温层。

如果选用的保温层材料的导热系数 $\lambda=0.1\text{W}/(\text{m}\cdot\text{K})$，确定保温层的厚度是多少。

9-9　接 9-7 题，如果将钢管壁放置于一大房间中。房内空气与房间周围壁面的温度均为 20℃，钢管壁面的发射率为 0.9，其他条件与 9-7 题相同，试计算：(1)钢管壁单位管长的热损失是多少？(2)钢管壁外表面的温度是多少？

9-10　有一换热器，用烟气加热水。换热器的管壁材料为钢制，其导热系数 $\lambda=35\text{W}/(\text{m}\cdot\text{K})$。管外径为 30mm，厚度为 3mm。如果水侧的表面传热系数 $h_1=5815\text{W}/(\text{m}^2\cdot\text{K})$，烟气侧的表面传热系数 $h_2=46.5\text{W}/(\text{m}^2\cdot\text{K})$。试分析若强化该传热过程，应首先落实在哪个环节上？

9-11　一钢板两侧分别是水和空气，钢板材料的导热系数 $\lambda_1=45\text{W}/(\text{m}\cdot\text{K})$，水与钢板间对流换热的表面传热系数 $h_1=300\text{W}/(\text{m}^2\cdot\text{K})$，空气与钢板间对流换热的表面传热系数 $h_2=10\text{W}/(\text{m}^2\cdot\text{K})$。为强化传热，在空气侧加装厚度为 2mm、高度为 30mm、中心间距为 10mm、材料与钢板相同的直肋片。加装肋片后传热量提高的百分比是多少？

## 平均温压计算

9-12　对于顺流布置与逆流布置，分别按以下两种情形：(1)$q_{m1}c_1>q_{m2}c_2$；(2)$q_{m1}c_1<q_{m2}c_2$，用温度分布曲线说明对数平均温差总是小于相应的算术平均温差。

9-13　一加热器用过热水蒸气来加热锅炉给水。过热蒸汽在加热器中先被冷却到饱和温度，再凝结为饱和水，最后被冷却为过冷水。设冷、热流体的总流向为逆流，热流体单相介质部分 $q_{m1}c_1<q_{m2}c_2$，试画出冷、热流体的温度分布曲线。

9-14　已知热、冷流体的进、出口温度分别为：热流体进口温度 $t_1'=300$℃，出口温度 $t_1''=200$℃；冷流体进口温度 $t_2'=30$℃，出口温度 $t_2''=120$℃。试分别计算下列各布置时，换热器的对数平均温差：(1)顺流；(2)逆流；(3)一次交叉流(两种流体各自不混合)；(4)一次交叉流(一种流体混合，另一种流体不混合)。

## 换热器的热计算

9-15　在一台 1-2 型壳管式换热器中，以空气为热流体，冷却水为冷流体。已知管内冷却水温度从 16℃升高到 35℃，管外空气温度从 119℃下降到 45℃。空气流量为 19.6kg/min，换热器的总传热系数 $k=84\text{W}/(\text{m}^2\cdot\text{K})$，试计算所需的传热面积。

9-16　有一台逆流式油-水换热器，已知油的进口温度 $t_1'=100$℃，出口温度 $t_1''=60$℃，油的密度 $\rho_1=860\text{kg/m}^3$，比热容 $c_{p1}=2.1\text{kJ}/(\text{kg}\cdot\text{K})$；冷却水的进口温度 $t_2'=20$℃，出口温度 $t_2''=50$℃，流量 $q_{m2}=3\text{kg/s}$。换热器的传热系数 $k=300\text{W}/(\text{m}^2\cdot\text{K})$，试求：(1)油的流量；(2)换热器的换热量；(3)换热器的传热面积。

9-17　有一套管式换热器，热流体流量 $q_{m1}=0.125\text{kg/s}$，定压比热容 $c_{p1}=2100\text{J}/(\text{kg}\cdot\text{K})$，进口温度 $t_1'=200$℃；冷流体流量 $q_{m2}=0.25\text{kg/s}$，定压比热容 $c_{p2}=4200\text{J}/(\text{kg}\cdot\text{K})$，进口温度 $t_2'=20$℃，出口温度 $t_2''=40$℃。换热器的总传热系数 $k=500\text{W}/(\text{m}^2\cdot\text{K})$，试求：(1)换热器的换热量；(2)热流体的出口温度；(3)冷、热流体顺流时所需的换热面积；(4)冷、热流体逆流时所需的换热面积。

9-18　在一逆流式水-水换热器中，管内为热水，进口温度 $t_1'=100$℃，出口温度 $t_1''=80$℃；管外流过冷水，进口温度 $t_2'=20$℃，出口温度 $t_2''=70$℃。总换热量 $\Phi=350\text{kW}$，共有 53 根内径为 16mm、壁厚为 1mm 的管子。管壁的导热系数 $\lambda=40\mathrm{W/(m\cdot K)}$，流体的表面传热系数 $h_o=1500\mathrm{W/(m^2\cdot K)}$。管内流体为一个流程。假设管壁内、外表面都是洁净的，试计算所需的管长。

9-19　压力为 $1.5\times10^5\mathrm{Pa}$ 的无油饱和水蒸气在卧式壳管式冷凝器的壳侧凝结。经过处理的循环水在外径为 20mm、壁厚为 1mm 的黄铜管内流过，流速为 1.4m/s，其温度由进口处的 56℃升高到出口处的 94℃。黄铜管呈叉排布置，在每一竖直排上平均布置 9 根。冷却水在管内的流动为两个流程，管内已积水垢。已知传热量 $\Phi=1.2\times10^7\mathrm{kW}$，试确定所需的管长、管子数以及冷却水量。

9-20　一台 1-2 型壳管式换热器用 30℃的水来冷却 120℃的热油，油的定压比热容 $c_p=2100\mathrm{J/(kg\cdot K)}$。冷却水的流量为 1.2kg/s，油的流量为 2kg/s。设总传热系数 $k=275\mathrm{W/(m^2\cdot K)}$，传热面积 $A=20\mathrm{m^2}$，试计算水和油各自的出口温度。

9-21　在一台逆流式的水-水换热器中，热水的进口温度 $t_1'=87.5$℃，流量为 9000kg/h；冷水的进口温度 $t_2'=32$℃，流量为 13500kg/h，总传热系数 $k=1740\mathrm{W/(m^2\cdot K)}$，传热面积 $A=3.75\mathrm{m^2}$。试计算热水的出口温度。

9-22　欲采用套管式换热器使热水与冷水进行热量交换。已知热水进口温度 $t_1'=200$℃，流量为 0.0144kg/s；冷水进口温度 $t_2'=35$℃，流量为 0.0233kg/s，总传热系数 $k=980\mathrm{W/(m^2\cdot K)}$，传热面积 $A=0.25\mathrm{m^2}$。试确定采用顺流与逆流两种布置时，换热器的传热量、冷却水的出口温度以及换热器的效能。

9-23　欲设计一管壳式换热器，利用烟气的余热预热空气，要求将空气温度由 20℃预热至 500℃。已知空气流量 $V_{02}=0.28\mathrm{Nm^3/s}$，烟气流量 $V_{01}=0.33\mathrm{Nm^3/s}$，烟气进入换热器的温度 $t_1'=800$℃。若该换热器的总传热系数 $k=26.7\mathrm{W/(m^2\cdot K)}$，烟气的热损失为其代入换热器热量的 7%，计算当换热器采用逆流形式时，所需要的换热面积。

9-24　在一换热器中，以重油为热流体、石油为冷流体，进行热量交换，使重油从 $t_1'=300$℃被冷却到 $t_1''=20$℃，而石油从 $t_2'=25$℃被加热到 $t_2''=175$℃。如果换热器被设计为顺流式或者逆流式，那么这两种形式下的平均温差分别是多少？假设这两种形式下的传热系数和传热量是完全相同的，那么这两种形式下的换热面积分别是多少？

9-25　有一台逆流套管式冷油器，冷却水流量为 0.0639kg/s，进水温度 $t_2'=35$℃，热油进口温度 $t_1'=120$℃，油的比热容 $c_{p1}=2.1\mathrm{kJ/(kg\cdot K)}$，传热面积为 $1.4\mathrm{m^2}$，总传热系数 $k=280\mathrm{W/(m^2\cdot K)}$。如果油的出口温度不得低于 60℃，冷却水的出口温度不得高于 85℃，该冷油器所能冷却的最大油流量是多少？

9-26　有一套管式换热器，管壁厚为 2mm，导热系数为 $30\mathrm{W/(m\cdot K)}$，换热器两侧冷、热流体的平均温差 $\Delta t_m=60$℃，两侧换热的表面传热系数分别为 $h_1=900\mathrm{W/(m^2\cdot K)}$ 和 $h_2=60\mathrm{W/(m^2\cdot K)}$。若想强化该传热过程，可采取下列不同措施：①$h_1$ 增大 60%；②$h_2$ 增大 20%；③钢管改为铜管，厚度不变，铜管的导热系数为 $330\ \mathrm{W/(m\cdot K)}$；④使平均温差增加 20%。试分析以上各种措施，哪一种好？采用不同措施，分别使传热量增加了多少？

9-27　有一台逆流式油-水换热器，已知油的流量 $q_{m1}=4\mathrm{kg/s}$，密度 $\rho_1=860\mathrm{kg/m^3}$，定压比热容 $c_{p1}=2.1\mathrm{kJ/(kg\cdot K)}$，进口温度 $t_1'=80$℃，出口温度 $t_1''=60$℃；水的进口温度 $t_2'=$

20℃，出口温度 $t_2''=50$℃。换热器的总传热系数 $k=500\mathrm{W/(m^2 \cdot K)}$，试计算换热器的传热面积。如果换热器使用一段时间后产生污垢，污垢热阻为 0.005K/W，若冷、热流体的进口温度、流量以及传热系数均保持不变，冷、热流体的出口温度是多少？

9-28　有一换热面积为 $50\mathrm{m^2}$ 的叉流式换热器，利用烟气预热空气。已知烟气的入口温度 $t_1'=1000$℃，为将体积流量 $V_{02}=3500\mathrm{Nm^3/s}$ 的空气由温度 0℃预热至 400℃，如果该换热器的总传热系数 $k=23.3\mathrm{W/(m^2 \cdot K)}$，所需的烟气量是多少？烟气的出口温度是多少？

# Chapter 9 Heat Exchangers

Heat exchangers are devices that facilitate the exchange of heat between two fluids that are at different temperatures while keeping them from mixing with each other. Heat transfer in a heat exchanger usually involves convection in each fluid and conduction, and this heat transfer process is often called the overall heat transfer process. Based on the basic theory of heat transfer learned in previous chapters, we start this chapter with the analysis and calculation of the overall heat transfer processes. and then introduce the classification of heat exchangers, which we put our focus on the wall - mounted heat exchangers. Finally we discuss two methods in thermal calculation of heat exchangers: LMTD and the effectiveness-NTU method.

## 9.1 The Overall Heat Transfer Processes

An overall heat transfer process is a process that the energy is transferred from the fluid on one side of the wall to the fluid on another side.

The heat is transferred from the higher fluid to the lower fluid through the plane wall can be expressed by the heat-transfer equation, that is

$$\Phi = kA(t_{f1} - t_{f2}) \tag{9-1}$$

where $k$ is called the overall heat transfer coefficient, which is the measure that characterizes the intensity of the heat transfer process. The more intense the heat transfer process, the greater the overall heat transfer coefficient value.

Now we discuss the overall heat transfer coefficients for some configurations.

**1. The Overall Heat Transfer Processes through the Plane Walls**

Consider a steady - state heat transfer process through a plane wall in the third boundary conditions, as shown in Figure 9-1. The overall heat transfer is obtained from the thermal network of Figure 9-1 as

$$\Phi = \frac{t_{f1} - t_{f2}}{\dfrac{1}{h_1 A} + \dfrac{\delta}{\lambda A} + \dfrac{1}{h_2 A}} \tag{9-2}$$

The overall heat transfer coefficient is expressed as

$$k = \frac{1}{\dfrac{1}{h_1} + \dfrac{\delta}{\lambda} + \dfrac{1}{h_2}} \tag{9-3}$$

**2. The Overall Heat Transfer Processes through the Tubes**

Consider a steady-state heat transfer process through the tube in the third boundary conditions, as shown in Figure 9-2. The overall heat transfer is obtained from the thermal network of Figure 9-2 as

$$\Phi=\frac{t_{f1}-t_{f2}}{\frac{1}{\pi d_1 l h_1}+\frac{1}{2\pi\lambda l}\ln\frac{d_2}{d_1}+\frac{1}{\pi d_2 l h_2}} \tag{9-4}$$

Based on the inside area of the tube, the heat-transfer equation is expressed as

$$\Phi=k_1\pi d_1 l(t_{f1}-t_{f2}) \tag{9-5}$$

Accordingly, the overall heat transfer coefficient based on the inside area of the tube is

$$k_1=\frac{1}{\frac{1}{h_1}+\frac{d_1}{2\lambda}\ln\frac{d_2}{d_1}+\frac{1}{h_2}\frac{d_1}{d_2}} \tag{9-6}$$

Based on the outside area of the tube, the heat-transfer equation is expressed as

$$\Phi=k_2\pi d_2 l(t_{f1}-t_{f2}) \tag{9-7}$$

Accordingly, the overall heat transfer coefficient based on the outside area of the tube is

$$k_2=\frac{1}{\frac{1}{h_1}\frac{d_2}{d_1}+\frac{d_2}{2\lambda}\ln\frac{d_2}{d_1}+\frac{1}{h_2}} \tag{9-8}$$

**3. The Overall Heat Transfer Processes through Fins**

Finned surfaces are commonly used in practice to enhance heat transfer by exposing a larger surface area to convection and radiation.

Consider a steady-state heat transfer process through the fin-wall combination wall in the third boundary conditions, as shown in Figure 9-3. The overall heat transfer is expressed as

$$\Phi=\frac{t_{f1}-t_{f2}}{\frac{1}{h_1A_1}+\frac{\delta}{\lambda A_1}+\frac{1}{h_2\eta_0A_2}} \tag{9-9}$$

where $\eta_0$ is called the overall fin surface efficiency, $\eta_0=\frac{A_r+\eta_f A_f}{A_2}=\frac{A_r+\eta_f A_f}{A_r+A_f}$.

# 9.2 Heat Exchangers

Heat exchangers are devices that facilitate the exchange of heat between two fluids that are at different temperatures while keeping them from mixing with each other. Heat exchangers are commonly used in practice in a wide range of applications. This section focuses on the types and construction of heat exchangers.

**1. Types of Heat Exchangers**

According to the working principle of the heat exchanger, the heat exchangers can be divided into three categories: hybrid, regenerative type and wall type.

The working characteristics of hybrid heat exchangers are that the cold and hot fluids are in direct contact, and the heat exchange is achieved by mixing with each other. Hybrid heat exchangers are generally used when cold and hot fluids are the same substance, such as cold and hot water, water and water vapor, etc. In engineering practice, in most cases, cold and hot fluids cannot be mixed with each other, so the application of hybrid heat exchangers is limited.

The working characteristics of the regenerative heat exchangers are that the cold and hot fluids flow alternately through the same heat exchange surface (called the heat storage body). The heat transfer process in this heat exchanger is the unsteady-state process.

The working characteristics of the wall heat exchangers are that the cold and hot fluids are separated by the wall, and the heat is transferred from the high-temperature fluid to the low-temperature fluid through the wall, and this heat transfer process is the overall heat transfer process discussed earlier. Wall-mounted heat exchangers are used in a wide range of applications. The following focuses on wall heat exchangers.

## 2. Types of Wall Heat Exchangers

There are many types of wall heat exchangers, according to their structure, they can be divided into shell and tube type, ribbed tube type, plate type, plate fin type, and spiral plate type, etc. According to the relative flow direction of cold and hot fluids, it can be divided into four flow types: parallel flow, counter flow, cross flow, and mixed flow, as shown in Figure 9-4.

(1) Shell-and-Tube Heat Exchanger

Shell-and-tube heat exchangers are the most common type of the wall heat exchangers in industrial applications. It consists of an inner tube and a housing. The simplest type of heat transfer consists of two concentric pipes of different diameters, as shown in Figure 9-5, is called the double-pipe heat exchanger. One fluid in a double-pipe heat exchanger flows through the small pipe while the other fluid flows through the annular space between the two pipes. Two types of flow arrangement are possible in a double-pipe heat exchanger: in parallel flow and in counter flow.

(2) Finned Tubular Heat Exchanger

Finned tubular heat exchangers are also known as ribbed tubular heat exchangers, as shown in Figure 9-10, which consist of tube banks with ribs. Compact heat exchangers are commonly used in liquid-to-gas heat exchangers to counteract the low heat transfer coefficient associated with gas flow with increased surface area.

(3) Plate Heat Exchanger

Plate heat exchanger is made up of a set of pressed corrugated metal heat transfer plates superimposed in parallel, the four corners of the heat transfer plate have corner holes, and the two adjacent plates are separated by specially designed sealing gaskets to form a channel. The cold and hot fluids flow in through a corner hole respectively, and flow at intervals between the plates along the flow channel set by the gasket and corrugation, and then flow out of the corner hole on the other side, as shown in Figure 9-11.

(4) Plate-Fin Heat Exchanger

Plate-fin heat exchangers are made of metal plates and corrugated plate-shaped fins stacked and staggered. The cold and hot fluids flow in the intersection direction, and the cold and hot fluids cannot be freely mixed, as shown in Figure 9-12.

(5) Spiral Plate Heat Exchanger

Spiral plate heat exchanger is made of two parallel metal plates rolled to form two spiral channels, and the cold and hot fluids flow in the two channels, as shown in Figure 9-13.

Heat exchangers are complicated devices. Engineer in industry often find themselves in a position to select heat exchangers to accomplish certain heat transfer tasks.

## 9.3 Heat Transfer Calculation of Heat Exchangers

The heat transfer calculation of the heat exchanger is divided into two types: design calculation and check calculation. Design calculation is to select a heat exchanger that will achieve a specified temperature change in a fluid stream of known mass flow rate. Check calculation is to predict the outlet temperatures of the hot and cold fluid streams in a specified heat exchanger. In up coming section, we will discuss the two methods used in the analysis of heat exchangers. Of these, the log mean temperature difference method is best suited for the first task and the effectiveness-NTU method for the second task just stated.

### 1. Log Mean Temperature Difference (LMTD) Method

(1) The Log Mean Temperature Difference

Earlier, we mentioned that the heat transfer rate of the overall heat transfer process can be expressed by the equation of heat transfer

$$\Phi = kA(t_{f1} - t_{f2}) = kA\Delta t$$

The temperature profiles for parallel flow and counter flow in heat exchangers are shown in Figure 9-14, where the subscripts "1" and "2" stand for hot and cold fluids, respectively, and superscripts "′" and "″" stand for inlet and outlet temperatures of the fluids.

Assume the heat exchanger operates in the steady-flow state. The rate of heat transfer from the hot fluid is

$$\Phi = q_{m1} c_{p1} (t_1' - t_1'') \tag{9-14}$$

and the rate of heat transfer to the cold fluid is

$$\Phi = q_{m2} c_{p2} (t_2'' - t_2') \tag{9-15}$$

The outer surface of the heat exchanger is assumed to be perfectly insulated, so that there is no heat loss to the surrounding medium, and any heat transfer occurs between the two fluids only.

$$q_{m1} c_{p1} (t_1' - t_1'') = q_{m2} c_{p2} (t_2'' - t_2') \tag{9-16}$$

Earlier, we mentioned that the temperature difference $\Delta t$ between the hot and cold fluids varies along the heat exchanger, and so the overall heat transfer coefficient does, as shown in Figure 9-14. It is convenient to have a mean temperature difference $\Delta t_m$ for use in the heat transfer equation.

$$\Phi = kA\Delta t_m \tag{9-17}$$

In order to develop a relation for the equivalent average temperature difference between the two fluids, we first present some general considerations.

① The mass flow rate $q_m$ of each fluid remains constant, and the properties such as temperature and velocity at any inlet and outlet remain the same. The specific heat capacity $c_p$ of a fluid, in general, changes with temperature. But in a specified temperature range, it can be treated as a constant at some average value with little loss in accuracy.

② The overall heat transfer coefficient remains constant along the heat transfer surface.

③ The outer surface of the heat exchanger is assumed to be perfectly insulated, so that there is no heat loss to the surrounding medium, and any heat transfer occurs between the two fluids only.

④ Axial heat conduction along the tube is usually insignificant and can be considered negligible.

⑤ There are no phase change of the fluids along the heat exchanger.

Consider the parallel-flow heat exchanger shown in Figure 9-15. The average temperature difference at the whole heat transfer surface along the heat exchanger is

$$\Delta t_{\mathrm{m}}=\frac{\Delta t'}{\ln\dfrac{\Delta t''}{\Delta t'}}\left(\frac{\Delta t''}{\Delta t'}-1\right)=\frac{\Delta t'-\Delta t''}{\ln\dfrac{\Delta t'}{\Delta t''}} \tag{9-30}$$

Consider the counter-flow heat exchanger as shown in Figure 9-16. The variation of temperature of hot and cold fluids is given in Figure 9-16, and the average temperature difference using for the counter-flow heat exchanger can be expressed as the same Equation (9-30). Thus the average temperature difference for both the parallel-flow heat exchanger and counter-flow heat exchanger can be expressed uniformly

$$\Delta t_{\mathrm{m}}=\frac{\Delta t_{\max}-\Delta t_{\min}}{\ln\dfrac{\Delta t_{\max}}{\Delta t_{\min}}} \tag{9-31}$$

where $\Delta t_{\max}$ and $\Delta t_{\min}$ represent the greater and the lesser of the two temperature differences $\Delta t'$ and $\Delta t''$, respectively. Since the logarithmic operation occurs in Equation (9-31), the average temperature difference in the above equation is also called the log mean temperature difference.

In the case of $\Delta t_{\max}/\Delta t_{\min}\leqslant 2$ in practice, the arithmetic mean temperature difference can be used as the average temperature differences

$$\Delta t_{\mathrm{m}}=\frac{\Delta t_{\max}+\Delta t_{\min}}{2} \tag{9-32}$$

In the case of $2\leqslant\Delta t_{\max}/\Delta t_{\min}\leqslant 5$, the average temperature difference can be used as the following expression

$$\Delta t_{\mathrm{m}}=\frac{1}{2}(\Delta t_{\max}+\Delta t_{\min})-\frac{1}{10}(\Delta t_{\max}-\Delta t_{\min}) \tag{9-33}$$

The log mean temperature differences in cross-flow and multipass shell-and-tube heat exchangers are too complicated because of the complex flow conditions. In such cases, it is convenient to relate the equivalent temperature difference to the log mean temperature relation for the counter-flow case as

$$\Delta t_{\mathrm{m}}=\psi(\Delta t_{\mathrm{m}})_{\mathrm{cf}} \tag{9-34}$$

where the $(\Delta t_{\mathrm{m}})_{\mathrm{cf}}$ is the log mean temperature difference for the case of a counter-flow heat exchanger with the same inlet and outlet temperatures. $\psi$ is the correction factor, which value is less than unity for a cross-flow and multipass shell-and-tube heat exchanger. The correction factor depends on two temperature ratios $P$ and $R$ defined as

$$P=\frac{t_2''-t_2'}{t_1'-t_2'},\quad R=\frac{t_1'-t_1''}{t_2''-t_2'} \tag{9-35}$$

For the convenience of engineering calculation, for common flow patterns, the relationship of

$\psi$, $P$ and $R$ has been made into a line calculation diagram, and the value of $\psi$ can be determined versus $P$ and $R$ by the line calculation chart. It can also be found in the heat exchanger design manual and in the relevant heat transfer textbooks.

Correction factor $\psi$ charts for common shell-and tube and cross-flow heat exchanger are shown in Figure 9-18 to Figure 9-21.

(2) The Log Mean Temperature Difference Method

1) Design Calculations of Heat Exchanger

The task for the design calculation of heat exchanger is to select a heat exchanger that will meet the prescribed heat transfer requirement. The procedure to be followed by the selection process is:

① Select the type of heat exchanger suitable for the application. Obtain the value of the overall heat transfer coefficient $k$,

② Determine any unknown inlet or outlet temperature and the heat transfer rate using an energy balance.

③ Calculate the log mean temperature difference $\Delta t_m$ and the correction factor $\varphi$, if necessary.

④ Calculate the heat transfer surface area $A$ from the equation of heat transfer.

⑤ Calculate the flow resistances on both sides of the heat exchange surface. If the flow resistance on both sides is too large, the power consumption of the fan and pump will increase, thereby increasing the investment and operating costs of the system equipment, at this time, it is necessary to change the heat exchanger design scheme and re-design calculation.

2) Check Calculations of Heat Exchangers

The task of check calculation is to determine the heat transfer performance of a specified heat exchanger or to determine if a heat exchanger available in storage will do the job. The procedure to be followed by the selection process is.

① Assume the outlet temperature $t_1''$ of a hot fluid (or the outlet temperature $t_2''$ of a cold fluid), calculate the rate of heat transfer and the outlet temperature of another one by using the energy Equation (9-14) and Equation (9-15) of the cold and hot fluids.

② Calculate the log mean temperature difference $\Delta t_m$ according all four of the inlet and outlet temperatures of the hot and cold fluids.

③ Calculate the surface heat transfer coefficient $h_1$, $h_2$ on both sides of the heat exchanger, and the overall heat transfer coefficient $k$ of the heat transfer process according to the structure and operating conditions of the heat exchanger.

④ Calculate the heat transfer rate $\Phi''$ using the heat transfer Equation (9-17).

⑤ Compare the values of $\Phi'$ and $\Phi''$, if the difference between this two heat transfer rates is large (such as greater than 2% or 5%), it indicates that the fluid temperature value assumed in step (1) does not correspond to reality, it is necessary to reassume the outlet temperature of a fluid, and then repeat the above calculation steps until the deviation is desirable. In the practice engineering, the deviation between the two heat transfer rates should generally be less than 2% ~ 5%.

## 2. The Effectiveness-NTU Method

(1) Heat Transfer Effectiveness

The heat transfer effectiveness $\varepsilon$ is defined as

$$\varepsilon=\frac{(t'-t'')_{max}}{t_1'-t_2'} \tag{9-36}$$

where the denominator of $(t_1'-t_2')$ is the maximum possible temperature difference in a heat exchanger, and the maximum temperature difference in the heat exchanger is always the difference in inlet temperatures of the hot and cold fluids. The numerator $(t'-t'')$ is the actual temperature change of hot fluid or cold fluid in the heat exchanger, and the subscript max indicates that one with the largest temperature change between the two.

If the cold fluid experiences the larger temperature change, $(t'-t'')_{max}=t_2''-t_2'$. On the contrary, if the hot fluid experiences the larger temperature change, $(t'-t'')_{max}=t_1'-t_1''$. Therefore, the heat transfer effectiveness is the ratio of actual heat transfer rate $\Phi$ in the heat exchanger to the maximum possible heat transfer rate $\Phi_{max}$.

The determination of $\Phi_{max}$ requires the availability of the inlet temperature of the hot and cold fluids and their mass flow rates, which are usually specified. Then, once the effectiveness of the heat exchanger is known, the actual heat transfer rate can be determined from.

$$\Phi=(q_m c)_{min}(t'-t'')_{max}=\varepsilon\,(q_m c)_{min}(t_1'-t_2') \tag{9-37}$$

(2) Calculation of the Effectiveness

The effectiveness of a heat transfer depends on the geometry of the heat exchanger as well as the flow arrangement. Therefore, different types of heat exchangers have different effectiveness relations. The effectiveness $\varepsilon$ for the parallel-flow heat exchanger can be expressed as

$$\varepsilon=\frac{1-\exp\left\{-(\mathrm{NUT})\left[1+\frac{(q_m c)_{min}}{(q_m c)_{max}}\right]\right\}}{1+\frac{(q_m c)_{min}}{(q_m c)_{max}}} \tag{9-48}$$

and the effectiveness of the counter-flow heat exchanger can be expressed as

$$\varepsilon=\frac{1-\exp\left\{(-\mathrm{NTU})\left[1-\frac{(q_m c)_{min}}{(q_m c)_{max}}\right]\right\}}{1-\frac{(q_m c)_{min}}{(q_m c)_{max}}\exp\left\{(-\mathrm{NTU})\left[1-\frac{(q_m c)_{min}}{(q_m c)_{max}}\right]\right\}} \tag{9-49}$$

where NTU is called the number of transfer units.

$$\mathrm{NTU}=\frac{KA}{(q_m c)\,\mathrm{min}}$$

(3) Effectiveness-NTU Method

The number of transfer units is a dimensionless quantity using in the calculation of the heat transfer. Its numerator is the combined of overall heat transfer coefficient $k$ and the heat transfer surface area $A$. The larger the NTU, the larger the heat exchanger.

In these cases the value of $(q_m c)_{min}$ or $(q_m c)_{max}$ extends to infinite for the phase change fluid, and Equations (9-48) and (9-49) approach a single simple equation.

$$\varepsilon = 1 - \exp(-\mathrm{NTU}) \tag{9-50}$$

For the case of $q_m c$ is the same to the hot and cold fluids, Equation (9–48) can be simplified for parallel–flow heat exchanger as

$$\varepsilon = \frac{1 - \exp(-2\mathrm{NTU})}{2} \tag{9-51}$$

For counter–flow heat exchanger as

$$\varepsilon = \frac{\mathrm{NTU}}{1 + \mathrm{NTU}} \tag{9-52}$$

The relation of ε–NTU for some common types of heat exchangers are also plotted in Figure 9–22 to Figure 9–27. The structure of the heat exchanger represented by Figure 9–24 to Figure 9–27 is the same as correspondence of Figure 9–18 to Figure 9–21.

We mentioned earlier that when all the inlet and outlet temperatures are specified, the size of the heat exchanger can easily be determined using the LMTD method. Alternatively, it can also be determined from the effectiveness – NTU method by first evaluating the effectiveness $\varepsilon$ from its definition and then the NTU from the appropriate NTU relation.

# 附　表

**附表 1　常用单位换算**

| 序号 | 物理量 | 符号 | 定义式 | 我国法定单位 | 米制工程单位 | 备注 |
|---|---|---|---|---|---|---|
| 1 | 质量 | $m$ | | kg<br>1<br>9.807 | $kgf \cdot s^2/m$<br>0.1020<br>1 | |
| 2 | 温度 | $T$ 或 $t$ | | K<br>$T=t+T_0$ | ℃<br>$t=T-T_0$ | $T_0=273.15K$ |
| 3 | 力 | $F$ | $ma$ | N<br>1<br>9.807 | kgf<br>0.1020<br>1 | |
| 4 | 压力<br>（压强） | $p$ | $\frac{F}{A}$ | Pa<br>1<br>$9.807\times10^4$ | at 或 $kgf/cm^2$<br>$1.0197\times10^{-5}$<br>1 | 1atm = 1.033at<br>$=1.033\times10^4 kgf/m^2$<br>$=1.013\times10^5 Pa$ |
| 5 | 密度 | $\rho$ | $\frac{m}{V}$ | $kg/m^3$<br>1<br>9.807 | $kgf \cdot s^2/m^4$<br>0.1020<br>1 | |
| 6 | 能量<br>功量<br>热量 | $W$ 或 $Q$ | $Fr$ 或 $\Phi\tau$ | J<br>$1\times10^3$<br>$4.187\times10^3$ | kcal<br>0.2388<br>1 | |
| 7 | 功率<br>热流量 | $P$ 或 $\Phi$ | $W/\tau$ 或<br>$Q/\tau$ | W<br>1<br>9.807<br>1.163 | kgf · m/s　kcal/h<br>0.1020　0.8598<br>1　8.434<br>0.1186　1 | |
| 8 | 比热容 | $c$ | $\frac{Q}{m\Delta t}$ | J/(kg · K)<br>1<br>4.187 | kcal/(kg · ℃)<br>0.2388<br>1 | |
| 9 | 动力黏度 | $\eta$ | $\rho\nu$ | Pa · s 或 kg/(m · s)<br>1<br>9.807 | $kgf \cdot s/m^2$<br>0.1020<br>1 | $\nu$：运动黏度，<br>单位为 $m^2/s$ |
| 10 | 热导率<br>（导热系数） | $\lambda$ | $\frac{\Phi\Delta l}{A\Delta t}$ | W/(m · K)<br>1<br>1.163 | kcal/(m · h · ℃)<br>0.8598<br>1 | |
| 11 | 表面传热系数<br>总传热系数 | $h$<br>$k$ | $\frac{\Phi}{A\Delta t}$ | $W/(m^2 \cdot K)$<br>1<br>1.163 | $kcal/(m^2 \cdot h \cdot ℃)$<br>0.8598<br>1 | |
| 12 | 热流密度 | $q$ | $\frac{\Phi}{A}$ | $W/m^2$<br>1<br>1.163 | $kcal/(m^2 \cdot h)$<br>0.8598<br>1 | |

附表 2 干空气的热物理性质 ($p=1.01325\times10^5$ Pa)

| $t$ | $\rho$ | $c_p$ | $\lambda\times10^2$ | $a\times10^6$ | $\eta\times10^6$ | $\nu\times10^6$ | $Pr$ |
|---|---|---|---|---|---|---|---|
| ℃ | kg/m$^3$ | kJ/(kg·K) | W/(m·K) | m$^2$/s | kg/(m·s) | m$^2$/s | |
| -50 | 1.584 | 1.013 | 2.04 | 12.7 | 14.6 | 9.23 | 0.728 |
| -40 | 1.515 | 1.013 | 2.12 | 13.8 | 15.2 | 10.04 | 0.728 |
| -30 | 1.453 | 1.013 | 2.20 | 14.9 | 15.7 | 10.80 | 0.723 |
| -20 | 1.395 | 1.009 | 2.28 | 16.2 | 16.2 | 11.61 | 0.716 |
| -10 | 1.342 | 1.009 | 2.36 | 17.4 | 16.7 | 12.43 | 0.712 |
| 0 | 1.293 | 1.005 | 2.44 | 18.8 | 17.2 | 13.28 | 0.707 |
| 10 | 1.247 | 1.005 | 2.51 | 20.0 | 17.6 | 14.16 | 0.705 |
| 20 | 1.205 | 1.005 | 2.59 | 21.4 | 18.1 | 15.06 | 0.703 |
| 30 | 1.165 | 1.005 | 2.67 | 22.9 | 18.6 | 16.00 | 0.701 |
| 40 | 1.128 | 1.005 | 2.76 | 24.3 | 19.1 | 16.96 | 0.699 |
| 50 | 1.093 | 1.005 | 2.83 | 25.7 | 19.6 | 17.95 | 0.698 |
| 60 | 1.060 | 1.005 | 2.90 | 27.2 | 20.1 | 18.97 | 0.696 |
| 70 | 1.029 | 1.009 | 2.96 | 28.6 | 20.6 | 20.02 | 0.694 |
| 80 | 1.000 | 1.009 | 3.05 | 30.2 | 21.1 | 21.09 | 0.692 |
| 90 | 0.972 | 1.009 | 3.13 | 31.9 | 21.5 | 22.10 | 0.690 |
| 100 | 0.946 | 1.009 | 3.21 | 33.6 | 21.9 | 23.13 | 0.688 |
| 120 | 0.898 | 1.009 | 3.34 | 36.8 | 22.8 | 25.45 | 0.686 |
| 140 | 0.854 | 1.013 | 3.49 | 40.3 | 23.7 | 27.80 | 0.684 |
| 160 | 0.815 | 1.017 | 3.64 | 43.9 | 24.5 | 30.09 | 0.682 |
| 180 | 0.779 | 1.022 | 3.78 | 47.5 | 25.3 | 32.49 | 0.681 |
| 200 | 0.746 | 1.026 | 3.93 | 51.4 | 26.0 | 34.85 | 0.680 |
| 250 | 0.674 | 1.038 | 4.27 | 61.0 | 27.4 | 40.61 | 0.677 |
| 300 | 0.615 | 1.047 | 4.60 | 71.6 | 29.7 | 48.33 | 0.674 |
| 350 | 0.566 | 1.059 | 4.91 | 81.9 | 31.4 | 55.46 | 0.676 |
| 400 | 0.524 | 1.068 | 5.21 | 93.1 | 33.0 | 63.09 | 0.678 |
| 500 | 0.456 | 1.093 | 5.74 | 115.3 | 36.2 | 79.38 | 0.687 |
| 600 | 0.404 | 1.114 | 6.22 | 138.3 | 39.1 | 96.89 | 0.699 |
| 700 | 0.362 | 1.135 | 6.71 | 163.4 | 41.8 | 115.4 | 0.706 |
| 800 | 0.329 | 1.156 | 7.18 | 188.8 | 44.3 | 134.8 | 0.713 |
| 900 | 0.301 | 1.172 | 7.63 | 216.2 | 46.7 | 155.1 | 0.717 |
| 1000 | 0.277 | 1.185 | 8.07 | 245.9 | 49.0 | 177.1 | 0.719 |
| 1100 | 0.257 | 1.197 | 8.50 | 276.2 | 51.2 | 199.3 | 0.722 |
| 1200 | 0.239 | 1.210 | 9.15 | 316.5 | 53.5 | 233.7 | 0.724 |

①$1.01325\times10^5$ Pa=760mmHg，下同。

## 附表 3　饱和水的热物理性质

| $t$ | $p\times10^{-5}$ | $\rho$ | $h'$ | $c_p$ | $\lambda\times10^2$ | $a\times10^8$ | $\eta\times10^6$ | $\nu\times10^6$ | $\alpha_V\times10^4$ | $\sigma\times10^4$ | $Pr$ |
|---|---|---|---|---|---|---|---|---|---|---|---|
| ℃ | Pa | kg/m$^3$ | kJ/kg | kJ/(kg·K) | W/(m·K) | m$^2$/s | Pa·s | m$^2$/s | K$^{-1}$ | N/m | |
| 0 | 0.00611 | 999.9 | 0 | 4.212 | 55.1 | 13.1 | 1788 | 1.789 | −0.81 | 756.4 | 13.67 |
| 10 | 0.01227 | 999.7 | 42.04 | 4.191 | 57.4 | 13.7 | 1306 | 1.306 | +0.87 | 741.6 | 9.52 |
| 20 | 0.02338 | 998.2 | 83.91 | 4.183 | 59.9 | 14.3 | 1004 | 1.006 | 2.09 | 726.9 | 7.02 |
| 30 | 0.04241 | 995.7 | 125.7 | 4.174 | 61.8 | 14.9 | 801.5 | 0.805 | 3.05 | 712.2 | 5.42 |
| 40 | 0.07375 | 992.2 | 167.5 | 4.174 | 63.5 | 15.3 | 653.3 | 0.659 | 3.86 | 696.5 | 4.31 |
| 50 | 0.12335 | 988.1 | 209.3 | 4.174 | 64.8 | 15.7 | 549.4 | 0.556 | 4.57 | 676.9 | 3.54 |
| 60 | 0.19920 | 983.1 | 251.1 | 4.179 | 65.9 | 16.0 | 469.9 | 0.478 | 5.22 | 662.2 | 2.99 |
| 70 | 0.3116 | 977.8 | 293.0 | 4.187 | 66.8 | 16.3 | 4061 | 0.415 | 5.83 | 643.5 | 2.55 |
| 80 | 0.4736 | 971.8 | 355.0 | 4.195 | 67.4 | 16.6 | 355.1 | 0.365 | 6.40 | 625.9 | 2.21 |
| 90 | 0.7011 | 965.3 | 377.0 | 4.208 | 68.0 | 16.8 | 314.9 | 0.326 | 6.96 | 607.2 | 1.95 |
| 100 | 1.013 | 958.4 | 419.1 | 4.220 | 68.3 | 16.9 | 282.5 | 0.295 | 7.50 | 588.6 | 1.75 |
| 110 | 1.43 | 951.0 | 461.4 | 4.233 | 68.5 | 17.0 | 259.0 | 0.272 | 8.04 | 569.0 | 1.60 |
| 120 | 1.98 | 943.1 | 503.7 | 4.250 | 68.6 | 17.1 | 237.4 | 0.252 | 8.58 | 548.4 | 1.47 |
| 130 | 2.70 | 934.8 | 546.4 | 4.266 | 68.6 | 17.2 | 217.8 | 0.233 | 9.12 | 528.8 | 1.36 |
| 140 | 3.61 | 926.1 | 589.1 | 4.287 | 68.5 | 17.2 | 201.1 | 0.217 | 9.68 | 507.2 | 1.26 |
| 150 | 4.76 | 917.0 | 632.2 | 4.313 | 68.4 | 17.3 | 186.4 | 0.203 | 10.26 | 486.6 | 1.17 |
| 160 | 6.18 | 907.0 | 675.4 | 4.346 | 68.3 | 17.3 | 173.6 | 0.191 | 10.87 | 466.0 | 1.10 |
| 170 | 7.92 | 897.3 | 719.3 | 4.380 | 67.9 | 17.3 | 162.8 | 0.181 | 11.52 | 443.4 | 1.05 |
| 180 | 10.03 | 886.9 | 763.3 | 4.417 | 67.4 | 17.2 | 153.0 | 0.173 | 12.21 | 422.8 | 1.00 |
| 190 | 12.55 | 876.0 | 807.8 | 4.459 | 67.0 | 17.1 | 144.2 | 0.165 | 12.96 | 400.2 | 0.96 |
| 200 | 15.55 | 863.0 | 852.8 | 4.505 | 66.3 | 17.0 | 136.4 | 0.158 | 13.77 | 376.7 | 0.93 |
| 210 | 19.08 | 852.3 | 897.7 | 4.555 | 65.5 | 16.9 | 130.5 | 0.153 | 14.67 | 354.1 | 0.91 |
| 220 | 23.20 | 840.3 | 943.7 | 4.614 | 64.5 | 16.6 | 124.6 | 0.148 | 15.67 | 331.6 | 0.89 |
| 230 | 27.98 | 827.3 | 990.2 | 4.681 | 63.7 | 16.4 | 119.7 | 0.145 | 16.80 | 310.0 | 0.88 |
| 240 | 33.48 | 813.6 | 1037.5 | 4.756 | 62.8 | 16.2 | 114.8 | 0.141 | 18.08 | 285.5 | 0.87 |
| 250 | 39.78 | 799.0 | 1085.7 | 4.844 | 61.8 | 15.9 | 109.9 | 0.137 | 19.55 | 261.9 | 0.86 |
| 260 | 46.94 | 784.0 | 1135.7 | 4.949 | 60.5 | 15.6 | 105.9 | 0.135 | 21.27 | 237.4 | 0.87 |
| 270 | 55.05 | 767.9 | 1185.7 | 5.070 | 59.0 | 15.1 | 102.0 | 0.133 | 23.31 | 214.8 | 0.88 |
| 280 | 64.19 | 750.7 | 1236.8 | 5.230 | 57.4 | 14.6 | 98.1 | 0.131 | 25.79 | 191.3 | 0.90 |
| 290 | 74.45 | 732.3 | 1290.0 | 5.485 | 55.8 | 13.9 | 94.2 | 0.129 | 28.84 | 168.7 | 0.93 |
| 300 | 85.92 | 712.5 | 1344.9 | 5.736 | 54.0 | 13.2 | 91.2 | 0.128 | 32.73 | 144.2 | 0.97 |
| 310 | 98.70 | 691.1 | 1402.2 | 6.071 | 52.3 | 12.5 | 88.3 | 0.128 | 37.85 | 120.7 | 1.03 |
| 320 | 112.90 | 667.1 | 1462.1 | 6.574 | 50.6 | 11.5 | 85.3 | 0.128 | 44.91 | 98.10 | 1.11 |
| 330 | 128.65 | 640.2 | 1526.2 | 7.244 | 48.4 | 10.4 | 81.4 | 0.127 | 55.31 | 76.71 | 1.22 |
| 340 | 146.08 | 610.1 | 1594.8 | 8.165 | 45.7 | 9.17 | 77.5 | 0.127 | 72.10 | 56.70 | 1.39 |
| 350 | 165.37 | 574.4 | 1671.4 | 9.504 | 43.0 | 7.88 | 72.6 | 0.126 | 103.7 | 38.16 | 1.60 |
| 360 | 186.74 | 528.0 | 1761.5 | 13.984 | 39.5 | 5.36 | 66.7 | 0.126 | 182.9 | 20.21 | 2.35 |
| 370 | 210.53 | 450.5 | 1892.5 | 40.321 | 33.7 | 1.86 | 56.9 | 0.126 | 676.7 | 4.709 | 6.79 |

①$\alpha_V$ 值选自 Steam Tables in SI Units，2nd Ed.，Ed. by Grigull U et. al.，Springer Verlag，1984。

## 附表 4　金属材料的密度、比热容和热导率(导热系数)

| 材料名称 | 20℃ | | | 热导率 $\lambda$/[W/(m·K)] | | | | | | | | | |
|---|---|---|---|---|---|---|---|---|---|---|---|---|---|
| | 密度 | 定压比热容 | 热导率 | 温度/℃ | | | | | | | | | |
| | $\rho$ | $c_p$ | $\lambda$ | -100 | 0 | 100 | 200 | 300 | 400 | 600 | 800 | 1 000 | 1 200 |
| | kg/m$^3$ | J/(kg·K) | W/(m·K) | | | | | | | | | | |
| 纯铝 | 2710 | 902 | 236 | 243 | 236 | 240 | 238 | 234 | 228 | 215 | | | |
| 杜拉铝(96Al－4Cu,微量 Mg) | 2790 | 881 | 169 | 124 | 160 | 188 | 188 | 193 | | | | | |
| 铝合金(92Al-8Mg) | 2610 | 904 | 107 | 86 | 102 | 123 | 148 | | | | | | |
| 铝合金(87Al-13Si) | 2660 | 871 | 162 | 139 | 158 | 173 | 176 | 180 | | | | | |
| 铍 | 1850 | 1758 | 219 | 382 | 218 | 170 | 145 | 129 | 118 | | | | |
| 纯铜 | 8930 | 386 | 398 | 421 | 401 | 393 | 389 | 384 | 379 | 366 | 352 | | |
| 铝青铜(90Cu-10Al) | 8360 | 420 | 56 | | 49 | 57 | 66 | | | | | | |
| 青铜(89Cu-11Sn) | 8800 | 343 | 24.8 | | 24 | 28.4 | 33.2 | | | | | | |
| 黄铜(70Cu-30Zn) | 8440 | 377 | 109 | 90 | 106 | 131 | 143 | 145 | 148 | | | | |
| 铜合金(60Cu-40Ni) | 8920 | 410 | 22.2 | 19 | 22.2 | 23.4 | | | | | | | |
| 黄金 | 19300 | 127 | 315 | 331 | 318 | 313 | 310 | 305 | 300 | 287 | | | |
| 纯铁 | 7870 | 455 | 81.1 | 96.7 | 83.5 | 72.1 | 63.5 | 56.5 | 50.3 | 39.4 | 29.6 | 29.4 | 31.6 |
| 阿姆口铁 | 7860 | 455 | 73.2 | 82.9 | 74.7 | 67.5 | 61.0 | 54.8 | 49.9 | 38.6 | 29.3 | 29.3 | 31.1 |
| 灰铸铁($w_C \approx 3\%$) | 7570 | 470 | 39.2 | | 28.5 | 32.4 | 35.8 | 37.2 | 36.6 | 20.8 | 19.2 | | |
| 碳钢($w_C \approx 0.5\%$) | 7840 | 465 | 49.8 | | 50.5 | 47.5 | 44.8 | 42.0 | 39.4 | 34.0 | 29.0 | | |
| 碳钢($w_C \approx 1.0\%$) | 7790 | 470 | 43.2 | | 43.0 | 42.8 | 42.2 | 41.5 | 40.6 | 36.7 | 32.2 | | |
| 碳钢($w_C \approx 1.5\%$) | 7750 | 470 | 36.7 | | 36.8 | 36.6 | 36.2 | 35.7 | 34.7 | 31.7 | 27.8 | | |
| 铬钢($w_{Cr} \approx 5\%$) | 7830 | 460 | 36.1 | | 36.3 | 35.2 | 34.7 | 33.5 | 31.4 | 28.0 | 27.2 | 27.2 | 27.2 |
| 铬钢($w_{Cr} \approx 13\%$) | 7740 | 460 | 26.8 | | 26.5 | 27.0 | 27.0 | 27.0 | 27.6 | 28.4 | 29.0 | 29.0 | |
| 铬钢($w_{Cr} \approx 17\%$) | 7710 | 460 | 22 | | 22 | 22.2 | 22.6 | 22.6 | 23.3 | 24.0 | 24.8 | 25.5 | |
| 铬钢($w_{Cr} \approx 26\%$) | 7650 | 460 | 22.6 | | 22.6 | 23.8 | 25.5 | 27.2 | 28.5 | 31.8 | 35.1 | 38 | |
| 铬镍钢(18-20 Cr/8-12Ni) | 7820 | 460 | 15.2 | 12.2 | 14.7 | 16.6 | 18.0 | 19.4 | 20.8 | 23.5 | 26.3 | | |

续表

| 材料名称 | 20℃ | | | 热导率 $\lambda$/[W/(m·K)] | | | | | | | | | |
|---|---|---|---|---|---|---|---|---|---|---|---|---|---|
| | 密度 | 定压比热容 | 热导率 | 温度/℃ | | | | | | | | | |
| | $\rho$ | $c_p$ | $\lambda$ | -100 | 0 | 100 | 200 | 300 | 400 | 600 | 800 | 1 000 | 1 200 |
| | kg/m$^3$ | J/(kg·K) | W/(m·K) | | | | | | | | | | |
| 铬镍钢(17-19 Cr/9-13Ni) | 7830 | 460 | 14.7 | 11.8 | 14.3 | 16.1 | 17.5 | 18.8 | 20.2 | 22.8 | 25.5 | 28.2 | 30.9 |
| 镍钢($w_{Ni}\approx1\%$) | 7900 | 460 | 45.5 | 40.8 | 45.2 | 46.8 | 46.1 | 44.1 | 41.2 | 35.7 | | | |
| 镍钢($w_{Ni}\approx3.5\%$) | 7910 | 460 | 36.5 | 30.7 | 36.0 | 38.8 | 39.7 | 39.2 | 37.8 | | | | |
| 镍钢($w_{Ni}\approx25\%$) | 8030 | 460 | 13.0 | | | | | | | | | | |
| 镍钢($w_{Ni}\approx35\%$) | 8110 | 460 | 13.8 | 10.9 | 13.4 | 15.4 | 17.1 | 18.6 | 20.1 | 23.1 | | | |
| 镍钢($w_{Ni}\approx44\%$) | 8190 | 460 | 15.8 | | 15.7 | 16.1 | 16.5 | 16.9 | 17.1 | 17.8 | 18.4 | | |
| 镍钢($w_{Ni}\approx50\%$) | 8260 | 460 | 19.6 | 17.3 | 19.4 | 20.5 | 21.0 | 21.1 | 21.3 | 22.5 | | | |
| 锰钢($w_{Mn}\approx12\%\sim13\%$，$w_{Ni}\approx3\%$) | 7800 | 487 | 13.6 | | | 14.8 | 16.0 | 17.1 | 18.3 | | | | |
| 锰钢($w_{Mn}\approx0.4\%$) | 7860 | 440 | 51.2 | | | 51.0 | 50.0 | 47.0 | 43.5 | 35.5 | 27 | | |
| 钨钢($w_W\approx5\%\sim6\%$) | 8070 | 436 | 18.7 | | 18.4 | 19.7 | 21.0 | 22.3 | 23.6 | 24.9 | 26.3 | | |
| 铅 | 11340 | 128 | 35.3 | 37.2 | 35.5 | 34.3 | 32.8 | 31.5 | | | | | |
| 镁 | 1730 | 1020 | 156 | 160 | 157 | 154 | 152 | 150 | | | | | |
| 钼 | 9590 | 255 | 138 | 146 | 139 | 135 | 131 | 127 | 123 | 116 | 109 | 103 | 93.7 |
| 镍 | 8900 | 444 | 91.4 | 144 | 94 | 82.8 | 74.2 | 67.3 | 64.6 | 69.0 | 73.3 | 77.6 | 81.9 |
| 铂 | 21450 | 133 | 71.4 | 73.3 | 71.5 | 71.6 | 72.0 | 72.8 | 73.6 | 76.6 | 80.0 | 84.2 | 88.9 |
| 银 | 10500 | 234 | 427 | 431 | 428 | 422 | 415 | 407 | 399 | 384 | | | |
| 锡 | 7310 | 228 | 67 | 75 | 68.2 | 63.2 | 60.9 | | | | | | |
| 钛 | 4500 | 520 | 22 | 23.3 | 22.4 | 20.7 | 19.9 | 19.5 | 19.4 | 19.9 | | | |
| 铀 | 19070 | 116 | 27.4 | 24.3 | 27 | 29.1 | 31.1 | 33.4 | 35.7 | 40.6 | 45.6 | | |
| 锌 | 7140 | 388 | 121 | 123 | 122 | 117 | 112 | | | | | | |
| 锆 | 6570 | 276 | 22.9 | 26.5 | 23.2 | 21.8 | 21.2 | 20.9 | 21.4 | 22.3 | 24.5 | 26.4 | 28.0 |
| 钨 | 19350 | 134 | 179 | 204 | 182 | 166 | 153 | 142 | 134 | 125 | 119 | 114 | 110 |

附表 5 保温、建筑及其他材料的密度和热导率(导热系数)

| 材料名称 | 温度 $t$ | 密度 $\rho$ | 热导率 $\lambda$ |
|---|---|---|---|
| | ℃ | $kg/m^3$ | W/(m·K) |
| 膨胀珍珠岩散料 | 25 | 60~300 | 0.021~0.062 |
| 沥青膨胀珍珠岩 | 31 | 233~282 | 0.069~0.076 |
| 磷酸盐膨胀珍珠岩制品 | 20 | 200~250 | 0.044~0.052 |
| 水玻璃膨胀珍珠岩制品 | 20 | 200~300 | 0.056~0.065 |
| 岩棉制品 | 20 | 80~150 | 0.035~0.038 |
| 膨胀蛭石 | 20 | 100~130 | 0.051~0.07 |
| 沥青蛭石板管 | 20 | 350~400 | 0.081~0.10 |
| 石棉粉 | 22 | 744~1400 | 0.099~0.19 |
| 石棉砖 | 21 | 384 | 0.099 |
| 石棉绳 | | 590~730 | 0.10~0.21 |
| 石棉绒 | | 35~230 | 0.055~0.077 |
| 石棉板 | 30 | 770~1045 | 0.10~0.14 |
| 碳酸镁石棉灰 | | 240~490 | 0.077~0.086 |
| 硅藻土石棉灰 | | 280~380 | 0.085~0.11 |
| 粉煤灰砖 | 27 | 458~589 | 0.12~0.22 |
| 矿渣棉 | 30 | 207 | 0.058 |
| 玻璃丝 | 35 | 120~492 | 0.058~0.07 |
| 玻璃棉毡 | 28 | 18.4~38.3 | 0.043 |
| 软木板 | 20 | 105~437 | 0.044~0.079 |
| 木丝纤维板 | 25 | 245 | 0.048 |
| 稻草浆板 | 20 | 325~365 | 0.068~0.084 |
| 麻秆板 | 25 | 108~147 | 0.056~0.11 |
| 甘蔗板 | 20 | 282 | 0.067~0.072 |
| 葵芯板 | 20 | 95.5 | 0.05 |
| 玉米梗板 | 22 | 25.2 | 0.065 |
| 棉花 | 20 | 117 | 0.049 |
| 丝 | 20 | 57.7 | 0.036 |
| 锯木屑 | 20 | 179 | 0.083 |
| 硬泡沫塑料 | 30 | 29.5~56.3 | 0.041~0.048 |
| 软泡沫塑料 | 30 | 41~162 | 0.043~0.056 |
| 铝箔间隔层(5层) | 21 | | 0.042 |
| 红砖(营造状态) | 25 | 1860 | 0.87 |
| 红砖 | 35 | 1560 | 0.49 |
| 松木(垂直木纹) | 15 | 496 | 0.15 |
| 松木(平行木纹) | 21 | 527 | 0.35 |
| 水泥 | 30 | 1900 | 0.30 |

续表

| 材料名称 | 温度 $t$ | 密度 $\rho$ | 热导率 $\lambda$ |
|---|---|---|---|
| | ℃ | $kg/m^3$ | W/(m·K) |
| 混凝土板 | 35 | 1930 | 0.79 |
| 耐酸混凝土板 | 30 | 2250 | 1.5~1.6 |
| 黄砂 | 30 | 1580~1700 | 0.28~0.34 |
| 泥土 | 20 | | 0.83 |
| 瓷砖 | 37 | 2090 | 1.1 |
| 玻璃 | 45 | 2500 | 0.65~0.71 |
| 聚苯乙烯 | 30 | 24.7~37.8 | 0.04~0.043 |
| 花岗石 | | 2643 | 1.73~3.98 |
| 大理石 | | 2499~2707 | 2.70 |
| 云母 | | 290 | 0.58 |
| 水垢 | 65 | | 1.31~3.14 |
| 冰 | 0 | 913 | 2.22 |
| 黏土 | 27 | 1460 | 1.3 |

**附表 6　几种保温材料、耐火材料的热导率(导热系数)和温度的关系**

| 材料名称 | 材料最高允许温度 | 密度 $\rho$ | 热导率 $\lambda$ |
|---|---|---|---|
| | ℃ | $kg/m^3$ | W/(m·K) |
| 超细玻璃棉毡、管 | 400 | 18~20 | $0.033+0.00023\{t\}_{℃}$ ① |
| 矿渣棉 | 550~600 | 350 | $0.0674+0.000215\{t\}_{℃}$ |
| 水泥蛭石制品 | 800 | 400~450 | $0.103+0.000198\{t\}_{℃}$ |
| 水泥珍珠岩制品 | 600 | 300~400 | $0.0651+0.000105\{t\}_{℃}$ |
| 粉煤灰泡沫砖 | 300 | 500 | $0.099+0.0002\{t\}_{℃}$ |
| 岩棉玻璃布缝板 | 600 | 100 | $0.0314+0.000198\{t\}_{℃}$ |
| A 级硅藻土制品 | 900 | 500 | $0.0395+0.00019\{t\}_{℃}$ |
| B 级硅藻土制品 | 900 | 550 | $0.0477+0.0002\{t\}_{℃}$ |
| 膨胀珍珠岩 | 1000 | 55 | $0.0424+0.000137\{t\}_{℃}$ |
| 微孔硅酸钙制品 | 650 | $\not>250$ | $0.041+0.0002\{t\}_{℃}$ |
| 耐火黏土砖 | 1350~1450 | 1800~2040 | $(0.7\sim0.84)+0.00058\{t\}_{℃}$ |
| 轻质耐火黏土砖 | 1250~1300 | 800~1300 | $(0.29\sim0.41)+0.00026\{t\}_{℃}$ |
| 超轻质耐火黏土砖 | 1150~1300 | 540~610 | $0.093+0.00016\{t\}_{℃}$ |
| 超轻质耐火黏土砖 | 1100 | 270~330 | $0.058+0.00017\{t\}_{℃}$ |
| 硅砖 | 1700 | 1900~1950 | $0.93+0.0007\{t\}_{℃}$ |
| 镁砖 | 1600~1700 | 2300~2600 | $2.1+0.00019\{t\}_{℃}$ |
| 铬砖 | 1600~1700 | 2600~2800 | $4.7+0.00017\{t\}_{℃}$ |

①$\{t\}_{℃}$表示以℃为单位的材料的平均温度的数值。

附表 7　大气压力($p=1.01325\times10^5$Pa)下标准烟气的热物理性质

(烟气中组成成分的质量分数：$w_{CO_2}=0.13$；$w_{H_2O}=0.11$；$w_{N_2}=0.76$)

| $t$ | $\rho$ | $c_p$ | $\lambda\times10^2$ | $a\times10^6$ | $\eta\times10^6$ | $\nu\times10^6$ | $Pr$ |
|---|---|---|---|---|---|---|---|
| ℃ | kg/m³ | kJ/(kg·K) | W/(m·K) | m²/s | Pa·s | m²/s | |
| 0 | 1.295 | 1.042 | 2.28 | 16.9 | 15.8 | 12.20 | 0.72 |
| 100 | 0.950 | 1.068 | 3.13 | 30.8 | 20.4 | 21.54 | 0.69 |
| 200 | 0.748 | 1.097 | 4.01 | 48.9 | 24.5 | 32.80 | 0.67 |
| 300 | 0.617 | 1.122 | 4.84 | 69.9 | 28.2 | 45.81 | 0.65 |
| 400 | 0.525 | 1.151 | 5.70 | 94.3 | 31.7 | 60.38 | 0.64 |
| 500 | 0.457 | 1.185 | 6.56 | 121.1 | 34.8 | 76.30 | 0.63 |
| 600 | 0.405 | 1.214 | 7.42 | 150.9 | 37.9 | 93.61 | 0.62 |
| 700 | 0.363 | 1.239 | 8.27 | 183.8 | 40.7 | 112.1 | 0.61 |
| 800 | 0.330 | 1.264 | 9.15 | 219.7 | 43.4 | 131.8 | 0.60 |
| 900 | 0.301 | 1.290 | 10.00 | 258.0 | 45.9 | 152.5 | 0.59 |
| 1000 | 0.275 | 1.306 | 10.90 | 303.4 | 48.4 | 174.3 | 0.58 |
| 1100 | 0.257 | 1.323 | 11.75 | 345.5 | 50.7 | 197.1 | 0.57 |
| 1200 | 0.240 | 1.340 | 12.62 | 392.4 | 53.0 | 221.0 | 0.56 |

附表 8　大气压力($p=1.01325\times10^5$Pa)下过热水蒸气的热物理性质

| $T$ | $\rho$ | $c_p$ | $\mu\times10^5$ | $\nu\times10^5$ | $\lambda$ | $a\times10^6$ | $Pr$ |
|---|---|---|---|---|---|---|---|
| K | kg/m³ | kJ/(kg·K) | Pa·s | m²/s | W/(m·K) | m²/s | |
| 380 | 0.5863 | 2.060 | 1.271 | 2.16 | 0.0246 | 2.036 | 1.060 |
| 400 | 0.5542 | 2.014 | 1.344 | 2.42 | 0.0261 | 2.338 | 1.040 |
| 450 | 0.4902 | 1.980 | 1.525 | 3.11 | 0.0299 | 3.07 | 1.010 |
| 500 | 0.4405 | 1.985 | 1.704 | 3.86 | 0.0339 | 3.87 | 0.996 |
| 550 | 0.4005 | 1.997 | 1.884 | 4.70 | 0.0379 | 4.75 | 0.991 |
| 600 | 0.3852 | 2.026 | 2.067 | 5.66 | 0.0422 | 5.73 | 0.986 |
| 650 | 0.3380 | 2.056 | 2.247 | 6.64 | 0.0464 | 6.66 | 0.995 |
| 700 | 0.3140 | 2.085 | 2.426 | 7.72 | 0.0505 | 7.72 | 1.000 |
| 750 | 0.2931 | 2.119 | 2.604 | 8.88 | 0.0549 | 8.33 | 1.005 |
| 800 | 0.2730 | 2.152 | 2.786 | 10.20 | 0.0592 | 10.01 | 1.010 |
| 850 | 0.2579 | 2.186 | 2.969 | 11.52 | 0.0637 | 11.30 | 1.019 |

附表 9　大气压力($p=1.01325\times10^5$Pa)下二氧化碳、氢气、氧气的热物理性质

| | $T$ | $\rho$ | $c_p$ | $\lambda$ | $a\times10^6$ | $\nu\times10^8$ | $\eta\times10^4$ | $Pr$ |
|---|---|---|---|---|---|---|---|---|
| | K | kg/m³ | kJ/(kg·K) | W/(m·K) | m²/s | m²/s | Pa·s | |
| 二氧化碳气体<br>沸点 195K | 250 | 2.15 | 0.782 | 0.01435 | 853.5 | 5.97 | 12.8 | 0.70 |
| | 300 | 1.788 | 0.844 | 0.01810 | 1199.4 | 8.50 | 15.2 | 0.71 |
| | 400 | 1.341 | 0.937 | 0.0259 | 2061.2 | 14.6 | 19.6 | 0.71 |
| | 500 | 1.073 | 1.011 | 0.0333 | 3069.6 | 21.9 | 23.5 | 0.71 |
| | 600 | 0.894 | 1.074 | 0.0407 | 5.381 | 30.0 | 27.1 | 0.71 |
| | 800 | 0.671 | 1.168 | 0.0544 | 4238.8 | 49.8 | 33.4 | 0.72 |
| | 1000 | 0.537 | 1.232 | 0.0665 | 10051.0 | 72.3 | 38.8 | 0.72 |
| | 1500 | 0.358 | 1.329 | 0.0945 | 19862.0 | 143.8 | 51.5 | 0.72 |
| | 2000 | 0.268 | 1.371 | 0.1176 | 32000.6 | 231.0 | 61.9 | 0.72 |
| | $T$ | $\rho$ | $c_p$ | $\lambda$ | $a\times10^6$ | $\nu\times10^8$ | $\eta\times10^4$ | $Pr$ |
| | K | kg/m³ | kJ/(kg·K) | W/(m·K) | m²/s | m²/s | Pa·s | |
| 氢气<br>沸点 20.3K | 20 | 1.219 | 10.4 | 0.0158 | 1.246 | 0.893 | 1.08 | 0.72 |
| | 40 | 0.6074 | 10.3 | 0.0302 | 4.827 | 3.38 | 2.06 | 0.70 |
| | 60 | 0.4062 | 10.66 | 0.0451 | 10.415 | 7.06 | 2.87 | 0.68 |
| | 80 | 0.3047 | 11.79 | 0.0621 | 17.37 | 11.7 | 3.57 | 0.68 |
| | 100 | 0.2437 | 13.32 | 0.0805 | 24.80 | 17.3 | 4.21 | 0.70 |
| | 150 | 0.1625 | 16.17 | 0.125 | 47.57 | 34.4 | 5.60 | 0.73 |
| | 200 | 0.1219 | 15.91 | 0.158 | 81.47 | 55.8 | 6.81 | 0.68 |
| | 250 | 0.0975 | 15.25 | 0.181 | 121.7 | 81.1 | 7.91 | 0.67 |
| | 300 | 0.0812 | 14.78 | 0.198 | 165.0 | 109.9 | 8.93 | 0.67 |
| | 400 | 0.0609 | 14.40 | 0.227 | 258.8 | 177.6 | 10.9 | 0.69 |
| | 500 | 0.0487 | 14.35 | 0.259 | 370.6 | 258.1 | 12.6 | 0.70 |
| | 600 | 0.0406 | 14.40 | 0.299 | 511.4 | 350.9 | 14.3 | 0.69 |
| | 800 | 0.0305 | 14.53 | 0.385 | 868.8 | 572.5 | 17.4 | 0.66 |
| | 1000 | 0.0244 | 14.76 | 0.423 | 1175.0 | 841.2 | 20.5 | 0.72 |
| | 1500 | 0.0164 | 16.00 | 0.587 | 2237.0 | 1560 | 25.6 | 0.70 |
| | 2000 | 0.0123 | 17.05 | 0.751 | 3581.0 | 2510 | 30.9 | 0.70 |
| | $T$ | $\rho$ | $c_p$ | $\lambda$ | $a\times10^6$ | $\nu\times10^8$ | $\eta\times10^4$ | $Pr$ |
| | K | kg/m³ | kJ/(kg·K) | W/(m·K) | m²/s | m²/s | Pa·s | |
| 氧气<br>沸点 90.2K | 150 | 2.60 | 0.890 | 0.0148 | 6.396 | 4.39 | 11.4 | 0.69 |
| | 200 | 1.949 | 0.900 | 0.0192 | 10.95 | 7.55 | 14.7 | 0.69 |
| | 250 | 1.559 | 0.910 | 0.0234 | 16.49 | 11.4 | 17.8 | 0.69 |
| | 300 | 1.299 | 0.920 | 0.0274 | 22.93 | 15.8 | 20.6 | 0.69 |
| | 400 | 0.975 | 0.945 | 0.0348 | 24.80 | 26.1 | 25.4 | 0.69 |
| | 500 | 0.780 | 0.970 | 0.042 | 37.77 | 38.3 | 29.9 | 0.69 |
| | 600 | 0.650 | 1.000 | 0.049 | 75.38 | 52.5 | 33.9 | 0.69 |
| | 800 | 0.487 | 1.050 | 0.062 | 121.2 | 84.5 | 41.1 | 0.70 |
| | 1000 | 0.390 | 1.085 | 0.074 | 174.9 | 122.0 | 47.6 | 0.70 |
| | 1500 | 0.260 | 1.140 | 0.101 | 340.8 | 239 | 62.1 | 0.70 |
| | 2000 | 0.195 | 1.180 | 0.126 | 547.6 | 384 | 74.9 | 0.70 |

## 附表 10　干饱和水蒸气的热物理性质

| $t$ | $p\times10^{-5}$ | $\rho''$ | $h''$ | $r$ | $c_p$ | $\lambda\times10^2$ | $a\times10^3$ | $\lambda\times10^6$ | $\nu\times10^6$ | $Pr$ |
|---|---|---|---|---|---|---|---|---|---|---|
| ℃ | Pa | kg/m$^3$ | kJ/kg | kJ/kg | kJ/(kg·K) | W/(m·K) | m$^2$/s | Pa·s | m$^2$/s | |
| 0 | 0.00611 | 0.004847 | 2501.6 | 2501.6 | 1.8543 | 1.83 | 7313.0 | 8.022 | 1655.01 | 0.815 |
| 10 | 0.01227 | 0.009396 | 2520.0 | 2477.7 | 1.8594 | 1.88 | 3881.3 | 8.424 | 896.54 | 0.831 |
| 20 | 0.02338 | 0.01729 | 2538.0 | 2454.3 | 1.8661 | 1.94 | 2167.2 | 8.84 | 509.90 | 0.847 |
| 30 | 0.04241 | 0.03037 | 2556.5 | 2430.9 | 1.8744 | 2.00 | 1265.1 | 9.218 | 303.53 | 0.863 |
| 40 | 0.07375 | 0.05116 | 2574.5 | 2407.0 | 1.8853 | 2.06 | 768.45 | 9.620 | 188.04 | 0.883 |
| 50 | 0.12335 | 0.08302 | 2592.0 | 2382.7 | 1.8987 | 2.12 | 483.59 | 10.022 | 120.72 | 0.896 |
| 60 | 0.19920 | 0.1302 | 2609.6 | 2358.4 | 1.9155 | 2.19 | 315.55 | 10.424 | 80.07 | 0.913 |
| 70 | 0.3116 | 0.1982 | 2626.8 | 2334.1 | 1.9364 | 2.25 | 210.57 | 10.817 | 54.57 | 0.930 |
| 80 | 0.4736 | 0.2933 | 2643.5 | 2309.0 | 1.9615 | 2.33 | 145.53 | 11.219 | 38.25 | 0.947 |
| 90 | 0.7011 | 0.4235 | 2660.3 | 2283.1 | 1.9921 | 2.40 | 102.22 | 11.621 | 27.44 | 0.966 |
| 100 | 1.0130 | 0.5977 | 2676.2 | 2257.1 | 2.0281 | 2.48 | 73.57 | 12.023 | 20.12 | 0.984 |
| 110 | 1.4327 | 0.8265 | 2691.3 | 2229.9 | 2.0704 | 2.56 | 53.83 | 12.425 | 15.03 | 1.00 |
| 120 | 1.9854 | 1.122 | 2705.9 | 2202.3 | 2.1198 | 2.65 | 40.15 | 12.798 | 11.41 | 1.02 |
| 130 | 2.7013 | 1.497 | 2719.7 | 2173.8 | 2.1763 | 2.76 | 30.46 | 13.170 | 8.80 | 1.04 |
| 140 | 3.614 | 1.967 | 2733.1 | 2144.1 | 2.2408 | 2.85 | 23.28 | 13.543 | 6.89 | 1.06 |
| 150 | 4.760 | 2.548 | 2745.3 | 2113.1 | 2.3145 | 2.97 | 18.10 | 13.896 | 5.45 | 1.08 |
| 160 | 6.181 | 3.260 | 2756.6 | 2081.3 | 2.3974 | 3.08 | 14.20 | 14.249 | 4.37 | 1.11 |
| 170 | 7.920 | 4.123 | 2767.1 | 2407.8 | 2.4911 | 3.21 | 11.25 | 14.612 | 5.54 | 1.13 |
| 180 | 10.027 | 5.160 | 2776.3 | 2013.0 | 2.5958 | 3.36 | 9.03 | 14.965 | 2.90 | 1.15 |
| 190 | 12.551 | 6.397 | 2784.2 | 1976.6 | 2.7126 | 3.51 | 7.29 | 15.298 | 2.39 | 1.18 |
| 200 | 15.549 | 7.864 | 2790.9 | 1938.5 | 2.8428 | 3.68 | 5.92 | 15.651 | 1.99 | 1.21 |
| 210 | 19.077 | 9.593 | 2796.4 | 1898.3 | 2.9877 | 3.87 | 4.86 | 15.995 | 1.67 | 1.24 |
| 220 | 23.198 | 11.62 | 2799.7 | 1856.4 | 3.1497 | 4.07 | 4.00 | 16.338 | 1.41 | 1.26 |
| 230 | 27.976 | 14.00 | 2801.8 | 1811.6 | 3.3310 | 4.30 | 3.32 | 16.701 | 1.19 | 1.29 |
| 240 | 33.478 | 16.76 | 2802.2 | 1764.7 | 3.5366 | 4.54 | 2.76 | 17.073 | 1.02 | 1.33 |
| 250 | 39.776 | 19.99 | 2800.6 | 1714.4 | 3.7723 | 4.84 | 2.31 | 17.446 | 0.873 | 1.36 |
| 260 | 46.943 | 23.73 | 2796.4 | 1661.3 | 4.0470 | 5.18 | 1.94 | 17.848 | 0.752 | 1.40 |
| 270 | 55.058 | 28.10 | 2789.7 | 1604.8 | 4.3735 | 5.55 | 1.63 | 18.280 | 0.651 | 1.44 |
| 280 | 64.202 | 33.19 | 2780.5 | 1543.7 | 4.7675 | 6.00 | 1.37 | 18.750 | 0.565 | 1.49 |
| 290 | 74.461 | 39.16 | 2767.5 | 1477.5 | 5.2528 | 6.55 | 1.15 | 19.270 | 0.492 | 1.54 |
| 300 | 85.927 | 46.19 | 2751.1 | 1405.9 | 5.8632 | 7.22 | 0.96 | 18.839 | 0.430 | 1.61 |
| 310 | 98.700 | 54.54 | 2730.2 | 1327.6 | 6.6503 | 8.06 | 0.80 | 20.691 | 0.380 | 1.71 |
| 320 | 112.89 | 64.60 | 2703.8 | 1241.0 | 7.7217 | 8.65 | 0.62 | 21.691 | 0.336 | 1.94 |
| 330 | 128.63 | 76.99 | 2670.3 | 1143.8 | 9.3613 | 9.61 | 0.48 | 23.093 | 0.300 | 2.24 |
| 340 | 146.05 | 92.76 | 2626.0 | 1030.8 | 12.2108 | 10.70 | 0.34 | 24.692 | 0.266 | 2.82 |
| 350 | 165.35 | 113.6 | 2567.8 | 895.6 | 17.1504 | 11.90 | 0.22 | 26.594 | 0.234 | 3.83 |
| 360 | 186.75 | 144.1 | 2485.3 | 721.4 | 25.1162 | 13.70 | 0.14 | 29.193 | 0.203 | 5.34 |
| 370 | 210.54 | 201.1 | 2342.9 | 452.0 | 76.9157 | 16.60 | 0.04 | 33.989 | 0.169 | 15.7 |
| 374.15 | 221.20 | 315.5 | 2107.2 | 0.0 | ∞ | 23.79 | 0.0 | 44.992 | 0.143 | ∞ |

## 附表 11 油类的热物理性质

| 名称 | $t$ | $\rho$ | $c_p$ | $\lambda$ | $a\times10^4$ | $\eta\times10^4$ | $\nu\times10^6$ | $Pr$ |
|---|---|---|---|---|---|---|---|---|
| | ℃ | $kg/m^3$ | kJ/(kg·℃) | W/(m·℃) | $m^2/h$ | kg/(m·s) | $m^2/s$ | |
| 汽油 | 0 | 900 | 1.800 | 0.145 | 3.23 | | | |
| | 50 | | 1.842 | 0.137 | 2.40 | | | |
| 柴油 | 20 | 908.4 | 1.838 | 0.128 | 3.41 | 5629 | 620 | 8000 |
| | 40 | 895.5 | 1.909 | 0.126 | 3.94 | 1209 | 135 | 1840 |
| | 60 | 882.4 | 1.980 | 0.124 | 4.45 | 397.2 | 45 | 630 |
| | 80 | 870 | 2.052 | 0.123 | 4.92 | 173.6 | 20 | 200 |
| | 100 | 857 | 2.123 | 0.122 | 5.42 | 92.48 | 108 | 162 |
| 润滑油 | 0 | 899 | 1.796 | 0.148 | 3.22 | 38442 | 4280 | 47100 |
| | 40 | 876 | 1.955 | 0.144 | 3.10 | 2118 | 242 | 2870 |
| | 80 | 852 | 2.131 | 0.138 | 2.90 | 319.7 | 37.5 | 490 |
| | 120 | 829 | 2.307 | 0.135 | 2.70 | 103 | 12.4 | 175 |
| 变压器油 | 20 | 866 | 1.892 | 0.124 | 2.73 | 315.8 | 36.5 | 481 |
| | 40 | 852 | 1.993 | 0.123 | 2.61 | 142.2 | 16.7 | 230 |
| | 60 | 842 | 2.093 | 0.122 | 2.49 | 73.16 | 8.7 | 126 |
| | 80 | 830 | 2.198 | 0.120 | 2.36 | 43.15 | 5.2 | 79.4 |
| | 100 | 818 | 2.294 | 0.119 | 2.28 | 30.99 | 3.8 | 60.3 |

## 附表 12 几种饱和液体的热物理性质

| 液体 | $t$ | $\rho$ | $c_p$ | $\lambda$ | $a\times10^8$ | $\nu\times10^6$ | $\alpha_V\times10^3$ | $r$ | $Pr$ |
|---|---|---|---|---|---|---|---|---|---|
| | ℃ | $kg/m^3$ | kJ/(kg·K) | W/(m·K) | $m^2/s$ | $m^2/s$ | $K^{-1}$ | kJ/kg | |
| $NH_3$ | -50 | 702.0 | 4.354 | 0.6207 | 20.31 | 0.4745 | 1.69 | 1416.34 | 2.337 |
| | -40 | 689.9 | 4.396 | 0.6014 | 19.83 | 0.4160 | 1.78 | 1388.81 | 2.098 |
| | -30 | 677.5 | 4.448 | 0.5810 | 19.28 | 0.3700 | 1.88 | 1359.74 | 1.919 |
| | -20 | 664.9 | 4.501 | 0.5607 | 18.74 | 0.3328 | 1.96 | 1328.97 | 1.776 |
| | -10 | 652.0 | 4.556 | 0.5405 | 18.20 | 0.3018 | 2.04 | 1296.39 | 1.659 |
| | 0 | 638.6 | 4.617 | 0.5202 | 17.64 | 0.2753 | 2.16 | 1261.81 | 1.560 |
| | 10 | 624.8 | 4.683 | 0.4998 | 17.08 | 0.2522 | 2.28 | 1225.04 | 1.477 |
| | 20 | 610.4 | 4.758 | 0.4792 | 16.50 | 0.2320 | 2.42 | 1185.82 | 1.406 |
| | 30 | 595.4 | 4.843 | 0.4583 | 15.89 | 0.2143 | 2.57 | 1143.85 | 1.348 |
| | 40 | 579.5 | 4.943 | 0.4371 | 15.26 | 0.1988 | 2.76 | 1098.71 | 1.303 |
| | 50 | 562.9 | 5.066 | 0.4156 | 14.57 | 0.1853 | 3.07 | 1049.91 | 1.271 |
| R152a | -50 | 1063.3 | 1.560 | | | 0.3822 | 1.625 | 351.69 | |
| | -40 | 1043.5 | 1.590 | | | 0.3374 | 1.718 | 343.54 | |
| | -30 | 1023.3 | 1.617 | | | 0.3007 | 1.830 | 335.01 | |
| | -20 | 1002.5 | 1.645 | 0.1272 | 7.71 | 0.2703 | 1.964 | 326.06 | 3.505 |
| | -10 | 981.1 | 1.674 | 0.1213 | 7.39 | 0.2449 | 2.123 | 316.63 | 3.316 |
| | 0 | 958.9 | 1.707 | 0.1155 | 7.06 | 0.2235 | 2.317 | 306.66 | 3.167 |
| | 10 | 935.9 | 1.743 | 0.1097 | 6.73 | 0.2052 | 2.550 | 296.04 | 3.051 |
| | 20 | 911.7 | 1.785 | 0.1039 | 6.38 | 0.1893 | 2.838 | 284.67 | 2.965 |
| | 30 | 886.3 | 1.834 | 0.0982 | 6.04 | 0.1756 | 3.194 | 272.77 | 2.906 |
| | 40 | 859.4 | 1.891 | 0.0926 | 5.70 | 0.1635 | 3.641 | 259.15 | 2.869 |
| | 50 | 830.6 | 1.963 | 0.0872 | 5.35 | 0.1528 | 4.221 | 244.58 | 2.857 |

续表

| 液体 | $t$ | $\rho$ | $c_p$ | $\lambda$ | $a\times10^8$ | $\nu\times10^6$ | $\alpha_V\times10^3$ | $r$ | $Pr$ |
|---|---|---|---|---|---|---|---|---|---|
| | ℃ | kg/m$^3$ | kJ/(kg·K) | W/(m·K) | m$^2$/s | m$^2$/s | K$^{-1}$ | kJ/kg | |
| R134a | -50 | 1443.1 | 1.229 | 0.1165 | 6.57 | 0.4118 | 1.881 | 231.62 | 6.269 |
| | -40 | 1414.8 | 1.243 | 0.1119 | 6.36 | 0.3550 | 1.977 | 225.59 | 5.579 |
| | -30 | 1385.9 | 1.260 | 0.1073 | 6.14 | 0.3106 | 2.094 | 219.35 | 5.054 |
| | -20 | 1356.2 | 1.282 | 0.1026 | 5.90 | 0.2751 | 2.237 | 212.84 | 4.662 |
| | -10 | 1325.6 | 1.306 | 0.0980 | 5.66 | 0.2462 | 2.414 | 205.97 | 4.348 |
| | 0 | 1293.7 | 1.335 | 0.0934 | 5.41 | 0.2222 | 2.633 | 198.68 | 4.108 |
| | 10 | 1260.2 | 1.367 | 0.0888 | 5.15 | 0.2018 | 2.905 | 190.87 | 3.915 |
| | 20 | 1224.9 | 1.404 | 0.0842 | 4.90 | 0.1843 | 3.252 | 182.44 | 3.765 |
| | 30 | 1187.2 | 1.447 | 0.0796 | 4.63 | 0.1691 | 3.698 | 173.29 | 3.648 |
| | 40 | 1146.2 | 1.500 | 0.0750 | 4.36 | 0.1554 | 4.286 | 163.23 | 3.564 |
| | 50 | 1102.0 | 1.569 | 0.0704 | 4.07 | 0.1431 | 5.093 | 152.04 | 3.515 |
| 11号润滑油 | 0 | 905.0 | 1.834 | 0.1449 | 8.73 | 1336 | | | 15310 |
| | 10 | 898.8 | 1.872 | 0.1441 | 8.56 | 564.2 | | | 6591 |
| | 20 | 892.7 | 1.909 | 0.1432 | 8.40 | 280.2 | 0.69 | | 3335 |
| | 30 | 886.6 | 1.947 | 0.1423 | 8.24 | 153.2 | | | 1859 |
| | 40 | 880.6 | 1.985 | 0.1414 | 8.09 | 90.7 | | | 1121 |
| | 50 | 874.6 | 2.022 | 0.1405 | 7.94 | 57.4 | | | 723 |
| | 60 | 868.8 | 2.064 | 0.1396 | 7.78 | 38.4 | | | 493 |
| | 70 | 863.1 | 2.106 | 0.1387 | 7.63 | 27.0 | | | 354 |
| | 80 | 857.4 | 2.148 | 0.1379 | 7.49 | 19.7 | | | 263 |
| | 90 | 851.8 | 2.190 | 0.1370 | 7.34 | 14.9 | | | 203 |
| | 100 | 846.2 | 2.236 | 0.1361 | 7.19 | 11.5 | | | 160 |
| 14号润滑油 | 0 | 905.2 | 1.866 | 0.1493 | 8.84 | 2237 | | | 25310 |
| | 10 | 899.0 | 1.909 | 0.1485 | 8.65 | 863.2 | | | 9979 |
| | 20 | 892.8 | 1.915 | 0.1477 | 8.48 | 410.9 | 0.69 | | 4846 |
| | 30 | 886.7 | 1.993 | 0.1470 | 8.32 | 216.5 | | | 2603 |
| | 40 | 880.7 | 2.035 | 0.1462 | 8.16 | 124.2 | | | 1522 |
| | 50 | 874.8 | 2.077 | 0.1454 | 8.00 | 76.5 | | | 956 |
| | 60 | 869.0 | 2.114 | 0.1446 | 7.87 | 50.5 | | | 462 |
| | 70 | 863.2 | 2.156 | 0.1439 | 7.73 | 34.3 | | | 444 |
| | 80 | 857.5 | 2.194 | 0.1431 | 7.61 | 24.6 | | | 323 |
| | 90 | 851.9 | 2.227 | 0.1424 | 7.51 | 18.3 | | | 244 |
| | 100 | 846.4 | 2.265 | 0.1416 | 7.39 | 14.0 | | | 190 |

| 液体 | T | $\rho$ | $c_p$ | $\lambda$ | $a\times10^8$ | $\nu\times10^6$ | $\eta\times10^4$ | $Pr$ |
|---|---|---|---|---|---|---|---|---|
| | K | kg/m$^3$ | kJ/(kg·K) | W/(m·K) | m$^2$/s | m$^2$/s | Pa·s | |
| 二氧化碳液体 沸点195K 潜热 $r=0.57\times10^6$ J/kg | 220 | 1170 | 1.85 | 0.080 | 3.696 | 0.119 | 1.39 | 3.22 |
| | 230 | 1130 | 1.9 | 0.096 | 4.471 | 0.118 | 1.33 | 2.64 |
| | 240 | 1090 | 1.95 | 0.1095 | 5.152 | 0.117 | 1.28 | 2.27 |
| | 250 | 1045 | 2.0 | 0.1145 | 5.478 | 0.1155 | 1.21 | 2.11 |
| | 260 | 1000 | 2.1 | 0.1130 | 5.381 | 0.1135 | 1.14 | 2.11 |
| | 270 | 945 | 2.4 | 0.1045 | 4.608 | 0.1105 | 1.04 | 2.33 |
| | 280 | 885 | 2.85 | 0.1000 | 3.965 | 0.1045 | 0.925 | 2.64 |
| | 290 | 805 | 4.5 | 0.090 | 2.484 | 0.094 | 0.657 | 3.78 |
| | 300 | 670 | 11.0 | 0.076 | 1.031 | 0.082 | 0.549 | 7.95 |
| 液氧 沸点90K 潜热 $r=0.213\times10^6$ J/kg | 60 | 1280 | 1.66 | 0.19 | 8.942 | 0.46 | 5.89 | 5.1 |
| | 70 | 1220 | 1.666 | 0.17 | 8.364 | 0.31 | 3.78 | 3.7 |
| | 80 | 1190 | 1.679 | 0.16 | 8.008 | 0.21 | 2.50 | 2.6 |
| | 90 | 1140 | 1.694 | 0.15 | 7.767 | 0.14 | 1.60 | 1.8 |
| | 100 | 1110 | 1.717 | 0.14 | 7.346 | 0.11 | 1.22 | 1.50 |

## 附表 13　液态金属的热物理性质

| 金属名称 | $t$ | $\rho$ | $\lambda$ | $c_p$ | $a\times10^6$ | $\nu\times10^3$ | $Pr\times10^2$ |
|---|---|---|---|---|---|---|---|
| | ℃ | $kg/m^3$ | W/(m·K) | kJ/(kg·K) | $m^2/s$ | $m^2/s$ | |
| 水银熔点-38.9℃ 沸点 357℃ | 20 | 13550 | 7.90 | 0.1390 | 4.36 | 11.4 | 2.72 |
| | 100 | 13350 | 8.95 | 0.1373 | 4.89 | 9.4 | 1.92 |
| | 150 | 13230 | 9.65 | 0.1373 | 5.30 | 8.6 | 1.62 |
| | 200 | 13120 | 10.3 | 0.1373 | 5.72 | 8.0 | 1.40 |
| | 300 | 12880 | 11.7 | 0.1373 | 6.64 | 7.1 | 1.07 |
| 锡熔点 231.9℃ 沸点 2270℃ | 250 | 6980 | 34.1 | 0.255 | 19.2 | 27.0 | 1.41 |
| | 300 | 6940 | 33.7 | 0.255 | 19.0 | 24.0 | 1.26 |
| | 400 | 6865 | 33.1 | 0.255 | 18.9 | 20.0 | 1.06 |
| | 500 | 6790 | 32.6 | 0.255 | 18.8 | 17.3 | 0.92 |
| 铋熔点 271℃ 沸点 1477℃ | 300 | 10030 | 13.0 | 0.151 | 8.61 | 17.1 | 1.98 |
| | 400 | 9910 | 14.4 | 0.151 | 9.72 | 14.2 | 1.46 |
| | 500 | 9785 | 15.8 | 0.151 | 10.8 | 12.2 | 1.13 |
| | 600 | 9660 | 17.2 | 0.151 | 11.9 | 10.8 | 0.91 |
| 锂熔点 179℃ 沸点 1317℃ | 200 | 515 | 37.2 | 4.187 | 17.2 | 111.0 | 6.43 |
| | 300 | 505 | 39.0 | 4.187 | 18.3 | 92.7 | 5.03 |
| | 400 | 495 | 41.9 | 4.187 | 20.3 | 81.7 | 4.04 |
| | 500 | 434 | 45.3 | 4.187 | 22.3 | 73.4 | 3.28 |
| 铋铅(56.5%Bi) 熔点 123.5℃ 沸点 1670℃ | 150 | 10550 | 9.8 | 0.146 | 6.39 | 28.9 | 4.50 |
| | 200 | 10490 | 10.3 | 0.146 | 6.67 | 24.3 | 3.64 |
| | 300 | 10360 | 11.4 | 0.146 | 7.50 | 18.7 | 2.50 |
| | 400 | 10240 | 12.6 | 0.146 | 8.33 | 15.7 | 1.87 |
| | 500 | 10120 | 14.0 | 0.146 | 9.44 | 13.6 | 1.44 |
| 钠钾(25%Na) 熔点-11℃ 沸点 784℃ | 100 | 852 | 23.2 | 1.143 | 26.9 | 60.7 | 2.51 |
| | 200 | 828 | 24.5 | 1.072 | 27.6 | 45.2 | 1.64 |
| | 300 | 808 | 25.8 | 1.038 | 31.0 | 36.6 | 1.18 |
| | 400 | 778 | 27.1 | 1.005 | 34.7 | 30.8 | 0.89 |
| | 500 | 753 | 28.4 | 0.967 | 39.0 | 26.7 | 0.69 |
| | 600 | 729 | 29.6 | 0.934 | 43.6 | 23.7 | 0.54 |
| | 700 | 704 | 30.9 | 0.900 | 48.8 | 21.4 | 0.44 |
| 钠熔点 97.8℃ 沸点 883℃ | 150 | 916 | 84.9 | 1.356 | 68.3 | 59.4 | 0.87 |
| | 200 | 903 | 81.4 | 1.327 | 67.8 | 50.6 | 0.75 |
| | 300 | 878 | 70.9 | 1.281 | 63.0 | 39.4 | 0.63 |
| | 400 | 854 | 63.9 | 1.273 | 58.9 | 33.0 | 0.56 |
| | 500 | 829 | 57.0 | 1.273 | 54.2 | 28.9 | 0.53 |
| 钾熔点 64℃ 沸点 760℃ | 100 | 819 | 46.6 | 0.805 | 70.7 | 55 | 0.78 |
| | 250 | 783 | 44.8 | 0.783 | 73.1 | 38.5 | 0.53 |
| | 400 | 747 | 39.4 | 0.769 | 68.6 | 29.6 | 0.43 |
| | 750 | 678 | 28.4 | 0.775 | 54.2 | 20.2 | 0.37 |

## 附表 14　双曲函数值

| $x$ | sh$x$ | ch$x$ | th$x$ | $x$ | sh$x$ | ch$x$ | th$x$ |
|---|---|---|---|---|---|---|---|
| 0.0 | 0.0000 | 1.0000 | 0.0000 | 3.0 | 10.0179 | 10.0678 | 0.9951 |
| 0.1 | 0.1002 | 1.0050 | 0.0997 | 3.1 | 11.0765 | 11.1215 | 0.9960 |
| 0.2 | 0.2013 | 1.0201 | 0.1974 | 3.2 | 12.2459 | 12.2866 | 0.9967 |
| 0.3 | 0.3045 | 1.0453 | 0.2913 | 3.3 | 13.5379 | 13.5748 | 0.9973 |
| 0.4 | 0.4108 | 1.0811 | 0.3799 | 3.4 | 14.965 | 14.999 | 0.9978 |
| 0.5 | 0.5211 | 1.1276 | 0.4621 | 3.5 | 16.543 | 16.573 | 0.9982 |
| 0.6 | 0.6367 | 1.1855 | 0.5371 | 3.6 | 18.285 | 18.313 | 0.9985 |
| 0.7 | 0.7586 | 1.2552 | 0.6044 | 3.7 | 20.211 | 20.236 | 0.9988 |
| 0.8 | 0.8881 | 1.3374 | 0.6640 | 3.8 | 22.329 | 22.362 | 0.9990 |
| 0.9 | 1.0265 | 1.4331 | 0.7163 | 3.9 | 24.691 | 24.711 | 0.9992 |
| 1.0 | 1.1752 | 1.5431 | 0.7616 | 4.0 | 27.290 | 27.308 | 0.9993 |
| 1.1 | 1.3356 | 1.6685 | 0.8010 | 4.1 | 30.162 | 30.178 | 0.9995 |
| 1.2 | 1.5095 | 1.8107 | 0.8337 | 4.2 | 33.336 | 33.351 | 0.9996 |
| 1.3 | 1.6984 | 1.9709 | 0.8617 | 4.3 | 36.843 | 36.857 | 0.9996 |
| 1.4 | 1.9043 | 2.1509 | 0.8854 | 4.4 | 40.719 | 40.732 | 0.9997 |
| 1.5 | 2.1293 | 2.3524 | 0.9052 | 4.5 | 45.003 | 45.014 | 0.9998 |
| 1.6 | 2.3756 | 2.5775 | 0.9217 | 4.6 | 49.737 | 49.747 | 0.9998 |
| 1.7 | 2.6456 | 2.8283 | 0.9354 | 4.7 | 54.969 | 54.978 | 0.9999 |
| 1.8 | 2.9422 | 3.1075 | 0.9468 | 4.8 | 60.751 | 60.759 | 0.9999 |
| 1.9 | 3.2682 | 3.4177 | 0.9562 | 4.9 | 67.141 | 67.149 | 0.9999 |
| 2.0 | 3.6269 | 3.7622 | 0.9640 | 5.0 | 74.203 | 74.210 | 0.9999 |
| 2.1 | 4.0219 | 4.1443 | 0.9704 | 5.1 | 82.008 | 82.014 | 0.9999 |
| 2.2 | 4.4571 | 4.5679 | 0.9757 | 5.2 | 90.633 | 90.639 | 0.9999 |
| 2.3 | 4.9370 | 5.0372 | 0.9801 | 5.3 | 100.166 | 100.171 | 1.0000 |
| 2.4 | 5.4662 | 5.5570 | 0.9837 | 5.4 | 110.701 | 110.705 | 1.0000 |
| 2.5 | 6.0502 | 6.1323 | 0.9866 | 5.5 | 122.344 | 122.344 | 1.0000 |
| 2.6 | 6.6947 | 6.7690 | 0.9890 | 5.6 | 135.211 | 135.211 | 1.0000 |
| 2.7 | 7.4063 | 7.4735 | 0.9910 | 5.7 | 149.432 | 149.432 | 1.0000 |
| 2.8 | 8.1919 | 8.2527 | 0.9926 | 5.8 | 165.148 | 165.148 | 1.0000 |
| 2.9 | 9.0596 | 9.1146 | 0.9940 | 5.9 | 182.517 | 182.517 | 1.0000 |

## 附表 15　第一类贝塞尔函数值

| $x$ | $J_0(x)$ | $J_1(x)$ | $x$ | $J_0(x)$ | $J_1(x)$ | $x$ | $J_0(x)$ | $J_1(x)$ |
|---|---|---|---|---|---|---|---|---|
| 0.0 | 1.0000 | 0.0000 | 1.0 | 0.7652 | 0.4400 | 2.0 | 0.2239 | 0.5767 |
| 0.1 | 0.9975 | 0.0499 | 1.1 | 0.7196 | 0.4709 | 2.1 | 0.1666 | 0.5683 |
| 0.2 | 0.9900 | 0.0995 | 1.2 | 0.6711 | 0.4983 | 2.2 | 0.1104 | 0.5560 |
| 0.3 | 0.9776 | 0.1483 | 1.3 | 0.6201 | 0.5220 | 2.3 | 0.0555 | 0.5399 |
| 0.4 | 0.9604 | 0.1960 | 1.4 | 0.5669 | 0.5419 | 2.4 | 0.0025 | 0.5202 |
| 0.5 | 0.9385 | 0.2423 | 1.5 | 0.5118 | 0.5579 | | | |
| 0.6 | 0.9120 | 0.2867 | 1.6 | 0.4554 | 0.5699 | | | |
| 0.7 | 0.8812 | 0.3290 | 1.7 | 0.3980 | 0.5778 | | | |
| 0.8 | 0.8463 | 0.3688 | 1.8 | 0.3400 | 0.5815 | | | |
| 0.9 | 0.8075 | 0.4059 | 1.9 | 0.2818 | 0.5812 | | | |

## 附表 16 误差函数值

| $x$ | erf $x$ | $x$ | erf $x$ | $x$ | erf $x$ |
|---|---|---|---|---|---|
| 0.00 | 0.00000 | 0.36 | 0.38933 | 1.04 | 0.85865 |
| 0.02 | 0.02256 | 0.38 | 0.40901 | 1.08 | 0.87333 |
| 0.04 | 0.04511 | 0.40 | 0.42839 | 1.12 | 0.88679 |
| 0.06 | 0.06762 | 0.44 | 0.46622 | 1.16 | 0.89910 |
| 0.08 | 0.09008 | 0.48 | 0.50275 | 1.20 | 0.91031 |
| 0.10 | 0.11246 | 0.52 | 0.53790 | 1.30 | 0.94301 |
| 0.12 | 0.13476 | 0.56 | 0.57162 | 1.40 | 0.95228 |
| 0.14 | 0.15695 | 0.60 | 0.60386 | 1.50 | 0.96611 |
| 0.16 | 0.17901 | 0.64 | 0.63459 | 1.60 | 0.97635 |
| 0.18 | 0.20094 | 0.68 | 0.66378 | 1.70 | 0.98379 |
| 0.20 | 0.22270 | 0.72 | 0.69143 | 1.80 | 0.98909 |
| 0.22 | 0.24430 | 0.76 | 0.71754 | 1.90 | 0.99279 |
| 0.24 | 0.26570 | 0.80 | 0.74210 | 2.00 | 0.99532 |
| 0.26 | 0.28690 | 0.84 | 0.76514 | 2.20 | 0.99814 |
| 0.28 | 0.30788 | 0.88 | 0.78669 | 2.40 | 0.99931 |
| 0.30 | 0.32863 | 0.92 | 0.80677 | 2.60 | 0.99976 |
| 0.32 | 0.34913 | 0.96 | 0.82542 | 2.80 | 0.99992 |
| 0.34 | 0.36936 | 1.00 | 0.84270 | 3.00 | 0.99998 |

注：误差函数 $\mathrm{erf}x = \dfrac{2}{\sqrt{\pi}}\int_0^x e^{-t^2}\,dt$；误差余函数 $\mathrm{erfc}x = 1-\mathrm{erf}x$。

## 附表 17 各种表面的法向发射率

| 表面 | $T$/K | 发射率 |
|---|---|---|
| 金属及其氧化物 | | |
| 铝 | | |
| 精抛光平面，98.3%纯度 | 500~850 | 0.039~0.057 |
| 市购板材 | 373 | 0.09 |
| 在 872K 氧化 | 472~872 | 0.11~0.19 |
| 严重氧化 | 367~778 | 0.20~0.31 |
| 黄铜 | | |
| 抛光 | 311~589 | 0.10 |
| 在 872K 加热氧化 | 472~872 | 0.61~0.59 |
| 铬抛光(参看镍合金，Ni-Cr 钢) | 311~1367 | 0.08~0.36 |
| 铜 | | |
| 抛光 | 373 | 0.052 |
| 在 872K 加热的板 | 472~872 | 0.57 |
| 铜的氧化物 | 1072~1372 | 0.66~0.54 |
| 铸铜 | 1350~1550 | 0.16~0.13 |
| 金 | | |
| 纯金精抛光 | 500~900 | 0.018~0.035 |
| 石墨 | 311~3033 | 0.41~0.73 |
| 铁和钢(不包括不锈钢) | | |

续表

| 表面 | $T$/K | 发射率 |
|---|---|---|
| 金属及其氧化物 | | |
| 金属表面(或很薄的氧化层) | | |
| 抛光铁 | 700~1300 | 0. 14~0. 38 |
| 铸铁，抛光 | 473 | 0. 21 |
| 熟铁，精抛光 | 311~522 | 0. 28 |
| 氧化表面 | | |
| 铁板，完全生锈 | 293 | 0. 69 |
| 钢板，粗糙 | 311~644 | 0. 94~0. 97 |
| 铸造表面 | | |
| 铸铁 | 1572~1672 | 0. 29 |
| 低碳钢 | 1872~2072 | 0. 28 |
| 铅 | | |
| 纯(99. 96%)，未氧化 | 400~500 | 0. 057~0. 075 |
| 氧化为灰色 | 297 | 0. 28 |
| 镁 | 311~811 | 0. 07~0. 18 |
| 钼 | 811~3033 | 0. 08~0. 29 |
| 镍 | | |
| 纯，抛光 | 533~811 | 0. 07~0. 10 |
| 纯，氧化 | 311~811 | 0. 39~0. 67 |
| 镍合金 | | |
| 铬镍 | 325~1308 | 0. 64~0. 76 |
| 铜镍合金，抛光 | 373 | 0. 059 |
| 镍铬丝，光亮的 | 322~1272 | 0. 65~0. 79 |
| 镍铬丝，氧化的 | 322~772 | 0. 95~0. 98 |
| 铂 | | |
| 纯，抛光平板 | 500~900 | 0. 054~0. 104 |
| 带 | 1200~1900 | 0. 12~0. 17 |
| 细丝 | 300~1500 | 0. 036~0. 192 |
| 丝 | 500~1650 | 0. 073~0. 182 |
| 银 | | |
| 纯，抛光 | 500~900 | 0. 020~0. 032 |
| 抛光 | 311~644 | 0. 022~0. 031 |
| 不锈钢 | | |
| 因康镍合金 X，抛光 | 89~756 | 0. 19~0. 20 |
| 因康镍合金 B，抛光 | 89~756 | 0. 19~0. 22 |
| 301 型，抛光 | 297 | 0. 16 |
| 310 型，光滑 | 1089 | 0. 39 |
| 316 型，抛光 | 478~1311 | 0. 24~0. 31 |
| 钽 | | |
| 钨 | | |
| 细丝，时效过的 | 300~3589 | 0. 032~0. 35 |
| 细丝 | 3589 | 0. 39 |
| 抛光后的涂层 | 373 | 0. 066 |
| 锌 | | |
| 抛光的商品锌，纯度(99. 1%) | 500~600 | 0. 045~0. 053 |
| 马口铁，完全光亮 | 311 | 0. 23 |
| 在 672K 加热氧化 | 672 | 0. 11 |

续表

| 表面 | $T$/K | 发射率 |
|---|---|---|
| 耐火材料，建筑材料及其他 | | |
| 石棉 | | |
| 板 | 297 | 0.96 |
| 纸 | 311~644 | 0.93~0.94 |
| 沥青 | 太阳 | 0.85 |
| 砖 | | |
| 红色粗砖，无明显可见的不规则 | 294 | 0.93 |
| 釉面的 | 1373 | 0.75 |
| 建筑的 | 1273 | 0.45 |
| 耐火的 | 1273 | 0.75 |
| 碳 | | |
| 细丝 | 1311~1678 | 0.526 |
| 灯烟-水玻璃涂层 | 372~500 | 0.06~0.95 |
| 铁板表面上很薄的碳层 | 294 | 0.927 |
| 黏土瓷砖 | | |
| 红色的 | 太阳 | 0.71 |
| 暗紫色的 | 太阳 | 0.82 |
| 混凝土，粗糙的 | 311 | 0.94 |
| 混凝土瓷砖 | | |
| 没有着色的 | 太阳 | 0.65 |
| 棕色的 | 太阳 | 0.85 |
| 玻璃 | | |
| 光滑的 | 296 | 0.94 |
| 耐热的(派热克斯)玻璃、铅玻璃、钠玻璃 | 533~1107 | 0.95~0.85 |
| 0.05cm 厚的石膏，在光滑或变黑的平板上 | 294 | 0.903 |
| 镁砂耐火砖 | 1273 | 0.38 |
| 大理石、浅灰色，抛光 | 296 | 0.93 |
| 橡木，刨平的 | 294 | 0.90 |
| 颜料、漆、釉 | | |
| 黑漆或白漆 | 311~367 | 0.80~0.95 |
| 无光泽黑漆 | 311~367 | 0.96~0.98 |
| 油颜料，所有 16 种不同的颜色 | 373 | 0.92~0.96 |
| 铝颜料，加热到 600K 以上 | 422~539 | 0.35 |
| 灰浆，粗石灰 | 283~361 | 0.91 |
| 上釉的瓷器 | 294 | 0.92 |
| 糊楞纸 | 294 | 0.91 |
| 橡胶 | | |
| 光滑的硬橡胶板 | 297 | 0.94 |
| 灰色粗糙的(再生的)软橡胶 | 298 | 0.86 |
| 石板 | 311 | 0.67~0.80 |
| 水 | 273~373 | 0.95~0.963 |
| 冰 | 273 | 0.97 |

## 附表 18 几种液体的体积膨胀系数

| 液体 | $T$/K | $\alpha_V\times10^3$/K$^{-1}$ | 液体 | $T$/K | $\alpha_V\times10^3$/K$^{-1}$ |
|---|---|---|---|---|---|
| 氨液 | 293 | 2. 45 | 液氢 | 20. 3 | 15. 1 |
| 机油 | 273 | 0. 70 | 水银 | 273 | 0. 18 |
| (SAE50)乙二醇 | 273 | 0. 65 | | 70 | 4. 9 |
| | 240 | 1. 85 | | 77. 4 | 5. 7 |
| | 260 | 2. 10 | | 80 | 5. 9 |
| R12 | 280 | 2. 35 | 液氮 | 90 | 7. 5 |
| | 300 | 2. 75 | | 100 | 9. 0 |
| | 320 | 3. 5 | | 110 | 12 |
| | 260 | 1. 3 | 液氧 | 89 | 2. 0 |
| | 280 | 1. 4 | | 280 | 0. 47 |
| | 300 | 1. 5 | | 300 | 0. 48 |
| | 320 | 1. 7 | | 320 | 0. 50 |
| | 340 | 1. 8 | | | |
| R113 | 360 | 2. 0 | | | |
| | 380 | 2. 2 | 甘油 | | |
| | 400 | 2. 5 | | | |
| | 420 | 3. 1 | | | |
| | 440 | 4. 0 | | | |
| | 460 | 6. 2 | | | |

## 附表 19 甲烷(天然气的主要成分)的热物理性质

| $p$ | $t$ | $r$ | $c_p$ | $\lambda$ | $\nu\times10^7$ | $a$ | $Pr$ |
|---|---|---|---|---|---|---|---|
| kg/cm$^2$ | ℃ | kg/L | kcal/(kg · ℃) | kcal/(m · h · ℃) | m$^2$/s | m$^2$/h | |
| 1 | -10 | 0. 0007184 | 0. 504 | 0. 0248 | 132. 01 | 0. 0684 | 0. 692 |
| | 0 | 0. 0006911 | 0. 514 | 0. 026 | 143. 74 | 0. 0730 | 0. 705 |
| | 20 | 0. 0000013 | 0. 533 | 0. 028 | 174. 01 | 0. 0870 | 0. 720 |
| | 40 | 0. 0005266 | 0. 552 | 0. 0304 | 212. 01 | 0. 1040 | 0. 735 |
| | 60 | 0. 0004647 | — | 0. 0327 | 255. 01 | — | — |
| | 80 | — | — | 0. 0348 | — | — | — |
| 20 | -10 | 0. 0152 | 0. 5548 | 0. 0267 | 6. 9191 | 0. 00316 | 0. 789 |
| | 0 | 0. 0146 | 0. 5548 | 0. 0277 | 7. 5255 | 0. 00342 | 0. 792 |
| | 20 | 0. 0134 | 0. 5548 | 0. 0302 | 8. 4922 | 0. 00409 | 0. 748 |
| | 40 | 0. 0124 | 0. 5548 | 0. 0315 | 9. 3891 | 0. 00456 | 0. 780 |
| | 60 | 0. 0116 | 0. 5650 | 0. 0340 | 10. 5711 | 0. 00520 | 0. 735 |
| | 80 | 0. 0109 | 0. 5650 | 0. 0377 | 11. 688 | 0. 00612 | 0. 686 |
| 50 | -10 | 0. 0471 | 0. 6275 | 0. 0294 | 2. 6088 | 0. 00112 | 0. 855 |
| | 0 | 0. 0394 | 0. 6171 | 0. 0310 | 2. 8633 | 0. 00128 | 0. 805 |
| | 20 | 0. 0352 | 0. 6058 | 0. 0320 | 3. 3443 | 0. 00150 | 0. 800 |
| | 40 | 0. 0322 | 0. 6035 | 0. 0325 | 3. 8082 | 0. 00168 | 0. 815 |
| | 60 | 0. 0299 | 0. 6071 | 0. 0365 | 4. 4293 | 0. 00201 | 0. 702 |
| | 80 | 0. 0280 | 0. 6133 | 0. 0388 | 4. 9030 | 0. 00227 | 0. 780 |

## 附表 20　油罐及管道传热系数 $k$ 的参考值

1. 油罐的传热系数

| 油罐 | | 传热系数 $k$/[kcal/(m² · h · ℃)] | | | |
|---|---|---|---|---|---|
| | | $k_k$ | $k_c$ | $k_g$ | $k$ |
| 地上立式<br>金属罐 | 无保温层<br>有保温层 | 1~2<br>≈1 | 4~7<br>$0.95/\sum\frac{\delta_i}{\lambda_i}$ | 0~0.3<br>≈0 | 1.8~2(≤5000m³)<br>1.5(>5000m³)<br>1.5(≤5000m³) |
| 地上立式<br>非金属罐 | 无保温层<br>有保温层 | ≈1<br>≈0.5 | $0.8/\sum\frac{\delta_i}{\lambda_i}$<br>$0.8/\sum\frac{\delta_i}{\lambda_i}$ | 0~0.2<br>≈0 | ≈1.5(≤5000m³)<br>1.2(≤5000m³)<br>≈1.0(>5000m³) |
| 半地下复<br>土或地下 | 200m³<br>500m³<br>1000m³ | ≈1<br>≈1<br>0.9 | 0.6<br>0.5<br>≈0.5 | 0.3<br>0.25<br>0.2 | 0.6~1.2<br>0.6~1.2<br>0.5~1.0 |
| 混凝土及<br>砖油罐 | 2000m³<br>5000m³<br>10000m³ | 0.9<br>0.9<br>≈0.9 | ≈0.5<br>0.4<br>≈0.4 | 0.15~0.18<br>≈0.1<br>0.05~0.1 | 0.5~1.0<br>0.5~1.0<br>0.46~0.8 |

2. 管道的传热系数

| 类型 | 规格 | $k$/[kcal/(m² · h · ℃)] |
|---|---|---|
| 埋地绝缘管线<br>（埋深 $h$≤3~4$D$） | $D$≤6″<br>$D$=8″~14″<br>$D$=16″~20″<br>$D$=20″ | 3<br>2.5<br>2<br>1.5 |
| 埋地保温管线<br>（普通保温材料） | $D$≤6″<br>$D$=8″~14″ | 2<br>1.5 |
| 热水伴随、保温管线<br>（普通保温材料） | $D$≤6″ | 1.5 |
| 埋设在水中的普通<br>保温管线 | | 8~10 |
| 泡沫塑料保温管线 | $D$≤6″保温层厚≈50mm | 约 1 |
| 裸露的光管 | | 15~20 |

# 参 考 文 献

[1] 杨世铭，陶文铨．传热学[M].4 版．北京：高等教育出版社，2006.
[2] 郭煜．工程热力学与传热学(中英双语版)[M]. 北京：中国石化出版社，2021.
[3] 赵镇南．传热学[M].2 版．北京：高等教育出版社，2008.
[4] 戴锅生．传热学[M].2 版．北京：高等教育出版社，1999.
[5] 张熙民，任泽霈，梅飞鸣．传热学[M].5 版．北京：中国建筑工业出版社，2007.
[6] 翁中杰，程惠尔，戴华淦．传热学[M]. 上海：上海交通大学出版社，1987.
[7] 任瑛，张弘．传热学[M]. 东营：石油大学出版社，1988.
[8] 俞左平．传热学[M]. 北京：人民教育出版社，1979.
[9] 孙天孙．传热学[M]. 2 版．北京：中国电力出版社，2006.
[10] 张奕．传热学[M]. 南京：东南大学出版社，2004.
[11] 苏亚欣．传热学[M]. 武汉：华中科技大学出版社，2009.
[12] 张靖周，常海萍．传热学[M]. 北京：科学出版社，2009.
[13] 王保国，刘淑艳，王新泉，等．传热学[M]. 北京：机械工业出版社，2009.
[14] 张学学，李桂馥，史琳．热工基础[M]. 2 版．北京：高等教育出版社，2006.
[15] 王补宣．热工基础[M].4 版．北京：高等教育出版社，1981.
[16] 傅秦生．热工基础与应用[M].2 版．北京：机械工业出版社，2007.
[17] 陈黔，吴味隆，等．热工学[M].3 版．北京：高等教育出版社，2004.
[18] 余宁．热工学基础[M]. 北京：中国建筑工业出版社，2005.
[19] 王秋旺．传热学重点难点及典型题解[M]. 西安：西安交通大学出版社，2001.
[20] 金圣才．传热学知识精要与真题详解[M]. 北京：中国水利电力出版社，2011.
[21] J. P. Holman. Heat Transfer[M]. 10 版．北京：机械工业出版社，2015.
[22] Yunus A. Cengel. Heat Transfer a Practical Approach[M]. 2$^{th}$ ed. Mc Graw Hill Companies, Inc, 2003.
[23] Lindon C. Thomas. Heat Transfer[M]. Englewood Cliffs : Prentice Hall, 1992.

## 参考文献


[1] [illegible]
[2] [illegible]
[3] [illegible]
[4] [illegible]
[5] [illegible]
[6] [illegible]
[7] [illegible], 1988.
[8] [illegible], 1990.
[9] [illegible], 2006.
[10] [illegible], 2008.
[11] [illegible], 2009.
[12] [illegible], 2008.
[13] [illegible], 2009.
[14] [illegible], 2008.
[15] [illegible], 1994.
[16] [illegible]
[17] [illegible], 2004.
[18] [illegible]
[19] [illegible]
[20] [illegible]
[21] [illegible]
[22] [illegible] McGraw Hill [illegible], 2003.
[23] [illegible] Englewood Cliffs: Prentice Hall, 1992.